L'INDUSTRIE DU GAZ EN EUROPE AUX XIXE ET XXE SIÈCLES

L'innovation entre marchés privés et collectivités publiques

P.I.E.-Peter Lang

Bruxelles · Bern · Berlin · Frankfurt am Main · New York · Oxford · Wien

Remerciements

Nous tenons à exprimer notre plus vive gratitude à l'équipe de recherche EA 2466 de l'Université d'Artois au sein de laquelle a été organisé le colloque d'Arras, et en particulier ses deux directeurs successifs, Messieurs les Professeurs d'histoire contemporaine Eric Bussière et Denis Varaschin, dont le soutien constant nous a permis l'organisation puis la publication de ces journées de recherche. Nous souhaitons par ailleurs adresser nos plus sincères remerciements à Mesdames Nadine Deregnaucourt et Agnès Gracefa. Elles ont œuvré avec discrétion et efficacité pour assurer le bon déroulement de nos travaux et la réception de nos collègues européens qui n'ont pas caché combien ils avaient été sensibles aux qualités d'accueil de l'Université d'Artois.

Nous adressons également nos remerciements au Département d'histoire économique de la Faculté des Sciences économiques et sociales de l'Université de Genève pour avoir reçu avec bienveillance les participants au colloque de Genève consacré aux études de cas. Enfin notre gratitude va aux sponsors sans lesquels ce double colloque et la publication des actes n'auraient pu avoir lieu:
- Le Fonds national suisse de la recherche scientifique
- Les Services industriels de Genève
- L'Université d'Artois
- La Fondation pour l'histoire et les archives d'entreprise.

Serge Paquier et Jean-Pierre Williot

L'INDUSTRIE DU GAZ EN EUROPE AUX XIXE ET XXE SIÈCLES

L'innovation entre marchés privés et collectivités publiques

Serge Paquier et Jean-Pierre Williot (dir.)

Euroclio n° 20

Actes complétés des colloques organisés aux universités d'Artois (Arras EA 2466) et de Genève (Département d'histoire économique de la Faculté de Sciences économiques et sociales) en mars et décembre 1999. Avec le soutien du Fonds national suisse de la recherche scientifique, des Services industriels de Genève, de l'Université d'Artois, du Département d'Histoire économique de la Faculté des Sciences économiques et sociales de l'Université de Genève.

© P.I.E.-PETER LANG S.A.
Presses Interuniversitaires Européennes
Bruxelles, 2005
1 avenue Maurice, 1050 Bruxelles, Belgique
info@peterlang.com ; www.peterlang.net

ISSN 0944-2294
ISBN 90-5201-937-1
D / 2005 / 5678 / 05
Imprimé en Allemagne

Information bibliographique publiée par « Die Deutsche Bibliothek »
« Die Deutsche Bibliothek » répertorie cette publication dans la « Deutsche Nationalbibliografie » ; les données bibliographiques détaillées sont disponibles sur le site http://dnb.ddb.de.

Table des matières

PARTIE C. *LA DIVERSITÉ DES FORMES ENTREPRENEURIALES*

SECTION III : ETAT DE L'HISTORIOGRAPHIE
DE L'INDUSTRIE GAZIÈRE

PARTIE A. SOURCES & BIBLIOGRAPHIE

Introduction

Eric BUSSIÈRE

Professeur à l'Université Paris IV-Sorbonne

L'histoire de l'intégration européenne couvre depuis quelques années des champs qui l'éloignent de la démarche strictement institutionnelle et politique qui fut longtemps la sienne.

Le cas de l'industrie du gaz dont traite le présent ouvrage est à l'image de cette tendance nouvelle de l'historiographie dont il représente bien les apports. L'unification des réseaux se trouve en effet au cœur du processus d'intégration des structures économiques européennes en mettant en jeu des mécanismes jouant tout à la fois sur les techniques, leurs créateurs et diffuseurs, les structures financières et d'entreprises qui les ont portés, les consommateurs. A travers les arbitrages institutionnels qu'elle suscite depuis une vingtaine d'années, le cas de l'industrie du gaz touche de près au politique à travers la remise en cause des modalités d'intervention de la puissance publique à son égard. L'histoire du gaz en Europe représente bien un cas d'école des problématiques nouvelles en cours de développement sur l'histoire de l'intégration européenne. Réunis à l'initiative de Jean-Pierre Williot et de Serge Paquier à Genève et à Arras, une vingtaine de spécialistes des questions énergétiques européennes ont ainsi souhaité faire le point sur l'ensemble des travaux relatifs à l'industrie du gaz aux XIXe et XXe siècles. Ils nous livrent ici une mise au point des connaissances, une série d'analyses relatives aux problématiques actuellement mises en œuvre, une très large bibliographie de la question. Ce livre constitue sans nul doute un instrument de travail des plus utiles dont la portée dépasse largement son objet au sens strict.

L'ouvrage comporte tout d'abord une réflexion sur les modalités de création, de renouvellement et de diffusion d'une technologie. A partir de deux foyers initiateurs que furent l'Angleterre et la France, il nous montre comment la combinaison de dynamiques techniques appuyée sur une forte proximité du milieu scientifique a contribué à un essor rapide des technologies gazières au tournant des XVIIIe et XIXe siècles, puis à leur diffusion dans l'ensemble de l'Europe industrialisée. Il met en valeur le rôle des bâtisseurs de réseaux qui ont créé la première génération d'usines dans toute l'Europe à partir de l'Angleterre, de la Belgique et de la France. A partir d'une variété d'expériences et de procédés plus larges qu'on ne l'a longtemps cru, l'on voit comment, autour des années 1860, se constitue un cadre technique de plus en plus cohérent autour des procédés de valorisation du charbon, progressivement unifié à travers le rôle des associations d'ingénieurs actives à l'échelle nationale puis européenne. Leur rôle à travers les voyages d'étude, les congrès, les publications, la création de l'Union internationale des industries du gaz en 1930, montrent à quel point une Europe du gaz se construit peu à peu et prépare les grands rapprochements de la seconde moitié du XXe siècle. A travers la substitution du gaz naturel au gaz industriel et la mise en réseau qu'elle provoqua à l'ouest du continent à partir des années 1960 avec la mise en place d'une nouvelle série d'institutions dédiées à cette industrie fut mise en place dans le cadre communautaire et professionnel.

Il n'est pas indifférent que le changement d'échelle des réseaux soit à la mesure et se calquent d'une certaine manière sur les étapes de l'unification économique du continent depuis l'entre-deux-guerres. Le modèle de l'intégration fonctionnelle, politiquement à la mode dans les années 1950, constitue ses premières bases durant les années 1920 et 1930 à travers la mise en place des premiers réseaux à l'échelle régionale en Allemagne, en France, en Angleterre et en Belgique, mais surtout des premières esquisses de réseaux transnationaux dans l'espace de la future CECA entre les années 1930 et 1950. De telles initiatives sont à comparer à celles imaginées à la même époque par les électriciens auxquelles l'un des plus célèbres d'entre eux, Dannie Heinemann, avait voulu donner un sens politique. Mais le début des années 1960 correspond bien à la fois à la mise en place à vaste échelle de l'Europe économique et institutionnelle et de l'Europe du gaz, à travers la création d'une nouvelle génération d'organismes professionnels et techniques et de celle du Comité du gaz au sein des instances européennes elles-mêmes.

Si la taille des réseaux de distribution fut longtemps limitée à l'échelle d'une ville, le régime concessionnaire qui fut dès l'origine largement adopté comme mode d'exploitation permit assez rapidement la mise en place de groupes gaziers dont la société holding devint la forme de contrôle la plus largement utilisée. C'est ainsi qu'à une première génération originaire d'Angleterre, de France et de Belgique, qui déploya dans un premier temps son activité vers l'Europe scandinave, l'Allemagne et la Suisse puis vers l'Europe centrale, méditerranéenne et les Balkans, succéda, autour des années 1880, une nouvelle génération de holdings qui opéra la rationalisation des exploitations les plus anciennes en agissant parfois comme opérateur mixte. La remise en cause du système des concessions par les municipalités à partir de la fin du siècle précéda la nationalisation de maints réseaux au lendemain de la Deuxième Guerre mondiale, affaiblissant ainsi le modèle de la holding qui avait véhiculé à travers toute l'Europe une série de modèles d'exploitation, participant ainsi au rapprochement des structures de l'industrie gazière européenne. D'un autre côté cependant, la création d'entités nationales après la dernière guerre permit la mise en œuvre dans de bonnes conditions de la régionalisation des réseaux amorcée durant les années 1920 et 1930, puis la création de réseaux nationaux dont l'interconnexion, nous l'avons dit, fut quasi immédiate. La remise en cause des tutelles nationales en cours depuis les années 1980 ouvre la voie à une série de recompositions dont les architectures sont encore mal définies. On peut toutefois imaginer l'avènement de sociétés européennes combinant, selon des données propres à chacune, tout ou partie des trois segments que représentent la production, le transport et la distribution.

La création de grandes holdings gazières européennes au XIXe siècle ne détermina pas pour autant l'uniformisation des modèles de consommation. La mise en place de concessions fut longtemps liée au niveau de développement des pays concernés et à la taille des agglomérations à équiper. C'est ainsi que les villes anglaises et françaises de taille moyenne furent dotées de réseaux au cours de la première moitié du siècle alors que les grandes agglomérations des Balkans ne le furent souvent qu'un demi-siècle plus tard. Les modèles de consommation ne semblent guère se rapprocher au cours des décennies ultérieures. Si la concurrence de l'électricité induisit des efforts parallèles à partir des années 1870 afin de stimuler la consommation privée à travers les usages calorifiques du gaz, les écarts de consommation tant domestique que globale restent très importants d'un pays à l'autre durant l'entre-deux-guerres. Des analyses plus fines en terme de diffusion des appareils domestiques révèlent une diversité des usages que les critères économiques d'analyse ne peuvent entièrement expliquer. Au début des années 1960, l'on doit donc encore raisonner en termes de marchés nationaux dont la configuration répond à une grande variété de paramètres. L'on comprend dès lors que la montée en puissance du gaz naturel, contemporaine des débuts de l'intégration européenne joua, comme dans le domaine technique, le rôle de catalyseur d'une réflexion à l'échelle européenne sur les modes de consommation du gaz et sur les types de marketing propres à en stimuler l'usage.

SECTION I

PRÉSENTATION DE L'HISTOIRE DU GAZ EN EUROPE

THÈMES ET CHRONOLOGIE

Avant-propos

Nous avons souhaité replacer l'ensemble des communications présentées aux colloques d'Arras et de Genève dans un cadre décrivant et analysant les principales étapes de l'industrie gazière aux XIXe et XXe siècles. Cet ouvrage se propose d'étudier plusieurs aspects de ce secteur d'activité se situant à la confluence de l'histoire de l'innovation, de l'étude des marchés et du rôle des acteurs publics et privés. Lors de notre synthèse, nous avons pris le parti de n'aborder ni les dimensions statistiques, ni les jeux complexes des interactions entre les entrepreneurs, les classes moyennes, les ouvriers. Pour autant, ces approches sont souvent évoquées dans ce livre.

Jean-Pierre WILLIOT & Serge PAQUIER

Chapitre I

Origine et diffusion d'une technologie nouvelle au XIXe siècle

Jean-Pierre WILLIOT & Serge PAQUIER

I. Les pays précurseurs (fin XVIIIe siècle-décennie 1830)

Donner un point de départ indiscutable à l'industrie gazière ne va pas de soi malgré une datation bien établie des premiers essais décisifs à la fin du XVIIIe siècle. L'historiographie retient en général les réalisations de l'artisan mécanicien écossais William Murdoch et les brevets d'un français, ingénieur des Ponts et Chaussées, Philippe Lebon. L'un et l'autre font aboutir leurs recherches dans les mêmes années, selon des itinéraires différents.

De l'invention à l'innovation du gaz manufacturé

Durant son enfance, William Murdoch suivait régulièrement son père, installateur de moulins et de mécaniques réputé dans l'Ayrshire.[1] Il en hérita une expérience de terrain qui le distingua plus que les études. Recruté par les industriels bien connus Boulton et Watt, en 1777, il fut à son tour chargé de mettre en place des machines à vapeur auprès de la clientèle. Son travail requérait une bonne connaissance des engins mais aussi l'aptitude à en améliorer les rendements. On peut relier à cette recherche la série d'expérimentations qu'il pratiqua sur les différentes matières combustibles, dont la familiarité lui était acquise par les nombreuses visites de mines qu'il effectuait. Murdoch a lui même raconté comment, en 1792, il fut stupéfait de la production d'un gaz inflammable et éclairant à partir du charbon.[2] Réalisée à Redruth, en Cornouailles, l'expérience le conduisit à éclairer la petite fonderie qu'il y possédait. Après 1794 ce fut au tour de sa maison. A partir de 1798, au sein de la manufacture Watt et Boulton à Soho, près de Birmingham, il construisit les appareils pour éclairer le bâtiment principal et rechercha les moyens

---

[1] GRIFFITHS, J., *The Third Man. The Life and Times of William Murdoch, Inventor of Gaslight (1754-1839)*, Londres, 1992.

[2] *Ibid.*, p. 239. Lettre de William Murdoch à la Royal Society, 25 février 1808.

de purifier le gaz. Quatre années furent encore nécessaires avant qu'une démonstration publique ne vienne attester sa réussite. Elle fut donnée dans l'usine de Soho en 1802. Trois ans plus tard, les établissements Philipps et Lee à Salford ainsi que ceux de Lodge à Halifax adoptaient ce nouveau système d'éclairage.

C'est plutôt une logique d'ingénieur savant qui animait Philippe Lebon. Sorti premier de sa promotion à l'école des Ponts et Chaussées en 1789, il croise deux dynamiques caractéristiques de la France des années 1790. D'une part, la communauté scientifique jouait un rôle majeur dans la promotion de nouvelles connaissances. Le rythme des découvertes s'accentuait en même temps que les encouragements au progrès se multipliaient. Lebon s'y est rattaché en participant à des concours ou en vulgarisant ses recherches. Il remporta ainsi en 1792 le premier prix d'une étude sur les machines à feu, déposa en 1796 un brevet sur les mécanismes de distillation et engagea des études sur la combustion du bois jusqu'en 1799. Par ailleurs, le contexte économique et militaire de la France en guerre incitait à mobiliser l'ingéniosité des savants au service de la Nation. C'est bien dans cette perspective que Lebon vantait les résultats de ses travaux, notamment l'obtention d'un gaz utile à l'aérostation et la production d'un goudron que la Marine pouvait employer au créosotage des navires. Conduites sur une décennie, les recherches de l'ingénieur français établirent la découverte du gaz manufacturé au moyen de brevets déposés en 1799 et 1801. Dès lors, la possibilité de fabriquer un gaz éclairant et chauffant ainsi que divers sous-produits obtenus par la carbonisation du bois était prouvée. Le succès de Lebon fut largement connu en Europe. Pourtant, notable différence avec le cas anglais, aucune application pratique n'en découla en France avant 1811 malgré des démonstrations publiques réussies.

D'autres personnages, moins cités, mériteraient de figurer au rang des initiateurs de l'industrie gazière grâce aux expérimentations souvent empiriques qu'ils ont effectuées. Une longue liste d'hommes de science jalonne ainsi les XVIIe et XVIIIe siècles exhumant quelques noms. Les uns ont découvert que des gaz souterrains, décrits comme des vapeurs bitumineuses, pouvaient prendre feu (publication du Français Jean Tardin en 1618, communication de Thomas Shirley en Angleterre en 1659). Les autres cherchaient à reproduire un feu éclairant en distillant du charbon de terre dans un vase clos (les Anglais John Clayton en 1664, Stephen Hales en 1727, George Dixon en 1759, John Watson en 1767 ; Gabriel Jars en 1764 dans la région lyonnaise, Chaussier qui envoya un mémoire à l'Académie des Sciences de Paris en 1776). Quelques techniciens réalisaient déjà des applications pratiques mais limitées, quand d'autres passèrent à côté du problème. De Gensanne aux Forges du Prince de Nassau à Sultzbach en 1758, le directeur des travaux des mines de Whitehaven,

Spedding, en 1765, celui des Forges de Theux, près de Liège, en 1768, Faujas de Saint-Fond qui fit installer un four aux Houillères de Rive-de-Gier en 1788, tous fabriquèrent du coke de houille sans récupérer les gaz. En revanche, Lord Dundonald à Culross-Abbey en 1786 et surtout un professeur de physique de l'université de Louvain, Jean-Pierre Minckelers, chargé par le duc d'Arenberg de mettre au point un gaz léger destiné à l'aérostation en 1784, ont employé du gaz à l'éclairage mais dans un contexte occasionnel et limité.[3]

Toutes ces expériences annonçaient l'étape décisive. Celle-ci ne fut pourtant franchie qu'à l'extrême fin du XVIIIe siècle grâce à la conjonction de trois facteurs. Le progrès des connaissances en chimie a créé un enthousiasme expérimental propice à de nouvelles découvertes. Murdoch, Lebon et les autres n'étaient pas isolés des milieux scientifiques savants, bien au contraire, puisque leurs démonstrations les sollicitaient. D'autre part, le procédé de fabrication du gaz s'inscrit dans une dynamique technique. Il participait à la valorisation de la production du coke, au centre du nouveau système énergétique fondé sur le charbon et la vapeur. Enfin, conçu éventuellement pour répondre à des besoins anciens (l'aérostation), le gaz d'éclairage trouva sa place grâce à la médiatisation orchestrée des démonstrations publiques. Il devint objet de curiosité des savants au cours de la décennie 1800. Ainsi, dès 1802, les expériences de Lebon furent relatées au Danemark et le savant Oerstedt s'en fit le prosélyte.[4] L'éclairage au gaz bénéficia également du soutien des élites qui, très tôt eurent, conscience que l'invention apportait un changement de l'environnement quotidien spectaculaire et s'en firent les mécènes. On vit ainsi le Roi de France Louis XVIII subventionner à Paris une Compagnie royale de l'éclairage au gaz dès 1818, ou le Roi d'Espagne Ferdinand VII assister aux expériences d'illumination du savant Josep Roura, sous l'égide de la chambre de commerce de Barcelone en 1827.[5] Dans l'esprit d'entrepreneurs innovateurs, le gaz devint un paramètre de productivité tandis que des édiles progressistes y virent un facteur de modernité. Dès lors, la demande fit naître l'industrie.

Une quinzaine d'années suffit à propager la découverte dans les villes les plus actives d'Europe occidentale. Londres est évidemment au premier rang, comme le précise Francis Goodall avec la création de la Gas Light and Coke Company en 1812.[6] Mais toutes les grandes cités britan-

---

[3]   Société Technique du Gaz, *L'industrie du gaz en France (1824-1924)*, Dewanbez, 1924, p. 2-8.

[4]   HYLDTOFT, O., *Den Lysende Gas. Etableringen af det danske gassystem (1800-1890)*, Copenhague, 1994, p. 173.

[5]   FÀBREGAS, A., *Un cientific català del segle XIX : Josep Roura i Estrada (1787-1860)*, Barcelone, 1993, p. 32.

[6]   F. GOODALL (Section II, Partie B).

niques, en particulier les villes manufacturières, en sont dotées avant le milieu de la décennie 1820. Engendrant la naissance de compagnies déjà puissantes, cette base industrielle permet à certaines d'entre elles d'envisager très tôt de conquérir des concessions continentales. Ainsi l'Imperial Continental Gas Association est candidate dès les années 1820 à Pest ou à Stockholm et dans plusieurs villes côtières en France. Cette holding, dont il sera souvent question dans cet ouvrage, joue un rôle majeur en Belgique avant de s'imposer aux Pays-Bas et en Allemagne. Lorsque dans les années 1830, les municipalités envisagent de nouvelles concessions – pour reprendre celles qui étaient défaillantes ou pour ouvrir un réseau dans un nouveau quartier – elles se portent naturellement adjudicataires, à l'exemple de la compagnie anglaise Continental à Lyon en 1837 ou de sa consœur l'Européenne qui multiplie les exploitations dans le nord-ouest de la France. Les communications de Messieurs René Brion, Jean-Louis Moreau et Claude Vael rappellent aussi la précocité de l'éclairage au gaz dans nombre de villes belges.[7] Bruxelles est la première ville continentale éclairée au gaz dès 1818. Gand dispose d'une usine dès 1825. Une profusion d'arrêtés royaux autorise la mise en place de réseaux gaziers au cours de la décennie 1830. On sait qu'en France, de la même manière, la chronologie des villes dotées de l'éclairage au gaz fait ressortir une vague initiale durant la décennie 1820 et une seconde dans les années 1830. La première concerne les villes phares (Paris, Lyon, Bordeaux, Lille) parmi lesquelles s'intercalent des cités moins importantes par la démographie mais actives grâce à la concentration manufacturière. Ensuite vient la généralisation des exploitations dans les principales métropoles convaincues des avantages du gaz.

Dans la majorité des cas, l'éclairage public urbain est la raison première de la constitution des compagnies. Il pousse les édiles – qui sont souvent eux-mêmes actionnaires de ces sociétés – à adopter le gaz par la recherche d'une sécurité accrue mais aussi avec la conscience de l'effet ostentatoire que procure cet éclairage nouveau plus intensif. C'est au point qu'en Belgique, lorsque les compagnies privées ne sont pas intéressées, les municipalités mettent en place des régies. Cette modernisation de la ville, mieux éclairée en certains endroits, d'apparence plus luxueuse, suscite l'enthousiasme des populations après les premières peurs devant la nouveauté. Il faut le rappeler, la distribution du gaz fut la première grande entreprise de travaux urbains et souvent la première exploitation de réseau, concomitante à la mise en place des réseaux d'eau, et l'anticipant même souvent. A Berlin, le service municipal du gaz commence en 1826, trente ans avant celui de l'eau. Des délais plus importants encore s'observent à Dresde (47 ans) ou à Francfort (31 ans). En France,

───────────────

[7]   R. BRION et J.-L. MOREAU (Section II, Partie B).

la Compagnie générale des eaux n'est fondée qu'en 1853 alors que depuis vingt ans fonctionnent plusieurs entreprises gazières.

Le marché privé s'est constitué plus lentement, bien qu'il soit essentiel dès le départ dans certaines villes. Les manufacturiers voient la possibilité d'intensifier la productivité et d'amortir plus rapidement leurs équipements en étendant le travail nocturne grâce à l'éclairage artificiel. En Angleterre en particulier, tous les auteurs soulignent le rôle des filateurs et des manufacturiers de coton pour adopter l'éclairage au gaz, alors bien plus sûr et plus efficace que les lampes à huile.[8] Les assurances ne s'y trompèrent pas en décidant d'élever les primes des usines qui n'en faisaient pas usage. Partout, certaines clientèles s'affirment d'emblée. Les commerçants comprennent vite combien ils peuvent valoriser leurs étals. De même, les cafés et les restaurants adoptent cette source de lumière propice à retenir les noctambules. Les théâtres y trouvent un nouveau moyen d'illuminer les spectacles avant que les comédiens ne recherchent un nouvel art pour passer les feux de la rampe. Ce n'est qu'après le milieu du siècle que la clientèle privée s'est élargie aux appartements des particuliers.

Il serait exagéré de marquer la naissance d'une industrie gazière avant la décennie 1820. C'est au cours des années 1820-1830 que de véritables usines productrices du gaz sont édifiées à la place d'ateliers provisoires. La main d'œuvre rompue aux gestes de la fabrication est alors formée. La desserte de quartiers entiers succède à l'approvisionnement de quelques rues qui servent de vitrines technologiques. Des concessions, souvent de courte durée, assorties de cahiers des charges, établissent l'activité gazière de manière durable. Grande-Bretagne, Belgique et France deviennent alors les pays précurseurs d'une industrie nouvelle.

Les techniques des trois premières décennies au moins sont celles qui ont été mises au point en Angleterre. Elles ont d'autant plus de succès sur le continent qu'elles participent au transfert d'une véritable organisation industrielle, associant la création d'usines à gaz à l'exportation de houilles anglaises. Partout où l'éclairage au gaz est adopté précocement en effet, la disponibilité de la houille est un facteur discriminant, même si cela n'exclut pas que l'on cherche d'autres combustibles jusqu'au milieu du siècle. A défaut d'une recension générale des brevets et patentes qui ont pu être pris dans les différents pays d'Europe, on peut tout de même établir que la décennie 1840 infléchit cette prédominance britannique. De nouveaux procédés, en particulier français, émergent. Aux techniques limitées des débuts s'ajoutent des solutions multipliées. C'est une source d'hétérogénéité des exploitations, par exemple en Italie selon Andrea

---

8   GOODALL, F., *Burning to Serve. Selling Gas in Competitive Markets*, Ashbourne, 1999, p. 25.

Giuntini qui insiste sur la fragmentation des monopoles.[9] Il faudra attendre les années postérieures à la décennie 1860 pour qu'une relative standardisation des matériels apparaisse. Relative seulement car les récits de voyages d'ingénieurs montrent qu'ils restaient à l'affût de solutions nouvelles en parcourant les usines sur le Continent. Les dizaines de modèles de cornues et de fours, les procédés d'épuration nombreux, la variété des architectures de gazomètres, l'infinie diversité des joints employés dans les réseaux de distribution démontrent à l'envi un large éventail de choix techniques.

Le financement des premières sociétés résulte de larges tours de tables. D'après les exemples connus on retrouve un croisement d'entrepreneurs capitalistes qui sont également investisseurs dans le chemin de fer ou la métallurgie, et d'actionnaires dont l'épargne est dirigée vers des secteurs modernes, très capitalistiques. Cette dynamique est le prélude d'un essor généralisé de l'industrie gazière au milieu du siècle, favorisé par la rentabilité des capitaux placés. Les premiers dividendes versés sont d'autant plus élevés que les concessions sont courtes. A Paris, rentiers, industriels et banquiers se partagent le capital des premières compagnies où la majorité appartient aux associés de la commandite. L'appel à de nouveaux fonds, rendu nécessaire par l'extension des réseaux, ouvre ensuite le capital à une large bourgeoisie d'affaires, comme à Lyon où la seconde société fondée en 1843 s'appuie sur les soyeux.[10] La mobilisation des capitaux explique que l'on retrouve en Belgique comme en France la même évolution dans les raisons sociales. Sans surprise un glissement s'opère de la société en nom collectif à la commandite par actions autour des années 1840 avant l'essor des sociétés anonymes, dont le nombre reste limité jusqu'au milieu du siècle, sauf en Grande-Bretagne. Cette première génération d'entreprises parvient après une vingtaine d'années à maturité, juste avant l'expansion massive de l'industrie gazière en Europe.

II. Le Peloton des pays receveurs : l'élargissement du champ d'expériences (décennies 1840-1910)

Avec un décalage d'une vingtaine d'années par rapport aux villes pionnières, les cités suisses, austro-hongroises, scandinaves, des péninsules ibériques et italiennes, ainsi que la majorité des villes allemandes adoptent parallèlement la nouvelle technologie gazière à partir des années 1840-50. Même si la profondeur de la diffusion n'est pas identique partout, l'éventail des pays concernés montre clairement que l'équipement

---

[9]   A. GIUNTINI (Section II, Partie B).

[10]   CAYEZ, P., *Métiers Jacquard et Hauts Fourneaux*, Lyon, 1978, p. 288.

urbain moderne s'installe aussi bien dans les nations dites industrialisées du centre et du nord européen que dans celles dites périphériques du Sud.

A. Le gaz sans le chemin de fer : l'adaptation (années 1840-1850)

Le gaz n'attend pas le chemin de fer pour se diffuser. Pourtant, l'accès à la houille est un facteur essentiel pour envisager la construction d'une première génération d'usines alors que le réseau ferroviaire européen ne fonctionne pas encore. C'est un obstacle qu'il faut contourner pour les pays sans charbon ou disposant dans le meilleur des cas de maigres gisements dont la qualité ne convient pas à la distillation. La Suisse, l'Italie, l'Espagne et le Portugal sont placés dans cette situation.

Les voies d'eau sont idéales pour transporter le charbon, matière pondéreuse par excellence. Ce sont les canaux et les cours d'eau navigables qui ont facilité la diffusion du gaz dans les pays pilotes. Si les pays receveurs de la nouvelle technologie sont dépourvus d'un réseau de canaux navigables, par contre les voies maritimes offrent une solution adéquate. Dès lors, il ne faut pas s'étonner si les villes portuaires – Barcelone (1842), Hambourg et Naples[11] (1844), Trieste (1846) et Lisbonne (1848) –, qui peuvent s'approvisionner en charbon à bon prix, font partie des villes précoces.[12] En Suisse, pays sans accès maritime direct et avec des transports par voie d'eau interrompus par des ruptures de charge, les entrepreneurs français qui visent le marché suisse espèrent une extension des voies de transport pour envisager l'approvisionnement en houille depuis le bassin de la Loire. Mais le retard pris dans la construction des liaisons ferroviaires conduit à d'autres solutions. Genève (1844) fait venir sa houille depuis Saint-Etienne par char, alors que Berne (1843) et Lausanne (1848) se replient momentanément sur de la houille locale de mauvaise qualité, ce qui n'est pas sans conséquence sur la rentabilité de l'infrastructure.[13]

Dans le sud de l'Allemagne, en Suisse alémanique – Bâle (1852), Zurich (1856), Saint-Gall (1857), Lucerne (1858) – ainsi qu'à l'est de l'empire austro-hongrois – Innsbruck et Salzbourg (1859), Trente (1860), Ljubjana (1861) –,[14] une solution originale se diffuse montrant ainsi clairement les capacités d'adaptation de la nouvelle technologie aux con-

---

[11] A Naples, les débuts de l'exploitation gazière remontent à 1841. L'année 1844 correspond au début de la distillation au charbon ; voir A. GIUNTINI (Section II, Partie B).

[12] « Statistique des usines à gaz en Allemagne et en Suisse », in *Journal des usines à gaz* (1864), p. 264 ; ARROYO, M., *La industria del gas en Barcelona (1841-1933)*, Barcelone, 1996, p. 23.

[13] Voir S. PAQUIER et O. PERROUX (Section II, Partie C et Section III, Partie B), D. DIRLEWANGER (Section II, Partie C).

[14] « Statistique des usines à gaz en Allemagne et en Suisse », *loc. cit.*, p. 248, 261 et 264.

ditions spécifiques de chaque environnement. Pour s'emparer des marchés urbains entourés de forêts et non encore reliés au réseau ferroviaire, des spécialistes allemands ont conçu la distillation au bois présentant encore l'avantage d'être moins polluante. C'est un point sur lequel certains milieux d'affaires intéressés par les usages de la nouvelle technologie, comme les industriels bâlois du textile, sont très pointilleux. Toutefois l'utilisation du bois s'avère problématique car non seulement l'approvisionnement en bonne qualité dépend du facteur saisonnier, mais son usage peut encore se révéler dangereux, comme à Darmstadt où des incendies détruisent à répétition le stock.[15]

Cette capacité d'adaptation du gaz aux dotations locales en matières premières s'observe ailleurs, à Naples où la compagnie gazière démarre l'exploitation au début des années 1840 en distillant de l'huile d'olive, puis plus tardivement en Roumanie où l'une des usines gazières de la capitale distille des résidus pétroliers.[16]

Cependant, à partir des années 1860, la houille s'impose partout. D'une part, le développement du réseau ferroviaire européen permet de transporter le charbon à bon prix, et d'autre part seul l'usage de cette matière première débouche sur la valorisation de sous-produits (goudron, coke, benzole et eaux ammoniacales) dont les marchés vont se révéler rémunérateurs pour les compagnies gazières.

B. La diffusion : trois variables

On peut distinguer trois catégories de pays. La première, formée de l'Allemagne, la Suisse et des pays scandinaves connaît, dès la décennie 1860, une diffusion en profondeur qui touche les moyennes et petites cités. Les péninsules ibérique et italienne ainsi que l'empire austrohongrois constituent un deuxième groupe de nations où la diffusion se limite aux grandes villes jusqu'aux années 1860, avant de s'étendre aux centres plus modestes. Enfin, les états balkaniques sont tardifs, la nouvelle technologie faisant son apparition seulement à partir des années 1850, alors que sa diffusion restera marginale jusqu'à la Première Guerre mondiale.

1. Diffusion en profondeur dès 1860 : l'Allemagne, la Suisse et les pays scandinaves

Deux facteurs de *technology push* interviennent dans ces états. D'abord, on y enregistre des premières expériences précoces, même sous forme de projets non concrétisés, puis l'émergence d'une industrie gazière nationale, venant progressivement concurrencer les entrepreneurs

---

[15] Voir D. SCHOTT (Section II, Partie B).

[16] Voir A. GIUNTINI (Section II, Partie B) et A. KOSTOV (Section II, Partie A).

des pays avancés, exerce une poussée supplémentaire vers la diffusion du nouveau mode d'éclairage dans toutes les cités de leur nation. On peut émettre l'hypothèse que les groupes nationaux ressentent une certaine obligation morale doublée d'une certaine fierté d'installer chez eux la nouvelle technologie. Toujours est-il qu'ils connaissent mieux les rouages de leur marché national que leurs homologues des pays avancés.

Dans les états allemands, l'antériorité de la question gazière est claire. Trois capitales sont dotées d'un réseau gazier dès les années 1920 : Hanovre (1825), Berlin (1826) et Dresde (1828). Malgré ce démarrage précoce, la diffusion se ralentit par la suite, se limitant aux villes commerciales de Francfort et de Leipzig, puis elle prend de l'ampleur à partir de la deuxième moitié des années 1840. Seuls douze réseaux gaziers sont installés en 1844, mais on en compte déjà 193 en 1858. La part prise par l'industrie nationale s'accroît considérablement. En 1844, seuls quatre des douze réseaux recensés à cette date sont en mains nationales et sur les vingt nouveaux érigés jusqu'en 1850, notamment ceux des villes du Sud (Stuttgart, Baden-Baden, Karlsruhe, Augsbourg et Munich), seuls cinq sont liés à des entrepreneurs étrangers.[17]

La Suisse et les pays scandinaves débutent plus tard, dès les années 1840, mais le critère de la précocité reste valable. Les premiers projets sérieux remontent aux années vingt. C'est l'occasion de prendre conscience de l'ampleur de l'écart qui peut s'écouler entre des projets avancés et le moment d'une concrétisation. En Suisse, comme dans les principales villes scandinaves, l'année 1824 est déterminante. C'est à cette date qu'un projet est proposé à Genève par des scientifiques locaux,[18] pendant que les principales villes scandinaves sont approchées par des groupes britanniques. A Stockholm, l'Imperial Continental Gas Association, présente une offre en 1824, mais la retire l'année suivante étant attirée ailleurs par de meilleures perspectives. Parallèlement, Copenhague reçoit une proposition de l'United General Gas Company qui la retire également, malgré un contrat signé en 1825, entraînant la perte des 20 000 *Riksdaler* déposés en garantie. Enfin, à la même époque, un entrepreneur écossais (Mc Intosh) prend contact avec la municipalité d'Oslo, mais sans suite car le manque de capacité d'expertise, les coûts et les difficultés à mobiliser le capital créent un goulet d'étranglement.[19] On

---

[17]   Voir D. SCHOTT (Section III, Partie B).

[18]   PERROUX, O., « L'éclairage public à Genève », mémoire de licence du Département d'Histoire économique, Faculté des Sciences économiques et sociales de l'Université de Genève, sans date.

[19]   Voir O. HYLDTOFT (Section III, Partie B) ; du même auteur, « Making Gas. The Establishement of the Nordic Gas Systems (1880-1970) », in KAIJSER, A. and HEDIN, M. (eds), *Nordic Energy Systems: Historical Perspectives and Current Issues*, Stockholm, 1995, p. 80.

peut prendre conscience de la puissance exercée par un modèle établi à proximité dans un pays voisin. L'adoption du gaz à Hambourg en 1844 fait sauter le goulet qui obstruait la diffusion de la nouvelle technologie dans les villes scandinaves. Gothenburg (1846) est la plus précoce, puis suivent Oslo (1848), Frederikshald (1851), Norrköping (1851), Stockholm (1852), Trondheim (1853) et Malmö (1854). Par la suite, entre 1855 et 1860, les constructions s'intensifient : trois réseaux sont érigés en Finlande, dix en Norvège, vingt-sept en Suède et trente-huit au Danemark.[20] De leur côté, les villes suisses s'équipent rapidement où entre 1843 et 1860 pas moins de vingt usines sont bâties. Même si les entrepreneurs français et allemands saisissent une part importante des marchés, le contexte helvétique fait émerger à partir de la décennie 1850 des experts et des bâtisseurs nationaux.[21]

2. Seulement les grandes villes jusqu'en 1860 : l'Italie, l'Espagne, le Portugal et l'Empire austro-hongrois

Les marchés de ces pays sont surtout occupés par des entrepreneurs des pays avancés cherchant essentiellement à s'imposer dans les principaux espaces urbains.

L'Italie se situe dans une position intermédiaire, la première expérience concrète étant relativement précoce par rapport aux villes suisses et scandinaves. En effet Turin adopte le gaz en 1837, mais de ce creuset émerge tardivement une entreprise nationale (1863) qui a de la peine à s'imposer si ce n'est dans le créneau des cités du Sud. Comme le souligne Andrea Giuntini, si toutes les grandes villes sont dotées d'un ou plusieurs réseaux au moment de l'unification en 1860, la pénétration de la nouvelle technologie dans les petites et moyennes cités ne fait que commencer.[22] De même, l'empire austro-hongrois appartient à la catégorie des pays adoptant le gaz dans la vague des années 1840-50, mais avec une diffusion se limitant aux principaux centres urbains : Vienne en 1842, Prague en 1847, Budapest en 1856 et Cracovie en 1857.[23] La situation est analogue au Portugal, où le gaz se propage à partir de la fin des années 1840 dans les trois plus grandes villes : Lisbonne en 1848, Porto en 1853 et Coimbra en 1856. De nombreux projets sont voués à l'échec dans les années 1850 par manque de capitaux.[24] Ne suivent que Setubal et Braga dans les années 1870. La principale vague de diffusion est celle des années 1880 durant lesquelles cinq cités adoptent le nouveau mode

---

[20] *Ibid.*, p. 84.

[21] CORRIDORI, E., *Die schweizerische Gasversorgung*, Immensee, 1939, p. 25-26.

[22] Voir A. GIUNTINI (Section III, Partie B).

[23] Voir G. NÉMETH (Section II, Partie A) ; « Statistique des usines à gaz en Allemagne et en Suisse », *loc. cit.*, p. 218.

[24] Voir A. CARDOSO DE MATOS (Section II, Chapitre IV).

d'éclairage. En Espagne, c'est le même constat. Les principales villes sont précoces, mais il faut attendre la fin des années 1860 et le début de la décennie suivante pour voir les centres plus petits s'équiper.[25]

3. Le retard des pays balkaniques

Par contre, l'introduction de la nouvelle technologie dans les villes du sud-est de l'Europe s'inscrit dans un mouvement plus tardif démarrant à la fin des années 1850. D'abord, le gaz se diffuse dans les capitales avec un décalage non négligeable par rapport à leurs consœurs européennes : en 1859 à Constantinople et à Athènes, alors que Bucarest marque un temps de retard plus considérable, cette dernière capitale choisissant momentanément le pétrole facilement disponible dans le pays avant de se reporter sur le gaz à la fin des années 1860. Puis, la diffusion aux autres villes de cette périphérie européenne est lente jusqu'à la Première Guerre mondiale. A cette époque, comme l'indique Alexandre Kostov, seules huit cités – toutes situées dans l'empire ottoman, en Grèce et en Roumanie – bénéficient du nouveau mode d'éclairage.[26]

Plusieurs facteurs expliquent l'étendue de la diffusion de la nouvelle technologie dès les années 1840. Aux capacités d'adaptation du gaz et aux dotations énergétiques locales, s'ajoute un effet d'imitation. Le nouveau mode d'éclairage est devenu un équipement urbain de prestige dont les villes soucieuses d'affirmer leur importance peuvent difficilement se passer. On peut même parler d'effet d'encerclement, lorsque des cités sensibles à leur *standing* se retrouvent entourées par d'autres villes, de même catégorie ou moins importantes, qui ont déjà adopté la nouvelle infrastructure. Dans ces conditions, les municipalités hésitantes ne peuvent plus repousser les décisions qui s'imposent, d'autant plus que les entrepreneurs gaziers à la recherche de marchés exercent des pressions. Les goulets d'étranglement ont sauté.

Le transfert de technologie des pays avancés (Angleterre, France, puis Allemagne, Belgique et Suisse) transite par des ingénieurs formés dans leurs écoles techniques ou qui ont mené des missions d'études (stages, voyages) dans leurs grandes villes. Les expositions d'envergure internationale, qui accordent une large place au nouveau mode d'éclairage, les imprimés (traités et périodiques), ainsi que les associations d'ingénieurs favorisent largement le transfert en sensibilisant non seulement les ingénieurs et entrepreneurs intéressés au nouveau mode d'éclairage, mais encore en facilitant sa diffusion auprès des abonnés et des usagers des lieux publics.

---

[25] Selon les concessions incorporées au groupe Lebon, voir ARROYO, M., *op. cit.*, p. 186.

[26] Voir A. KOSTOV (Section II, Partie A).

III. Les pays diffuseurs : capter les marchés (décennies 1840-1910)

A. *Les bâtisseurs de réseaux : spécialistes et généralistes*

La diffusion du gaz manufacturé ouvre une multitude de marchés à plusieurs types d'entrepreneurs, parmi lesquels figurent les bâtisseurs d'usines. Des généralistes profitent un temps de la vague montante du nouveau produit, avant de réorienter leur activité vers d'autres marchés porteurs, comme les constructions ferroviaires ou les adductions d'eau. Les exemples de l'entreprise britannique Stephenson et de l'ingénieur allemand Heinrich Gruner, développés ci-dessous, sont à ce titre exemplaires. Ces généralistes, occupés sur plusieurs fronts, ont tendance à s'appuyer sur des ingénieurs locaux, à l'inverse des spécialistes se déplaçant de ville en ville au gré de l'obtention des marchés. Parmi ces bâtisseurs-nomades, l'Allemand August Riedinger va ériger des dizaines de réseaux gaziers en Suisse, en Allemagne, dans l'empire austro-hongrois et jusqu'en Russie, alors que le Français Jean Rocher, ancien officier de marine reconverti en bâtisseur d'usines gazières, obtient des marchés dans les villes françaises suisses et italiennes.

Bien que l'infrastructure gazière ne soit pas vraiment lourde lorsqu'on la compare aux chemins de fer, de nouveaux débouchés s'offrent tout de même aux fabricants d'équipement (compteurs, fours, épurateurs, faïenciers, conduites). Parfois, ces entrepreneurs peuvent déplacer leur activité vers l'aval en devenant bâtisseur d'usines, comme l'illustre dès les années 1860 le cheminement du constructeur de machines helvétique Sulzer frères. La progression constante de la technologie gazière laisse la porte ouverte à de nouveaux entrants, notamment l'entreprise allemande Carl Francke qui profite de l'opportunité du sursaut de l'industrie gazière au tournant des XIXe et XXe siècles. Ce groupe, basé à Brême, érige près de 800 usines à gaz en Europe et outre-mer.[27]

Tous les bâtisseurs d'usines gazières sont toutefois confrontés à un même problème : celui de l'organisation de leur marché. Il faut parfois former le personnel sur place, placer un directeur et souvent participer au financement. A ce titre, les gaziers annoncent l'ère de l'*Unternehmergeschäft* des années 1890, lorsque les constructeurs électromécaniques recourront massivement aux banques d'affaires pour financer le développement de leurs marchés.[28]

---

[27]   *Bremische Biographie (1912-1962)*, Brême, 1969 ; R. MATOS (Section II, Partie A).

[28]   Cette question a fait l'objet de plusieurs analyses, voir HERTNER, P., « Espansione multinazionale e finanziamento internazionale dell'industria elettrotecnica tedesca fin prima del 1914 », in *Studi Storici* (1987), 4, p. 819-860 ; SEGRETO, L., « Du Made in Germany au Made in Switzerland. Les sociétés financières suisses pour l'industrie

B. Les holdings : concentrer le capital, le savoir-faire et la gestion commerciale (1824-1905)

La solution des sociétés financières concentrant capital, savoir-faire et gestion commerciale est une forme entrepreneuriale appliquée précocement dans l'industrie gazière. On peut même se poser la question de savoir si cette activité ne constitue pas le premier secteur industriel à faire émerger ce type de sociétés. La britannique Imperial Continental Gas Association, fondée au milieu des années 1820, pourrait fournir un modèle aux holdings ferroviaires. Le principal facteur d'explication de cette précocité réside dans la légèreté relative de l'infrastructure gazière. D'abord, les travaux d'installation du réseau, moins considérables que ceux exigés par la construction des liaisons ferroviaires, font que le capital à rassembler reste modeste et facilitent l'acquisition des premières expériences qu'il est possible de faire valoir dans de nombreux marchés urbains. Puis l'exploitation requiert relativement peu de personnel qualifié, ce qui facilite la centralisation de la gestion. Enfin, lorsque l'on se place du côté des investisseurs, les holdings gazières offrent un placement industriel appréciable dans la mesure où d'une part les risques sont répartis entre plusieurs pays, et d'autre part les titres résistent à la baisse lors de crises répétées touchant surtout les industries ferroviaire et métallurgique.

L'analyse des étapes de la formation des holdings défie la hiérarchie posée par les pays les plus précoces à adopter le nouveau mode d'éclairage, car des financières se constituent en ordre dispersé tout au long du XIXe siècle et même jusqu'au début du siècle suivant. La première expérience connue remonte à la création en 1824 de l'Imperial Continental (Londres) destinée, comme sa raison sociale l'indique, à pénétrer les marchés du continent européen. Cette société constitue sans aucun doute un modèle repris par d'autres. Il existe un groupe concurrent, vraisemblablement formé la même année dans la capitale britannique, l'United General Gas Company, dont nous savons peu de chose, si ce n'est qu'il a tenté de s'imposer dans une ville scandinave, comme indiqué plus haut.

Jusqu'aux craintes que suscitera l'émergence de l'électricité dès les années 1880, chaque décennie connaît une vague de formation de holdings à l'exception des années 1830. La constitution en 1847 de la Compagnie centrale pour l'éclairage au gaz, basée à Paris, présente un

électrique », in TRÉDÉ, M. (dir.), *Électricité et électrification dans le monde (1880-1980)*, Paris, 1992, p. 347-367 ; PAQUIER, S., *Histoire de l'électricité en Suisse. La dynamique d'un petit pays européen (1875-1939)*, vol. 2, Genève, 1998, p. 947-1080 ; du même auteur, « Swiss Holding Companies from the Mid-nineteenth Century to the Early 1930s: The Forerunners and Subsequent Waves of Creations », in *Financial History Review*, 8 (October 2001), p. 163-182.

cheminement spécifique dans la mesure où ce groupe ne bâtit pas des réseaux gaziers comme ses prédécesseurs londoniens, mais les intègre en permettant notamment aux élites locales qui ont financé l'opération de récupérer leur capital.

Les années 1850 sont celles de la formation de groupes dont les activités sont tournées vers les marchés nationaux des petites et moyennes villes. Deux holdings sont fondées en Allemagne (Compagnie continentale de Dessau ; Compagnie générale d'éclairage de Magdebourg), une en Autriche (Compagnie générale d'éclairage autrichienne),[29] une autre dans les pays scandinaves (Danish Gas company)[30] et deux en France (Compagnie centrale pour l'éclairage au gaz ; Compagnie lyonnaise).[31]

La décennie 1860 marque le franchissement d'une étape avec la constitution de plusieurs sociétés financières principalement orientées vers les marchés internationaux. Il ne faut pas s'en étonner car cette période correspond à un essor de l'industrie gazière, dont profitent des hommes d'affaires belges et suisses pour s'insérer dans un segment de marché prometteur. Ce ne sont pas les affaires d'installation des premiers réseaux qui sont visées, comme les holdings précédentes l'ont fait, mais les activités liées au rachat d'anciennes installations et de leur extension. En effet, pour répondre à la croissance des années 1860, il faut redimensionner et moderniser les réseaux. Les progrès réalisés dans l'étanchéité des conduites présentent l'avantage d'élargir les marchés et ainsi de bénéficier d'économies d'échelle. Par ailleurs, les transports des personnes, des marchandises et des communications devenus plus rapides et moins onéreux favorisent l'essor de ce type de sociétés multinationales. L'extension du réseau ferroviaire permet notamment de négocier des contrats d'approvisionnement en gros de charbon dans de bonnes conditions, alors que le réseau télégraphique facilite la gestion à distance des filiales. C'est pour ces marchés particuliers que se créent quasi simultanément deux holdings, l'une à Genève et l'autre à Bruxelles, respectivement en 1861 et 1862.

Les ressemblances sont frappantes. Le capital-actions nominal est identique (10 millions de francs) ; les marchés extérieurs sont les mêmes – français, allemands et italiens ; et elles intègreront les valeurs électriques. Par ailleurs, si chacune s'appuie sur les capacités d'expertise d'un ingénieur réputé, les investisseurs prédominent. Les banquiers privés à Genève, les entrepreneurs expérimentés dans les industries ferroviaire et métallurgique à Bruxelles, tous cherchent des placements sûrs et diversi-

---

[29]　« Statistique des usines à gaz en Allemagne et en Suisse », *loc. cit.*, p. 170 et 218.

[30]　HYLDTOFT, O., « Making Gas. The Establishement of the Nordic Gas System (1880-1970) », in KAIJSER, A. and HEDIN, M., *op. cit.*, p. 83-84.

[31]　Voir J.-P. WILLIOT (Section II, Partie A).

fiés pouvant compenser les fluctuations enregistrées dans d'autres secteurs.[32] La régularité du développement de l'industrie gazière dans la deuxième moitié du XIXe siècle et la diversification internationale pratiquée par ces holdings leur offrent ce type de prestation.

La spécificité du groupe genevois repose sur l'application d'une stratégie de concentration verticale, comme le révèle la prise de contrôle d'une fabrique d'appareillage basée à Mayence, dont les succursales installées en commandite dans plusieurs villes européennes vont activement participer au développement des filiales genevoises. A la même époque (1862), se fonde en Suisse, à Schaffhouse, une autre holding internationale présentant de nombreuses similitudes avec ses consœurs bruxelloise et genevoise. Elle s'associe les services d'un technicien réputé et prend position en Allemagne et en Italie, sans toutefois présenter le même potentiel financier.

Lorsque se constitue en 1879 à Paris la Compagnie générale du gaz pour la France et l'étranger, un autre cap est passé car la limite des marchés voisins est rapidement franchie. Un véritable empire se crée, dont l'influence va s'étendre dans toute l'Europe, périphérie comprise. Dans les Balkans, l'activité de cette multinationale stigmatise le mécanisme de reprise en main par des holdings de compagnies jusque-là dirigées par des locaux, et dont le développement s'avérait problématique. A l'instar de ses homologues genevoise et bruxelloise, la holding parisienne, qui privilégie la diversification de ses placements, a la sagesse de ne pas s'opposer à la nouvelle technologie électrique, mais de convertir peu à peu ses positions à l'électricité. D'ailleurs, selon la logique des placements de portefeuille, tous les groupes pratiquent le même type de stratégies. Ceux qui étaient cantonnés à leur début dans les marchés nationaux se laissent tenter par les affaires internationales, puis par les placements dans les valeurs électriques.[33]

C'est également durant les années 1870 que s'édifient des architectures financières plus complexes, composées de sociétés mères intégrant tant l'eau que le gaz et des filiales spécialisées par pays. La British and Foreign Water and Gas Co Ltd constitue en 1873 la Bucarest Gas Works pour gérer le gaz dans la capitale roumaine. Des similitudes ressortent lorsque le groupe Gaz et Eaux de Paris crée en 1880 la Compagnie du gaz de Bucarest qui rachète la position aux Anglais.[34] Parfois, pour élargir le réseau financier et bénéficier d'avantages divers, notamment fiscaux, le maillon supérieur de la chaîne peut être établi dans deux pays, comme en

---

[32]   Voir S. PAQUIER et O. PERROUX (Section II, Chapitre IV) ; R. BRION et J.-L. MOREAU (Section II, Chapitre III).

[33]   Voir également J.-P. WILLIOT (Section II, Partie C).

[34]   Voir A. KOSTOV (Section II, Partie A).

témoigne la formation à Bruxelles en 1889 de la Compagnie internationale qui fonctionne en parallèle avec la grande holding parisienne. Dans les marchés espagnols, il est également possible de voir à l'œuvre ces groupes multinationaux qui exploitent aussi bien l'eau et le gaz que l'électricité.[35]

Comme la Belgique, neutre et offrant divers avantages à l'établissement des holdings, la Suisse joue un rôle de plaque tournante dans le maillage des réseaux financiers. C'est avec des capitaux germano-suisses que se fonde à Zurich en 1905 la Schweizerische Gasgesellschaft qui fonctionnera entre-deux-guerres pour le compte du constructeur allemand Francke.[36] La holding gazière zurichoise a intégré le modèle proposé par les constructeurs électromécaniques allemands dès le milieu des années 1890, reposant sur la dynamique impulsée par un fabricant d'équipement pour profiter des avantages de la place financière helvétique en vue de se tailler des parts de marchés.[37]

C. Du transfert de technologie à l'émancipation (décennies 1840-1910)

A l'inverse de ce que nous venons de constater pour les holdings, la hiérarchie des *first movers* est respectée quant aux pays diffuseurs des années 1840 à 1910. En effet, les pays les plus précoces à diffuser le gaz chez eux sont les premiers à le propager chez leurs voisins, voire plus loin. Après les Britanniques viennent les Français, puis les Allemands et enfin les Suisses. Il est vrai que les technologies de base laissent une place importante à des innovations d'amélioration au gré des nombreux dysfonctionnements résultant des premières mises en exploitation.[38] Ce sont des opportunités que des pionniers nationaux, ingénieurs ou entrepreneurs, peuvent saisir et faire valoir dans les marchés nationaux et internationaux.

Le « processus de ricochet » faisant passer un pays de l'étape de receveur de technologie à celui de diffuseur fonctionne pour certaines nations, mais pas pour d'autres. Ainsi l'Italie, l'Espagne, le Portugal, dont les principales villes adoptent le nouveau mode d'éclairage en même temps que les cités helvétiques, ne franchissent pas pour autant le cap. Alors que l'équipement se diffuse dans l'ensemble des plus grands centres urbains européens à partir des années 1840-1850, un clivage va se former. Les pays du centre et du nord de l'Europe réussissent à s'émanciper des

---

[35]   M. ARROYO (Section II, Chapitre IV).

[36]   R. MATOS (Section II, Partie C).

[37]   Voir note 28.

[38]   Voir CARON, F., *Les deux révolutions industrielles du XXe siècle*, Paris, 1997, p. 22-25 et 33-35.

modèles diffusés par les *leaders* britanniques, français et belges, puis à faire émerger une industrie nationale capable d'exporter son savoir-faire, tandis que ceux du sud de l'Europe n'y parviennent pas. A ce titre, la naissance de l'Italgas issue du creuset turinois à la fin des années 1830, puis son développement dans les marchés internationaux apparaît comme une exception qui confirme la règle au sud des Alpes.[39] L'absence de hautes écoles techniques n'explique pas tout, car l'exemple du Portugal montre bien que les nationaux vont se former dans les écoles parisiennes.[40] L'avantage des pays du centre et du nord de l'Europe ne réside pas seulement dans une expérience façonnée par la profondeur de la diffusion de la nouvelle technologie, mais encore dans leur capacité à mobiliser des capitaux. C'est un avantage qui devient déterminant lorsque la diffusion du gaz passe désormais par les groupes à partir des années 1850-1860.

Les réseaux commerciaux, financiers et les influences politiques s'avèrent des facteurs déterminants pour assurer le rayonnement des industries nationales dans les marchés internationaux.

1. Les cheminements des entrepreneurs anglais

Les Anglais ne sont pas seulement actifs en France et en Belgique, mais aussi en Allemagne.[41] Ces marchés d'outre-Rhin intéressent notamment l'entreprise de construction générale (ponts, chemins de fer, canalisations, adductions d'eau) de Henry Palfrey Stephenson (1826-1890), dont la firme qui porte son nom est active aussi bien sur le continent que dans l'empire britannique. Cet exemple montre que les tâches de l'entrepreneur sont variées : elles consistent à nouer des relations avec les autorités urbaines, à se lier à divers fournisseurs d'équipement – principalement la firme Jameson & Son à Londres – à former sur place du personnel d'exploitation et à financer une partie des installations. La firme Stephenson parvient à s'installer dans le créneau de la construction d'usines à gaz de petites villes hollandaises et allemandes. Ne pouvant pas suivre toutes ses affaires personnellement, l'entreprise s'appuie sur les compétences d'un ingénieur indigène, Heinrich Gruner (1833-1906), qui lui attire quelques marchés, dont ceux de Ludwigsburg (1857), Tilsit et Naumburg (1858), puis Zeitz (1859). Généralement, l'entrepreneur souscrit une part du capital, le reste étant à la charge de la municipalité et des milieux privés locaux, avant de la récupérer dès que les installations fonctionnent correctement. Ce n'est pas une approche sans fondement,

---

[39] A. Giuntini (Section II, Partie B).

[40] A. Cardoso de Matos (Section II, Partie C).

[41] Nous nous basons principalement sur Mommsen, K., *Drei Generationen Bauingenieure. Das Ingenieurbureau Gruner und die Entwicklung der Technik seit 1860*, Bâle, 1962, p. 31-34.

puisque parfois les fuites de gaz lors de la première année d'exploitation peuvent atteindre 40 %.

Etant précoce, ayant une expérience à faire valoir dans les villes du Continent et de plus étant une capitale financière, il ne faut dès lors pas s'étonner si la première holding gazière se forme dans la capitale de l'empire britannique. L'Imperial Continental Gas Association, dotée d'un capital de 2 millions de livres sterling, acquiert l'année suivante la concession de Hanovre, puis en 1826 celle d'un secteur de Berlin,[42] avant d'étendre ses positions en Autriche-Hongrie, en France, en Belgique et aux Pays-Bas.[43] Comme nous l'avons vu, la tentative de la holding de s'imposer à Stockholm dans les années 1920 tourne court. Toutefois les entrepreneurs britanniques ne perdent pas de vue les marchés nordiques. L'ingénieur James Malam s'impose à Gothenburg, Oslo et Trondheim.[44] L'influence britannique est même dominante au Danemark par l'intermédiaire de la Danish Gas company, une maison mère qui érige dès les années 1850 plusieurs réseaux gaziers (Odense, Arhus, Aalborg, Randers, Assens, Elsinore). Les initiateurs et les bâtisseurs de réseaux sont des Danois, mais ils fonctionnent sur la base d'une technologie anglaise à laquelle ils s'initient lors de séjours à Londres.[45]

Dans les marchés latins, les Britanniques sont très présents au Portugal où les deux pays sont reliés par de solides relations commerciales, notamment grâce à la réputation du vin de Porto comme l'indique Ana Cardoso.[46] Par contre en Italie où les principaux marchés sont plutôt captés par les Français, les Britanniques se contentent d'occuper le prestigieux marché de Rome.[47]

2. Les trajectoires des entrepreneurs français

Les Français saisissent également quelques marchés outre-Rhin, notamment à Stuttgart, Baden-Baden, Coblence et Eberfeld.[48] Les entrepreneurs de l'Hexagone actifs dans les marchés internationaux sont généralement issus d'espaces précoces à diffuser le gaz, soit des grandes villes

---

[42] WEHRMANN, W., "Die Entwicklung der deutschen Gasversorgung von ihre Anfängen bis zum Ende des 19. Jahrhunderts", thèse de doctorat, Cologne, 1958, p. 24-25 ; CORRIDORI, E., *op. cit.*, p. 17 ; « Statistiques des usines à gaz en Allemagne et en Suisse », *loc. cit.*, p. 152.

[43] Comme le précisent R. BRION et J.-L. MOREAU (Section II, Partie B).

[44] HYLDTOFT, O., "Making Gas. The Establishement of the Nordic Gas System (1880-1970)", in KAIJSER, A. and HEDIN, M., *op. cit.*, p. 80-81.

[45] *Ibid.*, p. 83-84.

[46] A. CARDOSO DE MATOS (Section II, Partie C).

[47] A. GIUNTINI (Section II, Partie B).

[48] CORRIDORI, E., *op. cit.*, p. 18 ; WEHRMANN, W., *op. cit.*, p. 32.

(Paris et Lyon),[49] soit du Nord-Ouest bien localisé à proximité du modèle britannique. S'ajoute un pôle alsacien, surtout mulhousien, très actif en Suisse occidentale et en Allemagne. Deux Alsaciens, Jean-Gaspard Dollfus (1812-1889) et Benedict Flach s'associent en 1845 et obtiennent le marché de Stuttgart. L'année suivante, ils cèdent leur concession à une société civile lyonnaise transformée en 1846 en une société anonyme basée à Genève.[50] On retrouve Dollfus à Bâle,[51] les mulhousiens Roux et Jeanneney, respectivement à Berne et Neuchâtel. Ils sont nombreux à tenter de prendre position dans les cités helvétiques et jusqu'en Suisse alémanique où ils se heurtent à la concurrence allemande. A Genève, plusieurs projets français sont déposés dès la fin des années 1830, alors que la municipalité hésite encore.[52] A la même époque, des offres en provenance de Lyon et de Paris sont soumises aux autorités municipales bâloises en vue de réaliser un projet soutenu par les banquiers d'affaires de la ville rhénane.[53] Une autre firme parisienne (Boussa & Rouen) tente de s'imposer dans le marché zurichois en 1845, mais sans succès.[54] Quelques années plus tard, en 1850, c'est au tour du mulhousien Jeanneney de tenter sa chance, mais il se heurte à la concurrence de la solution au bois proposée par le spécialiste allemand Riedinger.[55]

Pour l'emporter, les relations personnelles jouent un rôle non négligeable. On peut aisément concevoir l'influence à Bâle d'une famille mulhousienne comme les Dollfus. Quant au bâtisseur Jean Rocher, cet ancien officier de marine originaire du Mans ayant mis à profit sa captivité pendant les guerres napoléoniennes pour se familiariser avec le nouveau mode d'éclairage, il peut s'appuyer sur le réseau de l'ingénieur genevois Jean-Daniel Colladon (1802-1893) bien inséré dans les milieux financier, académique et politique de la ville. Le bâtisseur Rocher avait suivi l'enseignement du Genevois à l'Ecole centrale de Paris. A Bâle, l'ingénieur allemand Heinrich Gruner, ancien assistant du constructeur

---

[49]   Voir GIRAUD, J.-M., « Gaz et électricité à Lyon (1820-1946). Des origines à la nationalisation », thèse de doctorat de l'Université Lumière Lyon II-Centre Pierre Léon, 1992.

[50]   Voir *Statuts de la Compagnie d'éclairage au gaz de la ville de Stuttgart*, Genève, 1869, p. 2.

[51]   S. PAQUIER et O. PERROUX (Section III, Partie B).

[52]   *Ibidem*, voir également PAQUIER, S., « Logiques privées et publiques dans le développement des réseaux d'énergie en Suisse du milieu du XIXe siècle aux années Vingt », in PETITET, S. et VARASCHIN, D. (textes réunis par), *Intérêts publics et initiatives privées. Initiatives publiques et intérêts privés. Travaux et services publics en perspectives*, Lyon, 1999, p. 254.

[53]   MOMMSEN, K., *op. cit.*, p. 40.

[54]   GITERMANN, M., *Konzessionierter oder kommunaler Betrieb von monopolischen Unternehmungen öffentliches Charakters ?*, Zurich/Leipzig/Stuttgart, 1927, p. 31.

[55]   *Ibid.*, p. 39.

britannique Stephenson, entre dans l'orbite de Dollfus grâce à des liens familiaux (Gruner étant un cousin éloigné des Dollfus). C'est par mariage avec l'une des filles d'une famille appartenant à l'élite de la ville rhénane, les His, que l'Allemand peut s'établir durablement comme ingénieur à Bâle en s'imposant dans les marchés des réseaux techniques urbains, tels le gaz et les adductions hydrauliques. De même, les entrepreneurs parisiens et lyonnais intéressés par les marchés espagnols passent par un intermédiaire bien inséré dans les réseaux de pouvoirs comme l'étude de Mercedes Arroyo nous le révèle.[56]

La trajectoire de l'entrepreneur Gustave Lebon, né en 1799, est révélatrice de ce cheminement qui conduit des premières expériences vers la formation d'un groupe. Après avoir démarré à Dieppe en 1838, ce Lebon, qui n'a aucun lien familial avec l'innovateur français bien connu, ne manque pas d'ambition puisqu'il vise dès le début des années 1840 les marchés méditerranéens. Il s'insère dès 1842 à Barcelone, avant de former en 1847 un groupe basé à Paris, la Compagnie centrale d'éclairage et de chauffage par le gaz, avec deux associés qui apportent des réseaux du nord-ouest de la France, particulièrement bien localisés pour importer à bon prix le charbon anglais de qualité (Dieppe, Pont Audemer, Honfleur, Chartres).[57] Durant les années 1850, ce groupe solidifie ses positions dans le Nord-Ouest (Bernay, Fécamp) et étend son activité sur les côtes méditerranéennes (Nice, Cagliari, Le Caire, Alexandrie). Pendant les décennies 1860-70, l'entreprise renforce son influence en Algérie (Oran, Blidah) ainsi qu'une fois encore dans le nord-ouest de la France, et s'étend surtout en Espagne (Grenade, Almeria, Murcia, Santander, Cadix, Valence).

Les marchés espagnols intéressent d'autres entrepreneurs. En plus d'une entreprise lyonnaise à Malaga,[58] on peut voir la présence française s'étendre jusqu'à Madrid, comme en témoigne l'accession d'Alexandre Arson, diplômé de l'Ecole centrale et ingénieur de la puissante Compagnie parisienne du gaz, au conseil d'administration du Gaz de Madrid.[59] Les marchés italiens sont également privilégiés par les entrepreneurs français. Un groupe de pionniers (de Frigière, Montgolfier Bodin, Cottin et Jumel) très actifs dans la péninsule font pression dès 1836 sur le souverain des Deux-Siciles pour s'ouvrir le marché napolitain.[60] Une société lyonnaise s'installe à Florence, alors que l'Union des Gaz s'empare du marché milanais (1861).

---

[56]   M. ARROYO (Section II, Partie C).

[57]   ARROYO, M., *op. cit.*, p. 36-37 et 47.

[58]   M. ARROYO (Section II, Partie C).

[59]   WILLIOT, J.-P., *Naissance d'un service public. Le Gaz à Paris*, Paris, 1999, p. 322-24.

[60]   A. GIUNTINI (Section II, Partie B).

Un important consortium multinational se constitue à Paris en 1879 sur la base d'entreprises spécialisées appartenant à l'ancien groupe des frères Pereire. En effet, la Compagnie générale du gaz en France et à l'étranger domine un empire gazier s'étendant du nord au sud de l'Europe, avec des positions majeures en Alsace, Belgique, Roumanie, Grèce et jusque dans l'empire ottoman. Au tournant des deux siècles, la maison mère contrôle une douzaine de filiales et possède quarante-trois usines réparties dans onze pays et peut compter sur 100 millions de francs en immobilisations nettes.[61] L'analyse de cette holding révèle l'importance d'une dynastie entrepreneuriale : les Ellissen dont le père et le fils vont se succéder au poste d'administrateur-délégué. Le père, Albert (1838-1923), étant né à Francfort-sur-le-Main et diplômé de l'Ecole centrale de Paris, présente d'emblée un profil international.[62] Il passe la main à son fils Robert (1872-1957) au début des années 1900. Le fils est doté d'une formation pluridisciplinaire : Bachelier ès lettre et ès science, licencié en droit et diplômé, comme son père, de l'Ecole centrale. Outre son poste d'administrateur-délégué à la maison mère, il siège aux conseils d'administration d'un secteur de Bruxelles (Compagnie du Gaz de Saint-Josseten-Noode), de la Société du Gaz d'Athènes, de la Compagnie internationale du gaz à Salonique et au Pirée, de la Société du gaz et de l'électricité de Bucarest ainsi que de la Compagnie du gaz de Mulhouse.[63] Il est encore membre de divers comités et jurys internationaux, notamment aux expositions de Londres en 1908 et de Bruxelles en 1910. On retrouve également des entrepreneurs français jusque dans les pays scandinaves, notamment à Stockholm, où l'ingénieur Jules Danré, ancien conseiller de la municipalité, s'associe avec un Suédois pour s'imposer en 1852 dans la capitale.[64]

3. La force de pénétration allemande

A Dresde, troisième ville allemande à adopter le gaz d'éclairage en 1828, après Berlin et Hanovre, le réseau gazier est bâti par des nationaux.[65] Toutefois, il faut attendre le milieu du XIXe siècle pour observer un véritable phénomène de conquête des marchés par des entrepreneurs indigènes.

---

[61]   Se référer à CHADEAU, E., « Produire pour les électriciens. Les Tréfileries et Laminoirs du Havre de 1897 à 1930 », in CARDOT, F. (textes réunis par), *Des entreprises pour produire de l'électricité. Le génie civil, la construction électrique, les installateurs*, Paris, 1988, p. 287.

[62]   Voir WILLIOT, J.-P., *op. cit.*, p. 299, 324, 409 et 588 ; A. KOSTOV (Section II, Partie A).

[63]   PAQUIER, S., *op. cit.*, p. 639-640 ; Archives nationales à Paris/F12 6648

[64]   HYLDTOFT, O., "Making Gas. The Establishment of the Nordic Gas System (1880-1970)", in KAIJSER, A. and HEDIN, M. (eds), *op. cit.*, p. 83.

[65]   CORRIDORI, E., *op. cit.*, p. 17 ; Le *Journal des usines à gaz* indique 1825 pour Dresde.

La trajectoire de l'ingénieur August Riedinger (1809-1879) est particulièrement révélatrice du parcours des spécialistes de l'industrie gazière. Au bénéfice d'une expérience d'entreprise acquise dans l'industrie textile, il fait ses premiers pas dans le nouveau secteur en fabriquant des gazomètres à Augsbourg au début des années 1850. Associé à un scientifique allemand, Max von Pettenkoffer (1818-1901), il conçoit à Munich le procédé de distillation au bois dont il a été question plus haut.[66] Riedinger s'impose dans les principales villes suisses alémaniques, les petites et moyennes cités allemandes ainsi que dans les espaces urbains austro-hongrois délaissés par les holdings.[67] Il érige dans ces pays, entre 1854 et 1865, pas moins de vingt-huit usines gazières. L'ingénieur s'adapte au progrès technique, car une fois son procédé au bois dépassé, il se convertit à la houille. Durant toute sa carrière, il bâtit quelque soixante-dix usines à gaz. Par opposition à l'anglais Stephenson qui préfère déléguer, il se déplace de ville en ville avec toute son équipe pour bâtir les réseaux. L'entrepreneur allemand s'implique dans le financement des infrastructures en créant des sociétés anonymes. A Darmstadt, il détient pour 200 000 *Guilders* d'actions.[68]

Augsbourg n'est pas la seule cité allemande à s'intéresser à la fabrication d'équipement. Une fabrique naît et se développe à Mayence, la Gasapparat und Gusswerk, dont l'importance peut se mesurer par la hauteur de la prise de participation de la holding genevoise qui la contrôle : 680 469 francs en 1865.[69] Plus tardivement, l'entreprise Carl Franke de Brême active sur le continent et outre-mer, notamment à Manille, profite de contacts antérieurs noués en Suisse par son fondateur[70] pour y construire des usines gazières, puis pour former une holding à Zurich dont il a été question plus haut.[71]

Dans le prolongement de la construction d'usines, les Allemands forment ou fournissent des directeurs d'exploitation. En Suisse, les réseaux gaziers de Bâle, Berne, Saint-Gall, Fribourg et Sion sont dirigés dans un premier temps par des Allemands avant que l'on ne substitue des nationaux, alors que d'autres directeurs suisses se sont formés outre-Rhin.[72] C'est notamment le cas du directeur du gaz de Schaffhouse, Emil Ringk (1818-1882), dont l'influence va déboucher sur la formation dans

---

[66] MOMMSEN, K., *op. cit.*, p. 35 et 41.

[67] Voir « Statistique des usines à gaz en Allemagne et en Suisse », *loc. cit.*, p. 152-218.

[68] GITERMANN, M., *op. cit.*, p. 40.

[69] PAQUIER, S., « Les Ador et l'industrie gazière (1843-1925) », in DURAND, R., BARBEY, D. et CANDAUX, J.-D. (dir.), *Gustave Ador. 58 ans d'engagement politique et humanitaire*, Genève, 1996, p. 172.

[70] *Bremische Biographie (1912-1962), op. cit.*

[71] R. MATOS (Section II, Partie C).

[72] S. PAQUIER et O. PERROUX (Section III, Partie B).

cette ville d'une holding constituée sur le modèle de la Deutsche Continental Gas-Gesellschaft. Cette dernière, fondée en 1855 à Dessau, bâtit une douzaine de centrales gazières. L'activité de Dessau, située au sud-est de Berlin dans le petit duché libéral de Anhalt, va se poursuivre dans le domaine de l'industrie gazière en accueillant plus tard un centre de recherches.[73] C'est également dans les années 1850 que se constitue en Prusse, un peu au nord de Dessau, la Magdeburger Gesellschaft qui bâtit quelques usines dans des villes de plus de 10 000 habitants : en Prusse (Prenzlau), dans le Hanovre (Lunebourg) et en Silésie (Ratibor).[74] Magdebourg est l'un des creusets de l'industrie gazière allemande, puisque le constructeur Carl Francke, qui va faire une brillante carrière dans cette industrie, y est né dans une famille de ferblantiers avant de s'établir à Brême.[75]

L'influence allemande se mesure également par le rayonnement de leur organe officiel gazier : le *Journal für Gasbeleuchtung* fondé en 1859. Les Suisses, qui y sont rattachés, prendront leur indépendance en imitant dès 1873 leurs collègues d'outre-Rhin.[76]

4. Les Suisses localisés à la croisée des marchés européens

Petit Etat européen placé au carrefour des influences françaises et allemandes, la Confédération helvétique doit d'abord s'émanciper du modèle français houiller diffusé dès les années 1840 en Suisse occidentale, puis du modèle allemand au bois adopté en Suisse alémanique durant la décennie suivante. C'est chose faite dans les années 1860 et ce petit pays devient à son tour un pays diffuseur de technologie gazière. Parmi les experts nationaux dont la réputation va dépasser les frontières se distingue l'ingénieur genevois Daniel Colladon. Perméable à l'influence française, il choisit la houille à Genève dès les années 1840, ce qui lui donne une certaine avance sur ses collègues alémaniques. Son mariage avec l'une des filles d'une famille de banquiers bien insérée dans les réseaux financiers européens attire les capitaux genevois à l'industrie gazière. Les qualités d'expertise de l'ingénieur genevois sont déterminantes pour assurer le démarrage et le succès de la holding formée en 1861 dont les positions vont s'étendre en Allemagne, en Italie et en France. Sur le modèle allemand de la Continentale Gas-Gesellschaft se constitue en 1862 à Schaffhouse une autre holding, la Schweizerische Gas-Gesellschaft qui va néanmoins connaître un moindre succès que sa

---

[73]   Selon GOODALL, F., *Burning to Serve. Selling Gas in Competitive Markets*, Ashbourne, 1999, p. 173-175.

[74]   GITERMANN, M., *op. cit.*, p. 27 ; « Statistique des usines à gaz en Allemagne et en Suisse », *loc. cit.*, p. 152, 202 et 218.

[75]   *Bremische Biographie (1912-1962)*, *op. cit.*

[76]   S. PAQUIER et O. PERROUX (Section III, Partie B).

consœur genevoise. Nous avons signalé plus haut la faiblesse de son réseau financier, une fragilité s'expliquant en partie par la perte de son technicien, l'ingénieur Heinrich Gruner, qui lui avait apporté des marchés suisses, italiens et allemands. La réorientation de la carrière de cet expert vers l'adduction d'eau le détourne de l'industrie gazière. Une cinquantaine d'années plus tard se forme en 1905 à Zurich une holding gazière germano-suisse déployant son activité outre-mer pour le compte du constructeur Carl Franke de Brême.

A côté de ces entreprises ambitieuses, des expériences plus ponctuelles se sont également révélées fructueuses. Le fabricant de machines Sulzer démarre dans le secteur gazier en bloquant l'avance allemande dans son fief de Winterthour en 1859. Ce constructeur va bâtir dix-sept centrales urbaines en Suisse et s'insérer dans le créneau de l'éclairage destiné aux fabriques pour lesquelles il obtient des marchés en Italie, Autriche, Allemagne et au Mexique.

5. *Les pays scandinaves : réaction nationale à la prédominance britannique*

Les pays scandinaves adoptent le nouveau mode d'éclairage sous influence britannique. La technologie, de nombreux bâtisseurs de réseaux et techniciens, les fabricants de composants et une grande partie du capital sont anglais jusqu'à la fin des années 1850. Monsieur Hyldtoft n'hésite pas à qualifier ce transfert de technologie de « Mammouth », ce qui peut causer des frictions entre société et culture d'un pays à l'autre. Alors que la législation danoise l'interdit, les compteurs à gaz sont pourtant calibrés en pieds anglais.[77] Toutefois, à l'instar de l'exemple suisse, de nombreux acteurs nationaux sont associés au transfert de technologie, qu'ils soient techniciens ou directeurs d'usines. Par ailleurs, des capitaux locaux sont également investis dans plusieurs réseaux. Tous ces facteurs sont à l'origine de l'émergence d'une industrie nationale dans les pays scandinaves, à l'exception de la Finlande.

Alors qu'une seule firme anglaise livre l'ensemble des composants au réseau de Copenhague, les firmes danoises fournissent à partir des années 1860 pratiquement l'ensemble de la gamme. L'entente est naturellement favorable entre les entreprises municipalisées, qui tiennent une part importante des débouchés, et les fournisseurs nationaux. Quand les réseaux de Copenhague doublent leur capacité à la fin des années 1850, ils s'adressent principalement à des fournisseurs de la capitale. Parallèlement aux entreprises municipalisées, les firmes privées, même celles qui sont

---

[77]   HYLDTOFT, O., "Making Gas. The Establishement of the Nordic Gas System (1880-1970)", in KAIJSER, A. and HEDIN, M. (eds), *op. cit.*, p. 92-93.

détenues par des capitaux étrangers, commandent dès la fin des années 1850 de plus en plus d'équipement aux entreprises nationales.

En Suède et en Norvège, le processus est identique à celui du Danemark, mais il ne peut être enclenché en Finlande, où le marché est trop étroit avec seulement trois réseaux urbains.[78]

IV. Le phénomène de la municipalisation (décennies 1860-1910)

Prenant la forme d'un équipement de service public, le nouveau produit se retrouve confiné entre collectivités publiques et marchés. La tradition en vigueur dans chaque pays en matière de gestion d'infrastructures privilégiant, soit l'exploitation directe par les collectivités publiques, soit la délégation de cette tâche à des compagnies privées, détermine largement l'orientation dominante des entreprises gazières : privée ou publique.

Si la solution en faveur d'une concession accordée à des compagnies privées s'impose comme un dogme lors des débuts du gaz, les municipalités manquant de moyens financiers et de compétences, plusieurs facteurs incitent par la suite à envisager la gestion directe par les municipalités. D'abord, les conflits triangulaires entre consommateurs, exploitants privés et autorités municipales poussent ces dernières à réévaluer constamment leur rôle de régulateur, et cette réévaluation s'oriente souvent vers une intervention de plus en plus directe. Puis l'élargissement des tâches urbaines (construction de routes, gares, squares, écoles) incite à rechercher de nouvelles sources de financement. La possibilité d'engendrer directement des profits supérieurs aux sommes annuelles versées par les compagnies privées dans les caisses des municipalités conduit ces dernières à exploiter elles-mêmes les réseaux gaziers. Enfin, le rachat des compagnies permet de reprendre un personnel compétent et limite les risques liés à l'entrée d'une collectivité publique dans un secteur entrepreneurial.

Il existe un groupe de pays dans lesquels les premières expériences municipales sont précoces, sans pour autant que le phénomène se diffuse à grande échelle. L'Angleterre, l'Autriche-Hongrie et l'Italie appartiennent à cette catégorie. Un autre ensemble est formé de nations où la municipalisation des infrastructures gazières atteint rapidement une large diffusion, dès les années 1870-1880. L'Allemagne, les pays scandinaves et la Suisse font véritablement office de pays pilotes. Dès les années 1870, 45 % des réseaux allemands sont municipalisés, près de la moitié en Suède, 71 % au Danemark et les trois-quarts en Suisse au tournant des

---

[78] *Ibid.*, p. 94-95.

deux siècles.[79] A l'autre extrême se situe la France dont les réseaux gaziers sont dominés dans la longue durée par des groupes privés jusqu'à la
nationalisation de 1946. A l'est de l'Europe, le phénomène se diffuse
avec un certain temps de retard, notamment à Budapest où le réseau est
racheté par la municipalité en 1910.[80] Dans les Balkans, l'influence exercée par les groupes gaziers et électriques occidentaux, soutenus par la
finance d'affaires internationale, fait obstacle à d'éventuelles tentatives de
municipalisation.[81]

A. Un pays précoce sans large diffusion : l'Angleterre

L'Angleterre est précoce sur plusieurs fronts avec la municipalité de
Manchester qui exploite le gaz manufacturé dès ses débuts en 1817. Il est
vrai que cette administration maîtrise le savoir-faire, puisque la plupart
des hommes politiques y sont aussi ingénieurs. Toutefois, malgré cette
précocité, le modèle de la régie directe ne prend pas une grande
extension. Seules quelques petites cités, Keigley dans les années 1820,
Greenock et Port Glasgow dans les années 1830 suivent l'exemple de
Manchester.[82] Comme le souligne Francis Goodall,[83] le quart seulement
des usines sont municipalisées au tournant des XIXe et XXe siècles, ce qui
apparaît bien faible par rapport aux *leaders* allemands, scandinaves et
suisses.

Bien que les premières expériences municipales soient plus isolées ou
plus tardives, quelques autres pays présentent des caractéristiques analogues à l'Angleterre, avec des municipalisations relativement précoces
par rapport à l'adoption de la nouvelle technologie sans pour autant que le
phénomène prenne de l'ampleur par la suite. Dans l'empire austro-
hongrois, la première usine communale est érigée à Brünn en 1848.[84]

B. L'accélération du phénomène dans la seconde moitié du XIXe siècle : l'Allemagne, la Suisse et les pays scandinaves

L'Allemagne peut être considérée comme l'un des pays pilotes de la
municipalisation. D'une part, les municipalisations y sont précoces. A
Dresde, premier bastion de la construction d'un réseau par des nationaux,
le gaz est municipalisé dès 1833, puis c'est au tour de Leipzig en 1838. A

---

[79] Selon WILLIOT, J.-P., *op. cit.*, p. 652 ; KURZ, D. und SCHEMPP, T., "Gemeindewerke
      und die Anfänge der Leistungs-verwaltung auf kommunaler Ebene (1800-1914)", in
      Itinera, 21 (1999), p. 209.
[80] G. NÉMETH (Section II, Partie A).
[81] A. KOSTOV (Section II, Partie A).
[82] GITERMANN, M., *op. cit.*, p. 32.
[83] F. GOODALL (Section II, Partie A).
[84] GITERMANN, M., *op. cit.*, p. 32.

Berlin, le refus de l'Imperial Continental d'élargir son réseau à de nouvelles rues pousse la municipalité à créer sa propre compagnie en 1847.[85] D'autre part, à partir des années 1870, les municipalités d'outre-Rhin déploient des efforts particuliers pour racheter les réseaux aux compagnies privées comme le souligne Dieter Schott dans cet ouvrage.[86] La progression est alors rapide. En 1896, 54 % des réseaux gaziers sont exploités par les municipalités. Dès leur rachat, les réseaux délaissés par les compagnies privées en raison de l'incertitude provoquée par l'approche du terme de la concession, sont modernisés et parfois de nouvelles usines sont bâties, comme à Mannheim où la municipalité reprend la concession en 1873, puis érige une nouvelle usine gazière en 1879.

La Suisse fait également partie des pays pilotes de la seconde moitié du XIXe siècle, même si les premières municipalisations tardent quelque peu. La première expérience s'inscrit dans le prolongement de la première cité helvétique à avoir adopté le gaz en 1842. Comme dans la capitale prussienne, son homologue helvétique est poussée à prendre les rênes par défaut de la compagnie privée. Mécontente de ses services, Berne municipalise le gaz dès 1860. Bâle suit en 1868, mais le mécanisme est autre, puisqu'il s'agit de l'aboutissement d'un contrat de fermage stipulant que le réseau revient à la municipalité après quelques années d'exploitation privée. Cette avance alémanique est révélatrice du cheminement suivi par le phénomène en Suisse. En fait, il se propage par la Suisse alémanique, un espace plus perméable à l'influence d'outre-Rhin que la Suisse romande. Les autres villes alémaniques suivent le mouvement dans les années 1880, alors que les compagnies romandes sont rachetées un peu plus tard, dans les années 1890.[87]

L'exemple suisse est également révélateur de la diffusion d'un mode de gestion souvent appelé « socialisme municipal », pourtant conduit dans les villes pilotes de Zurich et de Genève par des ingénieurs se situant à la droite de l'échiquier politique. A Zurich, il s'agit de l'ingénieur Arnold Bürkli-Ziegler (1833-1894), formé en partie en Allemagne, l'un des plus ardents défenseurs de la gestion des infrastructures publiques par les municipalités.[88] Pour lui, la question de la distribution d'eau par la Ville ne se discute même pas, tant elle va de soi. A Genève, la municipalisation gazière est menée tambour battant par un ingénieur issu d'une grande famille du Refuge protestant, Théodore Turrettini (1845-1916), qui n'hésite pas à traîner la compagnie gazière devant les tribunaux, pourtant en mains de familles appartenant à la « bonne société » genevoise. En

---

[85] « Statistique des usines à gaz en Allemagne et en Suisse », *loc. cit.*, p. 152.

[86] D. SCHOTT (Section II, Partie B).

[87] S. PAQUIER et O. PERROUX (Section III, Partie B) ; D. DIRLEWANGER (Section III, Partie B).

[88] BAUMANN, W., *Arnold Bürkli (1833-1894). Aufbruch in eine neue Zeit*, Meilen, 1994.

France également, l'exception municipale bordelaise n'est pas initiée par des socialistes, mais bien par « un républicain de bon ton », comme le souligne Alexandre Fernandez dans cet ouvrage.[89]

La précocité allemande a débloqué les goulets d'étranglements des cités nordiques. Depuis Hambourg, le modèle allemand de municipalisation se répand aussi chez les voisins scandinaves où les municipalités danoises et norvégiennes font office de précurseurs à partir de 1856. A cette date, les villes danoises de Nyborg, Svendborg et Silkeborg, puis Copenhague l'année suivante disposent d'un réseau municipalisé. En Norvège, la municipalité de Moss bâtit son propre réseau en 1856-57. La Suède suit à partir de 1859 (Hälsinborg 1859, Ystad 1860, Uppsala 1860). Par la suite, le mouvement s'étend rapidement aux villes scandinaves, si bien qu'en 1870, presque la moitié des réseaux gaziers suédois sont municipalisés (12 sur 27). Il faut toutefois préciser que les réseaux municipaux sont de petite taille, car leur contribution à la production nationale de gaz ne représente que 15 %. Au Danemark, la vague de municipalisation connaît une plus grande ampleur. Non seulement les réseaux municipalisés atteignent une proportion de 71 % (27 sur 38), mais participent encore à 83 % de la production nationale, un constat s'expliquant par l'importance des réseaux de la capitale, tous en mains municipales.[90] La diffusion de la municipalisation au Danemark peut s'envisager comme une réaction nationale face au poids représenté par la holding, Danish gas company, contrôlée par les Britanniques.

En règle générale, aussi bien au Danemark qu'en Suède, les réseaux bâtis par les collectivités publiques locales sont financés par des prêts accordés par des caisses d'épargne locales. Les municipalités sont devenues des clients bienvenus sur le marché des émissions publiques, alors qu'auparavant les problèmes de financement s'érigeaient comme un obstacle difficilement franchissable.

C. L'Italie : un timide mouvement de municipalisation initié par force de loi

Le contexte italien est marqué par une forte présence de groupes étrangers.[91] A la fin du XIXᵉ siècle, près d'un tiers des compagnies gazières sont en mains étrangères, dont celles des principales villes (Milan, Gênes, Rome, Venise, Bologne, Florence, Naples et Palerme). La présence de puissants groupes explique certainement la faiblesse de la municipalisation. Au moment de l'entrée en vigueur d'une loi favorisant

---

[89] A. FERNANDEZ (Section II, Partie C).

[90] HYLDTOFT, O., "Making Gas. The Establishement of the Nordic Gas System (1880-1970)", in KAIJSER, A. and HEDIN, M. (eds), *op. cit.*, p. 90-91.

[91] A. GIUNTINI (Section II, Partie B).

les municipalisations, en 1903, une infime part des réseaux gaziers est exploitée directement par les municipalités : 15 sur 424.[92] En matière de distribution gazière, la loi montre rapidement ses limites, les municipalités préférant jeter leur dévolu sur l'exploitation directe des réseaux électriques. En 1905, la Ville de Milan renonce à une municipalisation gazière jugée trop onéreuse, mais crée sa société d'éclairage électrique en 1910. Dans la capitale, en 1912, alors que le mouvement de municipalisation est à son apogée, la municipalité entre en possession du réseau électrique, mais laisse l'exploitation du gaz à la compagnie privée. En 1915, 31 entreprises municipales sont recensées représentant un investissement global de 21 millions de lires. L'exemple italien montre les problèmes posés par un mouvement de municipalisation relativement tardif. Il s'agit d'expulser des groupes solidement installés depuis plusieurs décennies. Anticipant l'entrée en vigueur de la loi de 1903, la holding gazière genevoise perd l'une de ses plus belles positions italiennes lorsque Bologne rachète en 1900 le réseau gazier, douze ans avant le terme prévu par la concession.[93] Deux ans plus tard, c'est au tour de sa consœur de Schaffhouse de perdre Pise et Reggio, dont les concessions reprises par les municipalités respectives[94] précipitent la chute de la holding schaffhousoise en 1904.[95]

D. La France : *l'extrême du « laisser faire et du laisser passer »*

Pour caractériser l'exemple français où les compagnies privées dominent, un auteur des années 1920 n'a pas hésité à utiliser le terme de pays du « laisser faire et du laisser passer ».[96] Il est vrai que dans ce pays doté d'une structure institutionnelle centralisée, les collectivités publiques locales manquent aussi bien de moyens financiers que de pouvoir de décision.

Les échecs sont riches d'enseignement. La Ville de Paris se retrouve dans une situation analogue à celles des municipalités helvétiques. Les élus parisiens, excédés par les profits des compagnies privées, montent au créneau pour faire baisser les tarifs et mettent sur pied un projet de régie direct préparé de longue date. Toutefois, si le projet passe le cap de la Chambre des députés, il ne passe pas l'obstacle du Sénat (1905), plus conservateur. Considérant ce projet comme trop collectiviste, les sénateurs craignent de créer un précédent qui donnerait force de loi à une

---

[92]   A. GIUNTINI (Section III, Partie B).

[93]   Voir *Compagnie genevoise de l'industrie du gaz. Année 1900. Extrait des rapports présentés aux Assemblées générales : extraordinaire du 30 juillet 1900 et ordinaire du 1er mai 1901*, Genève, 1901, p. 3-4.

[94]   *Compagnie genevoise de l'industrie du gaz. Année 1902*, p. 6.

[95]   *Compagnie genevoise de l'industrie du gaz. Année 1904*, p. 4.

[96]   Comme le précise en français dans le texte : GITERMANN, M., *op. cit.*, p. 32.

régie directe.[97] Le message est bien compris, car à part la Ville de Grenoble qui reprend le réseau du gaz au tournant des deux siècles, sur la base du modèle des services industriels largement diffusé dans les villes voisines helvétiques, il faut attendre la fin de la Première Guerre mondiale pour voir apparaître la première régie gazière française, à Bordeaux.

La tentative avortée à Saint-Etienne en vue de créer une régie directe pour produire et distribuer l'électricité est symptomatique des difficultés à imposer une entreprise municipale de service public.[98] La Ville de Saint-Etienne ayant souffert du malthusianisme des compagnies gazières, les élus souhaitent imposer au début des années 1900 leur propre projet hydroélectrique. Mais cette tentative portée par les socialistes stéphanois un temps au pouvoir, se heurte au mur des compagnies privées soutenues par les libéraux. C'est peut-être là que se situe le problème, car la question de la régie directe posée en terme d'antagonisme gauche-droite a encore moins de chance d'aboutir dans un pays où le courant libéral est encore puissant. De plus, la question est loin de faire l'unanimité à gauche de l'échiquier politique. Dans un ouvrage intitulé *Services publics et socialisme* publié en 1901, le fondateur du parti ouvrier, Jules Guesde, fustige l'exemple allemand où les chemins de fer incorporés à l'Etat impérial portent à son maximum « l'armée de l'obéissance passive ». L'auteur reproche au service public de renforcer la bourgeoisie et la classe capitaliste tout en affaiblissant la classe ouvrière qui se retrouve paralysée. Contre l'Etat, pas de lutte possible, surtout pas de grève, cette « école de guerre » qui génère la solidarité et crée l'organisation ouvrière. Par conséquent, Guesde estime qu'il faut laisser la concurrence détruire les compagnies privées et ne prévoir la gestion par l'Etat qu'une fois la fusion des classes réunies en une seule : celle des producteurs.[99]

L'exemple de la régie directe de Bordeaux analysé dans ce volume par Alexandre Fernandez, apparaît comme une exception dans un pays où les compagnies privées jouent les premiers rôles en matière d'installation et d'exploitation des infrastructures urbaines. Par rapport à toutes les autres nations, cette municipalisation est bien tardive. Elle profite de circonstances particulières de l'après Première Guerre mondiale pour s'imposer en 1919. D'une part la hausse des prix de la houille plonge la compagnie privée dans les difficultés, et d'autre part un décret loi du 8 octobre 1917 assouplit la jurisprudence sévèrement restrictive du Conseil d'Etat en matière d'initiative économique à l'échelon communal. Selon les termes

---

[97] WILLIOT, J.-P., *op. cit.*, p. 660.

[98] Voir LORCIN, J., « Du 'socialisme municipal' au libéralisme. Le régime de la production et de la distribution de la force motrice à Saint-Etienne (Loire) avant 1914 », in *Bulletin d'histoire de l'électricité*, 12 (1988), p. 61-82.

[99] GUESDE, J., *Service public et socialisme*, Paris, 1901, p. 25-26 et p. 35-36.

d'Alexandre Fernandez, cette loi promulguée par l'Etat central « organise enfin l'existence des régies municipales ».[100]

Il faudra le cataclysme de la Seconde Guerre mondiale pour observer un renversement de tendance radical dès la nationalisation décrétée en 1946. Probablement pour ne pas pénaliser les municipalités qui ont ouvert la voie, elles sont épargnées par cette lame de fond.

---

[100] A. FERNANDEZ (Section II, Partie C).

Stratégies entrepreneuriales et évolution des marchés des années 1840 aux années 1930

Jean-Pierre WILLIOT & Serge PAQUIER

I. De la domination à l'émergence des résistances (décennies 1840-1870)

A. Un équilibre économique aléatoire (décennies 1840-1850)

Il serait faux de toujours associer l'exploitation des réseaux gaziers au XIXe siècle à des bénéfices importants. Même si le nouveau mode d'éclairage est expérimenté dès les années 1810 dans les villes anglaises et françaises, la période de diffusion dans les autres centres urbains européens démarrant dès les années 1840 reste une phase pionnière. La technologie de ces usines de première génération est incertaine. Les options concernant la distillation sont encore ouvertes (bois, houille, pétrole, huile), les pertes dans les conduites restent très importantes et la qualité de la flamme laisse à désirer, ce qui rend très aléatoire la conquête des marchés privés. En règle générale, il apparaît que l'appréciation des ingénieurs quant aux problèmes posés par l'installation et l'exploitation des réseaux gaziers fait encore défaut. La période d'amortissement des premiers investissements s'allonge considérablement, si bien qu'il s'avère très délicat d'en envisager de nouveaux sans menacer l'équilibre financier des compagnies pionnières.

Pourtant le contexte contraint à pratiquer de nouveaux investissements, exigés d'un côté par la progression de la technologie – les premiers réseaux sont rapidement obsolètes –, et de l'autre pour étendre le réseau afin de suivre l'expansion urbaine. En Italie, jusqu'aux années 1860, l'équilibre économique des compagnies gazières reste fragile.[1] Même dans les pays du Centre, l'exploitation des premiers réseaux est aléatoire. A Berne, les conduites sont en terre cuite et comme à Lausanne,

---

[1] A. GIUNTINI (Section III, Partie B).

l'usage de houille locale de mauvaise qualité s'avère un mauvais choix.[2] Dans la capitale helvétique, la situation de la compagnie privée est tellement compromise que la municipalité se trouve contrainte de faire office de pionnière suisse en reprenant elle-même l'exploitation du réseau gazier en 1860.

B. Un nouveau contexte très favorable (décennies 1860-1870)

Plusieurs facteurs apportent des perspectives très favorables à l'exploitation gazière dès le début des années 1860. A la suite des dysfonctionnements résultant de l'exploitation des usines de première génération, plusieurs améliorations sont apportées. La technologie est devenue sûre. Les progrès dans l'étanchéité des conduites limitent les pertes et surtout une seule option s'impose : celle de la distillation à la houille, une matière première devenue plus largement disponible à bon compte depuis l'existence des liaisons ferroviaires européennes. Autre avantage non négligeable lié à l'utilisation de la houille, sa distillation ouvre un débouché conséquent à la vente de sous-produits. Du côté de la demande, l'accélération du processus d'urbanisation permet d'envisager des marchés publics et privés en constante progression. Les marchés privés ne se limitent plus aux applications commerciales (fabriques, restaurants, commerces, magasins), mais sont stimulés par les débuts de l'économie domestique.

1. Stratégies de rente en l'absence d'un marché dynamique de consommateurs privés

Malgré ces conditions favorables, l'exploitation gazière à partir des années 1860 ne rime pas forcément avec des bénéfices conséquents. L'analyse des exemples espagnols et suisses montre divers degrés dans l'accomplissement des stratégies entrepreneuriales. Madame Mercedes Arroyo identifie à Malaga des entrepreneurs dont les stratégies s'inscrivent dans la droite ligne des comportements élitistes d'Ancien régime orientés vers le simple faire-valoir d'une rente. Les investissements sont limités au minimum et la qualité du service s'en ressent. Il est vrai que la structure économique, basée sur l'exploitation vinicole dévastée par le phylloxera, n'incite pas à investir. Pourquoi dès lors mobiliser des capitaux, si les marchés privés, tellement fondamentaux pour assurer la rentabilité de l'infrastructure, ne sont pas suffisamment dynamiques ? Toutes les compagnies gazières confrontées à ce type d'environnement, même dans les pays les plus avancés, devraient confirmer ce mécanisme. Ainsi une étude récente de Gérard Duc, traitant d'un chef-lieu en espace rural, nuance clairement l'idée que toutes les compagnies gazières évoluant

---

[2]   D. DIRLEWANGER (Section III, Partie B).

pendant la période favorable des années 1860-1870 génèrent des profits colossaux. A Sion, capitale du canton du Valais, où l'oligarchie est impliquée, les marchés privés quasi inexistants et la municipalité plongée dans les difficultés financières, l'évolution du réseau s'apparente à celle observée à Malaga.[3]

2. En espaces urbains : des stratégies d'investissement au malthusianisme

A l'inverse, dans les principales villes dotées d'une structure économique dynamique, tertiaire ou secondaire, où les stratégies des compagnies gazières sont définies au niveau du conseil d'administration par des entrepreneurs aguerris (ingénieurs, financiers, industriels), les imposants bénéfices résultent de la progression des marges. Pendant l'âge d'or des années 1860-70, les prix de revient baissent largement en deçà des tarifs planchers prévus par les concessions, la conquête des marchés privés génère des économies d'échelle diluant les frais fixes, alors que les compagnies profitent des défauts de l'élément régulateur dans la mesure où les municipalités parviennent difficilement à faire baisser les tarifs, même lorsque les concessions le prévoient.

Toutefois, ce type de jeu économique, défini par les concessions signées vers le milieu du siècle, montre rapidement ses limites. L'incertitude retient les investisseurs. Dès lors, les perspectives de l'industrie gazière tendent à se ternir dès la fin des années 1870 et cela pendant une vingtaine d'années. La première explication venant à l'esprit serait l'impact de la Longue dépression. Or, dans ce type d'industrie pratiquant l'économie de concession en site urbain, la demande reste soutenue par la poursuite du mouvement d'urbanisation. C'est surtout le contexte des investissements qui se dégrade. La retenue des gaziers s'explique par trois facteurs, l'entrée dans une période de baisse de tarifs – réclamée sans cesse par les municipalités –, l'émergence de la concurrence de l'éclairage à l'électricité et le flou qui entoure le renouvellement des concessions au tournant des deux siècles.

Dans des conditions si défavorables, il ne faut pas s'étonner si les stratégies des compagnies gazières sont véritablement malthusiennes. Du côté des compagnies privées, l'absence d'investissement s'accompagne de stratégies très défensives tendant à protéger un bastion dont certains se vantent de l'avoir bâti de leurs propres mains. Mais les tentatives de cette première génération vieillissante de *system builders* visant à faire valoir un droit au monopole de l'éclairage devant les tribunaux, sont condam-

---

[3]   Voir DUC, G., « Genèse et croissance du réseau gazier à Sion. L'exemple d'un chef-lieu en espace rural », in *Revue suisse d'histoire*, 53 (2003), p. 34-57 ; du même auteur, *Les Services industriels de la ville de Sion. Reflet des mutations d'un chef-lieu rural*, Sierre, 2003.

nées d'avance. Le succès obtenu à Bruxelles est éphémère, car pour une société qui croit tant aux vertus du progrès, il paraît impensable que des entreprises qui ont profité pendant longtemps de marges très importantes puissent s'opposer au progrès incontestable apporté par la nouvelle technologie électrique. Qu'importe pour les compagnies privées qui, comme en Suisse, vont être sanctionnées dans les années 1880-90 par la municipalisation, le retour sur les investissements consentis avant les années de doute s'est montré tellement profitable qu'elles peuvent envisager de revendre sans regret leur réseau aux municipalités.

De leur côté, les responsables des réseaux municipaux gaziers, qui doivent rendre des comptes à la collectivité publique, ne peuvent pas pratiquer longtemps des stratégies défensives. L'attentisme qui semble prédominer dans certaines villes allemandes et suisses, à Mannheim, Mayence et Bâle, est une solution qui ne fait qu'accroître les pressions exercées par les milieux intéressés sur la municipalité en faveur de la diffusion du nouvel éclairage à l'électricité.

Mais les investisseurs ne vont pas attendre vingt ans pour faire fructifier leur capital sur la base de l'expérience acquise. Les capitaux sont mobiles. Canalisés par des groupes spécialisés, ils se dirigent tant vers les anciens réseaux devant être stimulés par des investissements que vers les nouveaux marchés internationaux, tels ceux des villes balkaniques. La formation en 1879 à Paris de la Compagnie du gaz pour la France et l'étranger, une année seulement après le début de la panique des milieux gaziers provoquée en 1878 par la première apparition de l'électricité à l'exposition universelle de Paris, est symptomatique de la réponse apportée par les investisseurs au ralentissement des affaires. De même, la formation dans les années 1880 de groupes intégrés combinant gaz et eau à Paris et à Londres, s'inscrit dans cette même logique de redynamisation des marchés.

II. Le sursaut de l'industrie gazière (décennies 1880-1930)

Certes, le redémarrage s'appuyait sur le retour à la croissance économique générale, mais le secteur gazier bénéficia désormais d'une croissance coordonnée des réseaux urbains qui permit de maîtriser la concurrence entre énergies. Le problème de la concurrence électrique fut résolu de deux manières. L'intégration des entreprises était une réponse qui fonda, en France ou en Belgique, la mixité de nombreuses sociétés distribuant à la fois du gaz et de l'électricité. Ce mode de limitation des concurrences a jusqu'alors été peu étudié. Il devrait l'être en particulier pour comprendre l'adaptation de stratégies commerciales différenciées qui ne signifient pas forcément la défaite du gaz qu'évoquent Messieurs

René Brion et Jean-Louis Moreau.[4] L'autre moyen qu'employaient les gaziers pour endiguer la perte de clientèles fut celui de l'innovation dans les usages du gaz. Cette solution s'est généralisée à la fin du XIXe siècle.

A. L'innovation comme réponse à la concurrence

1. Une fausse solution : améliorer l'intensité de l'éclairage au gaz

Le succès de l'éclairage au gaz tenait à l'intensité et à la régularité qu'il offrait par rapport aux autres lumières à flamme. La mise au point de la lampe électrique à incandescence d'Edison en octobre 1879 créa au début de la décennie 1880 une double rupture. La luminosité supérieure, la fixité de l'éclairage, bref son efficacité, déclassèrent le bec de gaz qui était jusque-là symbole de modernité. D'autre part, l'emploi de l'incandescence interrompit la longue série d'améliorations des éclairages qui, depuis le feu originel, fonctionnaient grâce à une flamme. Les gaziers répondirent en deux temps. La première réaction porta sur une augmentation de l'intensité des flammes par la modification des brûleurs. Essayés à Paris dès 1878, ces becs dits intensifs furent un échec, engendrant une augmentation de la dépense de gaz pour améliorer modérément l'éclairage. La seconde portait des effets plus durables en utilisant le pouvoir calorifique du gaz qui n'éclairait plus mais chauffait la toile métallique d'un bec dont l'incandescence projetait un faisceau lumineux proche de celui obtenu par l'électricité. Une floraison de becs de gaz à incandescence – dont l'histoire technique n'est pas écrite – révèle la dynamique innovatrice des fabricants. Mais elle ne comportait pas que des avantages car la consommation de gaz diminuait et l'allumage en était plus difficile. Pourtant, le bec Auer, mis au point en 1889, prolongea le succès de l'éclairage au gaz sur les voies publiques, dans les ateliers et chez les particuliers. Malgré tout, en une génération, au tournant des deux siècles, la supériorité de l'éclairage électrique était devenue telle que les gaziers comprirent combien leur avenir n'était plus dans ce segment de marché. Ils ne furent pas unanimes dans cette voie et l'on aurait intérêt à étudier la diversité de leurs positions face aux énergies concurrentes, souvent fonction de leur génération. Les plus jeunes ingénieurs ont-ils été plus réceptifs que les vieux gaziers formés dans la fierté d'avoir transformé les villes ? La formation dans les écoles d'ingénieurs a-t-elle aussi influencé des décalages chronologiques d'un pays à l'autre ? Voici encore des réponses qui nous manquent.

2. L'avenir du gaz : promouvoir les usages calorifiques

La promotion des usages calorifiques orienta ensuite l'industrie gazière vers une évolution décisive. Bien que connues dès le milieu du

---

[4]   R. BRION et J.-L. MOREAU (Section II, Partie B).

siècle, les nouvelles applications du gaz n'étaient que des fronts pionniers, exploratoires, réservés à des clientèles sélectionnées et négligeables sur le plan quantitatif. Peu de renseignements nous sont donnés d'ailleurs sur ces consommateurs innovateurs dont il faudrait aussi faire l'histoire pour peser ce qui de l'imperfection technique ou de la résistance au changement a finalement le plus retardé le passage du pouvoir éclairant du gaz au pouvoir calorifique. Ce fut une mutation fondamentale, dont la chronologie mériterait d'être affinée par des exemples locaux plus nombreux. Les gaziers ont amorcé un basculement vers de nouvelles pratiques commerciales, que l'on aurait avantage à mettre en parallèle avec celles des compagnies électriques pour préciser les initiatives et les influences réciproques entre les deux concurrents. Dès la décennie 1890 émergeaient en effet des approches du marché qui allaient éclore dans les années 1920.

Face à la concurrence électrique, le premier facteur susceptible de conserver la clientèle fut d'engager un mouvement de baisse des tarifs. Il ne fut pas de règle. Dans certains cas, il est évident que la baisse tarifaire était la condition *sine qua non* pour espérer prolonger une concession (Genève en 1890, Paris en 1903). On voit alors jouer à plein les arbitrages politiques d'édilité, comme le précise le texte de Serge Paquier et Olivier Perroux dans la situation genevoise.[5] En réalité, cette pratique était déjà courante au milieu du XIXe siècle à l'arrivée d'un nouveau concessionnaire. En revanche, c'est bien une stratégie de reconquête du marché que les gaziers déployèrent par des baisses volontaires de tarif. De nombreux exemples l'attestent : à Mannheim où le prix du gaz employé aux usages calorifiques fut réduit d'un tiers selon Dieter Schott ;[6] en Belgique où le Gaz Belge décrit par Messieurs René Brion et Jean-Louis Moreau accordait des tarifs préférentiels aux grands consommateurs.[7] La « théorie du gaz de jour » poussa en effet de nombreux exploitants à favoriser la consommation par des incitations sélectives du prix de vente. Tous n'étaient pas d'accord, craignant que cela ne devînt finalement une porte ouverte à une demande de réduction générale des tarifs, comme le démontre la position majoritaire en France.[8] Une explication satisfaisante de ces différences pourrait venir de l'étude des formes de concessions et de l'existence de formules permettant de reporter sur le prix de vente les évolutions des coûts de production, à la baisse (ce qui était par exemple envisagé à Paris) ou à la hausse. La chronologie de la tarification gazière reste en effet à écrire notamment dans ses fondements juridiques et comp-

---

[5]   S. Paquier et O. Perroux (Section II, Partie C).

[6]   D. Schott (Section II, Partie B).

[7]   R. Brion et J.-L. Moreau (Section II, Partie B).

[8]   *Journal des Usines à Gaz*, 20 juillet 1888 ; Mustar, P., « Les réseaux de distribution du gaz à la fin du XIXe siècle. Construction d'une demande », in *L'Electricité et ses consommateurs*, Paris, 1987, p. 208.

tables. La réflexion sur la détermination d'un tarif juste s'engagea à la fin du XIXe siècle sous la pression économique des consommateurs et celle, très politique, des municipalités. Mais on peut d'ores et déjà poser qu'elle évolua vraiment après les bouleversements nés de la Première Guerre mondiale, et les difficultés qui en découlèrent pour assurer la distribution gazière dans des conditions normales. Des formules plus complexes apparurent alors, comme l'indique Alexandre Fernandez avec le cas jurisprudentiel célèbre du Gaz de Bordeaux.[9]

D'autres compagnies préférèrent axer leur stratégie sur la propagation de l'équipement gazier. En subventionnant l'acquisition ou simplement la location de matériels, les exploitants espéraient développer la consommation, fidéliser les abonnés et encourager les marchés porteurs. Certains gaziers n'étaient pas dénués d'une vision progressiste considérant l'élévation du confort moyen comme un progrès social général. Ils rejoignaient en cela, sans pour autant en accepter les théories, le socialisme municipal qui eût un fort écho en Allemagne ou en Grande-Bretagne. Toutefois, dans la majorité des cas, ces politiques de subvention de la demande que l'on rencontre à Genève, Mannheim ou Paris, visaient à promouvoir de nouveaux usages pour accroître la consommation.[10] La diffusion de compteurs à prépaiement, particulièrement efficace en Angleterre,[11] et la simplification des abonnements eurent aussi des effets encourageants à la fin du XIXe siècle.

Une active propagande basée sur des lectures publiques, des conférences attractives ou pédagogiques, apparaît enfin comme la forme la plus originale de cette stimulation du consommateur. Nous en rencontrons de multiples exemples en Europe. Le développement précoce de l'enseignement ménager par l'intermédiaire du gaz demande ainsi à être réévalué. Ce dernier, souvent imputé à la seule initiative des compagnies électriques durant l'essor de l'entre-deux-guerres, doit être replacé chronologiquement plus en amont et versé au crédit des entreprises gazières. Nous n'en prendrons que deux exemples, mais ils sont significatifs. Francis Goodall signale ainsi que dès le milieu des années 1870 le gaz fut promu par la *National Training School of Cookery* à Londres.[12] De son côté, la Compagnie parisienne sollicita le concours d'un cuisinier, concepteur de cours populaires de gastronomie, pour assurer à partir de 1892 des conférences culinaires. De loin, on le voit, était préparée l'institution des conseillères ménagères qui apparurent en Angleterre et en Allemagne au lendemain de la Première Guerre mondiale.

---

[9] A. FERNANDEZ (Section II, Partie C).

[10] D. SCHOTT (Section II, Partie B) ; S. PAQUIER et O. PERROUX (Section II, Partie C).

[11] Voir le chapitre 5 de GOODALL, F., *op. cit.*, Ashbourne, 1999.

[12] F. GOODALL (Section II, Partie A).

Au total les usages calorifiques ont relancé l'industrie gazière. La diffusion de la cuisine au gaz en fut la principale bénéficiaire selon une progression graduée. Les expositions universelles abritèrent chaque fois la présentation de nouveaux appareils, en nombre toujours plus nombreux, avec des fonctionnalités innovantes, mais qu'en fut-il de la réception par les consommateurs ? La cuisine au gaz trouva d'abord dans les grands hôtels et leur clientèle de luxe une place privilégiée. Dès le milieu du XIXe siècle, elle avait pénétré quelques demeures aristocratiques et les plus huppés restaurants. Les années 1880-1930 furent celles d'une démocratisation lente de cet usage, de la bourgeoisie vers les classes moyennes. Outre les changements culinaires qu'elle autorisa, elle se substituait avec avantage aux cuisinières au charbon tant par la propreté que par le confort d'usage. Nouvelle facilité dans les collectivités, elle occupa ensuite les cuisines domestiques, permettant de préparer plus aisément les repas et donc de diversifier l'alimentation. Au delà des exemples dont nous disposons, la progression de ce marché gazier est à étudier en détail pour établir une chronologie moins impressionniste. C'est également en termes de confort et de luxe que se déclina la conquête du chauffage, en premier lieu celui de l'eau, concomitant de la progression de l'hygiène à la fin du XIXe siècle. Applications nouvelles ou extension des marchés sont passées par une collaboration que les compagnies gazières pouvaient entretenir avec les appareilleurs, dont l'histoire là aussi est à faire. La coopération a pu être stimulée au moyen de primes. Mais ces entrepreneurs étaient autant au service des marchands de charbon et de bois qu'à celui des électriciens et des gaziers. Il conviendrait donc de mieux cerner quel intermédiaire ils ont pu établir en aval de l'industrie gazière, pour placer les cuisinières, les chauffe-eau mais aussi les moteurs à gaz et plus tard les appareils de chauffage. Il manque sur ce plan des études comparatives. L'histoire des techniques conçue comme une approche globale du changement quotidien se devra d'y apporter une réponse dans un domaine banal mais essentiel : celui du confort domestique. Une telle recherche ouvrirait des perspectives assez fines sur la psychologie et la sociologie des consommateurs, à l'aube de la consommation de masse. Elle permettrait par ailleurs d'apporter une mesure quantitative de l'innovation, en s'appuyant par exemple sur une statistique des brevets à l'instar de ce qu'a fait Andrea Giuntini.[13]

Les résultats de cette conversion au marché énergétique de chaleur et de force sont déjà approchés ici dans leurs aspects quantitatifs par plusieurs auteurs. Tous s'accordent à dire que la mutation de l'industrie gazière a relancé la consommation, au moins jusqu'aux années vingt. La progression de l'électricité, les tensions sur le marché charbonnier et les

---

[13]   BIGATTI, G., GIUNTINI, A., MANTEGAZZA, A., ROTONDI, C., *L'acqua et il gas in Italia*, Milan, 1997, p. 221-222.

effets du ralentissement économique des années 1930 ont freiné – voire cassé – ensuite cette dynamique. Une double perception erronée reste à éviter. La conversion aux usages calorifiques s'est produite en superposition du déclin de l'éclairage public et privé et non en rupture rapide. Il faut donc se garder d'un schéma trop global. A l'inverse, les emplois calorifiques du gaz de houille ont initié des formes nouvelles de confort, évidemment imparfaites, qu'une lecture partiale imputerait à nos seules énergies modernes.

B. Améliorer la productivité

Autant l'image d'une très active politique de vente incite à réévaluer les performances commerciales de l'industrie gazière entre les années 1880 à 1930, autant la perception péjorative de l'« usine à gaz » laisse croire à la stagnation technique de la production. Ce biais historiographique procède de l'insuffisance des travaux portant précisément sur cet aspect de l'histoire gazière. L'analyse du marché, appuyée sur l'histoire économique, prime en général l'étude des techniques, un peu laissées de côté. A tort, car l'évolution des conditions de production dans les usines à gaz s'insère dans une dynamique technique plus large qui lie en triangle l'extraction charbonnière, l'essor des cokeries et la carbochimie. La chronologie des procédés nouveaux n'est pas assez fouillée. Quant aux écarts dans leur adoption d'un pays à l'autre, voire plutôt d'une région industrielle ou d'une agglomération à une autre, ils sont méconnus. Les rapports circonstanciés des ingénieurs qui voyageaient en Europe pour comparer l'état local des techniques soulignent pourtant bien des différences.[14]

1. L'intégration des progrès techniques dans les usines

La rationalisation des usines à gaz s'est articulée sur une recherche continue visant à accroître les capacités de production et de rendement. Mais l'on pourrait suggérer que deux modèles ont existé. L'un serait incarné par les plus grandes compagnies introduisant des changements techniques réguliers à partir de la décennie 1880 au sein des usines desservant de grandes ou très grandes villes. Grâce à plusieurs modifications, le rendement en gaz par tonne de charbon distillée doubla dans les années 1920. Les fours à cornues inclinées puis les fours à chambre verticale d'une part, la mécanisation du chargement du charbon et la circulation des produits au sein de l'usine d'autre part, ont ainsi fait l'objet d'améliorations successives. Soit les procédés nouveaux ont résulté de la recherche au sein même de leurs usines. Soit elles ont acquis des brevets ou des systèmes mis au point dans des exploitations plus modestes. Les deux

---

[14] WILLIOT, J.-P., *op. cit.*, p. 544-546.

grandes sociétés de Londres, la Gas Light and Coke et la South Metropolitan, comme la Compagnie parisienne s'inscrivent dans ce schéma. Les gigantesques usines de Beckton à Londres ou du Landy-Cornillon au nord de Paris incarnaient bien aux yeux des contemporains ces monuments de la production gazière à l'immédiate périphérie des capitales.

Le second modèle prendrait naissance dans les bassins industriels où se concentraient les mines et l'industrie lourde. Le développement des cokeries sidérurgiques et minières, surtout après la Première Guerre mondiale, livra des quantités supplémentaires et abondantes de gaz. Dès lors, la distribution de ces ressources au moyen de réseaux liant les usines entre elles parut une solution rationnelle. Elle permettait de fermer des usines à gaz peu rentables. Elle évitait après les destructions du premier conflit mondial des investissements condamnés par la concurrence électrique. Elle apportait en outre des débouchés garantis par une intégration croissante vers l'industrie chimique. Ce modèle a connu son essor à partir des années 1920 dans les grands bassins charbonniers. Les cas belges et rhénans évoqués ici ou la concentration verticale opérée par des compagnies minières du Pas-de-Calais le confirment pleinement. Dans la mesure où la vente des sous-produits permettait de couvrir jusqu'à 80 % des dépenses de matières premières, on comprend que ce modèle ait trouvé des raisons d'être hors des bassins miniers, soit par renforcement des liens avec de grandes entreprises chimiques, cas d'Italgaz au sein de la Montecatini,[15] soit par édification de grandes cokeries gazières, présentées comme la panacée par les ingénieurs gaziers de l'après-guerre.

2. La naissance du transport

Les ressources disponibles incitèrent à franchir une nouvelle étape en dépassant le cadre interurbain pour constituer un véritable transport du gaz. Cette évolution, très bien décrite dans le cas belge par René Brion et Jean-Louis Moreau au sujet de Distrigaz, a commencé en Europe en 1910 lorsque la technique de la compression du gaz à haute pression fut maîtrisée.[16] C'est à cette date que les Rheinische Westfalische Elektrizitätswerke et l'entreprise Thyssen posèrent les premières conduites dans la Ruhr pour écouler les excédents de gaz de fours à coke. Après la guerre, les sociétés charbonnières de cette région constituèrent 90 % du capital de la Ruhrgas, fondée en 1926. Dix ans plus tard, il y avait en Allemagne des réseaux de transport de gaz sur plus de 2000 km. Un projet très ambitieux reliant la zone de production aux autres régions allemandes par un quadrillage de *feeders* avait même été conçu mais il n'arriva pas à terme en raison de multiples oppositions : souci d'indépen-

---

[15]   CASTRONOVO, V., PALETTA, G., GIANNETTI, R., BOTTIGLIERI, B., *Dalla luce all'energia. Storia dell'Italgas*, Bari, 1987, p. 230.

[16]   R. BRION et J.-L. MOREAU (Section II, Partie B).

dance des municipalités, hostilité des compagnies ferroviaires transportant le charbon, risque d'une concentration excessive de la fourniture de gaz.[17] L'idée d'un maillage du territoire par un réseau gazier était néanmoins posée et c'est en Allemagne que le processus était le plus avancé. D'autres initiatives avaient déjà vu le jour pour réaliser des transports à longue distance : dès 1828 entre le Staffordshire et Londres ; en 1886 selon le projet de deux ingénieurs entre les mines d'Anzin et Paris.[18] Outre un réseau de gazification rurale en Suisse (sur la rive nord du Léman et la région de Zurich),[19] dans le Limbourg hollandais et en Belgique, c'est en France que les réseaux de transport de gaz de cokerie ont pris une certaine ampleur dès les années 1920. La Société régionale de distribution du gaz, constituée par des compagnies gazières et des houillères, développa son activité à travers le bassin minier à partir de 1924. Interconnecté avec d'autres réseaux organisés dans le nord de la France cet ensemble constitua entre 1926 et 1942 la préfiguration d'un véritable réseau régional.

En dépit des avantages économiques du transport du gaz, les quelques cas cités laissent penser qu'en dehors des régions industrialisées ou des conurbations denses, le système n'était pas très développé. Le gaz participait peu à de nouvelles logiques d'aménagement du territoire au contraire des sociétés électriques. Une première explication apparaît dans la communication de Dieter Schott.[20] Les municipalités – comme les compagnies – passaient outre les protestations des habitants de situer les usines à gaz près des quartiers habités car une production éloignée renchérissait considérablement le prix de revient. Nombre de compagnies dégageant des profits sur la vente des sous-produits préféraient produire sur place, en faisant venir le charbon plutôt que de transporter le gaz. Le même auteur avance avec raison que l'extension des réseaux gaziers supposait au préalable la mise en place de politiques intercommunales, encore limitées durant l'entre-deux-guerres, citant le cas anticipateur de la fusion des services de Mayence et Wiesbaden. Un autre exemple montre cependant qu'à la périphérie des grandes villes, la configuration des réseaux évolua vers la mise en commun de ressources. Ainsi, le réseau de la compagnie qui desservait les communes de la banlieue parisienne comptait à la fin de l'entre-deux-guerres 10 % de canalisations intercommunales. Cette évolution était-elle limitée à terme, par manque de ressources gazières disponibles et surtout par réduction des marchés dans un contexte économique déprimé et concurrentiel ? Au contraire, faut-il

---

[17] *Journal des usines à gaz*, 1945, p. 65.

[18] Projet que nous remercions Nadège SOUGY de nous avoir signalé dans les archives de l'Ecole des Mines à Paris.

[19] S. PAQUIER et O. PERROUX (Section III, Partie B).

[20] D. SCHOTT (Section II, Partie B).

voir dans cette recherche de gains de productivité l'anticipation d'un nouveau schéma de l'industrie gazière, vouée au transport et à la distribution plutôt qu'à la production ? Faute de travaux sur cette période, on ne peut guère arbitrer entre deux hypothèses mais ces questions appellent des recherches sur les projets régionaux, notamment transfrontaliers, qui n'ont pas manqué durant ces années de transition.

CHAPITRE III

Du déclin au renouveau :
la seconde moitié du XXe siècle

Jean-Pierre WILLIOT

I. Entre la stagnation des marchés et l'obsolescence technique (décennies 1930-1950)

A. Les limites d'une rationalisation par les gains de productivité

Bien que l'on ne connaisse pas dans le détail l'évolution technique d'un pays à l'autre au cours des années 1930, période en général peu explorée y compris par les communications rassemblées ici, l'impression d'un terme de l'industrie gazière se dégage généralement. Tout semble être dit quant aux progrès techniques. Dans le domaine de la distillation du charbon, la mise au point des fours à chambre avait fait aboutir une recherche commencée dès le début du XIXe siècle pour produire du coke en quantités importantes. L'avènement des fours à chambres verticales à distillation continue améliora les rendements et décupla la productivité, notamment avec un contrôle plus efficace des températures dès le début du XXe siècle. La production de gaz à l'eau, résultant de jets de vapeur sur des lits de coke incandescent, était déjà pratiquée en Angleterre dans les années 1920. Le renforcement de son pouvoir éclairant au moyen d'une carburation à l'aide d'huiles de pétrole était aussi connu grâce aux progrès réalisés dans ce domaine outre-Atlantique. Le procédé de la gazéification intégrale à l'aide de gazogènes avait donné naissance à de nombreux modèles employés à la fin de la décennie 1920. Enfin, les centrales gazières – usines à gaz de forte capacité ou cokerie – alimentaient de nombreux réseaux, comme on l'a vu. Les progrès réalisés dans le domaine de la distribution étaient acquis aussi depuis longtemps. Qu'il s'agisse de la taille optimale des gazomètres,[1] de la régulation des réseaux au moyen de détendeurs que l'augmentation des pressions de service rendait nécessaire, de l'emploi de conduites en acier ou en fonte centri-

---

[1] Le plus grand du monde est en 1928 celui de Chicago (556 000 m³) selon CLÉZIO (LE), J., *L'industrie du gaz*, Paris, 1947, p. 76. (coll : « Que Sais-Je ? »).

fugée, de l'amélioration des joints ou des soudures des tuyaux, tout était au point au début des années 1930. Au delà de ce constat, pour comprendre l'obsolescence technique qui caractérise la majorité des usines à gaz, plusieurs années après la Seconde Guerre mondiale, il faudrait s'interroger sur les facteurs qui ont pesé durant les deux décennies 1930 et 1940. L'inventivité des techniciens était-elle en panne après avoir atteint les limites de productivité de la carbonisation du charbon ? Le repli économique de l'avant-guerre a-t-il réduit l'émulation innovante au sein d'une industrie menacée par la concurrence épanouie de l'électricité et du pétrole ? Il nous manque à la fois des statistiques d'investissements par compagnie, une chronologie des changements techniques introduits par pays – certaines décisions nationales engendrant des décalages temporels –,[2] une appréciation de la mobilisation des ingénieurs dans cette branche.

B. Des marchés sans unité

Suivre la progression des marchés pose d'autres problèmes, faute de travaux comparatifs. A la fin des années 1930, la situation par pays montrait de fortes disparités de consommation. En Grande-Bretagne, l'abonné domestique usait en moyenne de 700 m³ de gaz par an, soit le double de l'abonné suisse (356 m³) et plus de deux fois la consommation de l'Allemand (329 m³) ou celle du Français (297 m³). Rapportées à l'ensemble de la clientèle, les données plaçaient la dépense allemande en tête (1495 m³) grâce à une forte clientèle industrielle, devant l'abonné britannique (905 m³), français (600 m³) et suisse (418 m³).[3] Si une telle comparaison permet d'établir des niveaux de développement qu'il faudrait étendre à l'ensemble des pays européens, elle ne rend pas compte de la diversité locale. Ainsi, comment expliquer que la cuisine au gaz soit plus répandue en Suisse qu'en France malgré la diffusion massive des cuisinières électriques ? Comment évaluer le marché gazier par pays sans prendre en compte la pluralité des clientèles et l'influence de caractéristiques démographiques et sociales, comme la pratique plus courante du confort du *Home* en Angleterre ? Quels usages sont privilégiés dans les pays d'Europe orientale venus plus tard à l'énergie gazière ? Comment le chauffage au gaz s'est t-il répandu en fonction des contraintes climatiques ? Des difficultés méthodologiques seront à résoudre pour qui voudra tenter une mesure de ces consommations. En effet, d'un pays à

---

[2]   Ainsi, par exemple, l'emploi du gaz à l'eau, produit par le procédé du *steaming*, était adopté en Angleterre dès 1920, depuis la loi autorisant à déterminer la tarification du gaz selon son pouvoir calorifique, alors qu'en France il était interdit en raison d'une réglementation sanitaire.

[3]   Congrès de l'Association Technique du Gaz en France, *Situation comparée du gaz en France et à l'étranger*, Paris, 1946, chapitre III.

l'autre, voire même entre sociétés, les classements statistiques, notamment la distribution des abonnés selon des classes prédéterminées, ne répondaient à aucune norme définie. Seule la distinction entre marché privé et consommation publique est assez claire. Malgré ces biais, une idée générale peut être approchée. Les années 1930 ont été marquées par une progression assez faible de la consommation au sein de laquelle il faut isoler la stabilisation (et parfois la diminution) de la clientèle domestique, en particulier sous l'effet de la concurrence électrique, et l'augmentation des abonnés industriels et commerciaux portant la diffusion des usages calorifiques. Cette évolution devra être analysée en détail car elle porte en germe la prépondérance des usages industriels, structure du marché gazier de la fin du XXe siècle réalisée grâce aux atouts du gaz naturel mais initiée dès cette époque.

C. Une césure conjoncturelle aux effets pérennes

La période de la Seconde Guerre n'est pas mieux connue dans le détail. Il faut pourtant se garder d'une vision *a priori* considérant le gaz sur la pente d'un irrémédiable déclin, image produite par l'essor ultérieur spectaculaire du gaz naturel. Certes, par ses destructions, par les restrictions de consommation domestique, par les bouleversements qui ont affecté les populations urbaines, le fonctionnement des compagnies gazières a été perturbé. Le manque d'investissements dans les usines ainsi que l'empirisme des solutions apportées aux problèmes de fabrication ont affaibli l'industrie gazière. A la sortie du conflit, elle n'était plus prioritaire par rapport à la reconstruction des réseaux électriques ou aux besoins de coke sidérurgique. Il faudrait, pour mieux comprendre les contraintes qui pèsent sur l'industrie gazière, explorer l'évolution des prix de revient dont la prise en compte plus impérative engendra la fermeture d'un nombre élevé d'usines à gaz et le rapprochement plus intime de l'industrie du coke et de celle du gaz. Malgré des sursauts temporaires durant le conflit par manque d'autres combustibles ou grâce aux commandes de gaz et de sous-produits dans l'industrie, la relance commerciale de l'industrie gazière était à préparer. L'accroissement des consommations constatées en Angleterre (+1,8 milliard de m³ vendus entre 1940 et 1945, soit une augmentation de 22 %) ou en France (+500 millions de m³ entre 1940 et 1943, soit un quart en plus) étant plutôt lié à des opportunités de circonstance. Dans ce contexte, l'avenir de l'industrie gazière était pour le moins incertain.

La guerre imposa d'autres bouleversements, notamment une transformation radicale dans les modes d'exploitation avec la création d'entreprises nouvelles. L'expérience des nationalisations (Gaz de France en 1946, British Gas en 1949), dont les modalités ressortent d'autres développements que l'on ne peut traiter ici, a introduit une rationalisation de l'industrie gazière en Grande-Bretagne et en France. Elle fut mise à profit lorsqu'il fallut gérer sur des échelles interrégionales les réseaux de transport de gaz manufacturé puis de gaz naturel. Au delà du changement de statut déterminé par les orientations politiques des gouvernements en place, le processus d'unification des anciennes sociétés correspondait aussi à la mise en œuvre d'une concentration d'entreprises susceptible d'optimiser leurs résultats.[4] Elle répondait à des idées antérieures. Aussi avait-on envisagé en Angleterre dès 1933 de former des structures régionales qui trouvèrent leur application avec la constitution des douze *boards* régionaux de British Gas. De même en France, l'idée d'une réunion de groupes était la suite logique d'une concentration horizontale continue. Pour autant tous les pays n'ont pas suivi cette voie. Le paysage de l'industrie gazière après la Seconde Guerre présentait une très large diversité de situations reflétant l'absence de convergence des modèles d'exploitation, comme il en allait naguère de la municipalisation. Des régies perduraient en France, à l'image du cas bordelais très spécifique décrit par Alexandre Fernandez[5] ou de celui du Gaz de Strasbourg. En Allemagne, une multitude de sociétés de distribution contrastait avec la prépondérance de Ruhrgas dans le domaine du transport. En Italie l'Italgas imposait de plus en plus sa prééminence à travers de multiples participations dans les sociétés locales. En outre, conséquence de cette diversité, la part de l'Etat et des acteurs privés, entreprises gazières ou sociétés d'autres branches énergétiques, connaissait des pondérations très inégales d'un pays à l'autre. Ainsi, la création de la Nederlandse Aardolie Maatschappij (NAM) en 1947 procéda de l'alliance de deux grandes entreprises pétrolières (Shell et ESSO). Les politiques commerciales à destination des différents marchés devaient en subir les effets. D'autant que la ventilation des usages offrait encore des variations importantes. Ainsi par exemple, en 1955, l'emploi du gaz à la production d'électricité variait de 14 % au Royaume-Uni à 28 % en Autriche ; les emplois industriels du gaz représentaient 39 % en France mais 64 % en Italie ; les consommateurs domestiques procuraient 10 % des marchés en Belgique contre 33 % aux Pays-Bas.[6]

---

[4]   Voir au sujet de la naissance de *British Gas* l'article de WILSON, J. F., "The Motives for Gas Nationalisation: Practicality or Ideology", in MILLWARD, R. and SINGLETON, J., *The Political Economy of Nationalisation in Britain, c.1920-1950,* 1992 ; sur le cas de Gaz de France, voir BELTRAN, A. et WILLIOT, J.-P., *Le noir et le bleu, 40 ans d'histoire du Gaz de France,* Paris, 1992, chapitre 1 et WILLIOT, J.-P., « Des groupes gaziers privés à la société nationalisée : origines et formation de l'entreprise Gaz de France », Colloque *L'Entreprise publique en France et en Espagne : environnement, formes et stratégies de la fin du XVIIIe siècle au milieu du XXe siècle,* Bordeaux, CAHMC et TEMIBER, octobre 2001.

[5]   A. FERNANDEZ (Section II, Partie C).

[6]   OECE, *Le gaz en Europe,* Paris, 1960.

II. L'émergence du gaz naturel

Entre les bouleversements d'après-guerre et la croissance impulsée par le gaz naturel, une phase de transition doit être brièvement rappelée. L'industrie gazière n'est pas passée brutalement de la fabrication de gaz manufacturé à partir de la houille à la distribution du méthane. Pendant une dizaine d'années, jusqu'à la fin de la décennie 1950, l'emploi de gaz d'origines diverses offrait des solutions palliatives. En 1958, la zone OECE[7] produisait 23,8 milliards de m³ dans les usines à gaz (dont le nombre ne cessait de diminuer passant dans la même aire géographique de 2377 en 1950, les 3/4 étant situées en France, en Allemagne et au Royaume-Uni, à 1436 en 1958), 46 milliards de m³ de gaz de cokerie, 49 milliards de m³ de gaz de hauts fourneaux, 1,5 milliard de m³ de gaz résiduaires de raffinerie.[8] La fabrication de gaz à partir des produits pétroliers, à hauteur de 2 % de la production des usines à gaz, attestait à la même date la volonté de fournir des gaz de pointe facilitant une réponse souple à la demande. Cependant les découvertes de gaz naturel annonçaient déjà un changement de donne radical, autorisant la mutation de l'industrie gazière.

En 1958, 24 % des disponibilités de gaz de la zone OECE provenaient du gaz naturel dont la production s'élevait à 16 milliards de m³. Trois pays étaient considérés comme de gros producteurs : l'Italie (86 % du gaz disponible localement), l'Autriche (69 %), la France (23 %). Par rang de production l'Italie devançait la France, l'Autriche et l'Allemagne. Si l'on excepte des forages qui attestèrent des réserves de gaz naturel aux Pays-Bas dès 1924, la chronologie des découvertes s'est échelonnée sur les décennies 1930 et 1950 : 1935 en Allemagne, 1939 à Saint-Marcet en France, Caviaga près de Milan en 1944, 1947 dans le Jura Français, 1948 dans la région de Rotterdam. Les gisements autour de l'Ems et en Bavière, ceux du centre de l'Italie, en Basilicate, en Calabre et en Sicile, ceux de Roumanie et de Pologne laissaient entrevoir un développement du gaz naturel en Europe comme une ressource d'appoint. Deux découvertes majeures ont bouleversé les prévisions au cours de la décennie 1950. Le gisement de Lacq en France, découvert en 1951, et celui de Slochteren en Groningue en 1959. Si les réserves trouvées à Lacq annonçaient en France des possibilités de développement régional (évoquées dans la communication d'Alexandre Fernandez),[9] l'évaluation d'un potentiel de 400 milliards de m³ aux Pays-Bas, réévalué quelques années

---

[7]   La zone OECE comprend : l'Autriche, la Belgique, le Danemark, la France, la République fédérale d'Allemagne, la Grèce, l'Irlande, l'Italie, le Luxembourg, les Pays-Bas, la Norvège, le Portugal, la Suède, la Suisse, la Turquie et le Royaume-Uni.

[8]   OECE, *Le gaz en Europe*, Paris, 1960.

[9]   A. FERNANDEZ (Section II, Partie C).

plus tard au triple, ouvrit des opportunités considérables d'échanges intraeuropéens. On date traditionnellement de cette année l'émergence d'une industrie gazière européenne, ce qui élude à tort toutes les formes de développement antérieur. Mais de fait c'est à partir de ce tournant qu'une exploration intensive et la mise en œuvre de réseaux à large échelle fut envisagée, d'autant qu'à la même époque d'immenses ressources étaient mises à jour en Algérie.

La conversion des distributions devint pour toutes les compagnies l'enjeu majeur de la commercialisation du gaz naturel. Selon les estimations de l'OECE en 1960, sur 100 abonnés qui disposaient d'une cuisinière à gaz 30 % disposaient également d'un chauffe-eau, 14 % d'une machine à laver, 9 % d'un chauffe-bain, 6 % de radiateurs et 2,5 % d'un chauffage central. Les opérations de conversion avaient donc des coûts différentiels en fonction des niveaux d'équipement. Selon les pays elles induisaient des marges de progression du taux d'équipement gazier très inégales car la répartition des usages variait beaucoup.[10] D'un nombre limité d'exploitations, circonscrites dans des aires régionales on allait pourtant passer partout à un déploiement spectaculaire d'installations fonctionnant au gaz naturel. En Italie, 238 exploitations utilisaient le gaz naturel en 1957 dont les ⅔ en l'état (c'est-à-dire sans réformage ni mélange). Grâce à des prix assez bas, la progression du nombre d'abonnés fut étonnante. Si les opérations de conversion concernèrent un nombre limité de cités durant la décennie 1950, elles progressèrent rapidement ensuite.[11] De même en France, la mise en œuvre du réseau de Lacq s'accomplit en une dizaine d'années vers les principaux centres de consommation[12]. Aux Pays-Bas, la fin des opérations de conversion fut réalisée à peine neuf ans après la découverte du gisement de Slochteren.[13] Au Royaume-Uni, il fallut moins de deux ans entre les découvertes de gisements gaziers en mer du Nord (octobre 1965) et les premières fournitures au réseau du Gas Council (octobre 1968).[14] Ces opérations de conversion furent de grands chantiers dont l'histoire est à peine approchée. La chronologie des opérations de conversion est connue, mais les difficultés techniques, la mise au point de nouveaux matériaux, les échanges d'expériences et de savoir-faire d'ingénierie qui renouvelèrent des formes internationales de coopération éprouvées au siècle précédent,

[10]   OECE, op. cit., p. 100.

[11]   CASTRONOVO, V.,   PALETTA, G.,   GIANNETTI, R.,   BOTTIGLIERI, B.,   Dalla luce all'energia. Storia dell'Italgas, Bari, 1987, p. 283.

[12]   BELTRAN, A. et WILLIOT, J.-P., op. cit., chapitres 7 & 8.

[13]   Voir KIELICH, W., Subterranean Commonwealth. 25 Years Gasunie and Natural Gas, Groningen, 1988.

[14]   PARKER, H., « La Grande-Bretagne et le gaz de la mer du Nord », in Gaz d'Aujourd'hui, 1969, p. 291-299.

le rôle des acteurs entre opérateurs de réseaux et équipementiers sont autant de sujets à travailler. De même qu'en fut-il de la réaction des consommateurs, clients industriels et abonnés domestiques ? On en préjuge en s'appuyant sur les commentaires satisfaits des observateurs contemporains des grands chantiers de conversion mais ne faut-il pas analyser plus en détail les effets induits par le changement de gaz en termes de confort, de souplesse d'utilisation et de performance énergétique ? On voit bien en suivant l'exemple italien le rôle majeur des applications industrielles du gaz naturel.[15] On sait également combien certaines industries (agroalimentaire, porcelainerie) ont intégré avec efficacité la souplesse de régulation du gaz dans leurs processus de fabrication.

La réussite supposait en amont la mise en œuvre de réseaux de transport et des moyens de stockage appuyés sur des approvisionnements à long terme. Ce dernier facteur fut résolu au cours des décennies 1960 à 1980 avec la mise à jour de réserves considérables dans l'ex-URSS, en Afrique du Nord et en mer du Nord. Des moyens techniques nouveaux sont apparus comme les stockages souterrains et la maîtrise des procédés de GNL. Quant aux réseaux de transport, les articulations régionales s'imbriquèrent rapidement dans des schémas d'équipement national. Ainsi, au Royaume-Uni, en 1969, existait déjà un réseau liant selon des axes cardinaux les côtes orientales et le Pays de Galles, la région de Londres et l'Ecosse. En France, le grand Y se déployant du sud-ouest vers les régions nantaise, lyonnaise et parisienne était achevé en 1965. Mais tant la progression des ressources que les voies d'adduction du gaz naturel imposèrent de penser dès l'origine la conception d'un maillage à l'échelle continentale.

III. La mise en œuvre d'une industrie gazière européenne (1960-2000)

L'organisation du transport de gaz naturel a évidemment renforcé les liens entre pays européens, par le biais des grands contrats et par la construction de réseaux connectés. La représentativité des acteurs, souvent grandes entreprises nationales nées après la Seconde Guerre à l'instar de la NAM, de Gasunie, de la SNAM, de GDF ou de British Gas ajouta ses effets. Cela n'exclut pas pour autant des jeux de concurrences entre fournisseurs et acheteurs dont il faudrait mieux connaître l'histoire, aux phases cruciales de négociation des contrats comme lors des arbitrages rendus avec les gouvernements nationaux dans la conception des réseaux de transport. Cette réserve faite, des facteurs d'homogénéisation du marché européen du gaz apparaissent tout de même au cours de cette période.

---

[15]　A. Giuntini (Section II, Chapitre III).

A. La sécurité des approvisionnements clés de l'industrie gazière

Les deux décennies 1960-1970 ont été déterminantes dans l'organisation de l'approvisionnement européen, marquées par l'exportation du gaz de Groningue, les premières livraisons de gaz algérien en 1964 (Grande-Bretagne) et 1965 (France), le recours au gaz norvégien et russe depuis la décennie 1970. Plusieurs spécificités de ces contrats expliquent la généralisation des négociations en consortium. L'aménagement très capitalistique des gisements et des gazoducs et celui plus coûteux encore des chaînes de GNL supposent un nombre limité d'opérateurs susceptibles de prendre en charge un transport de gaz. Nécessairement, la durée des contrats est longue puisqu'elle seule peut garantir l'amortissement des investissements. Les contrats signés doivent tenir compte de prix déterminés par l'état du marché énergétique dans le pays distributeur. Ces paramètres ont justifié que plusieurs acheteurs s'entendent pour une répartition donnée de quantités mises sur le marché par un producteur.

De la même manière, le transport de gaz a renforcé les liens. La construction des équipements dans plusieurs pays pour acheminer du gaz allant à différents contractants imposa la réalisation de financements paritaires et la constitution de sociétés communes. La SEGEO (Société européenne du gazoduc Est-Ouest) en donne un excellent exemple. Elle fut constituée en 1973 pour édifier le gazoduc de transit à travers la Belgique du gaz norvégien d'Ekofisk depuis les Pays-Bas jusqu'en France. Dans le cadre d'une historiographie de la construction économique de l'Europe, l'histoire de ces sociétés trouverait toute sa place, appelant des analyses sur les modes de financement, les partenariats techniques et l'homogénéisation des milieux professionnels gaziers. La naissance des grands réseaux gaziers européens est donc, on le voit, corrélative de l'avènement du gaz naturel. Mais on remarquera que l'interconnexion des réseaux belges, avec ceux du nord de la France et ceux de l'Allemagne rhénane dès les années 1930, et la mise en œuvre d'un réseau de transport de gaz de cokerie liant Sarre, Lorraine et Luxembourg en 1949, formaient déjà les prémices d'un maillage européen. L'échelle géographique des réseaux a changé. Elle est aujourd'hui sans comparaison possible avec ceux que le gaz manufacturé avait engendrés. Alors qu'en 1967 les distances parcourues par un réseau de transport gazier n'excédaient pas le millier de km, à la fin de la décennie 1980 il en couvrait huit fois plus ! Etablis aux dimensions d'une Europe continentale, ils sont devenus une manifestation concrète de l'Europe. Progressivement ont été mis en place : le transport du gaz de Groningue dans l'espace nord-ouest européen, étendu au milieu de la décennie 1970 vers la Suisse et l'Italie ; les longues artères reliant les champs russes à l'ouest de l'Europe ; les denses articulations de la mer du Nord unifiant par l'espace maritime Scandinavie, Grande-Bretagne et littoraux septentrionaux du continent, renforcées récemment par l'Interconnector. Par ailleurs, à travers la Méditerranée ont été construits des liens fixes (Transmed) et mobiles (routes du méthane liquéfié). Ces derniers ont engendré la multiplication des terminaux méthaniers dans cet espace géographique. Au total, la toile réticulaire qui a été tissée en quarante années n'a cessé de se densifier. Au milieu des années 1980 cinq pays n'étaient pas raccordés au réseau européen (Grèce, Norvège, Suède, Portugal, Espagne). Aujourd'hui, tous le sont et l'Europe s'ouvre désormais vers ses périphéries sud-orientales.

B. *Coopérations technologiques et concertations stratégiques*

Outre les concertations indispensables pour exploiter de telles structures, la construction de ces réseaux a favorisé des standardisations techniques basées sur des synergies et des transferts technologiques. Les organismes de coopération et de rencontre au niveau international, établis depuis longtemps dans l'industrie gazière, ont joué un rôle certain dont on n'a pas encore pris toute la mesure. Le fonctionnement de l'industrie gazière en Europe ne peut plus être pensé autrement qu'en termes communautaires. Dès les années 1950 des organismes ont été chargés de mettre en œuvre cette concertation. En 1954, le Cometec-Gaz (Comité d'études de l'industrie du gaz) fut fondé pour avancer des solutions aux problèmes économiques et commerciaux qu'annonçait la mutation de l'industrie gazière. A la naissance de la CEE, un Comité du gaz devait établir une documentation technique comparative en Europe. La même année fut organisé un colloque international de marketing gazier anticipant la fondation en 1961 du GERG (Groupement européen de recherches gazières). En 1971, une nouvelle structure fut dédiée au GNL. Le renforcement des liens au sein du milieu gazier européen plonge ses racines sur des relations bien antérieures à la création d'un réseau interconnecté de gaz naturel. Les visites que les ingénieurs rendaient à leurs collègues à travers l'Europe – toute l'Europe, occidentale et orientale, septentrionale et méridionale –, les missions d'ingénierie que les plus expérimentés réalisaient au service des compagnies disposant de concessions internationales créèrent des habitudes. La suite logique fut d'établir des contacts entre associations professionnelles dont les plus anciennes furent créées dès la seconde moitié du XIXe siècle en Angleterre, en Ecosse, en Italie puis en France. Enfin, en 1930, l'Union Internationale des Industries du Gaz forma un cénacle corporatif essentiel sans frontières. Localement, des institutions pouvaient servir de modèles, à l'instar du *Gas Research Board* anglais. On le voit, les relations humaines, forgées dans l'échange d'un savoir technique et la diffusion d'expériences d'exploitant, ont précédé les liens institutionnels engendrés par les contraintes industrielles contemporaines. Cette analyse rend nécessaire à court terme d'étudier très précisément toutes les formes de ces collaborations pour mesurer la précocité de ce milieu international : diffusion des idées à l'aide d'une presse informative qui remonte au milieu du XIXᵉ siècle, pratique du voyage documentaire chez les techniciens gaziers, structure et mode de fonctionnement des organismes communs, convergence des modèles d'exploitation et des systèmes de tarification. On y trouvera plus qu'un tableau d'ensemble. On y comprendra les raisons d'être d'une Europe du gaz qui sédimente depuis deux siècles.

Nous sommes dorénavant à un tournant de l'histoire gazière sur le plan de l'intégration commerciale. Les premières années du XXIᵉ siècle ont été marquées par des bouleversements importants du paysage gazier européen tel que nous l'avons vu se constituer en deux siècles. La tutelle que les pouvoirs publics ont fait peser sur les sociétés chargées du transport, en échange souvent d'un monopole d'importation, est battue en brèche par les évolutions libérales des dernières décennies. La privatisation de British Gas en 1986, les ouvertures du capital et l'accession de sociétés nationales à des concessions internationales ont amorcé un mouvement que devraient parachever les directives européennes, non sans résistances comme le montre les communications de Messieurs Alain Beltran,[16] René Brion et Jean-Louis Moreau.[17] En fait, l'évolution correspond à l'extension du modèle qui prévalait dans les années 1980 à l'exception de British Gas et de GDF : celui de la coexistence de sociétés de transport achetant le gaz à des producteurs – souvent pétroliers – locaux ou étrangers, le revendant à des distributeurs aux circonscriptions d'étendue variable détenant des portefeuilles de clientèles industrielles et domestiques. Sur le très long terme, cette dynamique traduit le glissement complet du métier de gazier d'une situation de producteur-distributeur vers une pluralité de situations et d'acteurs. Par ailleurs, les marchés du gaz se sont accrus, tant dans le domaine industriel (cogénération) qu'auprès des particuliers (par l'intensification des taux de raccordement). Il y a donc tout lieu de s'interroger sur les modalités d'évolution de cette dynamique et d'observer comment s'effectueront les convergences des différents modèles, en particulier dans la détermination des tarifs (dissociant peut-être la production, le transport et le stockage), dans les formes d'intégration horizontale (par regroupement d'opérateurs énergétiques) et verticales (par l'extension des activités gazières en amont ou en aval du transport), dans la configuration des contrats imposant des liens plus souples.

*

* *

---

[16] A. BELTRAN (Section II, Partie B).
[17] R. BRION et J.-L. MOREAU (Section II, Partie B).

L'histoire de ces changements récents – des vingt dernières années – est à écrire. Elle abondera à la compréhension d'une mutation accélérée du marché gazier qui a connu depuis la substitution du gaz naturel au gaz manufacturé des révolutions technologiques essentielles et le renforcement de l'intégration européenne des entreprises gazières. C'est aujourd'hui la gestion même des réseaux – et donc les arbitrages de politique énergétique à l'échelle de l'Europe – qui est en cause. En choisissant de ne pas sacrifier l'analyse des différents temps de l'histoire gazière à une pondération quantitative des marchés énergétiques, les auteurs de cette introduction ont pris le parti d'une étude inscrite dans la longue durée. Elle seule permet d'isoler les respirations d'une évolution en restituant à chaque phase son importance propre, en fonction d'un contexte donné. Ils en assument pleinement la responsabilité.

SECTION II

L'HISTOIRE DU GAZ EN EUROPE

ETUDES DE CAS

PARTIE A

LE GAZ EN POSITION DOMINANTE

Introduction

Jean-Pierre WILLIOT

L'industrie gazière a vécu en Europe durant une bonne partie du XIXe siècle une sorte d'âge d'or. Associé à la modernisation urbaine dans la quête de lumière et de chaleur, le gaz améliorait la sécurité citadine, apportait un nouveau confort domestique, favorisait des pratiques noctambules. Rentable débouché à l'extraction houillère, la fabrication du gaz engendrait aussi l'essor d'une carbochimie de plus en plus variée. Les colorants, des engrais, certains produits pharmaceutiques, plusieurs désinfectants constituèrent une gamme d'innovations essentielles souvent nées dans l'usine à gaz. Autant dire que les entreprises gazières étaient des acteurs importants du progrès. Les profits réalisés démontrent à l'envi leur forte position dans un contexte de recherche permanente de la meilleure solution énergétique. Avec des variantes géographiques notables, le pic de cette période faste de l'industrie gazière s'étend pendant les décennies 1860 et 1870, soit jusqu'à l'émergence de la concurrence à l'électricité (Section 1).

Mademoiselle Nadège Sougy analyse la puissance des compagnies gazières selon un point de vue tout à fait original et neuf à partir de la perception que pouvaient en avoir les houillères. *A priori*, les gaziers, clients captifs des mines depuis que le charbon était devenu au cours de la décennie 1860 la source quasi exclusive de production du gaz, étaient dépendants de cet approvisionnement. Est-ce à dire qu'ils n'exerçaient aucune influence dans le choix des charbons, dans la spécification des qualités, voire dans la négociation des prix à la tonne ? L'auteur apporte des réponses en comparant deux cas : celui de la très puissante Compagnie parisienne du gaz d'un côté, celui de la houillère nivernaise de La Machine, fournisseur de modestes usines à gaz, de l'autre. Elle montre que la recherche d'un charbon à gaz a procédé d'un effort de classification des houilles engagé par les ingénieurs des Mines dès la décennie 1820 et poursuivi ensuite par les exploitants gaziers. Choisir (mais aussi trier, calibrer, laver les charbons) devint une exigence d'utilisateurs, les gaziers rejoignant les exploitants des chemins de fer et les sidérurgistes.

Toutefois, Mademoiselle Nadège Sougy ajoute que la stratégie des compagnies gazières capables d'imposer aux houillères des contraintes techniques et commerciales s'avère *in fine* un cas spécifique, celui des plus grandes compagnies. Seules celles dont les contrats portaient sur plusieurs millions de tonnes à échéances de quatre à cinq ans pouvaient se prévaloir de cette autorité. Elles arbitraient entre plusieurs bassins en fonction des prix et selon d'autres critères comme l'existence d'un chemin de fer facilitant les livraisons. Ce sont elles aussi qui ont contribué à définir une typologie des charbons, pesant ensuite sur le choix des veines ou les méthodes de conditionnement du charbon. Pour les autres entreprises gazières, l'immense majorité des usines, le carnet de commandes ne justifiait pas de telles exigences.

A bien lire ce texte sur le lien entre charbon et gaz, une question peut être soulevée, pour le moment sans réponse suffisante. Le poids commercial de certaines sociétés gazières aurait pu justifier qu'elles se missent à acquérir des exploitations houillères. Elles le pouvaient soit par la détention d'un capital qui assurait le contrôle de la concession minière, soit par la mise en œuvre d'une concentration verticale du puits à la vente des produits finis. L'état de nos connaissances permet seulement de suggérer l'hypothèse. Peu d'exemples viennent abonder au raisonnement. Un inventaire systématique des portefeuilles des compagnies gazières permettrait d'aller plus loin.

Une autre question essentielle est posée par Claude Vael à propos des conséquences que la multiplication et l'essor des compagnies gazières ont pu engendrer sur la définition d'un cadre juridique. L'auteur laisse de côté les points concernant l'exploitation et l'utilisation du gaz qui ont suscité immédiatement une définition de normes contraignantes édictées par les tutelles concessionnaires. Des questions de salubrité et d'hygiène, l'occupation de la voie publique, l'insertion des usines dans un tissu urbain préexistant obligeaient en effet à préciser les conditions d'exercice de la nouvelle industrie. Claude Vael s'intéresse plutôt aux rapports qui régissent les autorités communales et les sociétés, en Belgique, entre 1830 et 1873, pour discerner l'émergence d'un droit spécifique au gaz.

L'étude est exemplaire. La fréquence des autorisations d'usines à gaz en une seule décennie – douze villes importantes adoptent le gaz en Belgique au cours des années 1830 – multiplia les arbitrages entre régie et concession au profit de ce dernier mode d'exploitation. La rédaction des cahiers des charges imposa des prescriptions pour garantir l'avenir qui furent compliquées à établir. L'auteur montre bien à ce propos que la mise en place d'un réseau gazier rencontrait un monde urbain en mutation, requérant par exemple une exacte définition de la rue, entre sente pierreuse et chemin viable. Le choix du concessionnaire était aussi un préliminaire lourd de conséquences. On peut en juger sur le long terme lorsque des sociétés plus à même de répondre aux impératifs industriels reprennent les concessions aux acquéreurs initiaux. Les entreprises gazières qui nous sont présentées ont testé toutes les formes sociales, caractéristique corrélative des débuts de l'industrialisation. La recherche de la meilleure forme juridique contractuelle accompagne les débuts de l'industrie gazière. Pour autant, Monsieur Claude Vael ne conclut pas sur l'émergence de pratiques juridiques spécifiques de cette activité industrielle.

Le schéma décrit ici à propos de la Belgique ouvre une autre perspective. Il illustre très bien l'évolution des entreprises gazières nées dans les pays initiateurs, thème que l'on retrouvera au sujet des holdings. Deux temps apparaissent qui rythment l'essor de l'industrie gazière. Au cours d'une première phase les projets de sociétés anonymes se limitent à l'exploitation d'une ville. Une seconde époque voit fleurir des ambitions extra-nationales. Le cas belge conforte l'idée d'une césure médiane des années 1860.

De puissance des sociétés gazières, il est encore question dans l'étude que Monsieur Francis Goodall consacre à la capitale britannique. Situation particulière à bien des égards. Tout d'abord, en raison de l'importance du marché gazier au Royaume Uni où la consommation moyenne par abonné reste, dans la première moitié du XXe siècle, la plus forte d'Europe. Ainsi, la consommation de Londres ramenée à l'indice 100, celle de Paris serait en 1900 à l'indice 50 et celle de Berlin à 60 ; en 1936, à l'échelle du Royaume Uni, la comparaison aboutirait aux mêmes proportions : indice 50 en France, 52 en Allemagne.

Par ailleurs, si la concurrence entre différentes compagnies gazières dans la même ville fut résolue presque partout en Europe au moyen de fusions ou de reprises des concessions, à Londres plusieurs sociétés gazières ont coexisté. L'échelle spatiale de la cité anglaise l'explique pour partie. A l'origine, des principes très libéraux furent adoptés, permettant à treize compagnies gazières d'exercer leur activité au milieu du XIXe siècle. En 1860, le Metropolis Gas Act imposa une première régulation par la délimitation d'aires de distribution. Des considérations environnementales ou économiques, liées aux coûts de production dans Londres, aboutirent ensuite à des restructurations. Deux compagnies ont finalement dominé le marché de part et d'autre de la Tamise : la Gas Light and Coke Company au nord et la South Metropolitan au sud.

L'auteur montre que le duopole offrait certains inconvénients au regard de la constitution d'un réseau rationalisé. L'aboutissement logique eut été la réunion des deux entreprises. Mais il prouve aussi que les consommateurs pouvaient y trouver leur compte. Son analyse souligne le rôle capital que certains ingénieurs ont joué dans le processus de développement entrepreneurial. L'administration plus efficace de la compagnie méridionale, que le célèbre George Livesey sut impulser durant deux décennies, fut dépassée au tournant du siècle grâce à l'adjonction décisive de recrues très qualifiées au sein de l'autre société. La prééminence que se disputaient les deux rivales impliquait une compétition, ou une alternance de positions dominantes, dans la recherche des innovations comme dans la satisfaction des consommateurs. Francis Goodall y voit une raison du succès de l'industrie gazière à Londres.

Notre propos sur la constitution des groupes gaziers en France au XIXe siècle emprunte également la voie de cette réflexion sur le fonctionnement de la concurrence. Dans un premier temps, la constitution d'entreprises gazières répondit à la demande des grandes villes qui souhaitaient se doter d'un éclairage au gaz. Parfois l'offre a précédé la demande. Ainsi les entrepreneurs anglais cherchèrent à exporter leur maîtrise technologique en même temps qu'ils spéculaient sur l'approvisionnement charbonnier du continent. La compétition entre sociétés était imparfaite dans la mesure où la législation française avait interdit – dès 1821 à Paris – que plusieurs compagnies ne desservent la même rue. Dès lors, la concurrence se limitait aux soumissions de cahier des charges. Paris avait anticipé sur Londres la division en secteurs individualisés ce que quelques autres villes majeures en France adoptèrent également comme principe.

Au tournant de la décennie 1860, la dynamique toucha des villes de moindre importance. La chasse aux concessions devint alors de règle. Les compagnies gazières en place rivalisèrent dans la conquête des marchés tandis que s'en formaient de nouvelles aux ambitieuses raisons sociales. Certaines bâtirent de véritables pôles régionaux d'investissement ; d'autres se cantonnèrent à l'extension périurbaine de leur exploitation initiale ; quelques-unes enfin amorcèrent un mouvement, qui s'amplifia après le Second Empire, de captage systématique des distributions partout où leur offre était retenue. La France et les espaces régionaux en voie d'équipement, en Europe ou dans le bassin méditerranéen, offraient de nombreuses opportunités.

Il en résulta une structure de l'industrie gazière française articulée sur deux types de sociétés : les compagnies dont le développement reposait sur un monopole local étendu au gré de la progression urbaine et celles qui appuyaient une stratégie rentière sur la consolidation des résultats d'un groupe d'exploitations. Les gaziers ont pratiqué cette forme de concentration fréquente dans le capitalisme français de l'après Première Guerre mondiale dès la décennie 1880. La tendance s'est ensuite renforcée jusqu'aux années 1930, accompagnée d'une multiplication des opérations de fusion.

De notre point de vue, les participations de portefeuille, les liens professionnels entretenus par le cumul des sièges d'administrateurs, les réseaux de sociabilité confortés dans la pratique des ingénieurs ont fortement atténué la réalité de la concurrence entre les sociétés gazières.

Chacune imposait ses monopoles locaux. Reste à savoir s'il en a résulté une cohésion face aux autres énergies dont la montée en puissance altérait par réduction la position dominante du gaz.

La Grande-Bretagne, la Belgique, la France étaient des espaces au cœur de la première industrialisation. Les études originales que nous livrent Györgyi Németh sur Budapest et Alexandre Kostov sur Athènes et Bucarest apportent un éclairage tout à fait nouveau au sujet de régions moins connues. Leurs communications présentent plusieurs points communs.

En premier lieu, il s'agit d'espaces périphériques dont les villes s'équipent avec un décalage d'une génération au moins sur l'Europe occidentale. Mais, pour marginal qu'il puisse paraître, le mouvement de modernisation urbaine est bien réel, comme le souligne avec raison Monsieur Kostov. Il procède de la croissance démographique. En un demi-siècle la population d'Athènes quintuple et celle de Bucarest triple. Sa collègue hongroise montre de même comment la ville, devenue Budapest en 1872, connaît un développement économique spectaculaire. Il engendre une volonté édilitaire qui se traduit entre autres par un ample programme de travaux. Un tel contexte favorise l'extension des réseaux gaziers. L'auteur insiste cependant sur l'écart permanent entre besoins et fournitures de gaz. C'est une autre manière de dire qu'à la fin du XIXe siècle la demande de cette énergie était unanime.

Ensuite, leurs deux études rappellent que des circonstances locales peuvent infléchir la diffusion d'une technologie. A Pest, la construction d'une usine et la mise en place d'un réseau achoppent en plusieurs occurrences. Les initiatives d'aristocrates font long feu. Les offres d'une compagnie anglaise bien connue par ses investissements sur le continent sont repoussées. Les événements de 1848 annulent les contacts avec des investisseurs. Finalement, Pest bénéficie d'un éclairage au gaz quarante ans après Londres. A Bucarest, le choix temporaire d'une autre énergie pour éclairer les rues provient des immenses ressources pétrolières locales.

Enfin, les exemples qu'ils mettent en exergue sont une nouvelle illustration de l'existence certaine d'un capitalisme gazier international dès le milieu du XIXe siècle, en dépit d'initiatives parfois périlleuses. Madame Németh montre la rivalité qui oppose des postulants venus de Nuremberg, de Vienne et de Belgique. Les matériels arrivent d'Angleterre. Les choix techniques s'appuient sur l'avis d'experts allemands. Alexandre Kostov de son côté détaille bien le rôle de ces faiseurs d'affaires qui interviennent en Grèce en 1859, celui des compagnies françaises à la recherche de nouvelles concessions en Europe ensuite, celui des Ellissen enfin, très impliqués dans la conquête des marchés étrangers, selon une culture familiale portée au capitalisme international. Il avance aussi de nouveaux exemples d'ingénieurs français qui, circulant à travers l'Europe, se font les médiateurs prépondérants des transferts technologiques. Le cas de Gottereau réussissant à convertir l'éclairage de Bucarest au gaz en 1868 est remarquable.

Acceptation du risque industriel, mobilisation rapide des capitaux, relais d'entrepreneurs locaux, propagation des choix techniques validés par l'expérience constituent les facteurs récurrents de cette dynamique qui repousse le front de la modernisation. Le décalage chronologique qui affecte la diffusion de l'industrie gazière dans ces villes accélère la confrontation avec des procédés plus performants. Cela incite à s'interroger sur la rentabilité des investissements dans la mesure où les compagnies gazières qui obtinrent des concessions se trouvèrent rapidement face à la concurrence électrique et aux nouvelles exigences des consommateurs. Alexandre Kostov note les adaptations stratégiques auxquelles sont confrontés les Ellissen face à la Thomson-Houston. Il faudrait en analyser les conséquences. La volonté d'amortir les investissements s'est-elle faite ici au prix du maintien de techniques dépassées ? La révision des perspectives de profit a t-elle incité au désengagement rapide des entrepreneurs ? Finalement, la contraction de ces marchés secondaires n'a t-elle pas contribué de manière décisive à affaiblir la position dominante du gaz ?

De la houille au gaz : pour une approche par l'amont des usines gazières en France au XIXe siècle

Nadège SOUGY

*Département d'Histoire économique
de l'Université de Genève*

« A quels caractères reconnaître qu'une houille pourra fournir de bons résultats sous le rapport de l'éclairage ? »[1] En commençant ainsi son traité d'éclairage, en 1845, E. Robert d'Hurcourt, soulève l'une des questions qui fut au cœur des préoccupations des gaziers pendant tout le XIXe siècle. Chaque gisement produisant des charbons différents, le défi a consisté à reconnaître ceux qui conviendraient le mieux à la fabrication gazière.

Derrière ce problème de sélection, il s'agit de comprendre d'une part comment les gaziers ont appris à maîtriser l'usage d'une matière première élaborée par les exploitants miniers et d'autre part s'ils ont exercé une pression technologique sur la filière charbonnière afin d'obtenir les houilles désirées. Cette réflexion nécessite une approche croisée comprenant les points de vues des gaziers et des exploitants miniers. Dès la deuxième moitié du XIXe siècle, la Compagnie parisienne d'éclairage par le gaz regroupant dix usines dans Paris et sa proche banlieue (usines de La Villette, des Ternes, d'Ivry, de Belleville, de Saint-Mandé, de Passy, de Vaugirard, de Saint-Denis et Boulogne et d'Alfort) a dû rechercher parmi les grands bassins ceux susceptibles de l'approvisionner. En ce sens, l'étude de cette compagnie permet de saisir les difficultés d'un grand groupe à gérer les problèmes de qualité des charbons.

Au contraire, en prenant par l'exemple de la houillère de La Machine (Nièvre), le point de vue du fournisseur d'usines gazières de taille modeste (usines de Decize, de Nevers, de Clamecy), il conviendra d'apprécier les dispositions prises pour satisfaire les consommateurs gaziers.

---

[1] HURCOURT, R. d'E., *De l'éclairage au gaz*, Paris, 1845, p. 387.

Par ces deux exemples très contrastés, nous essayerons de retracer le cheminement qui permit l'identification des houilles à gaz, avant de définir comment s'est faite la collaboration entre exploitants et gaziers et selon quelles modalités ces derniers ont réussi à maîtriser les qualités de leur approvisionnement.

I. A la recherche du charbon à gaz

A. Une réflexion ancienne et internationale

Les charbons, corps par nature très variés, ont suscité de nombreuses recherches pour déterminer leurs propriétés chimiques et physiques. S'il revient aux ingénieurs des mines d'avoir entamé ces expertises, les industriels gaziers s'y sont associés en essayant de définir les qualités de charbons à gaz. Les traités et les manuels de fabrication parus au XIXe siècle reprennent régulièrement les résultats d'analyse obtenus notamment au laboratoire de l'Ecole des mines de Paris. Ainsi en 1839, Pelouze[2] se référant aux recherches de Victor Regnault, père de la classification retenue par la Statistique de l'industrie minérale, faisait le point sur les travaux de recherches menés à l'échelle internationale. Que ce soit en 1820 avec les expériences de Thomson sur les houilles anglaises ou quelques années plus tard avec celles de Karsten sur les charbons prussiens, la diffusion des procédés d'analyse a permis d'élargir la réflexion des gaziers français.

Ces classifications des houilles entreprises pour répertorier les divers gisements n'ont pu cependant résoudre le problème de sélection des gaziers.

En effet, la plupart des analyses présentées reposaient sur des mélanges de houilles effectués à partir de prélèvements réalisés en divers points d'un même gisement. Le classement ainsi obtenu ne reflétait donc pas directement la réalité de l'extraction à l'échelle des couches. En 1845, E. Robert d'Hurcourt observant l'écart existant entre ces analyses élémentaires et les essais industriels concluait que seul l'usage pouvait guider les gaziers.

Plus tard, en 1879, Schilling tentant d'établir des correspondances entre les classifications internationales précisait :

> Pour une classification des houilles, d'après leur valeur relative pour la fabrication du gaz, on ne peut se fier avec certitude à leurs aspects, ni à leur ma-

---

[2] PELOUZE, T., *Traité de l'éclairage au gaz tiré de la houille, des bitumes, des lignites, de la tourbe, des huiles, des résines, des graisses*, Paris, 1839.

nière de se comporter au feu. [...] La composition chimique ne nous donne encore que des points d'appui très incomplets.[3]

Les industriels gaziers, en s'associant à la réflexion sur les espèces de houilles, menée en laboratoire par les ingénieurs des mines, ont été contraints de les soumettre à leurs procédés de fabrication.

B. L'usage : le passage incontournable

Les échanges de correspondances entre les exploitants de la houillère de La Machine et les gaziers démontrent l'importance accordée aux échantillons, préalables indispensables pour contracter de nouveaux marchés. Le recours constant à ces types d'essais procède de la volonté de tester le combustible mais également d'éprouver leurs techniques de fabrication.

En retour, par la diffusion de leurs résultats, ils ont largement formé les exploitants houillers à reconnaître les charbons à gaz et par ce biais les ont rendus compétents pour conseiller de nouveaux consommateurs.

Cependant ces correspondances ne permettent pas d'apprécier le déroulement opératoire de ces recherches. Tout au plus, peut-on observer que les usines gazières d'Auxerre, de Nevers et de Decize alimentées par La Machine déterminent le volume de gaz produit et les poids de goudron et coke. Il n'y a donc pas eu diffusion d'analyse élémentaire, c'est-à-dire de la composition des houilles, mais de simples essais industriels directement avec l'équipement de fabrication. L'intérêt pour le développement de laboratoire a sans doute dépendu de l'importance des usines gazières. Qu'il s'agisse d'une usine de taille modeste ayant un ou deux fournisseurs de houille ou d'une usine alimentée par divers bassins, la nécessité de mettre en place des unités d'expérimentation a été différente.

C. L'expérimentation scientifique

Dans les grandes compagnies gazières, où le recours aux mélanges de houilles est de mise, la question de la maîtrise et du suivi des qualités s'est posée de façon cruciale. En 1855, la Compagnie parisienne d'éclairage par le gaz envisage la création d'une usine car elle

> [...] reçoit des houilles de mines très variées. Elle a besoin de connaître exactement dès l'arrivée la valeur de ces houilles pour sa fabrication spéciale afin d'en diriger le choix et de conclure ses marchés avec toutes connaissances de causes.[4]

Un an plus tard, cette usine est créée afin de déterminer les meilleures houilles à gaz en testant de nouveaux fournisseurs, de contrôler le suivi

---

[3]   SCHILLING, H., *Traité d'éclairage par le gaz de houille*, 2 vol., Paris, 1879.

[4]   Rapports généraux de 1855-1856, Archives de la Ville de Paris (AVP) V801/747.

des arrivages et d'éprouver des techniques de distillation, de condensation et d'épuration. Parallèlement à la multiplication de ces essais, l'usine expérimentale a contribué à affiner la classification des houilles à gaz. Ce travail, mené par Victor Regnault, en associant les analyses en laboratoire aux essais industriels a participé à la reconnaissance des qualités des charbons à gaz et à l'identification de sous catégories de charbons. De sorte que la compagnie a élaboré un véritable outil de travail simplifiant le repérage des qualités de houille à gaz et répondant directement à sa logique de fabrication.

La détermination des qualités de houilles à gaz est un enjeu important qui a sans doute motivé d'autres grandes compagnies gazières à investir dans des laboratoires d'expérimentation, mais les travaux manquent pour les appréhender. Cependant, la réticence de la Compagnie parisienne du gaz à fournir les résultats de ces expériences concorde avec l'idée que la concurrence a imposé cette démarche aux autres fabricants de gaz. En développant des essais industriels, des analyses chimiques, les gaziers ont investi le champ de la recherche sur les variétés de houilles. De fait, ils ont eu à s'interroger sur les limites de leurs investigations dans la chaîne charbonnière.

II. Houillères/usines gazières : un partage des compétences ?

A. *Vers une réflexion sur la prise en charge de la sélection des houilles*

Si la Compagnie parisienne du gaz a analysé les qualités des charbons à gaz, elle s'est également intéressée à la valorisation des houilles c'est-à-dire leur triage, calibrage et lavage. Alors que ces deux premières phases, permettant de séparer le combustible des matières stériles puis de le classer par grosseur, furent l'objet de préoccupations anciennes, le lavage s'est imposé plus tardivement.

Son utilité n'est apparue que progressivement alors qu'était posée la question de la concurrence commerciale du coke métallurgique et du coke de gaz. En 1855[5], un ingénieur expliquant que le coke métallurgique était fait à partir de houille lavée, proposait qu'il en soit fait de même afin de fabriquer dans les usines gazières un coke commercialisable aux sidérurgistes. Cette réflexion ne semble pas avoir eu un écho favorable et il faut attendre 1860 pour qu'un ingénieur de la Compagnie parisienne prenne conscience de l'intérêt de ces procédés. Il indiquait :

---

[5]   REGNAULT, V., CHEVREUL, E., MORIN, E. et PELIGOT, E., « Rapport sur le gaz d'éclairage à la houille », in *Bulletin de la Société d'Encouragement pour l'Industrie Minérale*, t. II (1855).

On doit à mon sens comme pour le coke consommé par les chemins de fer [...] laisser tout le charbon gros ou moyen à la consommation générale qui le paie à un prix très élevé et baser la fabrication du gaz sur l'emploi exclusif des menus lavés.[6]

1860 marque un tournant pour les usines à gaz parisiennes puisqu'il s'est agi de définir qui, de la houillère ou de l'usine gazière, devait assurer les opérations de triage, calibrage et lavage. Etait-ce au consommateur exigeant que revenait le traitement de ces houilles ou à l'exploitant dont l'intérêt était de fournir une valeur ajoutée à sa production ?

Derrière cet enjeu, d'apparence très technique, on peut aisément percevoir les problèmes d'organisation du travail, de gestion de l'approvisionnement mais également à l'aval des problèmes de commercialisation de l'ensemble des produits gaziers. Deux stratégies très différentes furent envisagées pour résoudre ce problème et nous donnent un aperçu assez complet des difficultés qui se posèrent : valoriser les charbons dans les usines pour être sûr d'obtenir la qualité désirée ou imposer aux exploitants l'obligation de les laver à la sortie du puits.

B. Des contingences techniques et commerciales contraignantes

La prise en charge complète du traitement des charbons aux usines gazières impliquait que soient triés les charbons tout-venant afin de soustraire aux menus, destinés au lavage et à la distillation, les gros directement commercialisés aux côtés des cokes.

L'introduction d'un triage, calibrage, lavage dans l'usine outre des contingences techniques non négligeables impliquait donc que soit réorganisé l'aval de la filière gazière. Ce qui se traduirait selon l'ingénieur gazier par

une lutte engagée par la compagnie contre les marchands de charbons et contre les exploitants des mines dont elle dépend dans une certaine mesure.[7]

En augmentant la gamme de produits offerts au commerce, encore fallait-il être en mesure de négocier de façon avantageuse la vente des gros et des cokes.

La compagnie a assez de besognes sur les bras et assez d'amélioration à chercher dans toutes les branches de son service, sans se lancer dans la création d'un nombre considérable d'appareils à laver, dans les constructions, achats de terrains et dans l'organisation du charroi déjà fort embarrassant et dans la création d'un commerce additionnel que la concurrence rendra difficile. S'il

---

[6] Note sur le lavage des charbons destinés à la fabrication du gaz, 1860, (AVP) V801/846.

[7] *Ibidem.*

devait en être ainsi la compagnie ne devrait pas s'arrêter en chemin et devrait acheter des mines pour rendre son organisation plus complète.[8]

L'élargissement de la filière gazière par le rachat de houillère n'a été ici envisagé que pour souligner l'aberration que représentait le traitement de houille à l'usine. Plus raisonnable et déjà expérimenté ailleurs fut le second système qui préconisait de laisser assumer l'opération de lavage aux houillères.

C. *Déléguer pour contrôler*

En réclamant la fourniture de charbons convenablement triés, calibrés et lavés, la Compagnie parisienne d'éclairage par le gaz a participé à l'affirmation d'exigences plus anciennes formulées notamment par les usines sidérurgiques et les chemins de fer. Elle s'inscrit également dans les démarches entreprises par d'autres usines gazières telles que celles d'Auxerre, de Clamecy, d'Orléans et de Nevers qui ont laissé leur fournisseur, la houillère de La Machine, valoriser leurs houilles.

Cependant, la Compagnie parisienne a essayé d'assurer ses arrières en envisageant de s'associer au constructeur Evence Coppée en 1862[9]. S'il n'a pas été possible de suivre le devenir de cet engagement, le projet de contrat prévoyait que Coppée entreprendrait à ses risques et périls le lavage et le séchage de cinq cents tonnes par jour pour le compte de la Compagnie parisienne du gaz. Cette dernière construirait à ses frais tous les appareils nécessaires au lavage et au séchage des houilles d'après les plans et les données remises par Coppée. A l'échéance du contrat, la Compagnie parisienne d'éclairage par le gaz devait disposer de ces installations et devenait propriétaire des Brevets Coppée pour le lavage et le séchage des houilles.

La tentative de rapprochement avec ce constructeur montre plus encore l'enjeu que représentait le lavage des charbons pour la Compagnie parisienne du gaz. C'est à ce titre que laissant aux houillères la valorisation des houilles, elle a étroitement contrôlé la marche de l'exploitation et l'organisation du lavage tout en formulant plus précisément ses exigences.

---

[8]   *Ibidem.*
[9]   *Ibidem.*

III. Le poids des exigences des gaziers

A. *Suivre l'extraction*

La nécessité impérieuse d'avoir un approvisionnement qualitativement et quantitativement constant a imposé des liens particulièrement étroits entre les usines gazières et les houillères qui ne se sont cependant pas exprimés de la même façon partout.

La houillère de La Machine ne semble pas avoir été soumise à la tutelle des gaziers. Aucune lettre, aucun rapport ne témoignent de l'existence de visites d'inspections de ces industriels dans l'exploitation.

Au contraire, la Compagnie parisienne d'éclairage par le gaz suit avec assiduité le déroulement de l'exploitation des houillères avec lesquelles elle est en affaire. Son service des houilles fournit de nombreux rapports qui rendent compte de l'évolution de leur production. Que ce soit pour prévoir ses approvisionnements où pour renégocier des marchés, la compagnie s'est toujours préoccupée de l'évolution de la marche de l'extraction des houillères.

Le rapport[10] sur la situation de l'exploitation des mines de Lens et de Douvrin produit par les services des houilles en avril 1888 est exemplaire de cette attention. Il permet aux gaziers d'apprécier l'importance de leurs commandes dans les ventes totales de cette houillère.

En évaluant la part de l'extraction de houilles à gaz affectée à la Compagnie parisienne et celle destinée à d'autres usines gazières, l'ingénieur montre que la compagnie est en mesure de renégocier à son avantage un nouveau marché. Il explique, en effet, que l'extraction des fosses 3, 4, 5 produisant des charbons à gaz augmente jusqu'en 1883 puis que l'exploitant est contraint de la limiter par suite d'une perte de qualités des veines de ces puits.

Effectivement, plus difficile à distiller, la clientèle gazière habituelle se détourne de cette production alors même que la Compagnie parisienne en profite pour augmenter régulièrement ses commandes. C'est que ces gaziers peuvent jouir de leurs connaissances des variétés de houilles. Ils sont, en effet, en mesure de compenser cette perte de qualité en élaborant des mélanges de combustibles établis par l'intermédiaire de leur usine expérimentale.

Conscient de cette supériorité, l'auteur du rapport conclut alors :

> Notre situation vis à vis de cette société est d'autant plus solide que celle-ci sait parfaitement que la cessation de ses rapports avec la compagnie parisienne aurait pour conséquence de diminuer considérablement encore sa

---

[10]   Rapport du service des houilles, le 16 avril 1888, (AVP) V801/845.

clientèle d'usines à gaz, auprès de laquelle elle réussit surtout en faisant voir l'importance des quantités qu'elle nous livre.[11]

Derrière le souci de suivre l'évolution de l'extraction des gisements, on voit bien que se profile la volonté de rester maître des conditions de ventes, en obtenant des livraisons à tarifs préférentiels. L'ingérence des gaziers parisiens dans les exploitations houillères est également perceptible au niveau de la valorisation de la production brute.

B. Contrôler la valorisation des houilles

En janvier 1861, la Compagnie parisienne du gaz a recensé les équipements utilisés dans les houillères de Belgique et du Nord de la France.[12]

Par cet inventaire, les ingénieurs de cette compagnie ont eu à cœur d'acquérir des compétences dans les procédés et méthodes de valorisation des houilles. Ainsi des agents spécialisés contrôlent régulièrement les houillères qui les approvisionnent. C'est le cas notamment en 1867 pour celles d'Escoufiaux et en 1868 pour celles de Mons et de Denain. En décrivant et en chronométrant les cadences de l'extraction pour évaluer l'organisation du triage et calibrage, ces agents favorisent l'amélioration des conditions de préparation mécanique des houilles. En visite à Denain, l'un d'eux dénonce les dysfonctionnements préjudiciables à la bonne marche de la valorisation des charbons :

> Quant au nettoyage, j'ai beaucoup à m'en plaindre d'abord pour les chargements des wagons, le charbon ne subit absolument qu'un simple petit nettoyage sur la grille. Il y a bien deux concasseurs de pierres dans chaque wagon, mais ils ne font pas grand chose ; ils cherchent plutôt à se préserver des coups de gaillettes car le charbon tombe d'assez haut, ils sont plutôt là pour la forme.[13]

Immédiatement transmises à l'ingénieur des mines responsable, de Marcilly, ces plaintes provoquent la réorganisation du triage et du calibrage. Cette interdépendance entre gaziers et exploitants houillers, observable à la Compagnie parisienne du gaz, a sans doute existé dans d'autres grandes usines gazières mais elle varie fortement selon le niveau technique des houillères. En effet, dès la première moitié du XIXe siècle, quelques houillères de l'Allier et de la Nièvre ont été contraintes de laver leur production trop poussiéreuse pour soutenir la concurrence. En misant sur la valorisation afin de faciliter la commercialisation de leurs charbons, ces houillères ont fait coup double puisqu'elles ont contribué à améliorer les

---

[11] Rapport du service des houilles, le 16 avril 1888, (AVP) V801/845.

[12] Rapport sur les divers procédés de lavage de la houille, visite dans le département du Nord et de la Belgique, janvier 1861, (AVP) V801/846.

[13] Lettre à M. Dubosc, agent général du service des approvisionnements à Saint-Ghislain, 9-10 avril 1868 (AVP) V801/836.

qualités de houilles à gaz. Tel fut le cas à La Machine en 1841 où l'installation d'un lavoir a permis la multiplication des contrats avec les usines gazières d'Orléans, de Nevers et de Nantes et où ces consommateurs n'ont pas fait pression pour introduire ces équipements.

C. Vers l'encadrement contractuel des qualités

A mesure que les gaziers affinent leurs besoins, ils formulent des clauses de qualités plus précises dans leurs contrats d'achat. Outre des exigences portant sur la nature géologique des houilles et stipulant leur provenance selon la veine et le puits désiré, ils indiquent les méthodes de triage – calibrage qu'ils souhaitent voir appliquer à leur commande. En précisant dans leur contrat que « Les ramasseurs de pierres pour nettoyer les charbons seront placés aux fosses et aux rivages en nombre suffisant »[14] ou bien que la séparation des calibres sera effectuée « avec une grille dont les barreaux sont espacés de 0,0032mm »[15]. Ils souhaitent régulariser l'organisation de la préparation mécanique des houilles afin de s'assurer de l'homogénéité du triage et du calibrage. En ce sens, la filière gazière parisienne a exercé sur son amont une tutelle d'autant plus nécessaire qu'elle influence sa propre fabrication. Tout aussi révélatrice de cet encadrement des qualités est l'introduction de normes de composition des charbons. Forts de l'expérience acquise dans leur usine expérimentale, les gaziers déterminent les spécificités de leur approvisionnement par une série de paramètres chiffrés. A partir des années 1860, la plupart des marchés comporte une teneur en eau acceptable. Par cette dernière mesure, ils souhaitent non seulement assurer une distillation plus rentable mais aussi éviter les fraudes sur les quantités livrées.

La filière gazière n'est pas le seul consommateur a avoir déterminé des normes aussi précises et donnant lieu en cas de dépassement à des pénalités, mais il s'avère que la Compagnie parisienne du gaz par le recours systématique aux essais a très vite formalisé ses exigences dans les contrats. La mise en place de normes implique en outre un contrôle des qualités faisant suffisamment autorité pour être accepté par les houillères. Or la compagnie parisienne du gaz en investissant le champ de l'analyse chimique et physique de ces houilles a, de fait, développé les méthodes expérimentales propres à tester les houilles. En ce sens, les gaziers sont devenus aptes à contrôler la qualité de leurs charbons. Si quelques houillères se sont dotées de petits laboratoires pour mesurer le taux de cendre et les rendements en coke et gaz, leurs expérimentations ne sont pas suffisamment approfondies pour soutenir celles des gaziers.

---

[14] Contrats divers, Letoret, directeur gérant de la Société de Produits, 18 avril 1866, (AVP) V801/830.

[15] Contrats divers, Marché avec M. Pompa, directeur des mines de Dourges, 2 avril 1866, (AVP) V801/830.

En 1867, Le Maire, agent de la Compagnie parisienne du gaz d'éclairage, inspecte les houillères du Couchant et s'inquiète en ces termes de l'installation d'une petite usine à gaz qui permet de tester les charbons :

> J'ai remarqué auprès du puits sainte Félicité de ce charbonnage une installation regrettable à certains points de vue, bien qu'elle soit fort naturelle, c'est celle d'une usine à gaz [...] c'est un moyen de contrôle que M. Letoret s'assure pour l'essai de ses charbons et qui peut servir à un moment donné à augmenter ses prétentions. Mais on pourrait toujours arguer du pouvoir éclairant qui ne sera pas vérifié à cette usine rien n'étant installé à cet effet.[16]

Seule capable de déterminer scientifiquement les propriétés des houilles, la Compagnie parisienne du gaz a renégocié les prix de ses combustibles au gré de leurs changements de qualités. L'encadrement technique et parfois commercial que cette compagnie a exercé ne saurait pourtant être intégralement transposé ailleurs. Par la modestie de leur consommation certaines usines comme celles de Nevers ou de Decize n'ont pu imposer de telles conditions d'achats. Elles ne se sont pas non plus impliquées techniquement dans l'amélioration des systèmes de valorisation des houilles. Tout au plus ont-elles signifié leur mécontentement lorsqu'elles observaient des variations de rendement.

L'étude de la filière gazière par son amont permet d'observer l'impact des gaziers qui souhaitant déterminer les meilleures houilles à gaz ont d'une part affiné l'étude de ce combustible et d'autre part influencé par leurs exigences l'évolution et la diffusion des techniques de triage, calibrage et lavage des charbons. Selon le niveau technologique de leurs fournisseurs, ils ont participé si ce n'est à l'introduction d'équipements de valorisation au moins à leur perfectionnement.

Ainsi la houillère de La Machine, qui a précocement installé un lavoir, a vendu des houilles valorisées aux gaziers alors que les usines gazières parisiennes ont véritablement fait pression sur leurs fournisseurs pour qu'ils développent et améliorent leurs installations. Si l'implication des gaziers parisiens dans l'analyse scientifique des houilles a été indéniable, il conviendrait par la multiplication d'études monographiques approfondies de rechercher comment d'autres compagnies gazières ont fait face à ces problèmes d'approvisionnement.

La filière gazière exerce un effet sur la diversité de l'offre des exploitations houillères. Mais cette démarche va plus loin. En spécifiant les qualités de leurs besoins, ils ont contribué à renforcer la construction des variétés de combustibles mises sur le marché.

Derrière le couple usines gazières/houillères se profile l'ombre d'une autre industrie : les chemins de fer. A la fois mode de transport indispen-

---

16   Rapport de Le Maire, 1er décembre 1867, (AVP) V801/829.

sable pour acheminer le charbon et consommateur exigeant de charbons lavés, les compagnies de chemin de fer ont articulé les deux filières industrielles. En ce sens, il serait particulièrement intéressant d'observer l'interdépendance entre les usines gazières, les houillères et les chemins de fer.

CHAPITRE II

Le cadre juridique pour l'exploitation du gaz en Belgique avant 1873

Claude VAEL

Université catholique de Louvain
Centre d'histoire du droit et de la justice

La découverte de l'usage du gaz comme moyen d'éclairage remonte à 1783 par Minckelers, professeur à Louvain. Son utilisation industrielle se répand véritablement à partir de 1818-1820 en Belgique. Dès ses premières applications, le gaz s'insère dans un jeu de règles juridiques préexistantes qui seront complétées au fil du temps.

I. Problématique et état de la question

Me limitant chronologiquement aux trois premiers quarts du XIXe siècle, je traiterai ici du gaz en tant que moyen d'éclairage, et plus spécialement même du gaz assurant l'éclairage de la voie publique en Belgique. Inévitablement, dès ses origines, cette industrie a dû s'insérer dans un canevas juridique préexistant.

En effet les questions juridiques soulevées par l'exploitation et l'utilisation du gaz fusent dans de nombreuses directions. Le caractère dangereux du gaz se manifeste notamment par son pouvoir détonant en certaines circonstances. Les explosions étaient assez fréquentes au XIXe siècle pour impressionner. Il est vrai que les dégâts occasionnés étaient souvent considérables par les pertes matérielles mais aussi humaines. Les personnes chez qui ces explosions se produisent étaient évidemment civilement responsables des dommages. Il en allait de même pour les fabricants et possesseurs de réservoirs à gaz sur pied de l'article 1384 du Code civil. L'autorisation administrative ou encore le contrat de concession ne pouvaient pas exonérer le producteur de la responsabilité qui lui incombait.

Devant de tels risques, des compagnies d'assurance vont proposer à leurs clients de les couvrir contre de telles menaces[1].

A propos du droit au fond, je ne traiterai pas de ces questions. Je n'aborderai donc pas davantage les notions de tutelle administrative et de droit fiscal, ni non plus celles de la conformité des installations à la législation et de leur contrôle. J'ai choisi ici d'examiner et de présenter les grandes dispositions juridiques qui ont régi l'exploitation du gaz en croisant deux axes : le régime applicable à l'autorité communale en matière d'éclairage public et le régime des sociétés. Je tâcherai aussi d'examiner les points de droit mettant en rapport l'autorité communale et les compagnies privées ayant reçu les concessions d'éclairage.

Enfin, l'ensemble de ce qui est dit ici vaut naturellement pour le territoire de la Belgique entre 1830 et 1873. Vu la théorie de la souveraineté, aiguë au XIXe siècle, et le souci nationaliste des politiques du temps, les règles de droit exposées ici ne sont guère transposables ailleurs comme telles. *Mutatis mutandis*, on devine toutefois bien que, par exemple, la doctrine française sera plus jalouse encore des droits des autorités publiques même si l'esprit de la législation n'est pas très éloigné du cas belge. De même les concepts de régie et de concession ainsi que les formes de sociétés étaient également connus en France et dans les cantons helvétiques comme dans la plupart des pays européens. Par conséquent, les variantes se retrouveront davantage dans les modalités d'application que dans les grands mécanismes de principe.

Si j'ai placé un terminus *ad quem*, en gros fixé au troisième quart du XIXe siècle, la raison en est pratique. Dans le cadre de mes recherches, je dispose de données allant essentiellement jusqu'à cette date, quand la législation est modifiée sur le droit des sociétés. Méthodologiquement, le choix pourrait paraître contestable mais en réalité, on verra tout de suite que la législation belge ne s'inquiète guère du gaz et de son industrie en tant qu'objet normatif, elle n'en a pas fait un objet de préoccupation spécifique. A cette époque en effet, le législateur belge n'élaborera pas de législation organique propre au gaz.

Certes, des dispositions réglementaires spécifiques au monde du gaz seront prises, notamment pour l'agréation des compteurs ainsi que pour la fabrication et la distribution du gaz comprimé chez les particuliers[2].

---

[1]   Les compagnies d'assurances, les Belges réunis et la Providence belge existant vers 1844-1847, prévoient explicitement dans leur objet social la couverture de l'explosion du gaz d'éclairage (DEMEUR, A., *Les sociétés anonymes de Belgique en 1857. Collection complète des statuts*, Bruxelles, 1859, p. 128 et s.)

[2]   Les lecteurs de cette contribution n'étant pas nécessairement habitués aux abréviations juridiques belges, j'ai préféré rédiger les références sans respecter les conventions habituelles relevant parfois du parcours initiatique pour être résolues.

Toutefois, elles demeurent très ponctuelles. Pour le reste, les entreprises devaient se conformer à la législation en vigueur à l'époque, tant en droit public qu'en droit privé : concession, droit des sociétés, etc.

Quant à la jurisprudence, elle n'est guère développée sur la question du gaz à l'époque. Jusqu'en 1873, j'ai relevé une quinzaine de décisions publiées impliquant cette industrie. Et encore apparaissent-elles tardivement à partir de 1845 ; elles couvrent donc à peine trente années. Sans doute y a-t-il davantage de décisions judiciaires impliquant le secteur, mais le mot « gaz » est très peu utilisé dans les index des revues belges spécialisées dans la publication des décisions de justice diluant ainsi considérablement les chances de retrouver ces arrêts et jugements[3].

La doctrine[4] révèle le même profil. Le verbo « gaz » s'y retrouve aussi rarement dans les index de l'époque[5]. Ceci traduit probablement chez les

---

Arrêté royal du 4 juillet 1861 relatif à la fabrication et la distribution du gaz comprimé chez les particuliers ; Arrêté ministériel du 17 août 1865 : nouveau système de compteurs à gaz : approbation. L'article 551, 2° du Code pénal de 1867 prévoit aussi une contravention « pour ceux qui, obligés à l'éclairage, l'auront négligé ». Dans leur majorité, ces dispositions sont prises sous forme d'arrêtés royaux, elles relèvent donc de l'exécutif. Le pouvoir législatif, exercé par la Chambre, le Sénat et le Roi, interviendra de manière très ponctuelle dans les questions gazières à ce moment. Encore une fois, il ne s'agira pas pour lui d'élaborer une législation organique mais davantage de répondre à des questions précises nées de la pratique et nécessitant formellement une disposition législative.

[3] Pour ce faire, j'ai essentiellement dépouillé la *Pasicrisie belge*, revue de la jurisprudence belge (conjuguant pour une période allant jusqu'en 1864 les jurisprudences française et belge) recensant les décisions innovantes de la Cour de cassation, des cours d'appel et des tribunaux depuis 1791, ainsi que la grande revue juridique belge du XIXe siècle : *la Belgique judiciaire*.

[4] Selon les grandes subdivisions juridiques, j'entends par jurisprudence les décisions des cours et tribunaux sur des questions soulevées lors de procès. Concrètement, il s'agit ici de la jurisprudence publiée dans des périodiques juridiques. La doctrine, elle, rassemble les études parues sous forme d'articles dans les mêmes périodiques ou sous forme de monographies. Elles sont rédigées par des juristes professionnels, universitaires, magistrats et avocats.

[5] Un dictionnaire juridique belge entrepris peu après l'indépendance du royaume – et demeuré inachevé – consacre ainsi moins d'une colonne au terme « gaz » et encore l'aspect juridique y est-il à peine évoqué. Le mot « éclairage » est traité en moins de cinq colonnes dont quatre lignes évoquent le gaz : TIELEMANS, F., *Répertoire de l'administration et du droit administratif de la Belgique*, t. VI : *D-Ela*, Bruxelles, 1843, p. 462 et t. VIII : *G-Hosp.*, Bruxelles, 1856, p. 137. Quant à elle, *la Belgique judiciaire* ne renvoie que très exceptionnellement dans ses tables au terme « Gaz ». Il faut attendre la fin du siècle pour trouver une contribution consistante traitant du sujet dans l'encyclopédie juridique monumentale en 151 volumes de Picard et d'Hoffschmidt. Cet article compte 44 colonnes (PICARD, E., D'HOFFSCHMIDT, N. et DE LE COURT, J., *Pandectes belges. Encyclopédie de législation, de doctrine et de jurisprudence belges*, t. XLVIII, Bruxelles, 1894, col. 370-414).

juristes de l'époque l'absence du gaz parmi les préoccupations envisagées.

Enfin, si on se penche sur l'historiographie traitant du gaz en Belgique au XIXe siècle, il faut faire aveu de carence. Un rapide survol de bibliographies récentes ne fournit guère de références[6]. A l'exception du remarquable ouvrage de René Brion et Jean-Louis Moreau et de leur collaboration dans le présent projet, la recherche belge s'est peu penchée sur l'industrie gazière. Et si on affine la problématique en envisageant les rapports juridiques noués avec ce secteur, on se trouve alors dans un terrain en friche. La contribution présente n'a pas la prétention de répondre à toutes les questions mais plutôt de poser des jalons.

II. Eléments de législation belge applicable au monde gazier au XIXe siècle

La loi française de 1789 relative aux municipalités[7] impose aux communes *de faire jouir les habitants d'une bonne police, notamment de la sûreté, de la tranquillité dans les rues*, et celle de 1790 sur l'organisation judiciaire précise que les objets de police confiés à la vigilance et à l'autorité des corps municipaux sont : [...] *tout ce qui intéresse la sûreté* [...] *dans les rues* [...] *l'illumination*. La loi communale belge de 1836 renforce encore cette obligation en son article 131, 11°[8]. Ceci ne concerne donc en rien les habitations privées mais uniquement l'espace public.

Un arrêté royal du 31 janvier 1824 réglemente la formation des établissements dangereux et insalubres en imposant une autorisation délivrée par le Roi dans certaines circonstances. La pratique va considérer que les

---

[6] Parmi d'autres, j'ai dépouillé la *Bibliographie de l'histoire du Hainaut* (1951-1980), 2 vol., Mons, 1984 (Analectes d'histoire du Hainaut, n° 3 et 4) et FRANCOIS, L. *et al.*, *De vele gezichten van de nieuwste geschiedenis. Les multiples visages de l'histoire contemporaine*, 2 vol., Gand, 1995. Le premier ouvrage recense de manière exhaustive toutes les publications historiques au sens large parues sur le Hainaut entre 1951 et 1980 : aucune ne traite de l'histoire du gaz dans cette province très industrielle de la Belgique. Le deuxième livre répertorie tous les mémoires de licence et thèses de doctorat en sciences humaines présentés dans les universités belges entre 1975 et 1990 et qui de près ou de loin concerne l'histoire contemporaine. Le constat va dans le même sens : sur un total de 7 395 titres, deux seulement s'attachent à l'industrie du gaz et ils sont en néerlandais.

[7] Il convient d'observer que dès 1795, la législation française fut reçue dans les provinces belges suite à l'occupation puis l'annexion de celles-ci par la France. Dès lors cette loi de 1789 – ainsi que celle de 1790 – demeura en vigueur en Belgique au XIXe siècle. Aujourd'hui encore elle appartient encore à l'arsenal législatif belge.

[8] L'article 131 dit : « Le conseil communal est tenu de porter annuellement au budget des dépenses toutes celles que les lois mettent à la charge de la commune, et spécialement les suivantes : [...] 11° les dépenses relatives à la police de sûreté et de salubrité locales ».

usines à gaz rentrent dans cette catégorie. Devant les progrès techniques assez prodigieux de la première moitié du XIXe siècle, ce texte s'avère d'ailleurs vite obsolète[9].

L'arrêté royal du 12 novembre 1849 le remplace en instaurant une procédure beaucoup plus stricte. Il distingue trois classes d'établissement et donne une liste précise des différentes usines concernées. Les entreprises gazières se trouvent dans la première nécessitant toujours une autorisation royale. Cependant celle-ci prend place au terme d'un processus consultatif et démocratique assez long. Une enquête *commodo et incommodo* est en effet menée auprès des riverains par la commune. Elle est annoncée par voie d'affichage durant un mois. Les autorités communale et provinciale remettent également un avis, ainsi qu'un comité consultatif de l'industrie siégeant auprès du ministre compétent. Au besoin, l'avis d'experts sera demandé. A ce moment seulement intervient l'autorisation royale qui peut être temporaire ou définitive, sans condition ou conditionnelle en prescrivant certaines mesures de précaution. Un temps d'essai peut également être accordé pour apprécier correctement les effets d'une industrie. La formule conditionnelle est utilisée régulièrement, notamment lorsque des voisins s'opposent à l'entreprise pour des raisons qu'aujourd'hui nous qualifierions d'environnementales. Dans tous les cas, la durée de l'autorisation ne peut excéder trente ans pour un établissement de première classe.

Une dizaine d'années plus tard, les dispositions réglementaires spécifiques au gaz seront prises pour l'agréation des compteurs ainsi que pour la fabrication et la distribution du gaz comprimé chez les particuliers[10]. Pour le reste, les entreprises devaient se conformer à la législation en vigueur à l'époque, tant en droit public qu'en droit privé : concession, droit des sociétés, etc.

---

[9] Dans son rapport au Roi introduisant l'arrêté royal du 12 novembre 1849, le ministre de l'intérieur C. Rogier déclare que « l'expérience a fait reconnaître qu'il y avait lieu de modifier l'arrêté royal du 31 janvier 1824, relatif à la police des établissements dont l'exploitation présente un caractère de danger, d'insalubrité ou d'incommodité. D'une part, on a pu constater que cette disposition renfermait des lacunes assez nombreuses dans l'indication de ces établissements, et qu'elle laissait également à désirer sous le rapport de leur classification ; d'autre part, l'industrie a réalisé depuis que l'arrêté de 1824 fut mis en vigueur, des progrès très importants qui ont fait surgir de nouvelles fabrications et qui ont modifié profondément la situation des anciennes. [...] », in *Pasinomie ou collection complète des lois, décrets, arrêtés et règlements généraux qui peuvent être invoqués en Belgique*, 1849, p. 472. Dorénavant, la référence de cette collection sera réduite à *Pasinomie*.

[10] Arrêté royal du 4 juillet 1861 relatif à la fabrication et la distribution du gaz comprimé chez les particuliers ; Arrêté ministériel du 17 août 1865 : nouveau système de compteurs à gaz : approbation. L'article 551, 2° du Code pénal de 1867 prévoit aussi une contravention « pour ceux qui, obligés à l'éclairage, l'auront négligé ».

III. Régie ou concession, un choix de l'autorité communale

Devant l'obligation d'assurer un éclairage en rapport avec les exigences du temps, plusieurs procédés s'offrent aux communes belges au XIXe siècle : soit l'éclairage au gaz, soit à l'huile, soit à la bougie. On peut imaginer devant la performance du gaz que les grandes villes soucieuses d'efficacité et de sécurité en leurs murs opteront rapidement pour celui-ci[11]. Ce choix opéré, il faut encore le mettre en œuvre. Or les moyens requis sont techniquement et financièrement importants. Deux solutions juridiques étaient possibles pour les entités locales : la régie et la concession.

A. La régie

1. Définition et régime juridique

Selon la formule de l'époque, la régie était une administration de bien mise en place par une autorité publique à charge de rendre compte. La commune qui crée un établissement pour l'éclairage et le chauffage au gaz et qui l'exploite, le crée à son compte et sous la surveillance de ses agents généralement dans la perspective d'assurer, au moins partiellement, un service public. La formule est relativement simple à concevoir en droit. Elle soulève beaucoup moins de difficultés que la concession. En effet, propriétaire du sous-sol de la voirie, la commune l'exploite elle-même dans la perspective du service public. Les conflits d'intérêts sont donc beaucoup moins nombreux. Et s'ils s'en élevaient, un arbitrage interne à l'institution municipale règlerait le différend.

En cas de régie, il incombe à la commune de construire les usines à gaz nécessaires et de poser le réseau de canalisations de distribution pour l'éclairage. La commune qui exploite une usine à gaz destinée à l'éclairage public répond à l'obligation légale de sécurité mais surtout exerce son droit de police, d'essence publique. Ces questions ne peuvent faire l'objet d'un contrat civil et la ville ne peut évidemment pas s'engager à ne pas faire ce que la loi lui enjoint (ex. : promettre à un particulier de ne pas éclairer une rue). En effet, l'éclairage public est légalement obligatoire pour la commune. Les tribunaux ne pouvaient, alors, connaître de clauses

---

[11]   Des Arrêtés royaux d'autorisation sont pris très vite après 1830 : Bruxelles cette année-là, Verviers en 1833, Fontaine l'Evêque, Namur, Louvain, Gand (qui disposait déjà d'une première usine depuis 1825), Huy, Liège en 1834, Charleroi, Tournai, Mons en 1835, Anvers en 1836 (*Pasinomie, table analytique et raisonnée 1830-1860*, Bruxelles, s.d. et BRION, R. et MOREAU, J.-L., *Tractebel. 1895-1995. Les métamorphoses d'un groupe industriel*, Anvers, 1995, p. 80).

qui intervenaient sur ses droits de police en vertu de la théorie de la séparation des pouvoirs[12].

2. *Fourniture aux particuliers*

En même temps qu'elle éclaire la voirie, la régie communale peut aussi fournir le gaz aux particuliers. Ceux-ci prennent alors un abonnement aux conditions établies par le cahier des charges voté par le conseil communal[13]. La commune raccorde le client à la canalisation, pose le compteur et assure les réparations. Dans cette hypothèse, la commune est considérée comme un véritable marchand de gaz dans ses relations avec ses clients, elle traite comme une personne civile et non en tant que personne publique. Elle est alors soumise aux règles de droit commun, y compris en matière juridictionnelle. La régie n'a pas nécessairement connu une expansion considérable dans la Belgique du XIXe siècle ; néanmoins un cas exemplaire peut l'illustrer puisque la capitale du royaume, Bruxelles, a vécu sous ce système durant la seconde moitié de ce siècle[14].

B. La concession à une entreprise privée

1. *Définition et régime juridique*

A côté de la régie, la concession est l'autre manière pour une commune de régler la question de l'éclairage des rues.

Juridiquement, la concession s'entend d'un droit accordé par l'autorité publique à une personne, droit octroyé par l'autorité parce qu'elle en dispose au préalable à titre de pouvoir et de souveraineté, sur des meubles comme sur des immeubles. Elle est donc personnelle et révocable par l'autorité à tout moment. En l'espèce, elle consiste pour l'autorité communale à autoriser une personne physique ou morale qui s'y oblige à effectuer la prestation d'illuminer les voiries, aux conditions décrites dans un cahier des charges voté par le conseil communal.

---

[12]   En Belgique, les cours et tribunaux constituent en effet le pouvoir judiciaire (et non un ordre judiciaire comme en France à l'époque). Ce pouvoir judiciaire voit son indépendance garantie par la Constitution du 7 février 1831. En contrepartie, la doctrine et la jurisprudence ont clairement établi que le pouvoir judiciaire n'avait pas à s'ingérer dans les décisions relevant du pouvoir exécutif.

[13]   En droit belge, le conseil communal est l'organe de la commune élu par les citoyens qu'il représente. Au sein de la commune, tous les pouvoirs émanent de lui et selon le prescrit de la Constitution (art. 108, al. 2, 2), ses attributions sont tout ce qui est d'intérêt communal, conformément à la loi, bien entendu (Loi communale du 30 mars 1836, art. 75 et s.). Le collège des bourgmestres et échevins reçoit la mission de gérer la commune au quotidien (Loi communale du 30 mars 1836, art. 89 et s.).

[14]   Voir SMETS, M., "Vrije onderneming of regie ? De Brusselse gasregie in de tweede helft van de negentiende eeuw", Mémoire de licence en histoire inédit, Vrije Universiteit Brussel, 1983.

Le marché peut être emporté de gré à gré ou par adjudication.

La concession de gré à gré est conclue entre le concédant et un entrepreneur après négociation entre les deux parties sur les termes du contrat sans toujours retenir comme raisons de la sélection des recettes financières les plus élevées pour le concédant. Les critères intervenant dans la décision peuvent être multiples : la réputation de l'industriel, la reprise du personnel en cas de transformation d'une régie en concession, l'utilisation d'un procédé technique particulier, l'absence de concurrents ou encore des intérêts personnels de la part des élus communaux.

Il y a adjudication publique de la concession quand on a procédé à un appel d'offre public remporté par l'entrepreneur le plus offrant, au terme d'une procédure décrite dans le cahier des charges, voire même dans la loi.

La concession peut être exclusive ou non. Pour que la concession soit exclusive, une clause du cahier des charges doit le prévoir expressément. Et dans cette hypothèse, l'exclusivité ne couvre bien entendu que le droit pour le concessionnaire d'être le seul à être chargé d'éclairer une ville ou une commune[15].

En contrepartie des obligations incombant à l'entrepreneur et décrites dans le cahier des charges, le gazier se rémunérera en vendant certains services. Le contrat passé dans le cas d'une concession relève du droit commun dans ses dispositions techniques et financières sans pour autant pouvoir attenter au droit de police de la Ville et notamment à l'obligation d'illumination des espaces publics. Ici il va de soi que le concessionnaire construit lui-même l'usine – à moins qu'il ne reprenne des installations préexistantes – et pose les conduites dans le sous-sol pour assurer l'éclairage et fournir éventuellement le gaz aux personnes et aux entreprises privées. Il doit aussi et surtout se conformer à un cahier des charges établi par le conseil communal, lequel cahier prescrit autant que possible les règles techniques à respecter mais parfois aussi le prix du gaz si celui-ci était fourni aux habitants, etc.

Le régime juridique de la concession est virtuellement plus compliqué à mettre en application dans la mesure où les parties (l'autorité communale d'une part et les entreprises gazières d'autre part) sont plus nombreuses et surtout leurs intérêts divergent assez fondamentalement puisque l'une d'elles exerce des prérogatives relevant de l'ordre public et l'autre souhaite tirer du profit de l'entreprise. Cette solution constituait par conséquent une source de conflits potentiels.

---

[15]   Voir plus loin.

2. La concession, source de conflits

Une difficulté apparemment fréquemment soulevée au XIXe siècle résidait dans la question de déterminer les lieux publics à éclairer par le concessionnaire. En effet, souvent mal rédigés, les cahiers des charges ne détaillaient pas la liste complète des lieux à éclairer mais se contentaient d'une formule générale. Cette solution s'explique par le développement immobilier de nouveaux quartiers au XIXe siècle, quartiers parfois encore inexistants et impossibles à délimiter lors de la rédaction des cahiers des charges, surtout si la durée de la concession est importante. La jurisprudence s'appliqua alors à définir le mot *rue* figurant habituellement dans les cahiers des charges : « par le mot rue, il faut entendre une voie de communication, dans une ville ou un village, limitée par des maisons et non des chemins de campagne dépourvus de trottoirs et d'égouts, bordés de rares maisons et situés dans la partie rurale de la commune »[16].

Le système de la concession a naturellement suscité d'autres difficultés. Au vu des décisions de jurisprudence, on devine en filigrane une certaine mauvaise foi dans le chef d'industriels, notamment quand il s'agissait d'établir l'identité du véritable propriétaire de la voirie et les droits et devoirs de celui-ci.

La pratique administrative a bien établi que la commune qui concède à une compagnie le droit de placer ses conduites dans le sous-sol de la voirie publique ne transfère pas la propriété de ce sous-sol ni même ne le grève d'une servitude réelle. La voirie appartient au domaine public et en cela reste inaliénable. La commune contracte uniquement une obligation personnelle[17] et celle-ci ne naît manifestement pas du droit civil mais de l'exécution d'une règle publique. On peut en déduire aussi qu'il n'y a ni hypothèque, ni emphytéose non plus. Inévitablement, même dans l'hypothèse d'un contrat d'exclusivité, la compagnie concessionnaire ne peut pas exiger d'être la seule à user du fonds de la voirie. L'obligation personnelle contractée par la commune ne crée pas un droit exclusif d'utilisation du sous-sol dans le chef de la compagnie gazière. Elle sera donc contrainte d'accepter éventuellement qu'un tiers utilise le tréfonds de la même voirie à d'autres fins, en rapport avec le service public aussi. La commune peut évidemment se servir de ladite assiette pour assurer en sous-sol l'égouttage, la distribution d'eau, et naturellement en surface la

---

[16] Trib. de 1ère inst. Bruxelles, 25 avril 1874, in *Pasicrisie*, 3e partie, 1875, p. 109. La décision du Tribunal de Première Instance, Bruxelles, 15 décembre 1876, in *Pasicrisie*, 3e partie, 1877, p. 226, va même plus loin en disant que la rue est le chemin situé dans une commune, dans la zone non rurale de celle-ci, pavé, garni de trottoirs et d'égouts et qui est propre à recevoir des habitations. Dans ce cas, il suffit que le lotissement soit réalisé et prêt à être construit sans nécessairement encore l'être pour devoir être éclairé.

[17] Décision du ministre de l'Intérieur, 29 mai 1873, n° 26 166.

circulation routière, voire même la circulation par tramways et chemins de fer.

La concession est sans doute personnelle mais ceci ne signifie pas pour autant que les obligations sont à charge d'une seule partie et les droits à l'avantage de l'autre. Le concessionnaire lésé a droit à réparation sur base des articles 1382 et suivants du Code civil[18]. Il intentera l'action contre l'auteur de la faute (par exemple une autre société concessionnaire de la voirie ou un riverain) mais il ne pourra considérer la commune comme auteur d'une faute du simple chef d'avoir concédé la voirie à un tiers pour un autre usage. En effet, la concession implique une facilité d'accès au sous-sol, dénuée de toute essence réelle. Elle demeure donc par nature précaire et par conséquent la concession est révocable. La commune peut naturellement accorder concession exclusive d'éclairage par le gaz à une entreprise. Dans ce cas, elle s'interdit d'en accorder d'autres pour les mêmes fins. Mais elle demeure aussi en droit de révoquer cette concession pour l'accorder à une autre ensuite ou l'exploiter en régie par elle-même.

Sur ces notions, une décision a manifestement fait date au vu de sa large diffusion : il s'agit d'un arrêt de la cour d'appel de Liège du 29 avril 1858. L'arrêt réforme dans un sens bienveillant pour la société appelante un jugement du tribunal de première instance de Namur du 12 août 1857. Les faits de l'espèce sont les suivants : la Société de l'éclairage au gaz et fonderie de fer de Namur, société anonyme, voit la concession d'éclairage de la ville de Namur ne pas lui être renouvelée au profit d'une compagnie concurrente. Celle-ci exige qu'au jour de l'expiration de la concession à la société anonyme celle-ci ait retiré tout le réseau dans le sous-sol de la ville et lui verse des dommages-intérêts si elle ne s'exécute pas. L'autorisation de poser sous la voie publique des tuyaux pour l'éclairage est un acte de police du collège échevinal, établit la Cour. Elle est donc révocable. Cependant en cas de bonne foi de la part du concédant, il y a lieu de lui accorder un délai suffisant pour l'enlèvement à moins que d'éviter des frais et d'autoriser le délaissement dans le sol des tuyaux qui ne nuiraient en rien à la voirie communale[19].

---

[18] L'article 1382 est l'article fondateur de la responsabilité civile en droit français et en droit belge. Voici son énoncé : « Tout fait quelconque de l'homme, qui cause à autrui un dommage, oblige celui par la faute duquel il est arrivé, à le réparer. » Les articles suivants rendent responsables les auteurs qui par leur négligence ou par leur imprudence ou encore les maîtres qui par les faits de leurs commis ont causé dommage à autrui.

[19] Cour d'appel de Liège, 29 avril 1858, in *Pasicrisie*, 2e partie, 1858, p. 233, in *La Belgique judiciaire*, 1857, col. 1110-1130, in *La Belgique judiciaire*, 1858, col. 1171-1174 et in *Revue de l'administration et de droit administratif de la Belgique*, t. VIII, 1861, col. 363-396.

En conclusion, cette obligation personnelle ne crée pas un droit exclusif d'utilisation du sous-sol dans le chef de la compagnie gazière. Elle sera donc contrainte d'accepter éventuellement qu'un tiers, comme je l'ai dit, utilise le tréfonds de la même voirie à d'autres fins, notamment en rapport avec le service public aussi.

3. La concession, mécanisme libéral sous la maîtrise de l'autorité publique

En matière d'éclairage public par le gaz, force est de constater que l'image du XIXe siècle libéral à tout crin – que certains veulent bien répandre dans l'opinion publique – ne correspond pas totalement avec cette face de la réalité historique. Le XIXe siècle connaît un régime économique libéral, indubitablement. Pourtant on constate aussi l'existence de régies communales. A titre d'exemple, Bruxelles en eut une pendant une partie de ce siècle, je l'ai déjà évoquée, et qui plus est, cette régie a remplacé une société concessionnaire[20]. A l'époque, les pouvoirs publics exercent donc bien des activités ne relevant pas toujours directement de la puissance publique mais étant davantage de type économique. Et quand il y a concession – ici de l'éclairage public au gaz – la doctrine mais aussi la pratique judiciaire accordent en droit une prééminence à l'autorité publique sur les entreprises privées concessionnaires. Ceci transparaît à travers la théorie de l'incompétence des tribunaux à s'immiscer dans l'exécution des travaux ordonnés par l'autorité administrative. C'est d'autant plus vrai quand un acte est posé au titre de la puissance publique et en exécution de la mission confiée par la loi. La justice ne peut donc revoir un acte posé par l'autorité de tutelle à propos d'une décision d'une administration communale, en vertu du principe constitutionnel de séparation des pouvoirs. Or on n'observe pas vraiment une politique des autorités gouvernementales visant à empêcher la technique de la régie ou encore à imposer des compagnies privées aux localités pour assurer l'éclairage public.

4. La qualité de concessionnaire

Une dernière observation s'impose : la concession est personnelle. Ceci signifie qu'elle est octroyée par une autorité publique à une personne et uniquement à elle seule. Cependant pour des raisons pratiques et financières que j'évoque ci-après, le concessionnaire pourra céder cette concession, totalement ou partiellement, mais à la condition suspensive de l'approbation par l'autorité publique. L'accord du concédant est donc indispensable pour assurer l'existence du contrat de cession.

---

[20] Voir plus haut note 14.

a. Le concessionnaire, personne physique

Dans le cas de concessions accordées par les autorités pour assurer l'éclairage au gaz des villes et communes, il convient d'identifier le concessionnaire. Dans la première moitié du XIXe siècle, on concède fréquemment à des personnes physiques au travers de petits industriels locaux ingénieux. Très vite cependant, les moyens financiers manqueront à ceux-ci pour assurer la construction du gazomètre et la pose d'un réseau complet de conduites sur le territoire d'une commune. Une alternative s'offre à eux : céder la concession à une société privée capable d'assurer elle-même les obligations en cause. Fréquemment, cette cession prendra la forme d'un apport en industrie par le concessionnaire dans le capital social de la société ; il devient ainsi associé dans l'affaire. Cette formule facilite l'obtention du consentement de l'autorité communale. Dès lors apparaissent des sociétés privées dont l'objet social est l'éclairage au gaz[21].

En certaines circonstances, il est possible aussi que, par souci de leur image au sein du public, les autorités communales préfèrent concéder l'éclairage à un notable de la région plutôt qu'à une société aux allures un peu lointaines. Il reviendrait alors à ce notable de céder la concession à la société pressentie. L'hypothèse demande toutefois à être vérifiée dans les sources.

b. Les sociétés concessionnaires

- Droit des sociétés

Juridiquement, la législation sur la forme des sociétés est claire. Le Code civil prévoit la forme de la société civile et le Code de commerce de 1807 reconnaît trois espèces de sociétés commerciales. Voila donc les possibilités offertes jusqu'en 1873, année où le Code de commerce sera revu sur ces questions en Belgique.

La société civile est un contrat entre deux ou plusieurs personnes qui mettent quelque chose en commun, dans le but de partager le bénéfice qui pourra en résulter[22]. Des conditions d'objet, d'apport et de rédaction de l'acte sont aussi prévues. En cas de problèmes, tous les associés sont responsables des dettes sociales sur leurs propres biens.

---

[21] A Châtelet, petite ville industrielle de la province de Hainaut proche de Charleroi, l'éclairage est concédé à Auguste Cador, l'architecte en vue dans la région en 1860 (FAUCONNIER, J., « Notes pour servir à l'histoire de Châtelet au XIXe siècle », in *Annuaire du Vieux Châtelet*, t. X, 1970, p. 17-18). Celui-ci érige une usine et un réseau de conduites souterraines mais il transfère l'entreprise à la Compagnie générale pour l'éclairage et le chauffage par le gaz en 1871 (BRION, R. et MOREAU, J.-L., *op. cit.*, p. 83 ; DEMEUR, A., *Les sociétés anonymes de Belgique. Années 1870 à 1873 (jusqu'à la mise en vigueur de la loi du 18 mai 1873). Suite et complément de la collection complète des statuts en 1857*, t. IV, 2e partie, Bruxelles/Paris/Leipzig, 1874, p. 114).

[22] Code civil, art. 1832.

Néanmoins, au vu de l'objet et notamment de la vente répétée d'une marchandise, on peut considérer que la production du gaz et sa distribution relèvent des actes commerciaux tels que prévus par l'art. 1er du Code de commerce de 1807. Dès lors, les compagnies gazières peuvent revêtir la forme de la société en nom collectif, de la société en commandite ou de la société anonyme. En droit, la société commerciale constitue une personne juridique différente de celle des associés. Elle a une existence propre, un patrimoine distinct, des droits et obligations parmi lesquels le droit de pouvoir agir et d'ester en justice personnellement[23].

La société en nom collectif[24] peut sembler relativement proche de la société civile. Il s'agit d'un contrat entre deux ou plusieurs personnes dont l'objet est de faire du commerce sous une raison sociale. Celle-ci est composée du nom des associés et forme le nom de la société[25]. Dans ce cas, tous les associés sont solidaires, c'est-à-dire que chacun est responsable sur ses biens de toutes les dettes de la société même si un seul d'entre eux a signé l'engagement. Inévitablement, cette forme requiert une grande confiance entre tous les associés puisque leur responsabilité est illimitée.

La société en commandite[26] se contracte entre un ou plusieurs associés responsables et solidaires, dénommés les *commandités*, et un ou plusieurs associés bailleurs de fonds, appelés les *commanditaires*. Elle est régie sous une raison sociale constituée uniquement du nom des associés commandités. Plus évoluée, cette forme permet à des gens fortunés ne souhaitant pas la qualité de commerçants de placer leurs biens dans des entreprises commerciales. N'apparaissant pas dans la raison sociale, le grand public ignore leur identité et ils n'engagent donc leur responsabilité qu'à concurrence de leurs apports. Par contre, les commandités gèrent l'affaire solidairement entre eux et sont responsables sur leurs biens.

Enfin, la société anonyme est l'innovation de ce XIXe siècle. Il s'agit d'une société différente des précédentes en ce que les associés voient leur responsabilité limitée à leurs apports et que la responsabilité des gérants est elle-même limitée à l'exécution du mandat de gestion qu'ils ont reçu[27]. Ceci explique la disparition de la raison sociale au profit d'une dénomina-

---

[23] Ce droit d'agir et d'ester personnellement en justice peut paraître dérisoire ; dans la pratique, il ne nécessite pas l'accord formel de tous les associés pour les citations, la comparution de chacun, etc. comme c'est le cas dans la société civile. Il en va de même lorsqu'il s'agit de passer un acte, au moins un acte authentique. Ceci allège d'autant son mode de fonctionnement et partant son efficacité.

[24] Elle était régie par les articles 20 et suivants du Code de commerce de 1807.

[25] Par exemple Dupont Frères, ou Albert et Léopold Dupont et compagnie.

[26] Elle était régie par les articles 23 et suivants du Code de commerce de 1807.

[27] Elle était régie par les articles 29 et suivants du Code de commerce de 1807.

tion tirée en principe de l'objet social de la société[28]. Une responsabilité limitée à ce point en a effrayé plus d'un. Avant 1807 en effet, aucun texte ne la prévoit formellement. Aussi pour contrebalancer pareil droit exorbitant, le législateur a-t-il introduit une restriction : ce type de société doit être autorisé par le gouvernement. Dans la pratique, dès 1835, l'exécutif belge va établir des règles de plus en plus strictes sur le genre d'industrie concernée, le montant des capitaux investis, les clauses à insérer dans les statuts, etc.

- Les sociétés gazières

Dans cette perspective, que sait-on des sociétés gazières belges au XIXᵉ siècle ? A l'heure actuelle, on ne dispose pas d'études d'ensemble sur la matière. Impossible donc de cerner un profil type de ces entreprises.

Nous disposons toutefois de quelques études ponctuelles ainsi que d'informations à propos des entreprises qui ont souhaité adopter la forme anonyme.

Dans un tout premier temps, il semble que des entrepreneurs ingénieux obtiennent des concessions et se lancent seuls ou presque dans la construction d'un réseau. A Bruxelles, ayant pressenti la supériorité du gaz comme moyen d'éclairage, Pierre-Joseph Meeus fonde avec des membres de sa famille une société civile en 1817 dont l'objet est l'éclairage de Bruxelles. Ils obtiennent en 1818 une concession pour vingt ans[29]. Grâce à lui, Bruxelles est la première ville du Continent éclairée au gaz[30]. Ce qui est curieux dans le cas de la société Meeus, c'est la forme sociale choisie. En effet, Pierre-Joseph Meeus appartient à une importante famille de banquiers rodée aux pratiques commerciales et on imagine qu'*a priori*, ceux-ci auraient pu préférer la commandite, voire après 1835 la société anonyme à la société civile[31].

---

[28] C'est ce que prévoit l'art. 30 du code. Des exemples dans la pratique administrative belge prouvent que le prescrit législatif n'a pas été suivi au pied de la lettre. Dans le domaine du gaz toutefois, il a toujours été respecté.

[29] VAN BELLE, J.-L., *Meeus à de Meeus. Bruxelles – La Foi – Le Feu*, Braine-le-Château, 1997, p. 71-75.

[30] Le réseau va très rapidement se développer. Ainsi, la première année, 72 becs sont installés ; en 1821, on passe à 378 et, en 1829, on en compte 2 470. L'étonnement est général et en 1829 encore, les inspecteurs du cadastre l'expriment (VAN BELLE, J.-L., *op. cit.*, p. 74-75).

[31] Dès 1830, en effet, le cousin de Pierre-Joseph, Ferdinand Meeus est nommé gouverneur de la Société générale pour favoriser l'industrie nationale, communément appelée la Société générale de Belgique. Ce dernier a usé régulièrement de la forme anonyme pour le développement des affaires de la société générale.

A Fontaine-l'Evêque, petite ville près de Charleroi[32], dès 1827, Pierre-Camille Montigny obtient un arrêté royal l'autorisant à monter un gazomètre. Il sera finalement mis en service en 1834[33]. Montigny sera aidé dans son entreprise par un banquier local, Audent. L'année suivante, en 1835, un certain Bertrand installe une usine à Charleroi[34]. On retrouve ce dernier dans la société d'éclairage de la ville de Louvain[35] en 1839 sous la raison sociale Marcq, Lecocq, Bertrand et Cie[36].

La société en commandite par actions a vraisemblablement suffi à l'établissement d'ensembles déjà importants. Cependant cette forme n'a dû se développer dans le secteur qu'à partir des années 1840[37]. En effet, un certain Trioen a recensé dans un ouvrage toutes les sociétés en commandite existant dans le royaume en 1837. Aucune société de ce type concernant l'industrie gazière n'y est renseignée à cette date. Auparavant donc, on s'est probablement contenté de sociétés en nom collectif. Par contre la société en commandite par actions Desclée Frères et Cie souhaite dès 1857 revêtir la forme anonyme[38] Exploitant la compagnie du gaz de Saint-Josse-ten-Noode, à côté de Bruxelles, la société Semet et Cie

---

[32] Fontaine l'Evêque est un chef-lieu de canton situé dans la province de Hainaut à 15 km à l'ouest de Charleroi, l'une et l'autre sont établies sur un riche bassin houiller propre à fournir le charbon nécessaire à la production du gaz. L'exploitation de ce gisement est à l'époque en pleine expansion et à l'origine de la révolution industrielle sur le continent (voir à ce propos LEBRUN, P., BRUWIER, M., DHONT, J. et HANSOTTE, G., « Histoire quantitative et développement de la Belgique » *in* LEBRUN, P. (dir.), t. II : *La révolution industrielle*, vol. 1 : *Essai sur la révolution industrielle en Belgique. 1770-1847*, 2ᵉ éd., Bruxelles, 1981.)

[33] Pour la petite histoire, l'usine en tant que telle a disparu au début du XXᵉ siècle. Cependant le gazomètre était du type souterrain. Il a été redécouvert au début des années 1990 et restauré, il est aujourd'hui accessible et visitable.

[34] BRION, R. et MOREAU, J.-L., *op. cit.*, p. 80.

[35] Louvain est une ville chef-lieu d'arrondissement dans la province de Brabant, siège de l'Université catholique de Louvain depuis 1425 et sise à environ 25 km à l'est de Bruxelles.

[36] BRION, R. et MOREAU, J.-L., *op. cit.*, p. 80.

[37] TRIOEN, L.F.B., *Collection des statuts de toutes les sociétés anonymes et en commandite par actions de la Belgique, recueillis et mis en ordre d'après les documents officiels communiqués par le gouvernement et d'après les renseignements fournis par les sociétés elles-mêmes, suivis de tableaux synoptiques et d'une notice sur les emprunts et les fonds publics cotés dans toutes les bourses de l'europe. Vade-mecum des industriels, des commerçants et des rentiers*, Bruxelles, 1839, 2 vol.

[38] Archives du Ministère belge des Affaires étrangères (Bruxelles), fonds des sociétés anonymes, n° 3700, farde c.
L'histoire de cette société, ou plutôt de ce groupe, demeure à écrire car on renseigne la fondation d'une société Desclée Frères et Cie en 1834 obtenant concession pour Tourcoing et Roubaix (en France) et Bruges (Belgique, prov. Flandre occidentale), une société Henri Desclée et Cie et enfin une société en nom collectif Desclée, Bertrand et Cie exploitant l'éclairage public à Courtrai (Belgique, Flandre occidentale), in BRION, R. et MOREAU, J.-L., *op. cit.*, p. 80.

introduit une demande analogue en 1872[39]. Ces deux sociétés démontrent l'usage de la commandite dans le secteur bien avant le 3ᵉ quart du XIXᵉ siècle. Les requêtes qu'elles introduisent prouvent aussi les limites que cette forme présente lorsqu'une affaire souhaite prendre une ampleur dépassant le cadre géographique de quelques localités.

Il demeure enfin les sociétés anonymes. En Belgique, l'autorisation gouvernementale prévue à l'article 37 du Code a engendré un fonds d'archives propre à la constitution de ces sociétés. Entre 1830 et 1873, j'ai recensé treize demandes de formation de société anonyme dont l'objet social principal ou accessoire eût été d'exploiter le gaz comme moyen d'éclairage. Sept d'entre elles ont obtenu l'autorisation royale et se sont donc constituées sous cette forme[40] ; la requête de six autres n'a pas abouti, soit par refus des autorités exécutives, soit parce que les demandeurs ont abandonné la procédure[41]. Sur l'ensemble des demandes, le secteur gazier est finalement peu significatif puisqu'on a conservé 812 demandes de constitution de sociétés anonymes. Il représente à peine 1,6 % des demandes. Le chiffre n'est pas élevé, certes mais aucun texte non plus n'obligeait l'adoption de cette forme pour construire une usine à gaz.

Une autre explication de cette faiblesse quantitative réside peut-être dans l'absence, jusqu'en 1873, des holdings financiers dans ce secteur. Pratiquement toutes ces sociétés anonymes sont indépendantes ; elles sont détenues par des industriels. Ceci ne signifie toutefois pas un manque d'organisation de leur part puisque la Société de l'éclairage au gaz et fonderie de fer de Namur semble avoir été une sorte de société-sœur de la Compagnie anonyme belge du gaz comprimé. La présence de quelques administrateurs identiques ou très proches parents permet de le penser. L'une et l'autre disparaîtront pourtant avant 1870.

---

[39]   Archives du Ministère belge des Affaires étrangères (Bruxelles), fonds des sociétés anonymes, n° 3700, farde b.

[40]   Il s'agit dans l'ordre chronologique de l'approbation par arrêté royal des entreprises suivantes : Société anversoise pour l'éclairage par le gaz d'huile de résine (1836), Société pour l'éclairage au gaz portatif non comprimé (1838), Société de l'éclairage au gaz et fonderie de fer de Namur (1839), Société disonoise pour l'éclairage par le gaz à la houille (1844), Société anonyme pour la fabrication du gaz (1860), Compagnie générale pour l'éclairage et le chauffage par le gaz (1862) et Compagnie anonyme belge du gaz comprimé (1862).

[41]   Il s'agit des firmes suivantes : Société anonyme belge pour l'éclairage par le gaz, Société pour l'éclairage au gaz de la ville de Courtrai, Société anonyme d'exploitation des produits obtenus par la carbonisation de la houille, Société centrale pour l'éclairage et le chauffage des fabriques, des particuliers et des villes, Compagnie du gaz de Saint-Josse-ten-Noode, Compagnie Internationale pour l'Eclairage et le Chauffage par le Gaz. Il convient de remarquer que les deux dernières n'ont pas vu la procédure aboutir parce que la législation a changé dans le sens de la suppression de l'autorisation royale.

Devant le petit nombre de compagnies gazières anonymes et par ailleurs connaissant l'important développement de l'éclairage par ce moyen en Belgique dès avant 1870, on peut sans grand risque conclure que les sociétés en nom collectif et les sociétés en commandite ont dominé le secteur du gaz sans qu'on puisse actuellement déterminer ni les proportions exactes ni une chronologie très fine de cette prépondérance.

Si l'on considère la totalité des demandes de constitution de société anonyme, deux moments se dégagent nettement : le premier entre 1836 et 1839, le deuxième entre 1857 et 1873.

Durant la première période, l'objet de ces sociétés se limite à l'exploitation de l'éclairage dans une ville.

Pendant la deuxième période, l'objet géographique s'élargit à la Belgique, voire même au-delà. Assez nettement, en 1873, les ambitions sont extra-frontalières. Même si l'échantillon est réduit, on devine que, devant les exigences financières et les risques d'un développement international, la forme anonyme était la plus séduisante. Inévitablement donc, on aurait dû retrouver la trace des autres demandes si elles avaient existé à un autre moment. Antérieurement à 1873, la seule trace d'internationalisation s'observe en 1862 lors de la fondation de la Compagnie générale pour l'éclairage et le chauffage par le gaz et en 1866 quand la même société absorbe la Compagnie des usines à gaz du Nord, société de droit français[42].

Quant aux statuts des sociétés autorisées, force est de reconnaître qu'il y a bien peu de points communs permettant des rapprochements entre les entreprises. L'industrie gazière ne correspond à aucun cycle au sein d'une année sociale. En effet, chacune des sept entités recensées propose un mois différent pour réunir l'assemblée générale de ses actionnaires. Il semble d'ailleurs que cette branche d'activité soit perçue à l'époque comme échappant en grande partie aux cycles économiques. Le choix des fondateurs de la Compagnie générale pour l'éclairage et le chauffage par le gaz de former cette société s'inscrit dans leur souci de diversifier leurs affaires et surtout d'investir dans un secteur économiquement à l'abri des cycles du secteur ferroviaire[43].

Aucune concordance ne se dégage non plus quant à la durée de vie prévue de la société : le terme le plus court est de 15 ans, soit la durée *in specie* de la concession ; le plus long est de 90 ans. Le capital varie aussi

---

[42] DEMEUR, A., *Les sociétés anonymes de Belgique 1865 à 1869. Suite et complément de la collection complète des statuts en 1857*, t. III, Bruxelles/Paris/Leipzig, 1870, p. 156.

[43] « L'industrie du gaz est une de celles qui procurent le plus de bénéfices avec le moins de risques. Elle est à l'abri de la plupart des vicissitudes qui peuvent arrêter ou compromettre la prospérité des autres industries et sa marche progressive est continue et certaine. », phrase citée par BRION, R. et MOREAU, J.-L., *op. cit.*, p. 19.

mais les sommes de départ sont élevées dès les années 1830 dans toutes les entreprises gazières. Et dès 1860, même si les actions sont sans mention de valeur dans la rédaction de certains statuts, on devine que les capitaux en jeu sont très importants au vu du nombre d'actions émises. Ainsi, le fonds social est d'emblée de 20 millions de francs pour la Compagnie générale pour l'éclairage et le chauffage par le gaz.

La répartition du pouvoir ne permet pas non plus de grandes conclusions. Chaque société dispose évidemment d'un conseil d'administration ; on observe dans la plupart des cas l'existence d'un conseil de surveillance chargé par l'assemblée générale de contrôler la comptabilité. Il arrive souvent dans les sociétés constituées après 1860 qu'au-dessous du conseil d'administration, on trouve encore un conseil de direction chargé de la gestion quasi-quotidienne de l'entreprise. Ici la démarche est particulière dans la mesure où l'industrie gazière préfère confier la responsabilité quotidienne à une équipe plutôt qu'à un seul homme comme il est fréquent de le rencontrer dans les charbonnages, le secteur-modèle de l'économie belge à l'époque. Remarquons aussi qu'entre 1830 et 1862, l'organigramme de ces entreprises se complexifie singulièrement.

On observe assez peu d'éléments convergents entre ces différentes affaires, je l'ai dit. Reconnaissons néanmoins que certaines tendances se devinent dans la chronologie. Au départ, l'objet social se propose d'exploiter l'éclairage au gaz dans un périmètre restreint : le territoire d'une commune, voire dans ses faubourgs limitrophes, ainsi à Anvers, Namur ou Dison[44]. Puis à partir de 1860, l'absence de limitation géographique dans les statuts permet d'imaginer une extension à toute la Belgique[45]. Enfin la Compagnie générale a des ambitions d'une autre ampleur dès sa fondation en 1862. En effet son objet social affiche d'emblée une volonté d'entreprise générale à vocation internationale : « La compagnie a pour objet l'éclairage et le chauffage au moyen du gaz courant ou portatif ou par d'autres procédés, des villes, communes et établissements publics ou particuliers, situés en Belgique ou à l'étranger, et la vente de tous produits provenant de la fabrication du gaz. [...] »[46]. Très vite, cette compagnie va réaliser ses objectifs tant dans le royaume

---

[44]   Dison est une petite ville industrielle de la province de Liège, proche du grand centre lainier du temps : Verviers.

[45]   Une exception se rencontre dès 1838 mais il s'agit d'une société dont le projet est de produire du gaz portatif non comprimé. Son existence sera relativement courte d'ailleurs puisque la société pour l'éclairage au gaz portatif non comprimé fondé en 1838 est dissoute vraisemblablement au plus tard en 1853 (DEMEUR, A., *Les sociétés anonymes de Belgique en 1857. Collection complète des statuts*, Bruxelles, 1859, p. IX).

[46]   Art. 2 al. 1er des statuts du 2 août 1862.

qu'à l'étranger puisqu'elle éclaire Louvain, Tournai et Charleroi[47], Prague et Chemnitz en 1863, l'année suivante elle s'attaque au marché italien avec Sienne, Rimini et Catane et confirme sa présence dans la région de Charleroi où en moins de dix ans, elle obtient des concessions sur dix communes industrielles limitrophes. Ceci lui permet une rationalisation et une optimalisation des usines par la taille atteinte. Dans la région de Charleroi, elle construit d'ailleurs son influence en récupérant des positions abandonnées par la liquidation de la Compagnie anonyme belge du gaz comprimé en 1870[48]. Et en 1866 elle avait absorbé une société française, la compagnie des usines à gaz du Nord, qui lui assura huit villes. Cette expansion assez fulgurante demeure à cette époque unique en Belgique et s'explique par des capitaux d'origines très diverses réunis par une équipe de banquiers belges. La dynamique industrielle est soustendue donc par une volonté financière.

Au vu de ces statuts, on ne peut considérer à proprement parler l'industrie gazière belge comme un secteur très unifié jusqu'en 1873 au moins. Certaines usines existent depuis 40 voire 50 ou 60 ans. Mais leurs dirigeants ne sont pas encore parvenus à dégager une véritable unité de fonctionnement et encore moins une totale maturité capitalistique. Les mouvements de concentration horizontale n'apparaissent que rarement révélateurs de cette immaturité. La formule de la régie communale a pu évidemment constituer un frein si l'on admet de voir en elle un moyen assez absolu et fermé par essence à une extension géographique.

IV. La vente de gaz aux particuliers

Tant dans le cas de la régie que de la concession, l'usine peut fournir du gaz aux consommateurs particuliers. Dans le cas de la concession, la commune est considérée comme un consommateur et traite donc civilement avec le fournisseur sur base du cahier des charges.

---

[47]   Louvain est chef-lieu d'arrondissement dans la province de Brabant ; Tournai et Charleroi, chefs-lieux d'arrondissement dans la province de Hainaut.

[48]   Le territoire de Gilly était en effet concédé à la Compagnie anonyme belge du gaz comprimé en liquidation dès 1870 et la même année encore, la Compagnie générale l'incorpore dans sa sphère d'activités.

A. Caractéristiques de la vente de gaz

Le gaz d'éclairage et de chauffage est un bien mobilier par sa nature, conformément à l'article 528 du Code civil[49] car il peut être transporté d'un lieu à l'autre. Sa vente est donc mobilière mais avec des effets particuliers car en cas de non-paiement, le vendeur obtiendra la résolution du chef d'inexécution des clauses de l'abonnement.

Pour être livré en gaz, le consommateur passe un abonnement avec le producteur. L'abonnement est ici une modalité du contrat de vente d'une chose mobilière, et non pas un contrat en soi. La vente est parfaite dans la mesure où il y a accord sur la chose et le prix. La substance de la modalité réside dans l'engagement pris par le producteur à fournir pendant une durée un objet, et ce que l'abonné consomme ou ne consomme pas l'objet. Celui-ci paie suivant la quantité consommée. L'engagement du vendeur est une mise à la disposition de l'acheteur du gaz dont il prendra livraison en le faisant passer par le compteur. Jusqu'au compteur, le gaz reste la propriété du vendeur. En outre selon la théorie des risques[50] du Code civil, puisqu'il s'agit d'une chose vendue à la mesure, elle est vendue aux risques et périls du vendeur jusqu'à ce qu'elle soit mesurée. L'acheteur peut en demander la fourniture ou des dommages-intérêts en cas de non-exécution du contrat. Le vendeur, quant à lui, reste propriétaire du gaz jusqu'au mesurage de celui-ci puisqu'auparavant, il ne peut y avoir transfert de propriété dans la mesure où il n'y a pas encore eu d'accord sur la chose et le prix.

B. Le compteur

Pour l'exécution parfaite du contrat, on l'a vu, il convient de mesurer la quantité de gaz fournie aux particuliers. L'opération se fait par l'intermédiaire d'un compteur, habituellement livré par le fournisseur, soit par vente ou par location.

Le compteur à gaz indique en mesure les quantités de gaz livrées au consommateur. Il tombe donc sous le coup de la loi du 1ᵉʳ octobre 1855 sur les poids et mesures. L'arrêté royal du 23 mai 1859 l'a décrété, vu le caractère d'intérêt général pris par le système d'éclairage au gaz dans le royaume. Le rapport au Roi le disait :

---

[49] Cet article spécifie que « sont meubles par leur nature, les corps qui peuvent se transporter d'un lieu à un autre, soit qu'ils se meuvent par eux-mêmes, comme les animaux, soit qu'ils ne puissent changer de place que par l'effet d'une force étrangère, comme les choses inanimées ».

[50] L'art. 1585 du Code civil précise que « lorsque des marchandises ne sont pas vendues en bloc, mais au poids, au compte ou à la mesure, la vente n'est point parfaite, en ce sens que les choses vendues sont aux risques du vendeur jusqu'à ce qu'elles soient pesées, comptées ou mesurées ; mais l'acheteur peut en demander ou la délivrance ou des dommages-intérêts, s'il y a lieu, en cas d'inexécution de l'engagement ».

L'éclairage au gaz a généralement lieu par voie de concession. A l'origine, les concessionnaires percevaient à la charge des consommateurs une certaine rétribution calculée sur la durée de l'éclairage, la largeur de la flamme et le nombre de becs employés. Mais les transactions opérées sur de telles bases offraient beaucoup d'inconvénients [...] le gaz se livre maintenant presque partout à la *mesure*, pour l'éclairage particulier.[51]

Pour garantir les intérêts des citoyens, et d'autant plus que le compteur est le seul témoin de la dette du consommateur, le ministre souhaitait donc le contrôle par le gouvernement de ces instruments de mesure. Avant d'être commercialisé, un compteur devait donc avoir été approuvé par le ministre de l'Intérieur qui l'avait fait examiné au préalable par une commission. Une fois agréé, le compteur devait avoir été vérifié et poinçonné par l'administration des poids et mesures avant d'être placé[52]. De la sorte, il avait été contrôlé pour s'assurer de son appartenance au système métrique légal et de ses régularité et exactitude. La possession d'un faux compteur était l'objet d'une infraction conformément au prescrit de l'art. 561 du Code pénal. Notamment en ce qui concerne la falsification des compteurs ou le refus de les rendre accessibles aux agents préposés à leur visite, d'autres dispositions pénales ont été prévues dans la loi du 1er octobre 1855 aux articles 4 et 16.

A ce sujet, la jurisprudence a reconnu le droit du particulier, qui avait placé un compteur métrique du système qu'il souhaitait, plutôt que celui que le gazier préconisait, à condition que ce compteur ait subi le contrôle en vigueur pour les poids et mesures. Dans le cas d'espèce, l'entrepreneur ne disposait pas d'une clause dans son contrat de concession stipulant qu'il optait pour tel système[53].

Tout un régime était prévu pour le relevé des compteurs. En cas de régie, le règlement communal décrit ces conditions. Normalement, il devait bien indiquer que l'abonné ne pouvait rémunérer sous aucun prétexte l'agent communal venant relever le compteur. En cas de non-respect de la clause, l'abonnement était résilié de plein droit avec éventuellement des dommages-intérêts.

Curieusement, on considérait que l'abonné avait la libre disposition du gaz une fois passé le compteur. Il pouvait donc s'en servir pour son usage personnel mais aussi le revendre. La formule est partiellement en contra-

---

[51] Cité par PICARD, E., D'HOFFSCHMIDT, N. et DE LE COURT, J., *Pandectes belges. Encyclopédie de législation, de doctrine et de jurisprudence belges*, t. XLVIII, Bruxelles, 1894, col. 391.

[52] Arrêté royal du 23 mai 1859, art. 9.

[53] Trib. de 1ère inst. Namur, 16 mai 1870, *Pasicrisie*, 3e partie, 1872, p. 334 ; Cour d'appel Liège, 13 juillet 1872, *Pasicrisie*, 2e partie, 1873, p. 46.

diction avec la règle de l'exclusivité reconnue en général au concessionnaire.

En outre, un jugement en première instance à Liège en 1851 avait établi que le preneur à bail d'une maison ne pouvait, sans le consentement exprès du propriétaire, l'éclairer par le gaz si elle ne l'était pas auparavant. L'absence d'une clause d'interdiction ne suffisait donc pas, preuve, dans la mentalité ambiante, du risque représenté par le gaz alors comme le relèvent d'ailleurs très clairement les attendus du jugement[54].

V. L'usine à gaz, établissement dangereux

Les auteurs du XIXe siècle s'accordent à qualifier les usines à gaz d'établissements dangereux. Devant les risques qu'ils font courir, certains réclament des autorités administratives d'être à la fois rigoureux et sévères quant aux procédés de fabrication et aux mesures de précaution à prendre à l'égard des ouvriers et du voisinage. Ils estiment aussi que l'autorité compétente ne doit autoriser pareille usine dans le voisinage des habitations qu'avec une extrême réserve, voire même les y interdire.[55].

Le premier texte concernant véritablement les mesures de précaution légales à prendre remonte au 31 janvier 1824 sous forme d'arrêté royal. Très vite dépassé, ce texte est abrogé et remplacé par l'arrêté du 12 novembre 1849, beaucoup plus précis dans la procédure à suivre pour obtenir une autorisation à établir un établissement dangereux ainsi que dans la qualification des usines concernées. Les progrès aidant, un nouveau texte le remplace le 29 janvier 1863. Tous ont classé les fabriques de gaz pour l'éclairage et le chauffage dans la première classe, celles des établissements dangereux, insalubres et incommodes exigeant l'autorisation de la députation du conseil provincial après avoir entendu le rapport du collège des bourgmestre et échevins de la commune concernée. Il devait rencontrer les questions relatives aux fumées, poussières de houille et de coke, résidus exhalant de fortes odeurs, danger d'explosion et d'intoxication.

Un arrêté du 4 juillet 1865 prévoyait que les fabricants de gaz comprimé pouvaient être autorisés par arrêté royal à déposer chez les particuliers du gaz dans des réservoirs portatifs. L'administration communale devait en être prévenue au préalable, de manière à ce qu'elle procède sans délai à la visite des lieux et à la vérification des réservoirs. A côté des usines à gaz proprement dites, la réglementation envisageait aussi les fabriques particulières de gaz considérées aussi comme dangereuses ainsi

---

[54]   Trib. de 1ère inst. Liège, 4 janvier 1851, in *La Belgique judiciaire*, 1851, p. 1643.

[55]   PICARD, E., D'HOFFSCHMIDT, N. et DE LE COURT, J., *Pandectes belges. Encyclopédie de législation, de doctrine et de jurisprudence belges*, t. XLVIII, Bruxelles, 1894, col. 394.

que les ateliers de préparation des matières propres à la production du gaz.

Curieusement, la publication des autorisations royales pour l'établissement de ces entreprises laisse beaucoup à désirer. La Pasinomie, collection officieuse de la législation, ne renseigne pas les autorisations pour les usines destinées à produire du gaz pour éclairer les communes et après 1849, elle abandonne même la publication des autorisations délivrées aux particuliers.

*

* *

Conclusion

Au terme de cette analyse, il apparaît qu'en Belgique, l'industrie du gaz n'a pas généré une législation propre pour assurer son exploitation, comme il en a été pour les mines par exemple. Il n'empêche que les progrès qu'elle a connus et son expansion géographique durant le XIXe siècle ont certainement contribué à de profonds remaniements de certains pans de la réglementation belge en matière d'établissements industriels, notamment.

D'entreprises locales au début de notre période, on assiste à un souci des entrepreneurs à diversifier leur localisation en tentant d'implanter des usines un peu partout sur le territoire du royaume et même à tenter une percée sur les marchés étrangers. Le terminus *ad quem* que je me suis imposé ne permet cependant pas d'apprécier l'expansion de la Compagnie générale pour l'éclairage et le chauffage par le gaz promise, il est vrai, à un avenir assez brillant. Mais dans l'ensemble la forme adoptée par les entreprises concessionnaires est variable et si on peut établir que la société civile et la société en nom collectif précèdent dans ce secteur l'apparition de la société en commandite et de la société anonyme, il convient d'observer qu'au même moment chacun de ces types se rencontrent en usage. Il n'y a donc pas vraiment prépondérance d'une solution sur une autre ni homogénéisation juridique dans le domaine gazier en Belgique jusque vers 1875.

CHAPITRE III

Gas in London:
A Divided City

Francis GOODALL

Manchester Metropolitan University

I. Introduction

Utilities in major cities are usually provided by a single supplier. In the case of gas, Paris, Berlin and Vienna were served by a single company. London was not; there the River Thames remained a barrier for over a century despite the numerous gas company amalgamations in the later 19th century. These left one large company, the Gas Light & Coke Co (GLCC), north of the river and another, the South Metropolitan Gas Co (SMGC), to the south. This paper examines the history of this unusual situation and explores why it should have persisted when there were no valid strategic, technical or financial reasons to explain it. Here is an example of the influence of dominating managers whose influence long outlived them. Interestingly this division was not detrimental to performance. It is argued that an acute awareness of the influence of a rival firm (though not a direct competitor) actually sharpened business responses and contributed to the leading position of the British coal gas industry (i.e. *not* natural gas or coke oven gas) on a European and world scale, before natural gas transformed the energy economy (Table 1).

Table 1.[1]

World Gas Supplies 1949 (10^9 x m³)[2]				
	Manufactured gas	Gasworks Coke Oven	Natural Gas*	MGE*
United Kingdom	13.1	6.8	0.0	20
Rest of Europe	8.9	25.2	2.7	40
North America	11.5	26.4	155.2	406
Rest of World	4.9	15.2	10.9	44.4
Total	38.4	73.6	168.8	510.4

* MGE = Manufactured gas equivalent.

Where European comparisons are made, London and the UK show a leading position in average gas consumption, demonstrating that London's division was no disadvantage in terms of performance:

Table 2.[3]

Average annual consumption of gas per customer, m³				
Year	London	Paris	Berlin	Vienna
1889-90	2407	1104	1925	–
1900	1586	793	963	1246
1905	1475	642	1020	–
1923	1104	680	–	680
	UK	**France**	**Germany**	**Austria**
1936	830	416	436	453

Table 2 shows clearly how average consumption fell as gas, no longer a luxury, penetrated working class markets. Other causes for lower average consumption are the growth of competition from electricity, the

---

[1]   UN, *World Energy Supplies 1929-1950*, p. 84.

[2]   Gas is measured by volume and calorific value. 1 cubic metre (m³) = 35.3 cubic feet; the calorific value of natural gas is approximately 2.3 times that of gasworks gas by volume.

[3]   INTERNATIONAL GAS UNION, *Statistics of the European Gas Industry*, I.G.U., London, 1949. 1905, data from WILLIOT, J.-P., *Le Gaz à Paris*, Paris, Editions Rive Droite, 1999, p. 596.

greater efficiency of gas apparatus and even, between the wars, the number of customers who, while relying on electric appliances, kept gas as a standby. Over the period 1889-1923, the number of gas customers in London increased fivefold.

II. The Growth of the Gas Industry in London

London can claim the first company in the world to offer a public gas supply. This was the Gas Light & Coke Co, established by charter in 1812 with powers to supply gas in the Cities of London and Westminster, the Borough of Southwark and the adjacent precincts and suburbs[4]. For some years earlier a few factories and homes had been gas-lit, and before that some experimental gas lighting had been fitted, but these installations were privately owned, limited in scope and never intended to develop into a public supply[5]. Despite the wide-ranging scope of its charter, the GLCC had no monopoly of supply. Indeed while Parliament was considering its proposals, one speaker pointed out the danger of relying too much on one source of supply, while another was concerned lest a monopoly should be created[6]. Ten years after the GLCC supplied its first customers, there were another ten companies active in different parts of London, of which five were in the GLCC's home territory[7].

In 1850 there were still thirteen private companies competing vigorously in an area 15 km east to west and 10 km north to south containing a population of around 1.5 million. Not all of these were statutorily authorised; authorisation gave powers to break up streets to lay mains. "Unauthorised" companies had to negotiate their own permission to break up the streets, often on the basis of offering a very low price for street lighting. At this time no company had a statutory monopoly area of supply. The most extreme example of unfettered competition was found in the Walworth Road in South London where no less than four companies were digging up the streets to lay mains, competing for custom and attempting to frustrate their rivals by fair means or foul (e.g. by connecting their customers to another company's main)[8].

Whilst this policy of unfettered competition had at first been favoured by legislators to prevent monopoly abuse of power, in practice the disad-

---

[4] EVERARD, S., *History of the GLCC 1812-1949*, London, Benn, 1949, p. 25.

[5] FALKUS, M., "The Early Development of the British Gas Industry, 1790-1815", in *Economic History Review*, 2nd ser., vol. xxxv, 1982; WILSON, J. F., *Lighting the Town*, London, P.C.P., 1991, chap. 1.

[6] EVERARD, S., *op. cit.*, p. 25.

[7] EVERARD, S., *op. cit.*, map facing, p. 96.

[8] p. 1899, 294; *Report of the Select Committee on Metropolitan Gas Companies*; evidence of Livesey, Q. 1364.

vantages soon became apparent. The continual disruption caused by digging up the streets was a source of much grumbling by the public. Where two or more companies were competing for the same custom, there was much costly duplication of apparatus and lower profits. Despite the size of its market and the potential economies of scale, the price of gas was higher in London than in many provincial towns[9].

By the early 1820s individual London companies were negotiating spheres of influence with their neighbours, encouraged by a Home Office appointee, Sir William Congreve MP who reported in 1823[10]. One such negotiation led to the abandonment by the GLCC of its territory south of the Thames to the Phoenix Co which paid £5,000 for the mains and the right to supply. This agreement was to have far-reaching consequences.

These arrangements between authorised companies were usually honoured if not legally binding. Such agreements did not however apply to non-authorised companies, which were free to set up wherever they thought they could make a profit. The problem of competing companies was particularly serious in London, with its dense and wealthy population. In 1853 the London companies began a process of "districting" by agreement to eliminate wasteful overlapping, which incidentally brought an immediate return to prosperity for the companies involved[11]. This establishment of local monopolies in London received parliamentary sanction in the Metropolis Gas Act of 1860[12]. This was one of a series of moves to regulate the industry statutorily[13].

III. Amalgamations

By contrast with this fragmented pattern of gas supply in London, the industry in Paris had undergone a major re-organisation in 1855, bringing the whole of the city under the Paris Gas Company[14]. The pattern established in Paris of a single supplier for the whole city was typical throughout Europe (and elsewhere in Britain) by the end of the 19th century. There was no technical reason why various local company networks should not be amalgamated to obtain economies of scale and efficiencies

---

[9]   CHANTLER, P., *The British Gas Industry, an Economic Study*, Manchester U.P., 1938, p. 85.

[10] EVERARD, S., *op. cit.*, p. 95 ff.

[11] EVERARD, S., *op. cit.*, p. 198-9.

[12] CHANTLER, P., *op. cit.*, p. 86.

[13] CHANTLER, P., *op. cit.*, chaps. 3, 4.

[14] Compagnie parisienne de l'éclairage et du chauffage par le gaz. WILLIOT, J.-P., *Naissance d'un service public: le gaz à Paris*, Paris, Editions Rive Droite, 1999, p. 565; BERLANSTEIN, L. R., *Big Business and Industrial Conflict in 19th Century France*, Berkeley, California U.P., 1991, p. 3-12.

in management. Suitable regulatory procedures could be put in place. This pattern of unified supply was not however followed in London. There was a cluster of amalgamations between 1870 and 1883 but thereafter for almost a century the Thames represented the administrative boundary between two separate London supply networks.

For the 20-year period 1849-1869, the same thirteen London companies were supplying inner London. At the end of 1869, their sales and prices were as follows[15]:

Table 3.

London gas companies 1869		
Company	**Gas sold** 10^6 cu. ft	**Price of gas**[16] pence per 10^3 cu. ft
North of Thames		
City of London	534	4s/0d
Commercial	659	4s/0d
Equitable	399	4s/0d
GLCC	1,286	4s/0d
Great Central	466	4s/0d
Imperial	2,870	4s/0d
Independent	441	3s/4d
London	823	4s/0d
Ratcliff	147	4s/6d
Western	455	5s/6d*
Sub-total	7,580	
South of Thames		
Phoenix	962	4s/0d
SMGC	533	3s/2d
Surrey Consumers	311	4s/0d
Sub-total	1,807	
Total	9,886	

* Cannel (highly luminous) gas

---

[15] FIELD, J. W., *Analysis of Metropolitan Gas Companies' Accounts*, GLCC, 1869.

[16] Prices are quoted pre-decimalisation; 12 pence = 1 shilling, 20 shillings = 1 pound, thus: £/s/d.

In 1869 the GLCC was the second largest company in London accounting for 13% of gas sold in 1869, the Imperial company serving the western and northern suburbs accounting for 29%, and the three south London companies combined just 18%. The SMGC which later became the driving force south of the river accounted for 5%. All of these were private companies. There were only very few small municipal undertakings in the south of England. Whilst the earliest municipally-owned undertakings, Manchester (1817) and Salford (1831) were set up very early, the great trend towards municipal takeover came in the 1860s, 1870s and 1880s. From the end of the 19th century until nationalisation in 1949 around one third of gas supply was in municipal ownership, largely concentrated in the midlands and north of England and in Scotland[17]. Table 4 shows the largest undertakings in 1910, which include municipal as well as private undertakings.

Table 4.[18]

Largest British gas undertakings: 1910			
Undertaking	**Customers**	**Status**	**('000)**
London			
	GLCC	Private	690
	SMGC	Private	352
	Commercial	Private	103
Outside London			
	Glasgow	Municipal	274
	Manchester	Municipal	178
	Birmingham	Municipal	143
	Leeds	Municipal	112
	Newcastle	Private	112

Other large private undertakings include Liverpool, Sheffield and Brentford, and large municipal undertakings include Edinburgh, Bradford, Leicester and Nottingham.

Municipalisation was not a realistic option for London in the mid 19th century, although customers were frequently dissatisfied with the cost of gas and the standards of service they were getting. Apart from the Cities of London and Westminster and the Borough of Southwark, there

---

[17]　FALKUS, M., "The Development of Municipal Trading in the 19th Century", in *Business History*, vol. xix, No. 2, 1977.

[18]　BOARD OF TRADE, *Annual Returns of Authorised UK Gas Undertakings*, from 1881.

were numerous other public bodies with public lighting responsibilities. Rationalisation of public services throughout London began with the establishment of the Metropolitan Board of Works (MBW) in 1855 to improve London's sanitary condition. Its main achievement was the construction of a new main drainage system (1858-68) and later, slum clearance and road widening. Dealing in addition with gas supply was not an MBW priority in the later part of the 19th century, as reasonable arrangements for supply, regulated by the Board of Trade, were already in place. (When the London County Council was established in 1888, it took over the functions of the MBW. It lobbied on behalf of gas customers but never became directly involved).

IV. Customer Dissatisfaction

It is notable from Table 3 above that in 1869 most London companies charged the same price. The most important exception to this pattern of pricing was the SMGC where the young George Livesey[19] was already making his presence felt through efficient and innovative management to give his customers low gas prices. At this time the SMGC was supplying gas 20% cheaper than the GLCC, and the GLCC employed almost twice as much capital per 1,000 cu. ft of gas sold as the SMGC, representing a heavy cost burden. The GLCC had the advantage of a more illustrious history on its side, but in competitive terms it was both less efficient and had a higher cost base.

Dissatisfaction with the price of gas and the service given first came to a head in the historic City of London on the north bank of the Thames in 1848. In that year the Corporation began seriously to contemplate buying out the two companies operating in the City, the GLCC and the City of London Co. It only drew back from taking action when it became clear that a competitive company was to be set up. The Great Central Gas Consumers' Co. was established in 1849 with the encouragement of the Corporation specifically to provide competition for the established companies in the City[20]. Just how necessary this was is clear from the impact on prices. In 1846 the GLCC was charging 7s/0d per 1,000 cu ft; by the end of 1849 this had come down to 5s/0d and even temporarily to 4s/0d, the price at which the Great Central was committed to supply.

[19] JEREMY, D. J. (ed.), *Dictionary of Business Biography*, London, Butterworths, 6 vols, 1984-6, has articles on Livesey, Milne-Watson and Woodall. The forthcoming *New Dictionary of National Biography* (Oxford U.P.) will contain entries by the author on major gas industry figures: Beck, Dent, Duckham, Goodenough, Hutchison, Livesey, Woodall.

[20] EVERARD, S., *op. cit.*, p. 181-232.

In an attempt to frustrate the establishment of the Great Central, which received authority to start operations in late 1849, the London companies were themselves considering schemes of amalgamation to gain economies of scale, but each was determined to retain its own individuality. It required the negotiating skills and vision of Simon Adams Beck (1803-83) of the GLCC to break the logjam some twenty years later.

Beck had joined the Court (board of directors) of the GLCC in 1848, just after the City Corporation had been orchestrating complaints about the service being given, and just before the competing Great Central company was set up. The GLCC needed a friend in the City and Beck met their needs. From 1834 he had been Clerk to the Ironmongers' Company, one of the City's historic livery companies, and had been involved in negotiations to protect their privileges. He was the obvious person to represent the GLCC in its negotiations with the Corporation and its rivals. Options discussed included an exchange of territory between companies or amalgamation.

Beck, deputy from 1852 and governor (chairman) from 1860, realised that the industry's problems in London would be eased if gas could be made away from the central built-up area. This would not only reduce environmental pollution but also enable the company to benefit from cheap seaborne coal, unloaded from colliers direct into the works. He also realised that if the GLCC were to achieve his objectives, not only would they have first mover advantages but would also be in a position to influence the future shape of the industry in London. They would be able to offer a bulk supply of gas to other neighbouring companies experiencing the same problems, bringing them under GLCC control. Beck was able to offer a site owned by the Ironmongers' Company near Barking Creek in Essex for the new works, named Beckton in his honour. Construction began in 1868 and the first gas was produced late in 1870. This set in train a series of amalgamations orchestrated by Beck, always with companies smaller than the GLCC and all to the north of the Thames. These were as follows:

Table 5.

Companies amalgamating with the GLCC	
1870	City of London Great Central
1871	Victoria Docks Equitable
1872	Western
1876	Imperial Independent

An approach to the Commercial Gas Co (CGC) (which supplied parts of east London) in 1871 was rebuffed, and thereafter it remained independent. The Ratcliffe Co was approached in 1872 but could not agree terms; instead it joined the CGC in 1875.

The GLCC's negotiators, without Beck's authorisation, also put out feelers south of the Thames in 1875, making a combined approach to the Surrey Consumers' Co, the Phoenix and the SMGC. This ran counter to Beck's policy of dealing with acquisitions one at a time, and as soon as he learned of the initiative he countermanded it. On completion of the takeover of the Imperial and Independent companies which succeeded in bringing most of north London together, Beck retired from the GLCC, though he remained clerk to the Ironmongers until his death in 1883.

Under Beck's successors, further attempts to bring all the London companies under the GLCC's control were made, but these were always hindered by the existence of two factions on the board, those in favour and those opposed to further expansion. An approach was made in 1876 to bring in the south London companies, but without Beck's discreet diplomacy this also was unsuccessful. Shortly afterwards the south London companies came together in a defensive alliance under the leadership of George Livesey and the SMGC. The Surrey Consumers' Co was taken over by the SMGC in 1879 and the Phoenix in 1880.

This left only the London Company uncommitted. The London Company was unusual in that it served areas both north and south of the Thames from its works at Nine Elms in Lambeth. Around 1880-81 the GLCC entered into negotiations with the SMGC to propose a division of the London Company's area of supply, but agreement on terms could not be reached. In 1883, against fierce opposition from the SMGC, the GLCC took over the whole of the London company, but the Board of Trade, now responsible for regulation, would only give its approval if the GLCC guaranteed that customers south of the Thames would not be adversely affected by a merger with the GLCC rather than the SMGC. At that time the GLCC was supplying gas at 3s/2d, compared with the SMGC's 2s/10d, a difference of over 10% in the SMGC's favour. The GLCC decided that this was a price worth paying to establish itself south of the river, despite incurring the hostility of the SMGC[21].

With confidence in his technical and managerial capability, Livesey turned the tables by offering to take over his larger neighbour. This offer was courteously refused, but thereafter rivalry rather than collaboration would be the norm between London's two major companies. Each went its own way, regardless of what was happening on the other side of the river. At first south London reigned supreme. In 1898 the SMGC was

---

[21]   The story of the amalgamations is based on EVERARD, S., *op. cit.*, chaps. 16-18.

selling its gas at 2s/3d, 25% less than the GLCC at 3s/0d. Representations were made to the Board of Trade in 1894 about the price differential. The London County Council asked the Board of Trade to examine the management of the GLCC. Following further agitation in 1898, the decision was made to set up a parliamentary Select Committee to examine metropolitan gas charges[22]. Livesey appeared as a hostile witness and intemperate critic of GLCC methods and performance. His charges included "Incompetence and want of business capacity [...] wasteful and unwise expenditure of capital [...] poor coal buying judgement" and so on, in short, "Persistent incapacity and incompetence"[23]. However justified his criticisms (the Committee agreed that "the affairs of the company have not been well managed")[24], this performance did not find favour with the GLCC management. Little came of the committee's report. A proposal that the SMGC should take over that part of the GLCC's area south of the Thames became bogged down in arguments over price.

The main result was that attention was focused on just how poorly the GLCC was performing at this time. It was failing not only in efficiency but also in marketing, as shown in the following table:

Table 6.

Gas sales of three London companies 1886-1919: $(M^3 x 10^6)$ Over this period none of these companies amalgamated with others.			
Year	GLCC	SMGC	CGC
1886	444	132	50
1894	511	196	56
1897	589	248	66
1900	598	296	72
1907	616	351	89

This shows that the performance of the SMGC was dramatically better than that of both the CGC and the GLCC, and the CGC increased sales twice as fast as the GLCC.

The end of this period is a watershed in the affairs of the GLCC and SMGC. In 1906 the governorship of the GLCC was assumed by Corbet Woodall (1841-1916), described later; two years later George Livesey (1834-1908) died.

---

[22]   p. 1898, X; p. 1899, X.
[23]   p. 1899, X; Livesey Q. 1497.
[24]   p. 1899, X; Report.

This history of achieved and failed amalgamations in London demon-strates that personal rivalries can de-rail an apparently logical and inevi-table process. In fact the rift between north and south was so deep that half a century later, the nationalised gas industry in London was split between the North Thames and South Eastern Gas Boards, in striking contrast to the London Electricity Board and Metropolitan Water Board which both served the whole of London. This perpetuation of the split ran counter to the recommendations of the Heyworth committee, reporting in 1944 on the structure and organisation of the industry[25]. Heyworth sug-gested bringing the whole of London under unified management: "Any large commercial centre should be wholly within one region [...]". How-ever the Gas Act of 1948, which required the new Boards to "Develop [...] an efficient co-ordinated and economical system of gas supply [...]" perpetuated the *status quo*. This of course sensibly reflected the physical assets of the two existing supply systems rather than a theoretical para-digm. It also avoided the creation of a monster region which would have dominated the industry.

V. Outcomes

In retrospect it is necessary to ask whether this division of gas supply was advantageous or damaging to the prospects of the industry in London under various criteria.

A. Leadership

In the amalgamations that took place in the late 19th century, the com-panies concerned adopted different strategies. Beck of the GLCC at-tempted to negotiate amicable agreements with target companies, one by one. When negotiations were complete, it was out of character for him to insist on immediate rationalisation and restructuring to fall in with GLCC ways. Effectively the company, in growing, had become a collection of semi-autonomous branches without strong central direction. Directors of taken-over companies were offered seats on the GLCC board; in 1876 after Beck's last amalgamations, the GLCC board numbered no less than 37. At the instigation of the Board of Trade this was reduced to 15 and among the retiring directors was Beck himself.

Without him to maintain a delicate balance, the board tended to split into two factions, those keen to continue the GLCC's expansionary poli-cies and those content to manage the territory that had already been as-sembled. First one and then the other held the advantage. The fiasco of the attempts to bring the south London companies into the GLCC may be attributed to this boardroom rift. There was similar stress between the

---

[25] HEYWORTH, committee report, Cmd 6699, HMSO 1945.

engineers of the GLCC and those of the Imperial company, whose acquisition in 1876 had doubled the size of the GLCC at a stroke[26]. Until the appointment of Corbet Woodall in 1897, the board lacked any engineering expertise, and neglected to appoint a chief engineer. In consequence, apart from the development of a distribution system to transmit gas from Beckton, other necessary improvements in engineering and commercial policy were neglected. The GLCC lacked corporate identity and pride.

The contrast with the situation south of the river was striking. Here the dominant figure was George Livesey, chief engineer and later president (chairman) of the SMGC. Livesey (1834-1908) was the foremost gas engineer of his generation and had been involved in the affairs of the company and the industry from birth, his father Thomas having been secretary and manager of the SMGC since 1839. Prior to this, Thomas had been employed by the GLCC where his uncle Thomas Livesey (the elder; director 1813), described by Everard as "Direct, forceful, pugnacious and impatient", was deputy governor from around 1815 until 1840[27]. George Livesey inherited some of his characteristics.

In the mid 1870s and in 1883 George Livesey had been prepared to contemplate association of the SMGC with the GLCC; no doubt he had hopes of playing a major role in the management of the enlarged company. During the course of the various bouts of negotiation he must have realised that he would have experienced problems in introducing change in the poorly directed GLCC, whereas if he retained his independence and leadership south of the river, he could build on the success of the SMGC without the dead weight of the GLCC's traditions to hold him back. When he took over the Surrey Consumers' company in 1879 and the Phoenix in 1880, there was no doubt that Livesey would dominate the combined company. His achievements were not confined to management. He had made major contributions in the fields of engineering, marketing and labour relations. His championship of co-partnership contributed to a good industrial relations climate in the industry for half a century[28].

In 1897 when Livesey's influence was at its peak and his criticisms of GLCC most vociferous, two men joined the GLCC who were to achieve a dramatic reversal of its fortunes and to return leadership of the industry north of the Thames. Corbet Woodall (1841-1916) was engineer and manager of the Phoenix company when it was taken over by the SMGC.

---

[26]   CHANTLER, P., *op. cit.*, p. 49; BoT returns.

[27]   EVERARD, S., *op. cit.*, p. 46, 75 ff. Quotation p. 76.

[28]   GOODALL, F., *Burning to Serve*, Ashbourne, Landmark, 1999, chaps. 5 & 7.

      Co-partnership has been criticised as being paternalist and/or anti-union; it is also argued that co-partnership bonuses had no effect on labour relations. The author's experience of working in the industry in the 1950s suggests that co-partnership eased rather than aggravated industrial relations.

He had already made a name for himself through his private consultancy work and realised that with Livesey in charge, his own prospects were limited. He took the opportunity of the takeover to resign and devote himself full time to his consultancy work, for which he travelled widely and gained an international reputation. He was elected to the boards of a number of gas companies, including the Imperial Continental Gas Association and the Danish Gas Co. He was appointed a director of the GLCC in 1897 and governor 1906-1916. On the strength of his world-wide consultancy activities, his technical expertise was even wider than Livesey's and he was Livesey's equal as an executive manager. Within a few years of his arrival, Woodall transformed GLCC's engineering performance so that it was on a par with that south of the Thames. Woodall supported the introduction of new gas-making processes for added flexibility, developed training schemes for both technical and commercial staff and encouraged the development of corporate pride, not least by introducing co-partnership in 1909 on the basis pioneered by Livesey[29].

The other man joining GLCC in 1897 and who was even more influential in the UK supply industry at a national level was David Milne-Watson (1869-1945). Trained as a barrister, he became general manager in 1903 and governor three years after Woodall's death. Just as Woodall improved all engineering aspects of the business, Milne-Watson transformed all its commercial aspects. Not least, he developed a sales organisation which by giving a high priority to customer service, strengthened the industry greatly in countering electrical competition. He encouraged his sales manager to inaugurate a national marketing organisation, the British Commercial Gas Association, in 1911[30]. The success of this encouraged Milne-Watson to set up the National Gas Council to represent the views of the industry at the highest levels. This was very necessary between the wars, when politicians tended to view electricity as the fuel of the future and gas as a dying industry. Unfortunately Milne-Watson's attempts to lead an industry-wide consensus were frustrated by Dr. Charles Carpenter (1858-1938), president of the SMGC after Livesey, who would have nothing to do with anything initiated by GLCC, and (unsuccessfully) attempted to weld a rival group of companies who would follow his leadership rather than that of Milne-Watson. Carpenter's idiosyncracies gave the impression that the industry was deeply divided, and

---

[29]   EVERARD, S., *op. cit.*, p. 295 ff. Woodall wrote an introduction extolling "our Co-partnery" in the first issue of the GLCC's *Co-Partnership Magazine*, Jan. 1911.

[30]   This developed regional advertising campaigns and advertising literature which were suitable for use by any undertaking. A notable innovation was "Mr Therm" who featured in gas advertisements from the 1930s until the 1960s.

in consequence the efforts by its leaders to lobby politicians to obtain even-handed treatment in their fight against electricity were weakened[31].

B. Technology and Research

South of the river the SMGC relied upon traditional horizontal retorts for gasmaking, eschewing the alternatives, carburetted water gas and continuous retorts, that were gaining ground elsewhere. Carpenter's ideal was to produce "Sulphur-free gas of high calorific power, constant in quality, consumed in standardised apparatus". As an ideal, this was unexceptionable. However, because the characteristics of SMGC gas differed markedly from the industry average, most nationally marketed appliances were unsuitable without modification. Carpenter had the answer. Special "Metro" appliances were designed, "The product of laboratory research [...] constructed to give the consumer the fullest possible advantage of the quality of the gas"[32]. As no mainstream appliance maker was interested, the SMGC commissioned a single company new to the business, Flavel & Co, to produce appliances to its specifications.

Carpenter's obsession with technical standards blinded him to the commercial realities of competition from electrical appliances and the need to give customers what they wanted. In 1934 he admitted that "The standard article which we were in the habit of supplying for many years is not today suited to everybody's tastes and requirements". By 1936, he somewhat plaintively reported to his final AGM, "Somewhat late, I admit, it was realised that mere efficiency only partly interests the public in their domestic requirements and that black cookers and black fireplaces no longer satisfy them no matter what their efficiency may be. We are therefore getting on as rapidly as possible [...] to make attractive appliances"[33]. Carpenter was as hard on his employees as his customers. He refused to permit electricity on company premises or even in his employees' homes, on pain of dismissal. He went so far as to have a gas radio produced in the SMGC laboratories[34].

By contrast with Carpenter's SMGC, the GLCC was very much more innovative in its use of new technology. The GLCC introduced carburetted water gas in 1889 based originally on French technology. This process, but without oil enrichment, was well established in France and USA long before it was first tried in the UK. In the 1900s experiments were made with vertical retorts, which turned carbonisation from a cyclical to a

---

[31]   GOODALL, F., *op. cit.*, chap. 11.

[32]   LAYTON, W. T., *Early Years of the SMGC 1833-1871*, London, Spottiswoode Ballantyne, 1920, p. 41.

[33]   Reports of SMGC agms. See GOODALL, F., *op. cit.*, chap. 10.

[34]   MERCER, R. R., *Building on Sure Foundations*, British Gas 1996, p. 2-3.

continuous process, and the possibility of making gas in coke ovens was explored. The first GLCC coke ovens for gasmaking were set to work in 1932.

From the turn of the century the GLCC used a variety of suppliers for its most popular appliances, insisting however that, irrespective of maker, all parts should be interchangeable. This pattern was repeated in the 1930s when the obsolete 1900s black cast-iron "Horseferry" cooker was to be replaced by a modern white-enamelled pressed steel cooker. Once GLCC needs had been met, the makers were free to supply other undertakings. This meant that between the wars the GLCC was in the mainstream and leading the way while the SMGC directed its efforts into a technical backwater as far as appliances and customer satisfaction were concerned.

The rivalry between the two companies extended to research. The GLCC as the larger company was able to finance a bigger research programme, but both companies did important work which could be passed on to their allies and associated suppliers. There was some duplication of effort e.g. in appliance acceptance testing. There were also other centres, notably Birmingham, where other research, especially the industrial use of gas, was undertaken. It is surprising that the industry as a whole failed to make the fullest use of the academic unit at Leeds University whose establishment it had endowed as a memorial to Livesey, and later to Woodall. The "practical" gas engineers were unable to appreciate that theoretical studies undertaken and validated by a university laboratory could solve many of the day-to-day problems which troubled them.

C. Company Culture

For most of the half century of rivalry, the GLCC and SMGC were led by autocrats, the period of Woodall's governorship being something of an exception[35]. Nevertheless both tended to follow parallel courses. Both companies introduced co-partnership schemes which involved consultation with the workforce (as an alternative to dealing with trade union representatives, who were *persona non grata*). Both introduced training schemes for their employees. They produced co-partnership magazines, operated employee pension schemes and provided sports and medical facilities[36].

The greatest similarity, which was shared with most other gas undertakings, was that employees shared a common perception of their role in relation to their customers. Gas was a potentially dangerous commodity

---

[35] EVERARD, S., *op. cit.*, p. 295 ff.

[36] GLCC; *Co-Partnership Magazine*, est. 1911; SMGC; *Co-Parnership Journal*, est. 1903; CGC; *Copartnership Herald*, est. 1931.

and it was the duty of gasworkers by their actions to protect customers as far as possible by providing the best equipment and service. The industry was under severe competitive threat from electricity. From the point of view of self interest as well as customer satisfaction, all employees became the most fervent advocates of the safe use of gas wherever comparisons with electricity might be made. This "industrial patriotism", which might be paralleled among railway employees, was independent of terms and conditions of employment, which were not generous (although co-partnership ideals may have helped to maintain stability). The industry and all its employees had accepted its role as a public service long before it was nationalised in 1949.

Gasworkers in larger companies enjoyed one benefit not usually available to semi-skilled and manual workers; they had security of employment throughout the year, despite the seasonal nature of gasmaking. Stokers not needed during the summer months were used on mainlaying and similar tasks so that their skills could be called on when necessary in the winter months when gas output was higher.

*

* *

This paper has demonstrated rivalries which extended over a century or more. The question to be addressed is whether this split and consequent rivalry was of advantage to London, or whether London would have fared better if the continental model of a single gas undertaking had been adopted.

Attempts were made to create a single London gas company in the 1870s and 1880s. Factors standing in the way of agreement were:

- personal rivalries
- boardroom divisions
- technical competence (price of gas)
- regulation

Were economies of scale available? It is not as though the Thames formed a significant physical barrier. Indeed one company, the London, had its area of supply straddling the Thames; its sole gasworks was at Nine Elms in south London. There is no evidence that a combined company could have operated more efficiently. As it was, the GLCC and SMGC were both very large companies not just in a gas industry but in a national context. In 1907 the GLCC was the 29th largest employer in the UK with 15,000 employees and the SMGC 68th with 7,000[37].

---

[37]   WARDLEY, P., "The Anatomy of Big Business", in *Business History*, vol. 41, 4, Oct. 1999.

Was London a leader or a follower in technical and commercial development? Many references have been found in gas periodicals with the implication that if a new development was acceptable to one or other of the two big London companies, it would be safe for adoption by any undertaking elsewhere. It was assumed that the resources and knowledge of the London companies were sufficient guarantee for acceptance of new techniques or procedures. (Of course by themselves the three London companies represented nearly a quarter of the UK industry).

It may also be argued that uncritical acceptance of London's views might inhibit choice and technical variety. Because gas undertakings handled sales of appliances, and most accepted the verdicts of the GLCC test centre as to acceptability, this meant that GLCC staff effectively had a veto on innovation, if the makers' ideas ran counter to the preferences (or prejudices) of those of the GLCC[38].

It is argued that the reason for London's pre-eminence in both national and international terms may be attributed to the alternating leadership of the industry in London. First one company and then the other carried the industry forward, encouraging the other to compete in turn. There was no opportunity to relax when personal and corporate rivalry called for continued efforts to out-perform the other.

Here the situation in London may be compared with Paris. The Paris company had been given an extended franchise and a guaranteed price for its gas, which took no account of the possibility of technical advance, and was generous when first negotiated[39]. In London the intense inter-firm competition ensured that gas would achieve an excellent penetration of the domestic market, giving pre-eminence in Britain and the world. This in turn held back the progress of electricity in the home. Finally the strong performance of gas facilitated the rapid acceptance of natural gas when this became available from the mid 1960s.

The organisation of London's arrangements for gas supply may have been unconventional; they were undoubtedly effective.

---

[38] GOODALL, F., *op. cit.*, p. 234, 247.
[39] BERLANSTEIN, L. R., *op. cit.*; WILLIOT, J.-P., *op. cit.*

Résumé

Le gaz à Londres : une cité divisée

Une des particularités de la distribution du gaz à Londres par rapport aux autres capitales européennes tient à ce qu'elle resta séparée entre plusieurs compagnies de part et d'autre de la Tamise. Jusqu'à l'adoption de zones réservées par le Metropolis Gas Act *voté en 1860, de nombreuses entreprises gazières se faisaient concurrence. En 1869, dix compagnies existaient au nord de Londres et trois au sud avec une consommation très inégalement répartie et des variations de prix importantes. Contrairement à d'autres villes du Royaume Uni, aucune usine n'était municipalisée. La* Gas Light and Coke Company (GLCC), *créée en 1812, la première en Europe, devint la plus puissante des entreprises au nord de la Tamise à partir du milieu du siècle sous l'administration de Simon Beck, un président bien introduit auprès des autorités de la City. Il fit notamment construire en dehors du centre la gigantesque usine de Beckton et absorba plusieurs petites compagnies entre 1870 et 1876. De l'autre côté du fleuve, la* South Metropolitan Gas Company (SMGC) *réalisa des alliances similaires à l'initiative de son président Georges Livesey. Entre les deux grandes entreprises subsistèrent des différences tenaces, des choix technologiques aux politiques commerciales, sans que des perspectives de fusion ne puissent aboutir. Cette séparation comportait des inconvénients nombreux. La* GLCC *négligea l'expertise technique et sa politique commerciale jusqu'à l'arrivée d'hommes remarquables comme Corbet Woodall et David Milne-Watson en 1897. Leur influence fut telle que la prépondérance reconnue de la* SMGC *passa alors de nouveau à la* GLCC *notamment par l'introduction d'innovations techniques. De même des différences subsistèrent dans les approches du marché ou la politique de recherche. Cette singularité n'empêcha pourtant pas des performances remarquables de l'industrie gazière à Londres. La consommation moyenne annuelle des abonnés y resta plus élevée que partout en Europe aussi bien en 1889 qu'en 1923. En 1907, la* GLCC *et la* SMGC *étaient parmi les plus importantes entreprises nationales. De fait, la compétition fut une source de croissance pour l'industrie gazière à Londres et au Royaume-Uni où l'introduction du gaz naturel dans les années 1960 fut facilement acceptée.*

CHAPITRE IV

Gas Industry and Urban Development in Budapest
Gasworks between the 1850s and the 1910s

Györgyi NÉMETH

Associate professor, University of Miskolc

Introduction

Modernization of Hungary was accelerating in the second half of the 19th century. Count István Széchenyi is generally considered to have started it both with his theoretical writings and numerous initiatives in the first half of the century. Most of his ideas came to his mind while he was travelling about in Europe. He even risked his life, when against the severe prohibitions, he decided to smuggle a working model of a gas-producing machine out of England to Hungary so that he could produce gas for the illumination of his favourite manor-house in the country[1]. "Some of my acquaintances even laughed at me because I was dealing so much with machines, especially with the ones for lighting purposes" – he wrote in his diary when leaving England on the deck of a ship in 1815[2]. It seemed quite unusual that he, the prominent member of Hungarian aristocracy who served as a hussar captain at that time, should spend several hours studying the structure and working of the aforementioned machine in a workshop.

Four decades later, it was public need and not individual interest that led to the establishment of the first gasworks in Pest. It was followed by five other ones until the beginning of the Great War. The biggest of them went into operation in 1913. When the first gasworks were established, Pest, Buda and Óbuda were still separate towns. They became united in 1873 to form Budapest, that turned into a modern metropolis by the end of the century. The present paper examines the evolution of gas supply against the background of urban development. By comparing the estab-

---

[1] SZECHENYI, I., *Napló*, Budapest, 1982, p. 63-65.

[2] *Ibid.*, p. 63.

lishment of the first gasworks with the biggest one in Budapest, we will attempt to reveal some of the main aspects of gas industry in Hungary during the second half of the 19th through the first decade of the 20th century. Who were the owners of the gasworks? Who was entrusted with planning? Who did construction? Where were the gasworks placed and why? What kind of buildings and structures were erected? What technology was introduced and how? Who supplied equipments? The questions were inspired mostly by the organizers of the conference. The conclusions, that may be drawn from the investigation, will hopefully add to our present knowledge and help us to further our understanding of the history of modern Europe through gas industry.

I. From Pest-Buda to Budapest

The first decree, that ordered the unification of Pest, Buda and Óbuda, was issued on the 24th June, 1849 by the prime minister of the second government of the 1848 revolution[3]. By this measure it was acknowl-edged, that in the first half of the 19th century the three towns developed into the real centre of the country. For their improvement Széchenyi also did a lot of efforts[4]. In the Middle Ages Buda was the most outstanding of them as the seat of the Hungarian kings, but it lost its importance after the Turkish invasion. After the Turks had been driven out of Buda and Hungary, all the three towns began to develop, but it was Pest that showed the most promising development. By 1847, the population of the three towns had grown from 15,650 to 144,584, in other words it multiplied tenfold in one and a half century[5]. Owing to the rapid growth of its trade, Pest alone had more than 100,000 inhabitants and became by far the most populated town of Hungary[6]. Nevertheless, the decree was not put into practice due to the losses incurred through the 1848 and 1849 wars of independence. In spite of this, the urban development continued even among the unfa-vourable circumstances that were created by the absolute rule of the Habsburgs. Pest-Buda, as the three towns were briefly mentioned, be-came soon the commercial, financial, industrial and cultural centre of Hungary. When the Austro-Hungarian Compromise was signed in 1867 it became the political centre and the capital of the country. Unification was urgently called for so that the other towns could meet all requirements of the central status. In addition, the united city was to be made very attrac-

---

[3] SPIRA, G., "A forradalmi ország szíve 1848-1849", in VÖRÖS, K. (ed.), *Budapest története a márciusi forradalomtól az őszirózsás forradalomig,* Budapest, 1978, p. 101.

[4] KOSÁRY, D., "Bevezetés", in VÖRÖS, K. (ed.), *op. cit.,* p. 12.

[5] *Ibid.,* p. 7.

[6] We have to keep in mind that Paris had more than a million and Vienna had more than 400.000 inhabitants in the same year. *Ibid.,* p. 9-10.

tive so as to serve even the aims of the foreign policy of the Austro-Hungarian Monarchy[7]. The law was signed on the 22nd of December, 1872 by which Pest, Buda and Óbuda became unified and got a new name, Budapest. Elections were then promptly held and the new municipal board held its first general assembly on the 25th of October, 1873[8]. They had a clear concept for the development of the capital and urbanization was accelerated. Urban plans were made for each part of the new town and the number of buildings nearly doubled in twenty years[9]; the sudden increase of the population making it absolutely necessary. By 1896 Budapest had 617,856 inhabitants and it became the tenth biggest city in Europe[10]. Buildings changed also in size and in outward appearance. Monumental and highly impressive public buildings[11] were erected for the celebration of the one-thousandth anniversary of the Hungarian state in 1896. The growing importance of the city was then recognized by a law. In 1892, Budapest got the same status as Vienna, becoming the twin capital city of the Austro-Hungarian Empire[12]. From the turn of the century it developed at an even greater pace ranking among the leading cities of Europe.

II. The First Gasworks in Pest

Owing to the rapid growth of the city, it was the municipality of Pest that first had to face the need for good and economical streetlights in the first half of the 19th century. However, the offer of an English company, the Imperial Continental Gas Association, for gas lighting proved to come early and was rejected in the 1820s. Nevertheless, illumination with gas was not unknown for the citizens by the 1840s, as the houses of some wealthy wholesale merchants as well as the newly built National Theatre and Pilvax Café had already been lit by gas. The first attempt to introduce street gas lighting was made in 1846, when the municipal government entered into a contract with the gas company from Breslau in Silesia. The private company had the necessary financial resources and technical expertise at its disposal as it was founded by directors of gasworks and bankers. F. Friedlnder headed the Prague gasworks, F. Sarbinovszky headed the one in Breslau. H. Lassal and A. Friedlnder were bankers by

---

[7]   VÖRÖS, K., "Pest-Budától Budapestig 1849-1873", in VÖRÖS, K. (ed.), *op. cit.*, p. 135-182, 256, 300.

[8]   *Ibid.*, p. 313-314.

[9]   Their number raised from 9 351 in 1869 to 16 233 in 1890. VÖRÖS, K., "A fővárostól a székesfővárosig 1873-1896", in VÖRÖS, K. (ed.), *op. cit.*, p. 394.

[10]   *Ibid.*, p. 377.

[11]   *Ibid.*, p. 400-401.

[12]   *Ibid.*, p. 323.

profession. In Pest the company was represented by L. Zimmermann, a retired Prussian captain. Sarbinovszky was also president at a court of law, while Lassal was member of Breslau municipality. The contract was similar to the contracts made by the municipality of Prague and Vienna. But the revolution and the war of independence in 1848 and 1849 spoiled the undertaking. Construction could not be started and some stockholders left the company due to the imbroglio that followed. Though new stockholders were found in England and France, they were prohibited to join the company. Moreover, Zimmermann began to represent his own interests instead of those of the company. Finally the contract was cancelled and a new contract was signed with another private company in 1855[13].

The offer of this new company was one of five offers, that were received by the municipal government. The first was made by Josef Mayer Kapferer, the manager and co-owner of the Nuremberg gasworks, who represented the aforementioned company; then by Professor Ludwig Förster, an architect from Vienna, then came that of G. Smyers Williquet, a civil engineer from Belgium, who was helped in his endeavours by C. Schedius from Vienna, Albert Wodianer, L. Boscovitz, Hüffel, G. Körting, A. Dietz all from Vienna and by Siegfried Becher, a ministerial counsellor representing the Österreichischen Gasbeleucthtungs Aktien Gesellschaft in Vienna[14]. In a strong competition Mayer Kapferer successfully negotiated and gained a 25-year concession for gas lighting in the city of Pest, with his financial basis in a stock company. It consisted of himself, the Rothschild banking-house represented also by him, Ludwig Stephani, an engineer from Mannheim and some stockholders from Vienna and Triest[15].

Construction was entrusted to Ludwig Stephani. Nine days after the contract had been signed, he applied to the Mayor of Pest for a suitable building site for the gasworks. It was found on the eastern boundary of Pest in a district called Józsefváros. The vast territory, then vacant, was used earlier as a market place for cows and horses[16]. Owing to the scarcity of sources little is known about the construction. Supposedly

[13]   PÁSZTOR, M., *A közvilágítás alakulása Budapesten*, Budapest, 1929, p. 81-90.

[14]   Budapest Fõváros Levéltára (the Archives of Budapest hereafter BFL), IV.1303/f. Pest város Tanácsa iratai.801/1855, *Elenchus*, 1855. február 7 *Programm der österreichischen Gasbeleucthtungs Aktien Gesellschaft in Wien Zur Einführung der Gasbeleuchtung in Pest... Modificationen Billanzirter Ausweis*, 1855. február 5, 1855. április 4. I wish to thank István Gajáry for helping my researches in the Archives of Budapest.

[15]   The Gebrüder Schey firm, Eduard Wiener and Ignatz von Weil-Weiss from Vienna, the Morpurgo et Parente firm, Hermann Baron von Lutteroth, Pasquale Revoltella, S. L. Mandolfo, Franz Gossleth and Dr. Scrinzi from Triest. BFL, IV.1303/f. Pest város Tanácsa iratai.801/1855, *Vertrag*, Pest, 1855. május 20.

[16]   VADAS, F., "A józsefvárosi légszeszgyár épületegyüttese", in GULYÁSNÉ GÖMÖRI, A., BALOGH, A., VADAS, F., *Az elsõ gázgyár*, Budapest, 1999, p. 31-32.

Stephani used English technological patterns. The contract imitated that of the Mannheim gasworks, which was made on consultation with German experts experienced in English technology[17]. Stephani placed horizontal retorts in the retort house. Gas equipments and pipes were bought mostly from England as far as we know[18]. The retort house was placed in the centre of the site behind the main building. The site also comprised a purifier house, two gasholders, a limekiln and a tar deposit. While the retort house was a typical industrial building, the main office building with the flat of the director and both one-storied buildings erected on its sides were absolutely not. They were built in Romantic style, the style characteristic of the age[19]. The gasworks was built up in one and a half year and began operations on the 23rd December 1856[20].

The growing demand of gas made it necessary to continue construction in the gasworks. The first minor enlargements were made as early as 1860, later they built up three new gasholders. In 1869, the retort house got some additional parts. Construction was still directed by Ludwig Stephani, the architect in charge was Josef Diescher[21]. Though we do not know for certain, it might have been Diescher also, who made the original design of the gasworks in 1855. In any case, he made the architectural plans of the gasworks for the Zimmermann company in 1850[22]. After Budapest had been united in 1873 even more gas was needed. The gasworks could only satisfy the demand by building up a new retort house with all the supplementary buildings on the territory adjacent to the site. Technology was also modernized, a new type of horizontal retort was constructed. The site was originally bought by the company for the purpose of building houses for the workers as lack of accommodation must have been a problem for them. In 1869, even individuals found it a good investment to build houses for the workers of the gasworks but he did not get the licence for it from the municipality[23]. The company built houses for the white-collar-workers first, the two-storied buildings were put up in a Romantic style in 1872. There were ten one-storied houses erected for ordinary workers in 1874. The simple-looking buildings comprised flats with one room and a kitchen mostly. A restaurant and a shop were also

---

[17] BFL, IV.1303/f. Pest város Tanácsa iratai.801/1855, *Die Gas-Beleuchtung der Stadt Mannheim*, Mannheim, 1851, p. 450.

[18] KLAMM, L., SALLÓ, A., SCHÖN, Gy., STRECK, E., SZILÁGYI, L., *A Budapesti Gázművek száz esztendeje, 1856-1956*, Budapest, 1956, p. 7.

[19] BFL, XV. 311. SzB 19716. VADAS, F., "A józsefvárosi", p. 33-34.

[20] PÁSZTOR, *A közvilágítás*, p. 88.

[21] BFL, XV. 311. SzB 19716 IV.1305. Pest város Építési Bizottmánya iratai, 1117/1863, 671/1868, 467/1869. VADAS, F., "A józsefvárosi", p. 34-38.

[22] VADAS, F., "A józsefvárosi", p. 41.

[23] BFL, IV.1305. Pest város Építési Bizottmánya iratai, 1579/1869.

found in the housing estate. The new retort house and other buildings were placed in the middle of the site in 1881 and therefore they were surrounded by the workers' houses that were built on the sides. After production had started in the new part, no major construction was entreprised in the gasworks before its closure in 1914[24]. In spite of the enlargements the gasworks could not satisfy growing demands, so the company built other gasworks as well. In 1866 they built a new gasworks in Buda, then in 1871, 1885 and 1900 three other sites were erected in different districts of Pest[25]. However, the problem of gas shortage persisted. Neither the construction of new buildings nor the presence of small gasworks solved the problem.

In order to find a satisfactory solution for gas shortage the municipal government started negotiations with the gas company in 1868. However, they could not come to an agreement. The bargaining position of the municipality was weak because the gas company adhered to the favourable conditions that were granted by the concession. After the three towns had been united, it was recommended that the city build its own gasworks. The proposal was worded by a Hungarian expert, Professor Vince Wartha in 1877. Although the proposal was well-grounded, the municipality did not dare to take the risk of an own gasworks and took up discussions again with the private company. When the municipality managed to be granted an assured share in the income and a reasonable price in the case of a takeover, a new contract was signed in 1881. It was renewed in 1895, and expired only in 1910. Then the battle of private versus public ownership of the gasworks ended because the municipality decided on taking them over[26]. Its decision was influenced by the general endeavours of municipalities in Europe to have their own gasworks in order to acquire the profit they made for their own budget. The takeover of public utilities had already been part of the program of István Bárczy, the new mayor of Budapest who was elected in 1906[27]. However, gas shortage was still a problem as the capacity of the municipalized gasworks was low owing to their out-of-date equipments. Therefore the municipality decided to build a completely new gasworks on its own.

---

[24]   VADAS, F., "A józsefvárosi", p. 41-46.

[25]   "Budapest székesföváros üzemeinek története", in ÁRVAY, J. (ed.), *A magyar ipar,* Budapest, 1941, p. 442.

[26]   PÁSZTOR, *A közvilágítás*, p. 97-107.

[27]   *Ibid.*, p. 120; VÖRÖS, K., "A világváros útján 1896-1918", in VÖRÖS, K. (ed.), *Budapest története a márciusi forradalomtól az öszirózsás forradalomig,* Budapest, 1978, p. 658.

Résumé

**Industrie gazière et développement urbain à Budapest.
Les usines gazières des années 1850 à 1910**

L'installation et le développement de l'industrie gazière à Budapest sont replacés dans un contexte urbain en rapide expansion. La population des trois villes, qui vont former Budapest, est décuplée pendant la première moitié du XIXe siècle. Elle passe de plus de 15 000 habitants à plus de 144 500. L'impulsion de l'industrie gazière est extérieure. Comme nous l'avons vu ailleurs dans le cadre de ce livre, l'auteur note l'implication dès les années 1820 de la holding britannique Imperial Continental Gas Association. C'est un autre groupe, implanté en Silésie, qui entre en contact avec la municipalité en 1846. Le contrat est similaire à d'autres signés dans de grandes villes, comme à Vienne et à Prague, mais la révolution et la guerre d'Indépendance (1848-1849) annihilent toute progression, si bien que le contrat original est annulé en 1855. De nouvelles propositions émanant de cinq compagnies sont examinées. Celle du groupe silésien est choisie. Il s'appuie non seulement sur un solide réseau financier, dont font partie les Rothschild, mais encore sur l'expérience acquise à Mannheim. Pour répondre à la demande croissante, l'entreprise gazière préfère édifier de nouvelles usines, plutôt que de rénover les anciennes. La compagnie présente encore la particularité d'avoir érigé des bâtiments destinés à loger ses employés. Suivant le mouvement général de municipalisation, les installations de la compagnie sont reprises avant la Première Guerre mondiale.

CHAPITRE V

De la naissance des compagnies
à la constitution des groupes gaziers en France
(années 1820-1930)

Jean-Pierre WILLIOT

Université Paris-Sorbonne, Paris IV
Centre de Recherche en Histoire de l'Innovation

L'industrie gazière a véritablement débuté en France au cours des décennies 1820-1830 lorsque les premières compagnies sont apparues afin d'éclairer des périmètres réduits dans les villes les plus importantes du royaume. Elle connut ensuite une période de prospérité que l'on peut situer entre le début du Second Empire et l'arrivée de l'électricité pendant les années 1880. Cette phase correspond à une progression du taux d'urbanisation dans l'Hexagone[1] ainsi qu'à la mise en chantier de rénovations urbaines commencées durant les années 1840, amplifiées par l'Haussmannisation et étendues lors des premières années de la Troisième République. C'est au cours de celles-ci qu'une vague de concentration, opérée par le cumul des concessions, engendra la constitution de véritables groupes gaziers sur une large échelle géographique. Antérieurement, certains industriels gaziers avaient donné une impulsion semblable en élargissant la perspective de leurs affaires vers des investissements internationaux, en particulier dans le bassin méditerranéen[2]. L'affirmation de ces entreprises et la croissance des anciennes compagnies se sont ordonnées à la fin du siècle dans un contexte nouveau associé à la concurrence électrique. L'émergence de sociétés mixtes en résulta avant qu'un nouveau cycle de fusions n'apparaisse au cours de la phase de concentration

---

[1] Le taux d'urbanisation s'élève à 21,3 % de la population totale en 1831 ; 34,8 % en 1881. Le marché potentiel des entreprises gazières était donc plus limité en France qu'en Angleterre ou en Allemagne, où la dynamique urbaine était plus forte.

[2] Sur cet aspect, voir notre article : « La diffusion de la technologie gazière française dans le bassin méditerranéen, de la construction des usines à gaz à la mise en place des réseaux de gaz naturel, 1840-1980 », *Actes du colloque I trasferimenti di tecnologica nell'area mediterranea : una prospettiva di lungo periodo*, Montecatini, novembre 2001, à paraître.

caractéristique du capitalisme français durant les années 1920. Ce sont ces sociétés qui allaient constituer les apports gaziers essentiels réunis à la nationalisation de 1946.

Au cours de son développement, l'industrie gazière française s'est partagée entre quelques grandes sociétés dont les concessions recouvraient la géographie d'une métropole, y compris en étirant les réseaux vers les banlieues, et les autres, qui devaient élargir leur rayon d'action par la réunion d'exploitations dispersées pour exister et dégager des profits. En fait, ces dernières ont atteint un seuil de développement supplémentaire lorsqu'elles ont ajouté à leur raison sociale, en s'appuyant sur leur maîtrise des réseaux urbains, la distribution de l'énergie électrique concurrente et la fourniture d'eau. Mais leur rentabilité avait au préalable trouvé ses assises dans la production et la vente de gaz. On peut ainsi opposer deux modèles de croissance des entreprises gazières. L'un, « unipolaire », offrait dans la contiguïté des concessions et dans la seule branche gazière les potentialités d'une rationalisation structurelle. Un second, « polycentrique », compensait la diversification des activités de réseaux par une organisation faîtière en holding. La bipolarité perdura en 1946 puisque seules huit sociétés purement gazières furent transférées au Gaz de France et plus d'une centaine qui étaient mixtes intégrèrent l'EDF[3]. Sur le total, on peut estimer à une vingtaine le nombre d'entreprises gazières importantes, en excluant les petites sociétés locales et les usines municipales.

Cette communication se propose de revenir sur les modalités de constitution de ces entreprises selon trois interrogations. On doit en premier lieu s'interroger sur les acteurs et les itinéraires empruntés par de simples compagnies à l'activité locale pour devenir des sociétés aux ramifications multiples. Ce sont à la fois les commanditaires et les investisseurs que nous devons suivre pour discerner dans le temps comment s'est formé un capitalisme gazier. Celui-ci s'est-il ouvert avec la progression d'une rente gazière fondée sur les dividendes croissants des compagnies ? Il faut ensuite analyser la logique spatiale qui animait le cumul de concessions. Certaines compagnies ont choisi de capter les opportunités partout où elles se trouvaient. D'autres ont cherché à rassembler des unités régionales de manière plus cohérente. Entre les deux faut-il distinguer un capitalisme gazier régional et un autre, reposant sur une simple stratégie financière sans enracinement géographique ? Quelles furent les voies d'accès aux distributions locales ? En aval, la constitution de ces groupes a-t-elle porté des effets différents de rationalisation technique, par exemple dans la constitution de réseaux interurbains ? Enfin, peut-on mettre en évidence une corrélation entre la mise en service d'une distribution gazière

---

[3]   Voir BELTRAN, A. et WILLIOT, J.-P., *Le noir et le bleu. Quarante années d'histoire de Gaz de France*, Paris, Belfond, 1992, p. 19.

dans une commune et l'accès de celle-ci à une modernité urbaine ? La logique voudrait que l'industrie gazière ait d'abord pénétré les grandes métropoles avant de « descendre » vers les villes moyennes et petites. Mais l'exemple d'autres technologies montrant que ce ne sont pas nécessairement les plus grandes villes qui ont toujours la primeur des innovations, on peut s'interroger pour savoir ce qu'il en advint dans le cas du gaz.

I. La naissance des sociétés gazières en France des années 1820 aux années 1850

A. *La réponse à une demande urbaine*

Lorsque les premiers industriels ou faiseurs d'affaires convaincus de la rentabilité prochaine de l'éclairage au gaz sollicitèrent les communes pour obtenir une concession, ils savaient que la quête de lumière était une demande ancienne des populations urbaines. Les concours organisés au XVIIIe siècle pour améliorer les réverbères à huile avaient déjà créé une émulation entre inventeurs. La découverte du gaz d'éclairage à partir de la distillation du bois à la fin de ce siècle forma une réponse nouvelle dont les démonstrations publiques dévoilèrent les possibilités[4].

Les techniques n'étaient pas encore assurées mais le marché existait, comme le prouve la création de multiples compagnies qui obtiennent un contrat tout en opérant des choix différents de matières premières. Durant les premières années en effet trois sources de fabrication du gaz ont coexisté : l'huile, la résine et la houille. Cette dernière s'est imposée finalement quand les conditions d'approvisionnement ne furent pas trop coûteuses et que l'emploi des sous-produits, en particulier le coke, trouva des débouchés satisfaisants. Les premières compagnies anglaises qui s'implantèrent sur le continent visaient d'ailleurs ce marché notamment parce qu'il soutenait l'exportation des houilles britanniques. Il existe donc une forte corrélation entre le développement de la consommation de charbon en France, les besoins de la métallurgie et la progression du nombre d'usines à gaz à partir de la décennie 1840. Mais auparavant les autres matières premières furent souvent employées. A Paris, parmi les compétiteurs qui souhaitent exploiter la première usine à gaz royale, figurent des entrepreneurs spécialistes du gaz d'huile[5]. En 1835, Jules Danré, qui multiplie les initiatives en Europe, a toujours une usine à gaz

---

[4] Sur cette période antérieure à la décennie 1820, nous nous permettons de renvoyer le lecteur au chapitre I de notre thèse *Naissance d'un service public : le gaz à Paris*, Paris, Editions Rive Droite, 1999, 778 p.

[5] Archives Nationales, O^3 1589, soumission à l'usine royale du 10 mai 1822.

de résine dans le quartier de Belleville[6]. De même, la première compagnie qui propose d'éclairer Nantes au gaz en 1828 met en avant les qualités du procédé de fabrication tiré de la résine et purifié à l'aide de substances végétales[7]. A Strasbourg, la compagnie de l'Union fabriqua du gaz à l'huile de schiste jusqu'en 1843[8]. En 1847 encore, une société se forme pour promouvoir l'éclairage au gaz provenant de produits vinicoles[9]. Ses statuts annoncent que l'exploitation aura lieu dans les départements du Loiret, de la Gironde, du Gers et de la Haute-Saône, départements aux vignobles denses. Ces exemples attestent la multiplication des expériences pour capter par n'importe quel moyen la succession de l'éclairage à huile.

En 1840, 35 villes en France avaient accordé une concession. Paris attira les premières initiatives. Entre 1817 et 1822 quatre sociétés furent fondées, occupant quatre quartiers différents. Trois autres s'ajoutèrent de 1834 à 1838. Seule la capitale pouvait se prévaloir d'une telle activité mais le mouvement était lancé et les principales communes de province ne tardèrent pas à signer des traités, en nombre croissant durant la Monarchie de juillet qui fut la première grande période de création des compagnies. Bordeaux et Lille comptaient une société gazière dès 1825 ; Lyon, Roubaix ou Rouen signèrent en 1834 ; Nancy et Tourcoing furent éclairées au gaz en 1835 ; Boulogne-sur-Mer et Tours en 1836 ; Marseille, Dunkerque, Le Havre, Saint-Etienne en 1837, Strasbourg en 1838. Parmi les trente-cinq villes, plus de la moitié étaient des chefs-lieux de département. La progression fut rapide dans la décennie suivante puisqu'en 1850 le nombre de communes desservies était porté à 107 dont 52 préfectures. La hiérarchie ne surprend pas. Les villes qui concentraient les activités administratives et polarisaient les fonctions commerciales, les cités industrielles et les ports furent les premières à susciter l'intérêt des sociétés gazières. Les premières anticipaient l'application des innovations. La croissance accélérée de certaines villes manufacturières ouvrait des perspectives de marché réelles grâce au nombre d'usines, à l'instar du Havre ou de Roubaix. Les ports figuraient parmi les premières villes dotées de l'éclairage au gaz à cause de la facilité d'importation du

---

[6]   Archives Départementales de Paris, V_8O^1 1635.

[7]   SAUBAN, R. *Des ateliers de lumière. Histoire de la distribution du gaz et de l'électricité en Loire-Atlantique*, Nantes, Université de Nantes, 1992, p. 15.

[8]   *150 ans de gaz à Strasbourg*, Strasbourg, Editions Oberlin, 1988, p. 16.

[9]   Association technique du gaz, *Statuts de la société formée pour l'éclairage en France par le gaz, provenant de produits vinicoles, suivant le système de MM. Livenais et De Kersabiec*, 22 février 1847, 16 p.

charbon et ils furent la porte d'entrée des transferts technologiques venus d'Angleterre[10].

Deux types de demande ont favorisé l'implantation du gaz. En premier lieu, celle des édiles locaux s'est inscrite dans un souci d'aménagement urbain. Si à Paris l'initiative royale de Louis XVIII fut ensuite prolongée par le Préfet de la Seine et le Préfet de police, auxquels incomba la gestion de l'éclairage public jusqu'en 1859, dans les autres villes françaises l'action des maires fut essentielle. Les conseils municipaux élus depuis 1831 ont porté les projets de transformation de leur ville, souvent convaincus que l'intensité de l'éclairage permettrait d'améliorer la sécurité. L'argumentaire esthétique ne leur est pas non plus étranger, conscients qu'ils sont de l'apparente modernité produite aux abords des monuments emblématiques. Représentants de la fraction la plus imposée des villes, ils étaient redevables de résultats. Avant de répondre aux entrepreneurs qui souhaitent établir l'éclairage au gaz ou passer du gaz de résine au gaz de houille, nombre de maires demandent ainsi des renseignements à leurs collègues des villes déjà équipées. Celui de Rennes envoie onze questionnaires en 1841[11] quand les commissions municipales réunies à Paris prennent leurs références en Angleterre. Lorsqu'il faut ensuite rédiger un cahier des charges, l'intervention scrupuleuse de commissions municipales met toujours en avant la diminution du coût de l'éclairage et soumet les compagnies à des prescriptions rigoureuses. Trop sans doute dans les débuts de cette industrie car les concessions sont courtes, limitées à dix-huit ans au mieux. Mais l'apport de cette demande fut essentiel puisque partout l'éclairage de la voirie a précédé la distribution chez les abonnés.

La demande de la clientèle privée ne doit pas être surévaluée à cette période de formation des compagnies. Quelques villes comme Paris ou Lyon offraient un nombre significatif d'abonnés potentiels. Comme nous l'avons déjà montré, la spécificité du marché parisien tenait à la consommation des particuliers et des commerçants qui procuraient au moins 80 % des ventes avant 1850. Entre 1826 et 1853, le nombre d'abonnés parisiens passa de 1 500 à 25 000[12]. Après vingt ans d'exploitation, la Compagnie lyonnaise de Perrache comptait 7 104 abonnés et à Strasbourg

---

[10] Archives EDF, Compagnie Européenne, 726312. L'*European Gas Cy* fut formée en 1835 par des charbonniers anglais qui construisirent des usines selon les technologies britanniques pour faciliter l'exportation de leurs houilles. On retrouve ainsi cette compagnie dans les principaux ports d'importation du charbon anglais : Boulogne-sur-Mer, Le Havre, Nantes.

[11] LE PEZRON, J. B., *Pour un peu de lumière, Petites Histoires du Gaz de ville et de l'électricité à Rennes jusqu'à la Première Guerre mondiale*, Paris, 1986, p. 27.

[12] WILLIOT, J.-P., *op. cit.*, p. 173.

la Compagnie de l'union en inscrivait 4 353[13]. Mais combien de petits comptes ailleurs : 326 consommateurs à Nantes en 1841, 98 à Rennes en 1850. Les riches bourgeois amateurs de nouveauté pour embellir leurs hôtels particuliers en constituaient une petite fraction. Ils réservaient d'ailleurs cet éclairage à l'extérieur de leur propriété ou aux espaces vastes, volées d'escaliers, vestibules, salons d'apparat. Cette consommation seule ne pouvait justifier la formation d'une société. La distribution restant jusqu'au Second Empire au rez-de-chaussée des bâtiments, c'est plutôt les cafetiers et les restaurateurs qui formaient le marché, les premiers essais leur étant souvent réservés, comme en 1822 à Lyon (café Tessier) ou en 1825 chez un limonadier de la place de l'Hôtel de Ville à Paris. Les boutiques constituaient une autre clientèle attractive dont le nombre s'accroissait par mimétisme dans une même rue. Les théâtres enfin, grands consommateurs de lumière, groupaient un nombre important de becs comme à Strasbourg où l'on en comptait 300 en 1846 installés dans ces lieux de spectacle[14]. Les industriels pouvaient aussi constituer une clientèle utile car les manufactures demandaient une profusion de lumière une fois le parti pris d'employer le gaz pour faciliter le travail de nuit à l'instar des soyeux lyonnais. Certains manufacturiers avaient d'ailleurs choisi dès l'origine d'intégrer leur propre installation de fabrication de gaz à l'usine. A Nantes, en 1863 encore, des raffineurs de sucre en étaient équipés. Bien sûr les avantages du raccordement au réseau permirent ensuite aux compagnies de récupérer cette clientèle mais cela démontre qu'elles eurent à batailler, notamment par la réduction des tarifs et l'amélioration du service, pour reprendre en compte ces indépendants. De même, avant que les sociétés gazières ne s'imposent, d'autres industriels tentèrent d'annexer la distribution du gaz en marge de leur activité à l'exemple de la Compagnie des fonderies et forges de Loire qui sollicita à Lyon dès 1823 la possibilité d'amener un réseau[15].

B. Le rôle initial des investisseurs

Il importe de dissocier à l'origine des compagnies les détenteurs de capitaux qui ont souscrit aux émissions de titres permettant de fonder les sociétés et les faiseurs d'affaires qui ont initié les projets proposés aux communes. Les deux catégories ne se recoupent pas exactement.

Les premiers se subdivisent en deux groupes. Les uns émergent au sein d'un capitalisme local. Ils ont participé à la constitution de sociétés gazières comme ils furent prêts à investir dans le montage des compa-

---

[13]　KERN, G., *Histoire de l'éclairage à Strasbourg*, Strasbourg, Oberlin, p. 226.

[14]　*Ibid.*, p. 226.

[15]　GIRAUD, J.-M., « Gaz et électricité à Lyon 1820-1946 », thèse de doctorat, Lyon II, 1992, p. 91.

gnies ferroviaires ou dans les établissements métallurgiques en développement. Si l'on prend l'exemple parisien, l'on retrouve 50 % de signataires se déclarant simplement propriétaires, 8 % de banquiers, 8 % d'avocats et 6 % de rentiers lors de la rédaction de l'acte de la Compagnie anglaise en 1821. Une autre société formée en 1837 groupait les mêmes catégories selon une répartition légèrement différente : 20 % de banquiers, 35 % de propriétaires et 25 % de rentiers. La forme juridique la plus répandue est alors la commandite mais des sociétés anonymes apparaissent aussi dès l'origine. C'est le cas notamment à Lyon. En 1834, neuf commanditaires s'associèrent pour créer le Gaz de Perrache, détenteurs chacun de 110 actions d'un prix élevé (10 000 francs)[16]. Comme nous l'avons montré dans le cas parisien, réseaux familiaux et croisements de participations dans les premières compagnies furent de règle jusqu'à ce que la division du prix des parts sociales ouvre le capital à un actionnariat plus large. Ce ne fut pas le cas avant les années 1840 à Paris anticipant une réaction lyonnaise plus tardive, postérieure au milieu du siècle. Jusque-là le nombre d'actions par sociétés ne permit pas une grande fluidité des titres : 300 actions de 2 500 francs (Compagnie anglaise) et 1 530 actions de 1 000 francs (société Pauwels) à la création des deux premières compagnies dans la capitale en 1821-1822, 800 titres de 2 000 francs au début de la société Lacarrière, l'une des six compagnies parisiennes, 1 000 actions aux origines du Gaz de Lyon comme à la fondation de la Compagnie française à Paris. Mais dans tous les cas l'actionnariat resta longtemps réduit et assez concentré, ce que confirme la présence de quelques intéressés aux affaires gazières dont on retrouve la trace aux origines de plusieurs compagnies. En 1852, 69 actionnaires contrôlaient 89 % du capital initial de la Compagnie Lacarrière et 84 % des émissions nouvelles[17] ; le Gaz de Perrache était aux mains de 645 actionnaires en 1855, mais 60 d'entre eux détenaient 28 % des fonds, un pourcentage qui était entre les mains de 325 porteurs au Gaz de La Guillotière sept ans plus tard[18].

Un second groupe rassemble des entrepreneurs dont l'investissement dans les compagnies gazières procède d'une diversification, comparable à une concentration micro-industrielle. Des exemples apparaissent ainsi à Paris où Manby et Wilson, sidérurgistes au Creusot et à Charenton, sont au point de départ de la première grande compagnie parisienne en 1821. Toujours à Paris, mais aussi à Lyon où il fait des propositions en 1822, Pauwels, chimiste et métallurgiste se lance dans les affaires gazières[19]. A

---

[16] GIRAUD, J.-M., *op. cit.*, p. 111.

[17] AN, Minutier central des notaires, ET/XVIII/1254.

[18] GIRAUD, J.-M., *op. cit.*, p. 113

[19] La société Pauwels, établie dans le faubourg Saint-Denis à Paris, fut le point de départ d'une activité multiforme. Pauwels détenait également à La Chapelle un établissement

Nantes également une stratégie similaire, sur un plus petit pied, semble être celle du pharmacien Pierre Hétru qui envisage en 1828 de fabriquer du gaz à partir des matières résineuses et empyreumatiques qu'il est habitué à traiter dans son apothèque[20]. D'une manière bien plus ambitieuse s'affirme la politique des sociétés anglaises qui créent des filiales sur le continent en profitant de l'expérience de leurs dirigeants, acquise dans la métallurgie et le gaz, et diversifient un capital entre les mains des propriétaires de houillères. C'est alors une logique technico-financière qui conduit ces bailleurs de fonds à investir dans l'industrie gazière. La Compagnie européenne donne l'illustration de cette stratégie, prenant le contrôle des concessions de Rouen, Caen, Le Havre, Boulogne-sur-Mer, Amiens et Nantes en 1835.

Les faiseurs d'affaires ont joué un autre rôle. Ils étaient ingénieurs, comme Jules Renaux, ingénieur des Mines qui intervient à Lyon en 1834, puis dans le département voisin de la Loire en 1836 mais aussi à Montpellier ou Strasbourg en 1838. D'autres furent des entrepreneurs très actifs comme Jules Danré, dont on retrouve la trace à Paris, Lyon, Marseille mais aussi Stockholm. A l'instar du premier d'entre eux, Frédéric Winsor qui obtint une autorisation à Londres puis tenta une aventure qui tourna court à Paris, certains ne furent que des spéculateurs dont le but était d'amorcer l'entreprise afin de mieux la revendre. Le foisonnement de propositions dont on connaît de nombreux exemples à Paris, Rennes ou Lyon, mais aussi dans des villes de second rang pour y promouvoir une technique différente du gaz de houille, montre en tous cas qu'au tournant des décennies 1820-1840, dans le mouvement d'industrialisation qui animait la croissance de la métallurgie et de la construction mécanique, l'industrie du gaz apparut comme une source potentielle de profits à court terme.

C. Une croissance à l'étroit

Seules les plus grandes villes justifiaient l'implantation de plusieurs compagnies. Lyon rassembla ainsi quatre sociétés : la Compagnie d'éclairage par le gaz de la ville de Lyon ou Gaz de Perrache (1834), la Compagnie du gaz de la Guillotière (devenue société anonyme en 1843 après l'obtention de deux adjudications en 1838), la société Lespinasse occupant le quartier de la Croix-Rousse (1843), la Compagnie du gaz de Vaise (1849). Amiens eut également deux entreprises, une partie de la ville étant servie par la Compagnie européenne, l'autre par la Compagnie du gaz d'Amiens. Paris, on l'a vu, en comptait six, Marseille trois

---

métallurgique assez important où Cail fit ses débuts et contribua effectivement aux débuts de l'industrie gazière à Paris (associé de plusieurs compagnies) et à Rouen où il créa l'usine à gaz en 1834.

[20]   SAUBAN, R., *op. cit.*, p. 15.

(Compagnie continentale, Compagnie européenne, Société Danré). Mais en règle générale, la rentabilisation de l'affaire supposait qu'une seule entreprise gazière puisse étendre son réseau.

Les premières affaires démontrèrent que le marché pouvait être rentable seulement à partir d'une taille suffisante. Les deux décennies initiales de l'industrie gazière furent ainsi marquées en France par un renouvellement rapide des commanditaires des sociétés et une instabilité importante des entreprises. A Lyon par exemple, un projet présenté en 1822 n'eut pas de suite[21] ; la société Delorme-Renaux qui avait soumis une proposition en 1829 dut s'intégrer dans la formation de la Société d'éclairage par le gaz de la ville de Lyon en 1834[22]. A Paris, tout est dit avec les mésaventures de la première société fondée en 1817. Dissoute au bout de deux ans, son matériel fut racheté en 1820 par une nouvelle société dont les statuts définitifs ne furent déposés que deux ans plus tard. A son tour en 1827, connaissant de graves difficultés financières, son gérant mit en vente l'affaire, adjugée à la criée du tribunal de première instance. Acquise par de nouveaux commanditaires, la Compagnie française eut plus de chance puisqu'elle parvint jusqu'à la fusion des compagnies parisiennes en 1855[23].

Cette absence de longévité des premières sociétés était due autant à la résistance des consommateurs qu'à l'impréparation des commandités à une gestion rigoureuse. Elle vient contredire l'idée qu'il suffisait de peu de capitaux pour se lancer dans l'industrie gazière et percevoir rapidement les dividendes de ses investissements. Au moins jusqu'au milieu de la décennie 1840, les affaires gazières restaient incertaines, entravées par l'empirisme technique, la faillibilité des fournisseurs d'équipements qui n'étaient pas encore passés à un stade industriel de leurs fabrications[24], la difficulté de mobiliser des capitaux et la polarisation des concessions sur des périmètres réduits[25]. En outre, la conjoncture économique pouvait casser une dynamique si plusieurs mauvaises années réduisaient les perspectives d'amortissement comme ce fut le cas entre 1846 et 1850. Mais la cause majeure de cette difficulté à s'implanter durablement réside certai-

---

[21] CAYEZ, P., *Métiers Jacquard et hauts fourneaux : aux origines de l'industrie lyonnaise*, Lyon, PUL, 1978, p. 286.

[22] GIRAUD, J.-M., *op. cit.*, p. 95.

[23] Archives Nationales, Minutier Central des Notaires, ET/XLVII/749, Acte de société de la Compagnie française.

[24] On peut par exemple s'appuyer sur l'état d'inventaire des tuyaux de conduites de la Société Pauwels-Dubochet en 1837. Au total sur 414 tuyaux reçus 61 % seulement étaient reconnus bons à l'essai, 35 % mauvais et 4 % cassés. AN, MCN ET/XLVII/765.

[25] A Paris, les quatre premières compagnies concessionnaires disposaient de dix à treize quartiers, une autre n'en avait que quatre, la dernière, créée en 1843, couvrait un seul quartier. Forte inégalité qui aboutissait au fait qu'en 1851, une compagnie desservait un quart de la population parisienne quand la plus modeste n'en comptait que 2,7 %.

nement dans la concurrence active qui opposait les premières compagnies pour capter les marchés. Une frénésie à solliciter les municipalités s'empara des spéculateurs. Mais elle trouva ses limites pour nombre d'entre eux qui durent abandonner la partie, quelques uns seulement – mais combien ? – réussissant à revendre convenablement leur concession.

A Paris, le problème fut résolu assez rapidement par l'octroi de périmètres indépendants à chaque compagnie requérante. Dans d'autres villes, la municipalité fut plus habile à maintenir le principe de concurrence. Ainsi à Lyon, deux ans après la signature d'une première convention, le conseil municipal proposa un cahier des charges à d'autres compagnies auquel souscrivirent la société de Jules Danré et la Compagnie continentale d'origine anglaise sans d'ailleurs que ni l'une ni l'autre n'aboutissent. A Marseille, trois compagnies existèrent jusqu'à ce que le banquier Mirès obtienne en 1855 une concession unique. Cette concurrence s'explique par la nécessité de prendre position partout où les villes souhaitaient adopter l'éclairage au gaz dans un grand élan de modernisation. De fait, une véritable « chasse » aux contrats régla les débuts des sociétés gazières les plus solides. On connaît peu les procédures d'information par lesquelles elles pouvaient se porter candidates aux adjudications mais tout porte à croire que les mieux établies rémunéraient des agents chargés de collecter les bonnes opportunités, voire de proposer des soumissions en assaillant les édiles locaux par la médiation des notaires.

Assez représentative de ce système apparaît la Compagnie de l'union. Etabli à Lyon, son associé-gérant, E. De Lémont soumissionne dans plusieurs villes, en décembre 1837 à Lyon puis en février 1838 à Rennes, en juin à Strasbourg. Son objet est de répandre un procédé d'éclairage au gaz de schiste, dit procédé Selligue, jouissant d'une certaine notoriété auprès de la Société d'encouragement à l'industrie nationale. Mais la rentabilité est insuffisante, les coûts de fabrication s'avèrent supérieurs à ceux obtenus dans la production du gaz de houille, les commandités se succèdent à brève échéance, les déficits d'exploitation s'accumulent. Finalement, la compagnie passe la main à Rennes en 1845, à Strasbourg en 1856[26].

---

[26]   La concession de Strasbourg est reprise en 1858 par une compagnie homonyme dite *Compagnie de l'union*. Celle-ci est une filiale d'une compagnie d'origine anglaise, fondée en 1854 sous forme de commandite avec la raison sociale « compagnie générale pour la production de coke métallurgique pour la traction des chemins de fer et l'extraction du gaz hydrogène pour l'éclairage des villes ». Transformée en société anonyme en 1874, elle est absorbée en 1929 par la SLEE.

II. De la reprise des concessions à la conquête des marchés durant la seconde moitié du XIXe siècle

Un tournant décisif est pris durant la décennie 1850 qui permet de stabiliser les compagnies gazières. En premier lieu, l'amélioration des profits gagne la confiance des investisseurs. Jusque-là aucune pérennité n'était assurée aux entreprises en raison de marchés restreints, d'une concurrence croissante pour mobiliser des capitaux auprès de l'épargne déjà sollicitée par la constitution des compagnies ferroviaires, des coûts de production élevés. Une meilleure maîtrise technologique permet notamment de rendre l'épuration du gaz plus efficace et de valoriser les sous-produits de la distillation du charbon grâce à toute une série de progrès durant les années 1840. De même le taux effarant de pertes de gaz dans les conduites, allant jusqu'à 25 % du gaz émis, est ramené à des proportions moins dispendieuses. Cette décennie marque également une césure car une majorité de concessions initiales arriva à terme. En général, les premières avaient été négociées sur des périodes courtes, n'excédant pas 18 ans. Ce fut pour les municipalités une première occasion de renégocier les contrats en imposant des baisses tarifaires et pour des compagnies nouvelles, mieux assises, un moyen d'étendre leur service et d'acquérir des positions de monopole. Le *Journal de l'éclairage au gaz* ne s'y trompe pas, écrivant en août 1852 :

> Le mois a été très bon pour toutes les valeurs de gaz et nous ne cessons d'appeler l'attention des capitalistes sérieux sur ces valeurs qui donnent un rapport très avantageux. Les affaires de gaz sont de nouveau en grande faveur. Les spéculateurs sont en quête d'usines à vendre et à défaut d'usines à acheter ne se laissent pas effrayer par les embarras d'une construction[27].

A. L'effet porteur de l'urbanisation

Le premier facteur d'essor des compagnies gazières, qui se généralise à partir du Second Empire jusqu'aux années 1890, est le mouvement d'expansion urbaine qui caractérise la seconde moitié du siècle en France. Alors qu'en 1851, la population urbaine s'élevait à 9,1 millions de citadins, elle en comptait 13,7 millions en 1881 et 18,5 millions en 1913[28]. Le taux d'urbanisation est ainsi porté à 34,8 % en 1881 et atteint 44 % à la veille de la Première Guerre. Cet accroissement s'est opéré, on le sait, principalement au profit des grandes agglomérations, à un moindre niveau dans les villes moyennes de 20 000 à 50 000 habitants et relativement peu au profit des petites villes dont l'emprise locale reste modeste mais qui offraient des terres de conquête au gaz. Calculé sur un échan-

---

[27] *JEG*, août 1852.

[28] BOURILLON, F., *Les villes en France au XIXe siècle*, Paris, Ophrys, 1992, p. 104.

tillon de 862 villes qui ont franchi les 5 000 habitants après 1851, la croissance de ces petites villes durant la seconde moitié du siècle s'est réalisée essentiellement sur les décennies 1872-1881 (taux de variation moyen annuel de 2,3 %) et 1896-1911 (+ 1,46 %)[29].

Dans cette dynamique, l'introduction du progrès restait une mission des édiles et la mise en œuvre d'un éclairage au gaz comme l'édification d'une gare participaient d'une image de modernité proclamée. Par volonté de mimétisme avec la ville de rang supérieur qui pouvait servir de modèle de référence en matière d'urbanisme, chaque commune qui ne disposait pas encore d'un réseau de gaz pouvait se révéler attractive dans la stratégie de développement des compagnies. En dessous d'un seuil d'une dizaine de milliers d'habitants le marché privé était limité mais le raccordement d'un réseau public et de quelques bâtiments à la consommation régulière (halles, théâtres, hôtel de ville) justifiait l'investissement. Sollicitée par les communes elles-mêmes ou proposée par les sociétés, l'adoption de l'éclairage au gaz se démocratisa ainsi, de haut en bas de la hiérarchie urbaine. Ce fut alors une véritable chasse aux concessions qui s'organisa sur trois décennies (1855-1885), soit pour reprendre le marché qui arrivait à terme (années 1850 et 1860), soit pour se porter candidat là où aucune desserte n'avait été établie (1860-1880). Lorsque l'électricité fut promue après l'exposition internationale d'électricité de Paris en 1881 comme le moyen d'illumination d'avenir des villes, nombre des villes petites et moyennes qui avaient accédé au gaz récemment ne renoncèrent pas à maintenir leurs dépenses. Elles permirent ainsi aux compagnies de continuer à prospérer, alors que la technologie gazière d'éclairage public était déclassée ou soumise à de fortes concurrences dans les grandes métropoles.

L'autre facteur qui contribua à l'essor des groupes gaziers résulta du mouvement d'haussmannisation dont les effets se firent sentir au moins jusqu'aux années 1890. L'éclairage au gaz que le Préfet de la Seine vantait dans ses *Mémoires*, technologie qui fut celle de sa génération[30], accompagna l'extension des réaménagements urbains dans les grandes villes. Les compagnies gazières jouèrent parfaitement des arguments de sécurité et d'élégance que les réverbères à gaz apportaient à la ville nouvelle. Les percées de voirie, l'aménagement des abords de gares, les

---

[29]   CNAM-CDHT, rapport de LARROQUE, D. et JIGAUDON, G., *Petites villes et infrastructures de transport. 1851-1954*, tome 1-Les données, Paris, 1982, non paginé.

[30]   Le Préfet de la Seine déclare en 1890 :

  Sous mon administration, les essais de lumière électrique, faits par des industriels, n'avaient aucune chance d'aboutir. Aujourd'hui l'administration se montre disposée à le subir et je le regrette. En effet, la lumière électrique, dont le ton blafard, lunaire est déplaisant, et dont l'éclat blesse ou fatigue la vue, émane de foyers intensifs, répartis forcément sur la voie publique à des distances beaucoup plus grandes que celles des becs de gaz multipliés sur des points [...] aussi rapprochés que possible.

alignements d'immeubles et les dégagements de perspective, la construction d'édifices publics selon des normes architecturales modernes, l'esthétique repensée des parcs publics, toutes ces initiatives impliquaient une rénovation de l'éclairage urbain. De ces impulsions date souvent l'extension des réseaux gaziers, à Paris comme en province. A Lyon, le nombre de becs à gaz publics passe durant le Second Empire de 2 200 à 4 900[31]. Simultanément, l'émergence de quartiers peuplés par une bourgeoisie riche avide de confort et de signes ostentatoires d'un certain niveau de vie favorisa l'expansion de la consommation privée, portée de manière continue par une clientèle commerciale et industrielle.

Une enquête publiée dans un journal professionnel permet de faire le point des villes qui s'étaient équipées d'un réseau gazier en 1891, césure intéressante car elle correspond aux débuts de l'électrification[32].

Catégorie de villes par nombre d'habitants	Nombre de communes éclairées au gaz	Pourcentage sur le nombre total de villes de cette catégorie	Pourcentage de population habitant dans les communes éclairées au gaz par rapport à la population française totale
< 2 000	143	0,4 %	0,5 %
2 000/4 000	276	14,2	2,1
4 000/6 000	196	53,8	2,4
6 000/8 000	126	82,3	2,2
8 000/20 000	187	96,3	6
20 000/40 000	59	100	4
40 000/80 000	28	100	4,1
80 000/200 000	9	100	2,8
200 000/500 000	3	100	2,6
> 500 000	1	100	6,1
TOTAL	**1028**	2,8	32,8

De ces données, plusieurs enseignements peuvent être avancés comme des explications à l'essor des compagnies gazières exposé ci-après. En premier lieu il convient de retenir que le tiers seulement de la population française habitait dans une commune éclairée au gaz au début de la décennie 1890. Une part considérable de la population, résidant en milieu rural, était hors de l'emprise des sociétés gazières. Sous le seuil statistique des 2000 habitants, retenu comme limite inférieure de la petite ville en 1846, 33 229 communes sur 33 372 n'avaient pas de réseau gazier. Energie de ville, le gaz cantonnait les compagnies distributrices aux com-

---

[31] GIRAUD, J.-M., *op. cit.*, p. 1063.

[32] *Le Gaz*, 15 juin 1892, p. 136.

munes urbaines dont on sait que le maillage est relativement faible en France au XIXe siècle. Le marché réel des compagnies s'étendait donc en fait sur un nombre limité de concessions potentielles, soit 1 864 villes de plus de 2 000 habitants. Sur ce nombre, 885 disposaient d'un réseau (soit 47,4 %). Après avoir alimenté les villes dont la population dépassait 20 000 habitants sous la Monarchie de Juillet (toutes raccordées en 1891), les compagnies, anciennes ou nouvellement formées par reprise d'actifs, se sont intéressées au groupe très hétérogène des villes entre 6 000 et 20 000 habitants durant le Second Empire et la décennie 1870 (en voie d'être toutes desservies puisqu'il n'en manquait que 34 sur 347). Les petites communes inférieures à 6 000 furent gagnées pour une partie d'entre elles au cours des années 1880. Entre 1878 et 1889, 72 % des villes reliées au gaz comptaient une population de moins de 6 000 habitants. Mais, en 1891, la marge de progression s'affaiblissait, les villes les plus rentables et les villes moyennes qui étaient restées longtemps sans réseau étant désormais concédées.

La progression de la consommation est le corollaire de cette expansion urbaine. Outre l'éclairage public – dont le reflux s'amorce lorsque les compagnies électriques accèdent à leur tour à l'éclairage public au tournant des années 1880-1890 – elle résulte de politiques commerciales efficaces : extension des réseaux vers les étages des immeubles pour gagner de nouveaux consommateurs, réclame auprès des clients, promotion des usages calorifiques pour contrer la concurrence électrique. Prise de manière globale, sans distinguer la spécificité des actions entreprises par chaque société, cette dynamique fut payante. Dans son périmètre, la Compagnie parisienne vit passer la consommation de gaz de 37 millions de m³ en 1855 à 221 millions en 1880, 380 millions en 1905. La vulgarisation du gaz en France entre 1878 et 1888 apparaît nettement dans la croissance de la consommation en province qui passe de 197 millions de m³ à 335 millions. Parmi la clientèle, plusieurs groupes professionnels constituèrent un socle de consommation garanti. Nous avions montré qu'à Paris, dominaient en 1880 les abonnés tenant un commerce d'alimentation (21 % des consommateurs), les artisans et boutiquiers du textile-vêtement-cuir (8,7 %) et les services (5,7 %)[33]. Un autre exemple, celui d'Agen, chef-lieu du Tarn et Garonne, pris en 1899, en suggère d'autres : alimentation (31,3 %), transports et voyages (13,3 %), vêtements (9 %), administrations (7,5 %)[34].

---

[33] WILLIOT, J.-P., *op. cit.*, p. 482.

[34] « Le gaz à Agen », Congrès de la STG, 1899, p. 524.

B. Trois stratégies de développement

Les principales compagnies françaises sont apparues dans ce contexte de croissance de l'industrie gazière. Si l'on fait abstraction des compagnies anglaises qui ont conservé la gestion d'un nombre limité de concessions après le milieu du siècle, à l'instar de la Compagnie européenne, les sociétés dont le développement s'est réalisé durant la seconde moitié du siècle peuvent être classées en trois groupes.

1. Les monopoles unipolaires

Un phénomène de concentration et de réduction des concurrences a fait naître de puissantes sociétés occupant seules le territoire d'une commune ou d'un périmètre métropolitain complété de sa banlieue. Cette tendance monopolistique fut souvent associée à l'influence des banquiers dont certains avaient déjà pris place dans les entreprises gazières avant le Second Empire. Par exemple, l'une des premières compagnies établies à Paris, la Compagnie française, comptait parmi ses administrateurs les banquiers Furtado, Bethmont, Minguet et Archdeacon. Elle procéda elle-même de regroupements précoces en reprenant en 1829 l'usine de Pauwels qui avait racheté les actifs de la Société des intéressés pour l'éclairage au gaz, créée en 1817 pour poursuivre l'activité initiée par Frédéric Winsor à Paris.

La Compagnie parisienne assemblée sous l'égide des Pereire en 1855 est l'archétype de cette catégorie. Fondée par la réunion de six sociétés créées durant les décennies 1820-1840 celle-ci obtint une première concession de cinquante années dont le terme était fixé à 1905. Parmi les membres de son conseil d'administration figurent dès l'origine des banquiers qui attestent le lien caractéristique entre capital bancaire et capital industriel des réseaux urbains. C'est le cas de 40 % des administrateurs entre 1856 et 1880, parmi lesquels on peut citer les Pereire et des hommes de leur réseau d'affaires, comme le directeur du Comptoir d'escompte Biesta ; des représentants de la filière bancaire genevoise établie à Paris comme Auguste Dassier ; plusieurs maisons dont les Heine, la banque Mussard-Audéoud, Les Claude-La Fontaine. Dès 1903, alors que cette société était devenue la plus importante entreprise gazière en France et l'une des premières en Europe, sa pérennité était compromise. De longs débats avaient mobilisé l'attention des conseillers municipaux depuis les années 1880 pour déterminer quel sort réserver à cette entreprise au monopole honni. Finalement, une partie de ses contrats fut léguée à une nouvelle compagnie chargée d'exploiter la distribution gazière dans les communes de banlieue et la ville de Paris fut désormais servie par une régie intéressée à compter de 1907 sous le nom de Société du gaz de Paris. Là encore, les intérêts bancaires furent au premier rang de la constitution de la nouvelle compagnie, à travers la détention de 68 % du capital par plusieurs banques[35]. Celle-ci dura jusqu'en 1937 lorsqu'une nouvelle régie, dénommée Compagnie du gaz de Paris, prit la suite sur d'autres bases financières. Il ne saurait être question dans ce premier cas de parler de groupe gazier car l'unité de la société reposa sur un périmètre d'exploitation progressivement étendu mais fait de concessions communales contiguës. Au plus haut point de son développement en 1903, la Compagnie parisienne desservait outre la capitale, une soixantaine de communes suburbaines. Cette homogénéité géographique a facilité le fonctionnement centralisé de l'entreprise. A chaque étape, les cadres techniques ont d'ailleurs assuré la continuité du service d'une société à la suivante.

Au moins deux autres villes offrent l'exemple de ce processus de fusion de sociétés établies sur un territoire communal et dont l'expansion justifiait la réunion des entreprises en une seule. Le banquier Mirès agit à Marseille pour regrouper les partenaires selon la logique d'essor capitaliste urbain sous le Second Empire. En 1855 il fondait la Société de l'éclairage au gaz et des hauts fourneaux et fonderies de Marseille et des mines de Portes et Sénéchas, transformée en société anonyme en 1867. Le Gaz de Lyon duplique quant à lui la situation parisienne en fusionnant les compagnies desservant plusieurs zones de la ville. Créée en 1834, la première société lyonnaise traita en 1844 avec les entreprises qui étaient implantées dans les quartiers de la Croix Rousse, La Guillottière, Vaise, Caluire, puis fusionna en 1880 avec la Compagnie de la Guillottière. En 1897, le monopole fut réduit avec une nouvelle partition mais quatre secteurs sur cinq restèrent à la Compagnie du gaz de Lyon.

2. Les groupes polycentriques

Un second groupe rassemble les compagnies qui apparurent, en général par voie de fusion, pour reprendre des affaires et acquérir une taille critique grâce au cumul des concessions. Elles déployaient alors des stratégies géographiques de deux ordres. Les unes opérèrent une appropriation de proximité et développèrent un capitalisme régional. D'autres se constituèrent au gré des opportunités, ce qui s'apparente plutôt à une stratégie de holding qu'à l'édification d'un groupe à cohésion locale. Pour l'ensemble des groupes de ce type, la capture des successions fut l'élément moteur de leur essor.

Deux exemples ressortent de la première forme de croissance. La Compagnie du Bourbonnais illustre un cas typique. Ses origines remontent à 1860 avec la formation d'une société au capital de 300 000 francs par Prosper de Lachomette pour éclairer la ville thermale de Vichy et sa

---

[35]   Ces 68 % du capital se distribuaient entre la Banque française pour l'industrie et le commerce (28,8 %), la Banque de l'union parisienne (29,6 %), Paribas (16,8 %), le Comptoir national d'escompte (13,7 %), la Société générale (10,9 %).

voisine Cusset[36]. En 1892, la société devint une commandite par actions et prit son nom définitif après une augmentation de capital destinée à garantir la candidature à des concessions d'électricité. L'orientation vers une extension géographique fut amorcée seulement en 1899 avec la reprise de la concession gazière d'Autun que servait depuis 1845 l'un des partenaires entré dans la Compagnie du Bourbonnais, la société de Lachomette. Ce fut le point de départ de la constitution d'un groupe présent dans plusieurs villes à proximité de Lyon (Saint-Chamond, Rive-de-Gier, Givors, toutes concessions reprises en 1910). Cette stratégie qui restait régionale avec l'obtention de la concession de Montbrison dans le département de la Loire, connut une inflexion en 1913 allant vers des communes éloignées de plusieurs centaines de kilomètres des exploitations précédentes (à Lons-le-Saunier, Rodez et Bône en Algérie). Avant la guerre, le groupe du Bourbonnais, dont le capital avait décuplé depuis l'origine[37], contrôlait donc au moins deux pôles de concessions et des établissements dispersés.

La Compagnie française, dont le capital était en 1914 quatre fois celui du groupe du Bourbonnais, offre un autre cas exemplaire de l'avènement de puissantes sociétés gazières à la fin du XIXe siècle. Issue en 1877 de la reprise d'une société modeste créée en 1869 sous la dénomination de Gaz de Castres (la sous-préfecture du Tarn), la Compagnie française transféra son siège à Paris et porta son capital à 2 millions de francs. Grâce à des opérations régulières de rachat de concessions s'ébauche une stratégie de groupe. En apparence les exploitations étaient assez dispersées : en Bourgogne, dans les Ardennes et le Nord de la France, et plus ponctuellement dans le Centre (concession de Saint-Flour ou de Murat dans le département du Cantal) ou dans l'Ouest (La Rochelle et Niort). Pourtant, il s'agit bien d'un groupe assis sur des pôles régionaux. La chronologie des rachats montre ainsi trois opérations en Bourgogne en 1880-1881, trois autres dans les Ardennes en 1881-1882 et quatre extensions picardes entre 1879 et 1882. L'esquisse d'une polarisation dans le nord-est de la France est confirmée par les déclarations des administrateurs à l'assemblée générale de 1880 :

> Nous avons acheté à de bonnes conditions les usines de Tonnerre et d'Auxerre et avons ainsi constitué en Bourgogne un groupe de quatre usines appelées à prendre un rang important dans notre société. [...] La proposition

---

[36] EDF.43.04.726815. Le lien avec la ville thermale est encore attesté à la veille de la guerre par la présence au conseil de surveillance de la commandite du directeur des Thermes de Vichy, Paul Honoré Sandrier.

[37] Le capital est en 1914 de 2,9 millions de francs en 11 600 actions réparties entre un nombre limité d'actionnaires : 139 détiennent 88,8 % du capital. La dilution du capital est à peine plus forte en 1918 : 93,5 % des titres appartiennent à 197 actionnaires (EDF.43.04.726787).

de Gaz et Eaux de se rendre acquéreur de certaines de nos usines...apporte des ressources pour renforcer les divers groupes de la région nord, dans laquelle notre Conseil trouve, actuellement, intérêt à se cantonner. Nos forces ne seront plus éparpillées, notre direction sera plus efficace[38].

Aucun doute ne subsiste quant à la recherche de rationalisation lorsque trois ans plus tard un administrateur déclare :

> Ces concessions (Caudry et Hirson) renforcent nos groupes du Nord de la France. Elles servent en quelque sorte de trait d'union entre nos établissements du Pas-de-Calais, de l'Oise, des Ardennes et nous assurent des conditions d'exploitations plus favorables, une surveillance plus facile et moins coûteuse[39].

A la veille de la guerre, la Compagnie française était passée de 1 300 abonnés à sa fondation à 29 800 répartis dans 26 exploitations[40]. Son conseil d'administration traduisait sa dimension nationale, notamment par la présence de deux administrateurs d'autres compagnies sur onze en 1884 et de six sur neuf en 1910. L'évolution est caractéristique d'une intégration des compagnies gazières par des jeux de participations croisées[41].

Deux autres exemples peuvent démontrer quant à eux la seconde option de développement, celle des holdings gazières dont la géographie des exploitations ne procède pas à l'origine d'une expansion locale mais plutôt d'un cumul aléatoire. La Société lyonnaise des eaux et de l'éclairage, formée en 1880 par le Crédit lyonnais et dotée d'un siège social parisien, assura son essor par la conquête de concessions de gaz aux quatre coins de la France, à Toulouse, Blois, Troyes ou Hyères. Elle ajouta la distribution d'électricité notamment en région parisienne et la fourniture de l'eau dans de multiples régions, banlieue bordelaise, agglomération lilloise ou Ile-de-France. Avant la Première Guerre mondiale, elle détenait douze concessions gazières.

La Fusion des gaz est encore plus caractéristique de l'organisation d'un groupe polycentrique. Bâtie en 1882 par la réunion de 17 sociétés différentes, la nouvelle entreprise récupéra des concessions totalement dispersées et liées à la multiplication des usines durant le Second Empire : de la Gironde à la Meuse, de l'Eure et Loir à la Marne, du Gers

---

[38] EDF.719952. AG de 1880.

[39] EDF.719952. AG de 1883.

[40] *Centenaire de l'industrie du gaz, 1824-1924*, Paris, Dewanbez, 1924, p. 82.

[41] En 1884, le Conseil rassemble entre autres Foulon de Vaux (Gaz et eaux) et E. Romberg (Compagnie du gaz de Bordeaux, Compagnie française et continentale). En 1910, on trouve H. Marquisan (ancien président de la Société technique du gaz), L. Watel-Dehaynin et E. Dutey-Harispe (ECFM), G. Kohn (Gaz de Bordeaux et Compagnie générale), F. Rouland (Gaz de Paris et ECFM), P. Sabatié-Garat (S.A. des Usines à gaz du Nord et de l'Est) (EDF.719907 et 719952).

au Nord, des Vosges à la Charente-Inférieure. Les sociétés assemblées avaient elles-mêmes repris des concessions antérieures, obtenues entre 1862 et 1880. Chacune apportait un capital assez modeste au regard des grandes compagnies, s'échelonnant entre 120 000 et 300 000 francs. Seul le groupe Eichelbrenner, qui était déjà la réunion d'usines à gaz dispersées, apportait plus d'un million[42].

3. Les multinationales gazières

Un troisième ensemble de compagnies doit être isolé en raison de son internationalisation. Le déploiement d'affaires hors de France a tenu à des relations commerciales anciennes, à l'instar de celles qu'entretenait le capitalisme lyonnais avec l'Italie, ou s'explique par l'exportation d'une ingénierie française créatrice d'opportunités pour bâtir des réseaux urbains dès les années 1850. Une mention particulière doit être réservée aux gaziers lyonnais qui ont su exporter cette industrie, comme l'avait souligné Pierre Cayez[43]. Cet auteur évoque avec raison l'expansion financière et industrielle des compagnies gazières d'origine lyonnaise qui allèrent bâtir des usines en Italie (Vérone, Venise, Gênes, Naples, Trieste, Turin, Florence, Padoue-Vicence-Trévise), en Espagne (La Corogne, Gérone, Malaga, Bilbao) et en Algérie. A l'inverse, certaines compagnies françaises sont entrées dans le giron international d'autres entreprises. On se référera par exemple à la stratégie de la Compagnie de l'industrie du gaz (Genève) dans la prise de contrôle d'affaires gazières dans le midi[44], à Marseille notamment. Le caractère transfrontalier de plusieurs groupes, pour ne pas parler de l'activité itinérante de nombreux ingénieurs français qui implantèrent des usines à gaz en Europe, leur donna une dimension supplémentaire. Trois compagnies au moins peuvent s'inscrire dans ce schéma. La Compagnie générale du gaz pour la France et l'étranger (CGGFE), fondée en 1879 avec un capital initial de 20 millions développa des ramifications avec deux sociétés belges, la Compagnie générale du gaz et de l'électricité (Gazelec) et la Compagnie internationale du gaz[45]. De même, la Compagnie générale française et continentale (CGFC), apparue en 1881, collabora avec le Gaz belge fondé en 1862, dans au moins une filiale commune chargée de la concession de Lisbonne. Les souscripteurs des 40 000 actions de la CGFC illustraient également ces liens internationaux où se retrouvaient des industriels du Nord (Béghin, Crespel, Mimerel, Thiriez), des banquiers de la place de

---

[42] EDF.742895. AG du 13 mars 1882.

[43] CAYEZ, P., *op. cit.*, p. 284-297 et carte p. 385.

[44] PAQUIER, S., « Les Ador et l'industrie gazière, 1843-1925 », in *Gustave Ador. 58 ans d'engagement politique et humanitaire*, Genève, Fondation Gustave Ador, 1996, p. 139-179.

[45] EDF.739360.

Paris (Berthier, Bischoffsheim, Gay, Goldschmidt) et des capitalistes belges (la maison Oppenheim qui participa à la fondation du Gaz belge ; la banque Philippson ; E. Romberg administrateur du Gaz belge)[46]. La société Lebon reste cependant le cas le plus connu[47]. Créée sous forme d'une commandite par actions en 1847, l'entreprise des Lebon, originaires de Normandie, développa un véritable groupe international bien implanté dans le bassin méditerranéen, avant la fin du Second Empire. A l'origine de l'éclairage de Barcelone dès 1842 où elle édifia une seconde usine en 1887, elle conquit les concessions de Valence en 1843 et Cadix en 1845 puis de Santander en 1852, de Murcie en 1864 et de Grenade en 1866. Ces exploitations avaient une telle importance dans sa structure de holding qu'elles représentaient en 1884 trois-quarts de ses abonnés contre 15 % en France. Le développement hors du territoire métropolitain correspondit à une vraie stratégie puisqu'elle était présente également en Algérie (Alger, Blida et Oran) et en Egypte (Alexandrie, Le Caire, Port-Saïd). Au moins jusqu'en 1925, date de la vente des usines espagnoles, ce groupe fut un des animateurs de l'industrie gazière méditerranéenne.

C. Une faible homogénéisation des exploitations

Derrière l'apparente unification des sociétés gazières par des processus de reprise de concessions et de fusions, cette concentration horizontale de la fin du XIXe siècle n'a pas eu beaucoup d'effets structurants, hormis sur un plan financier. Les modalités de leur organisation font apparaître une décentralisation de l'exécution avec des responsables locaux, régisseurs d'usines et directeurs d'exploitations, et une centralisation comptable et stratégique à l'échelle du groupe. En fait, le plus souvent, le siège était le lieu des décisions d'investissements ou des placements financiers mais n'intervenait guère dans la rationalisation technique des exploitations. Cette tendance affirmée dans la seconde moitié du XIXe siècle, pour autant qu'on puisse en juger avec les exemples étudiés, confirme la conception rentière qu'auraient eu les responsables de ces groupes gaziers. On peut supposer cependant que la présence au conseil d'administration de techniciens du gaz justifiait un regard d'expert sur le fonctionnement des usines[48].

Pourtant, les méthodes de production n'ont pas été transformées par la réunion de plusieurs exploitations au sein du même groupe. Au delà de la nomination d'un inspecteur ou d'un ingénieur chargé de superviser le

---

[46] EDF.726618. AG du 9 mai 1881.

[47] Sur le développement de la société en Espagne, voir le cas de Barcelone in ARROYO, M., *La industria del gas en Barcelona. Innovación tecnológica, territorio urbano y conflicto de intereses*, Barcelona, Ediciones del Serbal, 1996.

[48] Parmi les ingénieurs dont nous poursuivons l'étude biographique et prosopographique, une proportion importante rassemble des ingénieurs centraliens.

fonctionnement des exploitations, on ne peut discerner dans l'état actuel des recherches une stratégie de standardisation des méthodes ou de normalisation des commandes de matériels. La marche des usines restait commandée par les conditions locales et l'autorité du personnel de direction en place, souvent bien implanté. Nous avons montré dans une société d'apparence aussi structurée que la Compagnie parisienne et chargée d'un domaine communal homogène combien la standardisation des techniques ou l'application d'une innovation venue de la direction centrale furent difficiles à faire appliquer par les régisseurs des usines, maîtres en leur domaine. Tout se passait avec lenteur et nécessitait souvent des rappels contraignants avant d'obtenir une banalisation de certaines pratiques. On imagine aisément par conséquent combien l'indépendance des exploitants locaux, entretenant des relations anciennes avec les municipalités, était grande dans les groupes où chaque usine constituait une unité autonome, intégrée uniquement au niveau comptable. De même, le cumul d'exploitations n'a pas engendré une recherche d'interconnexion des réseaux sur de longues distances avant le début du XXe siècle, contrairement à ce qu'aurait pu produire l'essor de compagnies disposant de concessions à proximité. Au mieux la progression des réseaux s'est faite dans une aire périurbaine à partir d'usines périphériques. A Paris, la disposition des usines à gaz aux limites de la capitale permit à la fois d'irriguer Paris intra-muros et de tirer les canalisations vers la banlieue. Il en alla de même à Lyon et dans chaque grande ville avec sa banlieue. Si des projets furent initiés dès les années 1900, il fallut attendre l'après Première Guerre pour que des réseaux de collecte et de distribution du gaz soient établis.

III. Le nouvel essor des groupes gaziers entre les deux guerres

A partir de la fin du XIXe siècle et durant toute la période de l'entre-deux-guerres, la stratégie commerciale des compagnies gazières évolua face à la compétition qu'imposait désormais l'électricité. Le déplacement vers les usages calorifiques devint le moyen de pallier les résultats déclinants de l'éclairage public et à un moindre niveau de l'éclairage des particuliers. Chauffage de l'eau parallèlement à l'essor des salles de bains, démocratisation de la cuisine au gaz introduite d'abord dans les grands restaurants et les cuisines collectives au cours des années 1880, prémices d'un art domestique gazo-ménager en pleine concurrence avec l'introduction de l'appareillage électrique porteur d'un nouveau confort du « Home » constituaient les fondements d'une nouvelle croissance. Celle-ci dura au moins jusqu'au début des années 1930. D'autre part, auprès des artisans et de petites industries, le pouvoir calorifique pouvait servir d'utile énergie d'appoint. La promotion de ces applications du gaz répondait bien à une demande. Elle avait été initiée à Paris dans ce qu'on nommait la « consommation de gaz de jour » qui représentait 27 % des ventes en 1880 et 43 % en 1905. Peu à peu la mode fut transférée aux provinces, les groupes jouant là un rôle majeur de diffusion spatiale des innovations. Ainsi, tandis que la consommation doubla en France entre 1906 et 1931, passant de 800 millions à 1,8 milliard de m³, l'avenir gazier était désormais orienté. En 1938, 20 % des ventes étaient assurées dans les grandes agglomérations par les usages industriels.

A. Une ambition accrue

Après la première phase intensive de concentration de l'industrie gazière, durant les années 1877-1884, étaient apparus plusieurs groupes importants par le nombre de concessions qu'ils rassemblaient. La nécessité d'accroître la rentabilité financière des sociétés et l'opportunité de reprendre des exploitations mises en difficulté durant la guerre engendrèrent une nouvelle vague de concentration durant l'entre-deux-guerres. La Société gaz et eaux, fondée en 1881, comptait 24 exploitations en 1912 et en acquit 10 en trois ans (1927-1929), puis 11 dans les années 1930[49]. Les Compagnies réunies, formées en 1919, regroupèrent 18 sociétés gazières de 1920 à 1924[50]. La SLEE absorba en 1929 l'Union des gaz, commandite constituée en 1854 et filiale de la Compagnie européenne d'origine anglaise et détentrice de concessions en France et à l'étranger importantes (Milan, Strasbourg, Alexandrie) ou de moindre rang (Beaucaire, Montargis, Rueil-Malmaison)[51]. En 1935 la SLEE contrôlait 95 % du capital de la maison mère[52]. Dès avant 1914, on l'a vu, la Compagnie du Bourbonnais avait engagé sa diversification géographique au-delà de ses départements d'origine. Cette stratégie fut poursuivie au lendemain de la Première Guerre mondiale, profitant d'opportunités multiples, à Rennes, Abbeville, Fougères, Vaise. Lors de l'assemblée générale de 1918, la stratégie fut clairement exposée :

> La hausse des charbons, l'accroissement des charges ouvrières et les difficultés de toute nature inhérentes à notre industrie dans les circonstances actuelles et certainement pour longtemps encore nous ont montré la nécessité de consolider le présent et l'avenir de notre entreprise dans de meilleures conditions de crédit et de sécurité. Nous pensons que ces conditions seront réalisées avec une répartition exceptionnelle des risques par les fusions[53].

---

[49]   EDF.757760.
[50]   EDF.730511.
[51]   *Centenaire de l'industrie du gaz, 1824-1924*, p. 86.
[52]   EDF.726312.
[53]   EDF.726787. AG du 23 septembre 1918.

Certaines opérations furent facilitées par des contacts anciens. Ainsi, la Compagnie de l'éclairage au gaz de Nevers, absorbée en 1918, était déjà présente avant la guerre au conseil de surveillance du Bourbonnais, par l'intermédiaire du directeur de l'usine de Nevers[54]. Au total, son capital passa de 18 millions en 1918 à 42 millions à la fin des années 1920[55]. La recherche d'optimums apparut plus tard en opérant des échanges entre compagnies ouvrant la voie de nouvelles rationalisations. Ainsi, le même groupe négociait en 1935 l'échange de sa concession lyonnaise de Vaise contre les concessions pyrénéennes de la Compagnie du gaz de Lyon, absorbée depuis 1928 par l'Energie industrielle[56]. La Compagnie continentale du gaz, filiale de l'Imperial Continental Gas Association, constituée en société de droit français depuis 1907, reprit également durant cette période des concessions importantes afin de créer des groupes régionaux homogènes, autour de Nancy et de Lille.

Par ces opérations, les compagnies gazières consolidaient leurs résultats, pondérant la faiblesse de petites exploitations par les bénéfices tirés de quelques concessions très rentables. La plus grande diversité régnait en effet. La Compagnie continentale gérait par exemple l'exploitation de Morez dans le Jura et celle de Lille dont le rapport de capital était de 1 à 70. Lorsque la Compagnie du Bourbonnais acquit la concession de Rennes, l'apport fut converti en 18 000 actions de 250 francs, la même année l'intégration de l'usine de Riom valait dix fois moins. Constituées en groupes, elles purent ainsi maintenir des résultats comptables significatifs auprès des actionnaires grâce au développement de la consommation de gaz. La Compagnie française maintint une courbe de bénéfices croissants entre 1921 (1 million) et 1931 (17 millions) dans un contexte global de progression de la consommation.

L'autre facteur qui allait faire passer ces groupes à un stade supérieur de développement fut l'ouverture du capital en direction des sociétés électriques. Ainsi s'amorça une spécificité des entreprises de réseaux d'énergie françaises caractérisée par la mixité d'un grand nombre d'entreprises, amorcée dès les années 1890 et amplifiée après la Première Guerre mondiale. Lors de leur nationalisation en 1946, l'on s'accordait à dire de ces sociétés qu'elles *ne sont pas en général indépendantes les unes des autres mais liées par des participations financières*[57].

De nombreux cas de rapprochements par les stratégies de portefeuille pourraient être mis en évidence. Elles aboutirent à la prépondérance des

---

[54] EDF.43.04.726786.

[55] EDF.726817.

[56] EDF.719020, Gaz de Lyon.

[57] SABLIERE, P., *La loi du 8 avril 1946 sur la nationalisation de l'électricité et du gaz*, Paris, s.d., p. 559.

intérêts électriques dans ces groupes au cours des années 1930. L'excellente source que constituent les dossiers d'indemnisation des compagnies électriques et gazières dans le cadre de la nationalisation permettent de l'illustrer. Le portefeuille titres du Gaz de Marseille, d'un montant de 310 millions de francs en mai 1946, est composé à 89,3 % en valeur par des titres de sociétés électriques, mais la mixité de cette société depuis 1924 biaise un peu l'approche[58]. A la Compagnie continentale, dont le portefeuille s'élève à 95,2 millions, le taux est au moins de 20 %[59]. Une petite compagnie comme la Société départementale détient un portefeuille de 4,8 millions dont un tiers en valeurs électriques[60]. Gaz et eaux contrairement à ce que laisse deviner sa raison sociale répartit 72 % de son portefeuille en investissements électriques[61]. Ces stratégies de filialisation et de prises de participations s'appuyaient sur une politique rentière du capital que les compagnies gazières avaient initiée dès le Second Empire. Elle servit aussi à pénétrer le secteur concurrent.

Les bénéfices dégagés par les anciennes sociétés gazières ont servi pour une part au financement de sociétés électriques. La diversification des affaires gazières vers la gestion de ces réseaux devint l'évolution privilégiée des groupes établis dans de nombreuses régions. La Compagnie française plaça la distribution électrique dans trois de ses concessions gazières, ce qui était peu. La Fusion des gaz contrôlait 6 concessions électriques dans 26 communes où elle avait repris le gaz. Les Compagnies réunies cumulaient les deux dans 21 communes sur 33. Le groupe Lebon s'était converti en Normandie à l'électricité, détenant 224 distributions dans huit départements contre 65 exploitations gazières, comme la Compagnie du Bourbonnais devenue majoritairement électrique en 1946 (272 000 abonnés contre 150 000 au gaz ; 34 % des immobilisations affectées au gaz contre 66 % à l'électricité)[62]. Le rapport était inverse à la Compagnie continentale : 1/4 électricité-3/4 gaz[63]. De même, Gaz et eaux arriva à la nationalisation avec un compte de 84 538 abonnés au gaz et 69 084 à l'électricité[64]. L'ajout de concessions d'électricité à des positions gazières permit donc de maintenir des situations de monopole local

---

[58]　　EDF.739987. Il comprend notamment 31 200 titres de la Compagnie lorraine d'électricité (8,2 millions de francs), 553 108 titres de l'Electricité de Marseille (232,7 millions), 23 700 titres de la Société vosgienne d'électricité (2,9 millions), 24 622 titres de la CGE (29,5 millions), 4 200 titres de la Compagnie générale d'entreprises électriques (4,6 millions).

[59]　　EDF.756888.
[60]　　EDF.780418.
[61]　　EDF.757760.
[62]　　EDF.726815.
[63]　　EDF.756888.
[64]　　EDF.757760.

pour certains groupes. Le Gaz de Lyon par exemple garda un rôle mixte dans la cité rhodanienne que l'on perçoit aussi bien par le nombre d'abonnés (205 226 au gaz et 197 571 à l'électricité en 1945) que par la valeur des immobilisations (329 millions de francs pour l'électricité au 31 décembre 1946 contre 288 millions au gaz)[65].

Cependant, cette règle ne fut pas générale car nombre de distributions d'électricité vinrent en concurrence des compagnies gazières. Certaines, comme le Gaz de Paris ou l'ECFM, face à de puissantes entreprises électriques, ne furent d'ailleurs pas candidates lors de l'attribution des concessions d'électricité. Diverses raisons l'expliquent : nécessité de transformer les statuts ou l'objet social alors que l'entreprise arrivait à terme, défiance vis à vis d'une technologie différente, estimation des investissements jugés trop lourds, hostilité de la commune à abandonner le réseau électrique à la compagnie gazière dont on vilipendait les tarifs trop élevés.

B. L'interpénétration des compagnies gazières

Parvenue à des assises solides par ce processus de concentration, les compagnies gazières ont établi des liens plus étroits durant la période de l'entre-deux-guerres. En premier lieu apparaissent des prises de participations assez fréquentes décelables dans la composition des portefeuilles-titres. Il ne s'agissait pas d'opérations de contrôle mais de stratégies financières ouvrant à la répartition des bénéfices faute de détenir les concessions. Ce fut aussi un moyen sûr de croissance externe. Certains groupes gaziers ont ainsi évolué vers un fonctionnement en holding en marge de leur propre exploitation[66]. En décomptant dans les portefeuilles la part détenue du capital des sociétés électriques et gazières nationalisées par rapport à celles qui ne le furent pas en 1946, on prend une première mesure de ce mécanisme. Le tableau ci-dessous traduit la situation à la césure de la nationalisation car les pourcentages observés de détention de titres des sociétés nationalisées sont supérieurs à 60 % dans 5 cas sur 7.

---

[65] EDF.719020.

[66] Cette évolution permit après la Seconde Guerre et la nationalisation des industries électriques et gazières le maintien de sociétés de portefeuille dont les actifs d'origine étaient gaziers. Les sociétés Lebon et Eurazeo (héritière de Gaz et eaux) sont ainsi toujours cotées à la Bourse de Paris.

Sociétés	Montant du portefeuille titres (millions de frs)	Parts de sociétés électriques et gazières nationalisées	% du porte-feuille	Parts de sociétés électriques et gazières non nationalisées	% du porte-feuille
Gaz de Marseille	310	253,5	81,7	41,1	13,2
Cie générale pour la France et l'étranger	270	84,4	31,2	12,8	4,7
Gaz et eaux	136	110,6	81,3	25,5	18,7
Continentale	110,5	59,5	53,8	51	46,1
Cies réunies	60	45,1	75,1	11,9	19,8
Fusion des gaz	13,5	8,1	60	5,4	40
Cie éclairage des villes	0,476	0,4	84	0,04	8,4

Cependant, toutes les compagnies n'ont pas suivi cette évolution. On peut observer par exemple que la Compagnie française ne détenait aucune participation importante dans d'autres affaires gazières. Excepté une Compagnie universelle d'éclairage, de chauffage et de force motrice dont elle contrôlait le capital, parmi les groupes importants elle ne comptait en portefeuille que 2 154 actions de Gaz et eaux en 1946[67]. Cette dernière possédait à l'inverse 4 164 actions de la Compagnie française. Dans l'un et l'autre cas, il s'agissait de fractions minimes du capital. La structure de répartition du capital social des principaux groupes montre dans le même sens qu'il n'existait guère d'interdépendance entre eux, en tous cas telle qu'elle eut permis des contrôles croisés ou une position d'actionnaire influent. Le capital social de la Compagnie continentale restait en 1946 contrôlé par la maison mère anglaise (80,7 %), le reste allant pour moins de 1 % à d'autres entreprises du secteur énergétique (Compagnie Lebon, Houillères de Liévin, Société industrielle d'énergie électrique, Gaz de Mulhouse) et au public (17 %)[68]. De même à Lyon, en juillet 1945, le Gaz de Lyon racheté en 1928 par le Groupe Durand ou Energie industrielle, en dépendait à hauteur de 57,5 % de son capital auquel s'ajoutait 14 % par le biais de la société Hydro-énergie[69]. La Société artésienne de force et lumière, dont les actifs gaziers constituaient encore en 1946 27,7 % des immobilisations, était toujours contrôlée par la Compagnie des mines de Béthune qui l'avait créée en filiale en 1910[70]. A l'ECFM, le plus fort

---

[67] EDF.727423.

[68] EDF.756890.

[69] EDF.719020.

[70] EDF.757726. La SAFL fut constituée en société anonyme en 1910. Son capital social était alors réparti en quatre quarts : un quart à la Compagnie des mines de Béthune, un

actionnaire en 1946 détenait moins de 10 % des titres[71] au profit d'une très large dispersion du capital dans le public. Un actionnariat de familles ou de sociétés fondatrices et de banques restait le trait dominant des groupes gaziers à la fin des années 1930 et à la sortie de la guerre. Seul le Gaz de Paris se singularisait une fois encore, son capital étant réparti de deux manières : 400 000 actions anciennes placées auprès d'un large actionnariat ; 200 000 actions nouvelles émises en 1937 étant distribuées par l'intermédiaire d'une Société d'études et de participations gazières à parts égales entre trois sociétés gazières et une électrique opérant en région parisienne : ECFM, SLEE, Cokeries de la Seine et CPDE[72].

En revanche, la présence assez fréquente de représentants d'autres compagnies au sein des conseils d'administration fut un lien humain réel, source d'échanges d'informations et d'homogénéisation du milieu professionnel, comme nous l'avons souligné dans un autre article[73]. Cette pratique était ancienne et perdura durant l'entre-deux-guerres. Le Gaz de Paris en donne une bonne illustration puisqu'à la fin des années 1930 il rassemblait dix administrateurs occupant des sièges à l'ECFM (5 cas dont le président et le directeur général), aux Cokeries de la Seine (5 cas dont le président), à la SLEE (le directeur général), à la CPDE (le président et le directeur général). Voici également le cas de la Compagnie française à trois échéances. En 1900 sur 8 administrateurs, 2 viennent d'autres sociétés gazières (Gaz de Bordeaux, Gaz de Saint-Petersbourg et Compagnie générale belge) ; en 1910 comme en 1920 la proportion est de 7 sur 9 (gaz de Marseille, ECFM, Gaz de Bordeaux, Cokeries de la Seine, Gaz de Paris, Société des usines à gaz du Nord et de l'Est). D'autres exemples, plus individualisés le confirment. Le président de la société Gaz et eaux est, en 1925, vice-président de la Compagnie générale belge. Les Desanges, très importants actionnaires de Gaz et Eaux, figurent également au conseil de la Compagnie Française et à celui de la Continentale. Sur la longue durée, deux profils exemplaires d'administrateurs montrent cette récurrence. Emile Cornuault, directeur du gaz de Marseille en 1888, devint ultérieurement administrateur-délégué, membre de la SLEE et de la Compagnie du centre et du midi ; en 1907 il siégeait

---

quart à la banque CIC à Paris, un quart à la banque Dupont de Valenciennes, un quart entre des particuliers résidant dans le Nord, essentiellement des industriels comme Salmon ou Thiriez. Après la guerre elle intégra la Société anonyme d'éclairage par le gaz et l'électricité fondée en 1883. Désormais son actionnariat majoritaire fut celui de la Compagnie des mines de Béthune et de la Compagnie des mines de Nœux-Vicoigne.

[71] EDF.624561.

[72] EDF.712061.

[73] WILLIOT, J.-P., « Le patronat gazier en France des années 1880 aux années 1930 », in *Stratégies, gestion, management. Les compagnies électriques et leurs patrons. 1895-1945*, Actes réunis et édités par S. Cœuré, Paris, Fondation Electricité de France, 2001, p. 413-426.

au comité de direction de la Société du gaz de Paris et fut vice-président de l'ECFM. Une génération plus tard Robert Ellissen fut administrateur du Gaz de Paris, de la CGFE, fondée par son père et dont il devint président en 1932, du Gaz de Mulhouse, de la Société du gaz d'Athènes, et animateur très actif de la Société technique du gaz.

C. Centralisation et dispersion de l'industrie gazière

En 1946, quand fut décidée la nationalisation des sociétés électriques et gazières, ces dernières étaient au nombre de 259 qui se partageaient 724 exploitations gazières sur le territoire métropolitain. Trois sur cinq distribuaient également l'électricité. Au terme d'un long processus de rapprochement des compagnies et d'intégration par le jeu d'une concentration continue des actifs, l'industrie du gaz avait-elle atteint une unité ?

En fait, classées en fonction de leur production, les trois premières sociétés gazières distribuaient la moitié du gaz vendu en France et les 22 premières 90 %. Il restait donc 237 sociétés qui acheminaient 10 % du gaz. Si la concentration au sommet est indiscutable, à l'opposé de l'échelle on peut parler d'émiettement des exploitations. Par un mécanisme régulier de fusions et de participations financières, l'industrie gazière laissait apparaître un nombre restreint de sociétés importantes, soit sous forme de compagnies locales aux concessions homogènes et frontalières les unes des autres, soit de groupes nationaux. Une liste des principales d'entre elles peut être ainsi établie en fonction de l'actif détenu en 1945[74].

---

[74] Le nombre d'exploitations est une approche *a minima* puisque certaines sont citées comme une seule exploitation qui comprend en fait une métropole et les communes de sa banlieue. C'est par exemple le cas de Lille et de Nancy pour la Compagnie continentale.

Compagnie ou groupe	Année de fondation	Capital social d'origine (millions de frs)	Capital social en 1945 (millions de frs)	Actif en 1945 (millions de frs)	Nombre d'exploitations gazières
Lebon	1847	1,2	256	12 454	65 (1945)
Société lyonnaise des eaux et de l'éclairage	1880	50	260 (1935)	2 300 (1939)	Au moins 80 (1945)
ECFM (banlieue de Paris)	1903	25	250	2 047	133
Gaz de Paris	1855 1907	64 30	150	1 852	1
Continentale	1907	10	102	1 606	22 (1945)
Gaz de Lyon	1834 1880	1 20	143 (1940)	1 403	31 (1945)
Compagnies réunies	1919	16,8	220,8	1 342	33 (1945)
Compagnie générale pour la France et l'étranger	1879	20	315	959	25 (1945)
Gaz et eaux	1881	10	300	797	47 (1945)
Bourbonnais	1860	0,5	130	741	32 (1945)
Fusion des gaz	1882	5	58,8	606,4	41 (1945)
Gaz de Marseille	1905	25	75	598	1
Française	1877	10,7 (1914)	63	504	31 (1920)

On le conçoit aisément, la gestion de tels ensembles imposa au rythme de l'expansion la mise en œuvre de structures organisationnelles de plus en plus centralisées et hiérarchisées qui pouvaient donner des cadres identiques d'exploitation. Le cas des compagnies unipolaires à géographie homogène fonctionnait selon le modèle que la Compagnie parisienne mit en place dès son origine : un conseil d'administration délégant à un comité de direction et à un directeur le pouvoir exécutif ; une répartition des services centraux par grandes divisions hiérarchisées et dirigées par des ingénieurs (production, service extérieur, service des travaux chimiques, service commercial, secrétariat général) ; une direction des usines confiée à des régisseurs. Ce système managérial, daté plus tardivement dans l'industrie française, est bien en place à Paris dès le Second Empire, contemporain de la structuration d'autres entreprises de réseaux comme celles des chemins de fer[75]. Le Gaz de Paris ou l'ECFM en héritèrent au début du XXᵉ siècle. En revanche, les groupes ont dû inventer des procédures de centralisation de la décision, de remontée des informations et de contrôle des exploitations qui laissèrent la place à des choix multiples. Dans leurs sièges parisiens, les conseils d'administration étaient en général réduits à un nombre restreint d'administrateurs (7 à 12 nommés pour 6 à 9 ans). Les statuts prévoyaient dans la plupart des cas la nomination d'un directeur ou d'un administrateur-délégué, dont la généralisation apparaît dans les années 1920, et parfois d'un comité directeur, dont on peut au moins attester la présence au Gaz de Paris, à l'ECFM et à la Compagnie française. Les structures centrales restaient cependant légères. Ainsi, le siège de Gaz et eaux ne comptait avant la nationalisation que 38 employés (3,6 % du personnel)[76]. Plusieurs groupes organisèrent leur gestion par la création d'entités décentralisées. La Continentale avait créé trois groupes à Paris, Lille et Nancy, chargés de régler à l'échelon régional l'ensemble des problèmes. Peu d'unification des méthodes de gestion en revanche. A Paris, l'on observa en 1945 l'apparence très détaillée des comptes en raison de la surveillance constante de la Ville sur les plans technique, administratif et financier et certaines méthodes d'inventaire furent transposées en modèle pour réaliser celui des autres compagnies[77]. En matière de comptabilité, les Lebon avaient institué dix centres responsables[78] alors qu'à la Continentale, chaque comptabilité des usines remontait au groupe qui établissait des balances comptables fusionnées à partir des journaux périodiques puis les transmettait au siège de la compagnie pour préparer un budget synthétique[79]. Le groupe du Bourbonnais traitait au siège lyonnais la comptabilité générale, les écritures relatives aux travaux d'immobilisation, l'établissement des comptes de profits et pertes. Au quotidien, la gestion comptable était assurée dans chaque centre d'exploitation[80]. Il en allait de même aux Compagnies réunies.

---

[75] VERLEY, P., *Entreprises et entrepreneurs du XVIIIᵉ siècle au début du XXᵉ siècle*, Paris, Hachette, 1994. L'auteur donne l'exemple, développé par J.-P. DAVIET dans sa thèse sur Saint-Gobain, de la mise en place de structures managériales avec répartition fonctionnelle des tâches dès la première moitié du siècle. Mais l'administration qui en découla restait encore « légère » dans les années 1860. A la même période, la Compagnie parisienne compte déjà en 1856 686 employés répartis en une soixantaine de bureaux.

[76] EDF.757760.

[77] EDF.712061. En 1949, le chef du service des indemnisations de GDF envoie au chef de la division gazière à Lyon le formulaire d'inventaire de l'usine à gaz de Clichy en lui spécifiant : « Il pourra vous servir de modèle pour celui que vous devez établir dans les trois usines de l'ex-compagnie du Gaz de Lyon. »

[78] EDF.726894.

[79] EDF.756888.

[80] EDF.726815.

A la rationalisation apparente des groupes par la mise en place de structures administratives s'oppose la disparité des exploitations en France, comme le montre ce classement en fonction de la puissance des usines[81].

Puissance de distribution (en millions de m³/an)	Nombre d'exploitations	Part des ventes de gaz (%)	Part des effectifs employés (%)
> 100	2	43,8	30,1
10 – 100	20	26,8	24
5 – 10	26	9,2	11,2
2 – 5	57	8,4	12,3
1 – 2	67	4,6	6,7
0,5 – 1	89	3,2	5,8
0,2 – 0,5	156	2,5	5,5
0,1 – 0,2	95	0,6	1,6
< 0,1	169	0,3	2,5

On ne doit donc pas se laisser abuser par l'effet de taille que projettent les groupes. La concentration opérée ne fut pas réalisée sur un plan technique. Mis à part les quelques tronçons de réseaux de collecte du gaz permettant d'organiser une distribution intercommunale, l'industrie du gaz restait largement à la fin des années 1930 un saupoudrage d'usines dans tout l'Hexagone. Si l'on excepte la Société régionale de distribution, créée dans le Nord en 1924 et les raccordements d'exploitations à des distributions de gaz de cokeries (dans les bassins miniers dès l'après Première Guerre) la création de réseaux interurbains la plus ambitieuse fut en région parisienne celle de l'ECFM qui engagea un processus d'homogénéisation de son périmètre en reprenant les concessions de 21 communes ajoutées aux 60 dont elle avait hérité de la Compagnie parisienne et aux 7 de la Société du gaz général. Les cessions qu'elle obtint de groupes qui continuaient d'exploiter ailleurs d'autres concessions prouvent que cette compagnie avait bien amorcé un remembrement afin de rationaliser son réseau. Ainsi, en 1924, avait-elle déjà pu éteindre 8 usines remplacées par des raccordements au réseau général. Elle concentra ses moyens de production dans une seule usine située à Gennevilliers sur les bords de la Seine et distribuait le gaz grâce à une couronne périphérique raccordant des stations gazométriques à une double canalisation à haute pression[82].

---

[81] *Journal des Usines à Gaz*, 1946, p. 109.

[82] *Centenaire de l'industrie du gaz, 1824-1924, op. cit.*, p. 74. A Lyon, le réseau de gaz surpressé s'étirait sur 84 km en 1945 à comparer aux 1 124 km de canalisations de distribution à basse pression. Un véritable réseau de transport ne naquit en France

Conclusion

L'histoire des compagnies gazières françaises entre l'apparition des premières sociétés vouées à la distribution de l'éclairage dans un quartier et la position dominante des entreprises au rayon d'action national apportant parmi une offre de plusieurs énergies la solution du gaz manufacturé illustre un long processus de concentration. Celui-ci a emprunté la forme spécifique de la constitution de groupes dont l'expansion fut articulée sur le contrôle d'un maximum de concessions publiques. Certes, une part essentielle de leur activité concernait la fourniture de gaz à une clientèle privée qui se démocratisa et diversifia ses demandes. Mais le fondement de la croissance des groupes resta bien une stratégie territoriale compatible avec les besoins des collectivités locales. De ce fait, l'industrie du gaz entretenait des rapports étroits avec les communes mais restait également sous la tutelle de multiples intervenants publics qui exerçaient contrôle et régulation. L'essor de l'industrie gazière est donc intimement lié aux processus de développement des villes et au rôle que les édiles ont assigné aux technologies de réseaux urbains. Ce facteur a favorisé l'expansion du gaz jusqu'aux années 1880. La « manne concessionnaire » rencontra assez tôt les perspectives des entrepreneurs gaziers. Les uns, plutôt financiers, spéculaient sur le rentabilité de cette industrie, grâce aux ventes de gaz mais aussi à l'aval juteux des sous-produits. Les autres, ingénieurs parvenus au rang de managers bien avant que le phénomène ne se généralise en France durant l'entre-deux-guerres, y ont vu le support d'un pouvoir technique et urbain corollaire de leur position sociale affirmée à la tête de réseaux urbains porteurs de progrès. Les uns et les autres ont participé à l'édification d'un capitalisme gazier dont le seuil de profitabilité supposait d'étendre l'assiette des exploitations faute de disposer en France d'une armature urbaine de très grandes métropoles. La concentration fut engagée très tôt, au fond dès que les premières sociétés durent franchir les bornes d'un périmètre trop étroit et que la demande urbaine poussait à rationaliser la distribution par l'unification des tarifs, la mise en connexion des réseaux de quartiers et la recherche d'un interlocuteur industriel unique. La logique de cette évolution confinait au monopole technique à l'échelle d'une commune puis au monopole financier par la réunion des concessions. Si le premier fut impulsé par les pouvoirs publics au cours du Second Empire, le second découla d'une volonté de croissance externe des compagnies devenues des groupes. Dans le contexte de compétition (mais aussi de complémentarité que certains surent promouvoir) avec l'électricité, les groupes ont connu deux vagues de croissance successives, au tournant des années 1880 et durant la quin-

---

qu'après la Seconde Guerre, en 1949, liant les cokeries lorraines et la région parisienne.

zaine d'années 1919-1935. Dans la configuration géographique de la France, les holdings gazières adossées ou non à des entreprises électriques assurèrent une dynamique économique. Il faudrait maintenant s'interroger pour savoir si cette structure de l'industrie gazière ménagea localement une offre de services différenciée, grâce à des politiques commerciales en prise avec la clientèle locale – ce que la décentralisation des exploitations laisse penser – ou au contraire tendit à standardiser les pratiques en limant les initiatives concurrentielles aux dépens du consommateur.

CHAPITRE VI

L'industrie du gaz dans la périphérie européenne avant 1914

Les exemples d'Athènes et de Bucarest

Alexandre KOSTOV

Institut d'études balkaniques – Sofia

Cette étude examine la naissance et le développement de l'industrie gazière dans les Balkans, un espace européen périphérique à un double point de vue : géographique et économique. Nous avons sélectionné les capitales grecque et roumaine, car excepté Constantinople[1], Athènes et Bucarest furent non seulement les deux plus importantes villes du sud-est européen, mais encore les plus précoces à adopter le nouveau mode d'éclairage. Il faut préciser qu'avant la Première Guerre mondiale, seules huit villes balkaniques (Grèce, Roumanie, Empire ottoman) disposaient d'un réseau gazier. C'est notamment à Athènes et Bucarest que le processus d'urbanisation et de modernisation fut le plus avancé dans les Balkans d'avant 1914[2].

L'évolution des capitales grecque et roumaine, de la deuxième moitié du XIXe siècle au début du XXe, fut caractérisée par une importante croissance démographique associée à une forte expansion urbaine,[3] même si le point de départ fut largement différent. Au milieu du XIXe siècle,

---

[1]   La capitale de l'Empire ottoman, avec plus d'un million d'habitants au début du XXe siècle, est la ville la plus peuplée du sud-est de l'Europe. L'exemple de Constantinople, très intéressant et atypique, mérite une étude plus approfondie.

[2]   Voir TRAVLOS, J., *Athènes au fil du temps. Atlas historique d'urbanisme et d'architecture*, Paris, 1972 ; HERING, G., "Die Metamorphose Athens : Von der planmäßigen Anlage der Residenzstadt zur Metropole ohne Plan", in HEPPNER, H. (ed.) *Hauptstädte in Südosteuropa*, Wien/Köln/Weimar, Bd. I, 1994, p. 109-132 ; BURGEL, G., *Croissance urbaine et développement capitaliste. Le « miracle » athénien*, Paris, 1981 ; *Istoria orasului Bucuresti*, t. 1, Bucarest, 1965.

[3]   La superficie d'Athènes passa de 272 hectares en 1860 à plus de 2 000 hectares vers 1914, alors que le territoire de Bucarest était de 3 000 hectares au début du XXe siècle, soit 5 fois plus grand qu'en 1864.

Athènes était une petite cité de 30 000 habitants, pendant que Bucarest –
alors capitale de la Valachie – faisait déjà partie des grandes villes dans le
contexte balkanique avec plus de 100 000 habitants. Leur développement
ultérieur, plus particulièrement au tournant des XIXe et XXe siècles, fut
marqué par une accélération de la croissance démographique et une forte
concentration de population. Les deux capitales devinrent largement les
villes les plus peuplées de leur pays. A la veille de la Première Guerre
mondiale, la population d'Athènes avait quintuplé et celle de Bucarest
triplé (tableau 1). La capitale grecque se distingua, car à partir de la fin du
XIXe siècle, la ville portuaire du Pirée s'intégra peu à peu à Athènes, si
bien qu'au début du siècle suivant, les deux villes formaient déjà une
agglomération, même si au point de vue administratif elles restaient deux
communes indépendantes.

**Tableau 1. La population d'Athènes, du Pirée
et de Bucarest avant 1914 (en milliers d'habitants)**

Années	Athènes	Pirée	Années	Bucarest
1853	30,6	5,4	1860	122
1861	41,3	7,5		
1870	44,5	14,5		
1879	68,7	21,6	1878	178
1889	114,5	37,4	1889	226
1896	123,7	51,0		
1907	167,5	74,6	1912	340
1914			1915	381

Sources : *Megali enkiklopedia*, t. 2, Athènes, p. 192 et 278 ; *Enciclopedia Romaniei*, t. 2,
Bucarest, 1937, p. 556 et suivantes.

L'histoire des deux villes au XIXe siècle fut aussi marquée par des
changements de structure sociale qui furent provoqués par l'intégration
des Balkans dans l'économie de marché. Ces modifications, il est vrai, ne
furent pas aussi importantes qu'en Europe centrale et occidentale, mais
elles étaient déjà bien perceptibles dans les Balkans.

I. Les débuts des concessions
(deuxième moitié des années 1850)

Les premières tentatives de modernisation de l'infrastructure urbaine
d'Athènes et de Bucarest, plus particulièrement de l'éclairage public,
commencèrent dans la deuxième moitié des années 1850. A cette époque,
les autorités des deux capitales balkaniques pouvaient d'une part choisir
le type d'éclairage, pétrole ou gaz, et d'autre part se prononcer sur le
mode d'exploitation, régie directe ou système de concessions. Athènes

s'aligna sur les autres villes européennes en choisissant le gaz, alors que Bucarest opta pour le pétrole, un choix dicté par l'existence de ressources pétrolières en Roumanie. Par contre, la solution en faveur des concessions s'imposa dans les deux capitales, soit une décision surtout motivée par la situation financière très défavorable d'Athènes et de Bucarest qui ne pouvaient pas assumer les investissements requis. Dès lors, la présence de candidats sérieux aux concessions d'éclairage dans une région balkanique considérée comme risquée fut un élément déterminant.

A Athènes, une loi pour l'éclairage fut adoptée en 1857. Par décret royal du 28 mai, la concession fut accordée à un ressortissant étranger, un certain Feraldi, qui obtint ainsi un droit exclusif pendant 50 ans. Par la suite, le concessionnaire transféra ses droits à une société française spécialement créée : la Compagnie de l'éclairage au gaz de la ville d'Athènes.[4] En bâtissant son réseau gazier en 1859, Athènes fut la première ville des Balkans à adopter le nouveau mode d'éclairage. On peut constater un décalage de plus de quatre décennies par rapport à Londres et de trois décennies par rapport aux autres villes européennes[5]. La première décennie d'activité de la compagnie gazière fut modeste. La production de l'usine fut presque exclusivement destinée à l'éclairage des rues du centre ville où l'on comptait au début seulement 250 lanternes, alors que les distributions d'éclairage et de chauffage aux abonnés privés restèrent peu répandues. Le récit d'un Français précise qu'au milieu des années 1860, le gaz éclairait quelques rues du centre, quelques cafés, des boutiques et le bazar[6]. Au début de la décennie suivante, le réseau gazier fut à peine plus étendu. Le 20 juin 1871, le maire de la ville et la compagnie signèrent une convention précisant l'augmentation à 550 lanternes. En contrepartie, la municipalité s'engagea à brûler du gaz pendant la nuit pour un minimum de 2 600 heures[7].

La municipalité de Bucarest octroya en 1856 une concession pour l'éclairage au pétrole, avant de modifier 12 ans plus tard sa politique en adoptant la proposition d'un ingénieur français (Alfred Gottereau). Ce dernier, à défaut de trouver des capitaux en France, se tourna vers des capitalistes roumains (T. Mehedinteanu, T. I. Negreponte et consorts) qui allaient détenir une part prépondérante de la Societatea generala de luminat si incalzit cu gaz din Romania (Société générale d'éclairage et chauf-

---

[4]   Les statuts de cette compagnie ont été établis à Paris le 18 décembre 1860. Parmi les actionnaires, il faut citer les administrateurs : Jean Michel Ferdinand, marquis de la Laurencie Charras (président) ; Fabien Paganelli ; Alex Armand, vicomte de Cazes.

[5]   La première usine à gaz de Constantinople fut également construite en 1859.

[6]   LENORMANT, F., « La Grèce depuis la révolution de 1862 », in Revue des deux mondes, 15.07.1864, p. 426.

[7]   Archives historiques de Paribas (AHP) Cont. 73, Dossier 7. Convention additionnelle au traité de 1857 du 8/20 juin 1871.

fage au gaz en Roumanie), fondée en 1870. D'après les termes de la concession, l'ingénieur français devait construire une usine dotée de 100 km de conduites pourvues de 4 000 becs à gaz, au plus tard cinq ans après l'octroi de la concession. A peine commencés en juin 1870, les travaux furent suspendus en raison de l'éclatement de la guerre franco-prussienne. D'une part, les spécialistes français furent mobilisés et d'autre part, les livraisons d'équipement en provenance de l'Hexagone devinrent problématiques[8]. Le travail fut toutefois repris l'année suivante et le premier réseau gazier roumain pu ainsi être inauguré en novembre 1871. A ses débuts, seuls 785 becs à gaz furent installés et vers la fin de l'année suivante leur nombre atteignit le chiffre prévu dans le contrat. L'usine fournit le gaz aux 350 premiers abonnés privés, dont des habitations appartenant à de riches particuliers et des bâtiments publics, comme le théâtre de Bucarest[9].

II. Les entreprises gazières jusqu'à la deuxième moitié des années 1880

L'évolution des entreprises gazières à Athènes et à Bucarest, pendant leurs premières années d'activité, présenta des traits communs. Ce sont des groupes occidentaux, le plus souvent des entreprises françaises, qui s'engagèrent dans un contexte favorisant des changements fréquents de concessionnaires.

Malgré le nouvel arrangement, la compagnie gazière d'Athènes fut rapidement mise en difficulté, si bien qu'en 1873 un créancier grec, G. Dimitriou[10], fit saisir et vendre le réseau, qui fut adjugé pour 870 000 drachmes et passa entre les mains dudit Dimitriou et consorts. C'est alors que, par acte du 18 avril 1873, se constitua la nouvelle Compagnie pour l'éclairage au gaz d'Athènes et d'autres villes[11], qui racheta l'affaire pour 910 000 drachmes. Mais la nouvelle entreprise rencontra également des difficultés. Le mécontentement général dû à la mauvaise exploitation de l'entreprise, incita la municipalité d'Athènes à entamer en 1887 des

---

[8]   *Istoria orasului Bucuresti, op. cit.*, p. 332.

[9]   C'est la firme Valle, Gaudineau & Cie (Paris) qui s'occupait de l'éclairage du théâtre de Bucarest. Voir *Journal de Bucarest*, 517 du 26 août 1875, p. 1. En 1885, le réseau approvisionnait 3 765 becs destinés à l'éclairage public et 30 456 becs privés. Voir *Istoria orasului Bucuresti, op. cit.*, p. 366.

[10]   L'endettement de la compagnie envers Dimitriou se montait à 175 000 drachmes.

[11]   AHP 72/5 Statuts de la Compagnie pour l'éclairage au gaz d'Athènes et d'autres villes. Le capital de la société était composé de 5 000 actions de 500 francs. 2 600 titres ont été souscrits par J. B. Serpieri et Foulon de Vaulx, ce dernier en tant qu'administrateur-délégué de la société Gaz et eaux (Paris). Le solde, soit 2 400 actions, a été remis aux anciens propriétaires.

pourparlers avec deux représentants du groupe parisien Gaz et eaux[12], Henri Foulon de Vaulx et Jean Serpieri, dans le but de transmettre la concession à une nouvelle société. Les négociations aboutirent à une convention, signée par le maire Soutzo et les deux Français le 27 juin 1887, selon laquelle la concession était prolongée de 30 ans. Les nouveaux concessionnaires s'engageaient à achever à fin 1889 : les travaux de réorganisation de l'usine à gaz, à construire un dépôt de gaz, ainsi qu'à remplacer à leurs frais toutes les conduites, les anciennes n'étant pas adaptées à la fourniture de gaz de chauffage[13]. Peu de temps après la signature du contrat, un décret royal accorda la franchise de douane pour les matériaux nécessaires aux constructions et à l'exploitation. L'année suivante, par une convention additionnelle, la municipalité s'obligea à brûler le gaz pendant 2 850 heures par an. On recensait alors 2 442 lanternes[14].

Les nouveaux concessionnaires transférèrent leurs droits à la Société hellénique du gaz d'Athènes[15], dont le nouveau conseil d'administration fut composé par les représentants de la compagnie française (Henri Foulon de Vaulx, Eugène Breittmayer, Fernand et Jean Serpieri, Jean Alavoine et Alphonse Salanson), alors que la direction générale fut assurée par Louis Robillot. Tous étaient des ingénieurs français réputés, membres de nombreuses compagnies gazières et animateurs de la Société technique du gaz, fondée en 1874. Le capital de la nouvelle compagnie fut fixé à 2,5 millions de drachmes. Le premier rapport du conseil d'administration montre les problèmes qui se posèrent à la nouvelle direction : le matériel de fabrication et d'emmagasinage était insuffisant, les conduites perdaient jusqu'à 40 % du gaz et les abonnés étaient mécontents du service. Tous ces maux furent attribués à des investissements trop réduits.

L'exemple de Bucarest diffère quelque peu de celui-ci d'Athènes. L'engagement des capitalistes roumains dans la première compagnie gazière fut une exception. Pour le groupe roumain, il s'agissait surtout de réaliser une opération financière et de ne pas s'engager à long terme dans l'industrie gazière. C'est pourquoi les Roumains vendirent très tôt, en 1873, leur paquet d'actions à un groupe britannique, The British and

---

[12]   Cette société fut fondée en 1881. Parmi ses administrateurs on trouve au début le baron G. de Bussière, J.-M. de Saint-Léger, H. Foulon de Vaulx, J. Follet et autres. Voir Durand, P. (dir.), *Annuaire général de l'industrie de l'éclairage et du chauffage par le gaz*, Paris, 1882, p. 63.

[13]   AHP 73/7 Cahier des charges de l'usine à gaz d'Athènes du 24 juin 1887.

[14]   D'après une publication grecque, le nombre des becs à gaz dans la capitale du royaume s'est accru comme suit : 600 en 1873, 800 en 1880, 1 000 en 1886, 2 170 en 1891 et 2 700 en 1898. Voir *Engiklopaidiakon Lexikon*, t. 1, Athènes, 1927, p. 378.

[15]   La société fut fondée suivant les statuts approuvés par décret royal du 25 septembre 1887 pour une durée égale à celle de la concession du 1er mars 1857. Voir ANTONOPOULO, D.-G., *Les sociétés anonymes en Grèce*, Athènes, 1922, p. 431.

Foreign Water and Gas Co Ltd., qui fonda une filiale pour exploiter le gaz dans la capitale roumaine, la Bucarest Gas Works[16]. Les Britanniques restèrent propriétaires du gaz de Bucarest jusqu'au début des années 1880, puis vendirent leurs droits à des actionnaires français qui fondèrent à Paris leur propre entreprise, la Compagnie du gaz de Bucarest, qui passa en 1882 sous le contrôle du groupe parisien Gaz et eaux[17].

III. L'hégémonie du groupe Ellissen

Après la deuxième moitié des années 1880, le développement des entreprises gazières d'Athènes et de Bucarest fut lié à l'activité de la Compagnie générale du gaz pour la France et l'étranger (CGGFE), basée dans la capitale française. Son conseil d'administration était composé d'hommes d'affaires parisiens bien connus (A. de Camondo, L. Stern, B. de Marisy), mais son principal « animateur », encore plus réputé, était l'administrateur-délégué Albert Ellissen[18] qui, au début du XXe siècle, laissa la direction à son fils Robert[19]. En outre, le groupe était également représenté en Europe par une autre société financière, la Compagnie internationale du gaz, qui avait été constituée à Bruxelles en 1889 pour profiter d'avantages fiscaux.

A cause d'une situation assez indécise, deux ans après l'acquisition de la concession, le groupe Gaz et eaux céda en 1889 les actions qu'il possédait dans la Compagnie hellénique du gaz à la CGGFE. A cette date, le groupe Ellissen avait déjà obtenu la concession de l'entreprise d'éclairage au gaz du Pirée. L'usine à gaz, qu'elle avait bâtie dans le port athénien en 1888-89, fut à son tour transférée à la Compagnie internationale du gaz[20].

---

[16] En 1874, on trouve parmi les administrateurs de Bucarest Gas Works tant des Anglais que les Français : E. Bonnet, F. Leloup, A. Green. Le directeur était P. Etienne. Voir *Annuaire général officiel de Roumanie*, Bucarest, 1874, p. 17.

[17] Il est vraisemblable qu'avant la constitution formelle de la société Gaz et eaux, son groupe fondateur a participé à la Compagnie du gaz de Bucarest dont le conseil d'administration en 1880 comptait parmi ses membres : J. Follet (vice-président) et J.-M. de Saint-Léger (administrateur-délégué). Voir DURAND, P., *op. cit.*, année 1880, p. 60.

[18] Albert Ellissen (1838-1923) né à Francfort-sur-le-Main et diplômé en 1859 de l'Ecole centrale de Paris, débute sa carrière en tant que chef du laboratoire de la Compagnie parisienne du gaz avant d'accéder à plusieurs conseils d'administration. Il fut administrateur de sociétés de gaz et d'électricité en France et à l'étranger. Voir BERGERON, L., *Les Rothschild et les autres.. La gloire des banquiers*, Paris, 1991, p. 35.

[19] Robert Ellissen (1872-1957), également diplômé de l'Ecole centrale (promotion 1894), comme son père et son frère cadet Jacques (décédé en 1900). Voir la revue *Arts et manufactures*, janvier 1958, n° 72, p. 21.

[20] *Journal des usines à gaz*, 23/5.12.1889, p. 389. La première concession pour l'éclairage au gaz du Pirée fut accordée à l'ingénieur grec Nic. Vlangali. AH 17/15 Contrat pour l'éclairage au gaz de la commune du Pirée.

Le groupe Ellissen dut faire face aux autres concurrents qui, dès les années 1890, voulaient introduire l'éclairage électrique dans les deux capitales balkaniques. Le groupe français envisageait aussi d'introduire l'éclairage électrique, mais dans un premier temps, sa tâche principale consista surtout à sauvegarder son monopole d'éclairage public[21].

A Athènes, la concurrence de l'électricité fit son apparition à la fin des années 1880. La Société générale d'entreprises avait obtenu par décret royal l'autorisation de poser des canalisations pour entreprendre la production d'électricité et sa distribution pour l'éclairage et la force motrice. La concurrence exercée par cette dernière société était faible, mais la fondation de la Compagnie hellénique d'électricité en 1899 constitua cette fois une véritable menace pour le groupe Ellissen. Cette compagnie, une émanation de la Thomson-Houston Méditerranée, avait des grands projets de réseaux électriques non seulement dans la capitale, mais aussi dans les grandes villes grecques[22]. Pour éviter la concurrence, la compagnie gazière conclut un arrangement avec la compagnie d'électricité en obtenant le droit de distribuer l'énergie électrique produite par cette dernière pour l'éclairage public. Elle sauvegardait ainsi son monopole de distribution pour l'éclairage. En 1901, la Société générale d'entreprises abandonna ses canalisations à la Société hellénique du gaz d'Athènes. L'année suivante, la société gazière et la municipalité d'Athènes conclurent une convention d'après laquelle la compagnie obtenait le droit d'éclairer à l'électricité certaines rues du centre ville. En 1907, la Société hellénique du gaz d'Athènes élargit son activité à l'éclairage de la capitale grecque. Ainsi, pendant les années qui précédèrent la Première Guerre mondiale, cette société fut pratiquement la seule compagnie à s'occuper tant de l'éclairage au gaz que de l'éclairage électrique à Athènes, car la Compagnie d'électricité Thomson-Houston n'avait que le droit de vendre sa production en gros. A son tour, elle produisit aussi dans son usine électrique du gaz qui était distribué par ladite compagnie à ses clients pour le chauffage et l'éclairage domestiques.

---

[21] Dès le milieu des années 1880, la compagnie manifesta ses ambitions dans le domaine de l'électricité. On lit dans le rapport du conseil d'administration pour l'exercice 1886 :

Nous n'oublions pas que nous sommes avant tout une société d'éclairage et que nos statuts ne limitent pas la sphère de notre activité sociale aux affaires de gaz seulement. Ces principes ont reçu déjà un commencement d'application, et la Société du gaz de Bucarest [...] éclaire depuis plus de deux ans à l'électricité le théâtre et les palais royaux de Bucarest et Sinaia.

Journal des usines à gaz, 1887, p. 392. Voir CHADEAU, E., « Produire pour les électriciens. Les Tréfileries et Laminoirs du Havre de 1897 à 1930 », in *Des entreprises pour produire de l'électricité. Le génie civil, la construction électrique. Les installateurs.* Paris, 1988, p. 285-303.

[22] KOSTOV, A., « Le capital belge et les entreprises de tramways et d'éclairage dans les Balkans (fin du XIXe et début du XXe siècle) », in *Etudes balkaniques (Sofia)*, 1989, 1, p. 23-33.

Il faut souligner que le groupe Ellissen avait pris des mesures pour moderniser et élargir leurs réseaux d'Athènes et de Bucarest peu après le règlement des relations avec les municipalités, ainsi qu'avec leurs concurrents et après la prolongation des concessions. Au début du XXᵉ siècle, la municipalité grecque traita de la modernisation de l'éclairage public avec la Société hellénique du gaz d'Athènes. C'est ainsi qu'en 1902, la compagnie accepta de substituer des becs à incandescence aux 2 000 becs ordinaires[23]. En 1906, la compagnie répéta la même opération sur mille lanternes. Vers la fin de 1911, 4 832 luminaires au total fonctionnaient en ville[24].

Pendant la première moitié des années 1890, c'est-à-dire plus de dix ans avant l'expiration de la concession de 1868, la CGGFE entama des négociations avec la municipalité de Bucarest pour conclure un nouveau contrat. A l'époque, les relations entre la compagnie gazière et la municipalité étaient conflictuelles. En 1889, après l'ouverture d'un nouveau boulevard au centre ville, qui n'était pas inclus dans la concession, une véritable guerre s'installa. La compagnie installa des becs à gaz, mais les représentants de la municipalité empêchèrent leurs employés de brûler le gaz. Finalement, après quelques semaines de disputes acharnées, la direction gazière dut céder[25]. Dans ce contexte, il ne faut pas s'étonner si les démarches entreprises en 1894 par la compagnie gazière pour obtenir une prolongation de la concession ne débouchèrent sur aucun résultat. Les pourparlers avec la municipalité recommencèrent en 1901, mais échouèrent à nouveau face aux exigences des autorités locales qui voulaient obtenir des conditions plus favorables. Finalement, le groupe Ellissen obtint en 1906 une nouvelle concession pour la période 1908-1948, cette fois pour l'éclairage au gaz et à l'électricité de Bucarest, après avoir cédé aux exigences de la municipalité sur les prix comme sur les autres conditions[26]. Pendant les années suivantes, l'attention de la nouvelle compagnie, Société générale du gaz et d'électricité de Bucarest, fut centrée sur

---

[23] AHP 73/7 Contrat du 20 août/2 septembre 1902. La SHGA s'obligea également à installer 50 lampes à arc dans les rues où existaient des canalisations électriques.

[24] La longueur des canalisations étant de 60 km en 1890, elle a presque doublé vers 1911-1912.

[25] CEBUC, A., « Contributii la istoria iluminatului din Capitala pina in anul 1900 », in *Materiale de istorie si muzeografie (Bucuresti)*, vol. II, 1965, p. 110.

[26] D'après la convention, la Ville devait recevoir 10 % des recettes brutes de la compagnie et 50 % du bénéfice net résultant de la vente du gaz et de l'électricité ainsi qu'un minimum garanti de 250 000 francs. L'éclairage des édifices communaux coûtait 130 000 francs de moins que par le passé. La municipalité devait recevoir également 200 tonnes de coke pour les pauvres. Le tarif était révisé sur les bases de 25 centimes pour les consommateurs privés et de 16 centimes pour l'éclairage public. Par comparaison, les prix du mètre cube étaient de 20 et 15 centimes. Voir *Industrie roumaine (Bucarest)*, 34/10.10.1905, p. 448-449.

la modernisation et l'extension du réseau gazier. C'est ainsi qu'en 1907-1909, la longueur des canalisations atteignit 138 km à la suite du renouvellement des anciennes conduites de gaz et à la pose de nouvelles. Le nombre de becs, qui s'était limité à environ 4 000 pendant plus de 30 ans, augmenta de 2 922 en 1909. En 1915, on en comptait 7 786, la plupart fonctionnant selon le système « Auer ».

IV. Le marché gazier entre plusieurs concurrences

Le gaz joua un rôle important dans la modernisation des deux villes. Il faut souligner ici, à Bucarest comme à Athènes, qu'il s'agissait surtout de services d'éclairage public et privé. D'après des estimations portant sur les années 1905-1910, la production annuelle de l'usine à Bucarest se situait à sept millions de m³, dont cinq étaient vendus à la municipalité et deux aux particuliers.

L'emploi du gaz comme force motrice était limité à cause de son coût trop élevé et il n'y avait vers le début du XXe siècle qu'une trentaine d'ateliers qui utilisaient ce type d'énergie à Bucarest. Compte tenu de ses réserves de pétrole et de la nécessité d'importer de la houille pour produire le gaz, l'industrie roumaine de l'époque privilégia les moteurs à essence plus avantageux[27]. La capitale roumaine se dota d'une autre usine gazière bâtie en 1887. Elle était propriété des Chemins de fer roumains (CFR) et se trouvait dans l'Atelier central du Nord. Dans cette petite fabrique, le gaz était produit à partir de mazout et de résidus pétroliers. Jusqu'en 1897, il était utilisé pour éclairer la Gare du Nord et les wagons des trains internationaux. Par la suite, l'utilisation du gaz par les CFR fut limitée par l'introduction de l'électricité[28].

Il est intéressant de voir les alternatives offertes par la science et les techniques, mais aussi les diverses combinaisons de combustibles adoptées par les entrepreneurs de gaz et d'électricité. Outre le pétrole à Bucarest, au tournant des XIXe et XXe siècles, on utilisait l'huile minérale dense et une concession fut même accordée à un groupe local qui introduisit le système « Croisot »[29]. A la même époque, des expériences furent

---

[27] Pour élargir un peu notre propos, il est intéressant de souligner que jusqu'aux premières années du XXe siècle, le gaz naturel qui s'échappait des champs pétroliers dans le pays n'était pas capté, bien qu'il contienne jusqu'à 80 % de méthane. C'est vers 1907 que furent introduits des appareils de récupération. En 1913, 55 millions de mètres cube de ce type de gaz furent utilisés comme combustible surtout dans l'industrie pétrolière. Voir CIORICEANU, G., *La Roumanie économique et financière*, Paris, 1928, p. 359.

[28] BOTEZ, C., URMA, D., SAIZU, I., *Epopea feroviara romaneasca*, Bucarest, 1977, p. 168.

[29] Ce groupe a obtenu une concession pour les années 1894 à 1903 qui fut prolongée jusqu'en 1908. Voir CEBUC, A., *op. cit.*, p. 91-114.

tentées dans la capitale roumaine pour y introduire l'acétylène, mais sans succès en raisons de graves accidents. A Athènes, on avait réussi à mettre sur pied une Société franco-hellénique d'acétylène, même si son activité fut restreinte[30].

Vers la fin du XIXe siècle encore, le pétrole dépassait toujours le gaz en terme de longueur de rues éclairées dans la capitale roumaine (120 contre 108 km), et cela bien que les becs à gaz furent plus nombreux que les lanternes à pétrole. Les plus petites distances entre les lampadaires à gaz montre le souci des compagnies gazières de bien éclairer leurs rues[31].

En général, on peut constater à la veille de la Première Guerre mondiale qu'à Bucarest, le gaz avait gagné la bataille de l'éclairage public contre le pétrole. D'après des données de 1914-1915, 53 % des rues de la capitale roumaine étaient éclairées au gaz et seulement 13 % au pétrole, 4 % à l'électricité et 2 % au gaz et à l'électricité. Le reste, soit 28 %, étaient des rues sans éclairage. Le total des rues de Bucarest représentait 556 km[32]. Malgré les « promesses » de la part de la CGGFE, ces chiffres montrent que l'introduction de l'électricité, au moins pour l'éclairage public, n'était pas satisfaisante. Le manque de concurrence et l'avantage d'un *statu quo* en faveur du gaz expliquent ce constat. Dans le cas d'Athènes, à notre connaissance, le processus fut plus avancé, car stimulé par une concurrence plus directe avec l'électricité.

Conclusion

Le développement de l'industrie gazière à Athènes et à Bucarest, pendant la deuxième moitié du XIXe et le début du XXe siècle, se caractérise par quelques traits communs qui font partie d'un modèle balkanique. Premièrement, l'adoption du nouveau mode d'éclairage fut tardive et sa diffusion restreinte. Il se limitait surtout à l'éclairage public des rues du centre ville. Deuxièmement, l'initiative et les capitaux des compagnies gazières appartenaient aux entrepreneurs occidentaux. La participation des capitalistes locaux fut plutôt une exception et se limita à la période initiale.

---

[30]   Voir *Annuaire oriental* pour 1901, p. 1464. Pendant les années 1890, la ville d'Hermoupolis (île de Syra) était éclairée à l'acétylène.

[31]   A Bucarest, on recense en 1896 : 3 931 becs à gaz, 3 261 lanternes à pétrole, 466 à l'huile minérale dense et 305 éclairages électriques. DIACONOVIC, *Dictionarul enciclopedic*, Bucarest, 1900, vol. 1, p. 611.

[32]   CEBUC, A., *op. cit.*, p. 113.

PARTIE B

LES MUTATIONS DE L'ÉNERGIE GAZIÈRE

Introduction

Jean-Pierre WILLIOT

Les communications proposées dans ce chapitre permettent de suivre les évolutions majeures de l'industrie gazière d'un siècle à l'autre. Dans le cadre national ou sur l'exemple de quelques villes en Allemagne, en Belgique ou en Italie, sont mises en évidence les transitions qui ont conduit de l'apogée du gaz manufacturé à la césure technique radicale du gaz naturel. Deux présentations, axées sur le cas genevois et le modèle français d'entreprise publique, s'interrogent sur des évolutions récentes de la dernière décennie du XXe siècle sur le plan technique ou institutionnel. Toutes ont en commun de replacer les mutations de l'industrie gazière dans une analyse de longue durée.

D'un point de vue global, le changement qui s'est opéré est essentiel à plusieurs titres. La fermeture des usines de production a marqué la fin d'une industrie polluante aux emprises foncières urbaines couvrant de vastes superficies. Leur disparition s'est inscrite dans la transformation du paysage industriel urbain qui affecte les sociétés occidentales depuis le début des années 1960. A l'opposé, les infrastructures du gaz naturel ont été intégrées selon des considérations environnementales strictes. Cette mutation résulte à la fois du mode de production (gisements de méthane), du mode de transport (gazoducs souterrains et bateaux méthaniers) et des stockages (souterrains ou sur les sites des terminaux méthaniers), toutes installations peu apparentes. Il en va de même des innovations techniques introduites dans la gestion et l'exploitation des réseaux de distribution. Cette discrétion des réseaux de gaz naturel ne saurait donc en rien assimiler cette énergie à la monumentalité crasseuse qui reste l'image des usines à gaz. D'autre part, le gaz naturel dispose d'atouts spécifiques qui sont devenus des arguments commerciaux lors de la transition entre gaz de ville et méthane. Son innocuité se substituait avec avantage à la nocivité du gaz de houille connue et redoutée des consommateurs. Son pouvoir calorifique bien supérieur améliorait considérablement ses performances énergétiques tant dans les applications domestiques que dans la fourniture d'énergie à l'industrie. La mutation était donc, là encore, radicale. Enfin, d'un point de vue économique, l'industrie du gaz naturel supposa presque immédiatement des accords internationaux concernant l'approvisionnement, la compatibilité des réseaux de transport et l'harmonisation des normes techniques. Les entreprises gazières contemporaines ont donc acquis une dimension géostratégique à laquelle ne pouvaient prétendre les compagnies gazières détentrices de réseaux urbains à petite échelle.

Ces bouleversements ont été réalisés en peu de temps, pour l'essentiel sur les quarante dernières années du XXe siècle. A l'échelle d'une industrie gazière dont l'origine serait fixée aux expériences d'illumination de la fin du XVIIIe siècle, cela paraît une mutation récente inscrite dans le court terme. La croissance de l'industrie gazière qui en a résulté n'en est pas moins exceptionnelle dans le cadre européen et, on l'a vu, la rupture technique bien réelle. Pour autant, des héritages sont à prendre en compte. La lecture des communications présentées dans ce chapitre incite à dégager trois axes de réflexion.

Le premier axe porte sur la dimension urbaine essentielle de l'industrie gazière, si l'on s'en tient au gaz de réseau, et la relation contractuelle fondamentale qui s'est établie entre industriels et édiles, faisant du gaz un enjeu de politique urbaine. Andrea Giuntini, très circonspect à la pensée que le gaz ait pu être un protagoniste de l'histoire industrielle au XIXe siècle, refuse l'idée d'un modèle national avant l'arrivée du gaz naturel. Il montre la diversité des cas italiens en prenant l'exemple de Turin, Milan, Rome, Florence et Naples. René Brion et Jean-Louis Moreau rappellent en deux longues études le dynamisme des sociétés belges appliqué à conquérir des concessions, sans se départir d'une prudente prise en compte des seuils de rentabilité. On en prend toute la mesure au dessin d'une carte des distributions acquises par la Compagnie générale durant la seconde moitié du XIXe siècle. Dieter Schott concentre son regard sur Darmstadt, Mannheim et Mayence dont le service gazier municipalisé était de fait un levier des choix édilitaires. Il montre ainsi que les revenus tirés des usines à gaz ont suffisamment pesé dans le budget communal pour retarder la mise en place de l'électricité à Mannheim et Mayence. La communication de Monsieur de Siebenthal montre la récurrence de certaines problématiques à la fin du XXe siècle, en particulier sur des choix techniques qui permettent de rationaliser le service de distribution mais exigent des adaptations permanentes des Services industriels urbains.

Si les expériences sont multiples et la chronologie décalée entre les principales villes étudiées ici, il n'en reste pas moins que l'on peut établir des récurrences dans le développement de l'industrie gazière européenne. La standardisation des contrats procède de modèles initiaux, ajustés selon des considérations locales. L'introduction du gaz dans la ville s'insère dans des choix d'aménagement du territoire qui portaient au XIXe siècle sur certains quartiers d'une ville et portent aujourd'hui sur des articulations régionales. La recherche par les municipalités d'un contrôle accru sur cette industrie se vérifie dans tous les cas : revendications des villes du nord de l'Italie, municipalités allemandes, tendances à l'intercommunalité en Belgique. De même, partout, les consommateurs regimbent contre des tarifications jugées excessives sans limiter leur revendication à la simple constatation de la cherté. La critique va au-delà, signifiant que l'accès à la modernité du gaz était une demande sociale d'utilité publique. Ces tendances ont justifié l'intervention de tutelles multiples que la très récente dérégulation tente désormais de dénouer.

Le second axe nous semble être l'importance de la phase de transition qui a préparé plus qu'on ne l'admet généralement l'avènement du gaz naturel. L'émergence des sociétés régionales de distribution en Belgique dès les années 1900, qui succédaient aux distributions intercommunales précoces apparues durant la décennie 1860, constitue un tournant important. Messieurs Brion et Moreau notent la réussite « foudroyante » de ces sociétés dont la rationalité économique repose sur la desserte d'un grand nombre de concessions à partir d'un nombre réduit de sites de production, notamment de cokeries. On remarquera ainsi la capacité d'intégration de l'entreprise De Brouwer, citée dans cette communication, et par ailleurs connue pour ses constructions de fours à coke dont la technologie s'est répandue hors de Belgique. La conjoncture née de la Première Guerre accentua ensuite cette tendance en favorisant l'alimentation en gaz de cokeries préalable à la constitution de sociétés de transport de gaz. La communication de Dieter Schott en donne un autre exemple avec la constitution de Ruhrgas par des sociétés houillères, dans la perspective d'écouler les excédents de gaz de la Ruhr au moyen d'un réseau connectant les principales villes allemandes. L'échelle géographique de l'industrie gazière changeait désormais et l'activité des entreprises pouvait dissocier la distribution urbaine du transport à longue distance. On voit bien qu'il y avait en germe la naissance de réseaux très étendus, si les ressources en gaz en justifiaient l'écoulement. La similarité avec le maillage né des capacités de production de gaz naturel, en Europe du Nord en particulier, ne peut manquer de frapper le lecteur. Ces textes resituent l'entre-deux-guerres comme période essentielle de la structuration de l'industrie gazière. Alors que l'histoire d'autres énergies stigmatise le déclin du gaz durant ces années, il faut bien revoir ce jugement et considérer au contraire cette anticipation du développement des réseaux gaziers à grande distance. La naissance de la société allemande Ruhrgas en 1926 et de plusieurs transporteurs en Belgique (Distrigaz en 1929, Savgaz en 1931, CRTE en 1938) soutient aisément cette thèse. On peut y voir une démarche ordinaire d'innovation dont l'objectif était de relancer l'industrie gazière classique, trop concurrencée par l'électricité. Le changement technique procède seulement dans les cas étudiés d'une augmentation de capacités de production. Beaucoup plus importante était l'organisation nouvelle des sociétés gazières qui pouvait en résulter, ouvrant la porte à des intégrations en amont avec les compagnies charbonnières, ou en aval grâce à des distributions intercommunales pluriénergies.

Enfin, dans un troisième temps, les communications réunies dans ce chapitre prouvent que la construction effective d'une Europe gazière est déjà ancienne. Messieurs Brion et Moreau montrent que l'interconnexion des réseaux promue par les approvisionnements de gaz naturel était déjà réalisée ponctuellement de la Belgique vers l'Allemagne et le nord de la France dans les années 1950. Cependant, le gaz naturel en a accéléré le processus. Cette énergie est devenue un puissant facteur d'intégration économique. La construction des réseaux de gaz naturel a effectivement entraîné la multiplication des liens transnationaux. Des groupes d'acheteurs se sont constitués lors de la négociation de grands contrats d'approvisionnement. Des instances de concertation technique facilitent depuis les années 1970 une gestion harmonisée des flux gaziers. Tous ces facteurs ont tendu à unifier le marché européen du gaz en préservant l'existence des sociétés nationales ou régionales. Andrea Giuntini avance ainsi le rôle fondamental de l'internationalisation de l'industrie gazière pour expliquer la gestion commune de services disparates en Italie. Alain Beltran note la stabilité des flux d'échanges gaziers appuyée sur des structures de transport pérennes en Europe du Nord.

La mise en œuvre de la dérégulation de l'industrie gazière depuis le début de la décennie 1990 révèle en revanche la disparité des choix d'exploitation des réseaux. Si les gaziers pratiquent depuis longtemps des formes évoluées de concertation – par exemple à travers les réunions de l'Union internationale de l'industrie du gaz créée en 1932 – on peut se demander s'ils sont prêts à revenir à des situations concurrentielles. L'éventail des attitudes face aux directives européennes, que rappelle Alain Beltran, infléchit la réponse dans un sens plutôt restrictif. Les communications rassemblées ont le mérite d'inviter à réfléchir sur un plus long terme en replaçant ces évolutions dans la longue durée. On peut ainsi se demander si la mise en pratique d'une concurrence effective des sociétés gazières en Europe aboutira à la poursuite de la concentration entrepreneuriale engagée depuis la fin du XIXe siècle, la situant désormais à un niveau international ; déterminera au contraire une déconstruction des groupes gaziers constitués au XXe siècle pour revenir à des sociétés susceptibles d'exploiter plusieurs réseaux énergétiques ; ou simplement suscitera des compétitions semblables à celles que vécurent les compagnies gazières du second XIXe siècle luttant pour capter les concessions les plus rentables sur l'ensemble du territoire européen.

CHAPITRE I

Jalons pour une histoire du gaz
en Belgique aux XIXe et XXe siècles

René BRION et Jean-Louis MOREAU

Historiens à Bruxelles

I. L'ère des pionniers (1817-1860)

Bruxelles fut la première ville du continent européen dont les rues furent éclairées au gaz de houille. En 1817, Pierre-Joseph Méeus-Vandermaelen et quelques capitalistes bruxellois, appuyés par le Roi Guillaume d'Orange, créèrent la société civile Meeus, dont l'objectif exprès était la promotion de l'éclairage au gaz. En août 1818, cette firme obtint de la municipalité de Bruxelles la concession de l'éclairage au gaz pour une durée de 20 ans. Une usine fut aménagée en bord de Senne. Un an plus tard, le 24 août 1819, les premiers becs furent allumés place de la Monnaie et le long de la rue Neuve. Ils étaient alimentés par une usine sise au bord de la Senne. Vers 1830, l'entreprise desservait quelque 800 habitations, dont un grand nombre de cafés et d'estaminets. Soulignons d'ailleurs au passage l'importance du nouveau mode d'éclairage pour l'essor de la vie nocturne de l'agglomération. Le plus important client de la société était la Ville elle-même : les rues avaient été équipées de 485 lanternes, soit 1 343 becs. Le personnel de l'entreprise travaillait sept jours sur sept. Il comprenait 12 hommes aux fourneaux, 1 à la machine à vapeur, 3 allumeurs et 1 maçon... Les clients payaient un abonnement semestriel ou annuel ; leur facture était plus ou moins élevée suivant qu'ils s'engageaient à couper leurs becs à dix heures du soir, à onze heures ou à minuit... Il n'y avait pas encore de compteur pour contrôler la consommation effective de chaque abonné.

A cette époque, la production, le transport et la distribution du gaz n'étaient pas encore régis par des lois spéciales. La commune était l'entité juridique qui servait de base à l'organisation administrative de la distribution du gaz. L'autorité communale décidait si elle exploitait ce service public en régie ou si elle en accordait la concession à un particulier ou à une entreprise privée. Dans un premier temps, toutes les communes belges qui emboîtèrent le pas à Bruxelles adoptèrent le système de la concession. A Anvers, une première usine à gaz fut établie en 1825, au lieu dit Blydenhoek, et sa construction souleva les protestations de la population : elle n'eut qu'une existence éphémère, et il faudra attendre 1840 pour que la cité scaldéenne inaugure effectivement l'éclairage public au gaz. A Gand, la société anglaise Imperial Continental Gas Association (ICGA) racheta en 1825 une petite usine à gaz à la firme Roelandt & Co. Créée un an plus tôt, l'ICGA réalisait là sa première opération commerciale sur le Continent. L'éclairage au gaz fut inauguré à Gand en 1827. Fontaine-l'Evêque, une commune de l'arrondissement de Charleroi, fut dotée d'une usine en 1834. Les villes de Louvain, Liège, Charleroi et Tournai accordèrent des concessions en 1835. A Charleroi, l'usine à gaz fut installée par un nommé Bertrand, le même peut-être qui, à Louvain, travaillait sous la raison sociale « Marcq, Lecocq, Bertrand & Cie », et qui, à Bruxelles, était actionnaire de la société Meeus. Les frères François et Henri-Philippe Desclée, déjà concessionnaires de l'éclairage à Tourcoing et Roubaix, passèrent contrat avec la Ville de Bruges en 1835 et avec celle de Courtrai l'année suivante. L'usine brugeoise ne fut toutefois construite qu'en 1845.

A Bruxelles, l'ICGA prit en 1838 une participation dans la Compagnie Meeus, dont la concession arrivait à terme l'année suivante. Trois ans plus tard, la compagnie anglaise reprit la concession de l'éclairage à Bruxelles. Elle étendit ensuite son rayon d'action à certains faubourgs de la capitale : Etterbeek, Forest, Ixelles, Koekelberg, Molenbeek, Saint-Gilles et Uccle furent raccordés successivement. Dans cette périphérie bruxelloise, l'ICGA se heurta à partir de 1845 à la concurrence de la société en commandite Semet et Cie, qui deviendra plus tard la société anonyme Gaz de Saint-Josse. Active également à Gand et Anvers, l'ICGA fut indubitablement le plus important investisseur du secteur gazier en Belgique dans sa première phase d'expansion et y joua un rôle moteur.

L'histoire du gaz durant cette période de pionniers est encore à écrire. Les recherches historiques font cruellement défaut et même une chronologie stricte ne peut être établie en se limitant strictement aux publications existantes. Rien ne permet toutefois de penser que l'histoire du gaz en Belgique durant cette période présente une particularité par rapport au reste de l'Europe – sinon évidemment la précocité avec laquelle cette industrie s'y développa. Une remarque peut-être : on est surpris de ce que des agglomérations relativement modestes furent très tôt dotées d'usines à gaz. Peut-être ce phénomène est-il lié aux conditions de ravitaillement en houille, particulièrement favorables en Belgique grâce à la présence de nombreux gisements.

Le système de l'exploitation en régie se développa à partir de 1852, lorsque la petite agglomération de Dendermonde opta pour ce mode de travail. Elle fut imitée ensuite par d'autres communes comme Lier, en 1855, ou Lokeren, en 1864. Les sociétés privées n'étaient apparemment pas intéressées par ces localités, vraisemblablement à cause de leur taille trop modeste.

II. L'âge des groupes spécialisés (1860-1885)

Au fur et à mesure de l'expansion de la demande, la production et la distribution de gaz nécessitaient l'immobilisation de capitaux de plus en plus considérables. Il fallait pouvoir répondre à la demande : il y avait là une obligation qui résultait des contrats de concession. La capacité des usines, des gazomètres et des réseaux augmentait au fil des perfectionnements techniques. Les améliorations apportées à l'imperméabilité des canalisations permirent d'appliquer au réseau des pressions croissantes, donc de desservir des réseaux plus étendus. Les usines à gaz pouvaient désormais desservir non seulement la localité où elles étaient implantées, mais également des concessions voisines. Cette évolution allait provoquer l'essor de groupes plus importants, construits sur le modèle de l'ICGA, mais réunissant des capitaux d'autres origines.

Plusieurs de ces groupes gaziers à vocation internationale s'implantèrent en Belgique et firent désormais concurrence à l'ICGA. La Compagnie générale pour l'éclairage et le chauffage par le gaz – en abrégé le « Gaz belge », société de droit belge créée en 1863, fut l'une des plus actives, tant en Belgique qu'à l'étranger. Nous avons résumé ailleurs l'histoire de ce groupe. Rappelons seulement qu'en gérant un grand nombre d'usines en Belgique, en France, en Italie et en Allemagne, le « Gaz belge » réalisait d'importantes économies d'échelle, notamment en passant des contrats avantageux pour la fourniture du charbon en grosses quantités. En Belgique, le Gaz belge mit en place dans la région de Charleroi un réseau s'étendant sur plusieurs communes et alimenté par plusieurs usines interconnectées. Il exploitait également des concessions à Louvain et à Tournai.

Autre groupe important, actif en Belgique et dans d'autres pays d'Europe : la Compagnie générale de gaz pour la France et l'étranger (CGGFE), fondée à Paris le 30 décembre 1879. Outre ses activités en France, en Grèce et en Roumanie, elle reprit entre 1881 et 1883 plusieurs exploitations belges déjà existantes : celles d'Ath, Hasselt, Roulers, Soignies, Turnhout, Vilvorde. Elle reprit en 1896 la concession de Hal. Elle fut aussi active à Courcelles à partir de 1898, à Saint Trond à partir de 1900 et à Beveren à partir de 1913. Enfin, elle prit une participation dans la commandite Semet et Cie, à Saint-Josse.

L'éclairage – qu'il s'agisse de l'éclairage public, de celui des maisons particulières ou de celui des complexes industriels – représentait l'essentiel des débouchés des compagnies gazières. En ce qui concerne l'application du gaz à la force motrice, il faut mentionner le moteur à gaz, inventé en 1860 par le Belge Etienne Lenoir. Cette innovation se répandit dans certaines branches de l'industrie à partir des années 1870. L'amélioration de son rendement thermique (12 % en 1878, 25 % en 1893), sa souplesse et l'augmentation progressive de la puissance qu'il était susceptible de développer, contribuèrent à en répandre l'usage. Mais il est difficile de mesurer l'impact de cette invention sur la consommation globale de gaz.

Les groupes gaziers s'efforcèrent de valoriser les sous-produits de la fabrication du gaz. Ils commercialisaient le goudron, le coke, qui servait au chauffage des habitations, et les eaux ammoniacales issues de la distillation.

En 1885, 85 usines à gaz alimentaient 115 communes belges, totalisant une population de 2 millions d'habitants. On comptait une quinzaine d'usines exploitées en régie par des communes[1]. Bruxelles était du nombre : après 50 ans de concession, elle avait décidé en 1873 d'assurer elle-même la distribution du gaz sur son territoire et construit une nouvelle usine à Laeken.

III. Le choc électrique (1885-1900)

Dès 1878, les premières applications concrètes de l'électricité à l'éclairage jetèrent l'alarme chez les porteurs de titres de sociétés gazières. Mais jusqu'au milieu des années 1880, la concurrence du pétrole lampant les préoccupa davantage. L'éclairage au pétrole avait commencé à se répandre dans les années 1870. Il constitua bientôt un obstacle sérieux à l'extension des réseaux de distribution du gaz : son utilisation ne nécessitait quasi aucun frais de premier établissement. Dans les communes à faible densité de population, la lampe à pétrole s'imposa en quelques années : ce fut une révolution silencieuse, bien plus discrète que la percée de l'électricité, quelques décennies plus tard.

La lampe électrique devint un concurrent crédible vers 1887. Ce furent les clients industriels qui désertèrent les premiers leurs fournisseurs de gaz : pour ces gros consommateurs d'énergie, il s'avéra plus vite rentable de se convertir à l'électricité. En 1890, le comité permanent du Gaz belge estimait que « la diminution de dépense du chef de la lumière pour certains clients [industriels] atteindrait ainsi 50 % ». Les prix des dynamos, des lampes et des accumulateurs diminuèrent rapidement, tandis que leur rendement s'améliorait.

---

[1]   DUCHENE, V., *150 jaar stadsgas te Leuven*, Deurne, 1995, p. 30.

Pour lutter contre l'extension des nouveaux modes d'éclairage, les gaziers tentèrent de préserver leurs marchés par voie de droit. Dans les
années 1880-1890, ils intentèrent à plusieurs reprises des procès aux
municipalités qui avaient l'intention d'installer un réseau d'électricité,
revendiquant le monopole de l'éclairage et de l'usage de la voirie[2].
L'affaire de la Compagnie générale d'électricité, à Anvers, a fait jurisprudence à cet égard pendant plusieurs années. Cette société avait été
déclarée adjudicataire de l'éclairage électrique par la municipalité
d'Anvers, en octobre 1884. Mais l'ICGA, concessionnaire de l'éclairage
au gaz, ne l'entendait pas de cette oreille et intenta un procès à la Ville,
lui déniant le droit de concéder une partie de l'éclairage public à une
société d'électricité. En première instance, la cause fut jugée non fondée,
parce qu'à cette date le premier kWh n'avait pas encore été vendu. Mais
en appel, l'ICGA eut gain de cause… Cette décision, largement commentée par la suite dans les milieux intéressés, provoqua la faillite de la
Compagnie générale d'électricité et refroidit sensiblement l'enthousiasme
des partisans de l'électricité, à Anvers et ailleurs.

D'autres affrontements eurent lieu devant les tribunaux, comme à
Dinant, où après avoir perdu son procès contre la Société d'éclairage du
Bassin houiller de Mons, la Ville lui racheta en 1902 la concession de
l'éclairage au gaz pour pouvoir installer l'éclairage électrique.

Par ailleurs, la concurrence de l'électricité détermina les gaziers à réduire leurs prix de vente. Ils s'efforcèrent d'établir avec précision leurs
prix de revient. Avec les communes dont ils étaient concessionnaires, ils
négocièrent ces réductions contre des prolongements de concessions.
Cette stratégie avait évidemment ses limites.

Sur le plan technique, les gaziers mirent au point de nouveaux procédés de fabrication du gaz, plus mécanisés, et de nouveaux becs, plus
lumineux ou plus économiques. Vers 1890, l'Allemand Auer von Welsbach mit au point un système de manchon à incandescence (le bec Auer).
En substituant cette trouvaille au bec papillon, les sociétés de gaz retardè-
rent sensiblement la disparition du gaz d'éclairage. A la même époque, le
gaz à l'eau enrichi et le gaz à l'eau carburé firent leur apparition (le gaz
est enrichi au moyen de résidus de distillation de la houille ou du pétrole).
Enfin, les sociétés gazières s'efforcèrent de vulgariser de nouvelles applications domestiques du gaz, dans le chauffage et la cuisine. Elles lan-
cèrent des campagnes en faveur de l'utilisation du gaz à la maison :
concours et expositions de réchauds et fourneaux fonctionnant au gaz,
cours de cuisine gratuits, conférences et publication de brochures. Progressivement, le pouvoir calorifique du gaz devint le critère de sa qualité,
au lieu de son potentiel d'éclairage.

---

[2]   Gaz belge, Comité Permanent, séance du 23 juillet 1885.

Vers 1900, l'affrontement entre les deux modes d'énergie s'acheva sur une défaite honorable du gaz, dont l'usage domestique fut désormais cantonné à la cuisine et à l'eau chaude. Un pacte tacite de non-agression fut conclu entre producteurs de gaz et d'électricité, d'autant plus aisé à passer que de nombreuses sociétés gazières s'étaient muées en sociétés mixtes, actives à la fois dans le secteur du gaz et dans celui de l'électricité.

Sur ces entrefaites, nombre de sociétés gazières s'étaient lancées, avec plus ou moins de bonheur, dans la production et la distribution d'électricité. Ce fut souvent au terme d'un débat cornélien : devaient-elles sacrifier un tant soit peu leur métier de base au profit de la nouvelle forme d'énergie ? Certains administrateurs ou actionnaires se demandaient même si une réorientation aussi sensible des activités de leur société était compatible avec les statuts. D'où, cette réflexion de la direction de la firme Desclée & Cie, vers 1911 :

> Notre contrat de société [...] dit bien, dans son article 2, que notre société a pour objet *la fabrication à Courtrai et la vente du gaz courant*, mais il ajoute *pour éclairage*. Ce qui montre déjà que c'est l'éclairage de la ville qu'on avait en vue, comme c'est du reste évident. L'article 2 ajoute encore *et les branches accessoires*. Ne doit-on pas considérer l'éclairage par l'électricité comme pouvant entrer dans ces branches accessoires ? [...] C'est en faisant l'électricité que nous pouvons conserver le gaz. L'électricité dans d'autres mains que les nôtres a nécessairement pour effet de diminuer notre clientèle d'abonnés au gaz[3].

Aussi des groupes comme l'ICGA et la CGGFE exploitèrent-ils eux-mêmes des concessions d'électricité, temporairement du moins : elles furent assez rapidement intégrées à des sociétés régionales spécialisées.

IV. Emergence de sociétés régionales de distribution (1900-1914)

Dès les années 1860, on avait vu apparaître des exploitations « intercommunales » : dans certaines agglomérations, une même usine desservait plusieurs communes voisines. Ce phénomène se banalisa durant le dernier quart du XIXe siècle. Vers 1900, l'industrie du gaz était arrivée à un stade où les exploitations locales étaient dépassées et où certaines formes de concentration financière et technique s'imposaient. La concurrence de l'électricité stimula un premier mouvement de rationalisation au sein du secteur. Au cours de la période 1900-1914, on vit émerger les premières sociétés régionales de distribution.

---

[3] *Archives François Desclée de Maredsous, fonds privé*, mémoire anonyme sur la question de l'électricité, telle qu'elle se posait au Gaz de Courtrai, vers 1911.

Le 25 mai 1905, Joseph de Brouwer et ses fils Joseph et Jean constituèrent la Société centrale pour l'exploitation intercommunale de l'industrie du gaz et de l'électricité, en abrégé « Centrale gaz et électricité ». Le Crédit général liégeois était le principal bailleur de fonds de la nouvelle société. La Compagnie des conduites d'eau (de Liège) appuyait également le projet pour faire profiter la société de son savoir-faire dans la technique des conduites en fonte. Joseph de Brouwer, dont la famille exploitait depuis trois-quarts de siècle des usines à gaz dans l'Ouest du pays, avait compris la nécessité de donner de plus amples dimensions aux sociétés concessionnaires, en interconnectant des usines qui desservaient différentes concessions. En jouant sur les différences de courbes de débit des usines interconnectées, l'établissement de réseaux devait permettre d'utiliser de façon plus rationnelle la capacité de production totale des installations et de disposer à moindres frais d'une réserve de puissance suffisante. Dans un deuxième temps, l'interconnexion devait stimuler la construction d'unités de production plus importantes et la fermeture des usines les moins rentables.

> La caractéristique de cette façon de procéder consiste à construire des usines centrales qui envoient le gaz par des canalisations à haute pression dans les agglomérations secondaires pourvues de gazomètres ou simplement de détendeurs de pression. Ce système permet de placer les usines près des chemins de fer et canaux, pour recevoir facilement les matières premières, et de les doter des avantages de la fabrication en grand[4].

Techniquement, le projet était réalisable grâce aux pressions plus élevées que l'on pouvait désormais obtenir et qui permettaient la distribution de gaz dans un plus large périmètre. Il était néanmoins nécessaire de disposer de concessions suffisamment proches les unes des autres pour pouvoir réaliser ces économies d'échelle. Dès lors, la société recherch a partout des ententes avec des concessionnaires travaillant à proximité de ses propres zones d'exploitation.

Le succès de la Centrale gaz et électricité fut foudroyant. En 1910, elle était déjà active dans plusieurs régions populeuses. En Flandre occidentale, ses concessions comprenaient entre autres Nieuport, La Panne, Middelkerke, Furnes, Ypres et Tielt. En Flandre orientale, elles s'étendaient autour d'Alost, de Termonde et de Saint-Nicolas. Dans la province d'Anvers, la société exploitait des usines à Boom, Malines, Lierre, Herentals, Geel et Mol. Pour assumer une croissance aussi spectaculaire, la société fut obligée d'augmenter son capital à six reprises entre 1905 et 1914.

En 1914, la Centrale gaz et électricité était la plus importante des sociétés régionales de gaz en Belgique, avec 15 usines, un réseau de plus

---

[4]   *Le recueil financier*, 1928, t. I, p. 148.

de 1 000 km et 86 communes desservies. D'autres sociétés s'efforçaient d'acquérir une dimension régionale en obtenant ou reprenant les concessions de la distribution du gaz sur plusieurs communes. Ce fut notamment le cas de la société Gaz et électricité du Hainaut, fondée en 1904 sous le nom de Société d'électricité du Hainaut par le groupe Empain.

A noter aussi, l'adoption du système de la régie par quelques grandes villes ou des communes populeuses, comme Gand, Louvain, Saint-Gilles, Dinant, etc., qui suivirent l'exemple de Bruxelles et ne renouvelèrent pas leurs contrats de concession. Pour ces agglomérations, l'exploitation en régie était l'ultime étape d'un processus visant à assurer un contrôle des autorités sur un service public arrivé à sa maturité technologique. Au fil des ans, certaines avaient négocié des réductions tarifaires, un impôt sur l'utilisation de la voirie, une participation de la commune aux bénéfices de la société concessionnaire... Mais l'exploitation en régie apparaissait comme une formule plus lucrative et plus satisfaisante pour les partisans d'un renforcement de la marge de manœuvre des communes.

A la veille du premier conflit mondial, la Belgique comptait 83 usines à gaz, qui desservaient 368 communes : soit une moyenne de 4,4 communes par usine, contre 1,4 en 1885. Les usines à gaz étaient donc déjà nettement plus puissantes que naguère. Cette concentration de la production allait devenir plus forte encore avec le passage au gaz de cokerie. Celui-ci allait supplanter le « gaz de ville » en moins de deux décennies.

V. La Grande Guerre et ses suites immédiates

Durant la guerre, les entreprises gazières éprouvèrent d'énormes difficultés d'approvisionnement en combustible et nombre d'entre elles ne purent assurer la continuité du service. Le renchérissement des biens de consommation obligea aussi les compagnies à augmenter les salaires accordés à leur personnel. A proximité de la ligne de front, plusieurs usines furent endommagées ou détruites, notamment celles de Passchendaele, Langemarck, Menin, Nieuport, Roulers, Deynze, Tielt, Ypres, Mons... sans compter des dégâts aux usines de Liège, Wasmuël, Ostende, Bruges, Gand.

Au lendemain de l'armistice, les concessionnaires se trouvèrent devant des conditions d'exploitation entièrement nouvelles : les taux de péage prévus dans leur acte de concession s'avéraient nettement insuffisants pour financer les hausses brutales de salaires et les augmentations subies par les prix des combustibles. Une loi fut promulguée le 11 octobre 1919 pour autoriser une révision des tarifs. Mais cette révision devait se faire d'un commun accord entre les sociétés concessionnaires et les autorités concédantes. Or, la résistance des communes fut telle qu'à la fin de l'année 1920, il y avait encore certaines places ou les tarifs d'avant-guerre continuaient en fait à être pratiqués.

VI. L'entre-deux-guerres

A. *Production : l'alimentation en gaz de cokeries*

Depuis ses déjà lointaines origines, l'industrie du gaz était basée sur la cokéfaction en cornues d'un charbon de qualité déterminée. Vers 1910, l'accroissement de production en gaz des cokeries sidérurgiques entraîna des disponibilités telles que l'alimentation de certaines agglomérations en gaz de cokerie devint possible. Ce gaz avait des caractéristiques physiques sensiblement identiques à celui produit en usine à cornues. A Mons, la société « Eclairage du Bassin houiller de Mons et extensions » installa en 1913 une canalisation de quelque 20 km entre son usine de Mons et la cokerie du charbonnage de Bray, près de Binche ; progressivement, l'usine à gaz fut démobilisée et le réseau de distribution fut alimenté exclusivement par la cokerie. A Charleroi, le Gaz belge couvrait une partie de la demande en revendant le gaz de cokerie produit par les usines sidérurgiques de la Providence, à Marchienne-au-Pont... Mais ces expériences restèrent marginales avant la guerre.

Au lendemain de la Première Guerre mondiale, la production de coke augmenta dans de fortes proportions, stimulée par l'essor de la carbochimie et la valorisation de nouveaux sous-produits du coke : benzol, éthylène, hydrogène... Les perspectives d'avenir de la carbochimie entraînèrent la création de cokeries nouvelles et de grande taille. L'augmentation de l'offre en gaz de cokerie favorisa à son tour la concentration de la production du gaz. Plusieurs usines à gaz détruites lors du conflit ne furent pas remises en état : pour des raisons d'économie, on préféra raccorder les réseaux aux cokeries existantes. D'autres usines furent désaffectées. Au total, leur nombre tomba de 83 à 39 entre 1912 et 1930.

Le passage au gaz de cokerie eut des conséquences cruciales pour le développement du marché du gaz : désormais, le gaz était un sous-produit de la fabrication du coke, ce qui présentait certains avantages au point de vue du prix de revient, mais limitait le développement possible du secteur en le liant à celui de la sidérurgie, principale consommatrice de coke. Les distributeurs de gaz ne pouvaient encourager outre mesure la consommation, puisqu'ils étaient tributaires des cokeries et que celles-ci n'admettaient que des variations limitées de production. La crise de la métallurgie des années 1930, par exemple, eut des répercussions graves pour l'industrie du gaz. Il s'avéra alors que l'industrie du coke souffrait d'énormes surcapacités. De 1930 à 1936, le nombre de cokeries tomba de 46 à 29.

Parallèlement, le nombre d'usines diminua encore, passant de 39 en 1930 à 23 en 1936 : seules subsistaient quelques petites affaires, trop éloignées des grands centres de production.

B. La naissance de sociétés de grand transport

La concentration de la production du gaz est intimement liée à l'évolution des techniques de transport du gaz : à partir des années 1920, la distribution du gaz sous haute pression et à des distances de plusieurs dizaines de kilomètres devint économiquement possible[5].

Ce concours de facteurs entraîna en Belgique la création de sociétés spécialisées dans le transport du gaz, à l'initiative de propriétaires de co-keries (entreprises gazières, usines sidérurgiques ou charbonnages). La distinction entre production, transport et distribution du gaz date donc de l'entre-deux-guerres. Trois sociétés de transport furent successivement créées.

La société Distrigaz est la plus importante et la plus ancienne. Elle fut constituée le 8 janvier 1929 par le groupe anglais ICGA, qui voulait relier par une canalisation à haut débit les réseaux de ses filiales « Antwerpsche Gas Maatschappij », « Société provinciale de gaz et d'électricité » et « Société d'électricité et de gaz de l'agglomération bruxelloise (Electro-gaz) » et les cokeries qu'elle possédait à Grimbergen, au nord de Bruxelles (cokeries de Pont-Brûlé). Or, à la même époque, la société Gazelec envisageait de conduire le gaz produit par sa filiale, les Cokeries du Marly, vers ses concessions de Bruxelles et Malines. Et simulta-nément, un groupe de charbonnages borains liés à la Société générale construisait des batteries cokières communes à Tertre, près de Mons et se mettait en quête de débouchés pour le gaz ainsi produit. L'idée d'associer ces trois projets revient sans doute à l'ingénieur Alexandre Galopin, directeur à la Société générale. Celui-ci semble d'ailleurs s'être inspiré de la société allemande Ruhrgas, créée en 1926 pour alimenter les entre-prises du plus important bassin sidérurgique allemand. Par une conven-tion passée en juillet 1929, la Société générale, l'ICGA et Gazelec déci-dèrent d'assumer ensemble la construction et la gestion d'une canalisation traversant la Belgique du Nord au Sud, entre Anvers et le Borinage. Les trois groupes[6] renonçaient en outre à se faire concurrence dans le domaine de la distribution du gaz et s'engageaient à respecter les situations acquises.

---

[5]   LASALLE, M. et CELIS, P., « Les problèmes généraux relatifs à la production et à la distribution du gaz en Belgique », communication à la *World Power Conference*, Scandinavia, 1933.

[6]   Quatre en fait, car la Cie du Gaz de Saint-Josse-ten-Noode était également partie prenante dans la convention de juillet 1929. Cette société sera absorbée un an plus tard par la société Gazelec.

Le capital de Distrigaz fut porté de 5 à 50 millions ; l'ICGA en conserva 41 %, Gazelec souscrivit à 26,4 % des parts et le groupe de la Générale, à 29,8 %. Distrigaz était conçue comme une coopérative. Sa liberté d'action était limitée. Elle devait acheter tout le gaz mis à sa disposition par les cokeries qui l'alimentaient à un prix convenu. Elle était aussi tenue de fournir du gaz en suffisance aux trois sociétés de distribution Gazelec, Antwerpsche Gas Maatschappij, Provinciale et Electrogaz. Pour respecter cette obligation de fournir, Distrigaz pouvait s'alimenter à d'autres producteurs (entreprises sidérurgiques, par exemple). Sa marge bénéficiaire était fixée en fonction du prix du charbon.

La société Distrigaz fut opérationnelle dès 1932. Son réseau s'étendait alors sur 143 km, à travers les provinces d'Anvers, du Brabant et du Hainaut. Il atteignit 252 km en 1934 et 376 en 1939, année durant laquelle 300 millions de m³ furent transportés. L'interconnexion entre les différents centres de production du gaz renforça la sûreté d'approvisionnement : un réseau de transport d'une telle ampleur peut en effet jouer le rôle de gazomètre de réserve en cas de défaillance temporaire des producteurs. Enfin, la construction de cette canalisation de transport incita certaines communes sises sur son tracé à faire construire un réseau local de distribution.

Deux autres sociétés de grand transport furent créées dans les années 1930. La société de distribution Savgaz fut fondée en juillet 1931 à l'initiative des usines sidérurgiques John Cockerill et de la société Fagaz, société du groupe Empain, concessionnaire de la distribution du gaz à Liège. Et la Compagnie régionale de transport d'énergie, fondée en janvier 1938, développa un réseau autonome en Flandre occidentale, destiné à transporter le gaz produit par la cokerie de Zeebrugge.

En 1939, les réseaux de canalisations à grand diamètre des trois sociétés qui drainaient les gaz de cokeries vers les centres de consommation avaient un développement total de quelque 600 km.

C. En distribution

Le phénomène d'intégration horizontale perceptible dans le grand transport le fut également en distribution – même s'il s'agit, comme on l'a dit, d'un processus en cours depuis le début du siècle.

La Centrale gaz et électricité continua à jouer un rôle moteur dans le secteur. Elle était sortie fort éprouvée de la guerre : les réseaux des secteurs de distribution de Nieuport et d'Ypres avaient été presque entièrement détruits. Mais le développement de la société reprit bientôt. En 1920, la Société gaz et électricité du Hainaut (groupe Empain) fit apport à la Centrale de son exploitation de Menin-Wervicq-Halluin-Bousbecque. Deux ans plus tard, la Centrale gaz et électricité absorba la Société ostendaise lumière et force motrice. C'est aussi de cette époque que date le rapprochement entre la Centrale et la société française Compagnie générale du gaz pour la France et l'étranger (CGGFE), détentrice de nombreuses concessions dans le secteur du gaz en Belgique. Dès 1921, les deux sociétés passèrent un accord pour l'édification en commun d'une importante usine à gaz à Roulers. En 1923, elles créèrent une filiale commune pour l'exploitation de leurs concessions d'électricité, la Société générale belge de distribution électrique. En 1925, la CGGFE fit apport de ses usines à gaz belges à la Centrale gaz et électricité : soit celles de Courcelles, Ath, Hal, Hasselt, Roulers, Saint-Trond, Soignies, Turnhout. Dès lors, le groupe français devint le premier actionnaire de la Centrale gaz et électricité, devant le Gaz belge et le Crédit général liégeois.

En décembre 1928, la Centrale gaz et électricité reprit les actifs de la Compagnie du gaz de Saint-Josse-ten-Noode et de la Société générale belge de distribution électrique. La fusion fut réalisée en juillet 1930. Cette opération donna naissance à la Compagnie générale de gaz et d'électricité, en abrégé Gazelec, qui continua avec les sociétés qui jouxtaient ses concessions le système d'alliances pratiqué de longue date par la Centrale gaz et électricité. Elle diversifia aussi ses activités en amont et en aval du gaz : elle détenait des participations dans Les produits chimiques du Marly, les Cokeries du Marly, la société d'appareillage « Eau, gaz, électricité et applications », la firme « Goudron et sous-produits à Flawinne »... Cette dernière, une société de carbochimie, avait été fondée en association avec le groupe Desclée, le Gaz belge, la Fagaz...

En 1931, sur 2 675 communes que comptait le pays, 425 étaient dotées d'un réseau de distribution du gaz, desservies par 28 sociétés concessionnaires et 9 régies. Ces dernières n'alimentaient ensemble que 13 communes dont Bruxelles, Louvain, Gand, Ostende, Liège, Eupen et Saint-Vith. Les sociétés privées avaient des concessions beaucoup plus étendues. La plus importante, Gazelec, alimentait 131 communes, regroupant 1,3 million d'habitants. L'Antwerpsche Gas Maatschappij (groupe ICGA), fondée en 1929, venait loin derrière, avec 63 communes desservies. La Société provinciale du gaz et de l'électricité et la société Electrogaz, deux filiales de l'ICGA fondées en 1929, travaillaient ensemble dans 52 communes de la région bruxelloise. Le groupe Desclée exploitait une trentaine de concessions dans les deux Flandres, tandis que la Fagaz (Société pour la fabrication du gaz) en avait obtenu une grosse vingtaine dans la région de Liège. La Société anonyme d'éclairage du Bassin houiller de Mons et la Compagnie nationale d'éclairage étaient actives respectivement dans 22 et 15 communes. La Société anonyme de gaz et d'électricité du Hainaut (groupe Empain) possédait les usines à gaz de La Louvière, Binche, Fontaine-l'Evêque, Audenarde et Montignies-sur-Sambre.

L'entre-deux-guerres fut aussi caractérisé, en distribution, par l'apparition des premières sociétés intercommunales d'électricité et de gaz. C'étaient des associations de communes et/ou de provinces autorisées par la loi du 1er mars 1922. Leur genèse est à rechercher dans le litige qui avait éclaté entre sociétés concessionnaires et communes, après la grande guerre, sur la question de la révision des tarifs.

Même lorsque les communes obtinrent satisfaction, soit par décision gouvernementale, soit en vertu d'un arrangement amiable intervenu entre parties, le litige qui avait divisé celles-ci a laissé subsister généralement un malaise favorable aux entreprises des novateurs [les partisans d'un renforcement du rôle des pouvoirs publics]. De là, chez certaines administrations communales un revirement assez accusé dans le sens d'une politique d'intervention plus ou moins active dans la gestion de leurs services concédés ou d'une participation plus ou moins étendue aux bénéfices des exploitations[7].

Comme la production et le transport de gaz étaient des activités déjà rationalisées, aux mains de quelques entreprises privées puissantes, les intercommunales de gaz ne purent se développer dans ces créneaux. Elles apparurent seulement dans le domaine de la distribution. Leur apparition dans ce secteur est plus tardive que dans celui de l'électricité, où plusieurs intercommunales pures furent créées dès les années 1920. La première intercommunale du secteur gazier fut l'intercommunale pure « Intercommunale Bruxelloise du Gaz », qui en 1929 passa avec la société privée Gazelec un contrat pour la fourniture des 13 communes affiliées. Ce contrat expirait en 1937. Aussi, dès 1930, l'Intercommunale se préoccupa d'assurer la continuité du service à l'échéance prévue. En 1932, elle créa avec Gazelec la Société bruxelloise du gaz (Sobrugaz), société anonyme d'économie mixte au capital de 50 millions, chargée de la distribution du gaz sur le territoire des communes affiliées à l'Intercommunale[8].

On vit ensuite apparaître successivement : l'Intercommunale Gasbedeeling Antwerpen-Hoboken ou IGAH, constituée en 1932 par les communes d'Anvers et d'Hoboken, d'une part, et la société privée Antwerpsche Gasmaatschappij, d'autre part ; l'Association intercommunale pour la distribution du gaz ou Intergaz, formée en 1934 à l'intervention de la société privée Electrogaz et de 5 communes de la périphérie bruxelloise ; l'Antwerpsche Regionale Gas Intercommunale-Maatschappij ou ARGIM, créée en 1934 par la société privée Antwerpsche Gasmaatschappij et 55 communes de la région anversoise ; et la Société brabançonne du gaz ou Sobragaz, fondée en 1936 par 22 communes du Brabant et la société privée Société provinciale de gaz et d'électricité. Il existait d'importantes

---

[7]   DE BECKER, J. et A., *Les communes belges devant le problème économique*, Bruxelles, 1936, p. 41-42.

[8]   MARIONE, E., *Les sociétés d'économie mixte en Belgique*, Bruxelles, 1947, p. 126-173.

différences entre ces associations, quant au niveau de responsabilité de la société privée ou à la participation des communes à la gestion et aux bénéfices. Même le statut juridique de ces associations différait d'un cas à l'autre : Sobrugaz, Intergaz et Sobragaz étaient des sociétés anonymes, tandis que l'IGAH et l'ARGIM fonctionnaient sous le régime de la loi du 1er mars 1922 sur les associations intercommunales. Quoiqu'il en soit, dans ces différentes formes d'économie mixte, la société privée continue à assumer le service, mais les communes sont associées plus ou moins intimement à la gestion et aux éventuels bénéfices.

Ainsi, à côté des sociétés privées et des holdings qui les chapeautaient, une troisième catégorie d'entreprises se développa, qui établissait une communauté d'intérêts plus intime entre les consommateurs, représentés par les pouvoirs publics, et les anciennes sociétés concessionnaires. Notons au passage que les intercommunales mixtes étaient condamnées par le Parti ouvrier belge, d'obédience socialiste, qui les considérait comme

> des machines de guerre inventées par les sociétés exploitantes aux abois [...]. Pratiquement, les communes n'ont que l'illusion de participer à la gestion de ces entreprises, alors que les administrations communales intéressées sont appelées à couvrir les actions des gestionnaires véritables et à défendre ceux-ci devant l'opinion publique[9].

Ce nonobstant, l'intercommunale mixte allait s'imposer progressivement comme le mode le plus courant de distribution d'électricité et de gaz après la Seconde Guerre mondiale.

D. Les applications

L'application du gaz au chauffage domestique, qui avait fait une timide percée dans les agglomérations urbaines avant la Première Guerre mondiale, se développa quelque peu durant les années 1920 et 1930. Les premières chaudières de chauffage central au gaz firent alors leur apparition. Et surtout, le gaz maintint ses positions sur les marchés de l'eau chaude et de la cuisine.

Et dans l'industrie ? Hormis dans quelques secteurs spécifiques, comme celui des verreries, où la souplesse et la régularité des fours à gaz étaient appréciées, les industriels considéraient que le prix de revient du gaz de cokerie restait trop élevé pour concurrencer efficacement le charbon et la vapeur. La consommation de l'industrie ne représentait que quelques pour cent du gaz transporté dans les conduites de la société.

---

[9] DEVALTE, J., *Le problème de l'électricité en Belgique*, Bruxelles, 1937, cité par MARIONE, E., *Les sociétés d'économie mixte en Belgique*, Bruxelles, 1947, p. 200.

E. Le financement du secteur

Dans les années 1930, et que ce soit en production, en transport ou en distribution, le secteur était désormais presque tout entier aux mains de groupes importants, qui avaient tous des intérêts dans d'autres secteurs : électricité, charbon, sidérurgie. L'entre-deux-guerres vit une « filialisation » accentuée des activités des gaziers. Les groupes du type ICGA, CGGFE et Electrobel (ce dernier ayant absorbé Gaz belge) étaient devenus des holdings spécialisés, sans exploitation directe, mais avec de multiples participations dans l'électricité et le gaz. Notons aussi l'apparition de certains holdings intermédiaires, tels Contibel, au sein duquel l'ICGA regroupa l'ensemble de son portefeuille belge pour ménager les susceptibilités nationalistes belges.

VII. L'évolution de l'offre et de la demande de 1945 à 1965

Après la Seconde Guerre mondiale, et suite à l'extension croissante des réseaux de Distrigaz et des deux autres transporteurs de gaz : Savgaz et la Compagnie régionale de transport d'énergie, les dernières usines à gaz fermèrent leurs portes (certaines avaient temporairement ressuscité pendant la guerre !). En 1954, les réseaux des sociétés Distrigaz et Savgaz furent interconnectés. A cette date, toutes les localités desservies en gaz étaient alimentées par du gaz de cokerie, sauf Chimay et Dinant, qui avaient opté pour le gaz propane, et Arlon et Deinze, isolées, toujours alimentées par une usine à gaz. A l'époque, une commune sur cinq était alimentée en gaz, mais plus de trois cinquièmes de la population du pays étaient desservis. D'importantes disparités régionales pouvaient être observées : 60 % des communes de la province d'Anvers étaient alimentées en gaz, mais moins de 5 % dans les provinces de Namur, du Limbourg et du Luxembourg. Les réseaux de distribution des provinces de Flandre occidentale et d'Anvers étaient beaucoup plus denses qu'en Flandre orientale :

Dès cette époque, les réseaux de transport de gaz débordaient les frontières nationales. En France, Distrigaz alimentait depuis 1936 la région de Maubeuge. Ce réseau fut connecté en 1954 à celui des minières du Nord et du Pas-de-Calais (exploité par le Gaz de France). Dans l'est du pays, le réseau belge était relié avec celui de la société allemande Ruhrgas, et dans la région de Tourcoing, avec le réseau de Gaz de France. Dans la région d'Aix-la-Chapelle, le réseau de la société Savgaz était connecté avec les réseaux allemands.

Respectivement en 1962 et 1965, Distrigaz absorba les sociétés Compagnie générale de transport d'énergie et Savgaz, menant ainsi à son terme la concentration de l'industrie du transport du gaz en Belgique.

Jusqu'en 1950 environ, la croissance de la consommation de gaz resta faible. Cela tenait surtout aux limites de l'offre (le charbon fut contingenté jusqu'en 1947). Mais dans les années 1950, c'est-à-dire la période qui précéda immédiatement l'arrivée du gaz naturel en Belgique, la demande augmenta dans d'importantes proportions. Entre 1947 et 1957, la quantité totale de gaz fournie aux sociétés de distribution et à l'industrie par les réseaux de transport passa de 529 à 980 millions de m³. Concurrencé dans les domaines de la cuisine par le charbon, l'électricité et le gaz de pétrole liquéfié (GPL), et dans celui de l'eau chaude par le mazout et l'électricité, le gaz se défendit en attaquant lui-même le marché du chauffage central. La consommation de gaz devint donc progressivement tributaire des variations saisonnières et journalières de la température. Au cours d'une même journée, la demande pouvait varier du simple au triple à la fin des années 1950. Et la consommation de pointe en hiver était triple de celle enregistrée pendant les beaux jours.

Pour répondre à une demande plus élastique, les gaziers mirent en œuvre de nouvelles sources d'approvisionnement : grisou, gaz de pétrole liquéfié (GPL), gaz de raffinerie de pétrole[10]. Dans les années 1950-1954, une trentaine de charbonnages du Borinage, du Centre et de la région de Charleroi mirent successivement leur grisou à la disposition de Distrigaz. En 1958, ce gaz représentait 20 % des calories transportées par les gaziers belges. Plus riche que le gaz de cokerie, le grisou devait être « dilué » avant d'être injecté dans le réseau de Distrigaz. Par ailleurs, les raffineries et usines pétrochimiques installées dans la zone portuaire d'Anvers offrirent des quantités croissantes de gaz résiduaires à partir de 1950. Ces gaz, liquéfiables pour la plupart, pouvaient être convertis en gaz d'appoint de gaz de cokerie par un procédé facile et à très haut rendement. Ils étaient aisément stockables et donc très souples d'utilisation. Pour Distrigaz, la collaboration avec les producteurs de pétrole répondait d'ailleurs à la nécessité de préserver sa position monopolistique : les raffineries de pétrole commercialisaient elles-mêmes une partie des GPL qu'elles produisaient, sous forme de bonbonnes de butane et propane, et Distrigaz avait tout intérêt à limiter cette concurrence.

Ainsi, l'industrie du gaz connut dans les années 1945-1960 des modifications structurelles importantes en ce qui concerne la nature des gaz distribués, les matières premières utilisées et le nombre et la qualité des producteurs. Au terme de cette période, Distrigaz disposait de ressources susceptibles de connaître des accroissements ultérieurs et de s'adapter davantage aux variations de la demande. Elle avait par la même occasion acquis une certaine autonomie par rapport aux sociétés qui avaient patronné sa fondation : les cokeries du Marly, de Pont-Brûlé et de Tertre.

---

[10]   DORZEE, P., « L'industrie du gaz. Historique, situation actuelle », in *Revue de la SRBII*, n° 9, 1959.

Malgré tout, l'élasticité de l'offre restait imparfaite. La clientèle industrielle potentielle ne pouvait être satisfaite que d'une façon limitée. Les disponibilités en gaz restaient liées à l'activité d'autres industries (sidérurgie, pétrochimie, charbon) pour lesquelles la production de gaz n'était qu'une activité secondaire, qui ne pouvait s'adapter à la demande. C'est néanmoins une industrie en pleine mutation qui allait être bouleversée par l'arrivée du gaz naturel dans les années 1960.

VIII.   Un nouveau visage de l'industrie gazière : le gaz naturel (1965-1986)

A. *La problématique de l'approvisionnement et de l'acheminement*

Le gaz naturel, qui a un pouvoir calorifique double de celui du gaz de cokerie (9 000 cal/m³ contre 4 250), a été exploité aux Etats-Unis depuis le début du XXe siècle. En Belgique, on parla pour la première fois d'y recourir en 1956, lors de la découverte du gisement de Hassi R'Mel, au Sahara, dont les réserves étaient estimées alors à 500 ou 1 000 milliards de m³. Jusque là, les quantités de gaz disponibles dans de petits gisements comme celui de Lacq, en France, ou celui de la Vallée du Pô, n'avaient présenté que peu d'intérêt pour les pays tiers. Il apparaissait par contre évident que le gaz découvert au Sahara représentait pour l'Europe occidentale une ressource potentielle de première importance, et ce même si sa mise en valeur posait de terribles défis, puisqu'il était capté à environ 3 000 kilomètres de la Belgique. Mais cette distance était plus courte que celle parcourue dès cette époque par certaines conduites, comme le pipeline transcanadien, qui mesurait 3 700 km de long.

A partir de 1958, des conversations officieuses eurent lieu entre Distrigaz et Gaz de France, à propos de l'acheminement d'une partie du gaz algérien jusqu'en Belgique. En juillet 1959, les deux sociétés participèrent à la constitution d'un « front » européen des consommateurs en gros de gaz : le « Syndicat industriel européen pour l'utilisation du gaz du Sahara », alias Eurafrigaz. Avec l'aval du ministre belge des Affaires économiques, Jacques van der Schueren, un « comité belge d'étude du marché du méthane » fut créé, lieu de rencontre des industries susceptibles de consommer beaucoup de gaz : électriciens, métallurgistes, cimentiers, chimistes et, bien sûr, distributeurs de gaz. Lors d'une rencontre entre des représentants de ce comité et le ministre français des Affaires économiques, Jeanneney, celui-ci se déclara « parfaitement conscient de l'aide que peut apporter cette énergie primaire à l'économie européenne et de l'opportunité de l'utiliser en grandes quantités et à court terme, avant que la production d'énergie nucléaire à des prix plus bas n'en diminue l'intérêt et aussi la valorisation ».

Cependant, la découverte en 1962 d'un important gisement de gaz naturel à Slochteren (Pays-Bas) allait accélérer le processus de conversion de Distrigaz à l'énergie nouvelle. Ce gisement était la propriété de la Nederlandsche Aardolie Maatschappij (NAM), une *joint venture* créée quinze ans auparavant par les sociétés pétrolières Royal Dutch et Standard Oil of New Jersey (Esso). Lors de sa découverte, le gisement de Slochteren constituait la plus grande réserve certaine de gaz d'Europe occidentale. Il fut mis en exploitation par une société créée « en compte à demi » par l'Etat hollandais et les actionnaires de la NAM : Shell et Esso. En juin 1963, des contacts furent noués entre représentants de la NAM, chargée de la commercialisation du gaz hollandais à l'étranger, et les différents actionnaires de Distrigaz de l'époque : le holding électrique Electrobel, qui avait repris la participation de Gazelec ; le holding Traction et électricité, dépositaire de la part revenant au groupe de la Société générale ; et le groupe anglais ICGA. Il fut notamment décidé que les sociétés de distribution modifieraient le système de combustion de quelque 3 millions d'appareils fonctionnant au gaz, de façon à les rendre compatibles avec les caractéristiques chimiques du gaz naturel.

Soucieuse de se préparer à l'arrivée du gaz naturel, la communauté des sociétés gazières belges créa en octobre 1963 le Centre d'études et de recherches gazières, en abrégé CERGA, dont les locaux furent d'abord installés à Malines, puis déménagés à Linkebeek en 1966. Cet organisme avait pour objectif l'étude de tous les problèmes liés au transport, au stockage et à la distribution de gaz, en collaboration avec les sociétés de distribution et de transport, les constructeurs d'appareils et les industries consommatrices.

En novembre 1965, deux contrats de fourniture de gaz naturel signés entre Distrigaz et la NAM furent approuvés par le gouvernement belge. Le premier portait sur le gaz destiné à la distribution publique. Il était assez souple, car il laissait une certaine marge de manœuvre à Distrigaz quant aux quantités journalières de gaz à enlever. La NAM s'engageait à fournir 181 milliards de m³ en 20 ans (1966-1986), mais les quantités non prélevées durant cette période pourraient l'être entre 1986 et 1993. Distrigaz s'engageait néanmoins à vendre des quantités croissantes de gaz, de façon à atteindre 3 milliards de m³ par an à la fin de la dixième année du contrat. La convention prévoyait également que les centrales électriques brûleraient les excès de gaz de cokeries que Distrigaz n'enlèverait plus. Le second contrat, similaire au premier, portait sur la fourniture de gaz destiné à l'alimentation de l'industrie. Ici, les Belges s'engageaient à enlever 2 milliards de m³ de gaz par an pour 1975. Distrigaz conservait entière sa liberté tarifaire. Certaines réserves étaient formulées dans le contrat pour le cas où des offres concurrentes seraient faites à Distrigaz à des prix avantageux, dans le cas où du gaz naturel serait découvert en Belgique.

Le 10 octobre 1966, les premiers m^3 de gaz naturel traversèrent la frontière hollando-belge. Le réseau belge de gazoducs passa de 1 200 à 2 100 km entre 1966 et 1970. Mais ce ne fut qu'en 1971 que les réseaux de distribution furent totalement convertis au gaz naturel. Une nouvelle page de l'histoire du gaz était tournée.

De 1966 à 1976, le gisement de Slochteren fut la seule source d'approvisionnement de Distrigaz. Mais dès 1973, confrontée à la crise énergétique, la NAM annonça son intention de limiter à l'avenir les exportations hollandaises de gaz. Distrigaz passa la même année un contrat portant sur la fourniture en 20 ans de 32 milliards de m^3 de gaz en provenance du gisement d'Ekofisk (mer du Nord). Ce contrat était la suite de négociations menées par un consortium d'acheteurs composé de Ruhrgas, Gasunie, Gaz de France et Distrigaz. La construction des gazoducs fut menée tambour battant et les premières livraisons de gaz norvégien eurent lieu en juillet 1976.

C'est également dans le cadre du premier choc pétrolier que les négociations sur les modalités de l'acheminement du gaz algérien jusqu'en Belgique connurent une brusque accélération. Un consortium de 7 sociétés européennes, dont Distrigaz, s'était formé sous le nom de « Sagape » (Société d'achat de gaz algérien pour l'Europe). L'intention de cette association était d'importer en commun 15,5 milliards de m^3 de GNL algérien par an. La quote-part de Distrigaz dans ce total devait s'élever à 3,1 milliards de m^3 ou 20 %. La Sagape devait affréter une flotte de cinq méthaniers. L'un d'entre eux devait être financé par la CMB, alias Compagnie maritime belge, avec l'aide de l'Etat belge. Dès 1973, le Methania (280 mètres de long, 41 mètres de large, capacité de 130 000 m^3) fut commandé aux chantiers navals Boelwerf, à Tamise (Temse). Mais en dernière minute, le projet « Sagape » capota, faute d'une entente entre ses membres sur les garanties de financement de l'usine de liquéfaction à construire en Algérie, à Arzew. Distrigaz fut contrainte de poursuivre de manière indépendante les négociations avec la Sonatrach, la société d'Etat algérienne. Un contrat fut conclu en 1975 entre les deux parties. Pour Distrigaz, il s'agissait de sa troisième convention de fourniture. Elle portait sur la livraison de 100 milliards de m^3 de gaz en 20 ans, à partir de 1977. Distrigaz reprit le contrat d'affrètement du Methania passé avec la Sagape.

Pour parer aux variations saisonnières de la consommation quotidienne (qui, en période hivernale, est jusqu'à quinze fois supérieure à celle enregistrée en été), Distrigaz se ménagea des stocks de gaz susceptibles d'être mobilisés très rapidement. Le gaz stocké pouvait être emmagasiné sous forme liquide ou sous forme gazeuse. Dans ce dernier cas, l'emmagasinage s'opérait dans des réservoirs souterrains artificiels, comme les charbonnages désaffectés. La société fit construire dans l'arrière-port de Zeebrugge des réservoirs d'une capacité de 100 000 m³ de GNL, alimentés par une usine de liquéfaction qui traite les excédents de gaz disponibles durant l'été. Cette installation fut mise en service durant l'hiver 1978-1979. Par ailleurs, Distrigaz passa avec certaines clients industriels des contrats de fournitures « interruptibles » : les fournitures pouvaient être suspendues lorsque la demande des entreprises de distribution augmentait.

Distrigaz éprouva de grosses difficultés dans la gestion de ses contrats d'approvisionnement. Au début des années 1980, l'évolution défavorable du contexte économique entraîna une réduction du volume des ventes de gaz. Cette crise fut particulièrement sensible dans les livraisons à l'industrie. Elle rendit problématique la mise en œuvre du contrat algérien. Il s'avérait impossible pour Distrigaz d'écouler les 5 milliards de m³ qu'elle s'était engagée à enlever chaque année à la Sonatrach : si l'on tenait compte des autres contrats en cours, généralement plus avantageux, la Belgique n'avait besoin que de 1,5 milliard de m³ de gaz algérien par an ! Le 8 avril 1981, les Algériens acceptèrent de limiter à 2,5 milliards de m³ les quantités de gaz à livrer annuellement entre 1982 et 1985. Cela n'en laissait pas moins d'importants surplus sur les bras de Distrigaz, que cette société était obligée de revendre à perte à la France.

Le premier enlèvement de gaz algérien ne put finalement avoir lieu qu'en 1982, notamment à cause de retards dans la construction du port méthanier de Zeebrugge. D'impressionnantes infrastructures durent en effet être construites pour le transport du méthane sous forme liquide, à -162°C : (installations de liquéfaction et de regazéification). Achevé en novembre 1978, le Methania avait été mis en rade dans un fjord norvégien : il y resta jusqu'en 1982. Le terminal de Zeebrugge ne fut opérationnel qu'en 1987. Entre 1982 et 1987, le gaz algérien à destination de la Belgique fut débarqué par le Methania au terminal français de Montoir-de-Bretagne.

Par ailleurs, Distrigaz affirma très tôt sa vocation de transporteur international. Dès 1975, la société assuma l'exploitation du gazoduc de 900 mm de section reliant 's Gravenvoeren (Fouron-le-Comte, près de Maastricht) à Blaregnies, sur la frontière franco-belge. Ce gazoduc était la propriété de la société SEGEO, dans laquelle Distrigaz détenait 75 % et Gaz de France, 25 %. Il assura le transit de gaz riche hollandais vers la Belgique et la France, puis le transport du gaz en provenance des gisements d'Ekofisk.

B. Distribution et évolution de la consommation

Dès 1959, il fut décidé que pour favoriser à terme l'amenée du gaz naturel dans notre pays, Distrigaz et les sociétés de distribution pratiqueraient une politique de prix agressive. Entre 1959 et 1962, le nombre de chaudières au gaz vendues annuellement en Belgique passe de 1 000 à 14 000 !

Cette expansion de la clientèle domestique continua évidemment après 1966. Les gaziers menèrent campagne sur campagne, soulignant par exemple l'avantage du gaz naturel dans le chauffage des locaux. Les sociétés de distribution et Distrigaz agirent conjointement pour raccorder un maximum de foyers. L'introduction du gaz naturel et les travaux qu'elle rendit nécessaires permit aux distributeurs d'entreprendre la desserte de communes qui jusqu'alors ne disposaient pas de réseau local. En 1976, il n'y avait que 26 % des communes qui étaient desservies, mais elles représentaient déjà 69 % de la population totale. En 1991, 66 % des communes étaient desservies, représentant 87 % de la population !

Dans l'industrie, une gamme de plus en plus diversifiée de clients recourut au gaz : entreprises chimiques, sidérurgiques, métallurgiques ou agro-alimentaires, verreries, fours à chaux… Les parcs industriels retinrent en particulier l'attention de Distrigaz, qui étudia chaque fois en détails à quelles conditions l'alimentation au gaz pouvait être assurée.

La consommation de gaz progressa régulièrement, passant de 1,1 milliard de m^3 en 1966 à 3,25 milliards en 1969… En 1970, la consommation était environ 2,6 fois plus importante qu'en 1960, la longueur des canalisations en service était passée de 13 000 à 18 000 km et la population desservie, de 5,8 à 6,4 millions d'habitants. La distribution était assurée par Distrigaz pour environ 50 % de la consommation totale du pays, car sa clientèle était conventionnellement limitée aux gros industriels (consommation annuelle supérieure à 134 000 gigajoules). L'autre moitié de la distribution de gaz était assurée à raison de 90 % par des intercommunales mixtes, et à concurrence de 10 % par des intercommunales pures et régies.

En 1973, la courbe de croissance de la demande en énergie primaire subit une première et profonde inflexion : conséquence de la crise d'approvisionnement du pétrole, de la hausse des prix, de la récession économique et des mesures qu'elles entraînèrent pour lutter contre les gaspillages d'énergie. A la fin des années 1970, la part du gaz comme énergie primaire atteignait 20 % de la consommation globale du pays. L'industrie consommait près de 60 % de ce total. Mais les années 1980-1985 furent une période de vaches maigres pour l'industrie du gaz, dont les ventes régressèrent. Les gaziers réagirent en lançant le concept d'« utilisation spécifique du gaz naturel », alias USG. Cette initiative visait à encourager toute technique conduisant à une économie d'énergie, et profitant des vertus spécifiques de la « flamme bleue » : propreté, souplesses d'utilisation, fiabilité, disponibilité. La supériorité écologique du gaz naturel devint l'axe principal de communication de l'industrie du gaz à partir de 1984.

C. Structures financières

Dès leurs premiers contacts avec la direction de Distrigaz, en juin 1963, les groupes pétroliers actionnaires de la NAM manifestèrent leur intention de financer eux-mêmes le transport de gaz et de s'intéresser directement à sa commercialisation. Très rapidement, on s'orienta vers une prise de participation des pétroliers dans le capital de Distrigaz, à concurrence de 50 %. Le 5 mai 1964, un accord fut passé dans ce sens entre les pétroliers Shell, Esso et les actionnaires historiques de Distrigaz. Entre-temps, l'Etat belge avait décidé de prendre également une participation dans le capital de Distrigaz. Il faut y voir à la fois le souci de préserver un ancrage belge au capital de la société (l'Etat belge allait d'ailleurs racheter la part de l'ICGA, actionnaire anglais de Distrigaz) et la volonté d'accentuer le contrôle des pouvoirs publics sur le secteur de l'énergie. Pour le ministre socialiste des Affaires économiques Antoon Spinoy, le droit de contrôle de l'Etat belge sur Distrigaz découlait notamment du monopole que l'Etat accordait à cette société comme transporteur de gaz naturel en Belgique.

Pour concilier ces différents points de vue, un accord fut conclu fin 1964 entre l'Etat et les sociétés Esso, Shell, Electrobel, Traction et électricité et Carbonisation centrale. Il prévoyait que le capital de Distrigaz serait détenu désormais pour un tiers par les pouvoirs publics, les pétroliers et les holdings Traction et Electrobel. En novembre 1965, le capital de Distrigaz fut porté de 400 millions à 1 415 milliards. L'Etat se vit attribuer 18 000 parts sociales en rémunération de l'apport de la concession exclusive du transport du gaz naturel néerlandais en Belgique. Il souscrivit à 72 578 autres actions en espèces. La participation de Carbonisation centrale fut rachetée par les deux groupes Electrobel et Traction.

Toutefois, des divergences de vue naquirent progressivement entre Traction et Electrobel, d'une part, et leurs partenaires pétroliers, notamment quant au niveau d'endettement que pouvait supporter la société. Aux yeux des électriciens, Distrigaz devait être assimilé à l'ensemble de l'industrie gazière et électrique en Belgique et donc observer un taux d'endettement maximal de 50 %. Pour les pétroliers au contraire, Distrigaz pouvait s'endetter davantage, car l'essentiel de ses investissements serait concentré sur quelques années. Par ailleurs, les pétroliers s'étonnaient de ce que le bénéfice des capitaux investis dans Distrigaz reste limité à celui d'obligations indexées – pratique imposée au sein du secteur gaz-électricité par les pouvoirs publics belges. Pour la direction d'Esso, en particulier, Distrigaz ne devait pas être assimilé à une entreprise de service public : sur le plan des ventes de gaz à l'industrie, qui représentaient une part croissante de son volume de ventes, Distrigaz ne bénéficiait pas d'un monopole accordé par voie de concession, et cette clientèle industrielle était sollicitée par d'autres formes d'énergie.

Cette divergence de politique explique sans doute qu'en 1975, la société Esso (devenue entre-temps Exxon) décida de se retirer de Distrigaz. Elle était par ailleurs opposée à la signature du contrat de fourniture entre Distrigaz et la Sonatrach. Le ministre démocrate-chrétien des Affaires économiques, André Oleffe, décida alors de porter la participation de l'Etat dans Distrigaz de 33 à 50 %. Il demanda toutefois aux sociétés privées Ebes et Intercom, distributeurs de gaz et d'électricité, d'acheter provisoirement la part d'Exxon pour le compte de l'Etat. En mars 1977, une convention nouvelle fut passée entre l'Etat et les actionnaires privés de Distrigaz. Outre qu'elle confirmait la majoration de l'intérêt des pouvoirs publics dans Distrigaz à concurrence de la moitié du capital, elle prévoyait la possibilité pour les actionnaires privés de revendre à l'Etat la part du capital de Distrigaz qu'ils détenaient encore. L'Etat était tenu de procéder à ce rachat si une rétribution normale des capitaux engagés n'était pas assurée (un rendement de 4,5 % étant considéré comme un minimum). La part de l'Etat logée en Ebes et Intercom ne fut finalement rachetée par l'Etat qu'en avril 1980. A cette date, le groupe Traction, convaincu d'une nationalisation prochaine de Distrigaz, s'était pratiquement retiré du capital de cette société. Electrobel et sa filiale Intercom conservaient ensemble un tiers du capital.

IX. Vers un marché dérégulé (1986-2000)

A la fin des années 1980, Distrigaz assurait la totalité de l'approvisionnement, du transport et du stockage du gaz en Belgique. Il fournissait le gaz aux intercommunales de distribution et à la grande clientèle industrielle. Dans le cadre légal de l'époque, cette activité constituait une mission d'intérêt économique général qui s'inscrivait dans les axes de la politique énergétique de l'Etat belge, sous le contrôle du Comité de contrôle de l'électricité et du gaz.

Les thèmes de l'Europe gazière et de la libéralisation des marchés de l'énergie se développèrent d'abord en Grande-Bretagne, dès 1982, puis dans l'ensemble de la CEE, à partir de la proclamation de l'acte unique européen, en 1986. Les réactions des gaziers furent pour le moins prudentes. S'ils étaient en principe acquis au concept de marché unique – leur industrie avait *de facto* des dimensions européennes – ils s'opposaient catégoriquement à l'introduction de mesures structurelles jugées propres à mettre en péril le bon fonctionnement des infrastructures de transport de gaz et à compromettre à la fois la sécurité d'approvisionnement et le service au consommateur.

Mais en juillet 1991, la Direction générale concurrence et la Direction générale énergie de la Communauté européenne formulèrent conjointement leurs premières propositions concrètes concernant la suppression des droits exclusifs dans les secteurs du gaz et de l'électricité et l'introduction du libre accès aux réseaux de transport (*Third Party Access System*). En février 1992, la Commission des Communautés européennes formula des propositions en matière de libéralisation des marchés du gaz et de l'électricité. Ces propositions rencontrèrent une opposition très vive de la part de l'industrie gazière européenne (représentée par l'association Eurogas). En 1992, le rapport de la Fédération belge de l'industrie du gaz évoquait en ces termes la dérégulation possible du marché :

> D'aucuns veulent, à l'occasion de l'instauration du marché unique, réorganiser le marché gazier en instaurant pour les tiers d'avoir accès aux réseaux (ATR) et la séparation des activités (unbundling) et en supprimant les droits exclusifs. Ils se réfèrent à des considérations théoriques et à des expérimentations dans des cadres différents qui n'ont pas fait leurs preuves. Heureusement, ces propositions qui bouleverseraient le marché sont chaque jour plus contestées[11].

Et il est vrai qu'en novembre 1992, le Conseil des ministres européens de l'Energie demanda à la Commission de revoir ses propositions en matière d'ATR. Et que fin 1993, le Parlement européen rendit un avis critique sur le premier projet de directives sur la réorganisation des marchés de l'électricité et du gaz.

En fait, la lutte entre partisans et adversaires de la libéralisation des marchés se focalisa pendant plusieurs années sur les différences entre les secteurs du gaz naturel et de l'électricité, à savoir par exemple l'importance des contrats d'approvisionnement à long terme avec clause « take or pay ». Aux yeux des gaziers, ces différences étaient suffisamment importantes pour justifier un traitement spécifique du secteur. Dans les débats, priorité fut accordée au secteur électrique : les gaziers restèrent en retrait pendant plusieurs années

En 1998, une directive (98/30) fut adoptée par le conseil de l'Union, qui permettait à une catégorie de clients dits « éligibles » de conclure des contrats de fourniture avec des producteurs ou fournisseurs de leur choix et, à ces fins, d'avoir accès aux infrastructures de transport appartenant à d'autres exploitants. Les Etats membres devaient réaliser un degré d'ouverture du marché d'au moins 20 % lors de la transposition de la directive. Le groupe de clients éligibles devait être élargi progressivement, de manière à atteindre par étapes un degré d'ouverture d'au

---

[11] Figaz, rapport annuel 1992, p. 3.

moins 33 % en 2008. L'approche retenue par l'Union pour libéraliser le marché du gaz était donc finalement assez semblable à celle suivie deux ans auparavant pour le secteur électricité, sauf que le rythme auquel le marché était ouvert à la concurrence serait en théorie plus lent. La directive 98/30 fut transposée dans la loi belge du 29 avril 1999. Celle-ci opta pour la formule d'accès négocié aux réseaux de transport, de façon à maintenir autant que possible une certaine stabilité dans l'approvisionnement du pays. A partir du 10 août 2000, les utilisateurs finaux avec une consommation annuelle de plus de 25 millions de m³ pouvaient choisir leur fournisseur. Or, ces utilisateurs représentaient 47 % du marché ! Le calendrier de la libéralisation a été pourtant récemment accéléré : lors du Conseil des ministres du 21 juillet 2000, le gouvernement décida qu'au 31 décembre 2000, le seuil d'éligibilité serait réduit à 5 millions de m³ par an, portant le degré d'ouverture du marché belge à 58 % ! Quant à la distribution publique, l'éligibilité totale des intercommunales est avancée à 2006. On parle aussi du passage à bref terme de la formule « accès de tiers au réseau négocié » (ATRN) à celle dite « accès de tiers au réseau réglementé » (ATRR). Pour cela, des tarifs permettant aux tiers d'utiliser le réseau de Distrigaz devraient être fixés, et les activités de cette société comme transporteur devraient être plus nettement séparées de celles de commerçant de gaz en gros.

La libéralisation du marché du gaz n'est évidemment qu'un aspect de la problématique de l'approvisionnement du pays. On a vu comment, dès 1965, Distrigaz a cherché à diversifier ses sources d'approvisionnement, de façon à réduire l'impact sur l'économie belge d'une éventuelle modification de la donne politique et économique internationale. Cette politique fut poursuivie dans les années 1980 et 1990.

En 1986, un contrat fut signé entre les producteurs norvégiens et un consortium d'acheteurs européens, parmi lesquels Distrigaz, portant sur des exportations de gaz naturel vers l'Europe de plus de 40 milliards de m³ par an (contrat Troll).

Une renégociation des termes du contrat algérien était nécessaire depuis le second choc pétrolier – on s'était aperçu que le marché était loin de croître au rythme escompté lors de la conclusion de cet accord. Des amendements furent conclus en 1989, à l'intervention de Jacques van der Schueren, président du groupe Tractionel. En vertu de cet accord, le prélèvement de gaz algérien évolua de 3,5 à 4,5 milliards de m³ par an à partir de 1992-1993. Le règlement des arriérés et le coût des modifications apportées au contrat fut fixé à 11 milliards de francs, que Distrigaz s'engagea à verser à la Sonatrach. Ce règlement s'inscrivait dans la ligne du plan national d'équipement électrique décidé en 1988, qui prévoyait l'installation en Belgique de plusieurs centrales électriques fonctionnant au gaz.

En janvier 1993, Distrigaz passa avec les producteurs norvégiens déjà concernés par les accords de 1986 un contrat pour l'importation de 35 milliards de m^3 de gaz naturel en vingt ans à partir de 1996. Cet accord était dimensionné aux besoins des centrales « TGV » des producteurs belges d'électricité. Le prix du gaz fourni était partiellement lié au prix du charbon, avec tous les avantages que cela représentait sur le plan de la stabilité des coûts pour la production d'électricité.

Enfin, signalons qu'un contrat à moyen terme fut signé fin 1994 avec un nouveau fournisseur, le producteur allemand BEB.

En 1995, les fournisseurs de Distrigaz étaient les Pays-Bas pour 35 %, la Norvège pour 22 %, l'Algérie pour 33 %, l'Allemagne pour 5 % et Abu Dhabi pour 5 % également. L'approvisionnement était assuré par des contrats d'achat à long terme, qui permettaient un financement de la production et du transport et offraient par la même occasion une garantie d'approvisionnement pour l'acheteur. L'accroissement de la demande allait être couvert par des achats complémentaires auprès de la Norvège et de nouveaux fournisseurs (Angleterre, Russie, Abu Dhabi) de manière à accroître encore la diversification des approvisionnements et à atteindre un meilleur équilibre entre les différents fournisseurs.

Le réseau de Distrigaz s'étendit. A partir d'octobre 1993, le gazoduc sous-marin Zeepipe, dont la construction avait été décidée en 1988, amena directement à Zeebrugge le gaz du gisement norvégien de Sleipner, situé en mer du Nord. De Zeebrugge, ce gaz était acheminé vers la France et l'Espagne par le gazoduc Zeebrugge-Blaregnies, achevé en 1993 et le plus gros en Belgique, avec un diamètre de 1 000 mm. En 1996, le Zeepipe fut relié au gisement géant de Troll, également situé en mer du Nord : en quelque 26 ans, la Belgique doit réceptionner par ce canal quelque 120 milliards de m^3 de gaz destinés aux marchés belges et luxembourgeois. Un tiers de ces volumes sont destinés aux producteurs d'électricité Electrabel et SPE.

Le 23 décembre 1993, le gazoduc Berneau-Bastogne-Luxembourg fut officiellement inauguré, marquant une date essentielle dans l'approvisionnement en gaz naturel du Grand-Duché de Luxembourg.

Enfin, Distrigaz s'engagea fin 1994 dans un projet de liaison des réseaux belge et britannique (Interconnector). Cette nouvelle liaison, reconnue comme projet d'intérêt européen par l'Union européenne et mise en service en 1999, renforça la sécurité d'approvisionnement de l'Europe continentale et du marché anglais. L'exploitation de son réseau permit à Distrigaz, comme transporteur de gaz pour des tiers, de diversifier ses revenus grâce à une importante activité de transit. Il s'agissait là de bénéfices réalisés dans un domaine non régulé.

Après avoir stagné ou diminué de 1980 à 1986, les ventes globales de gaz en Belgique repartirent à la hausse en 1987 : de 1986 à 1994, elles progressèrent de 40 %, passant de 320 000 à 445 000 Terajoules. En 1999, elles atteignirent 618 000 Terajoules. Cette progression traduisit une amélioration du climat économique et un engouement de plus en plus palpable des consommateurs privés pour le chauffage au gaz naturel. En nouvelles constructions, lorsque le choix était possible, une installation de chauffage au gaz naturel était désormais retenue dans 70 % des cas. Dans le secteur électrique, la mise en service de deux centrales TGV (turbine gaz-vapeur) à Drogenbos et Seraing, en 1994, entraîna une hausse significative de la consommation de gaz. Les années 1990 furent également marquées par un développement des installations de cogénération dans l'industrie, avec la production simultanée d'électricité et de chaleur au départ de turbines au gaz. Cette formule était caractérisée par un haut rendement énergétique (80 à 85 %).

En distribution (petites entreprises et consommation domestique), le nombre d'intercommunales diminua légèrement, tombant de 25 en 1983 à 22 en 1993 puis à 21 en 1999. Les quantités de gaz vendues par les sociétés intercommunales de distribution publique se développèrent en dents de scie, progressant certaines années de plus de 10 % (en 1985), mais régressant durant les années aux hivers doux. Au total, elles passèrent de 165 284 Terajoules en 1983 à 229 601 Terajoules en 1993 et à 263 884 Terajoules en 1999. La population des communes desservies en gaz augmenta encore légèrement, passant de 84,5 % du total de la population belge en 1983 à 90 % en 1993. Le nombre de communes desservies passa sur le même laps de temps de 364 à 447, puis à 414 en 1999 (sur un total de 589, compte tenu des fusions de communes survenues en 1977). Au 31 décembre 1999, le nombre de clients desservis en distribution publique frisait les 2,5 millions.

Par ailleurs, la quantité de gaz vendu par Distrigaz à des consommateurs finaux (centrales électriques et gros industriels) passa de 165 702 Terajoules en 1983 à 206 201 Terajoules en 1993, puis à 354 158 Terajoules en 1999.

L'actionnariat de Distrigaz se modifia encore durant cette période. On a dit comment, en 1980, l'Etat était monté à hauteur de 50 % dans le capital de l'entreprise. Mais l'on sait que les années 1990 furent néfastes – pour un faisceau de raisons convergentes – à l'influence de l'Etat dans l'économie : la voie de la privatisation fut choisie au début des années 1990. Devant l'intérêt stratégique que représentait Distrigaz, on comprend que Tractebel (holding formé en 1986 par la fusion entre Traction et Electricité et Electrobel) ait tout fait pour éviter qu'un opérateur étranger prenne pied dans la société. En 1994, Tractebel racheta les 50 % de Distrigaz propriété de l'Etat, en s'engageant, d'une part, à conserver aux pouvoirs publics un droit de contrôle dans Distrigaz et, d'autre part, à céder une partie des titres acquis. Ceux-ci devraient à terme être répartis en trois lots équivalents. Le premier fut revendu aux intercommunales actives dans le secteur de l'énergie. Le second fut revendu à une société nouvelle, Distrihold, dont les propres titres étaient détenus pour moitié (plus un) par Tractebel et pour moitié par les inter-communales de distribution de gaz. Le troisième lot fut mis en Bourse dans le courant de 1995. Pendant quelques années, l'Etat conserva une « golden share » à laquelle étaient attachés certains droits spéciaux, dont notamment la désignation de deux représentants du gouvernement fédéral au conseil d'administration et un pouvoir d'intervention en matière de politique énergétique. Cette « golden share » fut supprimée en 2000.

CHAPITRE II

La Compagnie générale pour l'éclairage et le chauffage par le gaz (1862-1929)

René BRION et Jean-Louis MOREAU

Historiens à Bruxelles

I. Un groupe gazier parmi d'autres

L'histoire de l'industrie du gaz en Europe, au XIXe siècle, est pour une large part liée à celle de groupes spécialisés dans ce domaine, qui exploitaient des concessions dans plusieurs pays et jouissaient d'assises financières importantes. Le plus ancien de ces groupes, l'Imperial Continental Gas Association, fut créé à Londres en 1824. Fondée au capital de deux millions de livres, cette société s'était fixé pour objectif « d'étendre le bénéfice de cet admirable système d'éclairage aux principales villes du Continent »[1]. Très vite, l'ICGA fut active dans plusieurs pays d'Europe continentale : Allemagne, Autriche, France, Pays-Bas. Ses succès suscitèrent des émules. D'autres groupes d'envergure internationale virent le jour dans les années 1860-1870 : la Continental Gas & Water Cy (1863), la Compagnie générale française et continentale d'éclairage, la Compagnie générale du gaz pour la France et l'étranger (1879). C'est l'histoire de l'un de ces groupes, la Compagnie générale pour l'éclairage et le chauffage par le gaz – alias le Gaz belge – que nous allons retracer[2].

Le Gaz belge fut constitué sous forme de société anonyme de droit belge le 12 août 1862. L'initiative de sa fondation revient au banquier bruxellois Joseph Oppenheim (1812-1884). Parmi les fondateurs, on relève la présence de plusieurs de ses parents et amis, et notamment celle de son beau-fils, Jacques Errera, Consul d'Italie à Bruxelles, qui participera quelques années plus tard à la fondation de la Banque de Bruxelles.

---

[1]   "[...] for the special purpose of extending the benefit of this admirable system to the principal towns of the continent", in *Imperial Continental Gas Association 1824-1974*, 1974, p. 48.

[2]   BRION, R. et MOREAU, J.-L., *Tractebel 1895-1995. Les métamorphoses d'un groupe industriel*, Bruxelles, 1995, p. 18-21 et 79-94.

Le capital, fixé à dix millions de francs belges, fut mis en souscription à Bruxelles, Paris, Genève, Francfort et Hambourg.

Un seul membre du conseil d'administration de la nouvelle société, le Français Gabriel Dehaynin, avait déjà une expérience dans l'industrie du gaz, puisqu'il était à la fois administrateur du Crédit industriel et commercial à Paris et gérant de la Compagnie des usines à gaz du Nord. Les autres administrateurs de la compagnie étaient des personnalités plutôt liées aux secteurs du chemin de fer et de la construction métallique. Edouard Prisse et Joseph Oppenheim étaient respectivement directeur-gérant et président du chemin de fer Anvers-Gand. Edouard Perrot était vice-président du chemin de fer Manage-Wavre. Sept administrateurs ou commissaires du Gaz belge exerçaient des mandats dans l'administration de la Compagnie centrale pour la construction et l'entretien de matériel de chemins de fer, société liée au groupe de la Banque de Belgique. Pourquoi ces capitalistes diversifièrent-ils leurs activités dans l'industrie du gaz ? Ils voulaient apparemment pallier le caractère cyclique et aléatoire des secteurs du chemin de fer et de la construction métallique. Le premier rapport annuel du Gaz belge est très clair à ce sujet :

> L'industrie du gaz est une de celles qui procurent le plus de bénéfices avec le moins de risques. Elle est à l'abri de la plupart des vicissitudes qui peuvent arrêter ou compromettre la prospérité des autres industries et sa marche progressive est continue et certaine[3].

A cette époque, Bruxelles était un centre financier cosmopolite et sa bourse avait une importance comparable à celles de Francfort ou Amsterdam. La neutralité politique de la Belgique n'était pas étrangère au rôle de plaque tournante des capitaux dévolu à Bruxelles. Par ailleurs, le prospectus publié lors du lancement de la compagnie n'hésitait pas à faire vibrer la fibre nationaliste des capitalistes belges :

> L'industrie du gaz, qui dans d'autres pays a donné naissance à des opérations importantes, n'avait guère provoqué en Belgique, jusqu'à la création de notre Compagnie, que des entreprises isolées. L'esprit d'association y avait négligé, en quelque sorte, cette ressource fructueuse et avait même laissé passer aux mains de capitalistes étrangers l'éclairage de la plupart de nos grandes villes[4].

II. L'expansion géographique du groupe

En 1862, la plupart des agglomérations importantes d'Europe avaient, de longue date, accordé des concessions d'éclairage à l'une ou l'autre compagnie gazière. Pour se limiter à la Belgique, Bruxelles était alimentée en gaz d'éclairage depuis 1820, Gand depuis 1825, Louvain,

---

3   Moniteur des intérêts matériels, 12 octobre 1862, p. 329.
4   AGR, Electrobel, 17/43, rapport annuel du Gaz belge, 22 décembre 1863, p. 1.

Tournai, Liège et Charleroi depuis 1835[5]... Les fondateurs du Gaz belge étaient conscients d'arriver sur un marché déjà proche de la saturation, mais étaient décidés à racheter des usines existantes : « les circonstances rendent possibles [...] des transactions avantageuses avec des sociétés ou des entrepreneurs que des motifs particuliers engagent à céder leur privilège »[6]. Cette politique de rachat fut menée tambour battant, avec le souci évident de diversifier les implantations du groupe, de façon à limiter l'impact de crises politiques ou économiques qui frapperaient une partie seulement de l'Europe. Dès son premier exercice social, la Compagnie reprit les usines et concessions de la société belge en nom collectif « Vandenhoute, Desmanet et Cie », active à Louvain, Tournai et Charleroi. A l'étranger, elle racheta les exploitations de Prague, en Bohême, et de Chemnitz, « le foyer industriel le plus important du royaume de Saxe »[7]. Ces deux villes comptaient respectivement 160 000 et 42 000 habitants. Le Gaz belge obtint aussi la concession de l'éclairage dans plusieurs villes italiennes : Sienne et Rimini en 1863, Catane l'année suivante. La compagnie finança la construction des usines de ces places, et confia l'exécution des travaux à l'ingénieur Léon Somzée, qui fut d'ailleurs ingénieur en chef de la compagnie à partir de 1867. En décembre 1866, le Gaz belge absorba la Compagnie des usines à gaz du Nord et reprit les concessions que cette société exploitait en France, à Anzin, Arras, Bergues, Cambrai, Dunkerque, Saint-Omer et Valenciennes. La compagnie fit également l'acquisition de l'usine de Fourmies.

D'autres propositions d'affaires, jugées sans doute trop lointaines, trop périlleuses, furent écartées : Moscou, Mexico[8]. Pour la seule Italie, le groupe se vit proposer d'investir à Vicence, Pise, Messine ou Bergame[9]. Mais les usines italiennes que le Gaz belge exploitait déjà étaient source de nombreuses difficultés. Il fallait les alimenter en houille anglaise, et le prix de revient du gaz s'en ressentait. D'autre part, les usines que la société exploitait dans la Péninsule étaient souvent l'objet d'actes de malveillance : lanternes brisées, directeur agressé... Les relations avec les autorités concédantes n'y étaient pas non plus des plus faciles. On comprend dès lors que l'administration du Gaz belge ait limité ses ambitions italiennes aux seules usines de Catane, Rimini et Sienne.

[5]   Duchene, V., "Tussen olie en electriciteit. De gasindustrie in Leuven tijdens de negentiende eeuw (1834-1905"), Mémoire de licence inédit, Katholieke Universiteit Leuven, 1991-1992, p. 77-82.

[6]   AGR, Electrobel, 17/43, rapport annuel du Gaz belge, 22 décembre 1863, p. 1.

[7]   *Ibid.*, p. 3.

[8]   Ces projets furent agités dans les années 1863-1865.

[9]   Voir AGR, Electrobel, 17/69, procès-verbaux du comité technique du Gaz belge pour les années 1863 à 1865. Les projets italiens étaient menés en collaboration avec la Banque de crédit italien.

En 1869, soit sept ans après sa fondation, la société contrôlait seize usines : huit en France, trois en Italie, deux en Allemagne et trois en Belgique. La direction de la société manifesta alors son intention de ralentir le rythme des acquisitions de façon à

> chercher avant tout à tirer un parti aussi fructueux que possible des établissements qu'elle possède déjà, aussi bien par des travaux rationnels d'amélioration là où ils sont encore réclamés, que par une économie bien entendue dans toutes les parties de l'exploitation[10].

De nouvelles opportunités furent néanmoins saisies en 1871. En Allemagne, la compagnie racheta l'usine de Trèves. En Belgique, elle reprit celle d'Anderlecht et manqua de peu d'autres affaires dans la périphérie bruxelloise. Après 1872, un long palier se produisit dans la croissance du groupe. Il faut sans doute mettre ce phénomène en parallèle avec la crise conjoncturelle des années 1872-1886 et avec le souci de la compagnie de valoriser ses acquis. Un des gros actionnaires du Gaz belge, la Banque de Bruxelles, manqua disparaître dans la tourmente de la crise, et l'un de ses plus importants bailleurs de fonds, la Banque de Belgique, entra en liquidation. En 1879, la Compagnie revendit l'exploitation de Chemnitz, la ville ayant résolu de se charger elle-même de l'entreprise de l'éclairage public et particulier. En 1887, le Gaz Belge s'associa avec la Compagnie générale française et continentale d'éclairage de Paris, la Compagnie du Centre (Bruxelles) et la Banque d'escompte de Paris, pour reprendre les exploitations de Carcassonne et de Lisbonne. Le Gaz belge avait alors atteint son extension maximale. Les propositions d'investissement qui lui furent présentées par la suite – concessions à Kiev, à Bakou ou dans différentes localités hollandaises – furent déclinées.

III. L'effet de taille

Du fait qu'elle contrôlait plusieurs usines, la Compagnie put réaliser d'importantes économies d'échelle, par exemple en passant des contrats avantageux pour l'achat de charbon en grosses quantités. Disposant d'importantes ressources financières, la Compagnie pouvait aussi envisager des extensions de réseau et la construction d'usines plus importantes, donc augmenter son chiffre d'affaires et amortir plus facilement les frais fixes des exploitations reprises. Partout où elle reprenait des usines en exploitation, la Compagnie apporta des améliorations considérables aux installations : « si nous n'avons plus devant nous le vaste champ qui restait à explorer, il y a vingt ou trente ans, ce désavantage est racheté, en grande partie, par le développement extraordinaire de la consommation et les perfectionnements considérables que l'industrie du gaz

---

[10]   AGR, Electrobel, 17/43, rapport annuel du Gaz belge, 18 décembre 1869, p. 1.

doit aux progrès de la science »[11]. Chaque année, les sommes investies pour l'extension des réseaux ou la modernisation des installations grevaient lourdement le budget de l'entreprise.

L'expansion de la concession de Charleroi (Belgique) fut à cet égard un modèle du genre. La capacité des usines, des gazomètres et des réseaux augmenta au fil des ans. L'imperméabilité des canalisations fut améliorée, ce qui permit d'appliquer au réseau des pressions plus importantes et, par-là, d'étendre la distribution aux communes limitrophes. Dès 1864, l'usine de Charleroi alimentait les communes de Marchienne et de Monceau-sur-Sambre. L'année suivante, la direction annonça son intention « de réunir en une vaste exploitation centrale l'éclairage des populeuses communes industrielles, contiguës l'une à l'autre, qui rayonnent autour de la ville de Charleroi »[12]. La Compagnie s'entendit successivement avec les municipalités de Lodelinsart et de Jumet (1865), puis de Gosselies (1867), de Châtelineau et Gilly (1870), de Couillet et Montigny-sur-Sambre (1871), de Marcinelle (1872)... Ces développements successifs nécessitèrent la création d'une seconde usine, connectée avec la première. En 1871, la compagnie compléta son réseau en rachetant l'usine à gaz de Châtelet, « industrieuse localité, qui touche à d'autres communes où nous fournissons également l'éclairage »[13]. Pour l'ensemble de la région carolorégienne, le réseau de conduites primaires passa de 37 km en 1870 à 86 en 1875. Et, pour exploiter plus rationnellement ce réseau qui recouvrait plusieurs communes, la direction du Gaz belge s'efforça d'obtenir le prolongement et l'unification des délais de concession.

> Quand les concessions sont de longue durée et que les entreprises ont en elles-mêmes des éléments de prospérité, [...] ces dépenses constituent un placement que l'avenir doit rendre fructueux ; mais, à défaut d'un fonds suffisant de roulement, elles pèsent d'une manière plus ou moins sensible sur la situation financière[14].

Autrement dit, les sommes que la compagnie était prête à allouer en faveur d'une amélioration des exploitations contrôlées étaient calculées en fonction de la date du terme des concessions.

Grâce aux efforts soutenus du service technique de la Compagnie, les progrès d'exploitation furent constants : en 1866, la distillation de 100 kilos de houille donnait en moyenne 23 m³ de gaz et 59,6 kg de coke ; en 1888, on atteignait 30,44 m³ de gaz et 68,4 kg de coke. La compagnie s'efforçait aussi de valoriser les sous-produits de la distillation

---

[11] AGR, Electrobel, 17/43, rapport annuel du Gaz belge, 22 décembre 1863, p. 1.

[12] *Ibid.*, 21 décembre 1865.

[13] *Ibid.*, 23 décembre 1871.

[14] *Ibid.*, 18 décembre 1875, p. 2.

et commercialisait goudron, coke et eaux ammoniacales. Ces dernières étaient rachetées par les usines chimiques Solvay, qui s'en servaient pour produire du sulfate d'ammonium, utilisé dans l'agriculture.

IV. La clientèle industrielle

A l'époque de la création du Gaz belge, l'éclairage public ne représentait déjà plus qu'une part minime des débouchés des entreprises gazières : la clientèle privée – particuliers et entreprises – consommait bien plus que les administrations locales. Les concessions situées dans des zones fortement industrialisées étaient recherchées : la clientèle des entreprises constituait un marché instable (sensible aux retournements de la conjoncture) mais présentait un plus fort potentiel de croissance. D'où, l'intérêt du Gaz belge pour des régions fortement industrialisées, comme celle de Charleroi. En 1875, la Compagnie y alimentait 6 gares de chemin de fer, 18 « fosses » de charbonnage, 17 hauts-fourneaux et laminoirs, 17 ateliers de construction, 24 verreries, 25 brasseries, 7 fabriques de produits réfractaires, 7 moulins[15].

Mais la clientèle industrielle était exigeante et volage. Pour la conserver, le concessionnaire devait lui accorder des faveurs spéciales. En 1880, le directeur général du Gaz belge dut faire face à une fronde d'industriels turbulents qui menaçaient de construire leurs propres usines à gaz si on leur refusait des tarifs préférentiels. Des réductions furent accordées aux entreprises qui consommaient plus de 10 000 m³ par an[16]. Deux ans plus tard, des industriels du Cambrésis demandèrent à la Préfecture de pouvoir utiliser la grande voirie pour enterrer des canalisations susceptibles de transporter du gaz entre différentes entreprises... Devant cette menace, le conseil d'administration du Gaz belge se déclara aussitôt « tout disposé à donner satisfaction aux habitants de Cambrai » et accorda de nouvelles réductions[17].

En ce qui concerne l'application du gaz à la force motrice, rappelons que le moteur à gaz se répandit progressivement dans l'industrie à partir des années 1870. L'amélioration de son rendement thermique (12 % en 1878, 25 % en 1893), sa souplesse et l'augmentation progressive des puissances disponibles contribuèrent à en répandre l'usage. C'est en 1877 que les procès-verbaux du conseil d'administration du Gaz belge font une première et rapide allusion à l'apparition des moteurs à gaz : des industriels de Chemnitz (Allemagne) obtinrent une diminution du prix du gaz

---

[15] AGR, Electrobel, 17/43, rapport annuel du Gaz belge, 18 décembre 1875, p. 3.

[16] AGR, Electrobel, 17/45, conseil d'administration du Gaz belge, procès-verbaux, 1er octobre 1880.

[17] *Ibid.*, 16 décembre 1882.

qu'ils consommaient pour la force motrice[18]. Mais apparemment, ce débouché était marginal pour les sociétés gazières.

V. La concurrence du pétrole et de l'électricité

Lors de l'exposition universelle de 1878, à Paris, plusieurs places et avenues de cette ville furent dotées de « bougies électriques » de type Jablockhoff. Cette expérience prometteuse obligea le conseil d'administration du Gaz belge à rassurer ses actionnaires : « si ces applications constituent un réel progrès dans quelques cas particuliers, tels que l'éclairage des phares ou fanaux ou de grands chantiers de travaux, l'éclairage au gaz conserve, dans la plupart des circonstances qui peuvent se présenter, tous les avantages de l'économie, de la régularité et de la commodité de l'emploi »[19]. Jusqu'au milieu des années 1880, la concurrence du pétrole lampant préoccupa bien davantage le conseil d'administration que celle de l'électricité.

Vers 1883, la concurrence de l'électricité s'affirma à son tour. Pour lutter contre la concurrence des électriciens, le Gaz belge tenta de préserver son marché par voie de droit. Dès septembre 1883, le conseil d'administration recommanda au directeur général Kreglinger « d'insérer dans les prochains renouvellements de nos contrats, un paragraphe réservant à la compagnie le droit de préférence pour l'introduction de nouveaux modes d'éclairage et de fabrication du gaz, desquels voudraient profiter les communes »[20]. A Catane, en 1885, la municipalité songeait à faire installer un réseau d'éclairage électrique : le comité permanent du Gaz belge décida qu'il fallait d'abord savoir s'il n'y avait pas moyen de procéder judiciairement contre la Ville, pour revendiquer le monopole de l'éclairage sous toutes ses formes[21].

La compagnie songea aussi à réduire ses prix de vente en rognant sur la marge bénéficiaire. En 1887, Théodore Verstraeten, administrateur-directeur du Gaz belge, suggéra à ses collègues du conseil de proposer des rabattements de tarifs aux communes de Charleroi, Louvain et Tournai, où la Compagnie était concessionnaire. Ces réductions devaient être négociées contre des prolongements de concessions qui garantiraient l'avenir. Cet empressement soudain de la Compagnie éveilla la suspicion des administrations communales. « Cinq ans plus tôt, on eût pu réussir ;

---

[18] AGR, Electrobel, 17/45, conseil d'administration du Gaz belge, procès-verbaux, 8 août 1877.

[19] AGR, Electrobel, 17/43, rapport annuel du Gaz belge, 23 décembre 1878.

[20] AGR, Electrobel, 17/45, conseil d'administration du Gaz belge, procès-verbaux, 23 septembre 1883.

[21] AGR, Electrobel, 17/65, comité permanent du Gaz belge, procès-verbaux, 23 juillet 1885.

en 1887, il était trop tard »[22]. Verstraeten reprocha d'ailleurs ouvertement à certains autres administrateurs du Gaz belge d'avoir voulu pratiquer trop longtemps une politique de hauts tarifs. Cet entêtement avait eu des résultats désastreux lors des négociations avec la Ville de Carcassonne : « en 1887 ou 1888, M. Verstraeten propose d'abaisser le prix [du m³ de gaz] de 32 à 25 centimes. Le conseil de cette entreprise refuse ; deux sociétés d'électricité s'installent dans la place ; l'affaire périclite ; et plus tard nous sommes forcés de concéder 20 centimes dans une situation devenue mauvaise »[23]. Même obstination du conseil pour les concessions de Saint-Omer et de Cambrai, avec à la clé les mêmes et désastreux résultats.

Ce furent les clients industriels qui désertèrent les premiers leurs fournisseurs de gaz : pour ces gros consommateurs d'énergie, il s'avéra plus vite rentable de se convertir à l'électricité. En 1890, le Comité permanent du Gaz belge estimait que « la diminution de dépense du chef de la lumière pour certains clients [industriels] atteindrait ainsi 50 % ». Et le directeur d'une des usines de la compagnie prédisait la même année « que si nous maintenons nos hauts prix, et si l'électricité s'installe, nous perdrons la plupart de nos clients les plus importants, non seulement pour des raisons d'économie, mais à cause des mauvaises dispositions du public, qui nous taxe d'obstination »[24]. Dans le but de freiner l'écrémage de sa clientèle de base, le Gaz belge consentit dans certains cas des tarifs préférentiels aux gros consommateurs. La direction examina aussi la possibilité d'accorder des réductions à ceux qui consommaient du gaz en journée, c'est-à-dire pour le chauffage ou la force motrice. Elle encouragea la pratique de la cuisine au gaz en prêtant gratuitement des réchauds aux abonnés qui en faisaient la demande (dès 1891). Sur le plan technique, elle se pencha sur les différents moyens « d'apporter de l'économie dans l'exploitation, d'améliorer la construction des usines et de faire usage d'appareils plus perfectionnés »[25]. Les réseaux d'éclairage publics concédés à la compagnie furent successivement dotés de becs Auer durant les premières années du XXe siècle.

---

[22]   AGR, Electrobel, 17/46, conseil d'administration du Gaz belge, procès-verbaux des 26 mai 1887 et 24 avril 1902. Voir aussi 17/64, comité permanent, procès-verbaux des 24 septembre 1884 et 6 mars 1886

[23]   *Ibid.*, procès-verbal du 24 avril 1902.

[24]   AGR, Electrobel, 17/64, comité permanent du Gaz belge, procès-verbal du 12 juin 1890.

[25]   AGR, Electrobel, 17/69, comité technique du Gaz belge, procès-verbaux des 20 août et 23 décembre 1885.

VI. Du groupe industriel à la société de portefeuille

Progressivement, la direction du Gaz belge comprit que bon gré, mal gré, les sociétés gazières devraient composer avec l'électricité. Il y avait intérêt, sans doute, à partager les marchés entre les deux formes d'énergie, de façon à ne pas avilir les prix outre mesure. En 1887, le conseil se demanda s'il ne serait pas opportun de s'intéresser à la nouvelle industrie. Mais statutairement, la compagnie pouvait-elle faire autre chose que de l'éclairage et du chauffage « par le gaz » ? En s'occupant d'électricité, ne risquait-elle pas d'être inquiétée par des compagnies concurrentes ou par des municipalités[26] ? Les avocats de la société jugèrent toutefois que les statuts de la société n'étaient pas un empêchement à l'extension de ses activités.

Au début des années 1890, le Gaz belge commença à s'intéresser au développement de l'éclairage électrique dans ses concessions. Mais la Compagnie acquit surtout des participations financières dans ce secteur. Malgré un sursaut pour participer activement à l'électrification de certaines de ses concessions gazières, elle éprouva de grosses difficultés à s'adapter à son nouveau métier. La plupart du temps, elle laissa le rôle d'opérateur industriel à un autre groupe, quitte à prendre des participations financières dans une filiale créée en commun. Actionnaire majoritaire de plusieurs sociétés d'électricité à leur fondation, elle en perdit parfois le contrôle au bout de quelques années.

A Charleroi, un procès eut lieu en 1894 entre le Gaz belge et la municipalité, qui voulait développer l'éclairage électrique dans la ville en confiant une concession à la Société hydro-électrique. Ce procès fut gagné en appel par le Gaz belge, en juillet 1896. Quelques années plus tard, en 1901, une entente put néanmoins être conclue entre le Gaz belge et le holding Société générale belge d'entreprises électriques (SGBEE). Une société régionale de distribution d'électricité – la première du genre en Belgique – fut fondée en novembre : la Société d'électricité du bassin de Charleroi, qui, grâce à l'appui du Gaz belge, négocia facilement avec les autorités de nombreuses communes industrielles de la région carolorégienne. Le Gaz belge détenait le tiers du capital de la Société d'électricité du bassin de Charleroi.

A Anderlecht, où, dès 1902, le Gaz belge fut sollicité par la commune pour électrifier sa concession, il rechigna à engager les frais nécessaires à la construction d'une centrale. En 1911, il revendit son usine à gaz à l'ICGA, qui entre-temps avait développé ses activités de production et de distribution dans la région bruxelloise.

---

[26] AGR, Electrobel, 17/65, comité permanent du Gaz belge, procès-verbaux, 7 juillet 1887.

A Tournai, la concession du Gaz belge pour l'éclairage arriva à terme en 1909, sans qu'il y ait installé de réseau électrique : la concurrence du groupe Empain l'obligea à s'entendre avec lui pour créer en commun une société nouvelle, la Société anonyme d'éclairage, chauffage et force motrice de Tournai et extensions (55 % Gaz Belge, 45 % Empain). Le courant distribué par cette nouvelle société concessionnaire serait acheté à une centrale du groupe Empain.

A Catane, où le Gaz belge assurait l'éclairage depuis 1864, elle exploita un petit réseau d'électricité à partir de 1890, mais sans disposer d'un monopole. A la fin du XIXe siècle, une autre entreprise, la Société anonyme des tramways et de l'éclairage électriques de Catane (SATEEC) obtint également le droit d'éclairer les particuliers. Après quelques années de vive concurrence, le Gaz Belge lui céda ses installations contre une redevance sur chaque kWh vendu. En 1912, les installations de la SATEEC furent à leur tour reprises par la Societa elettrica della Sicilia orientale, contrôlée par la Société générale belge d'entreprises électriques et la Sofina, et dans laquelle le Gaz belge prit une participation financière[27].

A Lisbonne, le Gaz belge était présent depuis 1887 en collaboration avec la Compagnie générale française et continentale d'éclairage. Leur filiale fusionna en 1891 avec une entreprise concurrente pour former les Compagnies réunies gaz et électricité de Lisbonne, qui obtint la concession de la distribution de l'électricité pour 45 ans. En 1904, les Compagnies réunies obtinrent également la concession de l'éclairage du port de Setubal. En 1912, elles disposaient de deux centrales électriques, qui développaient une puissance totale de 8 300 kW et alimentaient 2 700 abonnés. Mais l'année suivante, le Gaz belge céda la direction technique de sa filiale portugaise à la Sofina, tout en y conservant une participation financière. La Sofina entreprit immédiatement la construction d'une centrale beaucoup plus importante, qui ne serait achevée qu'après la guerre[28].

Dans le nord de la France, le Gaz belge parvint à maintenir certaines positions. A Cambrai, la compagnie accorda en 1894 une substantielle réduction de ses tarifs gaz, moyennant l'engagement de la Ville de lui accorder le monopole de la distribution d'électricité (le Gaz belge sera particulièrement actif dans l'électricité à l'est du Cambresis). La même tactique fut pratiquée avec succès à Valenciennes en 1897 : le Gaz belge créa alors une filiale, la Départementale électrique, dont les groupes électrogènes fonctionnèrent dans un premier temps... au gaz, ce qui assu-

---

[27] AGR, Elecrobel, 17/47, conseil d'administration du Gaz belge, procès-verbaux, 1912.

[28] AGR, Electrobel, 17/43, rapport annuel du Gaz belge, 1886, p. 2 ; AGR, Tractionel, 26/207, rapport annuel de la Sofina pour 1920, p. 24.

rait un débouché de choix à l'usine à gaz[29]. La Départementale se heurta néanmoins à la concurrence de plusieurs groupes : Thomson-Houston française d'abord, groupe belge Empain ensuite. Ce dernier se montra très entreprenant dans le nord de la France, via notamment sa filiale la Société gaz et électricité du Nord. Plusieurs années de concurrence ouverte débouchèrent en 1913 sur la création d'une filiale commune : la Société d'électricité de la région de Valenciennes-Anzin. Le groupe Empain assura la gestion de cette société[30]. Le Gaz belge créa une autre filiale locale à Arras, la société Eclairage et applications électriques d'Arras[31]. Elle obtint également la concession de l'éclairage électrique à Dunkerque en 1903, où elle reprit les installations de la société Le Nord Electrique et décida la construction d'une nouvelle centrale, exploitée par une filiale, la Société d'électricité de la région de Dunkerque »[32]. A côté de ces réalisations, maints projets furent agités, comme en 1907 celui de la construction d'une « supercentrale », à Lille, ou celui d'une ligne à haute tension reliant Solesmes, Cambrai et Valenciennes.

A Carcassonne, le Gaz belge négocia en 1897 une prolongation de sa concession pour une durée de 25 ans, assortie du droit de distribuer l'électricité. Mais en 1905, la Société du gaz de Carcassonne fusionna avec la Société méridionale d'électricité, entreprise concurrente active à Carcassonne même et à Narbonne. Le Gaz belge ne conserva pas (ou pas longtemps) de participation dans la nouvelle société.

En somme, la concurrence de groupes spécialisés dans le développement de concessions d'électricité – Sofina, groupe Empain, Société générale belge d'entreprises d'électricité – limita l'essor du Gaz belge dans le secteur. Elle contribua aussi à la transformation progressive du Gaz belge en société à portefeuille. Cette évolution était également stimulée par le mouvement d'intégration et de fusion qui caractérisa le secteur dès le début du XXe siècle. Le Gaz belge participa à ce mouvement de concentration. Par exemple, il contribua à l'essor de la Société centrale pour l'exploitation intercommunale de l'industrie du gaz et de l'électricité, en abrégé « Centrale gaz et électricité ». En 1907, le Gaz belge prit une participation dans cette société contre apport de concessions à Middelkerke et Wilskerke. Le Gaz belge fut d'ailleurs le plus important actionnaire de la Centrale gaz et électricité pendant plusieurs années.

---

[29] AGR, Electrobel, 17/46, conseil d'administration du Gaz belge, procès-verbal du 30 juillet 1903.

[30] AGR, Electrobel, 17/47, conseil d'administration du Gaz belge, procès-verbaux de février 1911 à janvier 1913.

[31] *Ibid.*, procès-verbaux des 29 septembre 1909 et 27 janvier 1910.

[32] AGR, Electrobel, 17/46, conseil d'administration du Gaz belge, procès-verbal du 29 janvier 1903.

Par ailleurs, le Gaz belge perdit en 1905 la concession de Louvain, que l'administration communale reprit à son terme : elle espérait qu'une exploitation en régie s'avérerait plus lucrative pour la Ville. En 1900 et 1901, déjà, le Gaz belge avait perdu les exploitations de Trèves et de Prague. La première avait été cédée à la Ville au terme de la concession. La seconde avait été revendue à l'ICGA.

VII. L'après-guerre

Au lendemain de la Grande Guerre, la situation du Gaz belge n'était guère brillante. En France, toutes les usines avaient peu ou prou souffert du conflit. Certaines, comme celle d'Arras, avaient même été complètement anéanties. Des dossiers en dommages de guerre furent introduits, mais leur règlement fut souvent lent. D'autre part, le marché était complètement désorganisé. Durant l'exercice 1918-1919, la compagnie produisit 15 millions de m³, contre 40 millions durant l'exercice 1913-1914. D'autre part, l'économie de l'entreprise fut profondément perturbée par l'inflation des prix du charbon et du coût de la main d'œuvre. Il fallut négocier des hausses de tarifs avec les communes. A cette occasion, de graves conflits éclatèrent avec certaines municipalités. A Arras, l'affrontement prit une tournure telle que le Gaz belge jeta l'éponge en 1922, faute d'accord avec la municipalité : les actifs de la société Eclairage et applications électriques d'Arras furent repris par la Société artésienne de force et de lumière. D'autres affaires furent perdues : l'usine de Rimini fut vendue en 1921 et la concession accordée par la Ville de Catane expira en 1926. Les affaires de Cambrai, Dunkerque, Saint-Omer, Valenciennes continuèrent à se développer, mais à un rythme bien moindre qu'au XIXe siècle.

Dans le secteur électrique, le Gaz belge participa à la constitution de sociétés à vocation régionale. A Dunkerque, la compagnie contribua en 1920 à la formation de la Société d'électricité de la région de Dunkerque, à laquelle elle fit apport des installations électriques existantes et des concessions. A Cambrai, le Gaz belge obtient la concession de la distribution d'électricité de nombreuses communes de la périphérie : Marcoing et Masnières en 1923, Lesdain, Crèvecœur, Tilloy, Neuville-Saint-Rémy, Noyelles, Cantaing, Anneux.

A Lisbonne, les ventes de gaz ne se développaient plus guère : après être passées de 25 millions de m³ pour l'exercice 1901-1902 à 29 millions de m³ pour l'exercice 1912-1913, elles étaient tombées à zéro pendant plus de quatre ans (1917-1921), par suite de la mise à l'arrêt de l'usine. La production ne reprit qu'en 1922, mais en 1926-1927, les ventes n'atteignaient que 7,8 millions de m³... Ici aussi, l'avenir, c'était l'électricité, avec 1,5 million de kWh facturés en 1905-1906, 8,5 millions en 1913-1914 et 30,5 millions en 1926-1927.

La transformation du Gaz belge en holding, déjà amorcée avant guerre, s'accentua. Les parts relatives des exploitations industrielles directes et du portefeuille dans les bénéfices de la société s'inversèrent, comme le montre le tableau ci-après, dressé à partir des rapports de l'entreprise :

Tableau 1. Parts relatives du portefeuille et des exploitations directes aux bénéfices

Exercice	Bénéfices (en millions FB)	Part du portefeuille dans les bénéfices	Part des exploitations directes dans les bénéfices
1910-11	3,66	0,50 = 13,6 %	3,16 = 86,4 %
1911-12	4,17	0,55 13,2 %	3,62 86,8 %
1912-13	4,28	1,01 23,6 %	3,27 76,4 %
1913-14	3,95	1,10 27,8 %	2,85 72,2 %
1920-21	4,89	2,34 47,9 %	2,55 52,1 %
1921-22	4,64	1,94 41,8 %	2,70 58,2 %
1922-23	6,31	3,57 56,6 %	2,74 43,4 %
1923-24	7,24	4,06 56,1 %	3,18 43,9 %
1924-25	9,22	4,96 53,8 %	4,26 46,2 %
1925-26	10,36	5,46 52,7 %	4,9 47,3 %
1926-27	16,91	11,63 68,8 %	5,28 31,2 %

Cette évolution s'explique en partie du fait que la direction du Gaz belge estimait que les risques encourus par les entreprises dans lesquelles elle investissait désormais, qui étaient pour la plupart des sociétés d'électricité, étaient plus élevés que dans un secteur aussi confirmé que l'industrie gazière. D'où la volonté de répartir d'avantage les risques de mauvaise fortune en prenant des participations financières restreintes dans un nombre plus élevé d'entreprises. Par ailleurs, la rentabilité du secteur gazier allait diminuant, malgré les efforts des gaziers pour pénétrer de nouveaux marchés.

En 1927, la compagnie exploitait encore 11 usines à gaz (au lieu de 19 en 1900), soit 2 en Belgique (Charleroi et Châtelet), desservant 15 communes ; 8 dans le nord de la France (Bedarieux, Bergues, Cambrai, Dunkerque, Fourmies, Hazebrouck, Saint-Omer et Valenciennes), desservant 46 communes ; et une en Italie (Sienne). Les ventes de gaz s'étaient élevées à 24,8 millions de m³ de gaz durant l'exercice 1926-1927, contre 30,6 millions de m³ en 1899-1900 et 18 millions de m³ en 1880. Comme on le voit, les ventes de gaz n'avaient jamais repris le volume qui avait été le leur avant la Première Guerre.

Rappelons toutefois que le Gaz belge avait de surcroît d'importants intérêts dans plusieurs autres entreprises qui assuraient (notamment) la distribution de gaz : les Compagnies réunies gaz et électricité de Lisbonne, la société belge Gazelec et la Société éclairage, chauffage et force motrice de Tournai et extensions, toutes sociétés qui avaient repris des concessions de gaz exploitées auparavant par le Gaz belge.

Mais le portefeuille de la Compagnie comportait désormais davantage de participations dans le secteur électrique que dans celui du gaz. En Belgique, le Gaz belge collaborait avec la Société générale belge d'entreprises, le groupe CGGFE-Gazelec et le groupe Empain. Il avait pris des participations dans toutes les filiales belges de la SGBEE : Intercom et les sociétés de distribution Electricité du bassin de Charleroi, Electricité du Borinage, Electricité du nord de la Belgique, Electricité de l'est de la Belgique, Electricité de l'ouest de la Belgique, Electricité de la Basse-Meuse. Avec la Sofina, il collaborait à l'essor de sociétés électriques en Sicile et à Lisbonne. En France, il avait des intérêts très importants dans les sociétés Départementale électrique de Valenciennes, Société d'électricité de la région de Valenciennes-Anzin et Société d'électricité de la région de Dunkerque. Le Gaz belge exploitait d'ailleurs lui-même certaines concessions de distribution dans le Nord français, et en 1926-1927 ses ventes d'électricité s'élevaient au total à 11 millions de kWh.

VIII. Du gaz belge à l'Electrobel

En 1928, le Gaz belge était une société très prospère. Le portefeuille de la compagnie pouvait être évalué à environ 400 millions mais n'était porté au bilan que pour 49 millions. Le dividende annuel oscillait entre 40 et 50 % de la valeur nominale du titre... Même en tenant compte de l'inflation des années 1920, c'était un beau résultat. Lors de l'Assemblée générale extraordinaire du 12 juin 1928, les actionnaires du Gaz belge – presque tous descendants des fondateurs – approuvèrent la proposition qui leur était faite de porter le capital de la société de 20 à 30 millions par la création de 20 000 actions nouvelles. La moitié de ces titres furent remis à la Banque de Bruxelles et des groupes amis : la Banque Propper, la Sofina contre apport d'importantes participations dans des sociétés d'électricité ou de gaz, belges et étrangères. En se basant sur leur cotation en bourse, les apports de la Banque de Bruxelles pouvaient être évalués à plus de 52 millions. Pour cette dernière, l'opération présentait l'incontestable avantage de renforcer sa position dans une société dont elle ne contrôlait que 8 % du capital. De son côté, le Gaz belge renforçait sa stabilité, ses disponibilités et son portefeuille. Le président du Gaz belge souligna à cette occasion l'intérêt pour sa société de disposer d'un actionnaire de référence, de façon « à travailler avec sécurité et d'avoir une politique générale à longue portée »[33]. Par ailleurs, une moitié de l'aug-

---

[33]   AGR, Electrobel, 17/77, déclaration du président du Gaz belge à l'AGE de la société, le 12 juin 1928 ; liste des participations apportées au Gaz belge par la Banque de Bruxelles. Pour le projet d'acte syndical entre actionnaires du Gaz belge, voir AGR,

mentation de capital fut souscrite en espèces. Les nouveaux titres furent émis au prix formidable de 4 500 francs, pour une valeur nominale de 500 francs, et la société encaissa de ce fait quelque 40 millions en primes d'émission. Ce prix était loin toutefois d'atteindre le cours moyen du titre en Bourse, qui oscillait alors autour de 9 000 francs ! Inutile de souligner l'empressement des anciens actionnaires à profiter de leur droit préférentiel de souscription.

En novembre 1928, Lucien Beckers, administrateur du holding belge Société générale belge d'entreprises électriques (SGBEE), échafauda un ambitieux projet avec la complicité de William Thys, administrateur délégué de la Banque de Bruxelles. Il imagina de créer un « superholding » belge spécialisé dans les services publics : tramways, gaz et électricité[34]. Ce groupe serait issu de la fusion des trois sociétés actives dans ce secteur et dont la Banque de Bruxelles était le premier actionnaire : le Gaz belge, les Chemins de fer économiques et la SGBEE. De nombreux facteurs pouvaient faciliter une fusion entre les trois holdings : participations croisées, similitude des activités, complémentarité des portefeuilles (ils comptaient parmi les plus importants actionnaires d'Intercom), personnalités communes aux différents conseils d'administration... Mais pourquoi la provoquer ? On pouvait y voir trois raisons.

Tout d'abord, le développement de deux des trois groupes, le Gaz Belge et la SGBEE, était entravé par l'existence de parts de fondateurs : toute augmentation de capital devait ménager les droits de priorité des détenteurs de ce type de titre. Une absorption par une autre société serait l'occasion de dissoudre ces deux groupes et de repartir sur des bases financières plus souples.

Ensuite, la fusion apparaissait comme le moyen idéal pour mettre en chantier la réalisation d'un objectif industriel ambitieux : l'électrification systématique de la Belgique. Pour réaliser cet objectif, la société qui naîtrait de la fusion serait magnifiquement armée : elle détiendrait une majorité absolue dans la société Intercom et dans ses filiales. Elle disposerait aussi d'un réseau d'alliances avec de nombreux groupes exploitant des concessions voisines de celles du groupe Intercom.

Enfin, l'organisme ainsi créé ferait figure honorable vis-à-vis d'un groupe concurrent, la Sofina qui venait d'augmenter ses moyens d'actions. Après fusion, le nouveau groupe détiendrait un portefeuille évalué à 1,5 milliard.

Electrobel, 17/79. Voir aussi des extraits des « souvenirs » de Lucien Beckers, archives privées, copie en possession des auteurs.

[34] BUSSIERE, E., *La France, la Belgique et l'organisation économique de l'Europe, 1918-1935*, Paris, 1992, p. 311. Pour l'actionnariat des trois groupes à fusionner, voir AGR, Tractionel, 7/1868, situation comparée de la Banque de Bruxelles, Paribas et Société Générale, décembre 1929.

L'histoire du Gaz belge comme entité distincte s'arrête avec la fusion du Gaz Belge et d'Electrobel, qui fut effectivement réalisée le 20 novembre 1929. Le Gaz belge fit apport à cette occasion de tout son portefeuille. Les usines à gaz françaises, le principal actif du Gaz belge à l'étranger, furent apportées à un autre groupe, la Compagnie générale du gaz pour la France et l'étranger (CGGFE), qui créa une filiale pour les exploiter : la Compagnie générale pour l'éclairage et le chauffage par le gaz, en abrégé Gazelno. Electrobel devint l'un des principaux actionnaires de la CGGFE et de Gazelno.

CHAPITRE III

Une croissance sans modèle ?

L'industrie du gaz en Italie à travers l'analyse de quelques cas urbains

Andrea GIUNTINI

Université de Florence et de Modène/Reggio Emilia

Si un spécialiste devait tracer une histoire globale de l'industrie du gaz en Italie, il n'aurait aucune difficulté particulière à proposer un modèle unitaire se basant sur quelques moments ou étapes déterminantes. Moments et étapes qui, pour la plupart passés au crible de la comparaison, présentent des caractéristiques analogues à celles des autres pays européens. C'est ce qui transparaît notamment de l'autre essai concernant l'Italie présenté dans ce même volume.[1]

Si au contraire les événements étaient passés à la loupe, on remarquerait une évolution originale. Une analyse plus fine montre une multiplication incontrôlable d'expériences particulières se diffusant des villes principales vers les centres urbains mineurs et les cités appartenant à la périphérie de la péninsule. A première vue, ces cheminements spécifiques coexistent difficilement dans un cadre unique et homogène. Le résultat immédiat d'une analyse de ce genre, nécessairement superficielle faute de place, nous amène à nier l'existence d'un modèle de croissance commun pour l'industrie du gaz en Italie et cela jusqu'à la découverte de quantités considérables de gaz naturel au début des années 1950. Ainsi jusqu'à ce moment crucial, l'expansion du secteur ne suit aucune stratégie précise, agissant tantôt sous le signe de la recherche d'un profit maximum immédiat, tantôt dans une optique défensive face à la menace d'une industrie électrique toujours plus puissante. Il s'agit donc toujours, en définitive, d'un secteur évoluant selon des tactiques contingentes sans jamais s'insérer dans un cadre de stratégies définies à long terme.

L'analyse du secteur gazier italien permet toutefois de faire ressortir un ensemble de standards. En effet, malgré une certaine dispersion, on

---

[1] Voir Section III.

peut clairement observer que les conditionnements de l'histoire pèsent sur les solutions adoptées par la suite. On assiste à la formation d'un marché à l'échelle nationale créé sur des bases quasi spontanées. Mais, même l'historiographie économique italienne, qui insiste clairement et avec raison sur la prédominance industrielle de la partie septentrionale urbanisée du pays, trouve dans l'étude de ce secteur de nombreuses preuves *a contrario*. Cela signifie que parfois, de petites usines dispersées en province génèrent des résultats économiques plus satisfaisants que les grands réseaux des centres urbains et il arrive fréquemment que ces petites usines provinciales adoptent de l'équipement et des processus très novateurs directement importés de l'étranger.

Finalement, la variété géographique et économique des cas urbains, dont ce travail ne donne qu'une simple idée, permet une analyse très supérieure à ce qu'aurait montré la recherche d'un fil conducteur unitaire qui peine à se distinguer.

Le choix des villes est donc partiellement représentatif. Il s'agit de grandes villes auxquelles il faudrait ajouter des centres urbains de taille plus réduite. Il faut également préciser que les cheminements analysés ne reflètent pas pour autant l'éventail thématique qui existe réellement en matière de relations entre les composantes économique, technologique et politique. Cette grande diversité finira par converger dans une même direction à partir des années 1970, et cela même si elle passera par un tournant majeur au moment de la création de l'ENI, l'organisme national chargé dès le début des années 1950 de prendre en main la production de méthane. Par la suite, l'internationalisation du marché du gaz naturel ne concernera pas seulement l'Italie, mais s'insérera dans un contexte d'approvisionnement énergétique à la fois européen et mondial.

I. Entre privé et public. Le gaz dans une Italie en changement

Le premier indice de variabilité, qui est également le plus consistant, est lié à la dimension des villes et au rythme de leur transformation. Les villes italiennes changent de physionomie au milieu du XIXe siècle, lorsque les agrandissements et les restructurations redessinent les espaces et les fonctions. Le nombre d'habitants est un élément dont chaque entreprise gazière doit tenir compte pour se préparer à desservir un marché, mais les exigences liées au contexte – comme une nouvelle vision bourgeoise de l'image urbaine – jouent un rôle majeur, plus particulièrement dans les nombreuses villes d'art italiennes. Trois villes, parmi celles que nous allons succinctement analyser, firent successivement fonction de capitale du royaume alors même que les réseaux gaziers prirent une extension majeure.

Même par rapport à la manière dont émerge l'initiative industrielle, entendue à la fois dans le sens évolutif et dans la typologie des marchés qui se constituent, il nous est possible de nous baser sur quelques considérations intéressantes qui faciliteront la compréhension de nos affirmations. Un facteur immédiatement perceptible doit être souligné : il s'agit de l'indifférence substantielle de la collectivité publique vis-à-vis de ce secteur, auquel un intérêt stratégique ne sera accordé qu'au moment des découvertes de gaz naturel. Partant de ce constat, nous nous sommes demandés quelle direction aurait pris l'histoire de l'énergie en Italie si immédiatement après la Deuxième Guerre mondiale, époque du méthane dans les régions du nord de la péninsule, au temps des premiers forages qui furent abondamment surestimés, du gaz naturel n'avait pas été découvert ?

Ces observations nous amènent à envisager diverses analyses. L'essor de l'industrie du gaz se base sur le système des adjudications et des concessions. Ces dernières sont, en fait, les garanties d'une concurrence transparente uniquement d'un point de vue formel dans la mesure où, en réalité, la concurrence est partout viciée par les nombreuses collusions entre d'un côté les entrepreneurs privés, italiens ou étrangers, et de l'autre l'appareil étatique. Une comparaison s'impose avec le monde ferroviaire, justement en plein développement au moment des débuts du gaz. Même l'issue oligopolistique, qui succède aux flamboiements initiaux du marché, permet une autre comparaison avec le secteur ferroviaire.

La diversité des situations rencontrées trouve un tronc commun dans la standardisation des contrats. Ce n'est pas un hasard si les archives, qui sont les sources principales pour retracer les premières décennies du secteur gazier – au moins jusqu'à l'intrusion de l'énergie électrique –, témoignent de l'importance accordée aux contrats concernant les autres villes, dans la mesure où il s'agissait de modèles utiles pour uniformiser les actes et les décisions.

A la question de la concurrence de l'industrie électrique, s'ajoute de façon logique et chronologique, la lutte pour la municipalisation qui se poursuivra dans certains cas jusqu'à la seconde moitié du XXe siècle. Les tentatives menées par de nombreuses communes pour se libérer de la tutelle exercée par les compagnies gazières ont souvent fini par aboutir à la prise en charge du service d'éclairage. Au nord du pays, ce choix stigmatise la volonté de se libérer d'une tutelle devenue insupportable, spécialement lorsqu'elle est exercée par des entrepreneurs étrangers.

L'importante présence de compagnies étrangères opérant sur sol italien – en majorité françaises – favorise la fragmentation[2]. A l'aube du

---

[2]   Sur les investissements français en Italie, la référence de base reste GILLE, B., *Les investissements français en Italie (1815-1914)*, Turin, 1968. Cependant, des indications

nouveau siècle, sur 182 usines gazières, plus d'un tiers (65, parmi lesquelles celles de Milan, Gênes, Venise, Bologne, Florence, Naples et Palerme) étaient en mains étrangères. Toutes disposaient de techniques de gestion et de niveaux technologiques différents qui, associés à un savoir-faire, se révélaient souvent de grande utilité. Les diverses compagnies eurent le mérite indiscuté d'introduire une des nouveautés les plus extra-ordinaires de l'époque, et cela en faisant preuve presque partout d'une rare voracité. Aucun service public n'attira plus de ressentiments que le gaz, que ce soit auprès des ouvriers ou des usagers. La prédominance du monopole permettait aux sociétés d'établir les prix comme bon leur semblait : « Non sans quelques exagérations en faveur de l'électricité » – comme l'observe Rossella Franco –, elle « s'élevait en tant que symbole du monopole », dont les « effets pervers » retombaient sur les consommateurs, contraints de payer des prix exorbitants[3].

Le passage de l'étape de l'éclairage à celle des usages domestiques se répercuta sur la trajectoire économique et technologique de l'industrie gazière. Toutefois, les réponses apportées par les compagnies italiennes furent diverses et ne convergèrent que sous « l'ère simplificatrice du gaz naturel ».

En conclusion, un dernier point très significatif doit être abordé. Il s'agit du rôle joué par l'industrie gazière dans le panorama industriel du pays. La réponse à une telle question ne se prête pas à des malentendus : la connaissance du parcours industriel italien comme celle de l'histo-riographie s'y rapportant ne laissent place à aucun doute. Le secteur gazier n'a jamais revêtu une importance particulière. Détaché, jamais au centre de joutes oratoires entrepreneuriales, hors des véritables jeux de pouvoirs – ceux dans lesquels, au contraire, l'industrie électrique trouva sa propre assise – et rarement un objectif privilégié, l'industrie gazière vint à se trouver aux marges des deux grands moments de croissance industrielle du pays, d'abord à l'époque de Giolitti, ensuite durant les années du *boom* qui suivirent la Deuxième Guerre mondiale. L'aventure, presque pittoresque à l'époque fasciste de l'avocat originaire de Novare Rinaldo Panzarasa, fondateur de l'Italgas, représente l'unique épisode dans lequel une société gazière se trouve au centre d'une politique d'acquisition dynamique et aventureuse, vouée à en amplifier l'activité et les horizons, avec comme objectif final, même si jamais atteint, de créer

---

précieuses sur les activités des étrangers dans ce secteur sont données par HERTNER, P., « Municipalizzazione e capitale straniero nell'età giolittiana », in *La municipalizzazione in aera padana. Storia ed esperienze al confronto*, a cura di BERSELLI, A., DELLA PERUTA, F., VARNI, A., Milan, 1988, p. 58-79.

[3] FRANCO, R., « Industrializzazione e servizi. Le origini dell'industria del gas in Italia », in *Italia contemporanea*, 1988, n° 171, p. 33.

un géant industriel de la chimie capable de se mesurer d'égal à égal avec les *leaders* du secteur.

En réalité, à part cet événement, si on exclut l'Italgas d'abord et l'ENI ensuite, la dimension locale tend à prévaloir sur celle nationale. Il faut noter également que jusqu'à nos jours, nous sommes en l'absence totale de signes montrant un intérêt actif pour ce qui se passe à l'étranger et dont l'objet principal serait autre qu'un motif de conquête. Les entreprises d'importance faisant défaut, l'industrie gazière est inexorablement poussée vers le nanisme et ne parvient jamais à atteindre des sommets appréciables. Ainsi il ne s'agit pas d'un protagoniste de l'histoire de l'industrie en Italie, mais uniquement d'un acteur secondaire, versatile, dont le comportement suscite l'intérêt, sans jamais faire de lui un acteur principal.

II. Turin, berceau de l'industrie gazière

Cette brève incursion dans certains des cas les plus intéressants proposés par le contexte italien ne peut qu'être initiée par Turin qui représente le berceau reconnu de l'industrie gazière italienne. Au lieu de parcourir chaque histoire dans sa totalité, on cherchera à mettre en exergue en quelques lignes certaines des caractéristiques les plus marquantes, tantôt dans une ville, tantôt dans une autre, et cela hors de toute prétention d'exhaustivité, mais en renvoyant plutôt à une bibliographie qui fort heureusement est toujours plus conséquente d'année en année[4].

La commune de Turin fut la première en Italie à accorder en 1837 l'autorisation d'installer un gazomètre et des conduites de gaz[5]. Le chef-lieu piémontais, alors capitale de l'Etat de la maison de Savoie, était le seul lieu où la règle du monopole, en vigueur partout ailleurs en Italie, n'était pas respectée. Effectivement, ce fut là que naquirent sous la pression de la municipalité deux compagnies qui se partagèrent le marché urbain : la Società anonima consumatori et la Società italiana per il gazluce. Un autre élément contribuant à en faire probablement l'étude de cas italien la plus intéressante, est la vaste implication des forces entrepreneuriales locales qui entrevirent dans le gaz une opportunité alléchante pour des investissements. La Société italienne pour le gaz, précurseur de l'Italgas et encore de nos jours l'unique géant du secteur en Italie, vit le

---

[4]   Bien synthétisée in CONTI, F., « Crescita urbana e infrastrutture in Italia e in Europa. Studi sull'industria del gas fra Otto e Novecento », in *Italia contemporanea*, 1992, n° 186, p. 103-111.

[5]   PENATI, E., *1837 luce a gas. Una storia che comincia a Torino*, Torino, Edizioni Aeda, 1972 ; CERUTTI, R. et GIANERI, E., *L'officina del gas di Porta Nuova a Torino la prima in Italia*, Torino, 1978 ; CASTRONOVO, V., PALETTA, G., GIANNETTI, R. et BOTTIGLIERI, B., *Dalla luce all'energia. Storia dell'Italgas*, Bari/Rome, 1987, p. 41-128.

jour en 1863. Dès ses premières années, cette entreprise fut la seule à s'engager dans un projet de concentration de réseaux éparpillés un peu partout en Italie. Cela concerna surtout ceux situés dans la partie septentrionale du pays, visant ainsi à sortir d'une localisation urbaine restreinte. C'est encore de l'Italgas que provient le seul exemple d'intégration verticale permettant l'exploitation des sous-produits.

La parenthèse liée à Panzarasa, dont il a été question plus haut, représente en Italie l'unique tentative d'émancipation de la structure entrepreneuriale traditionnelle. L'objectif était de constituer une véritable holding qui devait se trouver à la tête de nombreux organismes reliés entre eux, parfois en employant des moyens peu orthodoxes. Ce fut même l'occasion d'entreprendre un changement radical au sommet de l'entreprise où un nouveau contingent d'administrateurs fut installé alors que depuis sa création, elle avait été dirigée par un bloc aristocratique franco-piémontais. A cette occasion l'électricité, ainsi que diverses autres activités de service, commencèrent à intégrer le groupe chimique pour devenir par la suite l'un des secteurs de pointe. La chute du financier fut aussi rapide que son ascension ; la crise des années 1930 fut fatale pour cet homme d'affaires désinvolte. Malgré les adversités rencontrées, le secteur gazier resta toujours aux sommets de l'industrie nationale. Le colosse avait les jambes fragiles. L'énorme amas d'activités réunies pêle-mêle, privé d'une véritable colonne vertébrale était son talon d'Achille. Le nouvel équilibre entrepreneurial, basé sur une trame embrouillée de participations croisées et de relations personnelles, rendait la créature de Panzarasa très vulnérable.

Le parcours modernisateur de l'Italgas l'a conduit en 1967 dans le cercle des participations étatiques. Exemple unique parmi les compagnies gazières italiennes, l'Italgas s'est aussi engagée sur la voie des marchés internationaux en acquérant d'importantes positions.

III. Milan et la municipalisation tardive

Milan se caractérise par une municipalisation tardive. Le gaz y fit son entrée dès le début des années 1840. Le premier gazomètre, celui de San Celso, avait une capacité de 1850 m^3[6]. Au cours des premières années, la concession passa entre plusieurs mains. Les acquéreurs étaient dans la plupart des cas d'origine étrangère. En 1861, la société concessionnaire fut baptisée Union des gaz, une raison sociale qu'elle garda longtemps par la suite en qualité de monopole et cela malgré la concurrence de la

---

[6]   Concernant Milan, voir *Milano. Luci della città*, a cura dell'Azienda Energetica Municipale, Milano, 1985 ; et le plus récent *Milano tra luce e calore. Storia, costume e tecnologia del gas manifatturato*, Milan, 1995. Un long essai de Gianfranco Petrillo, dont l'auteur m'a courtoisement permis la lecture, est en cours de publication.

Compania lombardo-veneta à qui fut confiée une concession pour l'éclairage d'une bonne tranche de la périphérie milanaise. En 1876, ce fut cette même administration qui unifia ces deux sociétés à la fois dans l'optique de regrouper le service d'éclairage et de favoriser l'extension du réseau de distribution dans la périphérie urbaine.

Capitale de l'industrie électrique italienne, Milan fut le théâtre d'un rude combat entre le secteur naissant et l'Union des gaz qui se déroula surtout dans les salles des tribunaux, annonçant ce qui allait se passer dans beaucoup d'autres villes italiennes. Contrairement à la majorité des cas, à Milan le différend fut réglé en 1887 par la municipalité qui stipula une convention quinquennale avec l'Edison, brisant pour la première fois le monopole cinquantenaire de la compagnie gazière. Ainsi, en 1893, suivant probablement l'exemple de Turin, une coopérative fut fondée pour gérer la production du gaz tout en concurrençant l'Union. En 1905, la commune examina pour la première fois la possibilité de municipaliser les installations gazières, idée qui finit par être repoussée car trop onéreuse. C'est ainsi que l'organisme local décida de créer sa propre entreprise de production d'énergie électrique à laquelle elle confia l'éclairage de la ville. Avec la naissance de l'Azienda elettrica municipale (AEM), en 1910, une répartition du marché s'établit entre l'éclairage privé confié à la Società Edison – même si jusque-là, cette dernière s'était principalement engagée dans la production et la distribution de force motrice destinée à l'industrie naissante – et l'éclairage public, l'AEM. Toutefois, il restait encore à régler la question du monopole concernant la production et la distribution urbaine du gaz.

La guerre et la période d'après-guerre mirent au pied du mur le groupe anglo-français qui contrôlait l'Union. Ce fut le principal motif de l'entrée en lice de l'Edison, qui resta concessionnaire jusqu'en 1981, moment de la municipalisation, qui avait déjà été tentée en juillet 1960 suite à une décision du conseil communal. Cela représentait avant tout un geste politique sans aucune concrétisation pratique d'une part à cause des forts contrastes politiques que celui-ci suscitait et d'autre part en raison des intérêts économiques locaux impliqués. Un autre motif est à rechercher dans le poids financier trop considérable pour l'organisme local exigé par la restructuration totale des installations, dans la mesure où il s'agissait de rendre la fabrication du gaz indépendante du charbon en utilisant un procédé différent.

IV. Florence, Rome et Naples : l'Italie du gaz hors du triangle industriel

Les deux réalités, celles turinoise et milanaise, représentent le cœur de l'industrialisation italienne. Il s'agit dès lors d'observer ce qu'il advenait dans ces villes appartenant d'un point de vue économique à la dite périphérie. Tout en étant des grandes cités, Florence, Rome et Naples se trouvèrent aux marges du processus d'industrialisation des années 1880 à la Première Guerre mondiale, c'est-à-dire à l'époque où l'industrie gazière se modifia en profondeur. De plus, ces villes restèrent en retrait lorsque se posa la question du méthane. De ce point de vue, les Apennins constituèrent une barrière naturelle qui retarda l'adoption du gaz naturel, et cela bien que c'est dans ces espaces que furent menées les premières recherches de gaz naturel, plus précisément entre Florence et Bologne, premières villes à être reliées à un pipe-line italien.

L'expérience florentine s'inscrit à titre pragmatique dans l'histoire de l'industrie du gaz italienne, ayant la spécificité d'avoir accueilli le parlement italien pendant cinq ans[7]. Cela ne fait que témoigner de l'importance extra-industrielle de l'éclairage artificiel qui sert également à valoriser la richesse artistique d'une ville comme Florence. La place florentine, colonisée par la Société lyonnaise – groupe français – qui résistera jusqu'à l'immédiat premier après-guerre malgré l'animosité qu'elle inspire à la population, se distingue par la vivacité des premières compagnies d'électricité qui se développeront principalement sous forme de coopératives. En 1888, l'éclairage de la façade du Dôme représente un moment qui symbolise le passage à l'électricité provoquant ainsi le déclin du gaz dans le domaine de l'éclairage. Dans les années 1920, l'Italgas reprend le flambeau abandonné par les Français. Le second après-guerre se démêlera avec un contexte monopolistique, dont l'issue sera constamment désastreuse. La constitution de la Fiorentina Gas, en 1974, représente un modèle de société mixte capable d'innover dans le secteur.

Comme toute nouveauté technologique, l'éclairage au gaz fut accueilli froidement par les gouvernants pontificaux. Les démarches concernant son introduction débutèrent en 1839 et furent pendant longtemps infructueuses[8]. La plus grande ouverture d'esprit du pape Pie IX vis-à-vis des nouvelles technologies favorisa l'introduction des premières flammes à gaz. Le service fut assuré par un groupe anglais, cas unique parmi les grandes villes italiennes, qui donna naissance par la suite à la Società

---

[7]   Concernant Florence, voir GIUNTINI, A., *Dalla Lyonnaise alla Fiorentinagas*, Roma/Bari, 1990.

[8]   Le cas romain a été étudié par BENOCCI, C., *L'illuminazione a Roma nell'Ottocento. Storia dell'urbanistica, Lazio*, I, Roma, 1985, p. 10-11 ; et par BATTILOSSI, S., *Acea di Roma 1909-1996. Energia e acqua per la capitale*, Milan, 1997.

anglo-romana per l'illuminazione di Roma col gaz ed altri sistemi. En pleine autarcie au cours des années 1930, cette société passera le flambeau à l'Italgas. La première installation fut réalisée en 1854. Rome eut deux usines. La première située au Nord, sur la route de Flaminia à l'extrémité de la porte du Peuple, possédait un potentiel en gaz de 60 000 m³ journaliers ; la seconde au Sud, près du Circo Massimo, avait un potentiel de 40 000 m³. En 1912, au moment où le phénomène monopolistique prit une grande ampleur, la municipalité de Rome s'appropria la compagnie d'électricité sans s'intéresser à celle du gaz. Contrairement à ce qu'il advint à Turin et à Milan, la compagnie gazière ne revêtit pas une importance particulière dans le panorama économique urbain.

Parmi les villes méridionales italiennes, Naples fut celle qui releva la première le défi du gaz[9]. Encore une fois, ce fut une compagnie française qui prit les devants. Elle fit une proposition à la Cour des Bourbons qui l'accepta. La décision d'adopter précocement ce nouveau moyen pour éclairer la ville témoigne d'une curiosité pour la technologie de la part d'une dynastie traditionnellement définie par l'historiographie comme étant éloignée de tout intérêt technologique et étrangère à toute perspective innovatrice. Ainsi vers la fin de l'année 1836, les Français De Frigière, Montgolfier, Bodin, Cottin et Jumel – noms déjà rencontrés dans le premier panorama gazier italien – parvinrent sans difficultés à convaincre Ferdinand II. Ce dernier fut enthousiasmé par l'idée de rivaliser avec les autres capitales européennes. L'essai inaugural se déroula en septembre 1837 près du portique du Temple de S. François de Paola en face du Palais royal, lieu chargé de symboles pour les gouvernants napolitains qui, enchantés par la démonstration, en ordonnèrent l'extension.

Même si les milieux entrepreneuriaux du Règne et quelques représentants de la Maison royale participèrent au projet en investissant, ce furent surtout les capitaux français qui servirent de base à l'expérience napolitaine. La société naquit officiellement en janvier 1841 en prenant la raison sociale Compagnia di illuminazione a gas della città di Napoli. Le contrat d'entreprise avait une durée plus brève que celle habituelle. Sa validité était de quinze ans et faisait référence au centre ville. La matière à distiller précisée dans le contrat présente une intéressante spécificité. Il ne s'agissait pas de charbon mais d'huile d'olive, substance alors abondante dans le Royaume des Deux Siciles. L'emploi de la houille fut autorisé seulement en 1844. D'un point de vue technologique, l'établissement du gaz à Naples n'avait rien à envier aux autres villes plus avancées sur le plan économique. Les dimensions furent choisies en prévision d'une

---

[9] Sur le cas napolitain, voir *La Compania del gas in Napoli*, Naples, 1962. Je suis redevable aux informations fournies par Silvana Bartoletto qui achève une thèse de doctorat sur ce thème.

importante expansion qui, en fait comme partout ailleurs, tarda ce qui provoqua de graves problèmes de trésorerie à la société naissante.

L'histoire du gaz à Naples suit un parcours semblable à celui des autres villes italiennes que ce soit en matière de service, de typologie des clients, de rapport avec l'autorité étatique ou en ce qui concerne l'évolution contractuelle. Il est certain que la rapidité avec laquelle la ville s'est jetée dans la nouveauté s'est amoindrie avec le temps. Le développement des conduites de gaz connut un fort ralentissement sans compter le fait que dans les années 1860, Naples, ville qui comptait environ 450 000 habitants, était pour la majeure partie, encore éclairée à l'huile. La constitution de la Compagnia napoletana d'illuminazione e di riscaldamento con il gas, dans laquelle la prépondérance des capitaux français était écrasante, remonte à 1862. Depuis la fin des années 1980, la Napoletana gas commença à graviter autour du système de l'Italgas.

V. La diffusion du méthane et la convergence des expériences

L'époque actuelle, caractérisée par la diffusion du méthane et dont le début peut être situé dans les années 1970, à la suite du premier choc pétrolier – traumatisme fondamental pour le monde de l'énergie – renverse le schéma suivi jusque-là en proposant un contexte qui tend à la convergence. Nous sommes donc en train d'aboutir à une sorte de point commun final réunissant les diverses expériences qui se sont succédé et qui, selon l'auteur de cette contribution, sont privées d'un modèle précis. La gestion commune des services, retenue comme étant une approche inévitable dans une logique de réseau telle qu'elle apparaît dominante aujourd'hui, prend forme de manière définitive ces vingt dernières années au terme d'un long processus.

Le fait de dépasser la dimension purement « privatiste » et le déclin parallèle de la municipalisation traditionnelle, phénomènes amorcés définitivement au cours de la décennie cruciale des années 1970, ont constitué le moteur de l'innovation. La nécessité d'un concept nouveau permettant de satisfaire une demande d'énergie toujours plus diffuse et organisée, gérée par des critères managériaux efficients et non politiques, s'est dessinée de manière plus exigeante. Comme nous l'avons déjà souligné, l'Italie connut un grave retard par rapport à ces exigences et l'une des explications est à rechercher dans l'absence d'une véritable politique nationale de l'énergie. Une poussée dans cette direction dérive certainement de l'internationalisation qui ne pardonne pas l'inefficience des monopoles, souvent détenus par la fonction publique. Une autre raison expliquant la décision de s'engager sur la voie du renouveau résulte de l'innovation technologique, levier qui a puissamment fait sortir de ses gonds le monde des *public utilities*. De plus, il ne faut pas oublier le rôle libéral joué par l'Union européenne, implacable devant les subventions non méritées.

Ce nouveau schéma a permis une quantité considérable d'unions entre le privé et le public, unions qui étaient perçues comme illégitimes il n'y a pas si longtemps encore. Ces dernières ont souvent trouvé leur origine dans la distribution du gaz, activité définissable actuellement, entre autre chose, comme étant parmi celles qui ont les rendements les plus élevés. Ainsi, la manière de concevoir les services publics a changé de façon probablement irréversible, du côté des fournisseurs comme des usagers/clients. De nos jours, il est légitime de demander à l'autorité étatique une direction claire concernant ce domaine ; le lancement d'un plan énergétique national en 1981 n'est donc pas un hasard tout comme la promulgation de la loi de 1990 (n° 142) et l'adoption à partir de 1994 d'une *authority* dans ce secteur.

Les nouvelles formes entrepreneuriales, qui pullulent sur le marché, sont maintenant en mesure de prédire à quel moment cette tendance s'étendra à d'autres secteurs industriels désormais en retard par rapport à celui des services. Le résultat, au terme de ce long parcours des réseaux de service public, indique aujourd'hui la limite de la modernisation de l'ensemble de l'économie.

CHAPITRE IV

Gaz de France au tournant du siècle

La fin du « modèle français » d'entreprise publique ?

Alain BELTRAN

Directeur de recherche au C.N.R.S.
(Institut d'histoire du temps présent)

Lorsque nous avons achevé avec notre collègue Jean-Pierre Williot l'histoire de Gaz de France[1] de la nationalisation au début des années 1990, la situation des entreprises publiques françaises commençait à profondément évoluer depuis la décennie précédente. Au tournant du siècle, il est temps d'essayer de faire un premier bilan de ces 15-20 années qui ont remodelé le paysage des grandes sociétés publiques européennes. Le modèle français d'entreprises nationalisées du secteur de l'énergie, essentiellement né après la Seconde Guerre mondiale avec la création de Charbonnages de France, d'Electricité de France, de Gaz de France et l'action continue des pouvoirs publics pour promouvoir le pétrole national, a été et se trouve remis en cause. La pression du marché, la nouvelle législation européenne et les évolutions socio-politiques sont allées dans le même sens. L'Etat français s'est trouvé pris en tenaille entre la régionalisation lancée par la loi Defferre de 1982 et l'affirmation d'une autorité supra-nationale au niveau européen. Les autorités de Bruxelles ont fait la promotion de la libre concurrence et du désengagement de l'Etat pour le plus grand bien, pensent-elles, du consommateur. Plus rapidement qu'on ne le pensait, quelquefois sous l'influence d'une rapide évolution des techniques (cas des télécommunications), l'entreprise nationalisée a dû suivre pour survivre, même si la France a été la plus réticente au changement. Le 10 août 2000, la « directive gaz » ouvre le marché à une certaine concurrence. Les évolutions ultérieures ne sont bien entendu pas connues mais nous essaierons d'examiner – pour comprendre les bouleversements qui s'annoncent – trois points essentiels : les transformations du marché du gaz depuis une vingtaine d'années ;

---

[1] BELTRAN, A. et WILLIOT, J.-P., *Le noir et le bleu, Quarante années d'histoire de Gaz de France*, Paris, 1992.

l'impact des directives européennes ; la recomposition du secteur gazier (et énergétique) français pour affronter les défis à venir.

I. Evolution du marché du gaz

La consommation de gaz naturel dans le monde a connu une progression régulière depuis 1970 de l'ordre de 3 %. Sa part de marché a connu la même croissance puisqu'elle est passée de 18 % en 1980 à 23 % en 1998. La répartition mondiale de la consommation s'est modifiée sensiblement. A l'origine, Amérique du nord et Union soviétique représentaient l'essentiel du marché mais, depuis trente ans, l'Europe occidentale s'est affirmée comme un troisième pôle de demande : la consommation ouest-européenne par rapport au monde a en effet doublé (de 8 % en 1970 à 17 % en 1998). Après le charbon et le pétrole, dont le « règne » n'est pas terminé, il ne serait pas faux d'évoquer l'entrée des pays industrialisés dans une ère du gaz naturel. Ceci est un changement important car, longtemps, la consommation de gaz n'a pas été basée sur des usages captifs mais plutôt sur l'opportunité de valoriser des sous-produits de l'extraction pétrolière. Le temps où le gaz était « torché » sur les champs pétrolifères n'est pas si éloigné. Faute de clients et de moyens de transport économiques, le gaz naturel est longtemps resté plus une gêne qu'une ressource. Les temps ont changé et les pétroliers ont aujourd'hui compris l'intérêt qu'ils avaient à commercialiser du gaz. Certaines techniques qui ont largement besoin de méthane, comme la cogénération qui permet de combiner la production d'électricité et celle de vapeur, ont accru la demande.

Face à cet essor de la consommation, les réserves de gaz prouvées sont restées à la hauteur des espérances. Des découvertes importantes ont permis de doubler les ressources connues depuis 1980. Il y a aujourd'hui devant nous 60 années de production de gaz au rythme actuel de consommation. Ce qui est supérieur aux réserves connues en pétrole. D'ailleurs, il y a de moins en moins de gaz brûlé sur les champs de pétrole (environ 4 %) ce qui signifie bien que le gaz est devenu une ressource noble. D'autre part, la géopolitique des gisements de gaz est mieux équilibrée que celle des hydrocarbures liquides. Les réserves sont situées pour 30 % dans le Moyen-orient mais pour 40 % dans l'Europe orientale.

A l'inverse, on constate, lors de ce dernier quart de siècle, une grande stabilité dans les flux d'échange. Le coût du transport reste un facteur trop important pour permettre une évolution semblable à celle du pétrole. Les rigidités l'emportent ici. Seulement 20 % de la production mondiale de gaz fait l'objet d'échanges internationaux. On sait, à titre d'exemple, l'importance des structures de transport par gazoducs sous-marins en mer du Nord (NORFRA entre la Norvège et la France en 1998 ou INTERCONNECTOR avec la Grande-Bretagne). Et sur ces 20 %, les ¾ sont effectués par gazoducs et seulement un quart par méthanier convoyant du gaz naturel liquéfié (GNL). En conséquence, il n'existe pas de marché mondial du gaz mais trois zones de commerce assez distinctes (Europe, Asie, Amérique). Il n'est pas dit cependant que des marchés émergents ne devraient pas apparaître. De plus, les transformations industrielles vont dans le sens de la construction de groupes pétro-gaziers, au rapprochement entre producteurs (par exemple GAZPROM et GASUNIE), à l'intégration entre producteurs et distributeurs (comme l'ENI en Italie avec l'AGIP et la SNAM).

Le gaz naturel est ainsi devenu en quelques années une des premières énergies pour la production d'électricité secondaire. On peut lui prédire un avenir certain dans le domaine des transports car il est moins polluant que l'essence ou le fuel et il permet le développement de véhicules silencieux. Toutefois, les structures de consommation restent assez différentes d'un pays à l'autre, en particulier pour les gros consommateurs (la France faisant ici bien moins que la moyenne).

Tableau 1. Part des centrales électriques et des industries dans la consommation totale de gaz de plusieurs pays de l'UE en 1996 (%)[2]

	Centrales et Industries		
	>25 millions/m³/an	>15 millions/m³/an	>5 millions/m³/an
Autriche	50,2	53,1	58,2
Belgique	39,3	42,7	47,1
France	19,6	24,5	31,6
Allemagne	31	35	44
Italie	36	38	44
Pays-Bas	40,5	41,5	42,5
Espagne	29	42	60
Suède	39	44	56
Royaume Uni	28,8	31,1	35,3
MOYENNE	**33,3**	**36,7**	**42,5**

II. L'industrie gazière face à la construction européenne

La Communauté économique européenne (CEE) ne s'est pas véritablement dotée d'une politique énergétique sauf si l'on excepte le cas important de la Communauté européenne du charbon et de l'acier (CECA, 1951). EURATOM n'est pas une exception à la règle car ce traité n'a pas généré la coopération souhaitée. Avec le premier choc pétrolier, la CEE a

---

[2] Commissariat Général du Plan, *Services publics en réseau : perspectives de concurrence et nouvelles régulations*, Rapport sous la présidence de Jean Bergougnoux, avril 2000, p. 799 (source : Conseil de l'Union européenne).

réfléchi à la sécurité des approvisionnements ainsi qu'à la nécessité de diversifier ses ressources énergétiques, en mettant l'accent sur le gaz et l'électricité d'origine nucléaire. En fait, dans la plupart des pays, le premier choc pétrolier s'est plutôt traduit par un renforcement des politiques publiques et en particulier des sociétés qui prenaient en charge les intérêts gaziers. En revanche, plus près de nous, dans la seconde moitié de la décennie 1980, l'alourdissement de la fiscalité pétrolière conjuguée avec une moindre crainte de la perte d'indépendance énergétique ont favorisé l'émergence du concept de marché intérieur de l'énergie pour l'Europe communautaire. Les idées libérales prônées par le gouvernement de Madame Margaret Thatcher ont également eu une influence non négligeable sur l'évolution des esprits. En 1987, la signature de l'Acte unique européen a permis de renouer avec les racines libérales de la CEE (même si on trouvait déjà dans le traité de Rome de 1957 des idées anti-monopoles). La recherche technologique commune y était encouragée en particulier sur les questions énergétiques mais ces dernières sont restées en fait sources de politiques essentiellement nationales.

> L'action communautaire devra donc, dans le proche avenir, se limiter à la recherche de la convergence des politiques nationales. Celle-ci s'est avérée assez satisfaisante après les remous de la crise pétrolière, mais pourrait avoir du mal à résister à un véritable débat sur l'avenir du nucléaire. La catastrophe de Tchernobyl a révélé à la fois les divergences de vues entre Etats membres et le refus de certains d'entre eux d'aborder le problème dans le cadre communautaire, malgré l'existence du traité Euratom.[3]

Pour vaincre ces réticences, Bruxelles décida d'engager de profondes mutations dans le secteur énergétique, trop monopolistique à son goût.

Dans l'industrie du gaz, il existait beaucoup de monopoles techniques naturels[4]. Ceux-ci ont disparu d'abord aux Etats-Unis du fait que les investissements nécessaires avaient été effectués et que les marchés régionaux se développaient. La déréglementation industrielle gazière aux Etats-Unis pouvait servir de référence puisque à l'origine cette activité était en fait beaucoup plus contrôlée qu'en Europe. Suivit la privatisation de British gas où il y eut séparation entre l'opérateur qui conservait un monopole technique très encadré et les activités commerciales qui étaient largement ouvertes à la concurrence[5]. Il est incontestable que ces expé-

---

[3] RUYT, J. de, *L'Acte unique européen*, Bruxelles, 1989, deuxième édition, p. 280.

[4] Pour une comparaison entre réseaux, voir *Problèmes économiques*, n°2640, 17 novembre 1999, « Services publics et déréglementation », Paris, la Documentation française.

[5] Le 12 septembre 1997, les actionnaires de British gas plc décidèrent de la séparation de la société en deux groupes : BG (formé de Transco, BG Storage, BG International, Corporate Development et BG Technology) et Centrica (British gas, Scottish gas, N. Pridain, Goldfish, Automobile Association).

riences anglo-saxonnes – souvent trop récentes pour en tirer un jugement définitif – ont servi de cadre de référence à la directive sur le marché intérieur du gaz naturel. Toutefois, les transitions ne pouvaient être brutales ne serait-ce que du fait de l'existence de contrats à long terme qui ne devaient pas disparaître de si tôt[6].

Aussi, avec les résistances des différents états et la complexité des questions à résoudre, le cheminement des directives européennes fut fatalement lent[7]. En 1990, la première directive qui suivit l'approbation de l'Acte unique porta sur la transparence des prix industriels du gaz et de l'électricité. Les données statistiques devaient être publiées dans EUROSTAT mais les prix pour les plus gros consommateurs n'étaient pas connus avec exactitude, étant souvent l'objet de marchés de gré à gré. L'année suivante, une directive spécifique sur le transit du gaz était applicable à partir du 31 mai 1991. Son but était de faciliter les échanges de gaz, de multiplier les interconnexions afin d'assurer une meilleure sécurité. L'inspiration des premiers projets était fondamentalement libérale, au sens britannique que l'on pouvait alors donner à ce terme. L'intervention du Belge Claude Desama fut décisive. Il se souvient que « la proposition de la Commission ne parlait pas de missions de service public, ni du rôle des pouvoirs publics, ni même de systèmes de régulation[8] ». Après un rapport décisif du député wallon, l'Assemblée vota un texte en novembre 1993 qui demandait au Conseil des ministres d'assurer « l'universalité et la continuité du service et la sécurité d'approvisionnement ». C'est finalement le texte Desama voté par le Parlement qui l'emporta : le Conseil des ministres retint 80 % des suggestions du texte voté par les députés européens. Le 30 mai 1994, une nouvelle directive portait sur la production d'hydrocarbures tout en respectant le principe de subsidiarité. A la fin de cette même année, l'accès des tiers au réseau (ATR) n'était plus obligatoire mais devait être négocié. En 1995, une étape décisive dans le domaine de la réflexion advint avec la publication d'un Livre vert sur l'énergie, assez général, et d'un Livre blanc, beaucoup plus ambitieux. Trois objectifs stratégiques étaient mis en avant : compétitivité globale ; sécurité des approvisionnements ; protection de l'environnement avec des considérations politiques sur l'intégration européenne, la gestion

---

[6] L'importance des coûts d'exploitation des gisements explique cet état de fait. La mise en valeur du gisement de Troll en mer du Nord s'est montée à environ 70 milliards de francs français, soit presque le coût du tunnel sous la Manche.

[7] Sur cette chronologie, voir TERZIAN, P., pour le Commissariat général du Plan, *Le gaz naturel, Perspectives pour 2010-2020 (disponibilités, contraintes et dépendances)*, Paris, 1998.

[8] SCOTTO, M., « Claude Desama, l'avocat des services publics au Parlement », in *Le Monde*, 27 avril 1999.

de l'indépendance énergétique et le développement durable. Des propos somme toute assez consensuels.

La France essaya bien un contre-feu avec le concept d'acheteur unique qui correspondait en fait au cas d'Electricité de France (EDF). Le principe en fut repoussé par la Commission de Bruxelles le 22 mars 1995. Malgré tout, Paris adoptait une position plutôt rétive face aux souhaits de Bruxelles. L'Assemblée nationale adopta par exemple le 30 novembre 1995 la résolution suivante :

> L'Assemblée nationale rappelle que la séparation comptable entre les différentes activités de GDF serait inacceptable si elle aboutissait à mettre cette entreprise en position de faiblesse face à des producteurs étrangers souvent en situation de monopole [...] l'Assemblée Nationale s'oppose à l'accès généralisé des tiers au réseau de transport de gaz qui favoriserait l'écrémage du marché par des tiers [...] se déclare favorable à l'assouplissement des dispositions législatives interdisant l'extension des régies gazières communales à des collectivités voisines.

Pendant deux-trois ans, la question électrique occulta le problème gazier. Les positions des uns et des autres évoluèrent durant ce délai. En particulier, une véritable convergence d'intérêts se dessinait entre électriciens et gaziers européens. Les besoins croissants en gaz du fait du développement de la cogénération ou des turbines à gaz pour produire de l'électricité rapprochaient les producteurs d'énergie électrique des vendeurs de gaz qui disposaient de grosses quantités. A titre d'exemple, l'ENEL[9] pensa un moment recevoir directement du GNL nigérian en aménageant son propre terminal méthanier à Montalto di castro près de Rome. La situation assez complexe déboucha sur un accord franco-italien en 1997. Le Nigéria fournissait à Montoir de Bretagne, terminal de GDF, trois milliards et demi de mètres cube de gaz pour le compte de l'ENEL. Ce gaz était rétrocédé par le gazier français à son destinataire électricien par deux voies :

– 1,5 milliard de m³ de gaz algérien aboutissaient au terminal de la SNAM à Panigaglia qui livrait ensuite à l'ENEL ;

– 2 milliards de m³ de gaz russe traversaient l'Autriche et arrivaient en Italie, via la SNAM, avant d'être fournis à l'ENEL.

Une société italienne du nom de VOLTA[10] pensa également construire son propre réseau de gazoducs pour alimenter des clients électriciens. Pourtant, cette tendance à l'ouverture – avec un risque d'anarchie non nul – était contredite au même moment par une habile politique des grandes sociétés en monopole qui saturaient le marché et les réseaux de

---

[9]   Exemples développés par TERZIAN, P., *op. cit.*, p. 43 et s.

[10]   *Joint venture* Gazprom et Edison.

gaz par de nouveaux marchés dits « take or pay » au point que le directeur général de l'Energie à la Commission de Bruxelles dénonça en novembre 1997 l'accumulation de ces contrats qui risquaient de rendre inopérante la directive gaz.

Les événements se précipitèrent du fait de l'alternance en Espagne. Le nouveau gouvernement instaura l'ATR gazier avec pas mal de restrictions mais il s'agissait d'une première en Europe. La Commission de Bruxelles essaya de profiter de cette brèche et de l'article 37 du traité de Rome pour s'en prendre aux monopoles d'importation. Elle essaya de s'appuyer sur la Cour de Justice européenne pour prononcer l'illégalité de ces derniers. Au contraire, la Cour européenne confirma ces monopoles en octobre 1997 car leur suppression pourrait remettre en cause les missions de service public (continuité du service et sécurité des approvisionnements). La compatibilité des monopoles publics et du traité de Rome était affirmée : preuve qu'une lecture nuancée devait être faite de la déréglementation telle qu'elle était envisagée depuis Bruxelles.

L'année 1997 fut le moment d'âpres débats avant que le Conseil des ministres de l'Union n'adoptât en définitive le 8 décembre un ensemble de dispositions concernant le gaz (accord de Luxembourg). L'idée était d'ouvrir progressivement les marchés en se donnant deux ans avant de commencer l'application puisque les différents pays signataires devaient mettre à profit ce délai pour adapter leurs structures. Les principaux points de l'accord étaient les suivants :

– les monopoles d'importation et de distribution devaient disparaître au profit de clients éligibles ;

– seuls pouvaient subsister des monopoles de transport haute pression et des monopoles régionaux (Gaz de France était dans ce cas) ;

– l'ouverture se ferait par phase (20 % au moins du marché dans une première phase ; 28 % cinq ans après ; 33 % cinq ans encore après) et par gros clients dits « éligibles » (centrales électriques fonctionnant au gaz ; cogénération de plus de 25 millions de mètres cube de gaz consommés par an ; clients finals consommant au-delà de 25 millions de m³ de gaz par an lors de la phase 1 – ce qui représente environ 150 clients pour Gaz de France – puis 15 et 5 millions de m³ lors des phases 2 et 3.

Tous les pays (sauf la France) étaient au moins à 20 % d'ouverture (ce qui correspondait à la phase 1) avec des centrales électriques fonctionnant au gaz et de gros consommateurs [voir tableau n° 1]. En revanche, dans le domaine du transport de gaz, la situation était extrêmement variée d'un pays à l'autre.

Le Royaume-Uni a commencé le processus de libéralisation de son marché gazier dès 1986 avec une première loi gazière. L'accès des tiers au réseau y est réglementé et la concurrence encouragée sur tous les segments de

l'industrie, à l'exception du transport. La directive est donc *de facto* déjà
transposée. Les Pays-Bas se sont engagés dans une politique de libéralisation
qui vise à préserver une gestion optimale de ce patrimoine national qu'est la
ressource en gaz. Si la loi gazière n'est pas encore votée, elle devrait l'être
dans le courant du printemps et, anticipant sur le contenu de cette loi, Gasunie
a publié des règles pour l'accès à son réseau. L'Espagne en est au tout début
du processus de libéralisation. La loi de transposition a été approuvée par le
parlement en 1998 mais tout, ou à peu près tout, reste à faire avant que le
marché gazier puisse être considéré comme effectivement libéralisé. Le gouvernement reconnaît que le processus est lent mais a promis que la situation
sera clarifiée au printemps après les élections. C'est en Allemagne que la situation est la plus difficile à cerner. Certes une première loi datant de 1998
supprime les obstacles légaux au développement de la concurrence (contrats
dits de Demarkation et concessions exclusives pour la distribution). Une nouvelle loi est attendue et les intéressés ont formé un groupe de travail cherchant
à dégager un consensus qui sera soumis au ministre responsable. Le grand
nombre d'acteurs rendra difficile l'instauration d'un système transparent.[11]

Le succès de la directive gaz dépendra des initiatives locales et de la
bonne application du principe d'éligibilité. Pour s'opposer à ce dernier,
seuls trois critères peuvent être avancés : saturation du réseau ; obligations de service public ; obligations liées à un contrat « take or pay ».
Mais les clients rejetés pourront faire appel en s'appuyant sur l'article 86
du traité de Rome (« abus de position dominante »). Ces différents principes ne seront pas appliqués aux derniers entrants dans l'Union européenne comme la Finlande. Un dernier problème délicat reste à résoudre,
en particulier en France : celui de l'éligibilité des distributeurs. Dans ce
pays coexistent un distributeur national (GDF) et 17 distributeurs non
nationalisés (DNN), régies ou SICAE. Paris a toutefois promis fin 1997
de réfléchir à un schéma gazier national qui dessinerait les zones où GDF
aurait l'obligation de desservir (selon des critères de rentabilité à définir)
et celles où les communes (non desservies et non inscrites au schéma)
pourraient faire appel à n'importe quel opérateur. En attendant, certaines
régies font preuve d'initiative et s'adaptent aux transformations futures ;
la régie de gaz de Bordeaux s'est ainsi transformée en société anonyme
d'économie mixte. Elle s'est ouverte à la participation financière de GDF,
de Dalkia (Vivendi) et de la société gazière de l'Atlantique (Elf). Elle se
prépare à desservir d'autres communes – par exemple dans le Tarn –
autres que les 43 qui sont actuellement de son ressort.

Partie d'une position très libérale, l'Union européenne a fini par reconnaître le rôle positif des services publics. L'article 7D du traité

---

[11] *Analyse des conditions encadrant l'organisation du marché intérieur du gaz naturel
dans quatre pays européens : Allemagne, Espagne, Pays-Bas, Royaume-Uni*, février
2000, étude pour le secrétariat à l'Industrie.

d'Amsterdam déclare d'ailleurs « eu égard au rôle que [les services d'intérêt économique général] jouent dans la promotion de la cohésion sociale et territoriale de l'Union, la Communauté et ses états membres veillent à ce que ses services fonctionnent sur la base de principes et dans des conditions qui leur permettent de conduire leurs missions ». Malgré ce compromis, la France a défendu une position longtemps favorable au *statu quo*, aujourd'hui difficile à tenir.

III. Gaz de France au tournant de son histoire

Il est clair que la France durant ces dernières années a présenté une politique de défense de ses entreprises publiques, souvent centrée d'ailleurs sur le cas d'EDF. La position de Gaz de France était plus fragile dans la mesure où cette entreprise ne possédait qu'un monopole public d'importation mais n'était plus depuis les années 1960 ni productrice, ni seul transporteur, ni seul distributeur. La fin du monopole d'importation pouvait aussi signifier la disparition de l'entreprise publique et, avec elle, un certain modèle né en 1944-46 quand la France se reconstruisait et se modernisait. Pourtant, au-delà de certaines crispations, l'accélération des changements attendus par Bruxelles a contraint la France à suivre le mouvement si elle ne voulait pas être sanctionnée ou seulement se trouver isolée. C'est toute la politique énergétique en France qui est en fait à repenser : avec le premier choc pétrolier, Paris avait fait le choix du nucléaire, avait renforcé le poids de ses politiques publiques (EDF, Agence française pour la maîtrise de l'énergie…). Au moment où le renouvellement du parc électronucléaire se dessine à l'horizon 2015-2020, le débat sur les choix énergétiques français est relancé. Il n'est pas sûr que la France doive tout miser sur le seul nucléaire : une diversification de ses approvisionnements, en particulier en gaz naturel, serait une solution possible. Le gaz naturel possède en effet de nombreux avantages : stockages nombreux et bien maîtrisés, position géographique de la France qui lui permet de jouer un rôle essentiel dans le transit européen. La France doit-elle continuer à bâtir sa politique énergétique sur la notion d'indépendance comme dans les années 1970 ?

L'aménagement du secteur gazier a d'ores et déjà bien commencé[12] dans la perspective de l'application de la directive gaz en août 2000. Gaz de France dans la mesure où les pouvoirs publics l'y encouragent a tout intérêt à aller vite pour que les impressions de confusion des stratégies, d'image surannée de l'entreprise publique ne viennent freiner les initiatives de changement. Au contraire, GDF a déjà agi dans plusieurs directions :

---

[12] Nous nous appuyons sur le rapport Bricq qui fait le point des questions actuelles.

– l'internationalisation : désormais, GDF compte 12 millions de clients dont deux à l'étranger (Berlin, Grande-Bretagne, Hongrie, Mexique...) soit 17 filiales dans une vingtaine de pays. L'objectif est d'atteindre 20 % du chiffre d'affaires à l'étranger.

– prise de participation dans plusieurs gisements de gaz naturel en particulier en mer du Nord. Le but est de disposer en ressources propres de 15 % de ses approvisionnements soit 6 milliards de mètres cube contre 5 % actuellement.

– diversification vers l'aval par exemple avec sa filiale COFATHEC.

– l'aménagement des structures avec la création de huit agences « industrie » et 21 agences « résidentiel et tertiaire » pour être plus proche des grands clients. De même, GDF « Grands Comptes » essaiera d'élargir l'offre auprès des industriels éligibles en France et en Europe. Pour apprendre ces nouveaux métiers, GDF s'est rapproché de la Société générale pour la maîtrise et la gestion des risques, pour l'optimisation des opérations d'achat et d'affrètement (des agents de GDF sont en formation à la salle des marchés de la Société générale). Enfin l'adaptation des systèmes comptables devrait répondre aux nouvelles exigences de transparence et de séparation des comptes. Tout cela est résumé par une expression sans ambiguïté : « un changement culturel fort[13] ».

Le rapport Bricq[14] examine d'autres conséquences possibles de la nouvelle donne dans le domaine gazier. Un certain nombre de spécificités françaises seraient à même de disparaître. Ainsi la suppression du système des concessions[15] d'Etat donnerait place à des autorisations renouvelées périodiquement ce qui entraînerait probablement le rachat des infrastructures par les concessionnaires actuels. L'accès réglementé aux réseaux ne permettrait plus de pratiquer un tarif unique mais plutôt des tarifs variables selon la distance. La loi de 1949 (dite Armengaud) qui complétait la nationalisation de 1946 serait caduque (elle n'autorisait le transport de gaz naturel qu'aux entreprises dont le capital était détenu à 30 % au moins par les pouvoirs publics). Les stockages resteraient sous la responsabilité d'Elf (aujourd'hui TotalFina Elf) et de GDF.

Malgré tout, le service public du gaz a été réaffirmé en France ne serait-ce que par la loi du 29 juillet 1998 qui donne accès à tous à l'énergie dans le cadre de la lutte contre l'exclusion : « toute personne ou famille éprouvant des difficultés particulières du fait d'une situation de

---

[13]   *Gaz de France information*, n° 548, septembre-octobre 1999, p. 21.

[14]   BRICQ, N., *Rapport sur l'avenir du gaz*, 1999, ministère de l'Economie, des Finances et de l'Industrie, 26 octobre 1999, 22 p.

[15]   Voir CARBONNIER, R., « Ouverture à la concurrence du marché du gaz : quelle évolution pour le système français des concessions de distribution ? », in *Revue de l'énergie*, n° 500, octobre 1998, p. 502-505.

précarité a droit à une aide de la collectivité pour accéder ou pour préserver son accès à une fourniture d'énergie ». On peut penser à la création d'une « tranche sociale » avec un abonnement à tarif réduit. En définitive, les caractéristiques classiques du service public sont à nouveau affirmées : l'égalité de traitement, la sécurité, la continuité du service avec un souci actuel concernant la protection de l'environnement et l'aménagement du territoire.

L'application de la directive gaz devrait enfin donner lieu à de nouvelles institutions de régulation[16]. Trois acteurs majeurs devraient intervenir dans un proche avenir : le ministre ayant en charge l'Industrie ; le Conseil de la concurrence qui agira *a posteriori* ; la nouvelle autorité de régulation du marché du gaz qui jugera *a priori* (contrôle de l'ATR par exemple). Elle regroupera des membres de l'industrie gazière et des universitaires (économistes et juristes).

*

* *

Conclusion

Il n'est pas dans les habitudes des historiens de faire du *kriegspiel* sur le proche avenir. Toujours est-il que le secteur gazier en Europe se recompose avec des mouvements d'intégration verticale, soit vers l'amont (approvisionnement), soit vers l'aval (les producteurs d'électricité). L'internationalisation ne peut également que se poursuivre. En conséquence, des besoins en capitaux importants sont plus que jamais nécessaires. Gaz de France de par sa taille n'a pas les moyens nécessaires à cette ambition nouvelle. La fusion avec EDF paraît peu probable dans la mesure où les deux cultures sont assez différentes malgré des institutions communes. Une autre solution consisterait à ouvrir le capital de GDF (transformé en SA) avec une participation encore majoritaire de l'Etat mais l'entrée « significative » d'EDF, de TotalFina Elf et du personnel. Ces évolutions ont été prônées – comme on l'a vu – par deux rapports émanant du Conseil économique et social (sous la direction de Charles Fiterman) et d'une députée socialiste (Nicole Bricq). Pourtant, au mois de mai 2000, le gouvernement français n'a pas franchi le pas vers l'ouverture du capital de GDF du fait des résistances d'une partie de la majorité au pouvoir. Tous ces éléments sont éminemment politiques car ils remettent en question un modèle d'entreprise créé en 1946 qui a fait ses preuves. D'éminents hommes politiques réaffirment ce modèle – en le réactualisant – comme une sorte de troisième voie équilibrée : « il faut que concurrence et intérêt général se situent sur un pied d'égalité. C'est à cette condition

---

[16]   BATAIL, J., « Vers la future organisation gazière française », in *Revue de l'énergie*, n° 507, juin 1999.

que l'on redonnera du sens à la construction européenne en faisant apparaître un modèle commun de société distinct de celui des Etats-Unis ou du Japon » déclarait le député européen et ancien Premier ministre Michel Rocard[17]. Mais, la résistance provoquée par la France aux directives bruxelloises a rendu les décisions à prendre encore plus impératives dans la mesure où le calendrier s'est resserré. Le secrétaire d'Etat à l'Industrie le déclarait le premier : « il ne faut pas perdre de temps[18] » tandis que le Président de GDF, Pierre Gadonneix, réaffirmait de son côté : « on sera prêt pour le 10 août[19] ». Le défi lancé à GDF n'est pas simple puisqu'il lui faut combiner le service public auquel les Français sont attachés et son avenir fait de diversification, d'internationalisation, de remises en question. La forte culture gazière peut-elle se dissoudre dans un ensemble multi-énergies, multiservices où pétroliers et électriciens seront très puissants ? Cette situation ne serait-elle pas un retour à des pratiques déjà connues avant la nationalisation de 1946 où certaines entreprises de services avaient su s'adapter aux différents marchés (comme la Lyonnaise des eaux et de l'éclairage) ? L'entreprise gazière française est aujourd'hui confrontée à des réalités qui sont allées bien plus vite que les discours officiels. Doit-elle sacrifier sa culture et ses spécificités pour entrer de plain-pied dans le XXIᵉ siècle ?

---

[17] ROCARD, M., « Le service public et ses missions », in *Le Monde*, 4 juillet 2000 (dans le cadre des conférences de l'Université de tous les savoirs).

[18] « Le gouvernement recule sur le statut de Gaz de France », in *Le Monde*, 18 mai 2000, entretien avec C. PIERRET.

[19] *Gaz de France Information*, n° 551, mars-avril 2000, p. 7.

CHAPITRE V

From Gas Light to Comprehensive Energy Supply

The Evolution of Gas Industry in Three German Cities: Darmstadt – Mannheim – Mainz (1850-1939)

Dieter SCHOTT

Professor, University of Leicester

I. Introduction

In the three German cities chosen as case studies, we can mark off several phases.[1] In the first phase from the 1850s to the 1870s gas works were set up on a private entrepreneurial basis, legally supported by concessions from city governments.

The second phase started with municipalisation of gas works in the 1870s and 1880s which was usually followed by technological modernization of the existing gas works or by replacing through a new plant. This was the *golden age* of gas industry since gas works were the unrivalled champions of municipal socialism making very significant contributions to the city budget. In the 1890s this phase was superseded by new competition between gas and electricity and diversification policies of the gas works.

Around 1900 the setting up of new gas works with far superior generation technology marked the start of a new phase, characterised by the coexistence of gas and electricity and the general diffusion of gas as technology for cooking and heating water.

In the 1920s and 1930s gas industry followed the tracks of electric utilities in expanding its networks to provide gas to the periphery. At the same time German city-based gas industry had to face the challenge posed by heavy industry in the Ruhr, which offered cheaper gas as a side-

---

[1] For a more detailed account of the setting up of energy technologies and urban transit in these cities see my habilitation thesis, published as SCHOTT, D., *Die Vernetzung der Stadt. Kommunale Energiepolitik, öffentlicher Nahverkehr und die "Produktion" der modernen Stadt. Darmstadt, Mainz, Mannheim 1880-1918*, Darmstadt, 1999.

product from coking and established long-distance-pipelines for the transmission.[2]

The fifth phase after the Second World War, which is not discussed in detail in this paper, was marked by the transition from coal gas to natural gas which took place in the 1960s and 1970s and left gas industry without any local production at all. Gas industry after this date became just a distribution network.

In this phase we can also observe a remarkable transformation of the image of gas industry. In the late 19th and early 20th century gas industry was suffering from a relatively bad image, gas production usually being a heavily polluting and stinking industry while gas consumption for lighting posed severe problems of fire safety and deterioration of air in gas-lit rooms. In the 1880s and 1890s the new electrical industry massively campaigned on theatre fires and the advantages of electric lighting over gas for large and representative rooms.[3] With the transfer to natural gas production and thus the source of heavy pollution disappeared – at least in Central Europe – and with natural gas not stinking and not being poisonous its usage could, supported by the environmental problem of sulphurdioxide emissions from oil, be presented as a viable and environmental friendly alternative to oil for heating houses and to electricity for heating water and for cooking.

This paper will focus on the second and third phase of this evolution of gas industry with some outlooks on the interwar period. Particular attention will be given to aspects of rate structures, diversification policies, problems of location and the relationship between electricity supply and gas industry just after 1900.

II. Gas Illumination as a Private Business in the 1850s

Gas provision started in all three case studies as private entrepreneurial businesses in the 1850s. Usually this new business was organised in joint-stock-companies, already indicating the relatively large capital investments necessary.

In Darmstadt a retired priest had taken the initiative to establish such a company assembling leading local businessmen.[4] Special feature of this

---

[2] REBENTISCH, D., "Städte und Monopol. Privatwirtschaftliches Ferngas oder kommunale Verbundwirtschaft in der Weimarer Republik", in Zeitschrift für Stadtgeschichte, Stadtsoziologie und Denkmalpflege, 3 (1976), 38-80.

[3] See for planning debates and discourses on early electrification: SCHOTT, D., op. cit.; BINDER, B., Elektrifizierung als Vision. Zur Symbolgeschichte einer Technik im Alltag, Tübingen, 1999.

[4] Among them Emanuel Merck, owner of the largest chemical factory, Karl Wolfskehl, a local banker, Dr. Karl Johann Hoffmann, a lawyer, Venator, the owner of a printing

gas works opening service in 1855, was the use of pine wood from regional resources to produce gas. This technology was the specialty of the construction company August Riedinger from Augsburg which obtained shares worth 200,000 Guilders for its input. A concession contract gave the company permission to use city streets for its tubes in return for a concession fee. Moreover the city would only be charged the costs for gas used by the lamps in the streets. After expiry of the term of contract the city could take over the gas works by buying up shares to the amount of construction expenses not yet paid back. At the outset the gas works were located outside of the city and their development was quite favourable, although the use of charcoal proved problematic and dangerous. The recurring shortage of sufficient quantities of seasoned wood and the high risk of fires – several times fires broke out in the wood stores – motivated the company to switch to a mixed production of coal and charcoal gas. When the contract came up for renewal the city decided to take over the gas works in view of high rates of profit and also complaints of customers about unstable gas quality. The share holders were guaranteed 3.5% interest and complete repayment by 1910.[5]

In Mannheim the start of gas provision was even a little earlier, after 1852 two firms which had joined to form the Baden Society for Gas Illumination operated the gas works.[6] The works which had been financed by the city were located at the edge of what then constituted the built-up area of Mannheim. Already in 1873, quite early compared to other German cities, the local authorities took over the works since its leaseholder had caused a breach of contract by buying excess capacities from a neighboring private gas work instead of extending capacity. By exploiting this breach of contract the city achieved premature dissolution.[7]

---

shop and Freiherr v. Wedekind, a high-ranking forester ; WEICKERT, H., *Alles fließt. Kommunale Versorgung im Wandel der Zeit. Eine Festschrift zum Jubiläum, 125 Jahre Gasversorgung – 100 Jahre Wasserversorgung*, Darmstadt, 1980, p. 18 ff.

5   HUBERTUS, H., *Die gewerblichen Betriebe der Stadt Darmstadt und ihre Bedeutung für die städtischen Finanzen*, Berlin, 1929, p. 12 ff and 41.

6   On the history of Mannheim gas works: MOERICKE, O., "Die Gemeindebetriebe Mannheims", in *Schriften des Vereins für Socialpolitik*, vol. 129, part 4, 2, Leipzig, 1909, p. 64 ff. The two companies were Engelhorn and Spreng & Sonntag from Karlsruhe. The asssociate of Engelhorn & Cie, Friedrich Engelhorn, was one of the founders of the famous chemical factory of BASF, using side products of gas generation like tar; WYBRECHT, G., *Die strukturellen Veränderungen der Mannheimer Wirtschaft 1830-1914*, Diss. Freiburg 1957, p. 76.

7   See on municipalization of gas works in Germany in general: KRABBE, W., "Städtische Wirtschaftsbetriebe im Zeichen des 'Munizipalsozialismus': Die Anfänge der Gas- und Elektrizitätswerke im 19. und frühen 20. Jahrhundert", in BLOTEVOGEL, H. (ed.), *Kommunale Leistungsverwaltung und Stadtentwicklung vom Vormärz bis zur Weimarer Republik*, Köln/Wien, 1990, p. 117-135; BRONCKHORST, H., *Kommunalisie-*

In Mainz the same company was engaged as in Mannheim, and the gas works which had to be specially constructed as being part of the fortifications, opened service in 1855. The city had provided ¾ of the construction sum, but had very few rights to inspect the books and interfere with the running of the company. Thus when the gas works were municipalized after the contract had expired in 1885, the public climate became very favourable for municipal economic activities, since the city had foregone a rather large sum due to the unfavourable conditions.[8]

III. Municipalisation and Diversification

Mannheim shows a quite typical course of events in that municipalization was due to increasing criticism among customers about quality and prices. Usually the technical equipment was run down at the time of municipalization because the contracts did not provide incentives for the entrepreneurs to care for proper maintenance if municipalisation was imminent. Therefore and also because the gas works could not be expanded as necessary at the original location new gas works were set up close to the railway station and opened service in 1879. This gas works were calculated for an estimated population of 100,000 inhabitants at a per-head-consumption of 50 m³ p.a., estimated to be reached in 20-25 years. However, the rapid economic development disproved this calculation, the production target of 5 million m³ was already reached seven years after the start of gas generation in the new plant, at a population of 68,000. Consumption estimates were chronically unreliable and this experience of rapid exhaustion of reserves caused planners at the turn of the century, when a new wave of gas-work construction was imminent, to set far more ambitious targets.[9]

How did this very successful and highly profitable energy technology now influence the decision-making process of local government on electricity, just then in the 1880s fresh on the market?[10] The local government

---

rung im 19. Jahrhundert, dargestellt am Beispiel der Gaswirtschaft in Deutschland, München, 1978.

[8]   SCHMITZ, G., "Die Entwicklung des Haushalts der Stadt Mainz 1798-1945", Diss. Mainz 1958; ZEEH, A., "Die Entwicklung der wirtschaftlichen Aufgaben einer Stadtverwaltung und ihre Grenzen, gezeigt am Beispiele der Stadt Mainz", Diss. Mainz 1926.

[9]   See on this point: RITTER, R., "Technische Anlagen zur Befriedigung des Konsums", in SCHOTT, S. (ed.), *Mannheim seit der Gründung des Reiches 1871-1907,* Mannheim, 1907, p. 238-253, 240.

[10] See on early electrification in Germany: HUGHES, T., *Networks of Power. Electrification in Western Society 1880-1930,* Baltimore/London, 1983; HERZIG, T., "Wirtschaftsgeschichtliche Aspekte der deutschen Elektrizitätsversorgung 1880 bis 1990", in FISCHER, W. (ed.), *Die Geschichte der Stromversorgung,* Frankfurt/M., 1992,

of Mannheim first refrained from activities due to its extremely success-ful gas works. In 1886 two external experts were asked to assess the potential of a public power station connected to the city's theatre. Be-cause their recommendations were diametrically opposed, the city ad-ministration decided not to build a power station with respect also to the revenues from its gas works which might be diminished. The same ap-plied to Mainz where the gas works had been municipalized in 1885 and were consequently modernised. Plans about installing a public electricity network in connection with the theatre and illuminations for a "grand boulevard" were laid aside for much the same reasons. But gas works did not necessarily act as brakes on local electrification: in Darmstadt the professor for electrical engineering, Erasmus Kittler, who held a chair at the Technical University, successfully advised the city to build a power station on its own account to better harmonise gas works and electrical power station and prevent undesired competition between the two energy technologies.[11]

After 1890, municipal administrations of all three cities strove to di-versify gas consumption by specific rate policies. The driving force be-hind this policy was external as well as internal competition, the spread of electricity on one hand, and of the Auer incandescent lamp on the other. The Auer lamp promised to reduce gas consumption greatly while it also appeared to make electric light unnecessary by eliminating some of the grave disadvantages of former gas illumination. In order to compensate the decline in gas consumption for lighting, gas works actively tried to open and develop new markets, especially in cooking and heating.

In Mannheim this diversification strategy entailed the display of kitchen equipment, the organisation of popular lectures and demonstra-tions on the advantages of using gas in close cooperation with local fitting firms. But the most effective instrument was the reduction of rates for cooking and heating which were set at ⅔ of the price for illumination gas. The success of this diversification strategy was quite remarkable: within ten years the dominant usage changed from illumination which had cov-ered 60% in 1897, to cooking and heating which absorbed over 50% in 1907. Gas for motors became almost insignificant due to the rapid rise of the electric motor in small and medium sized industry. In 1899, 189 gas engines with together 815 hp had been supplied by Mannheim gas works. When the electric power station opened service the installed power for the electric engines connected was immediately three times that of gas engines.

---

p. 121-133; KRABBE, W., *op. cit.* ; recently with emphasis on cultural aspects of dis-course on electricity: BINDER, B., *op. cit.*

[11] See SCHOTT, D., *op. cit.*, on Mannheim p. 343-347; on Mainz p. 550-562; on Darmstadt p. 175-192.

Table 1. Gas Consumption in Mannheim 1897-1907
Gas Distributed to Private Customers Was Used in % for

Year	Illumination	Cooking	Motors
1897	59.4	22.7	17.9
1899	53.8	29.2	17.0
1901	47.1	41.7	11.2
1903	49.4	42.9	7.7
1905	47.4	47.0	5.6
1907	44.3	52.8	2.9

Source: MOERICKE, O., "Die Gemeindebetriebe Mannheims", in *Schriften des Vereins für Socialpolitik*, vol. 129, part 4, 2, Leipzig, 1909, p. 89.

New markets were also opened up by introducing coin meters. After 1902 households in small flats could obtain gas from coin meters which were delivered including a simple cooking range and two gas-lamps. The gas works also carried the installation costs up to a maximum. The household was obliged to consume at least 350 m³ of gas/year. If a family consumed approximately 1 m³ of gas per day it had to pay 18 Pf a considerable sum set against daily wages of 3-4 Marks around 1900. Coin meters contributed to increase sales but never constituted more than a small portion of the whole market.[12] In 1910, 1,500 coin meters were in operation, their major effect was probably to accustom young families with yet small income to using gas which they later continued when they moved into larger flats and received gas on a normal basis.

On the balance sheet the shift from gas consumption for illumination to cooking and heating resulted in lower profit margins since rates for cooking and heating were usually lower than for illumination. Therefore incomes from the sales of side-products of coking were becoming ever more important for the financial performance of gas works. According to a calculation for the Mannheim gas works gross profits were about five times as high on side-products than on the actual sale of gas![13] This was the economic rationale behind the determination of municipal administrations to push gas sales by low-rate policies. If you could sell side-products of coking coal it made sense to produce more gas even if profits per unit of gas sales decreased since the production volume of side-products directly depended on the amount of gas generated.

---

12 The minimum consumption was abolished after some years; obviously the threshold had been set too high.

13 Moericke has calculated that gros profits from 1000 cbm gas were 12.31 Marks from the proper gas sales but 62.31 Marks from the sales of side products; MOERICKE, O., *op. cit.*, p. 95.

IV. New Works – New Locations

In the late 1890s cities like Mannheim and Mainz found that they were forced to embrace electrification as well as construct new gas works. The diversification strategy alongside with the effects of economic and demographic growth had pushed gas consumption to such levels that new capacities had to be created.[14] In many instances, however, such new capacities could not be fitted into the existing locations of gas works, either because those were not suitable for expansion or because of environmental conflicts. In the case of Darmstadt urban growth had encircled the gas works, originally on an open field outside the built-up area, to such a degree that serious conflicts between the gas works and residents of that district over the inevitable emissions of gas generation broke out.[15] New locations further away from the city centre and residential areas had to be found which offered good opportunities for economical operating of the new plant as well as for minimising popular protest against emissions and stench. However, eventually the gas works were only moved some 500m to the periphery and located next to an already existing gasometer. In spite of protests from residents, the administration defended this location with the argument that other possible locations would entail considerably larger expenses in terms of infrastructure and land prices. The difference between the location favoured by the administration and other more peripheral ones was calculated at 400,000 to 650,000 Marks, the equivalent of two-and-a-half to four times the annual net profit of gas works. Finally the administration obtained a majority vote of 26 to 15 from the city council by emphasising the importance of low gas prices for industry as well as for the city's reputation.[16]

---

[14]   The period after 1895 saw a vigorous and sustained boom, the long period of rather restricted growth, and price deflation, dominating the economic climate since 1873 had come to an end. On the economic cycles see: GRABAS, M., *Konjunktur und Wachstum in Deutschland von 1895 bis 1914*, Berlin, 1992. The urban population in Darmstadt increased by 14%, in Mannheim by 55% – due also to incorporations, and in Mainz by 10%; SCHOTT, D., *op. cit.*

[15]   On the urban growth of this neighborhood and resulting conflicts see: ENSGRABER, W., *Die Entwicklung Darmstadts und seiner Bodenpreise in den letzten 40 Jahren*, Leipzig, 1913. The city government had already intended to translocate the gas works when they were municipalized in 1880; see FRIEDRICH, W., "Die Gasversorgung Darmstadts", in STEIN, E. (ed.), *Monographien deutscher Städte. Vol. III Darmstadt*, Oldenburg 1913, p. 141-153. Gas works were always a major source of pollution and environmental nuisance ; in the case of Clermont-Ferand the inhabitants of the "quartier de la gare" disclaimed that the gas works formed part of their quarter although they were clearly affected by it; MASSARD-GUILBAUD, G., "The Genesis of an Urban Identity. The Quartier de la Gare in Clermont-Ferrand", in *Journal of Urban History*, vol. 25, 1999, p. 779-808, p. 791.

[16]   On the project of new gas works: *Verwaltungsbericht Darmstadt* 1899-1900, p. 14 ff ; on the debate in the council: *Darmstädter Tagblatt* 9.6.1899.

In Mannheim as well as in Mainz the decision fell in favour of locations close to the riverside in areas which were to be developed as industrial sites. In Mannheim the decision to construct the gas works in the industrial port which the city was just then opening to enforce its industrial development, gave a substantial thrust and emphasis to this industrialization strategy of the city. This emphasis was amplified by the power station which was also constructed close by in that industrial port.[17]

In Mainz the decision to construct the gas works on a peninsula of the Rhine about 5 km from the city centre had originally resulted from military constraints, as Mainz then still was a fortified city. Therefore the location on the northern shore of the customs port which was originally preferred, could not be chosen since the military authorities would not allow massive constructions within the "rayon" of the fortification walls.[18]

The city was thus forced to move the gas works further away to the peninsula "Ingelheimer Aue". This involved additional expenses in terms of tubes and foundations – the building site had to be raised to a flood-free level – but offered ample space for extensions on the other hand. As it turned out the decision to locate the gas works there also had implications on the location of the power station and thus on the technology applied there.[19] City councillors hoped that by locating gas works and power station side by side on the peninsula, synergy effects could be gained. The location decision also determined that the three-phase system was used for the power station.

These new gas works set up at the turn of the century differed quite a bit from the gas works set up a generation earlier: usually they now were planned with large capacities and reserve space for future growth and expansion in mind. In the case of Mannheim the demand projection was

---

17   See SCHOTT, D., "Power for Industry: Electrification and Its Strategic Use for Industrial Promotion. The Case of Mannheim", in SCHOTT, D. (ed.), *Energie und Stadt in Europa. Von der vorindustriellen "Holznot" zur Ölkrise der 1970er Jahre*, Stuttgart, 1997, p. 169-193. For maps of the industrial ports in Mannheim and Mainz see: SCHOTT, D., *op. cit.*, in the annexe.

18   On the restrictive effects of the fortification see: CUSTODIS, P., "Mainz im 19. und 20. Jahrhundert", in WEGNER, E. (ed.), *Stadt Mainz. Altstadt* (= Denkmaltopographie Bundesrepublik Deutschland. Kulturdenkmäler in Rheinland-Pfalz Band 2.2.), Düsseldorf, 1988, p. 38-58. The planning debate is documented in KREUDER, J., "Licht- und Kraftwerke. Geschichtliches", in VDI Rheingau (ed.), *Die Technik im Bereich des Bezirksvereins Rheingau. Festschrift zur 50. Hauptversammlung in Mainz und Wiesbaden 14.-17.6.1909*, 1909, p. 57-60.

19   See SCHOTT, D., *op. cit.*, p. 568-585; BUCHHAUPT, S., "Umlandversorgung und Energiepolitik im Raum Mainz-Wiesbaden: Das Ausgreifen des städtischen Elektrizitätswerkes Mainz in die Region", in BÖHME, H. and SCHOTT, D. (eds), *Wege regionaler Elektrifizierung in der Rhein-Main-Neckar-Region*, Darmstadt, Technische Hochschule Darmstadt, 1994, p. 41-56.

based on a per-head-consumption of 66 m³/year and a population from natural increase of 200,000 inhabitants within 20 years. The site should provide space for a gradual expansion in four phases rising from 25,000 m³ gas-production per day to 100,000 m³/day within the next 25 years. At this point of time, in 1924, the gas works were expected to serve a population of 315,000, while at the time of planning in 1897 Mannheim had just passed the mark of 100,000 inhabitants.[20] Thus the economic scope of this planning was very ambitious and far-reaching, but planning practice reflected contemporary experience that former calculations had always been overtaken by reality which had forced the administration to premature changes. In effect, even these far-reaching projections were overtaken by reality, at least in Mannheim. In 1926 local gas works boasted a production capacity of 220,000 m³/day which was more than double the target which had been aimed at in 1898 for the fourth stage of expansion.

The city council of Mannheim allotted 2.5 mio Marks for the construction of the gas works; the overall investment in modern energy technology amounted to about 5.9 million Marks around the turn of the century.[21] In Mainz some 4.5 million Marks were to be spent on gas and electricity works in the period 1898-1900 which was a very considerable sum in relation to just 4 million total running budget in 1895 and only 1 million for investment purposes in that year.

Similar investment pushes happened also in other cities, and it can be argued, that this unplanned coincidence of massive investment in utilities played a major role for the boom of utilities industry followed by the crash of electrical industry in 1901 when no follow-up orders came in to steady demand.[22]

A testimony to the self-confidence of cities to conduct their own affairs is also the fact that Mannheim did not give out the supervision of the construction to external experts, but kept it within the domain of the director of gas works. The board of governors, composed of two members of the city magistrate and three private councillors, acted as building

---

[20] *Verwaltungsbericht Mannheim* 1895-99, p. 387. This population growth was due to the incorparation of the village of Käfertals in 1897; TOLXDORFF, L., *Der Aufstieg Mannheims im Bilde seiner Eingemeindungen (1895-1930)*, Stuttgart, 1961.

[21] See SCHOTT, D., "Stadtentwicklung – Energieversorgung – Nahverkehr. Investitionen in die technische Vernetzung der Städte am Beispiel von Mannheim mit Ausblicken auf Darmstadt und Mainz", in KAUFHOLD, K. (ed.), *Investitionen der Städte im 19. und 20. Jahrhundert*, Köln/Weimar/Wien, 1997, p. 149-179.

[22] GRABAS, M., *op. cit.*, makes this point for the "Elektrokrise" of 1901-1902 ; see also on this crisis: LOEWE, J., "Elektrotechnische Industrie", in *Schriften des Vereins für Socialpolitik, Bd. 107 : Die Störungen im deutschen Wirtschaftsleben während der Jahre 1900 ff*, Leipzig, 1903, p. 77-155.

commission and had a heavy work load for the time of this project. A similar procedure was followed in Mainz where the almost simultaneous construction of gas works and power station was put under the authority of a special commission recruited from former members of the gas works committee. This special commission was staffed by some of the most prominent and influential councillors and met almost weekly during the construction period to decide on current issues. With approximately 250 construction workers employed on the site this was the largest project for many years in Mainz[23]

V. Gas Industry after Electrification in the Early 20th Century

What now were the effects of electrification on one hand, technical modernisation of gas works on the other after 1900?

Electrification on the whole does not appear to have had a major negative effect on gas sales: of course gas consumption for illumination stagnated, due also to the economies released by the Auer lamp, but this was more than compensated by the increases in gas consumption for cooking and heating. What definitely was lost within a rather short period was the market for gas engines: after 1900 industry and crafts adopted rather quickly electrical engines to drive machinery, gas engines soon became a thing of the past. But on the whole gas consumption still expanded greatly: in Mainz the number of gas customers increased from 8,400 meters installed in 1900 to 18,800 meters in 1910. If we relate this to the number of households the rate of households served with gas would have increased from 46% to almost 76%. Since a considerable number of customers were not private households but businesses this quota must be reduced. Still there is a significant increase in gas diffusion also among private households before World War I, probably well over every second household will have had gas available by that time.[24]

The economic effects on the municipal budgets were somewhat more ambiguous: the excellent performance of gas works in the 1880s and 1890s had been due to the fact that the equipment had been largely written off while it still functioned well enough to produce the gas required. Thus the cities yielded very high profit rates on their capital invested in gas works while still being able to dictate prices on monopoly markets. After 1900 the capital load increased greatly due to the new works while on the other hand returns per unit tended to diminish due to the low price-

---

[23]   See SCHOTT, D., *op. cit.*, p. 583.

[24]   *Verwaltungsberichte Mainz* 1900-1910; the quota of more than half of households served by gas compares to not much more than 10% being served by electricity; SCHOTT, D., *op. cit.*, p. 674.

policies as well as the shift from gas for illumination to gas for cooking and heating. Interest on capital invested thus fell from marvellous 15-20% in the 1890s to more modest 3-7% after 1900 in Mannheim.[25] In Mainz cost-prices per m³ rose from very low 7.5 Pf/m³ in the end of the 1990s to more than 10 Pf/m³ in 1901-1902, while net profit diminished from 7.5 Pf/m³ in 1898 to 3.4-4.2 Pf/m³.[26] This is to say that the city achieved its revenue more from increases in overall production than from high profit margins.

To make matters worse cities found it difficult for some time after 1900 to sell their side-products at good prices since the markets were glutted with coke and other side products. These markets were non-monopolistic in nature and thus more open to cyclical fluctuations. However by 1905 these problems had been overcome.

Table 2. Gas Sales in Mannheim according to Usage 1899-1908

	1899	1900	1901	1902	1903	1904	1905	1906	1907	1908
Total production (1000 m³)	7,660	8,321	9,345	9,450	9,301	9,500	10,099	10,894	12,301	12,133
Revenue/m³ (Pf)						14.75	14.17	14.19	13.90	14.04
Used in % for										
Publ. Illuminat.	9.67	9.95	10.30	10.45	10.84	11.01	10.59	10.19	10.02	10.25
Municipal use	4.83	5.57	6.53	6.52	5.84	5.97	5.95	5.91	5.70	6.51
Instit./ Hospit.	2.75	2.56	2.30	2.72	2.43	1.98	1.87	1.87	1.78	1.89
Gas for illumination/ Priv. custom.	43.27	40.77	36.76	37.09	38.57	38.29	38.39	36.49	32.60	31.29
Gas for cooking and heating	23.51	27.93	32.73	33.35	33.74	34.59	36.95	39.71	40.07	43.16
Coin meters				0.12	0.25	0.34	0.41	0.71	1.20	1.92
Motors	13.63	10.79	8.54	6.91	6.06	5.14	3.18	2.45	2.34	2.32
Others	0.43	0.38	0.57	0.43	0.08	0.36	0.39	0.49	0.56	0.48
Spec. Events	0.04	0.07	0.08	0.37	0.02	0.01	0.01	0.01	3.33	0.02
Self-consumption of gas work	1.87	1.98	2.19	2.03	2.15	2.27	2.21	2.12	2.35	2.12

Source: Verwaltungsberichte Mannheim 1900 ff.

Table 2 shows the significant change from gas for illumination to gas for cooking and heating as dominant segment of sales. Between 1905 and

---

[25]   See MOERICKE, O., *op. cit.*

[26]   *Verwaltungsberichte Mainz*, 1900-1910.

1915 Mannheim experienced a further rapid growth of gas consumption. This was now also due to spatial expansion into suburbs incorporated into the city in a new wave of incorporations 1910 and 1913.[27] From 11 million m³ (in 1905) production almost doubled by 1914.

The rate policies pursued by city councils in all three case studies clearly show a determination to balance prices for gas and for electricity in a way to keep electricity clearly the more expensive source of energy. In Mainz the political aim was to produce about the same net gain from both electricity and gas works.[28] On the whole the fiscal function of both gas and power works to make money for the municipal budget was never questioned in principle although debates about rate reductions or changes of rate structures surfaced recurrently in council meetings.

In the years before World War I all three cities started to extend their gas networks into their region, reacting to demand articulated in villages in the periphery which increasing had been integrated into the urban economy. This "networking" became a very import asset in negotiations on the incorporation of villages into the city although the cities were very aware of the strategic importance of their infrastructures as well as the high costs of extending networks to more rural markets where demand had yet to be developed.[29]

VI. From Urban to Regional Networks: Between the Wars

In the 1920s a new period of large-scale networking set in: during the war and the inflation years the main focus had been to maintain production at all in spite of coal shortages and extreme difficulties to get replacements and new machinery. Thus when the economic situation stabilised in 1924 city councils first had to take care of modernisation and repair which had been postponed during these years of extreme crisis. Due to inflation there had been a massive decapitalisation of most public utilities.

---

[27] See on the incorporation policy: TOLXDORFF, L., *op. cit.*; SCHOTT, D., *op. cit.*, p. 492-502.

[28] This was explained to be the underlying principle of municipal rate policy by the head of the technical works of Mainz, Kuhn in a lecture to the convention of "Deutsche Verein für Gas- und Wasserfachleute", the professional organisation of gas and water engineers which held its annual conference in Mainz in 1900 ; *Verwaltungsbericht Mainz 1899/1900*, ch. "Elektrizitätswerk".

[29] See TOLXDORFF, L., *op. cit.*; SCHOTT, D., "Lichter und Ströme der Großstadt. Technische Vernetzung als Handlungsfeld für die Stadt-Umland-Beziehungen um 1900", in ZIMMERMANN, C. and REULECKE, J. (eds), *Die Stadt als Moloch. Das Land als Kraftquell? Wahrnehmungen und Wirkungen der Großstädte um 1900*, Basel/Boston/Berlin, 1999, p. 117-140, 130/1.

After 1926 gas industry was slowly transformed from a local to a would-be national industry: in order to utilise over-capacities in coal-mining the mining interests of the Ruhr established a joint-stock company for coal marketing which was to develop a large-scale system of delivering gas from the cokeries of the Ruhr to centres of consumption in the larger German cities, the later "Ruhrgas".[30] The association of German cities ("Deutscher Städtetag") developed alternative concepts to that in order to fend off this perceived threat to municipal autonomy. Several cities should associate to form groups, link their networks and join together for the construction of modern gas works at favourable locations which would service this group of cities. The city of Frankfurt was particularly active in this project and developed fierce resistance by setting up its own company "South West German Gas Company". This company included Mannheim as a major partner but also managed to win several other South German cities. Frankfurt as well as Mannheim did not just pursue economic aims by their utility policies but at the same time also tried to gain and increase their influence on a larger region. It was within this concept that Mannheim systematically extended its network of gas tubes into the region to even include Heidelberg after 1926. There were also other associations like the "HeKoGa", the Hessian Municipal Gas Association, to which Mainz and Darmstadt adhered. The issue of how to organise future gas provision was hotly debated on the local level. There were those who favoured maintaining local or at least regional autonomy at the same time pointing also to the economic back – and forward-linking effects of local production on other branches of the economy. On the other hand speakers mainly from liberal or conservative background (DVP, DNVP) argued for the termination of local production for the sake of economy and proposed to rely on "Ruhrgas" which was offered at very cheap rates.[31] To some extent this debate and these conflicts mirror similar procedures and debates in the evolution of large electrical networks of companies like the RWE which had started already before World War I.[32]

---

[30] See especially REBENTISCH, D., *op. cit.*

[31] For Darmstadt see: *Hessischer Volksfreund* 21. and 22.2.1930; for Mainz: BUCHHAUPT, S., "Die Gründung der Kraftwerke Mainz-Wiesbaden AG (KMW) – einer 'Insel' inmitten der 'Elektrizitätsprovinzen'", in BENAD-WAGENHOFF, V. (ed.), *Industrialisierung : Begriffe und Prozesse*, Stuttgart, 1994, p. 163-179.

[32] The period just before World War I saw the formation of large scale regional electricity networks ("Ueberlandwerke") for which RWE became to be the prototype. These networks, usually obtaining their power from very efficient and large generation plants on brown coal or on water power, were in a position to offer power at comparatively cheaper rates than the urban power stations which used anthrazite. During the war far-reaching plans to create a unified power distribution network for the whole German empire were brought forward by Walter Klingenberg, a director of the powerful A.E.G., however failed to materialise. In the 1920s a fierce competition between these large regional utilities, some of which were owned and run by states like Baden (Ba-

Finally neither Darmstadt nor Mainz made contracts with the Ruhrgas, in Darmstadt local resistance was too great and in Mainz the administration had struck a different solution with the fusion of utilities of Mainz and Wiesbaden. Wiesbaden belonged to Prussia and was located just across the Rhine in close distance to Mainz. This was the first case of inter-municipal cooperation between cities which belonged to different states.[33]

In the Great Depression cities were forced to lower their rates to harmonise with general deflation policies. Through the "Energie-Wirtschafts-Gesetz" of 1935, regulating the conditions under which energy utilities were to work, the economic independence of cities was greatly restricted. In 1938 the "Deutsche Gemeindeordnung", a new legal framework for the managing of municipalities, forced cities to set up quasi-independent companies, which would run the utilities. This meant that the former administrative structure of utilities, which had operated like departments within the municipal administration and had been subject to direct political supervision of the local councils was abolished.

In the way of conclusion, the golden age of gas industry on the urban level was certainly the period between 1880 and World War I. In this period gas industry shaped municipal administrations and their outlook and expectations towards economic activity and intervention to a large degree; revenues from gas sales played a considerable role for public finances. Contrary to prior expectations electrification did not directly endanger this role, rather a division of labour developed between the two network technologies. We could observe how urban growth and increas-

---

denwerk), Bavaria (Bayernwerk) or Prussia (PreussenElektra) to partition the market was raging which also involved the municipal power stations when they tried to modernise and enlarge their territories. To complicate matters even further political pressure was exercised by the director of the Imperial Bank, Hjalmar Schacht, who massively criticized the economic activities of cities and towns and their demands for foreign capital to modernise their assets. The Great Depression of the early 1930s aggravated the situation as huge overcapacities suddenly increased the pressure on cities to relinquish their own production. It was not until 1935 when the energy markets were regulated by the "Energie-Wirtschafts-Gesetz" which retained private property while creating regional monopolies and enforcing state supervision of rate structures. See on RWE and the notion of a unified electricity grid: MAIER, H., *Elektrizitätswirtschaft zwischen Umwelt, Technik und Politik. Aspekte aus 100 Jahren RWE-Geschichte 1898-1998*, Freiberg, 1999; GILSON, N., "Rationale Kalkulation oder prophetische Vision ? Klingenbergs Pläne für die Elektrizitätsversorgung der 20er Jahre", in PLITZNER, K. (ed.), *Elektrizität in der Geistesgeschichte*, Bassum, GNT, 1998, p. 123-141; on state activities in the electricity market: STIER, B., *Staat und Strom. Die politische Steuerung des Elektrizitätssystems in Deutschland 1890-1950*, Ubstadt-Weiher, 1999; on the political pressures in the interwar period: BÖHRET, C., *Aktionen gegen die kalte Sozialisierung. 1926-1930*, Berlin, 1966; HELLIGE, H., "Entstehungsbedingungen und energietechnische Langzeitwirkungen des Energiewirtschaftsgesetzes von 1935", in *Technikgeschichte* 53 (1986), p. 123-155.

[33] See BUCHHAUPT, S., *op. cit.*

ing demand necessitated repeated translocations of gas works, decisions which were taken in a field of force between economic, logistic and environmental considerations. Finally the spread of gas technology from the city to the country also implicated larger entrepreneurial structures or inter-municipal collaboration which was difficult to accomplish in the crisis years of interwar Germany.

Résumé

L'évolution de l'industrie gazière dans trois villes allemandes de 1850 à 1970 : Darmstadt, Mannheim, Mayence

Cinq périodes peuvent être distinguées dans l'évolution de l'industrie du gaz en Allemagne. Les décennies 1850 à 1870 sont marquées par l'érection des usines à gaz sous le contrôle des entrepreneurs privés. Les vingt années suivantes furent celles d'un grand nombre de municipalisations et de la modernisation des exploitations avant que l'électricité n'introduise une concurrence nouvelle. Malgré celle-ci, autour de 1900, les gaziers développèrent leurs capacités de production pour répondre à la croissance de la demande, stimulée par les applications de chauffage de l'eau et de cuisson. Les années 1920-1930 virent l'extension des réseaux gaziers mais aussi l'avènement de nouvelles ressources produites par les cokeries de la Ruhr. Ces évolutions anticipaient le bouleversement des années 1960-1970 avec l'arrivée du gaz naturel. Parmi ces différentes phases, on peut isoler celles qui ont vu l'industrie gazière passer d'une distribution locale privée à la mise en œuvre de réseaux interurbains sous le contrôle des municipalités. C'est en 1852 qu'une compagnie privée mit en service le gaz à Mannheim, trois ans avant d'obtenir la concession de Mayence, la même année où Darmstadt fut éclairée au gaz. La municipalisation des exploitations devait engendrer après 1885 une double évolution de rationalisation des réseaux gaziers et électriques et une diminution des prix du gaz pour encourager la consommation par les applications calorifiques. La stratégie réussit au point que ces usages représentèrent la moitié du gaz vendu en 1907, position tenue encore dix ans auparavant par l'éclairage. D'autre part il fallut bâtir des usines neuves dont les moyens de production furent accrus. Elles trouvèrent leur place en périphérie des villes au cœur de nouveaux quartiers industriels conformément à la préoccupation des édiles d'aménager l'espace urbain. Les investissements décidés par les conseils municipaux prolongèrent la croissance du gaz. Une nouvelle phase intervint après 1926. Les cokeries minières de la Ruhr furent à l'origine de réseaux régionaux de distribution de gaz manufacturé. C'était l'occasion de relier un grand nombre d'agglomérations à partir de structures intercommunales. Les villes étudiées ici adoptèrent d'autres choix, en s'intégrant à des projets concurrents de la Ruhrgas, *comme Mannheim dans la* South West German Gas Company *dont l'extension régionale reposait sur des ambitions territoriales ou Darmstadt et Mayence adhérant à la* Hessian Municipal Gas Association.

CHAPITRE VI

La modernisation des réseaux
de distribution de gaz naturel

L'expérience des Services industriels de Genève

YVES DE SIEBENTHAL

Directeur du Service du gaz des Services industriels de Genève

L'histoire est souvent considérée comme pratiquant uniquement l'analyse des faits passés, et pourtant nous l'écrivons chaque jour en travaillant dans nos entreprises. L'histoire est donc présente, nous fournissons aujourd'hui la matière qui passionnera les historiens de demain.

C'est dans ce sens que je propose d'aborder l'évolution récente des réseaux de distribution de gaz naturel, une évolution qui permet un nouveau bond en avant de l'industrie gazière dans le contexte désormais plus économique que technique de la société.

L'industrie gazière a connu, on le sait, des phases marquantes. L'humanité a ainsi assisté aux premiers éclairages d'avant 1850, puis au développement florissant des compagnies gazières dans la seconde moitié du XIXe siècle, puis à l'effacement progressif du gaz manufacturé face à sa rivale « propre » : l'électricité. Le développement relativement lent du gaz de ville au XXe siècle a représenté une période de léthargie que brusquement l'introduction du gaz naturel a interrompue. Dès lors, tout semblait être dit. Et pourtant...

I. Vivre éternellement sur ses acquis

La conversion des anciens réseaux de gaz de ville au gaz naturel, si elle posa quelques problèmes d'étanchéité dus à la disparition de l'humidité dans le gaz, apporta un immense avantage. Le pouvoir calorifique du gaz naturel est deux fois supérieur à celui du gaz de ville manufacturé, et les réseaux retrouvèrent ainsi d'un simple tour de robinet des réserves de puissance appréciables.

De fait, la question du renforcement des anciens réseaux de distribution ne s'est posée que de nombreuses années après la conversion au gaz naturel dans bien des agglomérations. En évitant des travaux coûteux, les entreprises gazières ont ainsi pu favoriser le développement de nouvelles dessertes et minimiser certaines de leurs dépenses.

Mais l'expansion rapide de la demande, liée à la nécessité d'augmenter la productivité des entreprises de distribution, a conduit rapidement à se demander si la fonte et l'acier, de même que les basses pressions d'exploitation des réseaux classiques, ne pouvaient pas être remplacés par de meilleures solutions. Cette situation s'est présentée dès les années 1960-1970 dans les pays à forte expansion gazière comme la France, l'Allemagne ou l'Angleterre. A Genève, le virage des technologies de réseaux a été pris au début des années 1990. Finalement, partout, le succès technique et économique est au rendez-vous.

II. Trois axes d'évolution

Les changements des techniques de distribution du gaz naturel reposent sur trois axes :

- l'augmentation de la pression dans les conduites
- la diminution des diamètres des conduites
- l'utilisation de matériaux synthétiques

Combinés, les effets de ces trois axes aboutissent à l'amélioration de la sécurité, à de substantielles améliorations de productivité et à un changement bénéfique du métier.

A. *Augmenter la pression et diminuer les diamètres*

La pression d'utilisation de tous les appareils classiques à gaz naturel est de 22 millibars, 22 millièmes de la pression atmosphérique en première approximation. Les anciens réseaux de distribution travaillaient directement sous cette pression, qui était maintenue constante par les fameux gazomètres qui marquaient les paysages des usines à gaz de jadis. Pour transporter 640 m³ par heure de gaz naturel à cette pression sur un kilomètre, il faut un tuyau de 30 centimètres de diamètre environ.

Posons maintenant que nous disposons de gaz naturel à une pression de 5 bars, environ cinq fois la pression atmosphérique, à l'entrée de ce même tronçon, et que nous acceptons de recevoir le gaz à une pression de 1 bar, environ une fois la pression atmosphérique, à sa sortie. Dans ce cas, nos 640 m³ vont pouvoir théoriquement être acheminés par un tuyau de 50 millimètres de diamètre. Trente centimètres contre cinquante millimètres... il vaut la peine d'envisager un relèvement de pression dans les conduites !

Bien évidemment, les appareils continuent à travailler à 22 millibars, et leur alimentation devra dès lors se faire au travers de régulateurs individuels au lieu d'une des cent trente stations de réseaux en service actuellement. Mais le gain reste appréciable, ne serait-ce que parce que par une conduite existante il va être possible d'acheminer des quantités d'énergie incomparablement plus grandes que par le passé.

Ainsi, les deux colonnes de 80 centimètres de diamètre qui alimentaient les deux rives de la ville de Genève depuis l'ancienne usine à gaz pourront bientôt disparaître, remplacées qu'elles seront par un réseau de canalisations à pression plus élevées. Intervenir sur un tuyau de ce si gros diamètre signifie creuser une chambre de près de deux mètres cinquante de largeur sur quinze de long : ce genre d'intervention est devenu de nos jours critique dans un secteur comme celui de la gare Cornavin à Genève, et l'on saisit ainsi bien tout l'avantage d'une distribution à haute pression.

1. Changer de méthodes

Changer les conditions physiques d'une matière appelle bien sûr un changement des méthodes de travail. Alors que pendant longtemps le travail sur les réseaux est resté simple, l'introduction de la haute pression a imposé de modifier les gestes professionnels, l'équipement personnel, l'outillage et les procédés.

Ainsi, on peut toujours obturer une conduite sous basse pression avec un chiffon, avec la main. C'est dangereux, mais tout à fait réalisable. Mais lorsque le gaz naturel est soumis à des pressions de plusieurs bars, il n'est plus question de travailler à mains nues : un outillage adapté est nécessaire, de même que l'art de s'en servir.

Bien plus, le spécialiste doit apprendre à surmonter la crainte, tout à fait naturelle, que cause un gaz s'écoulant sous haute pression. Il devra donc apprendre à supporter le bruit, le souffle et la terre qui vole, et devra se persuader que ces phénomènes n'ont rien à voir avec le gaz naturel lui-même, car même l'air sous pression présente ces caractéristiques.

Enfin, les équipes d'intervention doivent recevoir un équipement personnel adapté, garantissant la sécurité au moment de l'intervention. Des vêtements résistant à la flamme, un casque avec une visière contre les projections, un masque respiratoire font désormais partie de l'équipement à disposition des équipes de réseau des SIG.

2. Avantages

Parmi les avantages de l'élévation de la pression figure, pour les ouvriers appelés à travailler dans les fouilles, la réduction des diamètres des canalisations. Des tubes plus petits pèsent en effet moins lourd, et ce changement se répercute directement sur la santé par une moins grande sollicitation du dos.

Parallèlement, la diminution des diamètres et l'évolution des matériaux permettent désormais de mettre en œuvre des canalisations en matières synthétiques, principalement le polyéthylène. Ces phénomènes, couplés, font qu'aujourd'hui le service du gaz des SIG pose des tubes en polyéthylènes légers et petits là où, il y a dix ans, il aurait probablement fallu installer un tuyau en acier de diamètre beaucoup plus conséquent.

Enfin, la largeur des fouilles elle-même peut être réduite, une mesure qui se chiffre en économies appréciables.

B. Les matériaux synthétiques : le polyéthylène

L'introduction du polyéthylène a beaucoup modifié le métier de la distribution au cours des dernières années à Genève. Car en plus des diminutions de diamètre et de poids, il a fallu revoir entièrement les techniques de soudage et l'assurance qualité qui leur est liée. Seules des règles très strictes garantissent que deux tubes sont bien soudés et ne se déboîteront pas à l'avenir. Par ailleurs, le tour de main du soudeur que l'on connaît sur l'acier ne s'impose plus de la même façon sur le polyéthylène, car les soudures sont aujourd'hui entièrement pilotées par des machines obéissant à une puce électronique.

Le changement se fait également sentir du côté de l'acier. Ce matériau continue à être nécessaire pour des diamètres supérieurs à 16 centimètres, pour des raisons économiques essentiellement. Le fait de ne plus installer aussi souvent que par le passé des canalisations en acier diminue le nombre d'occasions qu'a un ouvrier spécialisé de s'exercer à la soudure à l'arc. Il faut donc progressivement concentrer ce savoir dans les mains d'un plus petit nombre de spécialistes amenés à intervenir plus souvent.

C. Haute pression, polyéthylène et anciennes canalisations

Autre évolution remarquable, il n'est souvent aujourd'hui plus nécessaire de défoncer toute la chaussée pour changer ou même poser une réseau. Le polyéthylène, plutôt souple, peut en effet parfaitement être enfilé à l'intérieur d'une ancienne conduite désaffectée de plus grand diamètre, c'est le tubage. Un petit terrassement tous les cinquante mètres permet désormais de réduire les coûts de travaux de génie civil et de maintenir le trafic routier là où, auparavant, il aurait fallu creuser une tranchée complète et installer un dispositif de régulation du trafic automobile alterné. Et comme la pression est relevée à cette occasion, la capacité du réseau s'en trouve même améliorée.

On obtient ainsi de substantielles réductions du prix des travaux de réseaux qui se répercutent sur le bon fonctionnement du service et sur sa capacité à desservir de nouveaux clients.

D. Une technique plus douce, la basse pression améliorée

Là où le potentiel commercial permet d'envisager un certain nombre de raccordements nouveaux, mais où la configuration des lieux limite la construction de nouveaux bâtiments, une solution plus simple peut également être envisagée. Il s'agit alors non plus de travailler en haute pression, mais de relever légèrement le niveau de la basse pression d'origine. De cette manière, le potentiel du réseau existant peut être augmenté sans devoir procéder à des remplacements de canalisations. De même, la régulation de la pression se simplifie à un petit appareil simple placé avant le compteur.

*

* *

En guise de conclusion : l'histoire telle que nous la vivons

Ainsi avons-nous vécu au cours de ces dernières années à Genève une évolution historique discrète, mais aux conséquences importantes. C'est en effet au cours des années 1990 que l'on aura vu la combinaison des matériaux modernes, de nouvelles techniques de travail et de nouvelles approches dans la gestion et la construction des réseaux diminuer les coûts d'exploitation du service du gaz et limiter l'impact des travaux en sous-sol sur la voirie.

Le corollaire de ce changement technique n'a pas tardé à produire ses effets sur la façon de travailler des collaborateurs du service, sur la conception et le calcul des réseaux, sur la planification des interventions.

Il ne fait aucun doute que le service du gaz des SIG a beaucoup changé au cours des années 1995-2000, dans la plupart des secteurs de la vie de l'entreprise et que l'évolution des techniques y a beaucoup contribué.

PARTIE C

LA DIVERSITÉ
DES FORMES ENTREPRENEURIALES

Introduction

Serge PAQUIER

Nous avons vu dans la Section I les formes entrepreneuriales se complexifier au fur et à mesure du développement de l'industrie gazière pouvant passer d'une structure simple formée d'un directeur et de quelques employés à des groupes intégrés aux ramifications internationales. Si ces architectures complexes d'entreprises privées ont déjà retenu l'attention des historiens, force est de constater que le fonctionnement des entreprises publiques également complexe tant par leur taille que par l'exploitation parallèle de plusieurs fluides – gaz, eau et électricité – ne doit pas être négligé et nous espérons que les jalons posés dans les contributions consacrées aux exemples de Bordeaux, Lausanne et Genève serviront de base à des études plus approfondies. Si l'ensemble des communications retrace dans le cadre de ce chapitre l'importance stratégique du marché des abonnés privés, les études consacrées aux villes de la péninsule ibérique démontent les rouages de la diffusion d'une nouvelle technologie dans des pays *a priori* laissés pour compte par la première vague d'industrialisation. Loin de délaisser ces marchés périphériques, les entreprises des pays avancés mettent sur pied des combinaisons originales qui associent leur expérience et leur réseau financier à des capitaux, des entreprises ou des ingénieurs nationaux.

L'analyse comparative de Mercedes Aroyo consacrée aux compagnies gazières de Barcelone et de Malaga décèle deux types de stratégies entrepreneuriales correspondant chacun à un contexte bien défini. L'auteur met en évidence deux facteurs déterminants : l'appartenance des dirigeants gaziers à une classe sociale – bourgeoisie ou oligarchie issue de l'Ancien régime –, ainsi que la composition et la dynamique du tissu industriel et commercial. A Barcelone, la bourgeoisie d'affaires alimente par des réinvestissements successifs une croissance du réseau destinée à capter des marchés privés en expansion permanente, alors qu'à Malaga, où les marchés sont déprimés, l'oligarchie à la tête de la compagnie gazière s'oriente très nettement vers l'exploitation d'une rente à moindre coût.

L'exemple de Barcelone, grande ville méditerranéenne comptant 200 000 habitants, affine encore le fonctionnement des groupes. C'est un système d'entreprise original, qui est appliqué dès le début des années 1840 par l'entrepreneur français Lebon, dans la mesure où la constitution d'entreprises particulières dans les marchés extérieurs précède la formation d'un groupe en 1847, alors que les premières holdings britanniques des années 1920 étaient conçues pour générer des filiales dans les marchés continentaux. L'entrepreneur français recherche parallèlement des concessions et des partenaires financiers locaux en vue de faire face aux investissements de première installation, puis si l'affaire présente des perspectives favorables, il leur offre la possibilité de récupérer leur mise de fond en incorporant la compagnie à son groupe basé à Paris.

Même si les villes de la péninsule ibérique connaissent des destins contrastés, toujours est-il que les déficits récurrents des collectivités publiques locales en font de mauvais payeurs. Les entrepreneurs prennent donc rapidement conscience que les fournitures de gaz destinées à l'éclairage public sont un segment de marché peu rémunérateur, voire un panier percé. Dans ces circonstances, le potentiel des abonnés privés joue plus qu'ailleurs un rôle compensatoire évident. Mais la possibilité d'intégrer ces marchés indispensables au développement des réseaux gaziers dépend largement, comme indiqué plus haut, aussi bien du tissu économique que de l'appartenance des dirigeants de l'entreprise à telle ou telle classe sociale.

L'auteur estime que la présence de plusieurs compagnies dans une même ville crée une émulation supplémentaire orientant encore plus les entreprises vers l'application de stratégies de croissance. Dans ce contexte, les marchés privés localisés tant dans les territoires de la municipalité de Barcelone que dans ceux des communes suburbaines constituent un enjeu déterminant.

A Malaga, le contexte s'avère bien moins favorable que dans la capitale catalane. Non seulement, le phylloxera détruit la principale activité économique urbaine basée sur le commerce vinicole, un facteur aggravé par l'instabilité politique, mais encore l'absence d'une bourgeoisie locale aussi dynamique qu'à Barcelone, n'est pas sans conséquence. L'élite issue de l'Ancien régime, qui contrôle la compagnie gazière, applique un type de stratégies entrepreneuriales orienté vers une gestion d'un réseau à moindre coût s'inscrivant dans la recherche d'une rente de situation. S'enclenche dès lors un cercle vicieux. L'absence d'injections permanentes de capitaux nécessaires à la croissance des réseaux gaziers ne génère pas les économies d'échelle indispensables au déclenchement du mécanisme de l'élasticité-prix de la demande. Dans ces conditions, pas de baisses de tarifs, donc pas d'élargissement de la clientèle. Par ailleurs, le choix en faveur d'un charbon à bas prix, se répercute négativement sur la qualité de l'éclairage, une réalité qui n'incite pas à s'abonner. Ainsi le mécanisme compensatoire du marché privé ne fonctionne pas, ce qui place la compagnie gazière dans une situation délicate.

L'exemple des villes lusitaniennes au XIXe siècle analysé par Ana Cardoso de Matos prouve une fois encore l'intérêt porté par les entreprises des pays avancés aux marchés de la périphérie, même lorsqu'ils sont étroits. Il est vrai que la diffusion du gaz au Portugal se situe à la traîne du peloton des pays receveurs formé des péninsules ibériques et italiennes (Section I). En effet, une quarantaine d'années sépare l'adoption du nouvel éclairage au milieu du XIXe siècle par les trois principales villes (Lisbonne, Porto et Coimbra) des autres cités du pays. Il est possible que les conditions d'approvisionnement en charbon déséquilibrent la diffusion du gaz, car la voie maritime favorise les villes côtières et à l'inverse l'absence d'un moyen de transport terrestre rapide et bon marché pénalise les villes de l'intérieur.

Par opposition aux marchés espagnols, les entrepreneurs peinent à mobiliser des capitaux locaux. Cette difficulté est à l'origine de multiples tentatives avortées dans les années 1850 et 1880. Les concessions avaient été obtenues, puis transférées à des compagnies formées *ad hoc*, mais le manque de capitaux n'avait pas permis de réaliser les travaux dans les délais. A l'instar de l'exemple balkanique, il faudrait mieux saisir les conditions d'obtention des concessions et de leur cession à de simples compagnies d'éclairage ou à des filiales de groupes internationaux.

L'auteur décrypte les mécanismes relatifs au transfert d'équipement urbain des pays avancés vers la périphérie passant par la mobilité des personnes et la propagation de l'écrit. La formation d'ingénieurs portugais à l'école des Ponts et Chaussées, les voyages qu'ils entreprennent par la suite dans les grandes capitales européennes ainsi que la diffusion d'une littérature technique, aussi bien française que portugaise, constituent les principaux supports de la diffusion du nouveau mode d'éclairage. Les ingénieurs portugais sont destinés à occuper des positions de décideurs, soit en tant que membre de l'administration municipale, soit en tant que représentant des groupes gaziers britanniques, français et belges. Les municipalités ne manquent pas de s'informer auprès de leurs homologues des pays avancés pour établir un cahier des charges, avant de procéder plus simplement en communiquant entre elles.

L'industrie nationale ne parvient pas à s'imposer totalement dans le marché des fournitures. Elle se limite à fournir des conduites, pendant que l'équipement des réseaux provient surtout des pays avancés.

Le développement de l'industrie gazière dans les villes lémaniques, analysé par Dominique Dirlewanger, Serge Paquier et Olivier Perroux, illustre bien les deux étapes qui caractérisent l'évolution helvétique de l'ensemble des réseaux techniques de transport, d'énergie et de communication. L'option privée commence par dominer avant que ne s'opère au tournant des XIXe et XXe siècles un basculement vers l'option publique à toutes les échelles. En espace urbain, le secteur gazier se situe aux avants postes de ce mouvement déclenché par l'approche du terme des concessions dans les années 1880-1890. Malgré cette coupure, il n'est toutefois pas certain que les stratégies pratiquées par les municipalités soient fondamentalement novatrices.

Les trajectoires des compagnies gazières de Genève et de Lausanne, éloignées seulement d'une soixantaine de kilomètres, présentent bien logiquement de nombreuses similitudes. On peut même déceler un certain mimétisme. D'abord, en adoptant le gaz dès les années 1840 sur le modèle français de la distillation au charbon, les deux villes font le bon choix, pendant que leurs homologues alémaniques devront convertir leurs usines du bois à la houille. Puis, elles renégocient leur concession quasi simultanément, Genève en 1856 et Lausanne en 1857, soit quelques mois seulement avant l'ouverture des liaisons ferroviaires. C'est l'un des facteurs essentiels assurant aux deux entreprises une position extrêmement favorable, le coût de la houille chute alors que les tarifs du gaz restent élevés. Enfin, la phase privée s'achève en même temps, à la fin 1895, les concessions étant reprises par les municipalités respectives.

Ce constat illustre le mécanisme de diffusion d'un phénomène urbain par le biais de villes pilotes qui montrent le chemin à suivre à d'autres plus hésitantes. En plus de la précocité des Genevois – cette dernière adopte le gaz en 1844 et Lausanne en 1848 –, leur position de *leader* transparaît dès lors que l'on porte l'attention sur les milieux impliqués. A Lausanne, c'est une banque régionale qui finance les opérations, alors qu'à Genève l'industrie gazière est investie par les banquiers privés bien insérés dans les réseaux d'affaires internationaux. Les financiers genevois franchissent un pas supplémentaire en formant, au début des années 1860, une holding dont les ramifications s'étendent d'emblée aux pays voisins. Autre différence, les gaziers genevois peuvent s'appuyer sur les capacités d'expertise d'un technicien de réputation internationale (Colladon) qui fait régulièrement progresser le réseau genevois en visitant des usines comparables en Europe lors de missions officielles ou de voyages privés.

Finalement, les exemples de Genève et de Lausanne mettent en évidence l'un des rouages essentiel du fonctionnement des compagnies gazières helvétiques durant l'étape privée, à savoir l'étroite imbrication des relations entre compagnie gazière et autorités municipales. A Genève, lors de la renégociation de la concession, l'un des experts mandatés par les autorités municipales n'est autre que l'ingénieur de la compagnie privée et c'est bien logiquement qu'il prédit, arguments à l'appui, que les coûts d'approvisionnement en charbon vont s'accroître. A Lausanne, l'analyse prosopographique de Dominique Dirlewanger montre bien l'imbrication des relations entre les administrateurs de la compagnie gazière et les élus de la municipalité.

L'analyse des trajectoires genevoises et lausannoises illustre encore la phase de transition entre les options privée et publique. Durant les dix à quinze années qui précèdent le rachat de leur réseau, les compagnies privées confrontées à l'incertitude générée tant par l'approche du terme de leur concession que par l'émergence de la concurrence à l'électricité, cherchent surtout à prolonger l'« âge d'or » des années 1860-70. Ainsi, après avoir activement développé leur réseau, un attentisme excluant tout investissement d'envergure prédomine. Ce type de stratégie défensive peut être associé à la gestion d'une rente comme le souligne Dominique Dirlewanger sur la base de l'exemple lausannois. A l'instar de la très grande majorité des villes suisses, la création des Services industriels, associant les réseaux d'électricité de gaz et d'eau, présente l'avantage de clarifier l'avenir énergétique urbain favorable à un nouveau programme d'expansion. Toutefois, comme l'exemple genevois le montre, la thèse de la continuité l'emporte largement. La Ville de Genève reprend notamment à son compte la pratique des subventions destinée à développer les usages du gaz et le moteur du profit tant décrié se poursuit. Mais plutôt que d'être distribués sous forme de (super) dividendes aux actionnaires, ils sont désormais versés dans les caisses municipales.

L'étude d'Alexandre Fernandez prend toute son importance dès lors qu'il s'agit d'analyser un îlot de régie directe situé dans un océan d'infrastructures urbaines dominé par les groupes privés. C'est une exception plutôt surprenante, car la décision du Sénat en défaveur de l'établissement d'une régie directe à Paris en 1905, condamne pendant longtemps l'option publique. En conséquence, il ne faut dès lors pas s'étonner si des circonstances particulières sont à l'origine de la naissance de la régie directe bordelaise. En effet, le maire à l'origine de cette initiative s'appuie sur le contexte particulier de la Première Guerre mondiale. D'une part, la compagnie privée est affaiblie par la hausse du coût du charbon et d'autre part un Décret-loi promulgué en 1917 favorise les initiatives commerciales et industrielles prises par les municipalités. Le défi d'un tel choix isolé consiste à réussir, si ce n'est à mieux faire que les compagnies privées et la régie y parvient.

L'exemple de Bordeaux montre également les étapes franchies jusqu'à la formation d'une société d'économie mixte dans les années 1990. Comme en Suisse et vraisemblablement pour toutes les municipalités qui ont franchi le pas en faveur de l'exploitation municipale, la régie ne dispose ni d'un budget autonome, ni d'une personnalité morale.

Dès 1926, l'autonomie s'étend seulement au budget. La nationalisation de l'après Seconde Guerre mondiale n'apporte aucun bouleversement, car les régies municipales ne sont pas touchées par cette mesure radicale qui porte par contre un coup fatal aux groupes privés.

L'arrivée du gaz naturel représente une étape fondamentale engageant la Régie vers un ajustement plus dynamique entre offre et demande. Pour assurer la rentabilité des investissements consentis, il faut élargir la demande potentielle, ce qui contraint à affronter les mêmes problèmes qui se sont posés à Barcelone et à Genève au siècle précédent. Il faut élargir les marchés aux espaces contrôlés par les municipalités suburbaines. Le demi-succès obtenu par la régie bordelaise illustre une fois encore la difficulté de gérer les problèmes posés par le franchissement des frontières administratives.

L'ampleur des municipalisations helvétiques n'implique pas pour autant que les capitaux délaissent le secteur gazier. L'étude de Rafael Matos consacrée à une position localisée outre-mer, à Tenerife, illustre le phénomène de la mobilité des capitaux. L'auteur aborde l'imbrication complexe des relations établies entre un fabricant d'équipement allemand et sa holding localisée en Suisse. Il convient de préciser que ce type de fonctionnement bicéphale, associant bâtisseur de réseau technique et sociétés financières helvétiques, s'inscrit dans la continuité des stratégies adoptées dès les années 1890 par des constructeurs électromécaniques d'outre-Rhin (AEG et Siemens) dans les places financières alémaniques. L'objectif des bâtisseurs de réseau consiste à utiliser les agréments de la place financière suisse mise à contribution pour développer des parts de marché en Europe et outre-mer. Nous rappelons que la place financière helvétique présente plusieurs avantages : double culture francophone et allemande, neutralité, législation permettant de lever plus de fonds qu'en Allemagne. Mais ce type d'architecture financière reste fragile, car l'évolution quelque peu chaotique du réseau gazier de Tenerife montre que cette mécanique bien huilée d'avant 1914, n'échappe pas aux profonds bouleversements provoqués par la Première Guerre mondiale qui appellent une réorganisation complète de l'édifice.

Chapitre I

De la compagnie privée à l'entreprise municipale

L'exemple genevois (1844-1930)

Serge Paquier et Olivier Perroux

Département d'Histoire économique de l'Université de Genève

La trajectoire de l'industrie gazière à Genève illustre, à l'échelle urbaine, la chronologie helvétique spécifique de la naissance et de l'évolution des réseaux techniques de service public.[1] Deux étapes se distinguent clairement. L'option privée domine très largement des années 1840 aux années 1880 avant de basculer vers l'option publique qui va s'imposer jusqu'à l'actuelle libéralisation des marchés.

A Genève, l'analyse du secteur gazier pendant la première étape (1844-1895) ne reflète pas seulement l'importance stratégique du marché des abonnés privés, mais montre encore et surtout comment une cité suisse peut passer d'une position retardataire aux avant-postes, grâce à l'émergence d'une industrie performante à l'échelle internationale. En effet, le « creuset genevois » fait émerger un binôme de pénétration des marchés extérieurs particulièrement efficient reposant d'une part sur une maîtrise technique et commerciale et d'autre part sur l'effet d'entraînement par un réseau financier.

Cette étude met aussi en évidence la phase de transition des années 1880 à 1890 caractérisée en Suisse par le retour des concessions. La compagnie gazière genevoise se heurte à une municipalité bien décidée à gérer les trois fluides – eau, gaz et électricité – pour son propre compte.

---

[1]   Ce thème, qui prend en compte les transports, l'énergie et les communications (XIXᵉ-XXᵉ siècles), fait l'objet d'une étude financée par le Fonds national suisse de la recherche scientifique : subside n° 111-068294.02/1.

Nous verrons que Genève reste très éloignée du modèle de « socialisme municipal » mis en avant dans les autres pays européens.[2] En effet, la municipalisation est le fait d'un ingénieur libéral – il appartient à l'élite des familles du Refuge protestant –, doté d'une expérience industrielle et soucieux des équilibres budgétaires.[3] La nouvelle stratégie municipale réside donc largement dans la nécessité de générer de nouvelles sources publiques de financement, alors que les dépenses incompressibles augmentent sous la pression de l'accélération de l'urbanisation. Ainsi le motif du profit dans le cadre de la gestion directe par une collectivité publique reste essentiel. Les jeux de pouvoir qui s'établissent entre certaines communes et la municipalité genevoise en témoignent.

Enfin, nous sommes amenés à nous poser une question essentielle : le passage d'une étape à une autre relève-t-il de la continuité ou de la rupture ? Les historiens économistes se posent cette question pour expliquer les « révolutions industrielles » et nous nous posons le même type de question pour mieux comprendre le basculement de l'option privée à celle publique.

I. L'ère privée : de l'activité locale aux marchés européens

A. *L'attribution de la concession : une jeune municipalité face aux banquiers privés (1843)*

Lorsqu'on examine la question des débuts du gaz en se plaçant du côté de la municipalité, l'accès au savoir-faire est loin d'être un problème déterminant. En effet, des propositions sont non seulement faites en vue de fournir à la municipalité un réseau clé en main, mais encore de l'exploiter sous forme de fermage. Dans ces conditions, la municipalité serait propriétaire des installations tout en étant déchargée de la gestion du réseau contre rétribution payée aux entrepreneurs qui exploiteraient l'infrastructure.[4] Pourtant cette solution est écartée, car le financement pose problème. La municipalité est une jeune institution fondée en 1842 suite à une révolution libérale qui l'a détachée de la tutelle du

---

[2]   Voir notamment la contribution de D. SCHOTT consacrée à l'exemple allemand (Section II, Partie B).

[3]   Au niveau cantonal, c'est une personne dotée d'une solide expérience dans l'industrie gazière qui est appelée au pouvoir afin de rétablir l'équilibre budgétaire du canton. Voir VODOZ, O., « Le conseiller d'État et les finances genevoises », in DURAND, R., BARBEY, D. et CANDAUX, J.-D. (dir.), *Gustave Ador. 58 ans d'engagement politique et humanitaire*, Genève, 1995, p. 231-246.

[4]   *Mémorial des séances du Conseil municipal de la Ville de Genève*, 1843, vol. 2 (1843-44), p. 12, 19-20, 119-120.

canton.[5] Son budget est de 300 000 francs,[6] ses revenus aléatoires alors que l'exploitation du réseau gazier nécessite un investissement initial de 400 000 francs.[7]

Les banquiers privés genevois s'engouffrent dans la brèche et accompagnent leur projet de soumission d'un dépôt de 40 000 francs sans que cela soit prévu dans le cahier des charges.[8] Se pose dès lors la question de la maîtrise de l'édification du projet. Dans ce but, les maisons de banque s'associent les services d'un constructeur français réputé, Jean Rocher originaire du Mans, qui connaît bien le contexte genevois pour avoir déposé un projet en 1841 alors que le gouvernement municipal était encore sous tutelle cantonale. Vu les tergiversations genevoises, le constructeur français s'était tourné avec ses capitaux vers le marché vénitien.[9]

Si des banquiers ne peinent pas à réunir les fonds nécessaires, ils ne sont toutefois jamais prêts à investir leurs capitaux sans obtenir quelques garanties quant au bon fonctionnement technique de l'affaire dans la durée. Ils l'obtiennent sur place en la personne de Jean-Daniel Colladon (1802-1893),[10] l'un des deux grands ingénieurs genevois de l'époque au côté de Guillaume-Henri Dufour, ingénieur cantonal, qui sera l'un des rares officiers supérieurs suisses à être élevé au grade de général.[11] En fait l'association de ces deux éléments essentiels, le savoir-faire technique et la finance genevoise, repose en grande partie sur Colladon, professeur de mécanique théorique et appliquée à l'Académie de Genève. Le bâtisseur Rocher a suivi ses cours à l'Ecole centrale des arts et manufactures de Paris et le réseau familial joue un rôle déterminant. En effet, Colladon à épousé quelques années auparavant, en 1837, la fille d'une influente famille de banquiers genevois : les Ador.[12] Voilà une associa-

5   Voir RUCHON, F., *La Révolution du 22 novembre 1841 et l'autonomie municipale de la Ville de Genève*, Genève, 1942 ; HILER, D. et LESCAZE, B., *Révolution inachevée, révolution oubliée. 1842, les promesses de la Genève moderne*, Genève, 1992.

6   Voir *Compte-rendu administratif et financier de la Ville de Genève 1843*, Genève, 1844.

7   *Mémorial des séances du Conseil municipal de la Ville de* Genève, vol. 2 (1843-44), p. 95 et 99.

8   *Ibid.*, p. 14-16, 79-86.

9   ULMI, N., « Les immenses avantages de la clarté ou comment la Ville de Genève décida de s'éclairer au gaz (1838-1843) », in *Bulletin du Département d'Histoire économique*, Faculté des Sciences économiques et sociales de l'Université de Genève, 22 (1991-1992), p. 33-50.

10   Voir COLLADON, J.-D., *Souvenirs et mémoires*, Genève, 1893.

11   En Suisse, le grade de général n'est accordé par l'Assemblée fédérale qu'en cas de guerre.

12   BRON, M. et JACQUAT-MORISOD, A., *Gustave Ador et sa famille*, Genève, 1995, p. 46-47.

tion entre les milieux financiers et l'ingénieur genevois qui va porter ses fruits dans d'autres affaires urbaines : l'immobilier dès les années 1850[13] et l'adduction d'eau dès les années 1860.[14]

Malgré d'évidentes qualités et garanties, ce projet genevois soutenu par les banques ne passe pas pour autant facilement le cap de l'obtention de la concession en 1843. Comme en témoignent les débats au Conseil municipal, cette proposition est exposée au feu nourri des critiques émanant aussi bien des radicaux que des libéraux. Un autre projet proposé par un Français expérimenté, Riollé, est souvent évoqué[15] et des voix, surtout radicales, s'élèvent en faveur d'une intervention plus directe de la municipalité. Mais il faut savoir que les radicaux et les libéraux, alors majoritaires au gouvernement municipal contre la minorité conservatrice, travaillent « main dans la main ». L'affrontement entre radicaux et libéraux est pour plus tard, lorsque les premiers prendront le pouvoir en 1846 à l'occasion d'une courte révolution genevoise.

B. Un esprit conquérant et des circonstances très favorables (années 1850)

1. La conquête des marchés privés

La première décennie d'activité de la compagnie montre, à l'instar de nombre de ses homologues européennes, toute l'attention accordée par les dirigeants à développer le marché privé. Le constat est clair. Entre les exercices 1845-46 et 1855-56, les marchés rémunérateurs des abonnés augmentent de 265 %, pendant que les distributions destinées à l'éclairage public s'accroissent seulement de 14 %.[16]

Le segment de l'éclairage privé se développe d'abord sur la base de la substitution du gaz à l'ancien mode d'éclairage à huile. Lors d'une investigation préliminaire, la compagnie avait estimé le marché privé à 800 becs sur la base d'une enquête menée auprès des magasins, hôtels, auberges, cafés, cours et allées d'immeubles éclairés par l'huile chaque soir. Les tenanciers et propriétaires interrogés étaient tous disposés à

---

[13]　PERROUX, O., « La société immobilière genevoise. Un acteur dans le développement urbain de Genève (1853-1903) », in *Annales 1996* (Institut national genevois). *Au XIXe siècle Genève se réveille et construit*, 41 (1997), p. 105-228, plus particulièrement p. 135-136.

[14]　PAQUIER, S., « La société des eaux de l'Arve », in PAQUIER, S. (dir.), *L'eau à Genève et dans la région Rhône-Alpes (XIXe-XXe siècles)*, Paris, à paraître.

[15]　*Mémorial des séances du Conseil municipal de la Ville de Genève*, vol. 2 (1843-44), p. 13-15, 43-44.

[16]　Calcul établi sur la base de l'évolution du chiffre d'affaires, voir les tableaux comparatifs des recettes du gaz insérés dans les rapports annuels aux assemblées générales des actionnaires.

adopter l'éclairage au gaz dès qu'il sera disponible.[17] Puis la base s'élargit à de nouveaux consommateurs. Ce sont surtout les abonnements des magasins qui assurent le décollage du marché privé. Au milieu des années 1850, 2 200 becs sont utilisés par des abonnés privés.[18] La stratégie commerciale adoptée pour développer cet indispensable marché passe notamment par l'engagement d'un « inspecteur de l'éclairage » rémunéré en partie à hauteur deux francs pour chaque premier bec installé dans un local et un franc pour chaque bec supplémentaire. Une mesure semblable est prise en faveur d'un agent d'affaires et de quelques régisseurs d'immeubles auxquels sont alloués respectivement trois et un francs pour leurs travaux de prospection.

La pénétration du tissu industriel urbain genevois, principalement composé d'horlogers et de bijoutiers, pose quelques problèmes, le secteur étant touché par la crise de 1846-48.[19] Comme la demande de cette industrie stagne malgré la reprise, la compagnie atteint ses objectifs en faisant baisser les frais de première installation.[20]

La valorisation des sous-produits représente un autre marché porteur, même s'il est loin d'atteindre les sommets de l'éclairage privé. La vente de coke, combustible nouveau, ne trouvant pas immédiatement son marché, la compagnie utilise des supports publicitaires vantant les mérites du sous-produit en insérant de la publicité dans des journaux et par la distribution de feuilles volantes. Pour se rapprocher des consommateurs et leur éviter de se déplacer à l'usine gazière située à l'extérieur de la ville, un bureau est créé au centre ville. Le coke est vendu à huit francs les 100 kg. C'est la compagnie qui prend en charge les modifications des fourneaux en faisant venir de Lyon le matériel nécessaire pour les adapter au coke.[21] Ces mesures s'avèrent satisfaisantes, puisque durant sa première décennie d'existence, les ventes de coke augmente de 101,3 %.

L'affaire est donc rapidement prospère. Les dividendes versés évoluent entre 6 à 10 % du capital. Mais Colladon craint l'état stationnaire. Il écrit dans un rapport destiné aux actionnaires en 1851 :

---

[17] MAYOR, J.-C., *Lumière-Chaleur-Energie. Les dons du gaz. 150 ans de gaz à Genève*, Genève, 1994, p. 45.

[18] Selon la *Société genevoise pour l'éclairage au gaz. Assemblée générale des actionnaires 1855*, Genève, 1855, p. 12.

[19] Voir BABEL, A., « La crise économique du milieu du XIXᵉ siècle à Genève et l'avènement du régime de James Fazy », in *Annales fribourgeoises* (1953), p. 22-26.

[20] *Société genevoise pour l'éclairage au gaz. Assemblée générale des actionnaires 1848*, p. 4 ; *Ibid. 1851*, p. 4 ; *Ibid. 1852*, p. 4.

[21] LAVARINO, A., *Le centenaire de l'industrie du gaz à Genève (1844-1944)*, Genève, 1944, p. 26-27.

Malgré cet état prospère, nous ne devons pas négliger d'étudier les améliorations que la théorie et l'expérience peuvent amener, car, en industrie surtout, tout établissement qui ne fait pas de progrès recule.[22]

Il ne faut dès lors pas s'étonner si l'ingénieur genevois pousse la compagnie gazière vers la croissance. Devant se déplacer à l'exposition universelle de Londres en 1851, en tant que délégué à l'industrie du gouvernement fédéral, il visite des réseaux gaziers dans les pays avancés, en France et en Angleterre, en vue de perfectionner celui de Genève.

2. *Le tournant de 1856 : la renégociation de la concession*

S'inscrivant dans cette dynamique, le milieu des années 1850 représente un tournant essentiel de la trajectoire de la compagnie gazière. En effet, grâce au renouvellement de la concession en 1856, l'entreprise va obtenir une position dominante qui générera des profits considérables. C'est le développement urbain de Genève, plus précisément la tombée des remparts ouvrant l'édification de nouveaux quartiers sur le territoire de la municipalité genevoise, qui donne l'impulsion à la renégociation de la concession gazière huit ans avant l'échéance prévue initialement.

La municipalité accorde à la compagnie privée un monopole pour 40 ans, jusqu'en 1896. Grâce à cette nouvelle concession, c'est un véritable âge d'or qui s'ouvre pour la compagnie privée. Le prix plancher de la vente du m³ de gaz fixé à 45 centimes, puis à 40 huit ans plus tard, ne représente qu'une diminution de 8 %, alors que le coût du quintal de houille, qui baisse de 6 à 3,60 francs suite à l'ouverture de la ligne ferrée Lyon-Genève en 1858, est l'expression d'une chute de 40 %.[23] Cette baisse du prix de revient participe largement à l'accroissement de la marge bénéficiaire de la compagnie d'éclairage. Ces conditions favorables s'ajoutent aux économies d'échelle qui vont résulter de l'extension du réseau. La compagnie ne se limite pas à étendre les distributions aux nouveaux quartiers libérés par la chute des remparts, mais s'attache également à distribuer le gaz dans les communes environnantes. En 1857, le gaz est livré à Carouge, une ancienne ville Sarde sise à proximité de Genève et une convention est signée avec les deux communes suburbaines des Eaux-Vives et de Plainpalais.[24]

Comment expliquer les largesses du gouvernement municipal genevois de 1856 ? D'abord, les experts consultés militent pour la plupart au sein des milieux privés gaziers. Colladon, qui s'exprime au Conseil

---

[22] *Société genevoise pour l'éclairage au gaz. Assemblée générale des actionnaires 1851*, p. 17.

[23] LAVARINO, A., *op. cit.*, p. 32.

[24] MAYOR, J.-C., *op. cit.*, p. 66.

municipal, prend soin de minimiser les perspectives de baisse du prix du charbon devant résulter de l'ouverture prochaine de la ligne ferroviaire qui reliera Genève à la France. Habilement, il insiste sur le fait que les locomotives doivent gravir des pentes pour venir jusqu'à Genève et qu'ainsi les trains ne peuvent être chargés qu'au tiers, ce qui renchérit le coût de la houille transportée. Par ailleurs, il souligne que les prix de la houille ne cessent d'augmenter et il insiste sur le risque que la France interdise l'exportation de son charbon.[25] Un autre expert se prononce en faveur de la compagnie privée : Christian Wolfsberger. Il est l'un des adjoints militaires du général Dufour propulsé à la présidence du conseil d'administration depuis sa victoire remportée lors de la courte guerre civile helvétique du Sonderbund à fin 1847. De plus, Wolfsberger présente l'avantage d'avoir exercé de hautes fonctions au niveau cantonal. Il a été membre d'un gouvernement cantonal (conseiller d'Etat), de 1853 à 1855, présentant l'avantage d'associer une diversité de partis politiques comprenant aussi bien des conservateurs et libéraux, que des radicaux dits « dissidents ». Ce gouvernement particulier est appelé « réparateur » pour marquer son opposition à la longue période de domination radicale conduite par le chef de file James Fazy qui occupait le pouvoir depuis la révolution genevoise de 1846.[26]

Puis, le contexte de 1856 exprimé en terme de rapport de force entre la compagnie privée et la municipalité lors de la renégociation de la concession est globalement analogue à celui qui prévalait aux débuts du gaz en 1843. La balance penche même un peu plus en faveur de la compagnie privée engagée sur le chemin de la croissance, alors que la municipalité n'est toujours pas en mesure d'envisager de gérer directement un réseau gazier. Il manque encore un modèle municipal auquel les Genevois pourraient se référer. En Suisse comme dans les autres villes européennes, le mouvement vers la municipalisation n'est pas encore vraiment engagé. La municipalité, qui manque toujours de capacité de financement, est en conflit ouvert sur des questions financières avec le pouvoir cantonal repris par le radical Fazy.[27] La municipalité est donc sensible à la solution envisagée consistant à se faire verser 30 000 francs chaque année par la compagnie gazière.

Et enfin, cette compagnie maîtrise parfaitement la nouvelle donne politique genevoise. Colladon, libéral et Wolfsberger, qui fut membre du « gouvernement réparateur », trouvent un écho favorable à leurs propos dans la coalition majoritaire à la municipalité. L'entreprise

[25]   *Mémorial des séances du Conseil municipal de la Ville de Genève*, vol. 12 (1855-56), p. 731-32.

[26]   RUCHON, F., *Histoire politique de Genève (1813-1907)*, t. 2, Genève, 1953, p. 120-125.

[27]   MARTIN, P.-E., *Histoire de Genève de 1798 à 1931*, Genève, 1956, p. 214.

gazière, qui envisage un développement dans les autres communes urbaines, s'attache également à maîtriser le pouvoir cantonal repris par l'aile dure des radicaux rassemblée autour de Fazy, très hostile à la municipalité de Genève. L'aura du président du conseil d'administration Dufour ne semble pas suffire et il faut tenir compte de l'activité plus ou moins occulte menée par un autre administrateur de l'entreprise gazière, le banquier genevois Christian Kohler proche des radicaux. On sait que Kohler joue un rôle fondamental qui nécessite des sorties d'argent non négligeables, soit 75 000 francs. Ainsi le conseil d'administration le remercie en lui octroyant 250 actions gratuites pour cause « d'indemnités ».[28]

C. Les banquiers privés attirés par les affaires européennes : la formation et le développement de la holding (dès 1861)

Cette étape du milieu des années 1850 est très certainement l'un des facteurs essentiels qui milite en faveur de la formation d'une holding gérant des affaires à l'échelle européenne. S'ajoutent les expériences individuelles acquises par des maisons de banques genevoises qui créent et développent dès la deuxième moitié des années 1840 des compagnies gazières allemandes, à Stuttgart où le banquier Kohler s'illustre, à Munich et à Augsbourg. Par ailleurs, des banquiers privés réunis dès 1849 au sein de l'Omnium, une société de placement, participent aux Gaz de Marseille, de Naples et de Vienne. C'est donc sur de solides bases que les principales maisons de la place s'unissent pour former en 1861 une holding gazière dotée d'un capital-actions de 10 millions de francs.

Un groupe d'investissement intégré

En reprenant certaines positions déjà tenues par les financiers genevois dès les années 1840-50 ou en en créant de nouvelles, la holding genevoise s'attache principalement à accompagner ses participations financières par un intense développement. En plus d'investissements soutenus – entre 1 et 2,7 millions de francs – destinés aux principales affaires (Marseille, Cannes, Bologne, Naples), le groupe effectue un mouvement vers l'amont en prenant le contrôle d'un fabricant allemand d'appareillage comme nous le verrons. Pour s'engager et développer leurs affaires, les Genevois disposent de leurs propres experts en matière technique, dont Colladon, Wolfsberger et Chantre, ce dernier étant particulièrement apprécié aussi bien pour ses capacités de technicien que

---

[28] *Société genevoise pour l'éclairage au gaz. Assemblée générale des actionnaires 1856*, Genève, 1856, p. 17.

d'administrateur.[29] Le groupe genevois installe encore les directeurs d'exploitation, également ingénieurs, et occupe surtout des sièges aux conseils d'administration. Ces caractéristiques font clairement entrer la holding genevoise dans la catégorie des sociétés de financement et de contrôle par opposition aux *investment trusts*, sociétés de placement en français, qui se contentent de pratiquer des investissements diversifiés minoritaires sans prise de contrôle.[30]

L'association d'un fabricant d'appareillage de qualité s'inscrit dans une nouvelle stratégie de développement des marchés de l'éclairage privé dont vont bénéficier tant le réseau gazier genevois que les positions détenues par la holding. Comme les exploitants du réseau genevois sont préoccupés par le choix fort limité des luminaires destinés à leurs consommateurs, ils s'assurent les services d'un fabricant d'appareillage allemand (Blind & Cie), en l'incitant à installer une succursale à Genève. La compagnie genevoise participe à cette affaire en qualité de commanditaire à hauteur de 25 000 francs. Comme le conseil d'administration le souligne en 1861 : « L'objectif est d'offrir au consommateur un assortiment d'appareils appropriés à toutes les convenances dans le but de populariser toujours plus le gaz, en en rendant l'emploi plus facile, moins coûteux et plus agréable. »[31] De leur côté, les fondateurs de la holding investissent 617 000 francs dans la Gasapparat und Gusswerk, basée à Mayence,[32] qui se voit ouvrir le marché des filiales grâce à une société commerciale genevoise – la Société d'appareillage pour le gaz et l'eau (dès 1853) –, dotée d'un réseau européen de succursales établies en commandite.[33]

Les positions financées parallèlement par la société de placement genevoise Omnium, à Marseille et à Naples entrent en ligne de compte. Une analyse plus fine montre comment la holding genevoise parvient à s'insérer dans ce type de marchés où existe déjà un réseau gazier. Ainsi le groupe commence au début des années 1860 par reprendre un lot d'actions du Gaz de Marseille « qui s'est présenté dans une liqui-

---

[29] *Compagnie genevoise de l'industrie du gaz. Extrait du rapport présenté à l'assemblée générale. Année 1873*, Genève, 1874, p. 24.

[30] Voir PAQUIER, S., "Swiss Holding Companies from the Mid-nineteenth Century to the Early 1930s: the Forerunners and Subsequent Waves of Creations", in *Financial History Review*, vol. 8, part 2 (October 2001), p. 163-182.

[31] *Assemblée générale des actionnaires de la Compagnie genevoise d'éclairage et de chauffage par le gaz, 1861*, Genève, 1861, p. 13.

[32] *Assemblée générale ordinaire de la Compagnie genevoise de l'industrie du gaz*, Genève, 1862, p. 4.

[33] *Compagnie genevoise de l'industrie du gaz. Extrait du rapport présenté à l'assemblée générale. Année 1863*, Genève, 1864, p. 8. Les rapports annuels du conseil d'administration aux assemblées générales des actionnaires font constamment mention de l'activité de ces deux entreprises.

dation ». Quatre mille actions sont ainsi acquises par les Genevois au cours de 240 francs. Un achat supplémentaire de 156 titres arrondit l'investissement de base à 1 million de francs.[34] La connexion semble assurée par le Crédit lyonnais, puisqu'on retrouve l'un de ses stratèges, Henri Germain, au conseil d'administration du Gaz de Marseille. Le banquier genevois Kohler y siège également. Le Gaz de Marseille est une puissante compagnie dotée d'un capital-actions de 21,6 millions de francs et présente plusieurs avantages. La concession est de longue durée (45 ans) et la société marseillaise possède plusieurs infrastructures, dont les hauts fourneaux et fonderies de Saint-Louis ainsi qu'une houillère à Portes et Sénéchas assurant sur place l'approvisionnement en houille. Marseille représente sans aucun doute l'une des positions-phares du groupe genevois. Pour profiter des hausses de cours, le titre monte à 400 francs en 1867, les Genevois vendent un millier de titres tout en gardant une position qui approche le million de francs au bilan.[35] L'un des plus illustres administrateurs de la holding genevoise, Gustave Ador, futur président de la Confédération helvétique, accède en 1905 à la présidence du Gaz de Marseille.

Vraisemblablement dans un souci de diversification géographique, la holding genevoise prend rapidement position dès 1862, à Bologne, une cité de 100 000 habitants.[36] Le détenteur non précisé de la concession avait laissé entendre qu'il cherchait à remettre son affaire. Les Genevois se mettent sur les rangs et l'emportent. C'est une position intéressante dans la mesure où les tarifs des abonnés privés sont libres. On retrouve ici une autre motivation profonde des entrepreneurs gaziers visant à capter les marchés privés en vue d'obtenir les économies d'échelle permettant de diluer les frais fixes sur un nombre toujours plus élevés d'abonnés. Le développement de cette position est d'abord assuré par l'ingénieur Wolfsberger, qui s'est retrouvé dans une position analogue à celle de Genève au milieu des années 1850 alors qu'il fallait étendre le réseau gazier, puis par son collègue Chantre.[37] La position de Bologne immobilise un capital important. Le compte de construction dépasse les deux millions de francs dès le milieu des années 1860.[38]

Dès 1865, la holding genevoise renforce ses positions dans la péninsule en investissant à Naples où les relations françaises, qui avaient bien fonctionné à Marseille, devraient s'avérer déterminantes. En effet, cette

---

[34]   *Assemblée générale ordinaire de la Compagnie genevoise du gaz*, Genève, 1862, p. 5. Le montant des deux transactions est repris du bilan à la fin du rapport.

[35]   *Compagnie genevoise de l'industrie du gaz. Extrait du rapport présenté à l'assemblée générale*, voir les années 1867 et 1869.

[36]   *Ibid.*, année 1861, p. 5 et 7.

[37]   *Ibid.*, année 1873, p. 16.

[38]   *Ibid.*, années 1867 et suivantes, bilan.

position est un fief français comme le souligne notre collègue italien Giuntini dans cet ouvrage.[39] La holding genevoise acquiert 500 titres au prix de 703 francs représentant un investissement de 361 000 francs, puis 207 autres actions pour obtenir un investissement global d'un peu plus de 500 000 francs.[40] Colladon est l'un des experts mis à contribution dans cette affaire. Les investissements s'accroissent par la suite : 1 million de francs en 1877, puis 1,2 million en 1892.[41]

Au début des années 1870, une autre stratégie est appliquée pour s'ouvrir de nouveaux marchés à grand potentiel de développement. Elle consiste à « grignoter » les parts d'un groupe qui voudrait bien se défaire de certaines de ses positions. C'est une prise de participation temporaire dans le Gaz de Paris qui permet d'acquérir deux positions à fort potentiel de développement dans le sud de la France, à Menton et à Cannes. Dans cette dernière ville, les investissements passent de 400 000 à 2,7 millions de francs entre les années 1870 et la fin des années 1880.[42] Toutefois, la médaille a son revers, car les Genevois doivent acquérir un bloc de réseaux regroupés sous la raison sociale des Usines de la Corniche dont certains sont loin de présenter le même potentiel de développement (Agde, Draguignan, Antibes, Port-Maurice et Oneglia).[43] L'ingénieur Chantre est chargé de développer les Usines de la corniche. La gestion des réseaux français est principalement assurée par une équipe basée à Cannes, alors que les deux positions italiennes installées sur la rivière Gênes sont dirigées depuis Bologne. Genève suit les opérations en centralisant les informations comptables.[44]

La holding genevoise reprend l'affaire de Stuttgart en 1876, une fois le banquier Kohler décédé. Alors qu'elle n'était pas encore intégrée au groupe, Colladon avait offert ses services au début des années 1870 pour développer les capacités de production de l'usine allemande.[45] L'investissement modéré, entre 170 000 et 334 000 francs, n'empêche pas les Genevois de siéger au conseil d'administration de la compagnie allemande. Sur les cinq sièges du conseil d'administration, deux sont d'abord occupés par des Genevois, le banquier Charles Hentsch et le

---

[39] Voir Section II, Partie B.

[40] *Compagnie genevoise de l'industrie du gaz. Extrait du rapport présenté à l'assemblée générale. Année 1865*, p. 8 et bilan.

[41] *Ibid.*, année 1893, bilan.

[42] *Ibid.*, voir les années concernées.

[43] *Ibid.*, 1872/73, p. 13-14.

[44] *Ibid.*, p. 17.

[45] Voir *Rapport du Conseil d'administration de la Compagnie d'éclairage au gaz de la Ville de Stuttgart à l'Assemblée générale ordinaire du 16 mars 1871*, Genève, 1871, p. 8.

physicien Jean-Louis Soret, puis trois dès l'élection de l'ingénieur Aubert.[46]

Parallèlement et avec des moyens réduits, la holding genevoise pratique également quelques investissements typiques d'une société de placement. Les sommes investies sont minoritaires et les Genevois n'exercent aucun contrôle. Le groupe pratique cette stratégie à Munich, Zurich, Lodi et Ravenne. On peut également voir les Genevois acquérir en 1870 les titres de deux groupes anglais de première importance, l'Imperial Continental Gas company et la Gas light and Coke.[47] La holding profite de liquidités provenant de remboursements d'avances effectués à la fabrique de Mayence. La version décrite dans les rapports annuels de la holding décrit ces compagnies anglaises comme étant des investissements prometteurs. La Gas light and Coke vient d'absorber d'autres compagnies à Londres et bâtit une nouvelle et imposante usine gazière, alors que l'Imperial est une holding qui détient d'importantes positions dans plusieurs grandes villes européennes. Peut-être est-il un moment question, comme avec le Gaz de Paris, de tenter de racheter quelques positions intéressantes dont l'un de ces groupes auraient bien voulu se défaire, ou peut-être faut-il considérer ces prises de participation comme l'un des moyens permettant de s'assurer un approvisionnement en charbon anglais à bon prix ? En l'état de la recherche, il est impossible de répondre à ces questions, toujours est-il que le groupe genevois revend assez rapidement ses participations britanniques.[48]

Le groupe genevois pratique un autre type d'investissements en acquérant des titres d'une autre holding gazière suisse, celle de Schaffhouse, fondée une année après celle de Genève. Ce constat montre que les holdings travaillent ensemble, plutôt que de se faire concurrence.

D. Le passage des turbulences de la fin du XIXe siècle : des stratégies contrastées

Comment les deux compagnies gazières genevoises, celle qui gère le réseau urbain et la holding, passent-elles les turbulences de la fin du XIXe siècle marquées par l'émergence de la concurrence électrique et le mouvement de municipalisation ? Force est de constater que les stratégies pratiquées sont très contrastées.[49]

---

[46] *Compagnie genevoise de l'industrie du gaz. Extrait du rapport présenté à l'assemblée générale*, voir les années 1877 à 1892.

[47] *Ibid.*, années 1870 et 1871, p. 10-11.

[48] *Ibid.*, 1869/70, p. 11.

[49] Nous nous basons principalement sur notre étude : PAQUIER, S., « Les Ador et l'industrie gazière (1843-1925) », in DURAND, R., BARBEY, D. et CANDAUX, J.-D.

Conduite par un président du conseil d'administration très hostile à l'électricité (Colladon), la compagnie gazière, qui exploite le réseau genevois, choisit de s'opposer à l'électricité en faisant valoir un droit au monopole de l'éclairage devant les tribunaux. Cette attitude malthusienne excède les autorités municipales, ces dernières estimant que cette compagnie, qui a non seulement engrangé des bénéfices imposants en position de monopole mais également accumulé un savoir-faire en matière d'éclairage, pourrait se charger elle-même d'introduire l'éclairage à l'électricité. La compagnie gazière refuse d'entrer en matière estimant la concession trop courte pour envisager un retour sur un investissement évalué à 500 000 francs. Dans ces conditions, il ne faut ni s'étonner si la municipalité accorde une courte concession à une société d'éclairage privée, de 1887 à fin 1895, ni si la compagnie gazière est déboutée devant les tribunaux en 1888 et 1889.

De son côté, la holding choisit de s'adapter au nouveau contexte, en commençant par acquérir des titres de sociétés électriques dès le milieu des années 1880, puis par convertir peu à peu ses positions gazières à l'électricité (Marseille, Cannes, Naples) et en se rapprochant d'une nouvelle holding genevoise, fondée en 1898, spécialisée dans l'électricité qui gère des positions en France et en Italie (Franco-suisse pour l'industrie électrique). Ce rapprochement débouche en 1902 sur la formation d'une nouvelle financière genevoise orientée vers les affaires italiennes comme sa raison sociale l'indique clairement (Société financière italo-suisse).[50] C'est une réaction qui s'inscrit dans les logiques déjà appliquées aux débuts de la holding gazière : envisager la coopération entre holdings plutôt que la concurrence. Par contre, le groupe genevois ne sort pas indemne du mouvement de municipalisation qui se déploie en Allemagne et en Italie. Stuttgart est municipalisé en 1899 et l'année suivante c'est au tour de Bologne, 12 ans avant l'échéance prévue.

II. La municipalisation du gaz à Genève (1890-1930)

L'analyse de la municipalisation du gaz passe par la mise en évidence de ses motivations profondes. Les imposants bénéfices générés par la compagnie privée après le renouvellement de la concession en 1856 a singulièrement aiguisé l'appétit d'une administration municipale en manque de ressources financières. C'est dans l'adoption de la nouvelle constitution fédérale en 1874 qu'il faut essentiellement chercher l'origine des besoins financiers de Genève. La constitution a rendu

---

(dir.), *Gustave Ador. 58 ans d'engagement politique et humanitaire*, Genève, 1995, p. 153, 173-177.

[50] PAQUIER, S., *Histoire de l'électricité en Suisse. La dynamique d'un petit pays européen (1875-1939)*, 2, Genève, 1998, p. 1033-1060.

illégale la principale ressource fiscale des Villes appelée l'Octroi, soit une taxe perçue à l'entrée des marchandises sur leur territoire. Alors qu'officiellement cet impôt devait disparaître en 1892, Genève dont l'inorganisation de la fiscalité est criante, a obtenu un délai supplémentaire jusqu'au premier janvier 1896, soit le jour même du terme de la concession gazière.[51] La Ville de Genève doit donc impérativement rechercher de nouvelles ressources dès cette date, et les bénéfices que doit dégager la municipalisation du gaz apparaissent comme l'une des solutions à adopter.

Le rôle joué par l'ingénieur Théodore Turrettini (1845-1916) s'avère déterminant.[52] Depuis son élection au conseil administratif (exécutif) de la Ville en 1882, cette personnalité, issue d'une famille célèbre du Refuge protestant et dotée d'une expérience industrielle acquise tant outre-Rhin – où le modèle municipal est précoce – qu'à Genève dans le domaine des distributions de force motrice à l'industrie urbaine, peut imposer « par le haut » sa stratégie de municipalisation des trois fluides : l'eau, le gaz et l'électricité. Appelé par ses pairs à se présenter aux élections pour redresser les finances de la Ville, son programme consistait à imposer la municipalisation de l'eau contre un projet de privatisation des forces motrices du Rhône défendu par les radicaux genevois. Si l'eau est municipalisée dès son élection, il déploie une subtile stratégie destinée à municipaliser tant le gaz que l'électricité. Il affaiblit la position de la compagnie gazière en accordant une courte concession à une compagnie privée d'éclairage à l'électricité dont le terme est fixé à fin 1895, soit la date prévue de la municipalisation des trois fluides. Dans ces conditions, tous les efforts de la compagnie gazière, pourtant détenue par des familles appartenant à la « bonne société » genevoise, visant à prolonger la concession sont voués à l'échec. Les prétentions des dirigeants de la compagnie gazière à faire valoir un monopole de l'éclairage sont déboutées à deux reprises par devant les tribunaux.

Par rapport à la question de la continuité ou de la discontinuité des stratégies pratiquées, il s'avère d'ores et déjà intéressant de constater que l'argument de base pour justifier la municipalisation consiste à démontrer que la compagnie a abusivement profité de sa position de monopole pour réaliser des bénéfices au détriment des consommateurs. Cependant, une administration manquant de moyens financiers, comme la Ville de Genève, n'a en fin de compte aucun intérêt à modifier cet objectif.

---

[51]   Cette inorganisation fiscale nous est révélée par les procès-verbaux d'une commission parlementaire qui a étudié, dès 1900 la création d'une nouvelle taxe municipale. Cette dernière n'a été perçue qu'à partir de 1907. Voir *Procès-verbaux de la commission de 1900*, Archives de la Ville de Genève [désormais AVG], 03.DOS.101.

[52]   Voir PAQUIER, S., *op. cit.*, 1, p. 357-382, 545-557.

Enfin, l'analyse de la gestion globale des trois secteurs : gaz, électricité et eau – les deux premiers sont concurrents –, reste évidemment essentielle.

A. La dernière carte de la compagnie gazière : jouer sur la fragmentation du réseau (1890)

Après son échec devant les tribunaux, la compagnie gazière s'oriente vers un autre type de stratégies en espérant obtenir une prolongation de la concession. Pour ce faire, elle ne va pas hésiter à jouer sur les divergences entre les municipalités des faubourgs et la Ville de Genève qui souhaite s'imposer dans le canton.

Dès le renouvellement de la convention initiale, en 1856, la compagnie gazière avait conclu une série de concessions complémentaires avec d'autres municipalités du canton de Genève, notamment avec Plainpalais, municipalité la plus peuplée après celle de la Ville de Genève[53]. Toutes ces concessions, dans leurs conditions et durées, ont été alignées sur la concession « principale » liant la compagnie à la Ville. De plus, ces concessions prévoyaient que chaque commune devait, en cas de rachat à l'échéance, acquérir les canalisations se trouvant sur son territoire. Cette disposition, logique puisque conforme à l'esprit de l'arrangement d'origine, fragilisait l'ensemble du réseau gazier genevois, péniblement unifié pendant de longues années. Ce dernier pouvait être virtuellement morcelé en cas de rachat par les municipalités.

Un premier morcellement du réseau s'est produit en 1878. Deux autres municipalités, la Ville de Carouge et le village limitrophe de Lancy, avaient passé un accord avec un autre concessionnaire, lyonnais en l'occurrence, comme nous le verrons plus bas. Rien n'obligeait une commune périphérique à traiter avec le concessionnaire qui fournissait la Ville. Ce dernier était presque parvenu à s'imposer comme l'unique fournisseur de gaz des communes du canton, par la simple importance que lui conférait la concession avec la municipalité de Genève. La décision de Carouge et Lancy fut sans doute l'un des fruits d'un vieil antagonisme récurrent qui existait entre Genève, l'ancienne Rome protestante et Carouge la catholique, ville fière de son origine sarde. Cet antagonisme sera d'ailleurs dans les années 1920 à l'origine de l'échec

---

[53]   Le canton de Genève compte alors une cinquantaine de communes, dont la majorité sont rurales. Jusqu'à la fusion des communes urbaines en 1930, l'agglomération comprend les communes de Genève, Plainpalais, Eaux-Vives et du Petit-Saconnex.

du premier projet de fusion des communes suburbaines, finalement réalisé sans Carouge en 1930.[54]

Sur cette base, la compagnie privée dispose en 1890 de nouveaux arguments pour envisager une prolongation de la concession, à savoir l'éclatement possible du réseau, une meilleure marge de négociation sur les tarifs et enfin les clivages politiques entre les communes. La compagnie cherche clairement à diviser les communes. Dans le cas d'une municipalisation, elle se verrait remplacée par l'administration de la seule Ville de Genève. Les difficultés financières de la municipalité genevoise rendent les autres communes méfiantes, car ces dernières ont moins de peine à boucler leur budget et elles peuvent légitimement craindre que Genève n'essaye de tirer un maximum de revenus en leur vendant le gaz.

En 1890, la compagnie gazière propose à la Ville de Genève de réduire ses tarifs de 30 % en échange d'une nouvelle concession de 45 ans.[55] Pour faire pression sur la Ville, une offre similaire est adressée aux autres communes quelques jours plus tard.[56] Cette tentative est habile parce qu'elle offre aux communes périphériques, financièrement plus stables, la garantie d'un gaz moins cher, ce qui n'est pas assuré dans le cas d'une municipalisation. Par contre la Ville, héritière légitime de la compagnie, verrait les revenus du gaz lui échapper, ce qui ne serait pas compensé par les économies réalisées sur la baisse de prix proposée. Or la municipalité genevoise a impérativement besoin de remplir ses caisses. L'offre est déclinée, sans que les autorités genevoises n'aient pris la peine de consulter les autres communes.

Avant les années 1890, la politique tarifaire de la compagnie avait très tôt signifié des baisses de prix, pour stimuler la demande. La première baisse des tarifs date de 1865, conformément à la convention de 1856. Cependant, la baisse octroyée par la compagnie est plus importante, soit à 35 centimes le m³ au lieu des 40 prévus. Les administrateurs insistent sur l'aspect volontaire de cette baisse, car rien n'oblige alors la compagnie à réduire autant le prix du gaz, sinon « une situation maintenant assurée ».[57]

---

[54]   Voir ROTH, H., « La fusion des communes de l'agglomération urbaine genevoise en 1930 », mémoire de licence du Département d'Histoire générale de la Faculté des Lettres de l'Université de Genève, Genève, 2000.

[55]   Voir *Mémorial des séances du Conseil municipal de la Ville de Genève*, séance du 18 novembre 1890. La compagnie écrit une lettre aux autorités, dont il sera fait mention lors de cette séance.

[56]   *Ibid.*, séance du 24 novembre 1890.

[57]   Voir *Assemblée générale ordinaire de la Compagnie genevoise du gaz 1865*, Genève, 1865, p. 16.

Malgré les bénéfices bien visibles de l'industrie du gaz en 1890, la gestion de cette entreprise génère quelques craintes. Le nombre d'employés est considérable et le savoir-faire spécifique. Une contre proposition faite par la Ville propose un partage du capital et une participation proportionnelle aux bénéfices. Mais face à des entrepreneurs trop habitués à leur indépendance, cette proposition est balayée. Voyant l'intransigeance de la compagnie, la Ville décide de lancer le processus de rachat,[58] ce qui n'évite pas une nouvelle scission du réseau.

B. La tentative de Plainpalais (1896-1921)

La commune de Plainpalais, craignant les appétits d'une administration en manque de ressources financières, décide de se lancer seule dans l'aventure du gaz[59]. Cette manœuvre est loin d'être inconsidérée, puisque Plainpalais représente, au niveau suisse, le dixième consommateur de gaz. D'autres communes suisses, plus petites, exploitent leur propre réseau. Avant de se décider, la municipalité de Plainpalais a pris soin de constituer un solide dossier comparatif, document qui fournit aujourd'hui de précieuses données sur plusieurs communes helvétiques.[60] L'idée maîtresse de Plainpalais est de pouvoir vendre un gaz à 20 centimes[61] pour tous les consommateurs (il était alors à 30 centimes), afin de favoriser le développement des industries sur son territoire. Du point de vue financier, Plainpalais peut se permettre de pratiquer cette politique, la diminution de la marge bénéficiaire devant être compensée par de nouveaux consommateurs.

Le premier janvier 1896 est donc une date charnière pour l'histoire du gaz à Genève. Elle correspond à la naissance des Services industriels de Genève ainsi qu'à une nouvelle scission du réseau gazier. En tenant compte des choix de Carouge et de Lancy, Genève disposait alors, à l'encontre du bon sens, de trois réseaux distincts, alors qu'en 1878, il n'y en avait encore qu'un seul. Pourtant, seul le réseau des Services industriels semblait voué à s'étendre, tant grâce aux structures existantes que par la nécessité financière dont il a été question plus haut.

Alors que les deux petits réseaux sont étroitement cloisonnés, le réseau des Services industriels (désormais SI), gagne petit à petit du

---

[58] Voir *Mémorial des séances du Conseil municipal de la Ville de Genève*, séance du 10 avril 1891.

[59] Alors que l'usine à gaz de la compagnie privée avait été construite en dehors des fortifications de la ville, sur le territoire de la commune de Plainpalais !

[60] Il s'agit d'un cahier regroupant à la fois des notes du maire de Plainpalais, Charles Page, et des collages d'articles de journaux. Ce document est intitulé « Mairie de Plainpalais. Gaz, notes et renseignements ». Nous datons ce document entre 1888 et 1890. AVG, P.03.DOS.892/2, pièce 53.

[61] C'est-à-dire le prix qu'aurait proposé la compagnie privée.

terrain en direction des autres communes du canton. Deux catégories de conventions sont passées entre la Ville de Genève et les autres communes. La première concerne les deux communes périphériques restantes (le Petit-Saconnex et les Eaux-Vives) après la défection de Plainpalais. Ces communes bénéficient d'un régime spécial, sans doute motivé par la peur de voir s'étendre l'exemple de Plainpalais. En effet, Genève leur octroie la moitié des bénéfices nets réalisés sur la vente du gaz auprès de leur population. Quant aux communes rurales, elles se voient attribuer une participation au bénéfice, mais moindre que celle attribuée aux deux communes de l'agglomération, et suivant un barème établi non-négociable. On remarque clairement que l'extension du réseau, conformément à ce qui peut être supposé, suit une logique de rentabilité. Ce sont en effet les communes les plus aisées qui ont vu arriver le gaz en premier.

C. L'unification du réseau (1904-1922)

Le premier des réseaux « dissidents » fut celui de Carouge. Cette municipalité du bord de l'Arve s'était souvent opposée à Genève, même si les relations commerciales entre les deux villes étaient étroites, en tout cas au XIXe siècle. En 1878, Carouge avait accordé une concession à une entreprise lyonnaise. Cet accord concernait uniquement la fourniture de gaz d'éclairage. Le concessionnaire lyonnais avait réussi, quelques années plus tard, à étendre le réseau vers une commune voisine, Lancy, bien moins peuplée que Carouge. Le concessionnaire tenta de maximiser ses profits à l'extrême, le gaz fourni par l'usine carougeoise étant de mauvaise qualité et l'usine ayant atteint rapidement les limites de la capacité de production, ce qui donnait parfois lieu à des baisses de pression dans le réseau. Fragile, le réseau des Carougeois est une proie idéale pour les SI soucieux de pouvoir accéder au sud du canton.

Lancy chute la première et se lie avec les SI. Le bastion carougeois tombe alors comme un fruit mûr en 1904. Le réseau est acquis à un prix 2,5 fois plus élevé que son estimation en raison d'une clause stipulée dans la concession fixant le montant du rachat à 25 fois la valeur du bénéfice. De crainte que ce dernier ne progresse encore, les SI se décident à payer le prix fort. De son côté, le service du gaz de Plainpalais connaît une trajectoire plus honorable. A ses débuts, une croissance soutenue avait sérieusement fait de l'ombre aux SI, comme le graphique 1 l'illustre parfaitement. Le gaz était bon marché à Plainpalais et le service de qualité. Cependant, cette municipalité n'a jamais souhaité étendre son réseau à d'autres communes. La logique d'un service public offert à moindre coût, qui a motivé la création de l'usine à gaz communale, s'est cependant très vite heurtée au puissant voisin qui ne cesse de se renforcer en étendant son réseau. Par ailleurs, la fin du réseau de Carouge isole complètement Plainpalais.

Graphique 1. Production de gaz 1896-1914

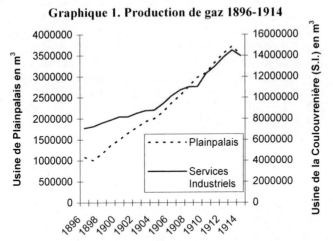

Elaboré à partir de : VILLE DE GENEVE, *Compte rendu financier et administratif annuel,* diverses dates ; SERVICE DU GAZ DE PLAINPALAIS, *Rapport annuel,* diverses dates.

Alors que Genève souhaite garder la maîtrise de ses tarifs gaziers, ne désirant pas garantir un mètre cube à 20 centimes, nous constatons que dès 1896, le prix est fixé au même niveau que celui de Plainpalais, éliminant toute contestation possible des autres communes. Plainpalais, de son côté, fière de sa réalisation ne peut pas décemment hausser le prix de son gaz, le rendant plus cher que celui des SI, alors que la création du gaz communal vise justement à faire baisser les tarifs. Trois éléments précipitent la fin de l'expérience de Plainpalais. D'abord, le bénéfice généré par son usine ne cesse de diminuer et cette tendance s'aggrave pendant la guerre en raison de la hausse du coût de la houille. Puis, les difficultés liées au conflit mondial poussent la municipalité de Plainpalais à compléter sa production avec du gaz livré par les SI. Enfin, les SI disposent d'une nouvelle capacité de production dès l'inauguration de la nouvelle centrale de Châtelaine en 1914. La combinaison de ces trois éléments met un terme à l'expérience de Plainpalais. En 1922, les SI rachètent le gaz de Plainpalais. L'usine, trop obsolète, n'est pas conservée.

Désormais sans concurrent sur le marché du gaz, les Services industriels appliquent dès 1924 une astuce comptable à l'origine d'une nouvelle crise. Les concessions passées avec les communes voisines stipulent le partage du bénéfice d'exploitation net en deux moitiés.

Cependant, dès 1924, les Services industriels vont soustraire de la part destinée aux communes, les « frais de renouvellement », en fait des amortissements, qui devaient normalement être partagés entre les deux partenaires : Ville de Genève et commune concernée. Cette pratique passe d'abord inaperçue tant les montants étaient faibles. Mais dès 1927, suite au gonflement de ce poste, les communes lésées protestent. Anecdotique dans sa forme, cette habile tentative, qui suit de deux ans seulement l'unification du réseau, montre bien que, même sous le contrôle total d'une collectivité, une entreprise qui gère un réseau technique n'en garde pas moins une politique parfois agressive. La recherche du rendement maximum ne diffère parfois pas beaucoup entre secteurs public et privé.

D. Le moteur du développement des réseaux : les subventions

Les deux conventions de 1844 et de 1856 définissaient précisément les droits et obligations de la compagnie sur le marché public, mais lui laissaient l'opportunité du développement des marchés privés pour réaliser l'essentiel de son profit comme indiqué plus haut. Dès 1852, la compagnie a été sensible au problème du coût des installations, et tenta « de réviser et d'abaisser les tarifs de plomberie ».[62] Ce n'est qu'en 1869 qu'un système de subventions aux installations est mis en place, encore limité aux seuls immeubles « où nous [les administrateurs] jugerons qu'elles seront productives ».[63] Cette stratégie de prise en charge financière des installations par le moyen de subventions touche plus particulièrement l'établissement de colonnes montantes. Ces dernières, une fois installées dans les immeubles de la ville, avaient pour but d'inciter la population à la consommation, en facilitant l'accès à la source énergétique. Les installations subventionnées restaient officiellement propriété de la compagnie, et sont rachetées avec le réseau par la Ville en 1895.

---

[62] Voir *Assemblée générale ordinaire de la Compagnie genevoise du gaz 1853*, Genève, 1853, p. 4.

[63] *Ibid.*, 1869, p. 15.

Graphique 2. Evolution comparée des subventions (1896-1930)

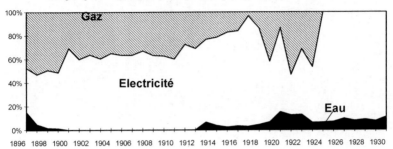

Elaboré à partir de : VILLE DE GENEVE, *Compte rendu financier et administratif annuel*, diverses dates.

Une fois encore, les stratégies pratiquées avant et après la municipalisation convergent, à la différence près que la Ville a d'emblée la possibilité de gérer ensemble deux sources d'énergie qui peuvent se substituer. A l'instar de la compagnie privée, la municipalité offre des subventions pour développer les consommations de gaz et d'électricité en fonction des disponibilités. Par exemple en 1906, lorsque le réseau racheté à la compagnie privée est proche de la saturation, les Services industriels lancent la première subvention à l'éclairage électrique.

L'évolution des subventions des deux services concurrents est par conséquent une bonne mesure pour situer l'évolution du marché. L'explosion de l'usine de la Coulouvrenière, en 1909, crée inévitablement un vide que l'énergie concurrente est susceptible de combler. Mais la situation s'inverse, lorsqu'il est décidé de bâtir une nouvelle centrale gazière. Après la Première Guerre mondiale, l'offre de gaz excédant la demande, les subventions se tournent dès lors à nouveau vers les équipements gaziers. La nouvelle usine de Châtelaine, inaugurée en décembre 1914, avait été construite suivant une projection très optimiste de la consommation de gaz.

Cependant, les conditions délicates de la Première Guerre mondiale, ainsi que la période économique difficile de l'immédiat après-guerre, poussent les Services industriels à subventionner le gaz et cela d'autant plus qu'un scandale immobilier lié à la construction très coûteuse de l'usine interdisait aux autorités de reculer sur le dossier. La nouvelle usine ne peut pas être un échec. Le marché doit suivre, quitte à le pousser par des subventions.

**Graphique 3. Evolution de la consommation
par habitant (SI)**

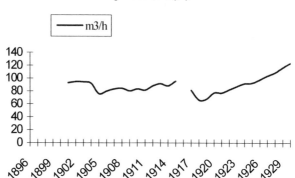

Elaboré à partir de : VILLE DE GENÈVE, *Compte rendu financier et administratif annuel*, diverses dates.

Le graphique 2, qui montre l'évolution des subventions, explicite clairement l'influence de la nouvelle centrale de 1914. Alors qu'avant la Première Guerre mondiale, les subventions se portaient plutôt vers l'électricité, le gaz effectue un retour dans l'immédiat après-guerre, pour s'arrêter totalement en 1924, soit quelques mois après le rachat du réseau de Plainpalais et l'abandon par les Services industriels de l'exploitation de la petite usine fournissant ce réseau. Jusqu'au moment de ce rachat, la nouvelle centrale de Châtelaine ne fonctionnait qu'a 50 % de ses capacités de production. On comprend dès lors l'intérêt des subventions et du rachat du gaz de Plainpalais. Par ailleurs, le graphique 3 indique clairement que le tassement puis la disparition des subventions n'implique pas un tassement de la consommation du gaz. Bien au contraire, la consommation de gaz par habitant progresse dans les années 1920 de manière régulière et soutenue, rendant le système de subvention inutile. Cette progression spécifique à Genève est à mettre en relation directe avec l'usine surdimensionnée de Châtelaine qui va longtemps fonctionner en dessous de sa capacité de production.

Les Services industriels sont remaniés en 1930, parallèlement à la fusion des quatre communes formant l'agglomération urbaine. A cette date, la Ville de Genève perd le contrôle de l'entreprise, qui sera dès lors gérée conjointement avec le canton. La municipalité de Genève ne touche qu'une somme annuelle fixe à titre de concession. Cette somme, importante pour 1930, ne cessera de perdre de la valeur pour ne représenter à la fin des années 1960 qu'une part infime des revenus municipaux (environ 3 %). L'année 1930 marque donc bel et bien la fin du gaz municipal.

Conclusion

A priori, le passage du gaz privé au gaz municipal présente une rupture dans le développement de l'industrie gazière. En effet, la compagnie privée, qui a activement développé son réseau des années 1840 à la fin des années 1870, adopte une stratégie défensive lorsqu'elle se retrouve confrontée aux incertitudes liées au retour des concessions et à l'intrusion de la concurrence électrique. Ce type de stratégie malthusienne contraste singulièrement avec la politique d'expansion pratiquée par la municipalité dès le rachat du réseau. En fait, ce changement apporte surtout une clarification de l'avenir énergétique. Le problème posé par la concurrence électrique est résolu et il n'y a plus d'échéance freinant des investissements d'envergure.

Toutefois, la thèse de la rupture est loin d'être évidente. Le développement intercommunal est déjà pratiqué par la compagnie privée dès la fin des années 1850, de même que les baisses de tarifs et surtout les subventions pour développer le marché des usagers privés. Le moteur reste la logique du profit, même si les bénéfices n'enrichissent plus une minorité d'actionnaires, mais participent à l'équilibre du budget municipal. Par conséquent, la continuité l'emporte largement sur la rupture.

CHAPITRE II

Le développement gazier à Lausanne (1847-1914)

De l'initiative privée à la naissance du communalisme

Dominique DIRLEWANGER

Université de Lausanne

Par rapport à notre approche historiographique[1] où nous tentons une synthèse centrée autour de quatre grands pôles de recherche (juridique, technique, rapports aux pouvoirs publics, gestion), nous souhaitons illustrer plus en détail ces différents champs de recherche. Pour ce faire, nous allons présenter la chronologie du développement gazier à Lausanne, situant ainsi quelques caractéristiques socio-économiques fondamentales de cette ville au XIXe siècle. Les conditions d'exploitation du gaz posées, il sera alors possible d'entamer une synthèse des arguments politiques et économiques présidant à l'organisation de cette industrie comme service communal. Après cette rapide introduction, nous poursuivrons l'étude par une analyse des réseaux d'intérêts qui ont structuré le développement du gaz à Lausanne. Cette approche prosopographique nous conduira enfin à conclure sur les différentes logiques d'exploitation publique et privée de cette industrie.

I. Chronologie de l'industrie gazière lausannoise

La révolution industrielle en Europe au cours du XIXe siècle enthousiasme les autorités économiques et politiques lausannoises. Pourtant, force est de constater au tournant du siècle que Lausanne n'est pas une ville industrielle. Pire, un des fleurons de l'industrie lausannoise, les tanneries Mercier doivent fermer boutique en 1898, après l'introduction de nouvelles barrières protectionnistes aux Etats-Unis. Simultanément, la plus importante fabrique de la région, celle des

---

[1] Voir Section III, Partie B.

chaussures Steinhauser-Auckenthaler, qui employait jusqu'à 175 ouvriers, fait faillite. Alors que l'économie européenne est portée par une vague industrielle, Lausanne est confrontée à un processus de désindustrialisation.

Cette situation fait apparaître le caractère fondamental de Lausanne : ville administrative, chef lieu du canton, sa structure économique repose essentiellement sur le secteur tertiaire. Les manufactures locales ne rassemblent pas les masses d'ouvrières et d'ouvriers concentrés dans les grandes usines genevoises. En fait, les entreprises les plus prospères sont celles du secteur du bâtiment, ainsi que celles du secteur touristique où Lausanne fait office de concurrent potentiel à l'est vaudois, en premier lieu à Vevey-Montreux. En 1898, le chef-lieu regroupe quelque 211 pensions et hôtels qui abritent une clientèle aisée, attirée à la fois par le climat, les bons soins du corps médical, la renommée des écoles et la place bancaire suisse. Bref, comme l'affirme un historien lausannois reconnu, « la Belle Epoque à Lausanne, c'est l'industrie des étrangers »[2].

Cette évolution économique coïncide avec un accroissement important de la population urbaine. Entre 1888 et 1910, le nombre d'habitantes et d'habitants double (passant de 33 340 à 64 446). Cette croissance démographique, la plus forte de tout le XIXe siècle à Lausanne, pose de nouveaux problèmes aux autorités qui doivent par exemple faire face à une demande sans précédent de logements. Cette situation, qui touche toutes les principales villes helvétiques de l'époque, pousse le futur syndic lausannois André Schnetzler (1855-1911) à organiser une enquête sur les logements. Dans la conclusion de cette enquête en 1896, le notable précise le rôle qu'il souhaite attribuer à la commune :

> Nous sommes de ceux qui attachent un prix considérable à la liberté individuelle – à l'initiative privée. La notion de l'Etat (Etat ou commune) constructeur de logements à bon marché, bailleur par profession, nous répugne. Que les pouvoirs publics fournissent aux citoyens les conditions générales de l'existence (voirie, service des eaux et du gaz, etc.), c'est là leur rôle. […] Selon nous, le concours, la coopération des pouvoirs publics est indispensable à la réussite de l'œuvre. L'Etat et la commune n'ont pas sans doute l'obligation directe d'assurer à chaque citoyen un logement, mais leur devoir est de veiller à ce que les habitations soient salubres et convenables.[3]

Souhaitant par-dessus tout préserver la propriété privée, Schnetzler insiste sur un point crucial : la collectivité publique ne doit en aucun cas faire concurrence à l'économie privée. En fait, les attentes des autorités

---

[2]   BIAUDET, J. C., *Histoire de Lausanne*, Lausanne, 1982, p. 314.

[3]   SCHNETZLER, A., *Enquête sur les conditions du logement. Année 1894*, Lausanne, 1896, p. 143-145.

politiques et économiques de Lausanne se résument pour l'essentiel au fait que la commune prenne en charge les infrastructures urbaines nécessaires au bon développement du commerce et de l'industrie. C'est avec cette position de principe que le débat sur le rachat des sociétés de l'eau, du gaz et de l'électricité émerge dans la décennie 1890 et aboutit en 1898 à la création des Services industriels lausannois (SI).

Or, la production du gaz à Lausanne est une vieille affaire privée. En effet, le 31 décembre 1846 déjà, la population lausannoise peut voir brûler les deux premières lanternes à gaz installées par Frédéric Loba[4] au pied du mur de l'Ecole de la Charité à la place de la Riponne. Quelques mois plus tôt, le 28 juillet, Loba obtenait une convention lui octroyant le droit exclusif d'introduire le gaz à Lausanne et d'ouvrir des tranchées dans les rues de la ville afin d'y installer un réseau de conduites[5]. En contrepartie, Loba s'engage à vendre le gaz à un prix fixe de 4 centimes par bec et par heure pour l'éclairage public et à produire des flammes avec un gaz parfaitement épuré pour ne pas nuire à la qualité de l'air. La convention envisage ensuite l'installation d'au minimum 120 becs à gaz et l'illumination des principaux bâtiments publics, dont l'Hôtel de Ville.

S'inspirant du mode d'éclairage par le gaz de Genève, la municipalité décide donc d'abandonner l'éclairage à l'huile et d'accorder le monopole de l'éclairage public à Frédéric Loba pour une durée de 24 ans. Simultanément, le monopole assure une situation particulièrement favorable à l'entrepreneur du gaz, la municipalité lui garantissant une exploitation sans aucune concurrence et pour de nombreuses années. De plus, la prise en charge de l'éclairage public par la collectivité apporte une certaine sécurité quant aux futurs débouchés de la production, car l'autorité communale espère développer l'éclairage public. Cette perspective se vérifie d'ailleurs par l'examen des dépenses allouées annuellement à ce service : ceux-ci passent d'une moyenne de 6 000 francs par an entre 1840-1846 à 9 000 francs par an pour l'éclairage au gaz après 1846, soit une croissance de plus de 50 %[6].

Reprise par la Société du gaz de Lausanne en février 1847, la concession accordée à Loba n'est pas modifiée pendant plus d'une décennie. C'est en 1858 qu'une nouvelle concession est passée entre la Ville et les exploitants de l'industrie gazière, posant les bases pour créer une nouvelle société par actions : la Société lausannoise d'éclairage et de chauffage au gaz (SLECG). Cette société obtient un monopole d'exploi-

---

[4] Frédéric Loba est un chimiste originaire de Rolle. Nous n'avons malheureusement trouvé aucune information complémentaire sur lui.

[5] Archives de la Ville de Lausanne (AVL) : 220.4.3/1.

[6] AVL : 220.4.1/2.

tation pour 25 ans, alors même que la première concession n'est pas encore arrivée à son terme. Lors de cette négociation, la seule condition émise par la commune est une diminution souhaitée des tarifs de vente, afin de répondre aux demandes des principaux consommateurs industriels. En fait, la SLECG souhaite tirer parti de l'introduction des chemins de fer à Lausanne en 1856, lui assurant un approvisionnement à bon marché en houille française, bien meilleur marché et de meilleure qualité que la lignite vaudoise.

Les bénéfices réalisés par l'entreprise du gaz permettent de se rendre compte des avantages offerts par la nouvelle concession, ainsi que de l'amélioration de la productivité due aux importations de houille étrangère. Les intérêts versés aux actionnaires s'élèvent rapidement de 3 % en 1857 à 15 % en 1866[7]. Or, la distribution d'aussi importants dividendes inquiète le comité de la SLECG. En effet, la convention accordée par la commune en 1857 stipule qu'au cas où les profits s'accroissent, une baisse des tarifs doit être consentie. Aussi le comité propose-t-il simplement de doubler le capital de la société du gaz en 1868, offrant à chaque actionnaire une seconde action de même valeur que celle acquise entre 1857 et 1858[8]. D'ailleurs, une première augmentation du capital avait déjà eu lieu en 1858 (355 000 francs). En 1868, le capital-actions de l'entreprise du gaz atteint donc 700 000 francs (1 400 actions à 500 francs). En l'absence d'une liste d'actionnaires, il n'est malheureusement pas possible d'identifier qui a bénéficié en premier lieu de cette réorganisation du capital-actions. Néanmoins, la nouvelle capitalisation permet de redistribuer une partie des bénéfices sans les faire apparaître aux yeux de la commune et sans devoir modifier les prix de vente[9]. A partir de 1867, suivant un tirage au sort, une soixantaine d'actionnaires bénéficient en plus d'un remboursement intégral de leurs investissements en capital (ils touchent alors une somme d'argent égale à la valeur de leurs actions), sans être privés des intérêts perçus par l'ensemble des actionnaires les années suivantes[10]. Ce tirage au sort a lieu de manière irrégulière jusqu'en 1887, puis a lieu annuellement (cf. graphique 1 : « Evolution comparée des recettes (en francs constants) de la SLECG et du nombre d'actions remboursées entre 1857 et 1894 »).

---

[7]   AVL : P14 – Procès-verbaux du comité de la Société lausannoise d'éclairage et de chauffage au gaz, 1859, 1866.

[8]   *Ibid.*, 25 juillet 1868.

[9]   *Bulletin officiel des Séances du Conseil communal de Lausanne*, 14 octobre 1895, p. 804.

[10] AVL : P14 – Procès-verbaux du comité de la Société lausannoise d'éclairage et de chauffage au gaz, 24 janvier 1867.

Graphique 1. Evolution comparée des recettes (en francs constants) de la SLECG et du nombre d'actions remboursées entre 1857 et 1894[11]

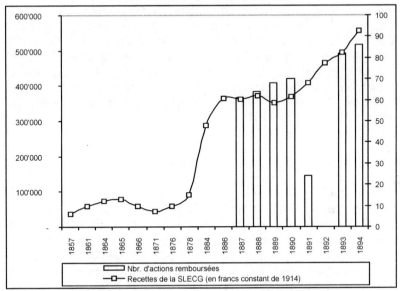

Légende : les recettes représentent ce qui est payé par l'ensemble des abonnés du service du gaz en une année. Cette somme est alors partagée entre les actionnaires, les salaires des ouvriers, employés et gérants de l'usine à gaz, le fonds de réserve, le compte courant et les dépenses d'entretien du réseau et d'approvisionnement en matières premières. En 1871, la baisse des recettes est concomitante à la crise économique qui touche le canton de Vaud. En 1886, la forte croissance observée concorde avec l'introduction des premiers moteurs à gaz et l'extension du réseau de conduites.

Ce véritable « Age d'or » de l'industrie gazière à Lausanne est pourtant entaché de multiples conflits avec les autorités municipales entre 1857 et 1870. Réclamant une baisse des tarifs du gaz depuis 1858, la commune fait face à une résistance acharnée de la part des administrateurs privés. Ce n'est qu'en 1870 que la société du gaz décide de donner finalement suite aux revendications municipales, abaissant le prix du gaz de 50 à 40 ct./m³, alors que les tarifs genevois étaient de 40 ct. depuis 1864 déjà. A ce conflit tarifaire s'ajoutent des récriminations persistantes de la part des habitants lausannois quant aux émissions nocives de l'usine à gaz. De l'ensemble de ces critiques adressées à la

---

[11] AVL : P14 – Procès-verbaux du comité de la Société lausannoise d'éclairage et de chauffage au gaz, 1857-1894. Les francs constants sont calculés à l'aide de « l'indice des prix de gros en Suisse entre 1806-1928 (base 100 en 1914) » tiré de PROJER, E., « Die Schweiz Grosshandelspreise 1806-1928 », mémoire de licence de l'Université de Zurich, 1987.

gestion privée du gaz va émerger une proposition en faveur de la reprise en régie directe de l'exploitation de cette industrie.

Or, c'est du côté des exploitants eux-mêmes que l'initiative va être prise ! En 1893, deux ans avant l'expiration de la concession privée, le comité de la SLECG envoie une lettre à la municipalité, afin que le Conseil communal prépare le rachat de la société par la Ville[12]. Plusieurs raisons expliquent cette précipitation soudaine en faveur du rachat public. L'introduction du pétrole pour l'éclairage privé et les premières expériences réussies d'éclairage électrique forcent les exploitants du gaz à s'interroger sur la rentabilité future de leur exploitation. En souhaitant organiser son rachat par la commune, la SLECG espère réaliser une affaire sur la vente. Face à un secteur économique concurrencé par l'arrivée de nouveaux groupes industriels liés à l'énergie hydraulique et aux tramways électriques, le comité du gaz accepte dans sa majorité le rachat communal comme une ultime possibilité de réaliser de solides bénéfices qui, additionnés à ceux réalisés depuis 1857, représentent une belle opération financière. Finalement, un élément majeur va précipiter le rachat de la SLECG. En 1895, son conseil d'administration apprend que la municipalité a entamé des négociations avec la Société électrique de Vevey-Montreux en vue d'amener des forces motrices abondantes à Lausanne et d'y construire un service électrique. La vive réaction des exploitants du gaz qui s'opposent à la création d'un tel service oblige la municipalité à engager le rachat définitif. Au mois de janvier 1896, la Ville de Lausanne prend ainsi possession du service du gaz pour un montant de 592 599 francs.

Ce rachat ouvre une période qui verra se réaliser l'organisation des différents départements des Services industriels de Lausanne. Les débats suscités par le rachat du gaz amènent les autorités politiques à prendre conscience des enjeux économiques impliqués par le développement de l'intervention communale. L'idée que la commune peut devenir un acteur économique à part entière et produire des biens pour le bénéfice de « l'intérêt général » apparaît de façon embryonnaire. A cette date, un vaste programme d'investissements publics ouvre alors la voie à une extension importante de l'industrie dans la capitale vaudoise : baisse des prix, introduction des becs Auer, subvention aux nouvelles installations, extension du réseau, construction d'une nouvelle usine à gaz.

---

[12] AVL : P14 – Procès-verbaux du comité de la Société lausannoise d'éclairage et de chauffage au gaz, 1er avril 1893.

II. Prosopographie des milieux gaziers

La première société lausannoise du gaz est fondée en 1847 sous le patronage de Jean-Louis Borgognon (1812-1900), un représentant de la Banque cantonale vaudoise et juge au tribunal cantonal. La composition de la société est assez hétéroclite (cf. Tableau 1 : « Conseil d'administration de la Société anonyme du gaz (1847) »), pourtant la présence de Borgognon, notaire, juge au Tribunal cantonal et membre du comité de surveillance de la Banque cantonale vaudoise (BCV), nous laisse penser que la BCV participe financièrement à l'affaire. Cette impression est renforcée par l'intégration d'autres membres de la banque au conseil d'administration[13]. Borgognon est également entouré par plusieurs commerçants et entrepreneurs locaux comme Samuel Eberlé (1801-1857), négociant, Christian Grillet (1810-1862), entrepreneur fontainier, Samson Milliquet, entrepreneur des mines, Jules Rochat, constructeur des travaux publics. Indéniablement, l'administration de la société est prise en charge par des entrepreneurs qualifiés épaulés par un banquier, un préfet (A. D. Meystre) et des commerçants. Malheureusement, la disparition des archives de la société pour l'éclairage au gaz nous empêche d'analyser plus précisément la composition de sa direction, ainsi que son administration. De même, il nous est impossible de savoir comment se sont opérés le financement et l'établissement de l'usine à gaz. Toutefois, le fait que Borgognon soit le seul concessionnaire rappelé au conseil d'administration de la société après 1874[14] renforce l'hypothèse d'une participation financière de la BCV, probablement le principal créancier de la société.

---

[13]   Georges Rochat (1828-1910), radical et employé à la BCV, entre à la SLECG en 1879 et Henri Siber (1831-1905), libéral et employé à la BCV, en 1887. Rochat reprend en 1896 la direction du service du gaz après son rachat par la Commune.

[14]   AVL : P14 – Procès-verbaux du comité de la Société lausannoise d'éclairage et de chauffage au gaz, 5 octobre 1874.

**Tableau 1. Conseil d'administration
de la Société anonyme du gaz (1847)[15]**

Date	Concessionnaires
1847	• Jean-Louis Borgognon (radical, juge au Tribunal Cantonal et administrateur BCV) • Samuel Eberlé (négociant) • Christian Grillet (maître fontainier) • Abram Daniel Meystre (préfet, société vaudoise de secours mutuels) • Marc-François Levrat (vétérinaire) • Louis Eberlé (serrurier) • Jean Charton (tourneur) • François Renevier-Dapples (négociant) • Samson Milliquet (entrepreneur des mines) • Jules Rochat (?)

Les négociations autour du rachat mettent enfin à jour les relations étroites entre les administrateurs du gaz et les autorités politiques. En 1893, trois représentants du parti radical sont en charge du dossier : Louis Grenier, municipal des Finances, Jean-Louis Borgognon (1812-1900), juge au tribunal cantonal, et Georges Rochat (1828-1910), ces deux derniers sont membres du conseil d'administration de la société du gaz (cf. Tableau 2 : « Réseau des négociateurs entre SLECG et municipalité (1893) »). Fait significatif, les trois négociateurs travaillent pour la Banque cantonale vaudoise (BCV) : Borgognon et Grenier sont membres du comité de surveillance de la banque, Rochat est, quant à lui, employé par la banque depuis plusieurs années. Pour terminer, notons que Grenier et Rochat représentent des intérêts économiques proches, car ils siègent tous deux au conseil d'administration d'une brasserie : celle de Beauregard pour le premier et celle du Vallon pour le second.

**Tableau 2. Réseau des négociateurs
entre SLECG et municipalité (1893)[16]**

Personnalité	SLECG	Municipal	CC	BCV	TCL	Brasseurs
L. Grenier		• – Finance	• – radical	•	•	• – Beauregard
J.L. Borgognon	•		• – radical	•	•	
G. Rochat	•		• – radical	•		• – du Vallon

Légende : SLECG – administrateurs de la société du gaz ; CC – conseiller communal ; BCV – Banque cantonale vaudoise ; TCL – juge au Tribunal cantonal de Lausanne.

---

[15] AVL : P14 – Procès-verbaux du comité de la Société lausannoise d'éclairage et de chauffage au gaz, 14 octobre 1895, p. 786.

[16] Fichier ATS (Archives cantonales vaudoises) et fichier des conseillers communaux (AVL).

Ce réseau des négociateurs n'a pourtant rien d'exceptionnel. En 1895, après l'écrasante victoire du parti libéral aux élections communales (les libéraux occupent 71 % des sièges du Conseil communal), les négociateurs changent, mais le réseau reste (cf. Tableau 3 : « Réseau des négociateurs entre SLECG et municipalité (1895) »). Cette fois-ci, c'est Henri Siber, municipal libéral, qui se charge du dossier. Borgognon reste un des principaux acteurs des négociations, alors que Rochat est remplacé par un proche de Borgognon, le juge au Tribunal cantonal Théodore Bergier (1844-1915). Or, c'est ailleurs que réside l'aspect le plus surprenant de l'affaire : les trois négociateurs sont non seulement membres du conseil d'administration de la pension Gibbon, mais ils ont tous trois des responsabilités au sein du conseil d'administration de la société du gaz. Ainsi, si l'on remplace deux négociateurs après les élections de 1895, c'est principalement pour « s'adapter » à la nouvelle donne politique, alors que les intérêts privés des exploitants de la société du gaz restent prédominants au sein des négociations.

**Tableau 3. Réseau des négociateurs
entre SLECG et municipalité (1895)**

Personnalité	SLECG	Municipal	CC	BCV	TCL	Pension Gibbon
H. Siber	•	• – Finance	• – libéral	•		•
T. Bergier	•		• – libéral		•	•
J.L. Borgognon	•		• – radical	•	•	

Le réseau mis à jour au moment du rachat de la SLECG par la commune de Lausanne illustre une imbrication étroite des intérêts économiques (brasseries, imprimeries, tourisme), financiers (BCV) et politiques (parti radical ou libéral). De plus, les négociations en vue du rachat se déroulent pour l'essentiel en dehors des séances du législatif communal et se concentrent pour l'essentiel lors de conférences extraordinaires au sein du conseil d'administration de la société du gaz. En somme, une affiliation apparaît entre les exploitants du service privé du gaz et les futurs responsables du service public. Cette affiliation nous amène alors devant une autre interrogation : la reprise en mains publiques a-t-elle modifié la gestion de l'industrie gazière ?

III. Comparaison du développement privé et public de l'industrie gazière

L'histoire de l'industrie gazière à Lausanne est celle d'un rendez-vous manqué entre des administrateurs, soucieux d'introduire une innovation technique, et une industrialisation de la ville, toujours rêvée, mais jamais accomplie. Cette histoire peut se décomposer en deux temps : l'un (1847-1893) où la logique de gestion privée est principalement rentière, l'autre (1896-1914) où la régie publique est sous-tendue par un projet d'industrialisation urbaine.

Si l'on étudie attentivement l'évolution des recettes en francs constants de l'industrie du gaz entre 1857 et 1914, l'explosion des recettes concomitantes à la gestion publique nous frappe immédiatement (cf. Graphique B : « Evolution des recettes de l'industrie du gaz à Lausanne (1857-1914) »). Au cours des cinq ans qui suivent le rachat public, le nombre d'abonnés s'accroît de 45 %. Cette croissance est également le fruit d'une politique d'expansion de la municipalité : développement de nouveaux gazomètres, extension du réseau de conduites vers la périphérie, construction d'une nouvelle usine à gaz multipliant par quatre la production[17]...

**Graphique 2. Evolution des recettes
de l'industrie du gaz à Lausanne (1857-1914)[18]**

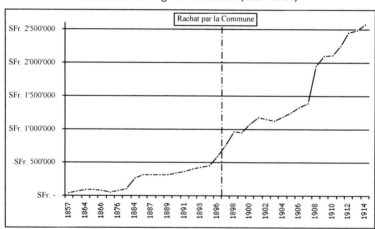

A cette première confrontation entre gestion privée et publique, il faut encore ajouter une comparaison. Si nous avons vu combien les actionnaires ont pu bénéficier de l'industrie gazière dans les années 1867-1894, avec des dividendes de l'ordre de 26 % en moyenne des recettes annuelles, il peut être utile de comparer cette somme avec les investissements décidés par la commune après le rachat. Or, il s'avère

---

[17]   Voir BORLOZ, J. et MICHOT, G., *Gaz naturel*, Lausanne, 1992, p. 6.

[18]   AVL : P14 – Procès-verbaux du comité de la Société lausannoise d'éclairage et de chauffage au gaz, 1857-1894 ; ainsi que le *Rapport de Gestion de la Municipalité de Lausanne au Conseil communal de Lausanne pour l'année*, 1895-1914. Les francs constants sont calculés à l'aide de « l'indice des prix de gros en Suisse entre 1806-1928 (base 100 en 1914) », PROJER, E., *op. cit.*

qu'environ 24 % des recettes réalisées par les ventes de gaz sont allouées aux comptes d'extension du service communal du gaz entre 1896 et 1914. Là où le capital est privé, l'essentiel des bénéfices est versé sous forme de rentes aux actionnaires, alors que le capital public opère quant à lui des investissements massifs et réinvestit le quart de ses profits. Logique rentière contre logique redistributive. Effectivement, la reprise en mains publiques du gaz permet entre autres choses de baisser les tarifs de vente, d'introduire et de moderniser le parc des becs à gaz, d'étendre le réseau en périphérie urbaine, etc.

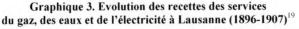

Graphique 3. Evolution des recettes des services du gaz, des eaux et de l'électricité à Lausanne (1896-1907)[19]

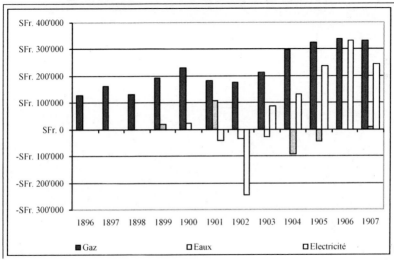

« Exploiter un service public » n'est « pas se soucier uniquement de son intérêt privé », comme le dit un conseiller communal en 1895[20]. Cette obligation s'exprime non seulement dans le développement du service vis-à-vis de sa clientèle, mais également au sein des Services industriels de Lausanne, où les importants bénéfices du gaz offrent des revenus supplémentaires pour pallier les déficits de l'eau et de l'élec-tricité (cf. Graphique 3 : « Evolution des recettes des services du gaz, des eaux et de l'électricité à Lausanne (1896-1907) »). Bref, la majorité des recettes du service municipal sont réinvesties au sein de la Ville, soit sous forme d'investissements pour étendre le service, soit sous forme de

[19] *Rapport de gestion de la municipalité de Lausanne au Conseil communal de Lausanne pour l'année*, 1896-1914.

[20] *Bulletin officiel des Séances du Conseil communal de Lausanne*, 13 décembre 1895, p. 1080.

transfert de recettes pour assurer la reprise en mains des services indus-triels. Cette nouvelle logique publique d'exploitation du gaz préfigure alors l'organisation au sein de la commune de la production et dis-tribution de l'eau et de l'électricité. Ainsi, le rachat de la société du gaz va-t-il ouvrir la voie à la création des Services industriels lausannois.

Le gaz à Bordeaux : la dynamique d'une entreprise locale, la Régie municipale (1919-1991)

Alexandre FERNANDEZ

Université Michel de Montaigne-Bordeaux III

Dans la préface à une petite plaquette diffusée vraisemblablement en 1963, le maire de Bordeaux, Jacques Chaban-Delmas écrivait : « Il s'agissait par le choix puis par l'application de solutions techniques, financières et sociales adéquates aux problèmes posés, de faire en sorte que la Régie municipale du gaz de Bordeaux pût être, un jour, citée, en exemple. »[1]

On ne discutera pas ici de la valeur exemplaire de la Régie, tel que l'entendait probablement Jacques Chaban-Delmas lorsqu'il rédigeait ces lignes, c'est-à-dire en tant que « modèle ». Il apparaît néanmoins que, au-delà de la singularité de l'étude de cas, l'histoire de l'exploitation gazière à Bordeaux soulève certains points, suggère des problématiques, qui peuvent contribuer à une meilleure connaissance de l'histoire générale de l'industrie gazière.

Nous le signalons dans l'autre contribution (Section III, Partie B), l'histoire du gaz à Bordeaux est singulière. En effet, peut-être davantage et plus longtemps qu'ailleurs – et encore aujourd'hui dans le cadre de la société d'économie mixte Gaz de Bordeaux – l'histoire fut ici « locale ». Non pas que l'on se tînt résolument à l'écart de l'histoire technique et économique globale des activités gazières, mais il semble bien que la création en 1919 de la Régie municipale du gaz et de l'électricité de Bordeaux (RMGEB) et sa continuation très largement au-delà de la nationalisation de 1946, ait contribué à façonner une économie politique gazière spécifique dont la particularité serait, précisément, l'accès à un certain degré d'autonomie locale.

---

[1] Régie municipale du gaz de Bordeaux, *De Saint-Marcet à Lacq : RMGB, son activité de 1949 à 1962*, plaquette, s.l, s.d.

Cependant, et sans que pour autant cette volonté d'autonomie fai-
blisse, sur plus de sept décennies d'existence de la même entité on
perçoit une évolution[2]. Bien que la nature juridique de la Régie ne fût
point altérée, on peut, à grands traits, repérer une inflexion, progressive
mais sensible à partir de la fin des années 1960 : on passe d'une conception de la Régie comme service industriel et commercial de la commune
à la considération d'une entreprise, certes publique et municipale, mais
animée d'une logique propre. Comment expliquer cette évolution ? La
personnalité des maires a pu jouer un certain rôle (Adrien Marquet,
maire de 1925 à 1944 a incontestablement été fort attentif au sort et à
l'activité d'une Régie qu'il dirigeait « de fait » ; Jacques Chaban-
Delmas, maire depuis 1947, bien qu'il ne se fût pas désintéressé des
affaires du gaz eut indéniablement davantage de lieux, à Bordeaux et
nationalement où exprimer ses talents d'administrateur). Mais, il faut
rechercher ailleurs les facteurs explicatifs primordiaux : du côté des
modifications de l'environnement technique et économique global.
C'est ce que nous allons essayer de montrer.

I. La Régie comme service communal industriel et commercial

A Bordeaux, comme ailleurs, c'était une entreprise privée, la Compagnie impériale et continentale du gaz, dont le siège était à Londres,
qui avait installé en 1832, après avoir obtenu la concession du service
d'éclairage, les premiers équipements gaziers sur la ville. Aux termes de
la concession, en 1875, la Compagnie du gaz de Bordeaux prenait sa
suite, obtenant également une extension de ses droits exclusifs. Sous son
égide l'essor gazier à Bordeaux était incontestable, alors qu'à la fin du
siècle elle ne ménagea point ses efforts pour s'opposer à l'implantation
des concurrents électriciens.

Le renouvellement des concessions intervenait en 1904. C'est-à-dire
dans un contexte où l'émergence et le développement du concept
d'utilité publique, ou la formalisation de la notion de service public[3],
encourageait certains dans leur opposition à la délégation de service.
Ainsi, lors des débats en conseil municipal de 1904, le socialiste Callixte
Camelle regrettait qu'« une fois de plus, messieurs, au moment où vous
allez sanctionner par votre vote le traité qui a déjà été approuvé par

---

[2]   Il ne s'agit pas, en l'occurrence, d'évoquer ici la « séparation » de 1956, lorsque la
       municipalité décida de concéder à l'EDF l'exploitation de l'activité électrique aupa-
       ravant réunie à l'activité gazière au sein d'une régie commune. Voir FERNANDEZ, A.,
       Economie et politique de l'électricité à Bordeaux, 1887-1956, Talence, 1998, p. 306-
       317.

[3]   Voir des éléments de bibliographie à la Section III, Partie A.

vous, [...] que vous ayez repoussé la régie qui sauvegarderait d'une façon bien supérieure les intérêts aujourd'hui en cause [...]. Je considère que seule l'exploitation de la régie, tout en réservant les droits de la Ville et du personnel ouvrier dans les profits de l'exploitation, peut assurer aux consommateurs le gaz au prix le plus réduit. »[4] Mais pas plus à Bordeaux qu'ailleurs, en raison des obstacles juridiques redoutables qui ne manqueraient pas de se dresser contre l'éventualité d'une telle décision[5] et des préférences idéologiques dominantes, ce ne fut le choix de la majorité du conseil. Le résultat donna lieu à un partage du territoire : deux sociétés obtenaient des concessions de distribution électrique aux particuliers ; la Compagnie générale d'éclairage de Bordeaux, héritière de la Compagnie du gaz, conservait en exclusivité le gaz tous usages et l'éclairage public – tant au gaz qu'à l'électricité – et se chargeait de la distribution d'électricité aux particuliers des quartiers péri-centraux et aux industriels[6]. Les relations de la Compagnie générale d'éclairage avec la Ville de Bordeaux ne furent pas exemptes de tensions parfois vives. En 1908-1910 la municipalité dut admettre, mais un peu à contre cœur, que les compagnies eussent recours à l'approvisionnement extérieur en énergie électrique[7]. Les querelles sur les redevances et les tarifs aboutirent à des propositions d'établissement de régie co-intéressée, solution moyenne entre le maintien du *statu quo* et la déchéance[8]. Enfin, ce fut la guerre qui acheva de détériorer les relations entre autorité concédante et concessionnaires. L'augmentation du prix du charbon, mettait la trésorerie des compagnies en difficulté, notamment celle de la Compagnie générale d'éclairage, en raison de son activité gaz toujours très largement majoritaire. Devant le Conseil

---

[4] Registre des délibérations du conseil municipal de la Ville de Bordeaux, séance du 8 mai 1904.

[5] Rappelons que la loi municipale du 5 avril 1884 dispose que le conseil municipal règle par ses délibérations les affaires de la commune et « qu'est donnée à la commune une large délégation de pouvoirs pour mettre en place des services publics industriels et commerciaux ». Pourtant au-delà de ces affirmations de principe, l'absence de dispositions légales ou réglementaires précises ont contribué à constituer une jurisprudence extrêmement méfiante voire hostile à toute intervention économique des communes. Voir bibliographie citée à la Section III, Partie A.

[6] FERNANDEZ, A., *op. cit.*, p. 51-61.

[7] FERNANDEZ, A., « Bordeaux et l'hydro-électricité », in *Annales du Midi*, t. 105, 202, 1993, p. 45-63.

[8] Adrien Marquet, alors conseiller municipal, le 22 novembre 1912 : « Aujourd'hui, après la rupture des pourparlers, je demande à l'administration municipale, puisque nous sommes toujours sous le régime du cahier des charges de 1904 [...] ce qu'elle pense faire, car ce cahier des charges est violé constamment depuis deux ans, violé au détriment du personnel, de l'administration, des particuliers, violé en ce qui concerne toutes les questions qui sont déjà venues devant nous et pour lesquelles des réclamations ont été faites au conseil municipal par des rapports fréquents. »

d'Etat, celle-ci obtint, contre la Ville, que les tarifs du gaz fussent relevés en raison des circonstances[9] et que la municipalité consentît des avances de trésorerie. En mai 1918 le conseil municipal « d'union républicaine » votait le rachat des concessions et la création d'un organisme unique chargé à la fois de la production et de la distribution du gaz et de l'électricité sur le territoire communal, la Régie municipale du gaz et de l'électricité de Bordeaux (RMGEB), qui devait entrer en fonction le 1er juillet 1919.

C'est conscient du caractère exceptionnel de la chose que le conseil municipal s'était lancé dans l'aventure de l'administration directe d'un service de cette importance. Que l'on en juge pas ces paroles du maire, républicain de bon ton mais non pas socialiste, Charles Gruet :

> L'œuvre à laquelle vous avez bien voulu apporter votre collaboration constitue une expérience qui offre dans les circonstances actuelles et aussi pour l'avenir de l'administration des villes, le plus grand intérêt [...] je sais bien que je me heurte à un vieux préjugé qui dénie aux administrations publiques les aptitudes et les compétences indispensables pour bien diriger une semblable opération ; et, cependant, les régies municipales ont fort bien réussi dans les pays voisins.

La RMGEB, régie directe, était créée, en fait, dans un flou juridique certain. Certes, depuis peu, le décret du 8 octobre 1917, qui assouplissait la jurisprudence sévèrement restrictive du Conseil d'Etat en matière d'initiative commerciale communale, organisait enfin l'existence des régies municipales. Mais la municipalité ne s'y astreint pas au prétexte que le décret concernait les régies de distribution d'énergie électrique, et qu'il s'agissait ici d'une entité productrice et distributrice, d'électricité et de gaz. En fait, l'interprétation que le conseil bordelais voulait donner et du décret et de la nature de l'organisme qu'il venait de créer masquait mal son souci principal qui était en fait de garder le contrôle le plus étroit sur ces activités, en les assimilant de fait à des services communaux industriel et commerciaux. La régie était placée sous l'autorité directe du maire mandaté par le conseil municipal et l'exploitation technique était confiée à un directeur recruté et nommé par le maire. La RMGEB n'avait pas de personnalité propre et ne disposait pas de budget autonome. Un comité consultatif de 21 membres, composé de six conseillers municipaux, de onze membres choisis parmi les consommateurs pour leur « compétence » (en fait des notabilités du monde économique) et de trois représentants du personnel, éclairait le maire et le conseil municipal. Réuni tous les mois, il était chargé de présenter à

---

[9]   C'est le fameux arrêt Gaz de Bordeaux, pilier de la jurisprudence en matières de relations entre compagnies concessionnaires et autorités concédantes, voir BRAIBANT, H. et WEILL, P., *Les grands arrêts de la jurisprudence administrative*, Paris, 1981.

l'administration municipale (et non au conseil) un projet annuel de dépenses et de faire toutes propositions nécessaires « en vue des opérations de la régie : instances judiciaires, traités, marchés, transactions ; dépenses générales d'administration et d'exploitation ; modification des tarifs ; achats, ventes, échanges d'immeubles ; études, projets, plans et devis pour l'exécution des travaux ». L'administration courante était en fait assurée par une commission technique qui se réunissait toutes les semaines et qui préparait les dossiers pour le comité consultatif. Celle-ci, composée du maire ou de l'adjoint-délégué, du directeur de la Régie, du secrétaire général de la mairie, de deux conseillers municipaux, de l'ingénieur-en-chef de la Ville, de l'architecte en chef, du chef du contentieux, était en fait une émanation directe de l'administration municipale – élus proches du maire et cadres techniques et administratifs. On mesure là les liens de dépendance qui attachaient la RMGEB à l'autorité municipale – liens d'autant plus forts dans les faits qu'Adrien Marquet, qui depuis longtemps déjà prenait les affaires du gaz et de l'électricité fort à cœur, fit nommer comme directeur un homme sur qui il savait pouvoir compter. La modification partielle du statut de la RMGEB qui intervint en 1928 ne transforma pas substantiellement la nature des choses. Le décret-loi du 28 décembre 1926 indiquait que les régies seraient dotées de l'autonomie budgétaire mais qu'elles ne posséderaient pas une personnalité distincte de celle de la commune. Le budget spécifique de la Régie, préparé par le directeur et présenté par le maire, était voté par le conseil municipal ; le budget communal ne mentionnait que l'excédent net des dépenses ou recettes de la Régie mais ne connaissait pas le détail des chapitres et des lignes. En revanche, les emprunts éventuellement nécessaires à l'exploitation seraient inscrits au budget de la commune qui portait en recettes l'annuité mise à la charge de la Régie, celle-ci l'inscrivant naturellement en dépenses. En outre, le règlement d'administration publique prévoyait la constitution d'un fonds de réserves qui, versé dans la caisse municipale, faisait l'objet d'un compte courant spécial portant intérêt au profit de la Régie. Le décret du 17 février vint préciser les termes et l'esprit du décret de 1926. Chaque régie serait administrée sous l'autorité du maire et du conseil municipal par un conseil d'exploitation (qui, par conséquent, devait se substituer à Bordeaux au comité consultatif qui n'avait pas d'existence légale), dont un quart des membres serait certes nommé par le préfet, mais le reste par le maire (avec un maximum d'un tiers des membres pourvu d'un mandat électif). On le voit, si le pouvoir du maire pouvait risquer d'être quelque peu contrôlé du côté du préfet, en revanche il s'accroissait nettement aux dépens des autres instances de contrôle, « usagers » et conseil municipal. Pourtant, en vertu de l'article 23 de la loi du 30 juin 1930 : « les communes qui avaient des régies municipales avant le décret du

28 décembre 1926 aur[aient] la faculté de conserver la forme de régie simple ou directe en vigueur, à moins qu'elles ne préfèrent accepter les dispositions du décret susvisé », Adrien Marquet choisit de n'adopter que les dispositions concernant la présentation distincte des budgets. Quoi qu'il en soit, on absorbait le fonctionnement de la régie dans la gestion de la commune.

A grands traits, on peut dire que la conception d'Adrien Marquet sur la RMGEB reposait sur sa volonté de démontrer la viabilité de l'expérience, voire la supériorité de la régie sur le régime des concessions privées : ce qui le distinguait très nettement de son prédécesseur Fernand Philippart, maire de 1919 à 1925, qui avait « hérité » de la Régie mais qui, libéral, n'en fut point un propagandiste. Il fallait que la preuve fût faite que la Régie n'était plus un simple « champ d'observation ou d'étude, mais une affaire des plus florissantes, très démonstrative de la capacité des collectivités à gérer les entreprises industrielles d'intérêt public ». Comme il semblait aller de soi que la supériorité sociale était évidente, comme on pouvait également assez facilement mettre en exergue les économies d'échelle que l'on pouvait réaliser avec une organisation unifiée et publique de la production et de la distribution, il fallait surtout obtenir que le sortilège qui semblait parfois s'attacher à la gestion publique des affaires industrielles – le déficit budgétaire – pût être rompu à Bordeaux.

> Nous devons nous efforcer de montrer à la population bordelaise que nous faisons tous nos efforts pour économiser ses deniers, pour qu'on ne puisse critiquer notre gestion.

Et, en effet, nous avons eu l'occasion de montrer[10] que quelle que fût la conjoncture, croissance ou récession, la préoccupation de Marquet et de ses collaborateurs fut constamment la sauvegarde de l'équilibre comptable de la Régie. Parce que, précisément, conceptuellement la Régie était dans leur esprit un service communal il fallait être attentif à ce que les payeurs fussent les consommateurs et non les contribuables. Il n'y eut pas de réelle prise en compte « économique » de l'entreprise : les profits dégagés – il y en eut – ne procédaient pas d'une « recherche » dynamique de type accumulation de capital, mais étaient bien davantage la conséquence, « mécanique », d'une gestion rigoureuse et prudente ; on ne prit guère soin de mesurer le coût et la rentabilité des investissements ; ceux-ci d'ailleurs concernèrent en grande partie l'électrification de l'éclairage public, soit une activité qui ressortait des tâches traditionnelles de l'édilité.

---

[10] FERNANDEZ, A., *Economie et politique de l'électricité à Bordeaux, op. cit.*, p. 195-209 et surtout « Electricité et politique locale à Bordeaux, 1887-1956 », thèse de doctorat de l'Université de Bordeaux sous la direction de Pierre Guillaume, dactyl., p. 250-285 et 320-343.

II. Innovations techniques et mutations de l'entreprise

L'après Deuxième Guerre mondiale ouvre une nouvelle phase de l'histoire de la Régie municipale. On entre progressivement, mais décidément, dans une configuration nouvelle. C'est, d'une part, l'époque – l'épopée serions-nous tentés de dire –, du gaz naturel. C'est, d'autre part, l'accoutumance, très progressive répétons-le, à de nouvelles pratiques d'administration et de gestion, mises en œuvre par le directeur de la Régie, José Lagoubie, – plus autonome à l'égard de Jacques Chaban-Delmas que Wagner ne l'avait été à l'égard d'Adrien Marquet –, qui transforme la Régie en véritable entreprise ; les effets du changement devenant plus nets vers la fin des années 1970.

Sur le moment, bien sûr, on semble à Bordeaux échapper aux grands bouleversements, puisque la loi de nationalisation de 1946 ne concerne pas les régies municipales. La Régie demeure une entreprise de production et de distribution. Le « gaz de ville » qui est distribué, d'un pouvoir calorifique de 4 500 calories par m³, provient de la distillation de charbon importé, de Grande-Bretagne principalement, dans l'importante usine de Bacalan (une capacité de 150 000 m³ par 24 heures en 1945)[11]. Mais les infrastructures, anciennes, ont été durement éprouvées par la guerre. Les années de l'après-guerre se signalent par un déficit d'exploitation important[12]. Ces mauvais résultats étaient certes dus pour une large part à des raisons conjoncturelles et exogènes : l'augmentation du prix du charbon et le blocage des prix imposé par le gouvernement. Mais pour une part seulement, car il y avait également – et plus inquiétant ! –, des raisons structurelles et endogènes.

Si d'une manière générale chacun s'était félicité à Bordeaux que la Régie échappât à la nationalisation, on devait convenir qu'il était impossible de poursuivre dans la voie de la production autocentrée à partir de la distillation du gaz de houille.

Depuis déjà quelques années le gaz naturel découvert en 1939 à Saint-Marcet était exploité par la Régie autonome des pétroles. A la Régie, où l'année 1947 vit l'arrivée d'un nouveau président en la personne du nouveau maire de Bordeaux, Jacques Chaban-Delmas et d'un nouveau directeur José Lagoubie, un « gazier », nommé en mai 1947 (le

---

[11] En ce qui concerne l'électricité, la Régie produisait de l'énergie d'appoint dans l'usine de Bacalan – couplée à celle du gaz – et, surtout, s'approvisionnait auprès de l'Energie électrique du Sud-Ouest qui transportait le courant de Dordogne et surtout des Pyrénées ; après 1946 le fournisseur fut bien entendu l'EDF.

[12] 47 millions de francs pour le secteur gaz et 20 millions de francs pour l'électricité en 1946, 53 millions pour le gaz en 1947 alors que l'électricité renoue avec des résultats positifs (faiblement pour l'heure) ; le déficit s'accentue (en francs courants) jusqu'en 1950 : 80 millions en 1948, 108 millions en 1949, 1 903 millions en 1950 ; il diminue à partir de 1951.

précédent directeur Wagner était un « électricien »), et qui allait d'ailleurs marquer de sa forte personnalité son long séjour à la tête de l'entreprise, jusqu'en juillet 1973, on espérait, en conséquence l'amenée de ce gaz naturel à Bordeaux. Dès septembre 1945 une étude du ministère de la Production industrielle décidait de la déclaration d'utilité publique, mais la prise de décision tarda encore ; la première conduite ne fut mise en service qu'à l'automne 1949, cependant qu'en 1950 Jean-René Guyon s'exclamait :

> L'arrivée du gaz naturel à Bordeaux peut être considérée comme la première étape du redressement économique de notre cité. Bordeaux dispose désormais de ce combustible particulièrement noble et elle est prête à accueillir les industries de transformation qui en auraient besoin. Nous sommes dans une situation identique à celle qui se serait produite par la découverte dans le sous-sol de la Gironde d'une mine de charbon de très haute qualité.[13]

Mais les choses n'étaient bien entendu pas aussi simples. D'une part, si le gaz naturel est d'abord un gaz de meilleure qualité, sa distribution dans le réseau imposait la réalisation préalable d'opérations techniques comme le *reforming*, qui ne seront possibles qu'à partir de 1951. D'autre part, et surtout, si le gaz naturel supprimait les contraintes dues aux risques de saturation de l'offre qui pouvait avoir lieu (et qui à plusieurs reprises notamment en 1914-15 avait eu lieu) dès que la demande croissait trop rapidement (situation prévisible à l'orée des années 1950), il en créait une autre, d'importance : la dépendance à l'égard du fournisseur.

Or, précisément, les rapports de la Régie de Bordeaux avec la Régie autonome des pétroles (RAP) furent extrêmement mauvais. Jusqu'en 1955, il apparaît que ce ne fut que conflits sur à peu près tous les sujets : les prix, l'accès à la clientèle, les redevances, les dépassements de consommation[14]. A cette date, la Régie put changer de fournisseur : la Société nationale des gaz du Sud-Ouest (SNGSO) qui assurait transport et distribution, se substituait à la Régie autonome des pétroles, dont elle est en partie une filiale (la SNGSO a été créée en 1945 par la RAP et la SNPA, en 1955 Gaz de France entrait dans le capital à hauteur de 30 %). Une solution au principal litige qui courait depuis près de dix ans avec la RAP était trouvée : les industriels situés sur les communes normalement desservies par la RMGEB, mais dont la consommation annuelle est supérieure à 5 millions de thermies, seraient alimentées par la SNGSO, si tant est qu'ils étaient sur le passage des canalisations ; les autres

---

[13] GUYON, J.-R., *Pour le développement de l'économie de Bordeaux et du Sud-Ouest*, Bordeaux, 1954, p. 26. Guyon, député SFIO de la Gironde de 1945 à 1951, est président de la commission des Finances de 1948 à 1951.

[14] BARDES, M., « Histoire économique de la RMG(E)B, 1946-1989 », TER (sous la direction de Sylvie Guillaume et d'Hubert Bonin), Université Bordeaux III, 1992.

continueraient à faire partie de la clientèle de la Régie. En outre, les réserves considérables de gaz du gisement de Lacq permettaient à la SNGSO d'abaisser le tarif du gaz naturel. Sur ces bases un contrat fut signé pour dix ans à partir du 1er janvier 1956.

C'est le moment où par ailleurs, et précisément en considération des espérances suscitées par le gaz naturel, la municipalité décidait de concéder à l'EDF l'exploitation de l'électricité. Le tournant de 1956 signifiait également pour la Régie, désormais RMGB, l'accélération de sa transformation d'entreprise de production et de distribution en entreprise de distribution.

Les implications contenues dans cette mutation furent importantes à plusieurs niveaux. Tout d'abord, si les perspectives tracées par le développement prévisible de la distribution du gaz naturel étaient séduisantes, cela nécessitait au préalable la conversion du réseau. Les travaux de conversion[15] furent lents au début (400 abonnés seulement en 1956-1957), puis le rythme s'accéléra par la suite (28 100 raccordements en 1961). En 1962, la conversion était achevée – au total 100 000 abonnés[16] –, les gazomètres de Bacalan furent réformés (puis détruits).

Des fondements et des implications importantissimes de ce véritable « saut technologique » nous ne retiendrons ici que les éléments constituants de la métamorphose progressive mais réelle de la Régie. Ce fut, à l'occasion de la rationalisation des moyens techniques et de la modernisation du réseau, une prise de conscience de la nécessité de la rentabilité économique et financière des opérations nouvelles et du fonctionnement général.

La recherche technique n'était bien sûr pas abandonnée. Bien au contraire. Ainsi, durant les années 1970 la Régie se lançait avec détermination dans l'aventure de la géothermie[17]. La réussite technique semble

---

[15] Ils furent réalisés par deux entreprises adjudicataires (Société des travaux hydrauliques, études et recherches gazières, THERG, et la Société auxiliaire de vérification et d'entretien, SAVE). BARDES, M., *op. cit.*, p. 111.

[16] 73 000 à Bordeaux rive-gauche, 6 000 dans le quartier rive droite de la Bastide (sur une population totale de 260 000 habitants), 23 000 en banlieue.

[17] Voir BARDES, M., *op. cit.* Dès 1975, les cadres techniques de la Régie qui participent aux journées d'études qui se tiennent sur ce thème à Paris reviennent persuadés que l'utilisation des sources d'eau chaude pour le chauffage des logements est possible à Bordeaux. En 1979 la mairie confie à la Régie la maîtrise d'ouvrage de son programme géothermique. Surgissent cependant des problèmes juridiques (mésentente avec la Lyonnaise des eaux au sujet de la taxe de rejet à l'égout), techniques et surtout financiers : pour les sites de Mériadeck (quartier du centre voué à la destruction-rénovation) –, première européenne, et de la Benauge (grands ensembles sur la rive droite), la RMGB fait appel aux subventions (notamment de la CEE) et aux prêts à taux bonifié ; en revanche, pour le Grand Parc (plus vaste quartier de grands ensembles du grand sud-ouest) la Régie finance la plus grande part du projet

incontestable. Mais vers le milieu des années 1980 l'échec économique, non imputable d'ailleurs à la Régie pour une large part, paraissait également avéré. Or, à cette date, il y avait déjà quelques années que, timidement d'abord puis de plus en plus nettement à partir des années 1970, « les choses [avaient] commencé à changer à la Régie »[18] : ce qui signifie, en fait, que la prépondérance des techniciens, qui semblait incontestée, avait dû céder quelque peu le pas devant certains des arguments des économistes et des commerciaux.

C'était pourtant l'innovation technique qui avait tout à la fois permis et suscité l'élaboration d'une stratégie commerciale plus ferme et conquérante. L'amenée du gaz naturel permettait en effet d'escompter des approvisionnements et donc une disponibilité énergétique pratiquement sans limite dans les conditions du marché de l'époque (le tournant des années 1950-1960) : le spectre de la saturation de l'offre semblait ainsi écarté. Parallèlement, les lourds investissements consentis pour la modernisation du réseau existant et l'équipement en gaz naturel nécessitaient que l'on augmentât significativement la demande.

A ce niveau, on ne pouvait se contenter d'escompter une sorte de croissance naturelle – les ventes de gaz annuelles de la Régie étaient passées de 185,6 millions de thermies en 1950 à 240 millions en 1955 et 349 millions en 1960. Sans que cela soit semble-t-il expressément formulé, deux axes constituèrent ce qui apparaît bien comme une stratégie commerciale.

Il s'agissait, d'une part, d'intensifier la consommation. La Régie organisa ou participa à plusieurs campagnes promotionnelles destinées à faire connaître et/ou à intensifier la diversification des usages du gaz en général[19] et du gaz naturel en particulier : telles « les journées du gaz

---

sur ses fonds propres. Il apparaît que ce fut ici une erreur dont on ne mesurera les conséquences que plus tard : ce projet fut conçu en 1984, les forages débutèrent en 1985, mais le contre-choc pétrolier de 1986 rendait les perspectives d'augmentation de la consommation de gaz moins grandioses, d'où finalement la décision de non réalisation et des pertes financières considérables. Par ailleurs, l'exploitation de la géothermie réalisée est coûteuse : en 1992 le kWh de gaz naturel en réseau régional valait 0,12F, celui de la géothermie 0,23 !

[18]   Entretien oral personnel avec un cadre technique de la RMGB.

[19]   La régie participe en 1950 à une grande campagne de démonstration de cuisine au gaz dans les villes du Sud-Ouest et aux côtés de GDF dans une « allée du gaz » à la Foire de Bordeaux. « La Régie municipale du gaz et de l'électricité à la Foire de Bordeaux », in *Richesses de France*, 1er trimestre 1951, p. 37 ; WAGNER, G., « Le gaz, richesse nationale, mis au service du public », *ibid.*, p. 67-69.

C'est l'époque d'un grand enthousiasme. Ainsi, le secrétaire général de la mairie, interviewé par Muriel Bardes (p. 119) : « Bordeaux a été une des premières villes à recevoir le gaz naturel. C'est donc la Régie qui a été amenée à en faire profiter tous les gaziers. La Régie, à ce moment-là, connaissait un épisode faste, elle était connue et reconnue dans le monde entier. »

naturel » à l'initiative de José Lagoubie en 1957, ou l'exposition permanente de 1959 à 1962 dans les locaux de l'usine de Bacalan à destination des industriels. En outre, la mise en conformité d'un appareil ancien étant onéreuse, on créa un système de primes afin d'inciter l'abonné au gaz à acheter du matériel neuf. La Régie pratiqua aussi une politique tendant à favoriser l'équipement au gaz des foyers qui en étaient dépourvus ou qui désiraient accroître le nombre ou la puissance de leurs appareils. Elle finançait ainsi les branchements et les compteurs en contrepartie d'une redevance mensuelle de location et d'entretien, et les installations intérieures par un système de crédit, la fourniture en location-vente de tous les appareils à gaz. Les liens avec les abonnés étaient renforcés par l'offre d'entretien et de dépannage : ce service, qui existait depuis 1951, d'abord comme simple division du service technico-commercial, lorsqu'il ne s'agissait que d'un supplément de commodité proposé aux abonnés et ne représentait qu'une activité marginale pour les agents de la Régie, s'est développé durant les années 1960, au point d'être érigé en service autonome en 1974, et de représenter un segment primordial du dispositif commercial de l'entreprise lorsqu'il fallut lutter contre la forte concurrence du « tout électrique » des années 1970. Alors que les ventes annuelles avaient progressé de 349,4 millions de thermies en 1960 à 1 460,7 thermies en 1970, elles ne s'élevèrent qu'à 1 824 millions de thermies en 1973. Le rythme de progression s'était sensiblement infléchi. En effet, si l'électricité bénéficie d'une clientèle captive au moins minimale (l'éclairage), il n'en est pas de même pour le gaz. : aussi, durant la décennie, le taux de pénétration commerciale de la Régie sur le marché du logement neuf diminua de 40 % à 15 % ; le relèvement des années 1980 ne compensa qu'en partie (28 %) le repli.

L'autre axe majeur était l'extension géographique du réseau par l'obtention de nouvelles concessions. Certes, avant guerre déjà des communes de la proche banlieue bordelaise avaient concédé leur distribution de gaz à la RMG(E)B, moyennant une majoration de 10 % du tarif de vente du m³ du gaz aux abonnés : Floirac, Cenon, Bègles, Le Bouscat et Mérignac en 1929, Pessac et Talence en 1931, Lormont et Caudéran en 1932[20]. A partir d'une interprétation littérale de la loi de nationalisation de 1946, dont on sait qu'elle maintenait les régies existantes sans qu'il

---

[20]   En tant que concessionnaire la Régie doit assurer l'extension du réseau de canalisation dans toutes les voies classées cependant que les abonnés raccordés doivent payer le gaz « de ville » au prix de Bordeaux majoré de 10 % afin de contribuer à l'amortissement des canalisations et aux frais supplémentaires d'exploitation des zones éloignées et à faible densité de population.

fût possible toutefois d'en créer de nouvelles[21], la commune de Bruges à son tour accordait la concession à la Régie (Bruges fut d'ailleurs le premier territoire desservi en gaz naturel de Saint-Marcet). Jusque-là pourtant cet ensemble semble avoir été conçu comme une simple somme de concessions agrégées, au mieux comme la réunion d'éléments dans un ensemble fermé. On était, semble-t-il, encore assez loin d'une véritable économie de réseaux.

L'arrivée du gaz naturel engagea la Régie vers un ajustement plus dynamique de l'offre et de la demande. D'une part, parce qu'il s'agissait pour la Régie, on l'a dit, d'élargir la base de la demande potentielle afin de rentabiliser les investissements consentis. D'autre part, parce que, précisément grâce à la baisse du coût unitaire de distribution permise par le gaz naturel, on pouvait désormais proposer aux communes girondines en voie de suburbanisation, qui souhaitaient obtenir le raccordement à un réseau de distribution de gaz, les mêmes tarifs qu'à Bordeaux. En 1962 cinq communes décidaient de concéder leur service à la Régie[22]. En 1967 la création de la Communauté urbaine de Bordeaux par l'association de 27 communes parût offrir à la Régie un marché tout désigné à la prospection de concessions nouvelles. A cette date, on pensait enfin à l'établissement et à la constitution formelle d'un réseau communautaire. Or, d'emblée, ce ne fut, en fait, qu'un demi-succès : sur les douze communes potentielles (étant donné que les autres étaient, on l'a vu, déjà desservies par la RMGB), cinq communes, toutes sur la rive droite de la Garonne, choisirent de concéder le service à GDF. La Régie orienta alors sa stratégie d'expansion vers la banlieue nord-occidentale et les communes du Médoc où l'influence de Jean-François Pintat, conseiller général puis député, et président-adjoint de la Régie fut, semble-t-il, d'un très utile secours. En 1991 la RMGB équipait et distribuait du gaz dans 41 communes de Gironde. Progressivement, la concurrence avec GDF s'était atténuée. De fait, on avait procédé à une sorte de partage tacite du territoire départemental, grosso modo de part et d'autre de l'estuaire : l'entreprise nationale renonçait à lutter pour l'expansion vers la rive gauche (ce qui d'une certaine façon l'exonérait du coût important qu'aurait représenté le franchissement) ; la Régie consolidait ses positions sur la rive gauche[23] et dans le Médoc.

---

[21] Il y aurait une étude intéressante à mener sur ce qui apparaît bien comme un contournement de l'esprit de la loi de 1946 (mais il y en eut d'autres) et sur le rôle qui pût y jouer la Fédération nationale des collectivités concédantes et régies.

[22] Gradignan, Villenave d'Ornon, Blanquefort, sur la rive gauche ; Bassens et Carbon Blanc, sur la rive droite.

[23] Ce qui ne signifia pas pour autant qu'elle est absente sur la rive droite : outre, la partie de Bordeaux située sur cette rive (le quartier de la Bastide), elle y dessert tout de même cinq communes : les plus peuplées, les plus industrielles et les plus proches de Bordeaux sur cette rive.

L'objectif des dirigeants de la Régie, et plus nettement encore après le remplacement de José Lagoubie et l'arrivée d'une nouvelle génération, notamment à la fin de notre période Jean-Marie Gout, c'était mettre à profit cette situation pour développer et faire triompher une logique d'entreprise de réseau – fût-elle publique – sur une logique de service communal.

En deux décennies, la Régie s'était transformée notablement. Par la soumission aux exigences de rentabilité économique tout d'abord. Sur le plan financier, l'attachement à l'autofinancement, encouragé par les dirigeants élus, s'il put éviter les dérives, ne permit peut-être pas, en augmentant les charges structurelles, de faire face dans de bonnes conditions aux débours occasionnés par l'échec économique de la géothermie. Une gestion économique et non seulement administrative, passait également par la prise en compte des facteurs commerciaux. Alors qu'au début des années 1960 encore, un directeur pouvait déclarer que « l'armée n'a pas de service commercial et que cela marche très bien »[24], on avait dû se résoudre à créer un Service commercial autonome et à le doter, tardivement il est vrai, en 1984, de quelques moyens. En fait, étant donné le caractère contraint des changements consentis, ce n'est peut-être pas là que résidait, à cette date, l'essentiel de la mutation : en ce domaine les grandes nouveautés seront celles des années 1990. La Régie demeurait un organisme où le savoir-faire technicien prédominait malgré tout, où la compétence technique fondait l'orgueil, légitime, de l'entreprise et du personnel.

En revanche, ce qui semblait déjà accompli à la veille de la création de Gaz de Bordeaux c'est la rupture de fait, sinon de droit, du lien organique avec la municipalité de Bordeaux. Les enquêtes orales menées auprès du personnel d'encadrement en place durant la période sur les sentiments à l'égard de l'autorité municipale montrent que pour beaucoup celle-ci était sentie comme une tutelle lourde et bureaucratique. On peut voir là certaines expressions, un peu convenues d'ailleurs, des solidarités de corps. Mais, surtout, l'extension du réseau de distribution de la RMGB sur d'autres communes avait œuvré dans le sens d'une dilution des liens. Le terrain physique d'action des hommes de la Régie n'était manifestement plus limité depuis longtemps par les barrières communales. Bien que la RMGB demeurât du patrimoine communal, que son président fût le maire de Bordeaux, que le conseil municipal eût à connaître des questions la concernant, il est incontestable qu'au cours des années elle avait pu et su se bâtir une autonomie certaine. Que cette autonomie eût été forgée à partir d'une maîtrise technique incontestée cela semble évident : on rejoint là certaines consi-

---

[24] BARDES, M., *op. cit.*, p. 246.

dérations assez fréquentes sur les difficultés pour les élus de contrôler la mise en place et surtout l'évolution de processus techniques complexes et l'obligation dans laquelle ils se trouvent de laisser conduire les affaires par les techniciens. Mais il nous semble également que l'extension du réseau, à partir de Bordeaux assurément mais sur plus de 40 communes, a eu tendance à « distendre les liens de l'entreprise et de son propriétaire »[25]. D'une part, les élus municipaux se détachaient peu à peu d'une affaire dont l'horizon n'était plus exclusivement municipal ; c'est ce que paraît dire, en creux, un des conseillers municipaux lors des séances consacrées à la transformation de l'entreprise :

> Il est quand même significatif que, ces huit années dernières, durée pendant laquelle j'ai siégé dans cette assemblée, pas un seul débat ne se soit instauré au sein du conseil sur les grands choix engageant l'ancienne régie municipale[26].

D'autre part, pour l'entreprise, on peut penser que l'articulation ferme autorité municipale/territoire communal, qui avait autrefois prévalu, s'était progressivement distendue au fur et à mesure que sa logique spatiale propre s'étendait. Il s'était ainsi produit un effet de « désajustement » entre l'instance politico-administrative et l'opérateur de services, sans qu'il pût y avoir dans ce registre de solution de remplacement, puisque, on l'a vu, du fait combiné du jeu propre de certaines communes de la rive droite et de la stratégie de la RMGB, il ne put y avoir constitution d'un véritable réseau d'agglomération où la Communauté urbaine eût pu jouer un quelconque rôle.

III. La transformation de l'entreprise en société d'économie mixte locale

Nous ne présenterons brièvement ici que quelques éléments sur une question qui mériterait assurément une étude spécifique.

Plusieurs facteurs ont contribué à cette prise de décision de la part de la majorité des élus du conseil municipal de Bordeaux. L'évolution propre de long terme de l'entreprise vers une autonomie accrue, la mauvaise conjoncture des années 1987-1989, le climat idéologique libéral, dominant dans les discours et débats en France en ces années. On a évoqué le premier facteur explicatif, assurément le plus important, sinon le plus décisif. Le troisième dépasse le cadre de notre propos, même s'il a joué, à n'en pas douter, et bien que les responsables politiques s'en soient défendus, un rôle certain. Ce furent, principalement, les difficultés financières de l'entreprise durant les exercices 1987-1989 qui

---

[25]   Rapport au conseil municipal de Jean Touton, 30 juillet 1990.
[26]   Intervention du conseiller municipal d'opposition François-Xavier Bordeaux (*sic*), 30 novembre 1990.

pesèrent le plus nettement pour emporter le ralliement des indécis à la décision du 30 juillet 1990 de transformer la régie municipale du gaz de Bordeaux en société d'économie mixte locale Gaz de Bordeaux.

Voyons l'argumentaire du rapporteur, Jean Touton. Après avoir rappelé la réussite de l'entreprise[27], il apparaît à ses yeux « qu'actuelle-ment [la Régie] se heurte à un certain nombre de problèmes : l'exploita-tion industrielle, le financement, les problèmes commerciaux, comp-tables, administratifs ». Il s'attache à montrer comment le parti pris de réaliser près de 75 % des investissements par autofinancement a entraîné une augmentation des charges « d'autant plus sensible que la marge unitaire (prix de vente/prix d'achat) est passée [les dernières années] de 3,9 à 2,3 et a rendu les résultats de plus en plus dépendants des seuls facteurs climatiques et tarifaires ». S'il est bien entendu que la muni-cipalité ne peut rien sur le climat, elle n'a, explique-t-il, pas non plus beaucoup de prise sur les tarifs consentis par le fournisseur, la SNGSO. Or, souligne le rapporteur, on ne saurait espérer désormais une crois-sance externe semblable à celle des années fastes de l'équipement. On ne peut plus étendre géographiquement le réseau : « l'extension en surface s'avère non rentable ou juridiquement impossible ». Par ailleurs, les rigidités du statut de la régie ne permettraient aucun déploiement d'activités nouvelles qui « favoriseraient une inversion significative de la tendance », c'est-à-dire une diversification des activités.

En somme, un changement significatif de la nature de l'entreprise paraissait nécessaire. Lequel ? On se dit attaché à préserver l'avenir du service public et vouloir refuser toute privatisation. Cependant, on voulait garder à l'entreprise son caractère local (les conseillers se mon-traient très sensibles au maintien du siège social d'une entreprise de 900 salariés dans une ville qui n'en n'abrite que fort peu) : il ne saurait, par conséquent, être question d'une concession accordée à GDF. Il restait deux solutions. La première consistait à transformer la régie existante en régie dotée de la personnalité morale, conformément au décret du 19 octobre 1959 amendé en 1988. Celle-ci, réclamée par les conseillers communistes[28], fut rejetée par la majorité, car elle semblait maintenir trop fortement la tutelle administrative et surtout les règles contraignantes de la comptabilité publique, rendues précisément en grande partie responsables des difficultés financières de la RMGB. La deuxième solution était l'adoption d'un statut de société d'économie mixte locale sous la loi du 7 juillet 1983. Elle permettait d'associer à l'entreprise des partenaires locaux ou nationaux, publics et privés, et offrait beaucoup plus de souplesse de gestion.

---

[27] Rapport cité.

[28] Les élus socialistes d'abord opposés à la transformation du statut de la Régie s'y sont progressivement et partiellement ralliés.

En ce sens, choisir cette solution ce n'était pas seulement trouver une réponse circonstanciée à des problèmes ponctuels de trésorerie ou sacrifier à l'air du temps, c'était également s'inscrire résolument dans le prolongement et l'accomplissement d'une évolution sensible depuis déjà quelques décennies : la métamorphose d'un service communal industriel et commercial en entreprise opératrice de réseau. A ce titre, les logiques dominantes qui allaient désormais être mises en œuvre étaient, à quelques différences près, les logiques qui sous-tendaient l'ensemble des entreprises, publiques et privées, du secteur – comme significativement la transformation de « l'abonné » en « client ». Cependant, que la Ville de Bordeaux continua à en être le principal constituant[29] et que sa raison sociale fût limitée à l'agglomération bordelaise, soulignaient la pérennité de la singularité de l'histoire de l'exploitation gazière à Bordeaux.

---

[29]   La Ville apporte en actifs 52 % du capital de la nouvelle société ; les principaux autres partenaires sont GDF, Elf-Aquitaine, la Générale des eaux (via une de ses filiales) ; les autres collectivités locales et la Chambre de commerce et d'industrie de Bordeaux n'ont que des participations mineures, qui leur permettent toutefois d'être représentées au conseil d'administration.

CHAPITRE IV

Le développement contrasté de l'industrie gazière en Espagne

Les exemples de Barcelone et Malaga.
Entrepreneurs, municipalités et marchés au XIXᵉ siècle[1]

Mercedes ARROYO

Université de Barcelone

Il est bien connu que les réseaux urbains sont des structures à caractère unitaire orientées vers la croissance, ce qui leur donne une capacité d'organiser l'espace selon leurs propres logiques territoriales[2]. Le développement des réseaux est néanmoins subordonné à deux conditions économiques : d'une part générer en continu un chiffre d'affaires suffisant pour assumer la croissance du réseau, et d'autre part disposer d'un marché de consommateurs privés à fort potentiel de croissance, dont l'importance dépend de la composition du tissu industriel.

Ces deux conditions – disponibilité en capitaux et demande privée substantielle – impliquent, à leur tour, un processus entrepreneurial spécifique, surtout à ses débuts, car la capacité d'assumer des risques à court et à moyen termes dans les marchés de l'installation des réseaux urbains, qui sont dès leurs débuts des infrastructures avancées du point de vue technique, présentent une trajectoire postérieure inconnue. La plupart des entreprises gazières européennes orientent leurs stratégies dans le sens d'un élargissement constant, aussi bien de la production que de la consommation, en vue de bénéficier d'économies d'échelle. Sans possibilité d'expansion, les entreprises gazières stagnent, puis disparaissent peu après comme on le sait.

---

[1] Ce travail s'inscrit dans le cadre d'une recherche financée par la Fondation Caja de Madrid intitulée : « Innovación tecnológica y comportamientos empresariales en tres ciudades españolas del siglo XIX : Madrid, Barcelona y Málaga. Estudio comparado ».

[2] DUPUY, G., *L'urbanisme des réseaux. Théories et méthodes*, Paris, 1992, p. 57 et 114.

De plus, si l'éclairage public représente le premier marché des entrepreneurs gaziers, c'est la demande des consommateurs privés qui génère par la suite les marges bénéficiaires les plus conséquentes. En adoptant peu à peu le nouveau mode d'éclairage, l'industrie et le commerce, soit les principaux clients privés, augmentent leur productivité grâce à la possibilité de prolonger la durée du travail après la tombée du jour.

Il en découle que les deux conditions favorisant le développement des réseaux gaziers dans les villes européennes au XIXe siècle sont assurées d'un côté par la présence d'entrepreneurs gaziers assumant des risques tout en se montrant capables de mobiliser un volume suffisant de capitaux à injecter au fur et à mesure de l'élargissement du réseau, et de l'autre côté par le potentiel du marché privé, dont la dynamique dépend de la composition et de l'évolution du tissu industriel et commercial. Ce type de demande compense les contraintes imposées aux compagnies privées par le service de l'éclairage public. Avant de poursuivre l'analyse, il convient de préciser quelques différences économiques structurelles entre Barcelone et Malaga.

I. Quelques différences structurelles entre Barcelone et Malaga

Depuis 1832, Barcelone est un centre industriel dont le processus d'industrialisation a démarré « par le bas ». Dans la capitale catalane, la révolution industrielle est conduite par une bourgeoisie, dont l'assise assez large repose sur un tissu industriel composé d'un grand nombre de petites et moyennes industries familiales pratiquant l'autofinancement.

Par contre, bien qu'étant contemporaine de celle de Barcelone, l'industrialisation de Malaga s'est déroulée « par le haut », c'est-à-dire initiée par une minorité oligarchique bien insérée dans les instances du pouvoir politique central qui ne soucie pas d'établir une structure industrielle élargie. Cette élite contrôle un nombre réduit d'entreprises de grande taille, et se lie aussi à des capitaux étrangers, car la bourgeoisie locale est pratiquement inexistante. En conséquence, l'oligarchie s'est essentiellement occupée d'obtenir des bénéfices élevés, dont une part importante émigrait sous la forme de dividendes versés aux investisseurs étrangers[3].

Le réseau de Barcelone se profile comme une exception dans le paysage gazier espagnol du XIXe et du premier tiers du XXe siècle, alors qu'il se rapproche du développement de ses homologues européens.

---

[3]   CLAVERO BARRANCO, A., DOMÍNGUEZ DELGADO, G., FLORES SOTO, C., LÓPEZ PIÑERO, A., « La industria textil, del auge a la decadencia », in VALLÉS FERRER, J. (coord.), *Introducción a la economía malagueña*, Málaga, 1977.

Dans le territoire du Pla de Barcelone – soit de la ville proprement dite et de quelques communes adjacentes[4] –, jusqu'à quatre réseaux indépendants se sont simultanément développés[5]. La plupart se maintiennent en expansion constante grâce à l'émergence d'un tissu industriel dans les faubourgs. Cette nouvelle industrie urbaine s'est souvent superposée à une structure déjà existante, formée de nombreux ateliers et de petite industrie à caractère artisanal.

II. Le réseau gazier de Barcelone

Barcelone adopte le gaz en 1842 sur l'initiative d'un entrepreneur français, Charles Lebon, qui tente, avec des résultats inégaux, d'implanter le nouvel éclairage dans d'autres villes espagnoles. Lebon applique toujours une stratégie similaire. Au début, il entre en contact avec les autorités municipales auxquelles il présente le nouveau procédé d'éclairage comme une innovation indispensable aux cités d'une certaine catégorie. En échange d'un privilège exclusif d'une quinzaine d'années pour les éclairages public et privé, Lebon propose d'installer le réseau. Simultanément, il cherche des partenaires financiers autochtones pour faire face aux dépenses de première installation. Peu après, si l'affaire présente des perspectives favorables, il offre à ses partenaires la possibilité de récupérer leur capital en incorporant l'entreprise à son groupe parisien fondé en 1847 : la Compagnie centrale pour l'éclairage et le chauffage par le gaz.

A Barcelone, Lebon s'associe à un groupe d'investisseurs catalans à la tête duquel se trouvent les frères Gil Serra, bien insérés dans le réseau financier européen. Ils constituent, peu après l'installation du gaz en 1843, la Sociedad Catalana para el alumbrado por gas, connue bientôt comme la Catalana, en vue d'approvisionner les 200 000 habitants de Barcelone. Toutefois, peu après la mise en exploitation de l'usine quand Lebon tente d'appliquer sa stratégie, il se heurte aux Gil qui ont investi leur capital dans le but de gérer eux-mêmes cette entreprise. Ce conflit, qui s'ajoute à plusieurs autres générés par des divergences de vue sur la

---

4 En 1897, plusieurs villes et villages du Pla de Barcelona ont initié le processus d'annexion à la Ville de Barcelone. A cette date les lieux suivants sont intégrés : Gràcia, Sant Gervasi, Les Corts, Sant Andreu, Sants et Sant Martí de Provensals. En 1904, le petit village agricole d'Horta est absorbé, suivi en 1923 par la municipalité de Sarrià malgré la résistance d'une importante partie de la population. Voir NADAL, F., « Burgueses contra el municipalismo. La configuración de la gran Barcelona y las anexiones de municipios (1874-1904) », in *Geocrítica, Cuadernos críticos de Geografía Humana*, Université de Barcelone, 1985.

5 Certaines idées de ce travail trouvent leurs origines dans la thèse de doctorat de l'auteur : ARROYO, M., « La industria del gas en Barcelona. Innovación tecnológica, territorio urbano y conflicto de intereses », Barcelone, 1996, 425 p.

marche de l'affaire, est le facteur déclenchant de la rupture économique entre les Gil et Charles Lebon. Suite à ce désaccord, l'entrepreneur français doit attendre jusqu'en 1864 pour retourner dans le marché gazier de Barcelone.

Vers la fin des années 1850, les abonnés ne supportent plus la position monopolistique de la Catalana. Les tarifs sont trop élevés et la qualité du service laisse à désirer. Démarre alors une véritable campagne menée par des usagers mécontents contraignant la municipalité à ne plus dépendre d'une seule compagnie. La fondation de l'entreprise mixte, Gas municipal, – qui fonctionne de 1864 à 1883 en régime de concession – permet aux autorités municipales de maintenir un contrôle rigoureux sur la gestion du nouveau réseau indépendant de la Catalana. Lebon, qui a d'emblée perçu le potentiel du marché industriel barcelonais, accepte les conditions draconiennes imposées par la municipalité, tout en sachant qu'il pourra élargir son réseau d'éclairage public pour desservir le plus grand nombre possible de consommateurs particuliers.

Avec toutes les limitations découlant de l'absence d'un cadre légal spécifique à l'industrie gazière en Espagne, Gas municipal se profile ainsi comme l'un des précurseurs de la municipalisation, bien avant que ce genre de coopération entre compagnies privées et municipalités ne soit devenu une pratique habituelle dans de nombreuses villes européennes.

La Catalana est dépourvue de son privilège exclusif pour l'éclairage public, mais elle peut par contre agir en toute liberté dans les marchés privés stimulés par une demande plus importante. De son côté, Gas municipal doit s'adapter aux besoins de la municipalité jusqu'au moment où celle-ci l'autorise à élargir son offre aux consommateurs privés.

Il faut dire qu'avec ce type de stratégie, la municipalité de Barcelone est parvenue à mettre un terme à la situation de monopole dérivée d'un privilège exclusif. De plus, la ville compte deux entreprises gazières qui fonctionnent en régime de concurrence dans le créneau de la consommation particulière, et c'est ce contexte qui provoque une baisse des tarifs. Pendant les années 1860-70 et jusqu'au début des années 1880, les deux entreprises, la Catalana et la Compagnie centrale, ont fixé leurs objectifs dans le contrôle du territoire, non seulement de la partie intérieure de la ville, mais aussi de la zone de l'Ensanche[6]. Peu après, elles commencent à étendre leur réseau dans les territoires voisins, en vue d'atteindre le plus grand nombre possible de consommateurs privés. Ce

---

[6]   Comme il est bien connu, les travaux du Plan de Ensanche de Barcelone ont été dirigés par l'ingénieur des Ponts et Chaussées Ildefonso Cerdà et approuvés par Ordre royal en 1859. Ces travaux ont permis l'expansion de la ville et l'absorption de sa banlieue, dont le Pla de Barcelona qui s'étend de la mer Méditerranée à la montagne du Tibidabo en comprenant les rivages de Besós et de Llobregat.

nouveau contexte provoque de nombreux conflits, entre Lebon et la municipalité à cause de la gestion du réseau, entre entrepreneurs gaziers à cause du quota des marchés privés, puis entre d'un côté Lebon et la Catalana et de l'autre leurs consommateurs privés respectifs quant aux conditions de fourniture du gaz.

A cette époque, non seulement l'éclairage public n'est plus un atout pour faire connaître les avantages du nouveau mode d'éclairage, mais il constitue encore un sérieux obstacle aux entrepreneurs, car les difficultés financières endémiques des municipalités les empêchent de payer régulièrement les fournitures de gaz. Dans ce contexte, les entrepreneurs à la recherche de croissance se seraient tournés vers le marché des abonnés privés, seul capable de générer les marges bénéficiaires permettant aux compagnies gazières de contrebalancer les déficits municipaux.

Finalement, la Compagnie centrale et la Catalana se décident en 1883 à se partager les marchés de la ville et des environs de Barcelone. La Catalana étend son réseau pour contrôler les marchés privés tant de Barcelone que du village voisin de Gràcia doté d'un tissu industriel dynamique, ainsi que ceux publics et privés de deux autres centres industriels, Sants et Sant Andreu, où dans ce dernier, elle exploitait le réseau gazier depuis 1856. De son côté, la Compagnie centrale contrôle l'éclairage public de Barcelone et de Gràcia et les deux types de consommation sur les territoires en voie d'industrialisation de Sant Gervasi, Sarrià et Les Corts qui dépendent du réseau originel de Gràcia (1852). De la même manière, la Compagnie centrale a d'abord élargi son réseau de Barcelone jusqu'au « poumon industriel de Barcelone »[7], à Sant Martí de Provensals, afin de s'imposer dans le marché privé, dont la croissance rapide est à l'origine de la construction d'une nouvelle usine en 1887, spécialement conçue aussi bien pour approvisionner les marchés industriels que d'assurer le service d'éclairage public[8].

En 1923, la perspective que le gouvernement espagnol approuve le Décret de nationalisation, dont les termes entraveraient les mouvements de capitaux étrangers opérés en Espagne, pousse la Compagnie centrale à se retirer du marché espagnol. La Catalana en profite pour lui reprendre tous ses actifs en ville qui s'ajoutent à ceux déjà contrôlés du Pla. Grâce à cette emprise exercée désormais sur l'ensemble du territoire de Barcelone, la Catalana dispose d'un réseau unifié qu'elle peut envisager

---

[7] NADAL, J. & TAFUNELL, X., *Sant Martí de Provensals, pulmó industrial de Barcelona (1847-1992)*, Barcelone, 1987.

[8] Ce type de stratégies mené par les deux entrepreneurs gaziers de Barcelona et du Pla contraste avec celui présenté par Andrea Giuntini démontrant que les entrepreneurs gaziers opérant en Italie ont dû stopper leurs travaux à la frontière des municipalités sans pouvoir étendre leur réseau à la périphérie des grandes villes. Voir la contribution d'A. GIUNTINI dans ce livre (Section III, Partie B).

d'étendre aux espaces voisins. Le réseau de Barcelone accomplit ainsi la tendance de tous les réseaux tournés vers une expansion permanente qui passe par plusieurs échelles, d'abord municipale, puis dès que possible départementale et enfin nationale[9]. La deuxième partie de cette analyse traite de la trajectoire suivie par le réseau de Malaga qui montre combien le développement de l'industrie gazière en Espagne présente des contrastes.

III. Le gaz de Malaga

Malaga entame vers les années 1840 un processus d'industrialisation centré sur la métallurgie formant un premier tissu industriel sur lequel est venu se greffer une industrie textile florissante. En théorie donc, Malaga présente de bonnes perspectives devant assurer un développement de l'industrie gazière analogue à celui de Barcelone et d'autres villes européennes. Malaga se dote d'un tissu industriel, qui se concentre et se consolide, tout en s'accompagnant d'un commerce basé sur l'exportation de produits agricoles – essentiellement des raisins secs et des vins du pays[10]. Cet environnement favorable laisse envisager que le marché privé du gaz peut s'étendre à l'infini.

Toutefois, les raisons pour lesquelles Malaga perd l'occasion de compter avec une industrie gazière développée, alors que Barcelone épuise au maximum toutes les possibilités offertes par la croissance du marché, résident dans quelques facteurs à caractères entrepreneuriaux et économiques. Comme nous l'avons indiqué, en plus du potentiel du marché privé, d'autres conditions doivent être réunies pour assister au décollage de l'industrie gazière, à savoir la structure industrielle urbaine et une attitude entrepreneuriale dictée par l'expansion du réseau gazier. Ce développement nécessite une étroite imbrication de logiques spatiales, des réseaux et des entrepreneurs gaziers[11].

---

[9] Dans les années 1970, La Catalana, qui contrôle déjà la plupart des réseaux du nord de l'Espagne, absorbe celui du sud de la Péninsule appartenant au Gas Madrid. Pour souligner son aspect unificateur, l'ancienne Catalana modifie sa raison sociale (Gas Natural, SDG, S.A.). Actuellement, le réseau de Gaz Natural se trouve à l'intersection de nombreuses composantes techniques et politiques grâce au gazoduc reliant le nord de l'Afrique à l'Europe. Comme le réseau européen est lui-même relié au gazoduc sibérien, on peut supposer que Gas Natural devra unifier son réseau à l'échelle européenne dans un proche avenir.

[10] Au milieu du XIXᵉ siècle, Malaga est le deuxième port espagnol, tant pour le trafic extérieur que pour le cabotage. Les produits d'exportation les plus importants sont le plomb en barres, les raisins secs, l'huile et les vins de la région. Voir CABRERA PABLOS, F. R. & OLMEDO CHECA, M., *El Puerto de Málaga, 30 siglos de vida, 400 años de historia, 1588-1988*, Málaga, 1988, essentiellement p. 238-39.

[11] Lors des débats de ce colloque, Jean Pierre Williot a insisté sur ces imbrications.

L'exemple de Malaga permet de déceler trois étapes. Durant la première, de 1855 à 1868, la marche de l'entreprise se maintient sans grand problème. Cette phase se caractérise par un niveau de consommation privé relativement bas, ce qui laisse envisager des profits limités. On sait que l'usine à gaz est dirigée par des ingénieurs français, entre autres par Théodore Schneider, spécialiste des marchés espagnols travaillant pour le compte de la compagnie gazière lyonnaise Vautier & Cie, qui avait fondé en 1855 la Société civile pour l'éclairage de Malaga dotée d'un capital social d'1,2 million de francs[12]. Malaga compte à cette époque environ 90 000 habitants et la ville se trouve engagée sur le chemin de la croissance industrielle.

La deuxième étape, qui débute à partir de la Révolution de septembre 1868, se caractérise par une situation de conflit permanent entre la municipalité et la compagnie gazière jusqu'en 1876. Durant cette période, la compagnie est constamment à la recherche de financement pour faire face, d'une part à l'endettement de la municipalité, et d'autre part à la crainte que la révolution inspire aux investisseurs étrangers[13]. En fait, toutes les municipalités espagnoles se trouvent dans une situation économique précaire due en grande partie au centralisme d'un Etat qui réduit le pouvoir des collectivités publiques urbaines et plus particulièrement leur capacité à prendre des décisions dans le domaine économique. En outre, l'industrie de Malaga et de sa région est confrontée à une grave crise provoquée essentiellement par l'invasion du phylloxera qui entraîne la destruction des vignobles, et entrave le commerce du vin et du raisin. Le déclin économique s'annonce déjà, sans possibilité de le stopper.

La dernière étape débute en 1876, avec l'entrée en scène du banquier et sénateur andalou établi à Madrid, Ignacio de Sabater y Araúco, et prend fin en 1923 lors de la vente de l'entreprise à un groupe d'investisseurs catalans. Cette phase est illustrée par la correspondance échangée entre Ignacio de Sabater et la Société civile, une base qui nous permet d'accorder une attention particulière aux années 1876-1907[14].

---

[12]　Emile Vautier, avec d'autres entrepreneurs gaziers français, fondera plus tard en 1864 la Société technique gazière qu'il présidera en 1876. C'est une société fréquentée par les entrepreneurs gaziers les plus prestigieux. (Source : ATG, París).

[13]　Un conseiller de la nouvelle municipalité élue après de la Révolution de septembre 1868, Pedro Gómez Gómez, montre la contradiction laissant entendre que jusqu'aux débuts de la révolution, la municipalité était endettée toute l'année à cause de ses factures gazières, alors que dans le même temps les relations avec l'entreprise étaient cordiales. Il croit que ce changement d'attitude est dû au « recelo de que el período revolucionario dificultase el cobro ». Voir Archives historiques de la Ville de Malaga (AHCM), *Actas Capitulares*, 1869.

[14]　Elle est conservée grâce aux bons soins de ses descendants.

La Société civile s'oriente dans deux directions. D'une part, les gérants de Lyon envoient à Malaga l'ingénieur Charles Forestier Chanut pour stimuler la production de l'usine qui avait chuté. D'autre part, l'entreprise délègue Ignacio de Sabater pour négocier avec la municipalité le paiement de ses factures de gaz. Il faut souligner que Sabater est un personnage-clé. Il est non seulement bien inséré dans les structures du pouvoir politique de Madrid – plus particulièrement jusqu'à la révolution de 1868 –, mais est encore doté d'une certaine expérience dans les affaires gazières. En effet, il s'occupe aussi des relations institutionnelles en Espagne pour le compte de la Compagnie centrale d'éclairage et de chauffage par le gaz du groupe Lebon, active notamment à Barcelone comme nous l'avons vu. En fait, Sabater est un personnage influant à la façon de l'Ancien régime, c'est-à-dire que ses relations politiques sont fondées sur un « clientélisme » qui privilégie les influences personnelles au détriment d'un véritable esprit entrepreneurial[15].

Le mode de gestion d'entreprise adopté montre clairement une certaine méconnaissance des affaires en général et en particulier de l'industrie gazière. L'absence de réinvestissements exigés par ce type d'infrastructure se traduit par une faible croissance et des bas niveaux de rentabilité[16]. De plus, pour limiter les dépenses, du charbon de mauvaise qualité est employé pour distiller un gaz qui n'attire pas les consommateurs privés.

IV. La mentalité entrepreneuriale

Quelques chiffres montrent que la situation économique de l'usine à gaz de Malaga est difficilement soutenable. Le premier exercice disponible (1878) et fiable indique que les recettes issues des marchés public et privé se trouvent dangereusement proches, une situation qui contraste singulièrement avec celle de ses homologues des grandes villes européennes. A l'évidence, ce n'est pas une situation souhaitée par les entrepreneurs gaziers. Quand le pourcentage de l'éclairage public se maintient dans les 25 %, c'est une proportion difficilement acceptable

---

[15] Il faut ajouter que la famille Sabater considère l'usine de Malaga comme une affaire familiale, dont on expédie les bénéfices – moins de dix pour cent – à l'entreprise de Lyon. Ce contexte se maintient jusqu'à l'intégration du réseau de Malaga dans le patrimoine de la Compañía Española de Electricidad y gas Lebon, établie à Barcelone.

[16] En octobre 1876, Sabater écrit à Emile Vautier en l'avertissant que s'il ne peut pas disposer immédiatement de 500 000 francs pour les réparations les plus indispensables du réseau, il est « inutile d'entrer en discussions » avec la municipalité de Malaga en vue de renouveler la concession. Voir Fonds Rivas Sabater (FRS), *Copiador* d'Ignacio de Sabater. Correspondance avec Emile Vautier, référence entreprise de Malaga (1877-1883).

pour n'importe quelle entreprise gazière. Pour donner quelques références, on peut indiquer que la part de l'éclairage public par rapport à l'ensemble de la demande représente en 1857 à Barcelone : 7,6 % avec tendance à la baisse. A Paris, les chiffres sont encore plus éloquents, puisqu'en 1859 le marché public se limite à 3 % (tableau 1).

Tableau 1. Eclairages public et privé dans quelques villes des Etats-Unis, à Paris et à Barcelone (1859) (nombre de becs)

Ville	Ecl. public	Cons. partic.	Total	%
Harlem	1.800	700	2.500	72
Cincinatti	1.700	6.000	7.700	22
New York	4.938	17.839	22.777	21,6
Chicago	970	4.100	5.070	19
Baltimore	1.800	8.200	10.000	18
Boston	2.265	10.410	12.675	17,8
Jersey City	212	1.900	2.112	10
Barcelone	1.873	22.793	24.666	7,6
Paris	20.000	650.000	670.000	3

Source : *Journal de l'éclairage au gaz, 1859.* Données pour Barcelone (1857).

L'importance du marché privé est donc déterminante pour la marche des affaires gazières. Par la suite, la situation de l'entreprise se détériore progressivement jusqu'aux années 1920, soit au moment où elle est acquise, comme annoncé plus haut, par un groupe d'investisseurs catalans qui va redresser la trajectoire grâce à une intervention économique majeure. Ce groupe catalan, dont le rôle a été mis en relief dans de nombreuses publications sans que sa raison sociale ne soit citée, a été récemment identifié comme la Banca Arnús-Garí, fondée en 1910 à Barcelone avec l'objectif d'investir dans les réseaux espagnols d'eau et de gaz[17]. En 1920, la banque catalane acquiert de la Lyonnaise des eaux les actifs de la Sociedad general de aguas de Barcelona, puis fonde en 1923 la Compañia española de electricidad y gas Lebon renforcée par une partie des réseaux gaziers et électriques détachée de la Compagnie centrale. Ce serait par l'intermédiaire de la société d'adduction d'eau de Barcelone, que la banque achèterait en 1920 la Societé civile pour l'éclairage de Malaga. Après des investissements conséquents, l'usine à gaz de Malaga sera incorporée à la Compañía española de electricidad y gas Lebon.

---

[17] Voir ARROYO, M., « Banca, infrastructuras urbanas y estrategias empresariales. La fábrica de gas de Málaga (1923-1940) », in *III Congreso de Historia Catalano-Andaluza*, L'Hospitalet de Llobregat, à paraître.

L'intervention de la Banca Arnús-Garí permet à l'usine de Malaga de sortir du déclin pour l'engager sur la voie de la croissance de son réseau et cela jusqu'à la Guerre civile de 1936-39 qui, comme il est bien connu, déstabilise les structures industrielles espagnoles. Il faut dire qu'au moment de son acquisition, l'éclairage public représentait 57 % de ses revenus, et on sait que la plupart des industriels qui demeuraient encore à Malaga, soit disposaient de leur propre production de gaz, soit avaient adapté leurs installations à l'électricité. Malgré ces difficultés initiales, l'effort économique réalisé a permis d'augmenter très sensiblement la consommation particulière dans les années suivantes.

*

* *

Conclusion

Barcelone représente, dès les débuts de son industrialisation, un marché important pour les entreprises gazières, qu'elles soient espagnoles ou étrangères, alors que le blocage de la croissance économique de Malaga offre un contexte nettement moins favorable à sa compagnie gazière.

L'exemple de Malaga montre un type de mentalités entrepreneuriales spécifique orienté vers l'obtention d'une rente à moindre coût que l'on retrouve dans la plupart des autres entreprises gazières espagnoles, notamment à Madrid[18] et à Séville[19]. L'évolution du marché de la consommation privée est le cadre qui fournit les bases du réinvestissement. L'expansion permanente du réseau doit s'autofinancer, et tant que les revenus ne sont pas élevés, le niveau des investissements reste faible.

Ce genre de comportement peut se définir comme étant à caractère rentier, par opposition au style véritablement entrepreneurial adopté par les gérants de la Catalana. A Barcelone, où la croissance du réseau est constante, les entrepreneurs prennent les devants en favorisant la diffusion du nouveau mode d'éclairage. Cette stratégie n'est applicable qu'en partant d'un haut niveau d'investissements, ce qui signifie assumer des risques.

En ce qui concerne l'organisation spatiale, on a déjà signalé la capacité des réseaux à organiser le territoire. En étendant le réseau gazier à

---

[18] Pour le développement du gaz à Madrid, voir SIMON PALMER, C., *El gas y los madrileños*, Madrid, 1989.

[19] Pour l'histoire du gaz à Séville, voir GONZÁLEZ, A., *El gas en Sevilla, cien años de historia*, Séville, 1981. Le cas de Séville est très révélateur. Lorsque la Catalana acquiert l'entreprise, les investissements s'accroissent, le nombre de consommateurs privés augmente spectaculairement et l'affaire s'engage sur le chemin de la croissance.

des espaces déjà industrialisés, les économies d'échelle ont été favorisées. Plus le développement du réseau est important, plus il est aisé de
diffuser l'éclairage aux industries urbaines, ce qui débouche sur des
augmentations de productivité et devient un argument qui attire d'autres
industries. Parallèlement au rythme d'expansion du réseau, celui des
installations gazières a une importance décisive pour l'organisation du
territoire industrialisé. La production de grandes quantités de gaz permet
de maintenir les tarifs à des niveaux accessibles à une multitude
d'industries. Par conséquent, l'expansion du réseau et celle de son tissu
industriel sont mutuellement potentialisées.

Le rythme différent des réinvestissements dans chacun des réseaux
est l'un des facteurs qui différencie clairement les deux processus. A
Barcelone, le volume des capitaux investis est en croissance permanente, alors qu'à Malaga on investit le minimum. A la Catalana de
Barcelone domine un certain type de comportement entrepreneurial
capable d'assumer des risques à court et à moyen terme, symptomatique
de l'émergence d'une classe sociale : la bourgeoisie. A Malaga, où cette
nouvelle classe est absente, les débuts de la révolution industrielle se
sont trouvés liés à une oligarchie dont le comportement entrepreneurial
s'est maintenu enraciné dans les mœurs et les habitudes d'Ancien
régime, privilégiant la rente de situation au détriment des investissements[20].

L'autre facteur, soit la structure de la demande, joue un rôle important. Elle est positive à Barcelone et négative à Malaga. Par ailleurs, on
peut constater que les dettes de la municipalité sont un obstacle difficile
à surmonter pour l'entreprise gazière de Malaga, tandis que la Catalana
se libère très tôt de cette servitude en passant le fardeau de l'éclairage
public à la Compagnie centrale.

L'importance de l'éclairage public dans le chiffre d'affaires est un
élément négatif pour la viabilité d'une entreprise gazière. Le réseau de
Malaga suit la tendance opposée à celle des villes européennes à tradition industrielle, et cette part importante d'éclairage public est l'indicateur qui met en relief que l'entreprise gazière de Malaga n'est pas
capable de rendre le gaz attrayant pour la consommation industrielle.
Seule l'injection de nouveaux capitaux – ce qui signifie que des risques
économiques considérables sont assumés – permet de surmonter le
déclin. La production de gaz à grande échelle favorise la diminution des
tarifs et en conséquence rend cette nouvelle technologie attractive pour
un nombre toujours plus important de consommateurs urbains.

---

[20] Concernant les causes du développement contrasté de Malaga et de Barcelone, voir
essentiellement BAHAMONDE, A. & MARTÍNEZ J. A., *Historia de España siglo XIX*,
Madrid, 1994 et l'article de NADAL, J., « Industrialización y desindustrialización en
el Sudeste español», in *Moneda y Crédito*, n°120, 1972, p. 3-80.

CHAPITRE V

La diffusion des réseaux gaziers au Portugal (XIXe siècle)

Ana Cardoso de MATOS

Département d'Histoire de l'Université d'Evora

Dès le XIXe siècle, l'urbanisation, le développement de la médecine et la diffusion des idées hygiénistes se traduisirent par un intérêt croissant porté à l'organisation de l'espace et à la création d'infrastructures urbaines. A partir de la deuxième moitié du XIXe siècle, les ingénieurs jouèrent un rôle fondamental dans la modernisation des villes européennes, comme le montrent des études consacrées à Paris, Londres, Madrid ou Barcelone. Ces recherches mettent en évidence l'importance des connaissances techniques véhiculées par les ingénieurs pour résoudre les problèmes d'assainissement et entreprendre les travaux nécessaires à l'amélioration des conditions de vie urbaine. A Paris, les ingénieurs qui intervinrent, « soit comme concepteur des grands réseaux techniques, comme architectes ou comme urbanistes, se sont presque toujours réclamés de connaissances et de savoir-faire aussi objectifs que les sciences physico-mathématiques auxquelles ils empruntaient des méthodes et des outils »[1].

I. Les mécanismes de transfert des modernisations urbaines

Au milieu du XIXe siècle, quelques ingénieurs portugais complétèrent non seulement leur formation technique à l'étranger, notamment à l'école des Ponts et Chaussées, mais encore entreprirent des voyages d'études dans les plus importantes villes européennes. Lors de ces déplacements, ils purent prendre connaissance des améliorations introduites dans ces villes, notamment le gaz d'éclairage. L'installation des

---

[1] PICON, A., « Les modèles de la métropole. Les polytechniciens et l'aménagement de Paris », in BELHOSTE, B., MASSON, F. et PICON, A. (dir.), *Le Paris des Polytechniciens. Des Ingénieurs dans la ville*, Paris, 1994, p. 137.

réseaux de gaz et d'électricité, la résolution des problèmes d'assainissement et la modernisation des transports furent des domaines d'innovation technologique qui se diffusèrent en Europe à partir de villes pilotes,
surtout des capitales anglaise et française[2]. Le transfert des connaissances fut assuré tant par des personnes – ingénieurs, entrepreneurs,
associations professionnelles – que par des expositions universelles et de
la littérature technique – livres et périodiques.

Les municipalités furent de leur côté un acteur essentiel de la modernisation des villes. Ce sont elles qui firent construire, dès le milieu du
XIXe siècle, des infrastructures d'assainissement et de distribution de
gaz et électricité et « embellirent » les villes, notamment en créant des
jardins et des grandes avenues. Dès lors que les égouts, les conduites
d'eau et de gaz étaient enfouies dans les sous-sols, comme une étude le
souligne,

> les nouvelles voies publiques sont maintenant de véritables ouvrages d'art.
> Elles innervent en tréfonds la ville de ses fonctions vitales – eau, assainis-
> sement, gaz et déjà outre-Manche le métro. Elles répartissent en surface des
> différents modes de déplacement [...] Leurs larges trottoirs plantés favori-
> sent les activités commerçants et la flânerie devant les vitrines des premiers
> grands magasins[3].

La modernisation des villes, suivant les modèles de Hausmann et de
Cerdá, impliqua des technologies urbaines plus complexes. Quelques
dirigeants des municipalités étaient des ingénieurs ou des « scientifiques » qui cherchaient à actualiser leurs connaissances des différentes
technologies mises en pratique dans leur pays et à l'étranger. Cette
préoccupation s'étendit aux entreprises spécialisées qui cherchaient,
dans le cadre de la promotion et de l'exploitation d'infrastructures, à
perfectionner le fonctionnement de leur réseau urbain et la qualité des
services fournis en fonction de l'avancée des solutions techniques
adoptées et des modes de gestion pratiqués dans d'autres villes[4].

La diffusion des nouvelles technologies fut favorisée, comme
indiqué plus haut, par la publication de périodiques qui répandirent les

---

[2]   SILVA, Á. F. da & MATOS, A. C. de, « Urbanismo e modernização das cidades : o
      'embellezamento' como ideal. Lisboa, 1858-1891 », in *Scripta Nova. Revista
      Electrónica de Geografía y Ciencias Sociales*, Université de Barcelone (ISSN 1138-
      9788), n° 69 (30) 1 de Agosto de 2000.

[3]   BLANCOT, C. et LANDAU, B., « La direction des travaux de Paris au XIXe siècle », in
      BELHOSTE, B., MASSON, F. et PICON, A., *Le Paris des Polytechniciens. Des Ingé-
      nieurs dans la ville, op. cit.*, p. 165.

[4]   MATOS, A. C. de & SILVA, Á. F. da, « As infra-estruturas urbanas e a internaciona-
      lização da economia portuguesa na segunda metade do século XIX : notas de uma
      investigação», communication présentée au *XIX Encontro da Associação de História
      Económica e Social*, Madeira, Université de Madère, 1999.

nouveautés et facilitèrent l'adhésion des citadins. Cette littérature généra des réflexes positifs sur la consommation de produits tels que le gaz et l'électricité. L'édition de travaux techniques concernant ces thèmes, comme des rapports scientifiques ou d'entreprises, contribua aussi à la généralisation de ces nouvelles connaissances. A titre d'exemple, les études des ingénieurs de la municipalité de Paris furent publiées dans la collection *Bibliothèque des conducteurs des travaux publics* et les ouvrages édités par Baubry & Cie Librairie polytechnique. Dans ces travaux consacrés à l'assainissement, l'éclairage public et l'approvisionnement en eau, les connaissances théoriques s'articulaient avec les pratiques suivies et recommandées par les ingénieurs. M. Leguez, ingénieur des égouts de Paris, écrivait dans la préface du *Traité des égouts* de J. Hervieu :

> Est-il œuvre plus difficile et exigeant des connaissances plus profondes et plus sûres, que d'écrire un manuel vraiment digne de ce nom ? Pour des agents des travaux de Paris, elle constitue une excellente codification des renseignements épars et de traditions verbales. Pour les étrangers, elle fera mieux connaître le réseau parisien ; elle leur permettra, sans tâtonnement coûteux, d'essayer de l'imiter.[5]

Au Portugal, quelques publications techniques abordèrent cette thématique, notamment le *Boletim das Obras Públicas e Minas* qui fut publié par l'association portugaise des ingénieurs civils. Nous citons à titre d'exemple un article, paru en 1873, comparant les qualités de charbon distillé à Paris et à Londres.[6] Dans le même temps, plusieurs périodiques s'occupèrent des progrès réalisés par le gaz en matière d'éclairage et d'appareils domestiques.

Les expositions internationales furent aussi des espaces de diffusion des nouvelles technologies et des progrès accomplis par l'industrie, notamment le gaz et l'électricité. Mais comme ces expositions jouent un rôle fondamental dans l'émergence d'une culture de masse, elles contribuent à l'intégration de la technologie dans la vie quotidienne. Les visiteurs de ces espaces bien éclairés d'abord au gaz puis à l'électricité, pouvaient se familiariser à tous les avantages offerts par ces modes d'éclairage et aux autres applications du gaz favorisées par l'exhibition d'objets du quotidien (cuisinières, chauffages, etc.). Les villes organisatrices en profitèrent pour faire la promotion de leurs nouvelles infrastructures. Paris utilisa son exposition universelle de 1867 pour faire

---

[5] Cité dans BLANCOT, C. et LANDAU, B., « La direction des travaux de Paris au XIXe siècle », *op. cit.*, p. 173.

[6] « Da fabricação do Gaz de illuminação », in *Revista das Obras Públicas e Minas*, 1873.

connaître ses égouts. A l'exposition de 1889, une étude française indique que les pavillons présentent

> [...] sur 3.000 m² les progrès décisifs qui furent effectués depuis 1789 pour transformer Paris en capitale moderne : les égouts, l'eau, l'éclairage, les jardins publics, l'école pour tous, les marchés, les abattoirs, les municipalités, les théâtres, les bibliothèques et les universités, les fontaines, les statues [...]. La beauté, la culture, l'hygiène et la science accessibles à tous, voilà ce qu'exprime le nouveau Paris.[7]

C'est ainsi qu'à travers les œuvres techniques et les périodiques, les voyages d'études et les expositions universelles, les Portugais prirent connaissance des progrès accomplis en Europe, notamment en matière d'industrie gazière. Le gouvernement, les municipalités et la population en général ne restèrent pas indifférents aux avantages apportés par la nouvelle énergie au confort, à la sûreté publique et à la modernité. On touche ici aux fondements de l'intérêt porté par les Portugais au gaz d'éclairage dès les premières décennies du XIXe siècle, même si la généralisation de la nouvelle énergie fut tardive.

II. Chronologie de l'établissement des réseaux gaziers

En 1848, Lisbonne fut la première ville portugaise à être éclairée au gaz. La capitale fut suivie dans les années suivantes par deux villes importantes : Porto et Coimbra. Toutefois, la décennie 1850 ne fut pas synonyme de succès pour le nouveau mode d'éclairage, car ces années furent également marquées par les tentatives avortées de Setúbal et de Braga. Dans cette dernière cité, la concession gazière fut accordée en 1856 à Jacques Robert Mesnier qui la transféra à la Companhia Geral Barcarense de Melhoramentos Materiais na Província do Minho. Mais cette compagnie généraliste, qui voulait aussi se consacrer à des entreprises commerciales, agricoles ou minières, n'acheva pas les travaux. A Setúbal, la concession fut accordée en 1859 à des citoyens français (Louis Lougé, Felix Canier et Pedro Leré) qui la cédèrent la même année à la Companhia Setubalense de Iluminação à Gás. Cependant, comme cette compagnie ne parvint pas à réunir les fonds exigés par l'installation du réseau, elle fut dissoute en 1860. Malgré ces problèmes, d'autres projets aboutirent, car ces deux villes purent jouir de l'éclairage au gaz dès les années 1870. Braga fut même en 1893 l'une des premières villes portugaises à être éclairée à l'électricité.

Dans la plupart des autres villes, les réseaux gaziers ne furent bâtis qu'à partir des années 1880 (tableau 1). Mais à cette époque, de nombreux concessionnaires rencontrèrent aussi des difficultés de finance-

---

[7] BLANCOT, C. et LANDAU, B., « La direction des travaux de Paris au XIXe siècle », *op. cit.*, p. 172-173.

ment. Dans ces conditions, ils ne purent mener à terme les contrats signés avec les municipalités qui spécifiaient un délai pour démarrer l'exploitation, et perdirent les adjudications. A Figueira da Foz, en 1885, un contrat fut signé avec Francisco Borges da Cunha, de Porto, mais fut annulé 18 mois plus tard en raison de l'impossibilité de réunir les fonds nécessaires. Après deux ans, la municipalité se tourna vers d'autres concessionnaires.

Par contre, de nombreuses villes dont les conditions n'avaient pas permis l'installation de réseaux gaziers jusqu'à la fin des années 1890, furent toutefois pionnières avec l'éclairage électrique, comme l'illustre l'exemple de Guimarães.

Tableau 1. Villes éclairées au gaz (1887-1890)

Villes	Début
Elvas	1887
Santarém	1887
Viana do Castelo	1887
Póvoa do Varzim	1888
Covilhã	1889
Aveiro	1889
Evora	1890
Leiria	1890

III. L'intérêt des entreprises étrangères

Dès que les municipalités ouvrirent des concours publics pour l'éclairage au gaz, plusieurs entreprises étrangères présentèrent des propositions (annexe 1). L'intérêt porté par ces compagnies aux marchés portugais était déterminé par les profits qu'elles espéraient obtenir avec l'établissement des réseaux gaziers. Malgré l'importance des fonds à réunir pour bâtir le réseau, les profits espérés après amortissement du capital restaient très élevés. Suite à l'important investissement initial, la firme en charge d'installer le réseau gazier de Lisbonne fut en mesure de distribuer des dividendes assez conséquents à ses actionnaires[8].

Dans les années 1880, lorsque plusieurs villes portugaises tentèrent d'établir des réseaux gaziers, de nombreuses sociétés étrangères s'intéressèrent à nouveau aux concessions (tableau 2). Ces entreprises avaient des représentants au Portugal, mais pour bâtir et exploiter les réseaux gaziers, elles fondèrent des filiales auxquelles furent associés des entrepreneurs portugais.

---

[8]   Voir l'autre contribution d'A. CARDOSO DE MATOS (Section III, Partie B).

**Tableau 2. Les concessions gazières
dans quelques villes portugaises (1887-1890)**

Villes	Date de la concession ou du contrat	Nationalité des concessionnaires	Concessionnaire
Elvas	1887	Anglais	Emile Pitsch e António Barbosa représentants de Alfredo Harrison e Diogo Souto
Figueira da Foz	1887	Anglais	Thomas Nesham Hirklam, Thomás Carlos Hersey, ingénieurs civils de Londres
Santarém	1887	Anglais	Diogo Souto représentant de Alfredo Harrison
Evora	1888	Anglais	Diogo Souto représentant de Alfredo Harrison
Matosinhos	1888	Portugais	António Augusto Cogorno Oliveira de la ville de Porto
Póvoa do varzim	1888	Anglais	Percy Miller Street représentant de Alfredo Harrison
Viana do Castelo	1888	Français	Augusto Laverié, propriétaire et négociant de la ville de Porto
Aveiro	1889	Anglais	Diogo Souto représentant de Alfredo Harrison
Covilhã	1889	Anglais	Diogo Souto représentant de Alfredo Harrison
Leiria	1890	Anglais	Diogo Souto représentant de Alfredo Harrison

Dans les villes déjà éclairées au gaz, les entreprises étrangères s'intéressèrent également aux nouvelles concessions. En 1887, quand la mairie de Lisbonne ouvrit un nouveau concours, non seulement la compagnie qui exploitait déjà ce service public – la Companhia Lisbonense de Iluminação a Gás – se montra intéressée à maintenir son contrat, mais encore plusieurs concurrentes étrangères firent des propositions : Léon Somzée (Bruxelles) ; Kohn Reinach & C^a (Paris) ; P.-M. Oppenheim (Paris) ; Société d'éclairage du Centre (Belgique). Cette dernière s'imposa et transféra la concession en 1889 à la Société Gaz de Lisboa, qui s'associa en 1891 à la Companhia Lisbonense de Iluminação a Gás, pour constituer la Companhias Reunidas de Gas e Electricidade, dont la majorité du capital était détenue par la Société financière de transports et entreprises industrielles (SOFINA).

Les entrepreneurs étrangers, qui voulaient investir au Portugal, tentèrent de prendre position dans plusieurs villes. Dans les années 1840-1850, Samuel Clegg ainsi que la Compagnie générale et provinciale du gaz de Brest s'intéressèrent à Lisbonne et à Porto. De son côté, Hardi Hislop, qui pratiqua le même type de stratégies, fit partie des entreprises généralistes intéressées à plusieurs secteurs, notamment le chemin de fer.

Les ingénieurs civils, Alfredo Harrison e Diogo Souto représentants d'une compagnie anglaise, créèrent une filiale – la Companhia Geral de Iluminação a Gás – associant plusieurs entrepreneurs portugais de Porto. Les années 1880 furent encore une période d'expansion de l'industrie gazière stimulée par les nouvelles applications domestiques, ce qui peut expliquer l'intérêt de cette compagnie à investir au Portugal. Par ailleurs, l'alliance avec les entrepreneurs de Porto trouve probablement ses fondements dans les relations que cette ville a toujours entretenues avec les Anglais, surtout à cause de son vin. La Companhia Geral parvint à s'imposer dans plusieurs villes : à Evora, Santarém, Aveiro et Leiria (annexe 2).

L'intérêt d'une entreprise, nationale ou étrangère, à exploiter des réseaux dans plusieurs villes, même éloignées, peut s'expliquer par les avantages à faire valoir à grande échelle la maîtrise des savoirs techniques, de gestion et d'organisation.

IV. Conditions d'exploitation

Les investissements exigés par la construction des réseaux gaziers poussèrent les divers entrepreneurs, qui avaient acquis les concessions, à les transférer à des compagnies. Pour envisager la réussite, les compagnies cherchèrent à obtenir le monopole de l'éclairage privé et public pour la période la plus longue possible, ainsi que l'engagement de la municipalité relatif à l'installation et au maintien d'un certain nombre de réverbères. Ces deux conditions furent fondamentales pour assurer la rentabilité.

Si l'exploitation des réseaux gaziers dans les villes portugaises fut toujours concédée à des firmes privées, ce furent néanmoins les municipalités qui déterminèrent les conditions des contrats, surveillaient la production et la distribution de gaz tout en fixant les tarifs. D'où des conflits plus ou moins fréquents qui opposaient les municipalités et les compagnies gazières, car les tarifs d'éclairage public étaient souvent inférieurs à ceux pratiqués pour les consommations domestique et industrielle.

Afin de se décider sur la technologie à adopter et pour définir les conditions d'adjudication des contrats, les municipalités les plus précoces, comme Lisbonne, cherchèrent à obtenir à l'étranger, notamment à Paris, des informations sur le fonctionnement des réseaux gaziers. Ce transfert d'informations et de technologie bénéficia, en quelque sorte, des études menées par plusieurs ingénieurs portugais à Paris. Ce fut le cas de Pezerát, ingénieur à la municipalité de Lisbonne, qui avait étudié à l'école des Ponts et Chaussées et été influencé par le modèle de la capitale française, surtout dans le domaine des infrastructures modernes. Par la suite, les villes portugaises, qui suivirent le mouvement initié par les villes pilotes, s'adressèrent à leurs homologues.

Néanmoins, le gros de l'équipement utilisé par l'industrie gazière portugaise fut importé, même si on recourut parfois à de l'équipement fabriqué au Portugal, surtout des tuyaux destinés aux conduites. Ainsi l'industrie du gaz contribua au développement des mines et de l'industrie métallurgique portugaises, si bien que de solides liens s'établirent parfois entre entrepreneurs appartenant à ces divers secteurs.

Il est par ailleurs possible que le faible développement de l'exploitation minière et de l'industrie métallurgique freine la croissance du secteur gazier, mais cela doit s'articuler avec les politiques plus ou moins protectionnistes menées par le gouvernement. Comme le charbon indigène est insuffisant et impropre à la fabrication du gaz, les compagnies gazières se trouvent dépendantes des importations de charbon. Ainsi, les entreprises gazières rencontrent des difficultés à maintenir leurs tarifs quand le prix de la houille augmente, une donnée non seulement déterminée par l'origine du charbon, mais aussi par les politiques tarifaires. Cette dépendance est encore plus durement ressentie par les villes de l'intérieur du pays, car il faut encore payer le transport de la matière pondéreuse depuis le littoral.

C'est peut-être pour surmonter cette dépendance qu'en 1875, la municipalité de Guimarães ouvrit un concours pour éclairer la ville avec du gaz produit à partir de résidus pétroliers. Cependant, en 1876, un arrêté ministériel stipula que ce contrat ne pouvait pas être concrétisé, car les scientifiques avaient considéré cette façon de produire du gaz peu convenable. A ce moment, le chimiste Francisco da Fonseca Benevides, parmi d'autres, avait déjà fait des expériences concernant les avantages et les inconvénients du gaz produit à partir de différentes matières premières. En 1890 la mairie de Guimarães ouvrit un concours pour éclairer la ville au gaz, mais cette fois en se réservant le droit de choisir l'électricité[9]. Dans ces conditions, aucun entrepreneur ne fut intéressé par la concession au gaz, à la vue des expériences déjà faites avec l'électricité[10] et dont les journaux avaient déjà souligné les avantages. Ces articles considéraient que l'éclairage électrique avait beaucoup d'avantages sur son concurrent gazier, car plus économique, éclairant

---

[9]   Annonce publiée dans le *Diário do Governo*, 1890.

[10] La première expérience d'éclairage à l'électricité fut réalisée en 1878 à Cascais à l'occasion de la visite du Roi.

mieux, ne provoquant ni danger d'incendie, ni pollution urbaine. Et les auteurs de se rapporter aux exemples marquants des principales villes du monde déjà éclairées à l'électricité, notamment en Amérique[11]. Toutefois en 1899, la municipalité de Guimarães ouvrit un nouveau concours pour l'éclairage au gaz, auquel concoururent : Sciprian Bouvrel Rocour ; António Luz Soares Duarte, tous deux ingénieurs résidants à Porto, et John Clark, habitant à Lisbonne. Ce dernier, malgré son intérêt pour le gaz d'éclairage, présenta aussi une proposition à l'électricité, car il était le représentant au Portugal de la société Moon Longhlin & Cª, basée à Manchester. Pourtant, aucune de ces propositions ne fut acceptée par la mairie qui opta pour l'ouverture d'un concours à l'électricité acquis en 1901 par John Clark en tant que représentant de Moon Longhlin & Cª.

Clark ne fut pas le seul entrepreneur à s'intéresser simultanément au gaz et à l'électricité. Augusto Laverié, citoyen français résidant à Porto, où il avait des négoces, a présenta en 1888 une proposition pour l'éclairage au gaz de Viana do Castelo, avant d'acquérir en 1893 la concession à l'électricité d'une autre ville : Braga.

V. Les difficultés de l'industrie gazière à la fin du XIXe siècle

A la fin du XIXe siècle, les entreprises, qui exploitaient les réseaux gaziers dans plusieurs villes, furent confrontées à la concurrence de l'électricité. Dès les années 1880, ce nouveau mode d'éclairage gagna une importance croissante, car on le considérait non seulement moins dangereux et moins polluant que le gaz, mais également meilleur marché.

Les expériences réalisées avec l'électricité contribuaient à sa vulgarisation. En 1872, la Section de photographie de la direction générale des Travaux géodésiques, topographiques et géologiques fut éclairée à électricité par la première dynamo Gramme introduite au Portugal. En 1879, l'illumination du Chiado, à Lisbonne, avec des lampes Jablochkoff, attira l'admiration du public. Et au cours des années suivantes, certains grands événements, tels les spectacles de théâtre, des expositions et des conférences profitèrent de l'éclairage électrique. Les premières expériences, réalisées avec des lampes Swan et une machine Siemens, eurent lieu en 1883-84 à l'Institut industriel de Lisbonne. En 1888 des expériences furent tentées à Porto, mais le monopole dont se prévalait l'entreprise gazière empêcha la conclusion d'un contrat jusqu'en 1899. D'autre part, plusieurs industries établirent leur propre norme de production d'électricité et, dans quelques cas, ont même fourni de l'énergie élec-

---

[11] *O Comércio de Guimarães*, 24 de Abril de 1890.

trique aux villes. Citons le cas de la Companhia Elvense de Moagens a Vapor qui conclua en 1901 un contrat pour éclairer la ville de Elvas.

A la fin du XIXe siècle apparurent plusieurs entreprises qui fournissaient de l'équipement et se chargeaient du montage des installations électriques. Quelques-unes étaient des filiales de sociétés étrangères et d'autres portugaises. A Lisbonne se forma la Companhia Portuguesa de Electricidade, qui monta plusieurs installations électriques, telles celles du Chiado et de la Compagnie des chemins de fer du Nord et de l'Est. A Porto s'établirent la Companhia de Luz Eléctrica (1887) et la Société Emílio Biel. Celle-ci était la filiale portugaise de la Société d'électricité Schuckert & C^a, basée à Nuremberg. Malgré ces efforts, la Companhia de Luz Eléctrica ne parvint pas à obtenir le contrat avec la municipalité pour l'éclairage électrique de Porto. Elle fut dissoute suite à l'incendie qui détruisit sa centrale électrique. Au milieu des années 1890, l'entreprise Emílio Biel avait déjà réussi à installer l'électricité dans plusieurs usines et gares de chemin de fer à Lisbonne, Porto et Portalegre. En tout, elle avait placé 24 dynamos et plus de 1 826 lampes (à incandescence et à arc). Cette société réalisa également le projet et fournit les machines pour éclairer Vila Real, l'une des premières villes portugaises à être éclairée à l'électricité. En 1895, le réseau d'éclairage de cette ville comptait 800 lampes à incandescence et 16 lampes à arc.

Peu à peu, les villes adoptèrent l'électricité aussi bien pour l'éclairage public que privé (tableau 3). Parfois, ce furent les mêmes entreprises qui réunirent l'exploitation du gaz et de l'électricité, comme à Lisbonne.

**Tableau 3. L'éclairage électrique des villes portugaises
à la fin du XIXe siècle**

Date	Ville	Concessionnaire
1889*	Lisboa	Estação Elevatória da Av. da Liberdade
1893*	Braga	Sociedade Electricidade do Norte de Portugal
1894*	Vila Real	Empresa Luz Eléctrica
1895**	Funchal (Madeira)	Eduardo Augusto Kopke
1896**	Guarda	Francisco Pinto Balsemão
1898** 1900**	Viseu	António Augusto Henriques e João Flores John Clark, représentant de la societé Moon Longhlin & C^a (Manchester)
1899**	Vila Franca do Campo (Açores)	José Cordeiro, ingénieur
1900**	Portalegre	Emilio Bueno et Cruz Samanugo Perera (Badajoz, Espagne)
1900**	Tomar	Cardoso Dragent & C^a

* Début de l'éclairage – ** Date de la concession

Les réseaux gaziers peuvent être appréhendés comme des structures dotées d'un potentiel de croissance illimité, cependant cette croissance est largement dépendante d'une part de la disponibilité des capitaux et d'autre part de la taille des marchés privés, notamment l'éclairage des commerces et des fabriques. Toutefois, c'est dans les villes que les réseaux gaziers s'installèrent à la fin du siècle et il n'y avait pas de grande industrie, alors que la demande des ménages restait très faible. A Evora, en 1890, il n'y avait que 62 consommateurs privés et un niveau aussi faible se répercute sur les tarifs. Essayant de modifier cette situation, les compagnies gazières annoncèrent même dans les journaux locaux qu'elles baisseraient leur tarif dès qu'il y aurait plus de consommateurs. Mais la préférence accordée à l'électricité rendait la vie difficile au gaz, si bien que peu à peu il perdit ses positions face à l'électricité en tant que mode d'éclairage et son usage se limita de plus en plus aux applications industrielles et domestiques.

*
* *

Conclusion

Le cheminement de l'industrie gazière au Portugal montre un écart de temps assez considérable, de plus au moins quatre décennies, entre l'installation des réseaux dans les trois villes les plus importantes du pays – la capitale (Lisbonne), Porto, Coimbra – et les autres centres urbains.

L'exploitation des réseaux gaziers fut octroyée à des compagnies privées portugaises ou étrangères qui, quelques fois exploitaient des installations dans plusieurs villes, même lorsqu'elles étaient assez éloignées les unes des autres. Toutefois, ce furent les municipalités qui précisèrent les conditions des contrats, fiscalisaient la production et la distribution de gaz tout en fixant les tarifs. Ce contexte généra des conflits plus ou moins permanents entre municipalités et compagnies gazières.

Soit pour produire et distribuer, soit pour vérifier la qualité du gaz, les entreprises recouraient d'ordinaire à la technologie étrangère. Dès lors, les compagnies gazières envoyaient souvent leurs techniciens à l'étranger afin de s'initier avec les procédés les plus récents. C'est ainsi que s'opéra un transfert de savoir-faire du centre vers la périphérie. Si à ce titre les ingénieurs jouèrent un rôle fondamental, il ne faut pas sous-estimer l'apport des expositions industrielles et universelles, les ouvrages techniques et les périodiques spécialisés en tant qu'instruments de propagation des nouvelles technologies.

L'installation du gaz, considérée en parallèle avec d'autres progrès, comme les adductions d'eau et le développement des réseaux d'égouts, améliorèrent les conditions de vie des populations urbaines. En relation avec les parcs, les théâtres ou les cafés, l'éclairage renforça l'attrait des espaces publics, phénomène largement lié au développement des loisirs et à l'embellissement des villes. Il faut toutefois tenir compte du revers de la médaille, à savoir que le gaz contribua à accroître la pollution urbaine.

A la fin du XIXe siècle l'industrie gazière fut confrontée à la concurrence de l'éclairage électrique et plusieurs villes du pays l'adoptèrent. En conséquence, le gaz perdit peu à peu ses positions face à l'électricité en tant que moyen d'éclairage et son utilisation se tourna de plus en plus vers les applications industrielles et domestiques.

ANNEXE 1

Chronologie des soumissions gazières à Lisbonne, Porto et Coimbra

Lisbonne

- 1834   La municipalité ouvre le concours.

Les entreprises suivantes soumissionnent :

- 1835   Abel Dago e José Maria O'Neil, entrepreneurs.

- 1841   La Compagnie générale provinciale du gaz et des eaux et la Compagnie lyonnaise, représentée par l'ingénieur Pezeràt.

- 1842   Les entreprises Carlos Gomes Barreto & C^a et Samuel Clegg & C^a.

- 1844   L'entreprise Viúva & Filhos propose le système Bensson et Rossen.

         Samuel Clegg & C^a, qui tente d'investir le marché de Porto, présente une nouvelle offre ainsi que l'entrepreneur Bernardino Martins da Silva.

         La Compagnie générale et provinciale du gaz de Brest représentée par son intermédiaire au Portugal : l'ingénieur J. B. Stears.

- 1845   Les entreprises Blanchés Frères (Paris) et Cherrier Aîné & C^a, cette dernière par son représentant en Espagne Luiz Lamartinière.

- 1846   C. Laffite Blount (Paris) ; l'entreprise des ingénieurs Grafton et Goldsmith représentée par Mr. Waterton, administrateur de la Compagnie pour l'éclairage du gaz de Cadix ; les ingénieurs Edouard Olivier Monhy et William Parthington, directeurs de la Compagnie Peninsular du Gaz de Madrid ; la firme Conde Farrobo, Carlos Cunha e Menezes & C^a ; et Claudio Adriano da Costa et José Detry. La concession fut accordée à Claudio Adriano da Costa et José Detry qui la transférèrent à une entreprise qu'ils ont créée avec des associés : la Companhia Lisbonense de Iluminação a Gás.

Porto

Propositions présentées à la municipalité :

- 1843   Par José Vanzeller, représentant d'une compagnie.

- 1844   Par Samuel Clegg, représentant et associé d'une compagnie anglaise.

- 1845   La Compagnie générale et provinciale du gaz de Brest présenta une proposition à travers son intermédiaire au Portugal, l'ingénieur J. B. Stears. La concession lui a été concédée, mais le contrat n'a pas débouché sur une réalisation concrète.

- 1853   Contrat entre la mairie et Hardy Hislop pour 18 années. L'année suivante Hardy Hislop transfèra sa concession à la Compagnie Portuense de Iluminação à Gás. Un des directeurs de cette compagnie était Hardy Hislop.

Coimbra

- 1854   L'adjudication pour l'éclairage au gaz fut accordée à Hardy Hislop.

- 1856   Hardi Hislop transfèra la concession à la Compagnie Conimbricense de Iluminação a Gás.

ANNEXE 2

Concessions octroyées à la
Companhia Geral de Iluminaçao à Gàs

- 1887   Contrat pour l'éclairage au gaz d'Evora. Bien que le concessionnaire de l'exploitation fut la C^a Geral de Iluminação a Gás, l'édification et l'exploitation de l'usine à gaz furent réalisées par la société Dalhaise, Magerman & Van Hulle.

- 1889   Contrat pour l'éclairage de Santarém.

- 1889   Contrat pour l'éclairage de Aveiro.

- 1890   Contrat pour l'éclairage de Leiria.

Chapitre VI

L'industrie gazière à Tenerife (Canaries)

Le rôle des capitaux allemands et helvétiques (1906-1933)

Rafael Matos

Département de Géographie de l'Université de Genève

Santa Cruz, principale ville de l'île de Tenerife et capitale de la province du même nom, est le seul lieu de l'archipel des Canaries où l'on ait établi un réseau gazier. Sa création en 1906 est tardive, surtout si l'on tient compte du fait que l'on prévoyait que les rues de Santa Cruz soient éclairées par 425 lampes à gaz dès 1886, et cela grâce à des capitaux britanniques (Burrel, Wolfson and Co). A ce moment, ces investisseurs britanniques contrôlent la majorité des exportations de bananes et en partie celles de tomates. The Tenerife Gas and Coke Co., dont les travaux devaient être dirigés sur place par Henry Wolfson, échoue initialement suite à la mauvaise presse qui affecte alors l'industrie du gaz de par le monde (explosions, fuites, etc.). Cet éclairage public au gaz démarre finalement en 1889. En fait, un premier projet avait été proposé dès 1856 par la Compañía general de gas, suivi d'autres en 1861, 1872 et 1882, mais tous restent lettre morte. Cette arrivée sur le tard met d'emblée le gaz en concurrence avec la nouvelle énergie électrique. Un arc voltaïque éclaire le centre de Santa Cruz en 1881 et les premières sociétés électriques des Canaries démarrent dès 1893 (à Santa Cruz de La Palma et, en 1894, à La Orotava, sur l'île de Tenerife). L'éclairage électrique de Santa Cruz de Tenerife est inauguré en 1897 sous l'impulsion de l'ingénieur militaire Julio Cervera pour le compte de la Compañía eléctrica e industrial de Tenerife (CEIT). Cet ingénieur est également à l'origine du premier tramway électrique de Tenerife (1891) bâti par un groupe belge.

I. Le développement chaotique de l'industrie gazière

L'usine à gaz, qui nous intéresse ici, est établie sur la base d'une concession d'une durée de 75 ans octroyée par la municipalité de Santa Cruz à la Gaswerk Santa Cruz de Tenerife, Aktiengesellschaft. Cette entreprise est contrôlée par le constructeur Carl Francke, basé à Brême[1], qui bâtit les deux gazomètres de 1 500 m³ chacun et les conduites de distribution. Les travaux sont achevés à fin 1907. Le charbon utilisé pour distiller le gaz provient de la Ruhr, alors que celui des stations charbonnières, qui alimentent les nombreux navires de passage, est majoritairement d'origine britannique. Afin de faciliter la diffusion de l'énergie gazière, sur demande des consommateurs, l'exploitant du réseau leur met à disposition une cuisinière et trois lampes à gaz, qui restent cependant sa propriété.

L'expansion de la filiale *tinerfeña* (autrement dit de Tenerife) connaît un coup de frein suite aux problèmes d'approvisionnement en charbon générés par la Première Guerre mondiale, ce qui l'expose davantage à la concurrence de l'électricité[2]. En 1918, suite à la prolongation de la guerre, le conseil d'administration de la société mère fait part de son pessimisme à l'égard de l'avenir de l'industrie gazière dans son ensemble. Sur le terrain, à Tenerife, les premières difficultés surgissent en 1915, mais on parvient à obtenir *in extremis* du charbon étasunien. Ceci n'est qu'un sursis, car l'exploitation du réseau s'interrompt pendant trente mois, de fin 1917 à fin mars 1920. Après la guerre, et grâce à la reprise des exportations étasuniennes et britanniques de houille, le marché mondial du charbon retrouve un semblant de normalité, même si les prix demeurent d'abord élevés.

Dès 1919 s'ébauche selon le conseil d'administration de la société mère, un « prix de marché mondialisé » (*Weltmarktpreis*) sur la base du charbon des Etats-Unis, grand vainqueur de la Première Guerre mon-

---

[1] L'industriel allemand Carl Wilhelm Francke (1843-1931) crée la société qui porte son nom en 1872. Elle s'agrandit rapidement, notamment grâce au gaz, et fabrique surtout des usines à gaz de dimension modeste (qui sont, par ailleurs, celles qui restent le plus longtemps en des mains privées), des usines hydrauliques, des appareils divers, des réservoirs et des grues. Jusqu'en 1907, l'entreprise de Brême érige 225 usines en Allemagne, soit plus d'un tiers des installations en s'appuyant sur un système de financement novateur. Francke livre en tout environ 800 gazomètres à quelque 500 sociétés différentes de par le monde. L'entreprise participe également à l'installation d'une centaine de centrales hydroélectriques et des systèmes de canalisation dans 70 villes (LÜHRS, W., "Carl Wilhelm Francke", in *Bremische Biographie 1912-1962*, Brême, 1969, p. 159). Francke est également très actif en Suisse ; au cours de la période 1903-1913, l'entreprise bâtit 12 usines à gaz, sur les 41 qui y voient le jour (ZOLLIKOFER, H., "Notizen zur Geschichte der schweizerischen Gasversorgung und Gasindustrie", in *Monats-Bulletin des Schweizerischen Vereins von Gas- und Wasserfachmännern*, Sonderabdruck, Zurich, 1928, 8-9).

[2] "Sehr viel Sorgen verursachte uns die rechtzeitige Versorgung des Gaswerkes Santa Cruz de Tenerife mit Kohlen und wir befürchten bereits, zur Stillegung des Betriebes gezwungen zu werden, was in Anbetracht der elektrischen Konkurrenz von grossem Schaden für das Werk gewesen wäre" (*An die Herren Aktionäre der Schweizerischen Gasgesellschaft A.-G. in Glarus*, mars 1916).

diale, ce qui nuit à la stratégie poursuivie, à savoir la répartition du risque grâce à des participations financières dans des entreprises localisées dans différents pays[3].

La percée de l'électricité, surtout dans le domaine de l'éclairage, alors que les problèmes d'approvisionnement en charbon pèsent lourd dans la balance, sont des facteurs qui poussent le constructeur Carl Francke en proie à des difficultés financières, à vendre en 1919 la majorité des actions et des obligations libellées en marks allemands de son usine à gaz de Santa Cruz à une financière germano-suisse : l'Aktiengesellschaft für Gasunternehmungen. Cette dernière, localisée dans le canton de Glaris, trouve dans cette affaire un bon moyen de se défaire rapidement de ses liquidités en devise allemande. Par ailleurs, le conseil d'administration de Carl Francke prévoit à la même époque de transférer son propre siège de Brême en Suisse, voire en Espagne.

A partir de 1921, l'excès d'offre de charbon (*gewaltiger Überfluss*), qui succède à la pénurie, favorise le retour à la normale de l'usine à gaz de Santa Cruz[4]. Les affaires redémarrent l'année d'après et, en 1923, le réseau renoue avec les bénéfices. Dans la foulée, la société de Santa Cruz décide une augmentation de capital entièrement souscrit par la maison mère. Il est curieux de constater que le total du capital-actions de 500 000 francs reste dérisoire par rapport aux investissements consentis. En 1925, le conseil d'administration déclare que l'économie mondiale poursuit sa normalisation (*fortschreitende Beruhigung in der Weltwirtschaft*) et que l'usine de Santa Cruz poursuit sa croissance de manière satisfaisante (tableaux 1 et 2).

A l'instigation de la direction de l'usine, qui essaie de diversifier ses activités, les autorités insulaires effectuent des expériences de goudronnage de routes. Il faut ajouter que le goudron leur est fourni à titre gracieux par l'usine à gaz. Grâce aux pressions exercées par le club automobile local, la totalité du goudron produit par l'usine est écoulé sur l'île. Celle de coke, quant à elle, ne suffit pas et de loin à satisfaire la demande.

---

[3] "Nach der seitherigen Gestaltung des Kohlenmarktes zu schliessen, scheint sich ein Weltmarktpreis auf Basis des Preises für amerikanische Kohlen herauszubilden. Dies bedeutet für unsere Gesellschaft, die das Risiko gerade durch ihre Beteiligung an Unternehmen in den verschiedensten Ländern zu verteilen suchte, eine wenig erfreuliche Erscheinung" (*An die Herren Aktionäre der Schweizerischen Gasgesellschaft A.-G. in Glarus*, octobre 1920).

[4] *Bericht des Verwaltungsrates der Aktiengesellschaft für Gasunternehmungen an die ordentliche Generalversammlung der Aktionäre vom 17. März 1922.*

Tableau 1. Consommation de gaz (en m³)[5]

1913 / 1914	1 037 000
1920 / 1921	383 798
1921 / 1922	518 894
1922 / 1923	643 693
1923 / 1924	708 109
1924 / 1925	772 509

Tableau 2. Importance du réseau

Années	Longueur (km)	Compteurs (nb)
1923 / 1924	18,3	–
1924 / 1925	20,0	1 292
1929	32,3	1 590

Un obstacle s'oppose toutefois à cette nouvelle expansion. Le prix du gaz n'est pas élastique et doit être fixé d'entente avec l'administration militaire de l'archipel. Ainsi vers 1923, l'usine souhaite diminuer son tarif, comme elle l'avait fait en 1910 (de 0,30 à 0,23 peseta le m³), afin de gagner des parts de marché, mais elle n'y est autorisée qu'à condition de ne pas les relever par la suite sans autorisation préalable.

En octobre 1931, malgré l'état florissant de l'usine à gaz de Santa Cruz, les actionnaires, réunis à Zurich, décident de la liquider. Un avocat catalan, Luis Riera y Soler, est chargé des opérations de liquidation. Les actions sont rachetées par la Whetstone Corporation, de Philadelphie, par l'intermédiaire de l'UNELCO (Union Electric Company ou Unión Eléctrica de Canarias, S.A.). Peu de temps après, la participation majoritaire passe aux mains de la Central Public Service Corp. et, deux ans plus tard, dans celles de la Consolidated Electric and Gas Co., toutes deux basées à Chicago. Plus tard, l'usine passera en mains espagnoles. En 1975, le réseau cesse de fonctionner et les installations sont démolies en 1993. Des protestations permettent cependant de sauver la salle des machines.

II.　L'imbrication internationale des sociétés

Une question, qui mérite davantage d'attention, est le passage de l'usine à gaz de Santa Cruz de Carl Francke à l'A.G. für Gasunternehmungen. Comme les sources secondaires canariennes ne mentionnent pas ce transfert et ne s'attardent guère sur les aspects financiers de

---

[5]　Ces chiffres, extraits des rapports annuels de la société mère, diffèrent de ceux que fournissent Salgado Pérez et Díaz Torres. Voici ces derniers à titre purement indicatif : 419 695 en 1920-1921, 660 205 en 1921-1922, 831 178 en 1922-1923, 921 946 en 1923-1924, 974 136 en 1924-1925 et 1 168 300 en 1925-1926.

l'industrie gazière canarienne, cette modeste recherche se base principalement sur des écrits allemands et suisses, notamment des études économiques et des thèses[6]. Ces sources, qui datent principalement de la période 1910-1940, sont complétées par des documents déposés au registre du commerce de Glaris, ainsi qu'aux Archives économiques suisses (Bâle). Les différents éléments sont éparpillés, ce qui ne facilite pas la tâche.

Mon analyse semble indiquer que la société de Glaris, liquidée en 1933, n'est qu'une émanation sous forme de participation majoritaire[7] de la société financière (holding[8]) germano-suisse créée à Zurich, en 1905, sous le nom de Schweizerische Gasgesellschaft A.G. Ajoutons encore que jusqu'au moment du transfert de son siège à Glaris, en 1914, un membre de la famille Francke, Fritz, fait partie du conseil d'administration[9].

En juin 1914, il est décidé de scinder cette dernière en deux entités distinctes. La partie administrative, baptisée Gaswerks-Betriebsgesellschaft A.G., reste à Zurich, tandis que la nouvelle mouture de la Schweizerische Gasgesellschaft A.G. se concentre dorénavant sur les aspects financiers et transfère son siège à Glaris, tout en gardant une filiale à Brême. Il faut préciser que le canton de Glaris accorde de notables avantages fiscaux aux sociétés anonymes qui n'ont que leur

---

[6] Voir Section III, Partie A, Chapitre XI.

[7] « Au point de vue juridique (*sic*), la participation financière est un droit d'association d'une entreprise à une autre, sous forme d'actions, de parts ou de capitaux. [...] Les participations ne sont généralement qu'une partie de l'actif. Mais il existe des sociétés dont c'est le seul but, le seul actif. Ce sont des sociétés de participations ou sociétés financières. [...] Il n'y a pas de règle générale pour les participations financières ; leur valeur est une question de fait. Elles permettent un nombre infini de combinaisons : fusions, communautés d'intérêts, filiales, omniums ou holdings. Les banques et les sociétés s'en servent pour contrôler des entreprises » (DERNIS, R., *La concentration industrielle en Allemagne*, Paris, 1929).

[8] « [...] entreprises par actions qui possèdent essentiellement à leur actif, comme contre-partie [*sic*] des actions et obligations qu'elles émettent elles-mêmes, des effets d'autres entreprises (substitution de titres) » (BFS, 1934, 36).

[9] La Première Guerre mondiale joue peut-être un rôle dans la disparition de son nom du conseil d'administration, ainsi que de ceux d'au moins deux autres Allemands. Y prévoyait-on des difficultés à venir ? Toujours est-il qu'après la Première Guerre mondiale, l'inspectorat français de Bâle contrôle les firmes de charbon suisses et exclut les « wichtigsten deutschgemischten Schweizer Kohlenfirmen », dont une localisée à Glaris (GEERING, T., *Handel und Industrie der Schweiz unter dem Einfluß des Weltkriegs*, Bâle, III, 1928, p. 104). Une autre, la *Kohlenzentrale AG*, de Bâle, avait été créée dans la foulée de l'accord économique signé, en août 1917, entre l'Allemagne et la Suisse. Parmi les tâches de cette dernière avaient figuré la répartition du charbon disponible et le déroulement des opérations financières envisagées par l'accord (CORRIDORI, E., "Die schweizerische Gasversorgung", Immensee, 1940, thèse, Universität Bern, 1939, p. 41).

siège dans ce canton[10]. Ceci est vrai surtout à partir de 1917, mais déjà quelques années auparavant, les statistiques montrent un accroissement considérable de l'attractivité de Glaris. Quoi qu'il en soit, la banque Leu et Cie et des financiers de Brême sont les principaux détenteurs des actifs de la société glaronnaise[11].

En 1921, il est décidé de donner une nouvelle raison sociale à cette société : A.G. für Gasunternehmungen in Glaris. L'année suivante, Carl Francke vend l'usine à gaz de Santa Cruz (ayant son siège à Brême) pour 750 000 francs, à une firme créée *ad hoc*, à savoir la Gaswerk Sta. Cruz de Tenerife A.G. Glarus – Tenerife, dont le capital en actions s'élève à 200 000 francs (tableau 3).

Tableau 3. Participation dans Gaswerk Sta. Cruz de Tenerife

Année	Actions		Obligations
	Capital social	Glaris	Glaris
31.12.1920 (DEM)	500 000	444 000	234 000
31.12.1921	500 000	452 000	234 000
31.12.1922 (CHF)	200 000	195 000	
31.12.1923	500 000	495 000	
31.12.1924	500 000	495 000	
31.12.1925	500 000	495 000	

Le conseil d'administration de cette nouvelle entreprise est composé de trois membres de nationalité suisse, alors que la direction n'est pas modifiée[12]. Le directeur demeure l'Allemand Pedro Blasberg qui, par ailleurs, jouit des pleins pouvoirs[13] Il ressort de ce qui précède que, mis à part l'importance indéniable que joue la fiscalité, il est probable que la holding suisse, qui gère, entre autres, l'usine à gaz de Tenerife, a eu pour but ultime de constituer une plate-forme neutre pour les activités internationales de la firme de Brême. C'est une trajectoire qui sera notamment reprise par des groupes chimiques : l'I.G. Farbenindustrie et l'I.G. Chemie, Basel[14]). En juillet 1926, et cela seulement trois mois

---

[10]   (BFS, 1934, 22).

[11]   Toggweiler, 1926, 60.

[12]   "Der Verwaltungsrat besteht zurzeit aus drei Mitgliedern schweizerischer Nationali-
       tät ; Ober- und Betriebsleitung sind in den gleichen Händen geblieben" (*Bericht des
       Verwaltungsrates der Aktiengesellschaft für Gasunternehmungen an die ordentliche
       Generalversammlung der Aktionäre vom 28. März 1923*).

[13]   Il avait remplacé Jacob Ahlers, le consul allemand à Tenerife, en 1908 déjà.

[14]   Comme nous le montre PLUMPE, G., "The Political Framework of Structural
       Modernisation : the I.G. Farbenindustrie A.G., 1904-1945", in LEE, W. R. (ed.),
       *German Industry and German Industrialisation. Essays in German Economic and
       Business History in the Nineteenth and Twentieth Centuries*, Londres/New York,
       1991.

après une dernière augmentation de capital, l'A.G. für Gasunternehmungen est reprise par l'Allgemeine Finanzgesellschaft de Zurich, qui intègre plus tard la Klaus J. Jacobs Holding. Mais ceci est déjà une autre analyse.

SECTION III

ETAT DE L'HISTORIOGRAPHIE DE L'INDUSTRIE GAZIÈRE

PARTIE A

SOURCES & BIBLIOGRAPHIE

Les références reportées dans cette section correspondent au recensement des sources et de la bibliographie établi et arrêté par les différents auteurs au cours du premier semestre de l'année 2000.

CHAPITRE I

Les pays scandinaves

Ole HYLDTOFT & Mögens RÜDIGER

La bibliographie annotée d'Ole Hyldtoft comprend les ouvrages les plus significatifs auxquels ont été ajoutés un petit nombre de publications officielles anniversaires et quelques articles historiques de revues professionnelles contemporaines. Mögens Rüdiger a sélectionné les ouvrages traitant de questions postérieures à 1945.

I. Nordic Countries up to 1945

A survey of the establishment of the Nordic gas systems from 1800 to 1870 is given in Hyldtoft (1995). The emphasis is on the transfer of technology, construction engineers, domestic suppliers of gasworks equipment and the question of private or municipally owned gasworks. Hyldtoft (1993) also includes a sketch of the development from 1870 to 1890 centred on the causes of the different levels in gas consumption in the Nordic countries, the chosen price strategies and municipal take-overs.

HYLDTOFT, O., *Gassystemernes etablering og udvikling i Norden 1800-1890*, Arbeidsnotat n° 22, Sandvika, 1993, 53 p.

HYLDTOFT, O., "Making Gas. The Establishment of the Nordic Gas Systems, 1800-1870", in KAIJSER, A. and HEDIN, M. (eds), *Nordic Energy Systems*, Canton, 1995, p. 75-99.

II. Finland

The main study of the history of the Finnish gas industry is Herranen (1985). Herranen is a professional historian. His book focuses on the history of the gasworks in the capital Helsingfors but also deals with general developments in the country. The earlier treatment of the Helsingfors gasworks made by Woulle (1936) is a more traditional jubilee publication written by someone from the industry. The two other Finnish gasworks are shortly covered by Sahlberg (1931) which deals with the gasworks of Åbo and by Sjölund's (1935) short jubilee treatment of the gasworks of Viborg (now located in Russia).

HERRANEN, T., *Gasverket i Helsingfors 1860-1985*, Helsingfors, 1985, 243 p.

SAHLBERG, H., "Åbo stads nya gasvek", in *Svenska Gasverksföreningens Årsbok*, 1931, p. 11-27.

SJÖLUND, T., *Viborgs Gasverk 1860-1935. 75 år*, Viborg, 1935, 31 p.

WOULLE, B., *Helsingfors Stads Gasverk 1860-1935*, Helsingfors, 1936, 135 p.

III. Iceland

Iceland's first and only gasworks was built in 1910 in the capital, Reykjavik. The only treatment of the Reykjavik gasworks is a study made by Stefan Palsson in 1998 (unpublished thesis).

IV. Norway

Johnson (1959) offers a short survey of the Norwegian gas industry. The Norwegian gasworks and the most important gas engineers are shortly covered in Pihl (1913, 1949). As with Finland, the best Norwegian studies about the gas industry are two books focusing on the gasworks in the capital, Oslo, both of which have been written by professional historians. Schreiner (1978) is still valuable for the earlier periods, while Johannesen (1991) centres on the periods after 1900 and includes the electricity works of Oslo. Malstrøm (1983) is a detailed study by an art historian of the early buildings of the Oslo gasworks. Examples of short jubilee publications on major other Norwegian gasworks are provided by Neumann (1953) on the gasworks of Trondheim and Holm (1956) on the gasworks of Drammen.

HOLM, A., *Drammen Gasverk. 1856-1956*, Drammen, 1956, 51 p.

JOHANNESEN, F. E., *I støtet. Oslo Energi gjennem 100 år 1892-1992*, Oslo, 1991, 212 p.

JOHNSON, D., "Gass oggasverk i Norge og andre land", in *Volund*, 1959, p. 107-133.

MALMSTRØM, K. H., "Christiania Gasvaerk. Et stykke industriarkitektur", in *Volund*, 1983, p. 63-76.

NEUMANN, T., *Trondheim Gasverk. 1853-1953*, Trondheim, 1953, 32 p.

PIHL, O., *Norges gassverker og de til samme knyttede gassteknikere*, Kristianssund, 1949, 59 p.

SCHREINER, F., *Oslo Gasverk. 1848-1978*, Oslo, 1978.

V. Sweden

The main contribution about the Swedish gas industry is Arne Kaijser's PhD dissertation (1986) which focuses on the decision making process in establishing the three Swedish gasworks in Stockholm,

Gothenburg and Norrköping. He shows that the decision making process was determined both by the systemic characteristics inherent to gas technology and by the social and political characteristics of each of the three cities. Furthermore, in the last chapter, he gives the main lines of the development of the Swedish gas industry up to about 1980. Besides Arne Kaijser has treated the competition between gas and electricity in an article from 1984 (Kaijser, 1984). J.W. Bergström, one of the early construction engineers, is dealt with by G. Sonk (1953). The oldest account about the first Swedish gasworks is a series of articles by Olle Holmquist, which consist of analyses and an extensive reproduction of primary sources (Holmquist, 1936, 1938, 1951 og 1952). The Gothenburg gasworks, the first in the Nordic countries, is dealt with in jubilee publications by C.A. Mebius and Gösta Bodman (Mebius, 1897; Bodman, 1938). The Stockholm gasworks is treated in extensive jubilee publications by G. H. Hultman and B. Hallerdt (Hultman, 1932; Hallerdt, 1992). The latter includes an account on the supply of electricity and heat. The history of the gasworks of Norrköping, Malmø and Linköping are dealt with in the extensive jubilee publications by Ekbladh, Molin and Holmquist (Ekbladh, 1951; Molin, 1929; Holmquist, 1936).

EKBLADH, D., *Norrköpings Gasverk. 1851-1951*, Norrköping, 1951.

BODMAN, G., *Göteborg Stads Gasverk. 1888-1938*, Göteborg, 1938, 162 p.

GSON, K. R., "J.W. Bergström. Mekanikus och daguerreotypist", in *Dædalus*, 1953, p. 100-115.

HALLERDT, B. (ed.), *Stockholms tekniska historia. Ljus, kraft och värme*, Stockholm, 1992, 204 p.

HOLMQUIST, O., *Linköpings Gasverk. 1861-1936*, Linköping, 1936, 186 p.

HOLMQUIST, O., "Svenska gasteknikens historia. Del I. Experimenttiden (till år 1843)", in *Svenska Gasverksföreningens Årsbok*, part II, 1938, p. 3-83.

HOLMQUIST, O., "Svenska gasteknikens historia. Del II. Byggnadstiden (Göteborg, NorrKöping og Uddevalla)", in *Svenska Gasverksföreningens Årsbok*, part I, 1951, p. 1-138.

HOLMQUIST, O., "Svenska gasteknikens historia. Del II. Byggnadstiden (Stockholm gasverk)", in *Svenska Gasverksföreningens Årsbok*, part I, 1952, p. 11-151.

HULTMAN, G. H., *Stockholms Gasverk, 1853-1928*, Stockholm, 1932, 195 p.

KAIJSER, A., "Konkurrensen mellem gas och elektricitet", in *Dædalus*, 1984, p. 195-219.

KAIJSER, A., *Stadens ljus*, Malmö, 1986, 267 p.

MEBIUS, C. A., *Göteborg belysning*, Göteborg, 1897, 68 p.

MOLIN, H.M. (ed.), *Malmö Gasverk 75 år. 1854-1929*, Malmö, 1929, 77 p.

VI. Denmark

Ole Hyldtoft's book deals with the establishment and technological developments of the Danish gas system up to 1890 (Hyldtoft 1994). The study concentrates on the transfer of technology, construction engineers, domestic production of gas equipment, private or municipally owned works, price strategies and technological developments. The book has an extensive English summary. Copenhagen was the first capital to build and manage its own work. In the second reference, the contemporary discussion about private or municipally owned works is compared to modern regulation theories. R. Upton-Hansen gives a short survey of the development of the Danish gas industry from its inception to around 1980 (Upton-Hansen, 1983). From an engineering viewpoint, H.J. Styhr Petersen treats different aspects of the development of the Danish gas industry up to 1920, and analyses the expansion of the Danish gasworks from 1850 to 1920 in relation to a logistic curve (Petersen, 1990; 1990b). In a later work he deals with the development of city gas since 1950 (Petersen, 1991). In his thesis, Cliff Hansen analyses the development of the main private gas company up to 1892, especially its contract and price policy (Hansen, 1994). He has also written an article on the early history of one of the medium sized provincial gasworks (Hansen, 1993). One of the provincial acetylene gasworks from the beginning of the 20th century has been dealt with by Jørgen Peder Clausager (Clausager, 1995). Jørgen Sestof has studied the brick gasometer from the 1880s in Copenhagen which is protected by law (Sestof, 1985). Bent Jacobsen has contributed to the debate with a small book on the coal railways of the Copenhagen gasworks (Jacobsen, 1991). J.O. Lang's comprehensive work from the beginning of the 1920s covers every gasworks in Denmark, mainly on the basis of documents issued by the gasworks themselves. Of the two main jubilee publications on the Copenhagen gasworks, the earliest one, going up to 1932, is the most detailed. S. Holler has written the jubilee history of the main private company based on English capital, both in Danish and English (Holler, 1953). Furthermore, there are relatively detailed jubilee histories of the gasworks of Gentofte, Århus and Ålborg (Berger, 1943; Steenstrup, 1995; Kristensen, 1935).

BERGER, K., *Gas i Gjentofte. I anledning af Strandvejs-Gasværkets 50-års jubilæum*, Copenhagen, 1943, 194 p.

CLAUSAGER, J.P., "Den lille bys gasværk. Sæby Acetylengasværk 1902-1911", in *Fabrik og Bolig*, n° 2, 1995, p. 37-54.

HANSEN, C., *Monopol og monopolpolitik. A/S Det Danske Gaskompagni 1852-1892*, Unpublished MA Thesis, Copenhagen, 1994, 136 p.

HANSEN, C., "Roskilde Gasværk. Anlæggelsen og træk af dets historie", in *Fabrik og Bolig*, n° 2, 1993, p. 32-51.

HOLLER, S., *A/S Det danske Gaskompagni*, Odense, 1953, 77 p.

HYLDTOFT, O., *Den lysende gas. Etableringen af det danske gassystem 1800-1890*, Herning, 1994, 252 p.

HYLDTOFT, O., "Modern theories of regulation : an old story. Danish gasworks in the nineteenth century", in *Scandinavian Economic History Review*, 1994, p. 29-53.

JACOBSEN, B., *Kultog til gasværket. De københavnske gasværker og deres kulbaner*, Roskilde, 1991, 64 p.

KRISTENSEN, P., *Aalborg Kommunes Gasværket. 1911-1936*, Ålborg, 1935, 100 p.

Københavns Gasværker, 1857-1932, Copenhagen, 1932, 396 p.

Københavns Gasværker, 1857-1957, Copenhagen, 1957, 165 p.

LANG, J. O., *Danske gasværkers historie. Gasværkerne og deres mænd*, Varde, 1925, 506 p.

PETERSEN, H. J. S., *Kulgas. Et bidrag til teknikkens historie i Danmark*, Copenhagen, 1990, 66 p.

PETERSEN, H. J. S., "Diffusion of coal gas technology in Denmark, 1850-1920", in *Technological Forecasting and Social Change*, n° 38, 1990, p. 37-48.

PETERSEN, H. J. S., *Bygas efter 1950*, Copenhagen, 1991, 74 p.

UPTON-HANSEN, R., *Danske kulgasværker, 1853-1983*, Copenhagen, 1983, 62 p.

SESTOF, J., *En bygning på Østre Gasværk*, Copenhagen, 1985, 30 p.

STEENSTRUP, N. J., *Fra grueild til gas*, Århus, 1955, 146 p.

VII. Nordic Countries after 1945

AFGORS, G., "The missing link: Attempts at establishing a Nordic gas grid", in KAIJSER, A. and HEDIN, M. (eds), *Nordic Energy Systems. Historical perspectives and current issues*, Canton, 1995.

HANISCH, T. J. & NERHEIM, G., *Norsk oljehistorie. Fra vantro til overmot?*, Oslo, 1992.

KAIJSER, A., *Transborder Integration of Electricity and Gas in the Nordic Countries, 1915-1992*, Polhem, 1997.

OLSSON, S-O., *Energiorganisation i Norden*, Gothenburg, 1992.

VIII. Denmark

ANDERSON, S., *The struggle over North sea oil and gas. Government strategies in Denmark, Britain and Norway*, Oslo, 1989.

DAVIES, J., *Dansk naturgas -problemer og muligheder i 80, Århus*, 1978.

DONG, *Proposal for the Introduction of Natural Gas to Denmark*, Copenhagen, 1979.

ENERGIMINISTERIET, *Naturgasprojektets økonomi*, Copenhagen, 1989.

HNG, *HNG's historie, 1979-1989*, Copenhagen, 1989.

HAHN-PEDERSEN, M., *A.P. Møller og Nordsøen*, Copenhagen, 1997.

OLSEN, O. J., *The Politics of Private Business, Cooperative and Public Enterprise*, Roskilde, 1991.

OLSEN, O. J., *Regulering af offentlig forsyningsvirksomheder i Denmark. Telekommunication, kollektiv transport og ledningsbunden energi*, Copenhagen, 1993.

PORSKROG RASMUSSEN, C., *Her er himlen altid blå. Naturgas Syd's første ti år*, Vejen, 1991.

RÜDIGER, M., *DONG og energien*, Copenhagen, 1997.

CHAPITRE II

Germany

Dieter SCHOTT

Because the main body of literature up to 1985 has been documented in the bibliography edited by Hugo Ott, the following bibliography will be restricted to titles published thereafter or titles of outstanding interest.

I. General Bibliography

OTT, H. (ed.), *Bibliographie zur Energiewirtschaft in Deutschland* (Historische Energiestatistik von Deutschland, Bd. 3), St. Katharinen, 1987.

Contains 10,664 titles and covers quite comprehensively publications on all aspects of energy production, distribution and usage. It was published in Germany and also in other German-speaking countries until 1985. In the register there are 1895 entries specifically on gas, some of course double, with 52 keywords referring to specific subject matters, 83 keywords referring to local and regional gas supply and 178 keywords referring to individual gasworks. Most important source for bibliographical information until 1985!

II. Journals and Statistics

Journal für Gasbeleuchtung, 1858 ff (later published under: *Journal für Gasbeleuchtung und Wasserversorgung*).

Die Gemeindebetriebe Deutschlands (Schriften des Vereins für Socialpolitik, Vol.128/129), Leipzig, 1908/10.

Statistisches Jahrbuch deutscher Städte, 1. Jg. Berlin (später Königsberg), 1890.

SCHILLING, N.H., *Statistische Mitteilungen über die Gasanstalten Deutschlands, Österreich-Ungarns und der Schweiz*, München, 1896.

III. General Surveys

FRONTINUS-GESELLSCHAFT, E. V. (ed.), *Symposium über die Entwicklung der Gasversorgung in Deutschland*, Essen, 1985–1987.

Two essays by H. Buchmann and Hans-Georg Graf give an outline of the general developments in gas supply in Germany (coal gas and natural gas). Emphasis on issues of technology and chemistry.

KÖRTING, J., *Die Geschichte der deutschen Gasindustrie*, Essen, 1963.

Most comprehensive survey on the general developments in the gas industry in Germany. Körting has a clear technological bias. He divides his study in chronological periods, roughly oriented towards political history. Within each chapter, he deals with the general history of the industry, gas production, gas improvement, distribution and consumption.

SCHIVELBUSCH, W., *Lichtblicke. Zur Geschichte der künstlichen Helligkeit im 19. Jahrhundert*, München/Wien, 1983.

Very influential recent study on the evolution of lighting technology and its perception by the general (middle-class) public. Schivelbusch has become the main source of inspiration especially for a recent series of historical exhibitions on modern infrastructure technology which discusses not only the technological and economic aspects but also the reception and the "social construction" of energy usage. Based mainly on literary sources. Schivelbusch emphasizes intellectual transfers from old to new technologies in the process of adaptation and pinpoints the process of increasing individualisation in the consumption of light.

IV. Gas as Part of the Urban Economy

AMBROSIUS, G., "Die wirtschaftliche Entwicklung von Gas, Wasser und Elektrizitätswerken", in POHL, H.(ed.), *Kommunale Unternehmen: Geschichte und Gegenwart*, Stuttgart, 1987, p. 125-153.

AMBROSIUS, G., *Die öffentliche Wirtschaft in der Weimarer Republik. Kommunale Versorgungsunternehmen als Instrumente der Wirtschaftspolitik*, Baden-Baden, 1984.

BRUNCKHORST, H-D., *Kommunalisierung im 19. Jahrhundert, dargestellt am Beispiel der Gaswirtschaft in Deutschland*, München, 1978.

KRABBE, W. R., "Die Entfaltung der kommunalen Leistungsverwaltung in deutschen Städten des späten 19. Jahrhunderts", in TEUTEBERG, H. J. (ed.), *Urbanisierung im 19. und 20. Jahrhundert*, Köln/Wien, 1983, p. 373-392.

KRABBE, W. R., *Kommunalpolitik und Industrialisierung. Die Entfaltung der städtischen Leistungsverwaltung im 19. und frühen 20. Jahrhundert*, Stuttgart et al., 1985.

KRABBE, W. R., "Städtische Wirtschaftsbetriebe im Zeichen des 'Munizipalsozialismus': Die Anfänge der Gas- und Elektrizitätswerke im 19. und frühen 20. Jahrhundert", in BLOTEVOGEL, H. H. (ed.), *Kommunale Leistungsverwaltung und Stadtentwicklung vom Vormärz bis zur Weimarer Republik*, Köln/Wien, 1990, p. 117-135.

SCHOTT, D. und SKROBLIES, H., "Die ursprüngliche Vernetzung. Die Industrialisierung der Städte durch Infrastrukturtechnologien und ihre Auswirkungen auf Stadtentwicklung und Städtebau. Eine Forschungsskizze", in *Die Alte Stadt*, 14, 1987, p. 72-99.

V. Problems of Technology and Profession

BATHOW, Y., "Die Berufsgruppe der Gas- und Wasserfachmänner. Ihre Bedeutung für die kommunalen Investitionen in der zweiten Hälfte des 19. Jahrhunderts", in KAUFHOLD, K. H. (ed.), *Investitionen der Städte im 19. und 20. Jahrhundert*, Köln/Weimar/Wien, 1997, p. 123-147.

Discusses the actors and the process of professionalisation of the gas industry.

BRAUN, H-J., "Gas oder Elektrizität? Zur Konkurrenz zweier Beleuchtungssysteme, 1880-1914", in *Technikgeschichte*, 47, 1980, p. 1-19.

Discusses the open controversy between gas and electricity as lighting systems; stresses the cross-fertilisation of technological innovations in the electrical lamp technology ("light bulb") which were adopted in the gas industry with Auer's incandescent lamp and which put the gas industry once again in a position to compete successfully against electricity for many years.

BUSCHMANN, W. (ed.), *Koks, Gas, Kohlechemie. Geschichte und gegenständliche Überlieferung der Kohleveredlung*, Essen, 1993.

Documents the 1991 symposium in Oberhausen which was motivated by the attempt to conserve a coking plant. Essays on the development of coking technology, conservation of technical monuments, gasworks and environmental aspects of coking technology.

VI. Recent Case Studies

DEUTSCHES TECHNIKMUSEUM BERLIN (ed.), *Feuer und Flamme für Berlin. 170 Jahre Gas in Berlin. 150 Jahre Städtische Gaswerke*, Berlin, 1997.

Richly illustrated catalogue covering historical developments in the gas industry in Berlin as well as general problems of gas usage for households, illumination, the evolution of gas lamp technology and technological aspects of gas production and distribution.

SCHOTT, D., "Stadtentwicklung – Energieversorgung – Nahverkehr. Investitionen in die technische Vernetzung der Städte am Beispiel von Mannheim mit Ausblicken auf Darmstadt und Mainz", in KAUFHOLD, K. H. (ed.), *Investitionen der Städte im 19. und 20. Jahrhundert*, Köln/Weimar/Wien, 1997, p. 159-179.

Discusses the significance of gas and power works within the context of urban development strategies especially in Mannheim at the turn of the century.

RIEKER, Y. und ZIMMERMANN, M., "Licht und Dunkel. Der Beginn der öffentlichen Beleuchtung in Essen", in WISOTZKY, K. und ZIMMERMANN, M. (eds), *Selbstverständlichkeiten. Strom, Wasser, Gas und andere Versorgungseinrichtungen: Die Vernetzung der Stadt um die Jahrhundertwende*, Essen, 1997, p. 46-84.

Gives a survey on the evolution of public and private illumination, mainly concentrating on gas in Essen, a major industrial city in the Ruhr region.

SCHAEFER, C. S., "Wußten sie, was sie tun? Die Kontrolle der Krefelder Stadtverordneten über das kommunale Gaswerk vor 1914", in *Die Alte Stadt*, Vol. 18 (1991), p. 370-384.

CHAPITRE III

La Belgique

René Brion & Jean-Louis Moreau

Département Public relations, Electrogas-Mechelen, *150 jaar ten dienste van de gasindustrie, of de authentieke geschiedenis van een zeer eerbiedwaardige « oude dame »*, 1974.

ADRY, E., *Un siècle d'éclairage, 1824-1924*, Anvers, 1925.

Association royale des gaziers belges, 1877-1977, Bruxelles, 1977.

BEAURAIN, L., « La régie dans ses rapports avec les finances communales et son application à l'industrie du gaz », in *Annales des travaux Publics*, n° 3, Bruxelles, 1903.

BLOCKEL, C., *Panorama de l'industrie du gaz en Belgique, Panorama van de gasindustrie in Belgie*, 1965.

BOSMANS, M., *Van stadsgas tot aardgas*, 1970.

BRABANT, M. *et al.*, « L'industrie du gaz en Belgique », in *Revue de l'Association royale des gaziers belges*, n° 7, 61ᵉ année, 1939, p. 197-211.

BRABANT, M., « Aperçu sur l'histoire de l'industrie du gaz en Belgique, de ses origines à nos jours », in *Revue de l'Association royale des gaziers belges*, n° 1, 1949.

BRABANT, M., « Histoire des services du gaz de Bruxelles de 1818 à nos jours », in *Revue de l'Association royale des gaziers belges*, n° 4, 1927.

BRABANT, M., « L'industrie du gaz à la recherche de son autonomie », in *Revue générale du gaz*, 72ᵉ année, 1950, p. 201-206.

BRABANT, M., « Nouvelle formule de tarification de gaz à la Régie du Gaz de la ville de Bruxelles », in *Revue de l'Association royale des gaziers belges*, 62ᵉ année, 1940, p. 182-185.

BREES, E., *Régie du gaz de Bruxelles. Les régies et les concessions communales en Belgique*, s.l., s.d.

BRION, R. et MOREAU, J.-L., *Tractebel 1895-1995. Les métamorphoses d'un groupe industriel*, Fonds Mercator, Anvers, 1995.

CLERBOIS, L., *Histoire de l'éclairage public à Bruxelles*, Bruxelles, 1910.

COMMISSION D'ÉTUDE DE L'ÉCONOMIE DANS L'UTILISATION DES COMBUSTIBLES ET DE L'ÉNERGIE, « Rapport de la Commission pour l'industrie du gaz », in *Revue de l'Association royale des gaziers belges*, 70ᵉ année, 1948, p. 5-6.

DANDOIS, A., « La concentration financière et industrielle dans les industries du gaz et de l'électricité », in *Le Mouvement Communal*, n° 116, Bruxelles, 1930.

DE BROUWER, R., « L'usine de conversion de grisou de Mont-Sainte-Aldegonde », in *Revue générale du gaz*, 74ᵉ année, 1952, p. 101-104.

"De gasindustrie in Belgie", in *Revue de l'Association royale des gaziers belges*, 1964.

DE HERDT, R. en VERCOUTERE, F., *Leven onder de gaslantaern*, Gent, 1980.

DETHIER, F., *Aspects économiques de l'industrie du gaz en Belgique*, Bruxelles, 1950.

DONY, A. « Les débuts de l'industrie du coke en Belgique d'après l'examen des brevets belges octroyés de 1830 à 1930 », in *Revue de l'Association royale des gaziers belges*, 71ᵉ année, 1949, p. 85-95.

DOOMS, G. en KNEVELS, A., *125 jaar Gas Kempen 1861-1986*, Iveka-Intercom, Malines, 1986.

DORZEE, M. P., « La distribution du gaz à haute pression en Belgique », in *Revue générale du gaz*, 63ᵉ année, 1941, p. 89-96.

DORZEE, M. P., « L'industrie du gaz. Historique. Situation actuelle », in *Revue de la Société royale belge des ingénieurs et des industriels*, n° 9-10, 1959.

DUCHÊNE, V., *150 jaar stadsgas te Leuven. Een episode uit de geschedienis van de Belgische energie sector*, Deurne, 1995.

DUCHÊNE, V., "Tussen olie en electriciteit. De Gasindustrie in Leuven tidjens de negentiende eeuw (1834-1905)", mémoire de licence inédit, Katholieke Universiteit Leuven, 1991-1992.

ELLISSEN, R., *J.-P. Minkelers, inventeur du gaz d'éclairage*, Bruxelles, 1947.

GAZELEC, *Compagnie Générale de Gaz et d'Electricité, 1905-1955*, 1955.

GREEFS, S., "De industrialisatie van Antwerpen 1865-1930: een onderzoek naar het geinstalleerd energievermogen in de Antwerpse industrie", mémoire de licence inédit, Katholieke Universiteit Leuven, 1988.

GUYO, M., « L'éclairage public et les gaziers », in *Le Gaz et l'Electricité*, 1938.

HAUTPHENNE, P., *Les associations de communes en Belgique*, Bruxelles, 1966.

JASPERS, P.A.T.M., *Minckelers J.-P., 1748-1824*, Maestricht, 1983.

« L'industrie du gaz en Belgique durant la guerre, 1940 à 1945 », in *Revue de l'Association royale des gaziers belges*, 68ᵉ année, 1946, p. 80-83.

Imperial Continental Gas Association 1824-1974, Westerham Press (published privately), 1974.

LASALLE, M. et SELIS, P., « Les problèmes généraux relatifs à la production et à la distribution du gaz en Belgique », Communication à la World Power Conference, Scandinavie, 1933.

MARECHAL, G. et LECUYER, P., « La conversion des réseaux au gaz naturel », in *Revue générale du gaz*, 1964, p. 79-91.

ROGER, L., *Le domaine industriel des municipalités. Distribution d'eau, de gaz, d'électricité, transport en commun. Etude de science économique et de science financière*, 1901.

ROMAN, C., « Cent cinquante ans d'éclairage au gaz à Bruxelles », in *Cahiers bruxellois, revue d'histoire urbaine*, XXI, 1976.

SMETS, M., "Vrije onderneming of regie? De Brusselsegasregie in de tweede helft van de 19de eeuw", mémoire de licence inédit de la Vrije Universiteit Brussel, 1983.

SOYEUR, R., *Histoire de l'éclairage public en Belgique. Un siècle d'électricité*, s.l., 1980.

VAN DE VELDE, A. J. J., *Jan-Pieter Minckelers en het steenkoolgas : bij de twee-eeuwse verjaring van Minckelers geboorte*, 1948.

VAN DER BROEK, A. *et al.*, *Historisch schets over Jan-Pieter Minckelers, uitvinder van het lichtgas, professor aan de Universisteit van Leuven*, Louvain, 1908.

VENTER, M. J., « La valorisation du grisou en Belgique », in *Revue générale du gaz*, 74e année, 1952, p. 224-229.

WOLF, H. C. et LEE ROBEY, T., « Problèmes posés par le remplacement du gaz de ville par du gaz naturel », in *Revue générale du gaz*, 74e année, 1952, p. 146-147.

CHAPITRE IV

La France

Alexandre FERNANDEZ,
Nadège SOUGY & Jean-Pierre WILLIOT

I. Industrie du gaz et modes d'administration municipale

A. Références générales sur la notion de service public au début du XXᵉ siècle

Les décennies encadrant le tournant du siècle furent extrêmement fécondes sur les modes d'administration. On y réfléchit beaucoup au sujet de la nature et des principes du service public. Le développement de l'industrie gazière, les rapports que celle-ci entretenait avec les autorités administratives et politiques, avec les « usagers », servirent fréquemment de support analytique à bon nombre d'exposés et de propositions concernant l'occupation du domaine public, les monopoles de fait, le « monopole naturel », la définition et la détermination des droits et devoirs de « l'abonné » au gaz, « usager » de service public. Pourtant, si en Angleterre et en Ecosse, en Allemagne, en Italie, en Suisse on procéda parfois très tôt (à Manchester dès 1824 le gaz est municipalisé) à de nombreuses municipalisations des unités de production et du service du gaz, en France les réalisations se comptent sur les doigts d'une main. Pourquoi si peu de municipalisations apparaissent en France et pourquoi dans ces conditions une municipalisation à Bordeaux ? Il n'y a pas, on le devine, une seule et définitive réponse. On ne saurait de toute façon s'engager ici dans une quelconque tentative de résolution du problème.

On peut consulter :

Les traités de droit administratif de l'Ecole de Bordeaux autour de Léon Duguit et de Maurice Hauriou.

HAURIOU, M., « Dangers des monopoles de fait établis par l'occupation de la voie publique. Le gaz et l'électricité », in *Revue de Droit public et de Science politique*, 1, 1894, p. 78-87.

Les très nombreuses thèses de droit soutenues dans les premières décennies du siècle sur la légalité des entreprises industrielles communales, les commentaires sur les textes législatifs de 1917 et 1926.

LABBE, E., « Les concessions d'éclairage à Paris et à Berlin », Paris, 1900.

ROGER, L., « Le domaine industriel des municipalités : distribution d'eau, de gaz, d'électricité », Paris, 1901.

SAUSSOY, A., « Des monopoles communaux issus de concessions sur le domaine public », Paris, 1903.

Les articles et ouvrages publiés par les milieux « philo-municipalistes » sont vigoureux durant les premières années du siècle. Que l'on songe par exemple aux congrès mondiaux des villes, et surtout à tous les débats autour de la légitimité et du contenu du « socialisme municipal ». On doit citer à cet égard, la revue scientifique et militante, qui change de nom, dirigée par l'économiste socialiste-réformiste Edgar Milhaud, entre autres.

BOUVIER, E., *L'exploitation collective des services publics*, tome 1 : « Les régies municipales », Paris, Doin, 1912.

BOUVIER, E., « Le nouveau régime des régies municipales en France », in *Annales de l'économie collective*, janvier-mars 1927.

FÉLIX, M., *L'activité économique de la commune*, Paris, Sirey, 1932.

MATER, A., *Le socialisme conservateur ou municipal*, Paris, Giard et Bière, 1909.

MILHAUD, E., « Les régies et leur évolution », in *Annales de la Régie directe*, novembre 1917.

Inversement, sur la méfiance des socialistes révolutionnaires, notamment de Jules Guesde, voir sa brochure :

GUESDE, J., *Services publics et socialisme*, Paris, Oriol et cie, 1883.

Sur l'autre bord politique, c'est-à-dire sur l'hostilité du Conseil d'Etat et des libéraux qui y sont dominants, on peut se reporter à :

JARAY, G.-L., « Le socialisme municipal en France », in *Annales des sciences politiques*, XX, mars 1905, p. 189-206.

MIMIN, P., *Le socialisme municipal devant le Conseil d'Etat*, Paris, Larose et Tenin, 1911.

Juristes, économistes et politistes ont fréquemment mené des études intéressantes sur l'ensemble des problèmes posés par l'apparition du gaz, de l'eau puis de l'électricité.

BAILEY, E., and FRIEDLAENDER, A., "Market Structure and Multiproduct Industries", in *Journal of Economic Literature*, 1982-1, p. 1024-1048

COUDEVYLLE, A., « Contribution à la théorie générale du service public communal », thèse droit, Bordeaux I, 1976.

TROESKEN, W., *Why Regulate Utilities? The New Institutional Economics and the Chicago Gas Industry, 1849-1924*, Ann Harbor, 1996.

Les historiens, en revanche, avaient jusqu'à ces dernières années quelque peu dédaigné de les explorer. Ce ne semble plus être le cas.

DOGLIANI, P., *Un laboratorio di socialismo municipale. La Francia (1870-1920)*, Milan, Franco Angeli, 1992.

HERBERICH-MARX, G. et RAPHAEL, F., « Enjeux et problèmes des régies des grandes villes de l'est de la France », in *Culture technique*, 17, mars 1987, p. 37-45.

KÜHL, U., FERNANDEZ, A. et LORCIN, J. (dir.), *Le socialisme municipal en Europe. Théories et réalités*, 22e session du quatrième congrès international d'histoire urbaine, actes à paraître.

LORCIN, J., « Une utopie fin de siècle au Pays Noir : le socialisme municipal à Saint-Etienne en 1900 », in *Le Mouvement Social*, 184, juillet-septembre 1998, p. 56-73.

PANZARELLA-DESCHIZEAU, P., *La régie grenobloise du gaz et de l'électricité*, sous la direction d'Henri MORSEL, Grenoble, 1986.

PORTE, C., « L'électrification de Tourcoing », in *Bulletin d'histoire de l'électricité*, 10, 1987, p. 158-167 [contient des développements sur le gaz].

SCHOTT, D. (dir.), *Energie und Stadt in Europa von der Vorindustriellen, Holznot bis zur Ölkrise der 1970er Jahre*, actes du 3e Congrès international d'histoire urbaine, Budapest, 1996, Stuttgart, Franz Steiner Verlag, 1997.

B. Références locales concernant la création et le fonctionnement de la Régie du gaz (et de l'électricité jusqu'en 1956) de Bordeaux

1. Plusieurs sources peuvent être exploitées :

Durant l'entre-deux-guerres, le mensuel d'informations économiques générales *Le Sud-Ouest économique* publie quelques articles relatifs au gaz (parfois au gaz et à l'électricité). Mais, d'une part, rares sont les textes consacrés spécifiquement à Bordeaux et, d'autre part, il s'agit quasi-exclusivement de la description des installations techniques de l'usine de Bacalan.

Les registres des délibérations du Conseil municipal de la Ville de Bordeaux.

Parmi les archives de la RMG(E)B :

– procès-verbaux du comité de direction ;

– procès-verbaux des comités mixtes à la production (CMP) ;

– procès-verbaux des comités de coordination RMGB-EDF ;

– procès-verbaux des commissions paritaires, des comités d'hygiène et de sécurité (CHS) ;

– communications de José LAGOUBIE, directeur de la RMGEB de 1947 à 1973, in *Revue de l'Association technique de l'industrie du gaz en France* ;

- transcription d'une conférence faite à la Chambre de commerce de Bordeaux en 1957 ;
- cours destiné aux professionnels du gaz dispensé à Bordeaux en 1958 ;
- publication rédigée à l'occasion du cinquième congrès de l'Association nationale des régies de services publics et des organismes constitués par les collectivités concédantes (ANROC) ;
- quatre plaquettes éditées comme commémoration d'anniversaires ou à l'occasion d'un tournant important dans l'histoire de la Régie (utilisation du gaz naturel de Saint-Marcet, par exemple) ;
- un film d'entreprise : « parole de gazier », réalisé en 1989.

Société du gaz de Bordeaux

- « 160 ans », plaquette éditée à l'occasion de l'exposition retraçant 160 ans d'histoire du gaz à Bordeaux, 1993 ;
- « Un acteur économique régional », plaquette publicitaire (s.d., s.p., probablement 1997).

2. Bibliographie

FÉDÉRATION NATIONALE DES COLLECTIVITÉS CONCÉDANTES ET RÉGIES, « Les collectivités locales et la nationalisation de leurs services publics de gaz et d'électricité », in *Bulletin de la FNCCR*, février 1973, 106 p.

GUYON, J.-R., *Pour le développement de l'économie de Bordeaux et du Sud-Ouest*, Bordeaux, Delmas, 1954.

GUYON, J.-R., *Sud-Ouest, creuset énergétique*, Bordeaux, Delmas, 1955.

RODBERG, C., *Le gaz et l'électricité à Bordeaux*, Bordeaux, Delmas, 1901, 63 p. [Ch. Rodberg était le directeur de la Compagnie du Gaz].

WAGNER, G., « Gaz de France, service national dans le Sud-Ouest », in *Richesses de France. Bordeaux et la Gironde*, 1952-I.

3. Travaux universitaires

BARDES, M., « Histoire économique de la RMG(E)B, 1946-1989 », TER (sous la direction de Sylvie Guillaume et d'Hubert Bonin), Université Bordeaux III, 1992, 284 p. [l'ambition est celle d'une histoire d'entreprise ; les plus amples développements sont consacrés au passage au gaz naturel].

BUÈS, J., « Le gaz à Bordeaux », DEA histoire, 1971, 35 p. [peu utilisable].

FERNANDEZ, A., « La création en 1919 de la Régie municipale du gaz et de l'électricité de Bordeaux », in *Revue historique*, 1996, CCXIV/1, p. 109-121.

FERNANDEZ, A., « Du municipalisme à Bordeaux. La régie du gaz et de l'électricité, 1919-1956/1991 », in *Cahiers d'histoire*, p. 81-97.

MENDÈS, I., « Y-a-t-il de l'eau dans le gaz ? Etude socio-historique à la RMGB entre 1946 et 1990 », mémoire de maîtrise de sociologie (sous la direction de Patrice Mann et d'Hubert Bonin), 1992, 96 p. + ann. [se consacre à l'étude du jeu des acteurs, notamment aux rapports entre direction et leaders syndicaux, essaie de trouver à ce compte une « culture d'entreprise »].

NGUYEN, E., « La Régie municipale du gaz et électricité de Bordeaux de sa genèse à sa création, 1904-1919 », rapport de stage de l'Institut d'Etudes Politiques de Bordeaux, 1994, 44 p. [simple esquisse].

C. Sur la transformation de la Régie du Gaz en société d'économie mixte

1. Rapports

MINISTÈRE DE L'INDUSTRIE, DE LA POSTE ET DES TÉLÉCOMMUNICATIONS, « Rapport du groupe de travail sur la réforme de l'organisation électrique et gazière française », Rapport Mandil, 1993.

Les projets européens de déréglementation du marché du gaz et de l'électricité, rapport d'information présenté par Franck BOROTRA, Assemblée nationale, 1995.

COMMISSARIAT GÉNÉRAL AU PLAN, « Services publics : question d'avenir », rapport de la commission présidée par Christian STOFFAËS, Odile Jacob et La Documentation française, 1995.

COMMISSARIAT GÉNÉRAL AU PLAN, *Les réseaux de services publics. Organisation, régulation, concurrence,* rapport de la commission présidée par Michel WALRAVE, Eska et La Documentation française, 1996.

2. Ouvrages et articles sur l'influence des nouvelles théories économiques

BAUMOL, W., PANZAR, J. and WILLIG, J., *Contestable Markets and the Theory of Industry Structure,* New York, Harcourt, 1982.

CHEVALIER, J.-M., « Les réseaux de gaz et d'électricité : multiplication des marchés contestables et nouvelle dynamique concurrentielle », in *Revue d'économie industrielle,* 72, 2, 1995, p. 7-30.

WILLIAMSON, O., « Transaction Cost Economics and Organization Theory », in *Industrial and Corporate Change,* vol 2, 2, 1993, p. 107-156.

3. Les réflexions juridiques

AUBY, J.-F., *La délégation de service public,* Dalloz, 1997.

BOUVIER, M. et ESCLASSAN, M-C., *Le système communal. Etat actuel et virtualités de la gestion financière des communes,* Paris, LGDJ, 1981.

BROUSOLLE, D., « Les privatisations locales », in *AJDA,* 1999.

DEBÈNE, M. et RAYMUNDIE, O., « Sur le service universel : renouveau de service public ou nouvelle mystification ? », in *AJDA,* 1996.

RIVERO, J., « Les deux finalités du service public industriel et commercial », in *Cahiers juridiques de l'électricité et du gaz,* n° 500, juin 1994.

4. Etudes spécifiques

SALAÜN, F., « Privatisation et réglementation : le cas de British Gas », in *Economies et sociétés, cahiers de l'ISMEA, série Economie de l'énergie,* 4,

t. XXIV, 1, janvier 1990 : « Tarification et organisation du système énergétique ».

FINON, D., « Maturité des industries gazières et viabilité du régime concurrentiel », in *Economies et sociétés, cahiers de l'ISMEA, série Economie de l'énergie*, 5, t XXVI, 1992, 1-2, « Le développement du gaz naturel : enjeux pour l'Europe ».

PERCEBOIS, J., « Les controverses sur la déréglementation gazière en Europe », in *Economies et sociétés, cahiers de l'ISMEA, série Economie de l'énergie*, 5, t. XXVI, 1992, 1-2, « Le développement du gaz naturel : enjeux pour l'Europe ».

FUNK, C., « How Can Natural Gas Markets Be Competitively Organized? », in *Economies et sociétés, cahiers de l'ISMEA, série Economie de l'énergie*, 5, t. XXVI, 1992, 1-2, « Le développement du gaz naturel : enjeux pour l'Europe ».

II. Charbon de terre et gaz de houille

A. *Etudes sur le charbon de terre*

1. *Sources imprimées*

ACCUM, F., « Appareil pour déterminer les valeurs comparatives des diverses espèces de houille », in *Bulletin de la Société d'Encouragement pour l'Industrie minérale*, tome XIV, 1815, p. 198.

BRUNFAUT et Cie, *Notice sur la fabrication du coke. Moyen de recueillir les sous-produits de la carbonisation de la houille tels que gaz, goudron, sels ammoniacaux perdus jusqu'à ce jour avec l'emploi des anciens fours qui pratiquent le coke*, Paris, 1856.

CHEMIN, O. et VERDIER, F., *La houille et ses dérivés*, Paris, Quantin, 1888, 315 p.

FLECK, « Sur les différentes natures de charbon de terre et sur les propriétés caractéristiques qui les distinguent », in *Bulletin de la Société d'Encouragement pour l'Industrie minérale*, tome XV, 1868, p. 27.

KNAB, *Etude sur les goudrons et leurs nombreux dérivés*, Paris, Lacroix, 1856.

LENCAUCHEZ, F., *Etude sur les combustibles*, Paris, Lacroix, 1878.

REGNAULT, V., « Recherches sur les combustibles minéraux », in *Annales des Mines*, tome XII, 1837, p. 161.

TISSANDIER, G., *La houille*, Paris, Hachette, 1872, 320 p.

2. *Travaux universitaires*

CHARDONNET, J., *Le charbon : sa production, son rôle économique et social*, Grenoble, Imprimerie de l'Allier, 1948, 211 p.

Colloque « Charbon et sciences humaines », Lille, 1963.

ESCUDIER, J.-L., *L'industrie française du charbon. Annuaire statistique. 1814-1988*, Montpellier, Presses de l'ENS, 1994.

GILLET, M., *Les charbonnages du nord de la France au XIXe siècle*, Paris, Mouton, 1973.

GUILLAUME, P., *La Compagnie des mines de la Loire, 1846-1854. Essai sur l'apparition de la grande industrie capitaliste en France*, Paris, PUF, 1965.

HABY, R., *Les houillères lorraines et leur région*, Paris, Sabri, 1965.

LEMÉNOREL, A., *L'impossible révolution industrielle ? Economie et sociologie minière en Basse Normandie, 1880-1914*, Caen, Cahiers des Annales de Normandie, 1988, 480 p.

SOUGY, N., « Les charbons de La Machine. Valorisation et commercialisation des produits d'une houillère nivernaise de 1838 à 1938 », Universités Paris I-Panthéon-Sorbonne et Genève (sous la direction de D. Woronoff et A.-L. Head-König), Paris, 2003.

THÉPOT, A., *Les ingénieurs des mines du XIXe siècle. Histoire d'un corps technique d'Etat*, tome 1, 1810-1914, Paris, Eska/IDHI, 1998, 512 p.

WATELET, H., *Une industrialisation sans développement : le bassin de Mons et le charbonnage du Grand Hornu*, Montmagny, Cahier d'histoire de l'Université d'Ottawa, 1980, 538 p.

B. Etudes sur l'industrie du gaz de houille

1. Sources imprimées : revues scientifiques

COMMINES DE MARSILLY, « Mémoire sur les gaz que produisent les diverses qualités de houille sous l'action de la chaleur », in *Bulletin de la Société d'Encouragement pour l'Industrie minérale*, tome XI, 1864, p. 21.

FYFE, « Valeur comparative du charbon de terre pour l'éclairage au gaz », in *Bulletin de la Société d'Encouragement pour l'Industrie minérale*, tome 49, 1849, p. 94.

PAUWELS, « De la distillation de la houille pour en retirer le gaz », in *Bulletin de la Société d'Encouragement pour l'Industrie minérale*, tome 48, 1849, p. 56.

« Quantité de gaz que donne la houille pour l'éclairage », in *Bulletin de la Société d'Encouragement pour l'Industrie minérale*, tome 40, 1841, p. 31.

« Gaillette, espèce de charbon employé pour la fabrication du gaz », in *Bulletin de la Société d'Encouragement pour l'Industrie minérale*, tome 49, 1850, p. 459.

« Rapports de MM. Regnault, Chevreul, Main, Péligot sur le gaz d'éclairage à la houille », in *Bulletin de la Société d'Encouragement pour l'Industrie minérale*, tome II, 1855, p. 809.

REGNAULT, V., « Extraits de deux rapports adressés les 15 février et le 28 juin 1855 à l'Empereur sur les expériences entreprises par son ordre pour déterminer les conditions économiques de la fabrication du gaz à la houille », in *Annales des Mines*, tome VIII, 1855.

ROBINSON, « De la meilleure manière de brûler le gaz de houille pour obtenir de la lumière ou de la chaleur », in *Annales des Mines*, tome XIX, 1837, p. 427.

2. Sources imprimées : traités, manuels et mémoires

ACCUM, F., *Traité pratique de l'éclairage par le gaz inflammable*, 3ᵉ édition, Paris, 1816, 176 p.

BORIAS, E., *Traité pratique et théorique de la fabrication du gaz et de ses divers emplois à l'usage des ingénieurs, directeurs et constructeurs d'usines à gaz*, Paris, Baudry, 1890, 484 p.

BOUDIN, J.-C., *Recherches sur l'éclairage*, Paris, J.-B. Baillière, 1851.

CLEGG, S., *Traité pratique de la fabrication, de la distribution du gaz et de chauffage*, Paris, 1863, 2 volumes.

COMBES, H., *De l'éclairage au gaz étudié au point de vue économique et administratif et spécialement de son action sur le corps de l'homme*, Paris, Mathias, 1845.

LUNGE, G., *Traité de la distillation du goudron de houille*, Paris, Sauvy, 1885, 428 p.

MAGNIER, M. D., *Nouveau manuel complet de l'éclairage au gaz ou traité pratique élémentaire à l'usage des ingénieurs, directeurs, contremaîtres d'usines à gaz*, Paris, Roret, 1ᵉ édition 1849, 2ᵉ édition 1866, 3ᵉ édition 1899, 312 p.

MERLE, G., *Traité sur le gaz. De tous les appareils nécessaires à sa fabrication*, Paris, Roret, 1837, 223 p.

MOIGNO (ABBÉ), *Conférence sur les éclairages modernes : éclairage aux huiles, aux essences de pétrole, au gaz*, Paris, Gauthier-Villars, 1867, 103 p.

PAYEN, A., *L'éclairage au gaz*, Paris, Hachette, 1864, 50 p.

PÉCLET, E., *Traité de l'éclairage*, Paris, Mahler, 1ᵉ édition 1827, 2ᵉ édition 1836, 324 p.

PELOUZE, T., *Traité de l'éclairage au gaz*, Paris, Masson, 1839, 524 p.

SCHILLING, H., *Traité d'éclairage par le gaz de houille*, Paris, Lacroix, 1879, 2 volumes.

TAVIGNOT, O., *Mémoire sur l'éclairage au gaz*, Paris, Leclère, 1858.

III. L'industrie du gaz en France au XIXᵉ siècle

A. Sources

L'industrie gazière, à quelques exceptions près, était au XIXᵉ siècle un secteur exploité par des entreprises privées. Cependant, leurs relations avec les autorités municipales ou avec l'État étaient constantes du fait de l'utilisation du domaine public et de l'existence de cahiers des charges prescrits par les communes en matière de distribution de gaz. Ainsi s'explique que les sources de l'histoire gazière soient en France réparties dans deux fonds d'archives principaux. Nous ne traiterons ici que des sources relatives aux exploitations antérieures à 1914.

1. Les fonds de sociétés gazières

Un premier groupe d'archives dépend d'entreprises ou d'institutions gazières. Le fonds le plus important est conservé par la Direction des Affaires Générales d'EDF-GDF. La loi de nationalisation des entreprises électriques et gazières, votée le 8 avril 1946, a fait passer sous le contrôle de l'entreprise nationale 615 exploitations gazières parmi les 724 qui fonctionnaient sur le territoire français. Les archives privées de ces entreprises devinrent par conséquent des archives publiques dont la conservation s'avéra nécessaire à plusieurs titres : la connaissance technique des usines, la gestion comptable des exploitations, l'intégration du personnel, l'indemnisation des sociétés expropriées. Dans un premier temps certaines archives sont restées sur les sites d'exploitation, d'autres ont intégré les services d'administration centrale. Elles sont aujourd'hui dans leur grande majorité conservées au Centre d'archives historiques de Blois qui est situé sur les terrains de l'ancienne usine à gaz[1]. Leur communication dépend du Service archives d'EDF-GDF à Paris qui a publié un ouvrage essentiel sous forme d'un répertoire des archives : *Mémoire écrite de l'électricité et du gaz*, 2 tomes, Centre d'archives historiques de Blois, 1990, 355 p. et 509 p.[2] En dépit de destructions qui ont pu affecter ces archives lorsqu'elles étaient stockées dans les usines à gaz, celles-ci constituent une ressource majeure pour écrire l'histoire du gaz. En ce qui concerne le XIXe siècle on trouve, de façon inégale selon les sociétés :

– les actes de création, les statuts, les pièces attestant de modifications dans la structure du capital ;

– les procès-verbaux des séances des conseils d'administration, parfois des comités de direction, les rapports aux assemblées générales ;

– les titres de propriété et les opérations immobilières relatives aux extensions d'usines ;

– certains documents comptables : Journal, Grand Livre, bilans ;

– des dossiers d'affaires contentieuses ;

– des dossiers techniques : plans d'usines, rapports d'ingénieurs, comptes rendus de visites d'usines et de voyages à l'étranger ;

– les archives commerciales ;

– les dossiers de personnel ainsi que la littérature syndicale et des rapports sur les grèves.

---

[1]   Centre d'archives historiques de Blois, Archives EDF-GDF, 6 rue de l'usine à gaz, 41000 Blois.

[2]   Service archives, 7 boulevard Ney, 75018 Paris.

Classées par ordre d'importance des fonds, les archives les plus importantes concernent en particulier[3] :

– Compagnie parisienne du gaz puis Société du gaz de Paris : 380 mètres linéaires (ml) (cote : 44.08) ;

– Compagnie française d'éclairage et de chauffage par le gaz : 100, 40 ml (cote : 43.09) ;

– Société d'éclairage, chauffage, force motrice (ECFM) : 46 ml (cote : 44.04) ;

– Compagnie continentale du gaz : 16,80 ml (cote : 16.01) ;

– Société du gaz et de l'électricité de Marseille : 12 ml (cote : 3.13) ;

– Compagnie générale du gaz pour la France et l'étranger : 5 ml (cote : 34.01) ;

– Compagnie du gaz de Lyon : 1,60 ml (cote : 1.32) ;

– Compagnie centrale d'éclairage par le gaz (Groupe Lebon) : 1 ml (cote : 27.01).

Hormis ce dépôt principal, il conviendrait de se reporter aux archives conservées dans les centres régionaux de Gaz de France qui ont pu localement rester dépositaires d'archives. Dans l'état actuel il n'y a pas d'inventaire systématique et les politiques de conservation ont pu varier d'un centre à l'autre.

Par ailleurs, il faut souligner que les archives de certaines grandes compagnies n'ont pas été déposées auprès du service d'EDF-GDF, en raison du maintien d'une activité indépendante (tel est le cas de la Compagnie du gaz de Bordeaux, étudiée par Alexandre Fernandez ou de celle du gaz de Strasbourg). Une absorption dans une société qui n'a pas conservé les archives explique aussi le cas de certaines sociétés dont l'histoire est devenue difficile à écrire (par exemple la Compagnie du Centre et du Midi reprise par la Société lyonnaise des eaux et de l'éclairage en 1914). Dans ces cas, il faut s'adresser aux entreprises héritières de l'exploitation.

2. Les fonds publics

Les archives nationales conservent au Centre des archives du monde du travail[4] une documentation sur les sociétés gazières dans plusieurs séries :

– 65 AQ : documentation imprimée, coupures de presse ;

---

[3]   Nous n'indiquons ici que les sociétés pour lesquelles subsistent des archives concernant la période antérieure à 1914.

[4]   CAMT, 78 boulevard du Général Leclerc, BP 405, 59057 Roubaix.

– 87 AQ : dossiers de la Commission de contrôle des comptes des entreprises nationalisées en 1946. Les dossiers comprennent des notices historiques et des documents sur la répartition du capital ;

– 109 AQ V 5 : brevets relatifs à la fabrication du gaz.

Les archives issues des rapports entre l'Etat, les communes et les entreprises gazières permettent de préciser l'histoire du gaz à plusieurs points de vue : les conditions juridiques et contractuelles de l'exploitation, l'insertion des usines à gaz dans l'espace urbain, la configuration des réseaux. Celles-ci sont conservées soit aux Archives nationales à Paris, soit dans les fonds des Archives départementales. Là encore, les ressources sont extrêmement variables d'un département à l'autre.

3. Archives nationales

– série F7 : Police générale (tardif pour le XIXe siècle : grèves, syndicalisme). Voir en particulier F7 13865 : grèves des employés du gaz, 1910-1914 ;

– série F8 : Police sanitaire (dossiers sur les Etablissements dangereux, insalubres et incommodes dans la deuxième classe desquels figuraient les usines à gaz) ;

– série F12 : Commerce et Industrie (Etablissements insalubres, dossiers sur les sociétés anonymes, statistique industrielle des départements). Voir notamment : F12 6797 : transformation de sociétés anonymes après la loi de 1867, ce qui concerne un nombre important de sociétés gazières ;

– série F21 : F21 1973 : Entreprise d'éclairage au gaz de l'Opéra (1820-1866) ;

– série O : O 3 (série consacrée au Ministère de la maison du Roi qui comprend 16 cartons sur l'usine royale d'éclairage au gaz entre 1819 et 1830) ;

– série AJ 13 : Fonds des archives de l'Opéra de Paris (14 cartons sur le fonctionnement de l'éclairage au gaz dans l'un des plus anciens établissements éclairés au gaz à Paris, à partir de 1821).

4. Archives départementales et communales

Il est naturellement hors de proportion de citer toutes les références ayant trait à l'industrie gazière au XIXe siècle dans ces fonds d'archives. Nous indiquons seulement les principales séries concernées dont la recension est à opérer localement. Les Archives de Paris conservent le fonds le plus important dans la série V 8 O 1, qui comprend 1681 cartons, couvrant la période 1802-1907. Dans les autres départements les fonds intéressant l'histoire gazière figurent aux séries M (administration générale et économique), N (délibérations du Conseil Général), O (administration municipale), S (services publics), U (juridictions, notamment actes de sociétés). En ce qui concerne les archives des communes, la série D (administration communale), la série F (population, économie, société) et la série O (travaux publics et voirie) sont les plus intéressantes.

5. Archives d'entreprises

On se reportera également aux archives détenues par les services d'archives historiques des banques (Crédit lyonnais, BNP-Paribas et Société générale)[5] qui apportent des renseignements sur l'actionnariat, les rapports annuels de sociétés, les émissions de titres et plus générale-ment le comportement économique des affaires gazières.

B. Sources imprimées

Il s'agit pour l'essentiel de rapports municipaux et de documents édités par les sociétés gazières. Parmi de très nombreuses références, on peut utiliser d'un point de vue général :

Législation des usines à gaz, 1824-1862, Paris, 1862, 73 p.

Rapports et délibérations de la Commission Municipale de la ville de Paris, Paris, Guyot et Scribe, 1855-1856, 3 tomes, 435 p., 427 p., 368 p. Cette série de rapports reprend avant la création de la Compagnie parisienne du gaz l'état de l'industrie gazière pendant la première moitié du siècle à Paris.

COMPAGNIE PARISIENNE, *Mémoires et documents sur la réduction du prix de vente du gaz*, Paris, Ethiou Pérou, 1881-1895, 8 tomes, 450 p., 525 p., 478 p., 526 p., 476 p., 470 p., 420 p., 464 p. Cette question de la réduction du prix du gaz justifia de nombreux rapports dont certains établissent une comparaison avec les concessions gazières à l'étranger.

C. Périodiques

Une place particulière doit être faite aux périodiques assez nombreux qui permettent de retracer l'histoire de l'industrie gazière en particulier dans ses aspects techniques. La Société technique du gaz[6] créée en 1874, transformée en Association technique du gaz en 1927 et en Association française du gaz en 2000 conserve une presse importante. Si les quelques archives détenues ont été récemment recueillies par l'asso-ciation Afegaz[7], la bibliothèque détient encore des collections de pério-diques fort utiles, notamment : *Journal de l'éclairage au gaz* (à partir de 1852) ; *Le Gaz* (à partir de 1857) ; *Le Constructeur d'usines à gaz* (à partir de 1862) ; *Le Moniteur de l'industrie du gaz* (à partir de 1876) ; *Journal des usines à gaz* (à partir de 1877) ; *Journal du gaz et de*

---

[5]   Crédit lyonnais, 6 rue de Hanovre, 75002 Paris ; Société générale, 189 rue d'Aubervilliers, 75886 Paris cedex 18 ; BNP-Paribas, 14 rue Bergère, 75450 Paris cedex 09.

[6]   AFG, 62 rue de Courcelles, 75008 Paris.

[7]   Afegaz, 62 rue de Courcelles, 75008 Paris.

l'électricité (à partir de 1884). En outre, y sont conservés tous les comptes rendus des congrès de la Société technique du gaz.

D. Bibliographie

Ouvrages antérieurs à 1945 comportant une partie historique sur l'industrie du gaz au XIXe siècle.

1. Etudes techniques

ALLEMAGNE, H. R. (d'), *Histoire du luminaire*, Paris, Picard, 1891, 702 p.

BRISAC, E. et MONTSERRAT, E. de, *Le gaz et ses applications : éclairage, chauffage, force motrice*, Paris, Baillière, 1892, 366 p.

BOUTTEVILLE, R., *L'éclairage public à Paris*, Paris, Eyrolles, 1925, 144 p.

DEBESSON, G., *Le chauffage des habitations. Etude historique et pratique des procédés et appareils employés pour le chauffage des édifices, des maisons, des appartements*, Paris, Dunod-Pinat, 1908, 668 p.

DEFAYS, J. et PITTET, H., *Etude pratique sur les divers systèmes d'éclairage*, Paris, Gauthier-Villars, 169 p.

DEFRANCE, E., *Histoire de l'éclairage des rues de Paris*, Paris, Imprimerie Nationale, 1904, 125 p.

DELAHAYE, P., *L'éclairage dans la ville et dans la maison*, Paris, Masson, 296 p.

DUMONT, G., *Etude comparative de l'éclairage électrique et au gaz*, Nantua, 1888.

FIGUIER, L., *Les merveilles de la science ; tome IV : éclairage, chauffage, moteurs à gaz*, Paris, Furne, Jouvet et Cie, 1870, 744 p.

GALINE, L., *Traité général de l'éclairage : huile, pétrole, gaz, électricité*, Paris, Bernard, 1894, 412 p.

MARECHAL, H., *L'éclairage à Paris*, Paris, Baudry, 1894, 496 p.

PAYEN, A., *L'éclairage au gaz*, Paris, Hachette, 1867, 50 p.

PECLET, E., *Traité de l'éclairage*, Paris, Mahler, 1e édition, 1827, 2e édition, 1836, 324 p.

PELOUZE, E., *Traité de l'éclairage au gaz*, Liège, Leroux et Cie, 1839, 524 p.

SCHILLING, N.-H., *L'éclairage électrique et l'éclairage au gaz*, Genève, Schuchardt, 1883, 58 p.

SCHILLING, N.-H. et SERVIER, E., *Traité d'éclairage par le gaz de houille*, Munich, Oldenburg, Paris, Lacroix, 1879, 676 p.

TREBUCHET, A., *Recherches sur l'éclairage public à Paris*, Paris, Baillière, 1843, 67 p.

TRUCHOT, P., *L'éclairage à incandescence*, Paris, Carré et Naud, 1889, 255 p.

VEBER, A., *L'éclairage*, Paris, Dunod et Pinat, 1906, 340 p.

2. Etudes sur les concessions gazières

CARPENTIER, E., *L'éclairage privé et la force motrice dans le droit privé : gaz, acétylène, éléctricité*, Paris, Larose et Tenin, 1908, 361 p.

COCHIN, D., *La Compagnie du gaz et la ville de Paris : traités, négociations, rapports*, Paris, Doin, 1883, 167 p.

COPPER, E., *Industries communales : eau, gaz, électricité ; traité des questions relatives aux exploitations en régie*, Paris, Pedone, 1906, 2 tomes, 479 p. et 665 p.

CRUVEILHIER, J., *Essais sur les concessions d'éclairage*, Paris, Berger-Levrault, 1900, 142 p.

DAUVERT, P. et GARNIER, L., *Les concessions de gaz et d'électricité devant la juridiction administrative. Recueil d'arrêtés des Conseils de Préfecture et d'arrêts du Conseil d'Etat*, Paris, Journal des usines à gaz, 1894, 1897, 1910, 525 p., 471 p., 553 p.

GAUDCHAUX-PICARD, E., *Les usines à gaz en France et à l'étranger. Résultats comparés de leur exploitation par les concessionnaires et les municipalités*, Nançy, 1893.

GUEGUEN, A., *Etude comparative des méthodes d'exploitation des services de gaz : régie municipale directe, régie co-intéressée, concession à l'industrie privée. Examen critique des derniers ouvrages parus sur la municipalisation des services de gaz*, Paris, SA des publications industrielles et d'imprimerie administrative, 1902, 152 p.

LABBE, E., *Les concessions d'éclairage à Paris et à Berlin*, Paris, Boyer, 1900, 190 p.

MASMEJEAN, A., *Occupation des voies publiques par les canalisations d'eau et de gaz. Législation, jurisprudence, documents administratifs*, Lyon, Imprimerie de la Revue judiciaire, 1912, 303 p.

ROGER, L., *Le domaine industriel des municipalités ; distribution d'eau, de gaz, d'électricité, transports en commun : étude de science économique et financière*, Paris, Rousseau, 1901, 101 p.

TESTE, P., *Les services publics de distribution d'eau, de gaz et d'énergie électrique*, Paris, Dalloz, 1940, 457 p.

THERY, E., *La question du gaz à Paris*, Paris, 1887, 417 p.

3. Monographies sur Philippe Lebon antérieures à 1945

ERNOUF, A. A., *Les inventeurs du gaz et de la photographie. Lebon, Niepce, Daguerre*, Paris, Hachette, 1877, 193 p.

FAYOL, A., *Philippe Lebon, inventeur du gaz d'éclairage*, Paris, Publications techniques, 1943, 96 p.

FIGUIER, L., *Notice historique sur Lebon, inventeur du gaz d'éclairage*, Chaumont, Cavaniol, 1882, 37 p.

GAUDRY, J., *Notice sur l'invention de l'éclairage par le gaz hydrogène carboné et sur Philippe Lebon*, Paris, Hennuyer, 1856, 11 p.

LECLERC, E., *Philippe Lebon, sa maison berceau de l'invention du gaz d'éclairage*, Langres, Imprimerie champenoise, 1906, 86 p.

« Philippe Lebon et ses démonstrations d'éclairage au gaz dans le VIIe arrondissement », in *Bulletin de la Société historique des VIIe et XVe arrondissements*, tome VI, 1935-1939, p. 210-220.

4. Monographies sur Philippe Lebon postérieures à 1945

BEAUJOUAN, G., « Philippe Lebon a t-il été assassiné ? », in *Journal des industries du gaz*, janvier 1955, n° 79-1, p. 8-10.

BEGUINOT, P., « Philippe Lebon, sa vie, son œuvre, 1767-1804 », in *Cahiers Haut-marnais*, 1974, n° 117, p. 69-83.

VEILLERETTE, F., *Philippe Lebon ou l'homme aux mains de lumière*, Colombey-les-deux-Eglises, Mourot, 1987, 400 p.

5. Monographies sur l'industrie gazière antérieures à 1945

BESNARD, H., *L'industrie du gaz à Paris depuis ses origines*, Paris, Donat-Monchrestien, 1942, 216 p.

BIEGE, H., *L'industrie du gaz d'éclairage*, Paris, Baillière et fils, 1914, 442 p.

HURCOURT, E.-R. (d'), *De l'éclairage au gaz*, Paris, Carilian, Goeury, Dalmont, 1863, 521 p.

L'Industrie du gaz en France, 1824-1924, Paris, Devanbez, 1924, 171 p.

LEVY, A., *L'industrie du gaz à l'exposition universelle de 1889*, Paris, Bernard, 1892, 304 p.

6. Monographies sur l'industrie gazière postérieures à 1945

ATG, *Les cent ans de l'Association technique de l'industrie du gaz en France, 1874-1974*, Laval, Bernéoud, 1974, 92 p.

AUTIN, J.-B. et THIRIET, C., *150 ans de gaz à Orléans, 1841-1991*, EDF-GDF Services Loiret et GDF DPT Région Centre Ouest, 1991, 31 p.

GAZ DE STRASBOURG, *Cent cinquante ans de Gaz à Strasbourg*, Strasbourg, Oberlin, 1988, 161 p.

LEBON et CIE, *Un centenaire*, Paris, Baudelot, 1947, 318 p.

LE CLEZIO, J., *L'industrie du gaz*, Paris, PUF, 1947, coll. « Que sais-je ? ».

RAVEL, J., *L'industrie du gaz en France*, Grenoble, 1954, 420 p.

7. Travaux universitaires

AUDE-FROMAGE, P., « Histoire de l'ECFM », mémoire de maîtrise, Paris X, 90 p.

BELTRAN, A. et WILLIOT, J.-P., *Le noir et le bleu. Quarante ans d'histoire du Gaz de France*, Paris, Belfond, 1992, 332 p.

BERLANSTEIN, L.-R., *Big Business and Industrial Conflict in Nineteenth Century France. A social history of the Parisian gas company*, Los Angeles, University of California Press, 1991, 348 p.

GIRAUD, J.-M., « Gaz et électricité à Lyon (1820-1946), des origines à la nationalisation », thèse de Doctorat (sous la direction de H. Morsel), Université Lumière Lyon II, 1992, deux volumes, 1160 p.

GOMEZ, C., « Histoire du Gaz de Strasbourg 1838-1988 et Histoire du Gaz de Strasbourg S.A. 1914-1988 », mémoire de maîtrise, Strasbourg, 1988, 174 p.

LE PEZRON, J.-B., *Pour un peu de lumière, petite histoire du gaz de ville à Rennes*, Paris, 1986, 334 p.

MACKOWIAK, F., « L'industrie du gaz dans le Nord et le Pas-de-Calais de 1830 à 1970 », mémoire de DEA (sous la direction de D. Varaschin), Université d'Artois, 2000, 131 p. et 57 p. d'annexes.

MUSTAR, P., « Les réseaux de distribution du gaz à la fin du XIXe siècle : constitution d'une demande », in *L'Electricité et ses consommateurs*, Actes du 4e colloque de l'AHEF, Paris, PUF, 1987, p. 203-218.

SAUBAN, R., *Des ateliers de lumière, histoire de la distribution du gaz et de l'électricité en Loire-Atlantique*, Nantes, Université Inter-ages, 1992, 313 p.

WILLIOT, J.-P., *Naissance d'un service public : le gaz à Paris au XIXe siècle*, Paris, Editions Rive Droite, 1999, 778 p.

Nous ne renvoyons ci-dessous qu'à nos articles abordant un aspect distinct de notre thèse et traitant au moins partiellement du XIXe siècle :

WILLIOT, J.-P., « La place de l'énergie gazière dans le monde aux XIXe-XXe siècles », in *Energie et Société*, UNESCO, Publisud, 1995, p. 177-196.

WILLIOT, J.-P., « L'industrie du gaz aux XIXe et XXe siècles : un réseau d'échanges multiformes en Europe du Nord », in Actes du colloque *Les champs relationnels en Europe du Nord XIXe-XXe siècles*, Calais, 1996, p. 125-140.

WILLIOT, J.-P., « Le risque industriel et sa difficile prévention au XIXe siècle : les premières usines à gaz », in *Entreprise et Histoire*, n° 17, 1997, p. 23-35.

WILLIOT, J.-P., « Une puanteur caractéristique : l'introduction de l'éclairage au gaz au XIXe siècle », in PITTE, J.-R. et DULAU, R., *Géographie des odeurs*, coll. « Géographie et cultures », Paris, Editions de l'Harmattan, 1998, p. 149-158.

WILLIOT, J.-P., « Gaz et chemin de fer au XIXe siècle : interactions économiques et innovations technologiques », in MERGER, M. et BARJOT, D. (dir.), *Mélanges en l'honneur de François Caron*, Paris, PUPS, 1998, p. 659-669.

WILLIOT, J.-P., « Le patronat gazier en France des années 1880 aux années 1930 : inévitable référence ou modèle atypique pour les électriciens ? », in *Actes du XIIe colloque de l'AHEF. Stratégies, gestion, management*, Paris, Fondation Electricité de France, 2001, p. 413-426.

WILLIOT, J.-P., « La diffusion de la technologie gazière française dans le bassin méditerranéen de la construction des usines à gaz à la mise en place des réseaux de gaz naturel. 1840-1980 », in Actes du colloque de 2001 *I trasferimenti di tecnologia nell'area mediterranea : una prospettiva di lungo periodo*, Montecatini, à paraître.

WILLIOT, J.-P., « Des groupes gaziers privés à la société nationalisée : origines et formation de l'entreprise Gaz de France (des années 1870 aux années 1950) », in Actes du colloque *L'Entreprise publique en France et en Espagne : environnement, formes et stratégies de la fin du XVIIIe siècle au milieu du XXe siècle*, Bordeaux, CAHMC et Temiber, 2001.

WILLIOT, J.-P., « La reconstruction de l'industrie gazière après la Première Guerre mondiale : une rationalisation économique appuyée sur de nouveaux choix techniques », in *La Grande Reconstruction. Reconstruire le Pas-de-Calais après la Grande Guerre*, Actes du colloque d'Arras réunis par BUS-SIÈRE, E., MARCILLOUX, P., VARASCHIN, D., Archives Départementales du Pas-de-Calais, 2002, p. 215-232.

WILLIOT, J.-P., « Le jeu de la perche et de l'échelle : l'allumeur de reverbères au temps de l'éclairage au gaz dans la seconde moitié du XIXe siècle », in *Le travail à l'époque contemporaine*, Actes du 127e colloque du CTHS tenu à Nancy, 2002, Presses du CTHS, 2004.

WILLIOT, J.-P., « Odeurs, fumées et écoulements putrides : les pollutions de la première génération d'usines à gaz à Paris (1820-1860) », in BERNHARDT, C. et MASSARD-GUILBAUD, G. (dir.), *Le démon moderne. La pollution dans les sociétés urbaines et industrielles d'Europe*, Clermont-Ferrand, Presses Universitaires Blaise Pascal, 2002, p. 273-288.

WILLIOT, J.-P., « Esprit associatif, vulgarisation scientifique et diffusion des progrès techniques chez les ingénieurs de l'industrie gazière en France : la Société Technique du Gaz de 1874 à 1937 », in Actes du colloque des 7-9 juin 2001 *Artisans, Industries, Nouvelles révolutions du Moyen Age à nos jours*, Paris, CNAM-Presses univ. de Vincennes-ENS, à paraître.

WILLIOT, J.-P., « De l'innovation industrielle à l'excellence gastronomique : la cuisine au gaz, 1880-1930 », in *L'innovation alimentaire en France du milieu du XIXe siècle à la fin du XXe siècle*, Actes du colloque CRHI (2002), Paris, à paraître.

8. Ouvrages divers

Gazomètre et transformateur. Energies nouvelles et société, Catalogue d'exposition au Musée Sainte-Croix, Poitiers, 1985, 158 p. Un petit catalogue très bien fait et illustré donnant des renseignements utiles sur le développement des usines à gaz et leur personnel dans les départements des Deux-Sèvres et de la Vienne.

CHAPITRE V

La Suisse

Dominique DIRLEWANGER,
Serge PAQUIER & Olivier PERROUX

I. Histoire du gaz en Suisse

A. Etudes historiques

EGGER, K., *Von der Gasversorgung zum Erdgas. Die Geschichte der Berner Gasversorgung (1843-1993)*, Berne, 1993.

HODEL, F., *Versorgen und Gewinnen. Die Geschichte der unternehmerisch tätigen Stadt Luzern seit 1850*, Lucerne, 1997.

KURZ, D. und SCHEMPP, T., "Gemeindewerke und die Anfänge der Leistungsverwaltung auf kommunaler Ebene (1880-1914)", in *Itinera*, 21 (1999), p. 205-216.

PAQUIER, S., « Logiques privées et publiques dans le développement des réseaux d'énergie en Suisse du milieu du XIXᵉ siècle aux années Vingt », in PETITET, S. et VARASCHIN, D. (dir.), *Intérêts publics et initiatives privées, Initiatives publiques et intérêts privés. Travaux et Service publics en perspectives*, Lyon, 1999, p. 251-262.

B. Revue technique et économique

Schweizerische Verein von Gas-und Wasserfachmännern. Monatsbulletin – Société suisse de l'industrie du gaz et des eaux. Bulletin mensuel (1921-).

C. Statistiques rétrospectives

SIEGENTHALER, H. (dir.), RITZMANN-BLICKENSTORFER, *Statistique historique de la Suisse*, Zurich, 1996.

Production nationale (1870-1975), p. 593, 619.

Production, importation et exportation (1910-1990), p. 593

Part dans la consommation finale d'énergie (1910-1990), p. 589.

Prix du gaz (ville de Zurich, 1909-1992), p. 511.

Prix du gaz (ville de Berne, 1914-1991), p. 513.

Emission de pollution (1950-1984), p. 88-89.

Indice des prix du gaz (1964-1990), p. 496.

D. Travaux anniversaires

Cent ans SSIGE. Société suisse de l'industrie du gaz et des eaux (1873-1973), Berne, 1973.

Centenaire de la Compagnie du gaz et du coke SA (1861-1961), s.l., s.d.

Centenaire de l'usine à gaz de Neuchâtel, s.l., s.d.

Denkschrift zur 50. Jahresversammlung des schweizerischen Vereins des Schweizerischen Vereins von Gas- und Wasser- facmännern, Zurich, 1923.

GRIMM, W., "80 Jahre Gasversorgung der Stadt St. Gallen", in *Bulletin mensuel,* 12 (1937), p. 285-292.

Jubilé de la Société du gaz de la Plaine et du Rhône (1922-1972), s.l., s.d.

Hundert Jahre Gas in Basel, Bâle, 1952.

Le centenaire de l'industrie suisse du gaz (1843-1943), s.l., circa 1943.

Von der Gaslanterne zum Erdgas. Die Geschichte der Berner Gasversorgung (1843-1993), Berne, 1993.

WULLSCHLEGER, B., *Hundert Jahre Gaswerk Bern (1843-1943),* Berne, 1943.

E. Etudes contemporaines

CORRIDORI, E., *Die schweizerische Gasversorgung, Immensee,* 1939.

Die industriellen Unternehmungen der Stadt Zürich gewidmet den Teilnehmern an der 43. Jahresversammlung des Deutschen Vereins von Gas- und Wasser-fachmännern, Zurich, 1903.

ESCHER, F., *Das Gaswerk der Stadt Zürich,* Zurich, 1936.

ESCHER, F., "Die Gaswirtschaft der Schweiz", in *Monatsbulletin,* 11 (1939), p. 249-254.

GITTERMANN, M., *Konzessionierter oder Kommunaler Betrieb von monopolistischen Unternehmungen öffentlichen Charakters,* Zurich, Leipzig et Suttgart, 1927.

TOBLER, W., "Die Gasindutrie in der Schweiz", in *Monatsbulletin,* 10 (1939), p. 217-223.

WYLER, E., "Die schweizerische Gasindustrie und ihre volkswirtschaftliche Bedeutung", in *Zeitschrift für schweizerische Statistik und Volkswirtschaft* (1931), p. 489-542.

ZOLLIKOFER, H., *Notizen zur Geschichte der schweizerischer Gasversorgung und Gasindustrie,* Zurich, 1928.

II. Histoire du gaz à Genève

A. *Sources*

Abréviations

AVG   Archives de la Ville de Genève
BPU   Bibliothèque publique et universitaire
AEG   Archives d'Etat de Genève

AEG, *lettre de Gustave ADOR à Frédéric Barbey*, Naples 9 mars 1902.

AEG, *lettre de Gustave ADOR à Yvonne Martin*, Genève, 4 novembre 1909.

AVG, *Budget de la Ville de Genève*, 1896-1930.

AVG, *Compte rendu administratif et financier*, 1896-1930.

AVG, *Compte rendu annuel des Services industriels*, 1930ss.

AVG, *Loi sur l'organisation des Services industriels*, 1931.

AVG, *Mémorial du Conseil municipal de la Ville de Genève*, diverses dates.

AVG, *Règlement intérieur des Services industriels*, 1931.

AVG, *Règlement pour la fourniture d'énergie électrique*, 1932.

AVG, *Règlement pour la subvention par la Ville de Genève d'installation d'appareils électriques pour la production d'eau chaude*, 1921.

AVG, *Statut du personnel des Services industriels*, 1934.

BPU, *Assemblée générale de la Société genevoise pour l'éclairage au gaz*, Genève, 1847-1856.

BPU, *Assemblée générale des actionnaires de la Compagnie genevoise pour l'éclairage et le chauffage au gaz*, Genève, 1857-1895.

BPU, *Compagnie genevoise de l'industrie du gaz. Extraits des rapports présentés aux assemblées générales des actionnaires*, Genève, diverses dates.

BPU, *Compagnie genevoise pour l'éclairage au gaz*, prospectus, Genève, 1824.

BPU, *Convention entre le Conseil administratif de la Ville de Genève et la Société genevoise formée pour l'éclairage au gaz du 16 juin 1856*, Genève, 1856.

BPU, *Convention passée entre le Conseil administratif de la Ville de Genève et la Société genevoise formée pour l'éclairage au gaz*, Genève, 1844.

BPU, *Lettre de Louis ADOR à D. Colladon*, Genève 23 mars 1864.

BPU, *Rapport, assemblée générale ordinaire de la Société genevoise de l'industrie du gaz*, Genève, dès 1862 [lacunaire].

BPU, *Statuts de la Compagnie genevoise de l'industrie du gaz*, Genève, 1861.

BPU, *Tableau des heures d'éclairage de la Ville de Genève*, Genève, 1844.

D.L. dit CHARNU, *Supplique des réverbères de la ville de Genève contre le gaz envahisseur*, Genève, 1844.

B. Etudes historiques

BARBLAN, M-A., *Il était une fois... L'industrie à Genève*, Genève, 1984.

PERROUX, O., « L'éclairage public à Genève », mémoire de licence du Département d'histoire économique, Faculté des Sciences économiques et sociales de l'Université de Genève, 1995.

PAQUIER, S., « Les Ador et l'Industrie gazière (1843-1925) », in DURAND, R., BARBEY, D. et CANDAUX, J.-D. (dir.), *Gustave Ador. 50 ans d'engagement politique et humanitaire*, Genève, 1996, p. 139-179.

ROTH, H., « La fusion des communes de l'agglomération urbaine genevoise en 1930 », mémoire de licence du Département d'Histoire générale de la Faculté des Lettres de l'Université de Genève, Genève, 2000.

ROESGEN, M., *Introduction de l'éclairage à Genève*, autographié, Genève, 1988.

ULMI, N., « Les immenses avantages de la clarté ou comment la Ville de Genève décida de s'éclairer au gaz (1838-1843) », in *Bulletin du département d'histoire économique et sociale*, Université de Genève, 22 (1991-92), p. 33-56.

WALKER, C., « Du plaisir à la nécessité. L'apparition de la lumière dans les rues de Genève à la fin du XVIIIe siècle », in WALTER, F. (contributions réunies par), *Vivre et imaginer la ville aux XVIIIe-XIXe siècles*, Carouge, 1988, p. 97-124.

C. Statistiques rétrospectives

BAIROCH, P. et BOVEE, J.-P., *Annuaire statistique rétrospectif de Genève*, Genève, 1986.

D. Travaux anniversaires

Au service de la collectivité : 75e anniversaire de la municipalisation des services du gaz et de l'électricité, Genève, 1971.

LAVARINO, A., *Le centenaire du gaz à Genève*, Genève, 1944.

MAYOR, J.-C. (éd.), *Lumière, chaleur, énergie. Les dons du gaz*, Genève, Services industriels de Genève, 1994, 112 p.

RAFFESTIN, C. et TSCHOPP, P., *Du dialogue entre scientifiques et techniciens au dialogue entre producteurs et consommateurs d'énergie : les Services industriels de Genève*, Genève, 1981.

E. Etudes contemporaines

AVG, MEROZ, R., CLERC, J., *Les Services industriels et la Ville de Genève*, 30 mai 1974.

AVG, *Rapport d'expertise présenté au Conseil administratif de la Ville de Genève sur la compatibilité des Services industriels*, 1930.

AVG, *Rapport du Conseil administratif sur le situation respective de la Ville de Genève et des Services industriels*, décembre 1947.

BPU, « Sur l'éclairage public », *Brochure genevoise*, 1843.

COLLADON, D., *Autobiographie*, Genève, 1893.

COLLADON, D., *Renseignement sur les concessions consenties volontairement par la Compagnie genevoise d'éclairage et de chauffage par le gaz pour la ville et les particuliers*, Genève, 1882.

COLLADON, D., *Réponse au rapport lu par M. Turrettini au nom du Conseil administratif à l'appui d'un projet de convention avec une société d'appareillage électrique*, Genève, 1886.

EMPEYTA, J.-L., *Rapport sur la proposition du Conseil administratif d'éclairer la ville de Genève par le moyen du gaz*, Genève, 1843.

SCHILLING, N.-H., *L'éclairage électrique et l'éclairage par le gaz*, *Genève*, 1883.

III. Histoire du gaz à Lausanne

A. Sources aux Archives de la ville de Lausanne

Procès-verbaux du comité de la Société lausannoise d'éclairage et de chauffage au gaz (1857-1878).

Procès-verbaux du Conseil d'administration (1879-1895).

Correspondances administratives communales : documents sur les acteurs du gaz, des eaux et de l'électricité entre 1810 et 1914.

B. Sources publiées

Bulletin officiel des séances du Conseil communal de Lausanne (1890-1910).

CHAVANNES, L., *Description des installations pour l'alimentation en gaz, eau et électricité de Lausanne*, Lausanne, Société technique suisse de l'industrie du gaz et des eaux, 1904, 17 p.

CORNAZ, W., *La nouvelle usine à gaz de la ville de Lausanne*, Lausanne, 1912.

DIRECTION DES SERVICES INDUSTRIELS DE LA VILLE DE LAUSANNE (éd.), *La cuisson et l'eau chaude par le gaz*, Lausanne, Mingard et Conne, 12 p.

DIRECTION DES SERVICES INDUSTRIELS DE LA VILLE DE LAUSANNE (éd.), *50 ans de chauffage urbain à Lausanne*, Lausanne, Presses centrales SA, 1984, 16 p.

Rapport de gestion de la municipalité de Lausanne au Conseil communal de Lausanne pour l'année... (1890-1914).

Rapport de la commission du Conseil communal sur la gestion et les comptes de la municipalité de Lausanne pour l'année... (1896-1914).

C. Articles

AMBROSIUS, G., "Die Wirtschaftliche Entwiclung von Gas-, Wasser- und Elektrizitätswerken (Ab ca. 1850 bis zur gegenwart)", in *Kommunale Unternehmen. Gesichte und Gegenwart*, 42, Stuttgart, 1987, p. 125-153.

DIRLEWANGER, D., « La municipalisation des Services industriels de Lausanne, ou l'adaptation de la Commune aux besoins de l'économie », in *Mémoire Vive*, 7, 1998, p. 95-101.

GIRAUD, J.-M., « Energies et entreprises : l'exemple lyonnais », in *Centre Pierre Léon, Histoire économique et sociale. Entreprises (XIXe-XXe siècles)*, 4, 1994, p. 31-42.

WYLER, E., "Gaswirtschaft", in *Handbuch der Schweizerischen Volkwirtschaft*, Berne, Benteli Verlag, 1955, p. 528-530.

D. Ouvrages

BERNDT, M., *Die Gesichte des Gas-, Elektrizitäts- und Wasserversorgung in Köln bis 1914*, Bonne, Reinische Friedrich-Wilhems Universität Bonn, 1989, 525 p.

BORLOZ, J.-M. et MICHOT, G., *Gaz naturel*, Lausanne, Service du gaz, Ville de Lausanne, 1992, 28 p.

DIRLEWANGER, D., *Les Services industriels de Lausanne. La révolution industrielle d'une ville tertiaire (1896-1901)*, Lausanne, Antipodes, 1998, 178 p.

GRIVEL, L., *Historique de la construction à Lausanne. Expansion lausannoise*, Lausanne, Archives communales de Lausanne, 1942, 206 p.

MUYDEN, B., VAN SCHNETZLER, A., CHAVANNES, E., CHASTELLAIN, E., MONTMOLLIN, A. de, BUTTET, E., FAILLETAZ, E., *Lausanne à travers les âges*, Lausanne, Librairie Rouge, 1906, 228 p.

RAENER, H., *100 ans SSIGE. Société suisse de l'industrie du gaz et des eaux. 1873-1973*, Zurich, SSIGE, 1973, 218 p.

SERVICES INDUSTRIELS DE LAUSANNE, *Jubilé des services industriels de la Ville de Lausanne, 1896-1946*, Lausanne, 1945, 44 p.

VILLE DE LAUSANNE, *1896-1996, Services industriels. 100e anniversaire*, Lausanne, 1995, 50 p.

CHAPITRE VI

Le Royaume-Uni

Francis GOODALL

I. Collected Sources

National Gas Archive
Common Lane, Partington, Manchester M31 4BR

(This is a major collection of original documents, photographs, books, journals and gas artefacts)

County Record Offices

Board minutes of companies nationalised in 1949 were kept in the appropriate county record office. Board minutes of companies taken over by other companies before 1949 may be found at the National Gas Archive.

There are many histories of small gas companies and appliance manufacturers which are likely to be found in local libraries or record offices.

Institution of Gas Engineers
21 Portland Place, London W1N 3AF

The IGE library sponsors the Panel for the History of the Gas industry

II. Selected Statutes and Parliamentary Papers

Metropolis Gas Act, 1860.

Gasworks Clauses Act, 1871.

Selected Committee on Metropolitan Gas Charges, 1898/9; p. 1898, X, 19, p. 1899, X, 294.

Heyworth report on the gas industry, Cmd 6699, HMSO, 1945.

III. Books and Articles Published before 1945

BARKER, A. H., *Tests on Ranges and Cooking Apparatus*, DSIR, Fuel Research Board, 1922.

CHANDLER, D., *Outline of the History of Gas Lighting*, SMGC, 1936.

CHANTLER, P., *The British Gas Industry, an Economic Study*, MUP, 1938.

COE, A., *The Scientific Promotion of Gas Sales*, Benn, 1924.

FIELD, J. W., "Accounts of Principal Gas Undertakings. Field's Analysis", in *GLCC annual*, 1869-1939.

FRIEDMAN, B., *The National Fuel: Its Uses for Water Heating*, Ascot Gas Water Heaters, 1935.

GILBERT, A. T., *Installations and Appliances*, Crosby Lockwood, 1931.

HUNT, C., *A History of the Introduction of Gas Lighting*, London, 1907.

LAYTON, W. T., *The Early Years of the SMGC, 1833-1871*, Spottiswoode Ballantyne, 1920.

NEWBIGGING, T. and FEWTRELL, W. T. (eds), *King's Treatise on the Science and Practice of the Manufacture and Distribution of Coal Gas*, 3 volumes, King, 1882.

PECKSTON, T. S., *Theory and Practice of Gas Lighting*, London, 1819.

PEP, *Report on the Gas Industry in Great Britain*, PEP, 1939.

RUTTER, J. O. N., *Practical Observations on Gas Lighting*, London, 1833.

RUTTER, J. O. N., *Gas Lighting: Its Progress and its Prospects*, London, 1849.

SALFORD COUNTY BOROUGH, *The Salford Undertaking*, Salford, 1920.

SOUTH METROPOLITAN GAS CO, *A Century of Gas in South London*, SMGC, 1924.

SUGG, W., *The Domestic Uses of Coal Gas*, King, 1884.

SUGG, M. J., *The Art of Cooking by Gas*, Cassell, 1890.

WEBBER, W. H. Y., *Town Gas and its Uses*, Constable, 1907.

IV. Books, Articles and Theses Published after 1945

BARTY-KING, H., *New Flame*, Tavistock, Graphmitre, 1984.

BENNETT, A. S., *Samuel Clegg and Stoneyhurst College*, NW Gas Hist, 1986.

BOWDEN, S. M. and CRAWFORD, SYKES, "The Public Supply of Gas in Leeds, 1818-1949", in CHARTRES, J. and HONEYMAN, K., *Leeds City Business 1893-1993*, Leeds, 1993.

BRAUNHOLTZ, W. T. K., *The Institution of Gas Engineers 1863-1963*, IGE, 1963.

CHANDLER, D. and LACEY, A. D., *The Rise of the Gas Industry in Britain*, Gas Council, 1949.

Dictionnary of Business Biography, Butterworth, 1984-1986. Articles on James Benham; Alfred Colson; Sir Arthur M. Duckham; Sidney Flavel; Sir Henry F. J. Jones; Sir Georges T. Livesey; Sir David Milne-Watson; John West; Sir Corbet Woodall; William Woodall.

ELLIOTT, C., *The History of Natural Gas Conversion in Great-Britain*, Cambridge Info and Research Services, 1980.

ELTON, A. Sir, "Gas for Light and Heat", in SINGER *et al.*, *History of Technology*, OUP, 1958.

EVERARD, S., *The History of the Gas Light and Coke Company, 1812-1949*, Benn, 1949.

FALKUS, M., "The British Gas Industry before 1850's", in *Economic History Review*, 2nd ser., vol XX, n° 3, December 1967.

FALKUS, M., "The Development of Municipal Trading in the 19th Century", in *Business History*, XIX, 2, 1977.

FALKUS, M., *Always under Pressure: A History of North Thames Gas since 1949*, MacMillan, 1988.

FOREMAN-PECK, J. and MILLWARD, R., *Public and Private Ownership of British Industry. 1820-1990*, Oxford, 1994.

GARRARD, J., *The Great Salford Gas Scandal*, University of Salford, Department of Politics and Contemporary History, 1987.

GOLISTI, K. O. M., *The Gas Adventure and Industry, 1802-1949*, NE Gas, Leeds, 1984.

GOODALL, F., "Appliance Trading Activities of British Gas Utilities, 1875-1935", in *Economic History Review*, XLVI, 3, 1993.

GOODALL, F., *Burning to Serve. Selling Gas in Competitive Markets*, Landmark, Ashbourne, 1999.

GOODALL, F., "S. A. Beck, F. J. Dent, Sir A. M. Duckham, Sir F. Goodenough, Sir W. K. Hutchison, Sir G. T. Livesey, Sir C. Woodall", in *New Dictionary of National Biography*, OUP, 2004.

GRIFFITHS, J., *The Third Man, the Life and Times of William Murdoch, 1754-1839. Inventor of Gaslight*, A. Deutsch, 1992.

HANNAH, L., *Electricity before Nationalisation*, MacMillan, 1979.

HARRIS, S., *A Development of Gas Supply on North Merseyside, 1815-1949*, Liverpool, NW Gas, 1956.

HARVIE, C., *Fool's Gold; The Story of North Sea Oil*, Penguin, 1995.

HEYWORTH Report, *The Gas Industry*, PP 1947-8, VIII; Cmd 6699.

HUTCHISON, W. K., *High Speed Gas. An Autobiography*, Duckworth, 1987.

HUTCHISON, W. K., "The Royal Society and the Foundation of the British Gas Industry", in *Notes and Records of the Royal Society of London*, volume 39, n° 2, March 1985.

INTERNATIONAL GAS UNION, *Statistics of the European Gas Industry*, IGU, London, 1949.

JENSON, W. G., *Energy in Europe. 1945-1980*, Foulis, 1967.

KELF-COHEN, R., *Nationalisation in Britain, the End of a Dogma*, London, 1958.

KELF-COHEN, R., *British Nationalisation*, London, 1973.

MANCHESTER GAS DEPARTMENT, *143 Years of Gas in Manchester*, City of Manchester, 1949.

MATTHEWS, D. R., "Laissez-faire and the London Gas Industry in the 19th Century. Another Look", in *Economic History Review*, 2nd serie, XXXIX, 2, 1986.

MATTHEWS, D. R., "Profit Sharing in the Gas Industry 1889-1949", in *Business History*, XXX, 1988.

MELLING, J., "Industrial Strife and Business Welfare Philosophy: The Case of the South Metropolitan Gas Cy from the 1880's to the War", in *Business History*, XXI, 2, 1979.

MILLS, M., "Georges Livesey and Profit sharing: a Comment on Some Recent Literature", in *Business History*, volume 33, n° 4, October 1991.

MILLWARD, R., "The Market Behaviour of Local Utilities in Pre-World War I Britain: the Case of Gas", in *Economic History Review*, XLIV, I, 1991.

MILLWARD, R. and Singleton, J., *The Political Economy of Nationalisation in Britain, 1920-1950*, Cambridge, 1995.

MILLWARD, R. and WARD, R., *From Private to Public Ownership of Gas Undertakings in England and Wales, 1851-1947: Chronology, Incidence, Causes*, Manchester University, 1991.

PASSER, H. C., *The Electrical Manufacturers, 1875-1900. A Study in Competition Entrepreneurship, Technical Change and Economic Growth*, Harvard University Press, 1953.

PATRICK, E. A. K., *Watson House, 1926-1976*, IGE, 1976.

PEARSON, R., "Fire Insurance and the British Textile Industries during the Industrial Revolution", in *Business History*, vol. 34, 4, 1992.

PEARSON, R., "Taking Risks and Containing Competition, Fire Insurance in the North of England in Early 19th Century", in *Economic History Review*, XLVI, 1, 1993.

PEEBLES, M., *Evolution of the Gas Industry*, Macmillan, 1980.

RAVETZ, A., "The Victorian Coal Kitchen and its Reformers", in *Victorian Studies*, XI, 4, 1968.

REES, T., *Theatre Lighting in the Age of Gas*, Society for Theatre Research, 1978.

SCHIVELSBUSCH, W., *Disenchanted Night: the Industrialisation of Light in the 19th Century*, Berg, 1990.

SCHLOR, J., *Nights in the Big City. Paris, Berlin, London, 1840-1930*, Koerner & Bann, London, 1998.

SEAL, H., "The Gas Industry in Bristol, 1815-1853", unpublished Dissertation, Bristol, 1975.

SMITH, D., "Labours Lost – Life Enriched: Domestic Gas Appliances 1812-1918", in *North West Gas Historical Society*, January 1985.

STEWART, E. G., "Samuel Clegg, 1781-1861. His Life, Work, Intentions, Family Including a Full Account of his Atmospheric Railway", unpublished manuscript in National Gas Archive, 1962.

SUGG, P. C., *Using Gas Yesterday and Tomorrow*, IGE, 1979.

SUGG LIGHTING, *A Family Tradition since 1802*, Booklet ca 1985.

WILLIAMS, T. I., *A History of the British Gas Industry*, Oxford, 1981.

WILSON, J. F., *Lighting the Town: A Study of Management in the North-West Gas Industry. 1805-1881*, P. Chapman, 1991.

WILSON, J. F., "Ownership, Management and Strategy in Early North-West Gas Companies", in *Business History*, vol. 33, n° 2, April 1991.

CHAPITRE VII

La Grèce, la Roumanie et la Turquie

Alexandre KOSTOV

I. Sources d'archives

A. Archives diplomatiques

Ministère des Affaires étrangères (Paris)
Série Correspondance commerciale et consulaire (CCC),
Sous-série Athènes, Belgrade, Bucarest, Patras, Salonique, Syra.
Ministère des Affaires étrangères de Belgique (Bruxelles)
Série Correspondance politique,
Sous-série Grèce, Roumanie, Turquie.
Série Correspondance commerciale,
Sous-série Grèce, Roumanie, Turquie.

B. Archives privées

Archives historiques de Paribas (Paris).
Dossiers de la « Société hellénique du gaz d'Athènes et autres villes » et de la
« Société générale du gaz et de l'électricité de Bucarest ».
Archives historiques du Crédit lyonnais.

II. Sources imprimées

Rapports commerciaux des agents diplomatiques et consulaires de France
(Paris).
Recueil consulaire belge, Bruxelles, Années 1895-1913.
Annexe au Moniteur belge (Bruxelles).
Feuille officielle de commerce suisse (Berne).
Monitorul oficial (Bucarest).

Presse

Moniteur de l'industrie du gaz et de l'électricité (Paris).
Moniteur des intérêts matériels (Bruxelles).
Industrie Roumaine (Bucarest).

III. Bibliographie

A. Sur tous les pays balkaniques

KOSTOV, A., « Le capital belge et les entreprises de tramways et d'éclairage dans les Balkans (fin du 19e et début du 20e siècle) », in *Etudes balkaniques* (Sofia), 1989, n° 1, p. 23-33.

KOSTOV, A., « Le développement de l'économie municipale et la modernisation des grandes villes balkaniques (2e moitié du 19e – début du 20e siècle) », in *La ville dans les Balkans depuis la fin du Moyen Age jusqu'au début du 20e siècle*, Paris-Belgrade, 1991, p. 217-221.

B. Sur la Grèce

HERING, G., "Die Metamorphose Athens: Von der planmaeßigen Anlage der Residenzstadt zur Metropole ohne Plan", in HEPPNER, H. (ed.) *Hauptstädte in Südosteuropa*, Bd. I., Wien, 1994.

SKOUZES, D. I., *Athina ton ethnon/Athènes des nations*, Vol. 2, Athènes, 1962.

STAFANIDIS, D. I., *Isroi ton xenon kefalaion/La pénétration des capitaux étrangers*, Thessaloniki, 1930.

THÉRY, E., *La Grèce actuelle au point de vue économique et financier*, Paris, 1905.

TRAVLOS, J., *Athènes au fil du temps. Atlas historique d'urbanisme et d'architecture*, Paris, 1982.

C. Sur l'Empire ottoman et la Turquie

ANASTASIADOU, M., *Salonique (1830-1912). Une ville ottomane à l'âge des réformes*, Leiden/New York/Köln, 1997.

CELIK, Z., *The Remaking of Istanbul. Portrait of an Ottoman City in the Nineteenth Century*, Seattle/London, 1986.

THOBIE, J., *Intérêts et impérialisme français dans l'Empire ottoman*, Paris, 1977.

D. Sur la Roumanie

BACALBASA, C., *Bucuresti de altadata*, Vol. I – III, Bucuresti, 1935.

BERINDEI, D., "Dezvoltarea urbanistica si edilitara a orasului Bucuresti/Le développement urbaniste de la ville de Bucarest", in *Studii. Revista de Istorie*, 1959, 5, p. 133-158.

CEBUC, A., "Contributii la istoria iluminatului din Capitala pina in anul 1900", in *Materiale de istorie si muzeografie* (Bucuresti), Vol. II, 1965, p. 91-114.

CIORICEANU, G., *La Roumanie économique et financière*, Paris, 1928.

DAICHE, P., "Bene Aspecte ale dezvoltatii edilitar-urbanistice ale Capitalei intre cele doua razboaie mondiale", in *Materiale de istorie si muzeografie* (Bucuresti), Vol. I, 1964, p. 119-141.

GIURESCU, C., *Istoricul orasului Braila/Histoire de la ville de Braïla*, Bucuresti, 1968.

Istoria orasului Bucuresti/Histoire de la ville de Bucarest, Vol. I, Bucuresti, 1965.

MUNCU, I., *Intreprindelor comunale in Romania/Les entreprises communales en Roumanie*, Roman, 1932.

OBEDENARE, M.-G., *La Roumanie économique d'après les données les plus récentes*, Paris, 1876.

POPESCU, M. "Din istoricul Societatii generale de gaz si electricitate Bucuresti. Sur l'histoire de la Société de gaz et électricité de Bucarest", in *Studii. Revista de Istorie*, 1970, 23, 6, p. 1191-1211.

POPOVICI, M., *Aspecte finantelor Bucuresti (Histoire des finances de Bucarest)*, Bucuresti, 1960.

CHAPITRE VIII

L'Italie

Andrea GIUNTINI

ALAIMO, A., "Prima delle municipalizzazioni: gas e acqua a Bologna nella seconda metà dell'Ottocento (1846-1875)", in *La municipalizzazione in area padana. Storia ed esperienze a confronto*, a cura di BERSELLI, A., DELLA PERUTA, F. & VARNI, A., Milano, Franco Angeli, 1988, p. 266-295.

CAMURRI, R., *Le Aziende Industriali Municipali di Vicenza. Governo della città e nascita del servizio pubblico 1906-1996*, Venezia, Marsilio, 1996.

BALZANI, R., *Un comune imprenditore. Pubblici servizi, infrastrutture urbane e società a Forlì (1860-1945)*, Milano, Franco Angeli, 1991.

BARIZZA, S., "Il gas a Venezia. La prima volta del 'nuovo', le contraddizioni di sempre", in *Venezia nell'Ottocento*, a cura di COSTANTINI, M., fascicolo monographico di « Cheiron », 1991, n° 12-13, p. 147-158.

BARTOLINI, F., *Dalla luce a calore all'energia. Per una storia della Officina del gas di Bologna attraverso i dibattiti in Consiglio comunale*, Bologna, Istituto per la storia di Bologna, 1989.

BATTILOSSI, S., *Acea di roma 1909-1996. Energia e acqua per la capitale*, Milano, CIRIEC, Franco Angeli, 1997.

BENOCCI, C., *L'illuminazione a Roma nell'Ottocento. Storia dell'urbanistica, Lazio*, I, Roma, Edizioni Kappa, 1985, p. 10-11.

BIGARAN, M., "Infrastrutture urbane e politica municipale tra otto e novecento: il caso di trento", in *Passato e presente*, 1991, n° 25, p. 81-98.

BIGATTI, G., GIUNTINI, A., MANTEGAZZA, C., ROTONDI, I., *L'acqua e il gas in Italia. La storia dei servizi a rete, delle aziende pubbliche e della Federgasacqua*, Milano, CIRIEC, Franco Angeli, 1997.

CALABI, D., "I servizi tecnici a rete la questione della municipalizzazione nelle città italiane (1880-1910)", in *Le macchine imperfette. Architettura, programma, istituzioni nel XIX secolo. Atti del convegno Venezia ottobre 1997*, a cura di MORACHIELLO, P. & TEYSSOT, G., Roma, Officina Edizioni, 1980.

CASTRONOVO, V., PALETTA, G., GIANNETTI, R., BOTTIGLIERI, B., *Dalla luce all'energia. Storia dell'Italgas*, Bari-Roma, Laterza, 1987.

Cento anni di gas 1850-1950, acura della Azienda Municipalizzata Gas e acqua, Genova, Arti grafiche Bozzo, 1950.

CERUTTI, R. & GIANERI, E., *L'officina del gas di Porta Nuova a Torino la prima in Italia*, Torino, Sociatà Italiana per il Gas, 1978.

CESARI, C., *Storia del Gas*, Milano, garzanti, 1942.

CIANI, M., "Servizi pubblici e gestione urbanistica ad Ancona dall'Unità alla seconda guerra mondiale", in *Proposte e ricerche*, 1990, n° 24, p. 9-70.

Le compagnie del gas in Napoli, L'Arte Tipografica, 1962.

CONTI, F., "Amministratori, tecnici, impreditori: il mercato delle infrastrutture e la modernizzazione del territorio (1860-1914)", in *Una borghesia di provincia. Possidenti, impreditori e amministratori a Forlì fra Ottocento e Novocento*, a cura di BALZANI, R. & HERTNER, P., Il Mulino, Bologna, 1998, p. 381-474.

CONTI, F., "Crescita urbana e infrastrutture in Italia e in Europa. Studi sull'industria del gas fra Otto e Novocento", in *Italia Contemporanea*, 1992, n° 186, p. 103-111.

CONTI, F., "Infrastrutture urbana e politica municipale tra otto e novocento: il caso di Livorno", in *Passato e presente*, a.1991, n° 25, p. 51-79.

CORIASSO, R., *Giacche blu. I lavatori del gas, 1901-1977*, Milano, Angeli, 1991.

DEGL'INNOCENTI, M., "Per uno studio sul tema delle municipalizzazioni nella politica socialista fino all'avvento del fascismo", in *L'esperienza delle aziende municipalizzate tra economia e società. Atti del seminario di studi storici per l'80 di fondazione dell'Asm.*, Brescia, 2 dicembre 1988, Brescia, Sintesi editrice, 1990, p. 93-115.

DEZZI BARDESCHI, M., "Le officine del gas: una testimonianza di archeologia industriale da salvare", in M. Dezzi Bardeschi (dir.), *Le Officine Michelucci e l'industria artistica del ferro in Toscana (1834-1918)*, Pistoia, Cassa di Risparmio di Pistoia e Pescia, 1980.

DOGLIANI, P., *Energia per la città*, Modena, Edizioni Cooptip, 1987.

FENOALTEA, S., "The Growth of the Utilities Industries in Italy. 1861-1913", in *Journal of Economic History*, 1982, n° 3, p. 601-627.

FRANCO, R. "Industrializzazione e servizi. Le origini dell'industria del gas in Italia", in *Italia contemporanea*, 1988, n° 171, p. 15-38.

GIOVANNI, C., "Italy", in RODGER, R. (ed.), *European Urban History. Prospect and Retroprospect*, Leicester-London, Leicester University Press, 1993, p. 19-36.

GIUNTINI, A., *Dalla Lyonnaise alla Fiorentinagas*, Bari-Roma, Laterza, 1990.

GIUNTINI, A., "La municipalizzazione e le reti energetiche urbane. Gas ed elettricità dalla concorrenza ai consorzi pluriservizio", *Corso di stampa*.

GIUNTINI, A., "L'innovazione tecnologica nell'industria del gas dall'introduzione della luce elettrica alla Prima Guerra Mondiale (1883-1914)", in *Un bilancio storiografico ed alcune ipotesi di ricerca storica (secoli XVI-XX). Atti del secondo convegno nazionale, 4-5 marzo 1993 della Società Italiana degli Storici dell'Economia*, Bologna, Monduzzi Editore, 1996, p. 303-312.

HERTNER, P., "Municipalizzazione e capitale straniero nell'età giolittiana", in *La municipalizzazione in area padana. Storia ed esperienze a confronto*, a cura di BERSELLI, A., DELLA PERUTA, F. & VARNI, A., Milano, Franco Angeli, 1988, p. 58-79.

MANETTI, D., "La legislazione sulle acque pubbliche e sull'industria elettrica", in *Storia dell'industria elettrica in Italia. 1 Le origini. 1882-1914*, a cura di MORI, G., Roma-Bari, Laterza, 1992, p. 111-154.

MARCOLIN, M., "Pubblici servizi, private virtù? Riflessioni sulla municipalizzazione dei servizi gas e acqua a Bologna", in *La municipalizzazione in area padana. Storia ed esperienze a confronto*, a cura di BERSELLI, A., DELLA PERUTA, F. & VARNI, A., Milano, Franco Angeli, 1988, p. 410-426.

Milano. Lucci della città, a cura DELL'AZIENDA ENERGETICA MUNICIPALE, Milano, Cordani, 1985.

La municipalizzazione in area padana. Storia ed esperienze a confronto, a cura di BERSELLI, A., DELLA PERUTA, F. & VARNI, A., Milano, Franco Angeli, 1988.

ONOFRI, N. S., "Il dibattito sui servizi pubblici al Consiglio comunale di Bologna negli ultimi decenni del secolo scorso", in *La municipalizzazione in area padana. Storia ed esperienze a confronto*, a cura di BERSELLI, A., DELLA PERUTA, F. & VARNI, A., Milano, Franco Angeli, 1988, p. 492-523.

PALETTA, G. & PEREGO, L., "Organizzazione operaia e innovazioni tecnologiche. La Lega gasisti di Milano 1900-1915", in *Annali della Fondazione Giangiacomo Feltrinelli*, a.XXII (1982), p. 49-86.

PEDROCCO, G. "Gli inizi dell'industria del gas illuminante a Genova", in *Le Machine*, vol. II, 1969-1970, n° 4-5, p. 30-45.

PEDROCCO, G., *La storia dell'A.M.G.A. di Pesaro. Dal gaz illuminante al metano. Dai pozzi Northon all'acquedotto di ponte degli Alberi*, Pesaro, Azienda Municipalizzata Gas Acqua, 1989.

PENATI, E., *1837 luce a gas. Una storia che comincia a Torino*, Torino, Edizioni Aeda, 1972.

PILUSO, G., *Comergas. Una società del settore AgipPetroli: il gpl in rete tra mercati locali e culture d'impresa*, Milano, Guerini e associati, 1994.

RIVA, C., *Acqua e gas in Cesena*, Cesana, Stilgraf, 1985.

Il sole qui non tramonta. L'officina del gas di Bologna, 1846-1960, a cura di CAMPIGOTTO, A. & CURTI, R., Bologna, Grafis Edizioni, 1990.

SOMMA, P., "Trasformazioni economiche, sviluppo urbano e servizi pubblici a Venezia nel primo decennio del secolo ventesimo", in *La municipalizzazione in area padana. Storia ed esperienze a confronto*, a cura di BERSELLI, A., DELLA PERUTA, F. & VARNI, A., Milano, Franco Angeli, 1988, p. 643-664.

SORBA, C., *L'eredità delle mura. Un caso di municipalismo democratico (Parma 1889-1914)*, Venezia, Marsilio, 1993.

TADDEI, F., "La municipalizzazione dei servizi a Parma nel periodo giolittiano: appunti per una ricerca", in *La municipalizzazione in area padana. Storia ed esperienze a confronto*, a cura di BERSELLI, A., DELLA PERUTA, F. & VARNI, A., Milano, Franco Angeli, 1988, p. 665-677.

CHAPITRE IX

L'Espagne

Mercedes ARROYO

I. Travaux universitaires

ALERT, J., BORI, R., GUTTIÉRREZ, M. & TÉRMENS, M., "El gas a Igualada: aproximació a una experiència desfavorable (1856-1971)", in RIERA TUÉBOLS, S. (coord.), *Actes de les III Jornades d'Arqueología Industrial*, Igualada, Associació/Col.legi d'Enginyers industrials de Catalunya, 1991, p. 175-194.

ALSINA i GIRALT, *Els inicis del gas a Sabadel*, Quaderns de la Fundació Bosch i Cardellach, XLVII, Sabadell, 1984, 15 p.

ARROYO, M., *La Propagadora del Gas de Gracia. Articulación del territorio y administración municipal*, Ciudad y Territorio, 1992, p. 61-77.

ARROYO, M., *La industria del gas i el paisatge urbà*, La veu del carrer, octubre, 1992b.

ARROYO, M., "La electricidad frente al gas", in CAPEL, H., *Las tres chimeneas. Cambio tecnológico y desarrollo urbano*, Barcelona, FECSA, 1994, 3 vols, vol. I, p. 171-197.

ARROYO, M., "El procés d'implantació del gas a Barcelona (1841 – 1923)", in *III Trobades d'Història de la Ciència i de la Tècnica*, Barcelona, SCHCT, 1995, p. 473-480.

ARROYO, M., "Alumbrado público y consumo particular del gas en Barcelona (1841-1933). Innovación tecnológica, territorio y comportamientos sociales", Barcelona, Universidad de Barcelona, Tesis Doctoral microfichada n° 2.795, 1996.

ARROYO, M., *La industria del gas en Barcelona (1841-1933). Innovación tecnológica, articulación del territorio y conflicto de intereses*, Barcelona, Ediciones del Serbal, 1996, 420 p.

ARROYO, M., "Ildefonso Cerdà y el desarrollo del gas en Barcelona", *Scripta Nova, Revista electrónica de Geografía y Ciencias Sociales*, n° 2, Universidad de Barcelona, 1997.

ARROYO, M., "Factors de desenvolupament i limitacions per a l'expansió de les xarxes de gas. L'exemple de La Catalana, de Barcelona (1843-1930)", in ROCA ALBERT, J. (coord.), *La formació del cinturó industrial de Barcelona*, Barcelona, Institut Municipal d'Història de la Ciutat, 1997b, p. 149-157.

ARROYO, M., "El gas en un municipio de Barcelona. Sant Andreu de Palomar (1856-1923)", in CHECA, M. (coord.) *Finestrelles-Sant Andreu de Palomar, de poble a ciutat*, Barcelona, Fundació Ignasi Iglèsies, 1998a, p. 49-59.

ARROYO, M., "La articulación de las redes de gas desde Barcelona. Empresas privadas, gestión municipal y consumo particular", in CAPEL, H. & LINTEAU, J.-P. (eds), *Barcelona – Montréal. Desarrollo urbano comparado. Développement urbain comparé*, Barcelona, Publicacions de la Universitat de Barcelona, col. « GeoCrítica. Textos de Apoyo », 1998b, p. 163-178.

ARROYO, M., "Empresaris gasistes a la Catalunya del segle XIX", in *Estudis històrics i Documents dels Arxius de Protocols Notarials*, Barcelona, Col.legi de Notaris de Barcelona, 1998c.

ARROYO, M., "Organization of Urban Space by Gas Companies in the XIXth Century : the Case of Barcelona", in HORMIGON, M., AUSEJO, M. and DHOMBRES, J. (eds), *XIXth International Congress of History of Science*. Madrid, CEHOPU, (en cours de publication).

BERNILS i MACH, J., "Història del gas a Figueras", in *Separata dels Annals de l'Institut d'Estudis Empordanesos*, Figueras, 1992, p. 177-205.

CAMPRUBI, R. *Història de l'enllumenat públic a la villa de Sallent*, Sallent, Institut d'Arqueologia, Història i Ciències Naturals, 1983, 16 p.

FIGUEROLA, I. & PLANS, A., "La collecció de becs de gas del Museu de la Farmàcia Catalana", in *III Trobades d'Història de la Ciència i de la Tècnica*, Barcelona, SCHCT, 1995, p. 515-522.

GUAYO CASTIELLA, I. del, *El servicio público del gas*. Madrid, Marcial Pons, 1992, 415 p.

MARTINEZ i NO, Mª Dolors., *Josep Roura (1797-1860) : precursor de la química industrial catalana*. Barcelona, Associació d'Enginyers Industrials de Catalunya, 1993, 75 p.

PUIG, C. & BERNAT, P., "Jaume Arbós i Tor (1824-1882) un científico olvidado: gas y gasógenos en la Cataluña del siglo XIX", in HORMIGON, M., AUSEJO, M. and DHOMBRES, J. (eds), *XIXth International Congress of History of Science*, Madrid, CEHOPU, (en cours de publication).

ROMANI QUILIS, M., *La industria del gas en España*, Madrid, Index, 1982, 180 p.

SIMON PALMER, M. C., *El gas y los madrileños, 1832-193*, Madrid, Gas Madrid y Espasa Calpe, 1989, 302 p.

SUDRIÀ, C., "Notas sobre la implantación y el desarrollo de la industria del gas en España, 1840-1901", in *Revista d'Historia Económica*, n° 1, 1983, p. 97-118.

SUDRIÀ, C., "Atraso económico y resistencia a la innovación: el caso del gas natural en España", in *Documents d'Anàlisi Geogràfica*, n° 5, 1984, p. 75-96.

II. Ouvrages généraux

ALBRECH, R., FREIXAS, P., MASSANAS, E., MIRO, J. & XIFRA, L., *L'enllumenat elèctric a Girona. 1883-1930*, s.d., s.l., 12 p.

BRAGULAT, A., "La industria badalonina de baix a mar. El Gorg: fàbriques i canal", in *Revista de Badalona*, n° 3, 1991.

CATALANA DE GAS y ELECTRICIDAD S.A., *125 anys de gas a Manresa, 1859-1984*, Barcelona, 1984, 7 p.

FABREGAS, P. A., *Un científic català del segle XIX : Josep Roura i Estrada (1787-1860)*, Barcelona, Gas Natural SDG, S.A., 1993, 143 p.

FALGUERAS, F., *Una industria centenaria, Catalana de Gas S.A.*, Miméo, Barcelona, s.d., ca 1965.

GARCIA DE LA FUENTE, D., *La Compañía Española de Gas*, CEGAS, Valencia, CEGAS, 1984, 353 p.

GARCIA DE LA FUENTE, D., *Del gas del alumbrado al Gas Natural en Castellón de la Plana, 1870-1995*, Valencia, Compañía Española de Gas, CEGAS, 1996, 286 p.

GARCIA DE LA FUENTE, D., *La historia del gas en Granada, del Gas Lebon al gas natural*, Sevilla, Gas Andalucía, 1998, 230 p.

GAS LLEIDA, *40 anys del gas a Lleida*, Lleida, Gas Lleida, 1989, Brochure 9 p.

GAS PENEDÈS, *Tradició gasista. Vilafranca del Penedé*, 1994, Brochure 51 p.

GONZALEZ GARCIA, A., *El gas en Sevilla, cien años de historia*, Sevilla, Catalana de Gas y Electricidad, 1981, 270 p.

MARTOS DE CASTRO, F., "Aportación para una historia de la industria del gas en España", in *Economía Industrial*, n° 104. Madrid, 1972, Separata 22 p.

OLIVÉ SOLANES, J.-M., "Recorrido a través de la historia del gas en Tarragona", in *Revista del Diari de Girona*, s/f, p. 29-31.

OLIVÉ SOLANES, J.-M., *Reus y el gas, 1855-1985*, Tarragona, Gas Tarraconense, S.A. 1985, 44 p.

RIBÉ LLENAS, E., "El gas a Valls. Apunts per a una història del gas canalitzat", in *Cultura*, n° 548, 1995, p. 16-19.

RIBÉ LLENAS, E. & GASCON, V., *Historia del gas canalitzat a Valls*, Tarragona, Gas Tarraconense, 1995, 97 p.

VICTOR GAY, J., "El gas guanya una guerra que es va iniciar fa més d'un segle a Girona. Interview avec Jordi Busquets et Antoni Vilà, directives de Gas Natural", in *SDG, Diari de Girona*, n° 39, 1991, p. 8-11.

CHAPITRE X

Les Iles Canaries

Rafael MATOS

L'usine à gaz de Santa Cruz de Tenerife et son réseau de distribution datent de 1906. Leur création est tardive, surtout si l'on tient compte du fait que les rues de Santa Cruz avaient été éclairées au gaz entre 1888 et 1897 (par la Tenerife Gas and Coke Co., à capitaux britanniques), et que des projets d'usine à gaz avaient été proposés dès 1856. Cette arrivée sur le tard met le gaz derechef en concurrence avec la nouvelle énergie qu'est l'électricité. En effet, les premières sociétés électriques des Canaries démarrent dès 1892-1894.

La Gaswerk Santa Cruz de Tenerife est créée par la société Carl Francke, établie à Brême, sous la forme d'une société anonyme (Aktiengesellschaft ou A.G.), sur la base d'une concession octroyée par la municipalité de Santa Cruz. L'expansion de la filiale tinerfeña connaît un coup de frein suite aux problèmes d'approvisionnement en charbon découlant de la Première Guerre mondiale et l'usine à gaz se voit contrainte de cesser ses activités pendant deux ans et demi (1917-1920). En juillet 1922, Carl Francke vend l'usine de Santa Cruz à la société A.G. für Gasunternehmungen, sise dans le canton de Glaris (Suisse). Plus tard, en 1931, et ce malgré l'état florissant de l'usine à gaz de Santa Cruz, les actionnaires, réunis à Zurich, décident de la liquider. Les actions sont rachetées par la compagnie américaine Whetstone Corporation (Union Electric Co.) et, en 1975, l'usine à gaz cesse de fonctionner.

Une question qui mérite d'être analysée, est celle qui concerne le passage de l'usine à gaz de Carl Francke à l'A.G. für Gasunternehmungen. En effet, cette société glaronaise, liquidée en 1933, constitue une émanation de la Schweizerische Gasgesellschaft A.G., créée à Zurich en 1905. En 1914, cette dernière change de nom et son siège est transféré à Glaris. Or, la Schweizerische Gasgesellschaft est contrôlée par des capitaux allemands, ce qui laisse penser que cette manœuvre est destinée avant tout à protéger encore davantage ses investissements en raison des tensions qui surgissaient en Europe. Peu après, au cours de la Première Guerre mondiale, Tenerife va constituer un terrain d'affrontement couvert entre les deux principaux investisseurs de l'île, la Grande-Bretagne et l'Allemagne.

Etant donné que les sources secondaires canariennes ne mentionnent pas ce transfert et ne s'attardent guère sur les aspects financiers de l'industrie gazière canarienne, ma recherche se base principalement sur des écrits allemands et suisses, notamment des études économiques et des thèses. Ces sources, qui datent principalement de la période 1910-1940, sont complétées par des documents déposés au registre du commerce de Glaris, ainsi qu'aux Archives économiques suisses (Bâle).

I. Archives

Archives économiques suisses, Bâle.

(Schweizerische Gasgesellschaft A.G. in Glarus, A.G. für Gasunternehmungen ; 1915-1926).

Biblioteca Pública Municipal de Santa Cruz, Santa Cruz de Tenerife.

("Bericht der Gaswerk Santa Cruz de Tenerife Aktiengesellschaft", in Bremen über das Geschäftsjahr 1906/07 erstattet an die erste ordentliche Generalversammlung der Aktionäre am 8. Januar 1908).

Handelsregister des Kantons Glarus, Glaris (1914-1932).

II. Bibliographie

A. Economie allemande (divers aspects)

DERNIS, R., *La concentration industrielle en Allemagne*, Paris, Dalloz, 1929.

DEUTSCHES REICHSMARINE-AMT, *Die Entwicklung der deutschen See-Interessen, Sonderheft der Marine-Rundschau*, Berlin, 1905.

LIEFMANN, R., *Beteiligungs- und Finanzierungsgesellschaften*, 4ᵉ éd., Jena, 1923.

LÜRHS, W., "Carl Wilhelm Francke", in *Bremische Biographie 1912-1962*, Brême, Verlag H.M. Hauschild, 1969, p. 158-160.

PLUMPE, G., "The Political Framework of Structural Modernisation: the I.G.farbenindustrie A.G., 1904-1945", in LEE, W. R. (ed.), *German Industry and German Industrialisation. Essays in German Economic and Business History in the Nineteenth and Twentieth Centuries*, Londre & New-York, Routledge, 1991.

SARTORIUS, A., *Auslandskapital während des Weltkrieges*, Stuttgart, 1915.

SCHOTT, D., *Die Vernetzung der Stadt. Kommunale Energiepolitik, öffentlicher Nahverkehr und die "Produktion" der modernen Statdt, Darmstadt, Mannheim, Mainz 1880-1918*, Darmstadt, 1995.

B. *Economie suisse (divers aspects)*

BUREAU FÉDÉRAL DE STATISTIQUE, *Schweizerische Aktiengesellschaften, 1921 bis 1933. Sociétés anonymes suisses de 1921 à 1933*, Berne, coll. "Statistiques de la Suisse", 56, 1934.

GEERING, T., *Handel und Industrie der Schweiz unter dem Einfluß des Weltkriegs*, Bâle, B. Schwabe, coll. "Monographien zur Darstellung der Schweizerischen Kriegswirtschaft", III, 1928.

HIMMEL, E., *Industrielle Kapitalanlagen der Schweiz im Auslande*, Langensalza, H. Beyer & Söhne, 1922 [thèse, Universität Zürich, 1921].

LIEFMANN, R., "Schweizerische Beteiligungs- und Finanzierungsgesellschaften", in *Zeitschrift für schweizerische Statistik und Volkswirtschaft*, 1920.

SCHMIDT, P. H., *Die schweizerischen Industrien im internationalen Konkurrenzkampfe*, Zurich, 1912.

STREHLER, H., *Politique d'investissement à l'étranger des grandes entreprises industrielles suisses*, Saint-Gall, Zollikofer, 1969.

TOGGWEILER, J., *Die Holding Company in der Schweiz*, Zurich, Girsberger, coll. "Zürcher Volkswirtschaftliche Forschungen", 8, 1926.

C. *Industrie gazière allemande*

ALBRECHT, A., "Die deutsche Gaswirtschaft", in *Technik und Wissenschaft*, 9, 1928.

ELSAS, F., "Die deutsche Gaswirtschaft", in *Moderne Organisationsformen der öffentlichen Unternehmung, Schriften des Vereins für Sozialpolitik*, 176, Munich, 1931.

ELSTER, L., WEBER, A. und WIESER, F. (eds), *Handwörterbuch der Staatswissenschaften*, IV, Jena, G. Fischer, 1927 [article "Gasindustrie"].

GREINEDER, F., *Die Wirtschaft der deutschen Gaswerke. Denkschrift anläßlich der deutschen Ausstellung "Das Gas"* (Munich 1914), Munich/Berlin, 1914.

HARTMANN, K., "Die Entwicklung des Gaserzeugungsofenbaues. 100 Jahre Gas", in *Industrie-Bibliothek*, 19, Berlin, 1928.

HERTZ, A., "Die Konzentrationsbewegung in der Gasindustrie", [thèse, Universität Halle, 1929].

KÖRTING, J., *Geschichte der deutschen Gasindustrie mit Vorgeschichte und bestimmenden Einflüssen des Auslandes*, Essen, 1963.

NELLES, P., *Probleme der deutschen Gaswirtschaft unter besonderer Berücksichtigung der Selbstkostenrechnung*, Gelnhausen, Kalbfleisch, 1930 [thèse, Gelnhausen, 1930].

NUSS, M., « Die Wirtschaftsentwicklung der Gaswerke », in *Das Gas- und Wasserfach*, 39, 1930.

OTT, H., "Bibliographie zur Energiewirtschaft", *Deutschland, in Historische Energiestatistik von Deutschland*, 3, St. Katharinen, 1987.

RADTKE, *Werkaufbau*, Berlin, Munich, 1925.

SEELMANN, W., "Großgaswirtschaft: Gestaltungsprobleme der deutschen Gasversorgung", [thèse, Universität Zürich, 1934].

STARKE, R., *Gaswirtschaft*, Berlin, 1921.

VOLLBRECHT, W., "Wirtschaftsgeschichte der deutschen Gasproduktion", in VOLLBRECHT, W. und STERNBERG-RAUSCH (eds), *Das Gas in der deutschen Wirtschaft*, Berlin, 1929.

WEHRMANN, W., *Die Entwicklung der deutschen Gasversorgung von ihren Anfängen bis zum Ende des 19. Jahrhunderts*, Cologne, 1958.

D. Industrie gazière suisse

CORRIDORI, E., "Die schweizerische Gasversorgung", Immensee, Calendaria, 1940 [thèse, Universität Bern, 1939].

ESCHER F. et al., *Die schweizerische Gasindustrie. Bericht des Schweizerischen Nationalkomitees an die Weltkraftkonferenz Berlin 1930*, Berlin, VDI Verlag, 1930.

HÄRRY, A., "Die volkswirtschaftliche Bedeutung der Gasindustrie in der Schweiz in ihren Beziehungen zur schweizerischen Wasser- und Elektrizitätswirtschaft", in *Schweizerische Wasser- und Energiewirtschaft*, 1, 25. Januar 1933.

SCHWEIZERISCHER VEREIN VON GAS- UND WASSERFACHMÄNNERN, *Denkschrift zur 50. Jahresversammlung des Schweizerischen Vereins von Gas- und Wasserfachmännern : 1873-1923*, Zurich, Fachschriften-Verlag, 1923.

SOCIÉTÉ SUISSE DE L'INDUSTRIE DU GAZ ET DES EAUX, *100 ans SSIGE: Société suisse de l'industrie du gaz et des eaux : 1873-1973. 100 Jahre SVGW : Schweizerischer Verein von Gas- und Wasserfachmännern: 1873-1973*, Zurich, 1973.

USOGAS (ZÜRICH), *Das Gas und die schweizerische Gasindustrie*, Zurich, 1953.

VERBAND DER SCHWEIZERISCHEN GASINDUSTRIE, *Zürich: Gaswirtschaft zwischen gestern und morgen*, Zurich, 1958.

WYLER, E., "Die schweizerische Gasindustrie und ihre volkswirtschaftliche Bedeutung", in *Zeitschrift für schweizerische Statistik und Volkswirtschaft = Journal de statistique et revue économique suisse*, Berne, 1931, p. 489-542.

ZOLLIKOFER, H., "Notizen zur Geschichte der schweizerischen Gasversorgung und Gasindustrie", in *Monats-Bulletin des Schweizerischen Vereins von Gas- und Wasserfachmännern*, 9-12, 1926; 1-12, 1927; 1, 1928 [Sonderabdruck, Zurich, Fachschriften-Verlag].

E. Industrie gazière canarienne

CABILDO INSULAR DE TENERIFE, *Guia de Tenerife*, Santa Cruz de Tenerife, 1927.

CABRERA ARMAS, L. G. & HERNÁNDEZ HERNÁNDEZ, J., *Historia de la electricidad en Canarias*, Santa Cruz de Tenerife, UNELCO, 1988 [chapitre consacré au gaz].

CIORANESCU, A., *Historia de Santa Cruz de Tenerife*, Santa Cruz de Tenerife, Confederación Española de Cajas de Ahorro et Caja General de Ahorros, 39, coll. "Historia", 4, 1976-1979, 4 tomes.

COLA BENITEZ, L., "Crónica de Santa Cruz, cien años antes 1886, II. Mejoras urbanas-Ornato-Aguas", in *El Dia*, 3 mai 1986.

DÍAZ TORRES, A., *La fábrica de gas de Tenerife : su historia y funcionamiento (1906-1975)*, Utilización didáctica, Santa Cruz de Tenerife, Consejería de Industria y Comercio del Gobierno de Canarias, 1993.

GONZALEZ, C., "La fábrica de gas. Datos históricos", in *Jornada*, 5 novembre 1987.

CHAPITRE XI

Le Portugal

Ana CARDOSO DE MATOS

I. Ouvrages publiés avant 1900

Actas de commissao Admininistrativa da Camara municipal de Lisboa (several years).

Actas das Sessoes da Camara municipal de Lisboa (several years).

Annaes Administrativos e Economicos, Lisboa, 1856-1859.

Colleçao dos Documentos da Illuminaçao a Gaz, Lisboa, 1882.

Contracto celebrado entre a Camara Municipal de Lisboa e Sociedade Companhias Reunidas de Gase Electricidade em 22 de julho de 1891, Lisboa, 1891.

Estatutos da Companhia lisbonense de Illuminaçao a Gaz (1846), Lisboa, Imprensa Nacional, 1846.

GODOLPHIM, C., *A Companhia lisbonense de Illuminaçao a Gaz (traços gerais para a sua Historia)*, Lisboa, Typographia Universal, 1892.

GOMES, B. A., *Relatorio sobre os trabalhos da conferencia sanitaria internacional reunida em Constantinopla em 1866*, Lisboa, Imprensa Nacional, 1867.

Relatorios da Direcçao da Companhia lisbonense de Illuminaçao a Gaz, Lisboa, 1852-1882.

Relatorios das Comissoes eleitas pela Assembleia Geralda Companhia Lisbonense de Illuminaçao a Gaz para examinar a gerencia da mesma companhia, Lisboa, 1857-1882.

II. Revues

Revista de Obras Publicas e Minas, 1869-1900.

Diario Illustrado, several years.

O Occidente, several years.

Revista Universal Lisbonense, several years.

III. Ouvrages et articles publiés après 1900

CAETANO, A. A., "Luz e sombras na vida de Lisboa em meados do seculo XIX: a fundaçao da Companhia lisbonense de Illuminaçao a Gaz", in *18th Conference of APHES*, Lisbon, 1998.

COSTA, J. A., *Gas de Lisboa*, Lisboa, 1996.

CUSTODIO, J., "As infra-estruturas: os canais de Lisboa", in *Lisboa em movimento 1850-1920*, Lisboa, 1994.

HENRIQUES, L. O., "A Illuminaçao a Gas na cidade de Leiria (1889-1904)", in *Arqueologia Industria*, n° 1, Julho de 1998, p. 37-61.

J.M.R.C., "Fabrica de Gas da Matinha", in SANTANA, F. & SUCENA, E. (dir.), *Dicionario da Historia de Lisboa*, Lisboa, 1994, p. 378-9.

MARIANO, M., *Historia de Electricidade*, Lisboa, 1993.

MARTINS, A. M., CAMPOS & COELHO, A. P., "A fabrica de gas de Belem: os projectos e os processos de produçao no final do sec. XIXI", in *Arqueologia Industria*, n° 1, Julho de 1998, p. 23-36.

MARTINS, A. M., CAMPOS & COELHO, A. P., "As Instalaçoes industriais como elementos poluidores da cidade: o caso da fabrica de Gas de Belem", in *Actos do Coloquio Tematico*, Lisbon, Lisboa Ribeirinha, 1999.

MATOS, A. CARDOSO DE, "As consequencias ambientais da industrializaçao portuguesa", in *17th Conference of APHES*, Açores, 1997.

MATOS, A. CARDOSO DE, "O Papel dos 'homens de ciencia' e dos engenheiros na construçao das cidades contemporaneas O caso de Lisboa", in *18th Conference of APHES*, Lisbon, 1998.

MATOS, A. CARDOSO DE, COELHO, A. P., MARTINS, A. M., CAMPOS, "Dos espaços industriais como elementos pertubadores das exposiçoes aos espaços industriais integrados nas exposiçoes O caso de fabrica de gas" ; "O abastecimento de gas a Lisboa: tecnologia, financiamento e regulamentaçao", in *18th Conference of APHES*, Lisbon, 1998.

SILVA, A. F., "Modos de regulaçao da cidade: a mao visivel na expansao urbana", in *Penelope*, 13, p. 121-146.

PARTIE B

PROBLÉMATIQUES ET PERSPECTIVES

I

LES ESPACES ORIGINELS

CHAPITRE I

Entrepreneurs, Engineers and the Growth of the British Gas Market

Francis GOODALL

When someone of my generation thinks about the gas market, their first thought is the impact of the replacement of coal gas by natural gas. Two generations earlier the thought would have been primarily of gas lighting, but also the appearance of the first gas cookers. For four or five generations before that, gas would only conjure up the idea of lighting. What I shall try to do today is to show the dynamic of change, how the gas industry has become what it is today.

The development of the British (or European) gas market falls into four distinct phases. The first covers the earliest years of the industry when it enjoyed an effective monopoly in the "installed" lighting market. The second phase saw the industry coming to terms both with competition and regulation; this extended until nationalisation in 1949. The third period covers the years under state control and the final period from 1986 to the present covers the return of the industry to full private ownership and the opening of gas supply to full competition. Privatisation has also allowed gas companies to become deeply involved in related activities, e.g. electricity supply.

The British market was rather different from that in much of Europe; there was no predisposition to municipal control (although about one third of undertakings serving a third of all customers were municipally owned). To prevent abuse of monopoly power, some mechanism other than municipal control was necessary to regulate gas suppliers. Earlier ad hoc oversight was formalised after 1870 when the Board of Trade was given statutory powers to regulate the industry. These powers covered metering, price and dividends, gas quality and other matters. Regulation was not onerous but, as the pattern remained virtually unchanged until the nationalisation of the industry in 1949, proved increasingly inappropriate when the gas industry was faced with severe competition from electricity between the wars.

The market for gas developed because gas had two advantages over its predecessors, it was both more convenient and it was cheaper. The first gasworks, even before the establishment of the first public supply company in 1812, were constructed by factory owners to light their own premises. Gas was cheaper than candles or oil lamps, even if not by as much as its early advocates claimed. It had, however, the very important advantage that, being a fixed installation, it reduced the risks of factory fires. Once this need had been met, any spare could be used to light a few street lamps and houses along the road, but such lighting was supplementary to the main load (Pearson, 1992; Chandler, Lacey, 1949).

With clear advantages for lighting, gas did not need extensive marketing to spread rapidly, and it was those with engineering expertise who were its advocates. The mercurial figure of Frederick Winsor, who passed through Brunswick to London and finally to Paris, had the imagination to foresee the advantages of a public supply system and the enthusiasm to promote his ideas and find backers to invest in his vision. Winsor however lacked both business acumen and engineering skills. After the Gas Light and Coke Company (GLCC) was set up, he was quickly sidelined by hard-headed businessmen. Philippe Lebon, from whom Winsor gained his inspiration, had the potential to become a leader of the industry in Europe but for his untimely murder (Falkus, 1982; Wilson, 1991).

In the early years of the industry there was little expertise to draw on, and those who wished to have a gas supply, investors and users alike, had to rely on word-of-mouth and the claims to expertise of the promoters of the next lighting. I am very fortunate in just having been shown a batch of letters written over the period 1815-1835 by one of the industry's early entrepreneurs. Samuel Peckston was a purser in the Royal Navy but lost his job in 1815 with the end of the wars. A friend of his who had bought shares in the GLCC recommended Peckston to the directors and he was taken on as a clerck. He was obviously higly resilient and adaptable, with great practical bent. Within four years he had written the first textbook on the industry, which set down principles which were valid for the next 75 years. Peckston's *Theory and Practice of Gas Lighting* appeared in 1819. Peckston claimed that his book was based on "experiments which he had made" and that on the basis of what he had written, anyone might erect his own gasworks "for supplying his own premises with gas, or for lighting up large manufactories, streets or even towns". He stated that his work was based on experiments carried out under his own observation or by recognised authorities. Interestingly he accepts the limitations of early practitioners such as himself; he hopes that men of science will deign to enter this new field and "by their exertions dispel those clouds with which empiricism has veiled it" (Royal Naval Museum, Portsmouth; Peckston, 1819).

Peckston recognised the commercial opportunities available for those willing to grasp them. In the same year that his book was published he prepared his *Cursory observations on different processes adopted for the distillation of coal*, in effect an estimate for building a gasworks for the town of Southampton to supply 1.000 Argand lighting burners and 250 street lights. He hoped that, as well as winning the Southampton contract, leading citizens of others towns considering gas for lighting would appoint him as their expert. Within a couple of years he was combining his duties for the GLCC with working as representative for the Barlow brothers, who were notable early gasworks contractors. A few years later Peckston was working on his account and erected around ten works, maily in the Suffolk and the Channel Islands. He also worked with his wife's brothers, John, James and George Malam, who between them were responsible for the construction of over 50 establishments. In some cases Peckston not only built, but also financed the construction, later selling the business to shareholders (Falkus, 1967).

The industry developped slowly for half a century, fragmented in organisation and empirical in technical progress. Despite the establishment of the Institution of Gas Engineers in 1863, there were no moves to place the British industry on a more scientific basis through research. Problems of combustion and, notably, gas purification gave problems throughout the 19th century. Gas was poorly placed to withstand the impact of competition from the 1880s. The light it provided was hot and smelly; it was endured rather than enjoyed. When electric lighting arrived it quickly displaced gas as the preferred lighting for shops, theatres and the homes of the wealthy. Electricity was expensive, but brought advantages of convenience and cleanliness (in the home) and reduced pollution (at the works) which gas could not match (Berlanstein, 1991).

The senior men of the gas industry lacked the entrepreneurial skills to organise a response to this new competition. Their knee-jerk reaction was to seek technological improvements to gas lighting. When the Welsbach incandescent mantle was perfected around 1892, many felt they could relax; gas could still provide a good standard of light at lower cost than electricity. Regrettably this *laissez-faire* attitude made good commercial sense at the time. Competition was slow to arrive outside the main centres of population. Not until the 1930's were most homes connected to a mains electricity supply for lighting, and it was not until the 1950s and 1960s that the electricity supply industry was in a position to meet all the demands of customers. Although it did its best to sell cookers to dislodge gas from the kitchen, for many years it tried not to sell fires, which aggravated its peak load supply problems (Hannah, 1979, 1982).

In the 1880s and 1890s the necessary dynamism to change the direction of the industry came not from its own senior men but from outside, from a group of appliance makers. Realising that the scope for developing the lighting market was limited, they set about creating new markets for cooking and heating. Although there was a long-established tradition of burning coal on open fires in the UK, for cooking certainly and to some extent for heating, gas has the advantage of convenience (if not of cost) over coal. (Convenience is a relative term; it was said that you could detect the presence of a gas cooker in a house from the front doorstep, by the smell!)

When it came to selling appliances, it was the makers who usually arranged exhibitions, employed demonstrators and canvassers. The makers did far more than the supply industry to promote new uses for gas. Indeed some employed large forces of gas fitters to instal pipes, meters, cookers and lighting burners and to provide a regular service for public street lighting. It was not until 1901 that the South Metropolitan Gas Company (SMGC) first employed a team of canvassing salesmen in south London; the GLCC first appointed salesmen in the following year. Shortly after this the GLCC set up a fitting department to check the standards of work and costings of its subcontractors.

There was one area where British engineers showed undoubted entrepreneurship. They offered customers free cookers, the costs being recovered through a supplement on the charge for gas; there was no risk of bad debts as the charges were recovered through the newly invented prepayement (penny-in-the-slot) meter. That meant that gas became vailable to working class customers who could previously afford the costs of having gas installed. As Georges Livesey of the SMGC, the leading gas engineer of the day said "this extension of gas supply to weekly tenants is the most extraordinary and remarkable development of the business that has ever been known".

I have argued elsewhere that this initiative was the crucial factor which allowed the UK industry to grow so much more strongly than in other European markets. Certainly the prepayement supplement concept was widely discussed, notably at the 26th congress of the Société technique du gaz in 1896 and at the American Gas Light Association in 1899. It was not however adopted elsewhere with the same enthusiasm, except in the Nederlands. The Americans for example only installed prepayment meters in dubious bars and lodging houses in an attempt to control bad debts. Uniquely in the UK, one consequence of the popularity of the prepayment supplement system was that the supply industry came to control appliance markets by providing hired cookers "free" to customers. This was to have unwelcome consequences between the wars, as British managers chose appliances for hire on the basis of robustness and low cost; they were not interested in the new "features" the makers wished to introduce to create more sales (Goodall, PhD 1992).

Other entrepreneurial responses were possible, but were foregone. British gas engineers, following the lead of George Livesey, thought they should stick to what they knew, and not get involved with electric lighting. In this they differed from their American counterparts; in 1899, 40% of all American gas supply companies also supplied electricity (Passer, 1953). The Americans were also much more flexible in their appliance trading; they wanted customers to buy, and continue buying, new appliances; hiring was unknown.

The defensive attitudes adopted in the 1890s survived until the inter-war period. Indeed according to occasional reports in the gas press there were still a few managers in the 1930s who spoke as though gas could reverse the spread of electric lighting, despite all the evidence to the contrary. It was to counteract attitudes such as these that the Ascot Gas Water Heater Co. directed much of its marketing effort towards builders and architects. Ascot (actually Junkers) introduced German-designed and technically advanced instantaneous water heaters to the British market. There were stylish, easy to service and efficient. They gave salesmen a strong weapon as they provided a unique service which could not be matched by other fuels, hot water on tap, always.

Instead of being welcomed, Ascot was at first treated with reserve. They found that they had to educate all levels from top management down into what their heaters could do. Instead of the makers learning from the supply industry, the reverse was the case. Ascot had to run training courses for gas salesmen, foremen and fitters to ensure that they would understand how instantaneous water heaters were to be sold, fitted and serviced. Once again in the field of appliance utilisation, the entrepreneurial drive to expand the market comes from outside (Goodall, PhD, 1992).

Unlike Germany, with its technical centers at Karlsruhe and Dessau or the American Gas Association's laboratories, the UK had no compa-rable national center between the wars. The larger undertakings had their own laboratories, but many of the senior managers were uncon-vinced of the need for common standards for safety, efficency or even gas quality. They said that their experience was the customer's best safeguard. Indeed the first British Standard Specification, BSS 1250 for domestic gas appliances was not published until 1945. Even this owed its genesis not to pressure from within the industry but from outside. The industry feared that it would receive no post-war appliance orders from the government unless there were published objective standards of performance and safety. Here Britain was well behind France, Germany,

Holland, Denmark, Austria, Sweden and Switzerland (and Canada and USA) which already by 1934 had appliance certification standards.

The problems facing the industry in the late 1930s were well known (PEP, 1939; Heyworth, 1945). It was also widely recognised that many of the problems were directly due to the industry itself. It had failed to establish effective national machinery to lobby government. One important priority was a review of the legislation affecting regulation of the industry, which had remained virtually unchanged since the 1870s, long before the growth of the appliance business. As mentioned earlier, the supply industry had failed to agree technical standards, many individual engineers preferring to be able to dictate to the makers, regardless of the advantages of standardised appliances and longer production runs.

At a deeper level, the industry was ambivalent as to its role. Should it be fully commercial in its policies or did it have a wider social responsibility? Should gas be provided in the same way that water and sewage services were made available? Certainly this view was favoured by of the municipal undertakings which made up a third of the industry. Should the supply industry police standards of safety or should this be the responsibility of government? How could an entrepreneurial dynamic develop, bearing in mind that there were over 1000 separate gas undertakings, some tiny and some huge? The leaders of the supply industry were well aware of the necessity of some structural reorganisation, far beyond what had been achieved by the holding company movement of the 1930s. The answer was nationalisation, achieved in 1949 (Wilson).

One notable change in the 1930s was the growth of bulk supplies from coke ovens particularly to meet the needs of industrial customers. Such customers did not require the precise quality controls necessary where gas was used in the home. Where bulk heat was being supplied, variable quality was acceptable, as was interruption of supply at times of peak load, as long as this inconvenience was recognised in the price paid. The Sheffield gas grid was comparable to the grids in the heavy industrial regions of Belgium and Germany. Apart from such specialist bulk supplies, it was generally uneconomic to distribute to domestic customers much more than 20 km from the works. The restricted radius to be served from any individual works helps to explain the survival of so many small gasworks in the UK.

The problems facing the 12 newly nationalised regional gas boards in 1949 were many. They had to put in place management systems and controls to match their new responsabilities. They had to put right the damage of wartime and backlog of maintenance which had built up over the previous decade. They were faced with an inexorable rise in the price of gas coal. The (nationalised) coal board saw the industry as a captive market which would have to, pay whatever price was demanded. Hence the price of gas coal rose faster than that destined for electricity generation. In the marketing field the new boards had inherited vasts numbers of appliances hired out by the predecessor companies, including millions of "black" cookers provided "free" under the terms of the prepayment supplement; cast-iron, unenamelled, inefficient and the worst possible advertisement for the industry. These old appliances reinforced the public's perception that gas was yesterday's fuel, to be tolerated only until the electric future arrived. The industry was widely perceived to be obsolescent, even by some of its own employees who could not see how prospective decline could be reversed. It apparently had nothing with which to counter the dream of the all-electric house so actively promoted by its competitor.

Nationalisation substantially changed the balance of power within the supply industry in many areas, notably in the appliance market. Instead of dealing with a multiplicity of small undertakings, the makers now dealt only with the twelve gas board. Common technical standards were now imposed by the boards; it was essential that the makers kept on the right side of their customers. There was no outside market to which they could turn; British appliances never had great appeal in export markets (other than in Australia and New Zealand). Nationalisation also raised standards of techical training for gas fitters, salesmen and even idiosyncratic managers. Now the board exerted total dominance in the appliance business, effectively controlling all sales outlets. In terms of simplicity and convenience there were advantages for the makers. Against this, it has to be said that the somewhat bureaucratic boards were setting themselves up as arbiters of customer taste and preference. They were still dictating what appliances their customers might buy. In the immediate aftermath of wartime disruption this might be acceptable, but it should not become institutionalised. They were at risk of repeating the errors of their predecessors in the 1890s.

Tight discipline over all aspects of marketing was understandable while gas was fighting for its life against competition from other fuels. From the 1960s on boards were slow to relax their desire for total control, even though it was then safe for them to step back and allow the makers a greater responsibility for satisfying market demands. For example, opposition from the boards (both gas and electricity) delayed the introduction of dual fuel cookers, with gas hob and electric oven. Similarly there was long opposition on spurious technical grounds for the application of electric controls and ignition to gas appliances. In fact this opposition provided an incentive for importers to introduce continental appliances, not through the boards but through independent hardware and kitchen shops to break the virtual monopoly of the gas showrooms.

Ironically two great gas success stories finally broke the dominance of the boards in appliance markets. The first was the central heating market. This became economic as new gasmaking processes using oil feedstocks rather than coal came on stream, effectively halving the cost of gasmaking, as mentioned later. Gas central heating became tremendously popular from the mid 1960s, and pushed aside the competition from oil. Gas fitters were not then trained to deal with electric components; in consequence, while the boards could take orders, they had to pass them to outside contractors for installation. Of course gas fitters quickly learned how to deal with central heating systems, but the near monopoly of gas fitting by the boards was broken.

The second breakthrough came at the time of conversion of appliances to burn natural gas instead of coal gas. Over a ten year period 1968-1977 almost 35 million appliances were converted for 13,4 million users in the UK. This huge task on top of normal installation and servicing work was completely beyond the capability of the boards' direct labour forces; contractors were brought in to carry the brunt of the straighforward tasks. With a few weeks' training, these men were doing the work which had previously been regarded as the prerogative of a fitter who had undergone a full trade apprenticeship lasting several years. When conversion was over there was a pool of men skilled in gas work who could operate in direct competition with direct labour. The boards set up a registration scheme (CORGI) to monitor qualifications of those who wish to set up their own gas fitting business. Otherwise they ran down their in house recruitment and training. Today when a customer calls British Gas for service, the chances are that a fitter contracted to BG will respond, rather than a BG man.

In one area the industry took bold entrepreneurial decisions which were to have enormous consequences for its future. Industry leaders in the UK had been looking enviously at the progress made by their American counterparts who could call on huge reserves of natural gas which were on offer at minimal prices, even after being transported hundreds of miles. Research was commissioned in two fields which were to be of vital importance. The British initiated a search for onshore natural gas reserves, which even if on a small scale might have reduced the cost of gas-making feedstocks. The results were disappointing. Similarly a scheme proposed by Bechtel in the early 1950s to construct pipelines to bring Middle East gas to Western Europe was ahead of its time. This premature interest in natural gas was soon to bear fruit in the decision to pioneer the transport of liquified natural gas by sea, the first transatlantic cargo being unloaded in 1959. The discoveries of huge quantities of natural gas at Slochteren in the Netherlands in 1959 dramatically increased the prospects that natural gas would soon be playing a major part in the British gas industry, whether seaborne or brought by pipeline direct from the wells (Jensen, 1967).

The other entrepreneurial research undertaken was into alternative methods of gasmaking, both complete gasification of coal and more significantly, catalytic treatment of refinery products to produce a coal gas substitute. Today the understandable interest in the introduction of gas from the North Sea (the first strike in the UK sector was in late 1965) obscures the vital role played by oil gas produced by new processes in keeping gas competitive in fuel markets and enabling the industry to end its dependence on expensive coal. This was before natural gas had made its impact on the gas market, and it must not be forgotten that the new gas making processes could also use natural gas as a feedstock. By 1972 when the conversion programme was only half-way through, 90% of all gas was natural gas, either converted into coal gas equivalent or supplied direct (Williams, 1981; Elliott, 1980; Hutchison, 1987)

Reducing dependence on coal opened the way for another entrepreneurial coup, driven forward by the deputy chairman of the Gas Council, a chemical engineer by training. In the early 1960s, while insiders might have been realised tat the gas industry was fighting back, the general public did not. Opinion surveys showed that gas had the image of "dirty", "smelly", "dangerous", "old-fashioned". Somehow a new public face for gas had to be created. Thus was born the "High Speed Gas" image, designed to emphasise the two elements where gas was known to be superior, those of speed and flexibility. High Speed Gas, gas from oil and then natural gas transformed the industry (sales in 1950-1: 2402.10^6 therms; sales in 1989-1990: $18.552.10^6$ therms). Advertising may have changed public perceptions of gas, but price was of greater importance in the industrial and commercial/public administration markets. Here too gas made tremedous strides. Over the decade 1965-6 to 1975-6, commercial sales have increased by two-and-a-half times, domestic sales threefold and industrial sales over sixfold (Elliott, 1980; Williams, 1981). In the following decade domestic sales increased by two-thirds and commercial more than doubled but industrial sales were static.

Just as the proliferation of gasfitting skills ended the British Gas monopoly of installation and service work, the ready availability of huge quantities of natural gas ensured that gas would in future be treated as a remarkable commodity like any other. British Gas, now Centrica and Trans Co, no longer had any special claim to dominate the market. Once the legislative framework was eased, other suppliers have rushed to carve themselves a niche in the energy supply market. In fact today it is quite possible to buy electricity from a gas company and gas from an electricity company! It may not be long before there are a few total service providers who will supply water, gas, electricity and telephone/cable services to the homes in their franchise areas.

Engineers are now consigned to the sidelines. Entrepreneurs are not required. In today's energy market it is the accountants negotiating between suppliers and distributors who determine the source of our energy. The industry's entrepreneurial efforts are currently directed towards finding other areas of business where it may capitalise on its undoubted expertise in the customer field. It is extremely skilled in handling the needs of vast numbers of customers through computerised databases and work-scheduling. The newspapers currently carry reports that British Gas is considering the takeover of the emergency repair service function of one of the major motoring organisations, the RAC. This a far cry from the objectives of the early pioneers.

It is however important to remember the lessons of the past. The gas industry has shown unfavourable circumstances may be overcome; this is an important lesson and should not be forgotten. It will be needed at some future time, even if not immediately.

Résumé

Les entrepreneurs, les ingénieurs et la croissance du marché gazier en Grande-Bretagne

Le marché gazier a connu en Grande-Bretagne un essor en quatre phases. La première correspond à l'enthousiasme des premières installations d'éclairage urbain et fut marquée par l'empirisme technologique. Quelques entrepreneurs comme Peckston multiplièrent les initiatives. La seconde s'étend jusqu'à la nationalisation adoptée en 1949. La croissance du marché dépendit alors des capacités commerciales des gaziers plus que des réponses techniques apportées à la concurrence électrique notamment. Des innovations comme les compteurs à prépaiement ou la diffusion de la cuisine au gaz firent plus que les progrès techniques faute d'un grand centre de recherche comme il en existait aux Etats-Unis ou en Allemagne. La troisième phase couvre les années sous le contrôle de l'État jusqu'en 1986. Débutées avec la nationalisation de 1949, ces années furent d'abord celles de la réorganisation administrative régionale et de la rationalisation commerciale sous l'impulsion de British Gas. Mais d'autres partenaires ont concouru aux évolutions du marché, notamment les appareilleurs développant les installations de chauffage central et les équipementiers chargés de convertir les réseaux de gaz manufacturé au gaz naturel.

Depuis, la privatisation et la dérégulation ont encore modifié les règles du marché mais la croissance des ventes de gaz a continué. Sur la longue durée, le modèle du développement gazier en Grande-Bretagne montre des singularités par rapport aux autres pays européens mais toujours la consommation y fut importante.

L'histoire de l'industrie gazière en France au XIXe siècle présente-t-elle un intérêt ?

Jean-Pierre WILLIOT

Question pour le moins saugrenue après avoir suscité avec Serge Paquier le rassemblement d'une vingtaine de collègues venus de nombreux pays d'Europe et après avoir collecté de riches études et compilations bibliographiques qui peuvent attester la prise en compte de cette énergie dans l'historiographie contemporaine. Concernant la France, l'interrogation n'est pourtant pas tout à fait absurde au regard de trois remarques préliminaires qui caractérisent le nombre limité de travaux dont nous disposons aujourd'hui.

En se cantonnant dans une approche historique, à notre connaissance, seulement deux thèses de doctorat traitant de la mise en œuvre et de l'essor des sociétés gazières en France ont abouti à ce jour. C'est peu ! Jean-Marie Giraud a pris en compte le gaz dans un travail qui intéresse également l'histoire de l'électricité dans la région lyonnaise, sur une longue période de 1820 à 1946[1]. Son approche décrit la naissance et le développement des entreprises gazières, leur mode de financement et les différents aspects de la concurrence en restituant le rôle que jouèrent les notables et les conseillers municipaux lyonnais. La consommation est également étudiée, plutôt de manière quantitative. L'histoire des techniques est moins présente même si l'on retrouve la description des usines et des procédés de production. Nous avions quant à nous orienté notre recherche sur l'industrie gazière à Paris selon quatre axes : la logique concessionnaire qui déboucha sur la mise en place d'un monopole d'exploitation puis sa remise en cause ; l'organisation interne de l'entreprise qui fut l'une des premières entreprises du département de la Seine par le nombre d'employés et d'ouvriers, la plus importante compagnie gazière en France au XIXe siècle et l'une des premières en Europe (derrière la Gas Light and Coke Cy) ; l'évolution des techniques

---

[1] GIRAUD, J.-M., « Gaz et électricité à Lyon (1820-1946), des origines à la nationalisation », thèse de Doctorat (sous la direction de H. Morsel), Université Lumière Lyon II, 1992, deux volumes, 1160 p.

de production et de distribution adoptées à Paris ; la stratégie commerciale et la réponse des consommateurs. Parti sur un champ conceptuel empruntant surtout à l'histoire économique, nous avions finalement dérivé vers l'histoire sociale, la mesure de l'innovation technique et l'histoire de la consommation urbaine[2]. D'autres ouvrages constituent des apports documentés à l'histoire gazière. Jean-Baptiste Le Pezron a fourni en deux tomes, dont seul le premier aborde le XIXe siècle, une étude sur Rennes[3]. L'approche chronologique suivie par l'auteur le conduit à dissocier quatre périodes de 1838 à 1914 au cours desquelles il suit de manière factuelle les péripéties des sociétés gazières, portant tour à tour le regard sur les entrepreneurs, les bâtiments de l'usine, les démêlés avec les autorités municipales et la consommation de gaz. René Sauban envisage la distribution du gaz et de l'électricité à Nantes sur les XIXe et XXe siècles, ce qui limite en réalité la partie consacrée au gaz manufacturé au cinquième de l'ouvrage[4]. Là encore, constitution du réseau, rapports avec les pouvoirs locaux, métiers et mesure de la consommation sont les apports essentiels. Il faut ajouter l'ouvrage très bien documenté et incisif – même si nous ne partageons pas toutes ses analyses – de l'historien américain Lénard Berlanstein, centré sur l'histoire sociale de la Compagnie parisienne du gaz et les modalités de conflits entre les différentes catégories de personnel[5]. Hormis ces travaux, que peuvent compléter deux mémoires de maîtrise et un DEA[6], ainsi que les références rassemblées par notre collègue Alexandre Fernandez – mais sur une période postérieure au XIXe siècle –, la moisson est faible au regard des récoltes engrangées par nos collègues étrangers. C'est dire qu'il y a encore du grain à moudre en France si l'on veut s'atteler à

---

[2] WILLIOT, J.-P., *Naissance d'un service public : le gaz à Paris au XIXe siècle*, Paris, Editions Rive Droite, 1999, 778 p. [version éditée de la thèse soutenue sous le titre « L'énergie gazière à Paris au XIXe siècle. Réseaux urbains, monopole industriel et demande sociale, 1798-1905 », (sous la direction de F. Caron), Université Paris-Sorbonne (Paris IV), 1995, trois volumes, 290 p., 273 p., 298 p.]

[3] LE PEZRON, J.-B., *Pour un peu de lumière, petite histoire du gaz de ville à Rennes*, Paris, 1986, 334 p.

[4] SAUBAN, R., *Des ateliers de lumière, histoire de la distribution du gaz et de l'électricité en Loire-Atlantique*, Nantes, Université Inter-ages, 1992, 313 p.

[5] BERLANSTEIN, L. R., *Big Business and Industrial Conflict in Nineteenth Century France. A Social History of the Parisian Gas Company*, Los Angeles, Univeristy of California Press, 1991, 348 p.

[6] AUDE-FROMAGE, P., *Histoire de l'ECFM*, mémoire de maîtrise, Paris X, 90 p. ; GOMEZ, C., « Histoire du Gaz de Strasbourg 1838-1988 et Histoire du Gaz de Strasbourg S.A. 1914-1988 », mémoire de maîtrise, Strasbourg, 1988, 174 p. ; MACKOWIAK, F., « L'industrie du gaz dans le Nord et le Pas-de-Calais de 1830 à 1970 », mémoire de DEA, Université d'Artois, 2000, 131 p. et 57 p. d'annexes (sous la direction de D. Varaschin).

l'histoire globale de cette énergie prise en compte parfois par des histo-riens du politique et des forces sociales[7].

D'autre part, comme le souligne également Alain Beltran ici, aucune association d'une envergure équivalente à celle de l'ancienne Asso-ciation pour l'histoire de l'électricité en France n'a été constituée pour appuyer la connaissance de cette énergie sur une réflexion problématisée dans la longue durée. Les raisons en sont multiples tenant à la fois de la pusillanimité de certaines entreprises en matière de communication historique, à la place réelle qu'il conviendrait de réserver au gaz – c'est-à-dire une place mineure si l'on s'en tient aux seuls paramètres des bilans énergétiques –, et à l'attraction de la communauté historienne vers des sujets ouvrant des problématiques d'ampleur nationale ou inter-nationale, alors qu'au XIXe siècle les enjeux de l'industrie gazière res-sortent plus de l'histoire locale, au mieux régionale. Les conséquences de cette lacune sont évidentes : peu de possibilités de synthèse compara-tive, peu d'études dépassant la monographie classique d'entreprise, peu d'ouvertures stimulantes croisant l'apport de multiples champs histo-riques. D'autant plus méritoires apparaissent donc les efforts dispersés pour faire valoir le passé gazier de quelques entreprises ou l'incidence de l'emploi du gaz sur le mode de vie urbain[8]. On peut cependant regretter que certains livres ne reposent pas sur une méthodologie aca-démique, par exemple en ne citant jamais les sources employées à l'instar de la biographie de Philippe Lebon, pourtant intéressante à bien des égards[9].

Enfin, l'image de l'industrie gazière au XIXe siècle paraît figée, biaisée par une perception qui se décline selon des termes peu glorieux, détournant les curiosités qui auraient pu naître hors du cercle des collectionneurs et des érudits locaux. Ainsi jette t-on l'opprobre sur les techniques employées, usant de descriptions sommaires ou poussant les éternelles boutades pour dire d'un montage compliqué qu'il est « une

---

[7]   DREYFUS, M., « Les luttes sociales chez les électriciens gaziers des origines à la libération », in LÉVY-LEBOYER, M. et MORSEL, H. (dir.), *Histoire de l'électricité en France, 1919-1946*, tome 2, Paris, Fayard, 1994, p. 270-281 (partie sur le personnel gazier avant la Première Guerre). L'auteur signale également une source intéressant la fin du XIXe siècle : CLAVERIE, M., *Souvenirs d'un militant. Historique du syndicat des gaziers de Paris (1892-1932)*, Paris, Edition du syndicat des employés, 1932, 122 p.

[8]   ANDRÉ, P., *Une aventure industrielle*, Paris, Société d'Edition et de Diffusion des Hauts Noyers, 1981, 316 p. (histoire de l'entreprise Liotard) ; AUTIN, J.-B. et THIRIET, C., *150 ans de gaz à Orléans, 1841-1991*, EDF-GDF Services Loiret et GDF DPT Région Centre Ouest, 1991, 31 p. ; GAZ DE STRASBOURG, *Cent cinquante ans de Gaz à Strasbourg*, Strasbourg, Oberlin, 1988, 161 p.

[9]   VEILLERETTE, F., *Philippe Lebon ou l'homme aux mains de lumière*, Colombey-les-deux-Eglises, Mourot, 1987, 400 p.

usine à gaz » ou pour commenter le dysfonctionnement d'une relation en prononçant la prémonitoire sentence « il y a de l'eau dans le gaz ». A elles seules ces deux expressions justifieraient que l'on en analyse la diffusion (mais avec quelles sources ?). Elles portent une connotation péjorative mais montrent aussi combien cette énergie était familière et présente dans le paysage quotidien des contemporains du gaz manufacturé. Saisies par le langage quotidien, moulé dans la faconde populaire faite d'impressions métaphoriques, elles ont leur explication. L'usine à gaz était bien perçue comme le lieu d'une adapation parfois empirique des techniques et présentait un enchevêtrement de tuyaux dans la distribution des ateliers ou des appareils (en particulier ceux servant à la condensation et à l'épuration du gaz connus sous le nom de jeux d'orgues). De là, cette référence à des mécanismes saisis dans leur ensemble dont on ne comprend pas toutes les composantes ou dont la complication ne laisse pas présager une résolution efficace des problèmes posés. De même, la mauvaise combustion d'une flamme au bec de gaz était un inconvénient dont se plaignaient de façon récurrente les abonnés. Elle était due notamment aux traces d'humidité (l'eau dans le gaz) provoquées par une épuration incomplète ou des dépôts de naphtaline. Par extension, devenue expression triviale, cette perturbation indique l'incompatibilité de deux éléments, voire de deux personnes.

Face à ces lacunes historiographiques dont on voit les causes, notre propos n'est pas ici de se faire l'apologue de l'industrie gazière. Il n'est pas utile non plus d'avancer qu'il faudrait s'intéresser à l'histoire de chaque compagnie gazière. L'addition de monographies n'offrirait que des perspectives limitées incitant à distinguer des différences locales moins riches que des comparaisons internationales. Il est utile en revanche de dégager certaines orientations de recherches qui nous paraissent offrir des regards neufs en croisant quelques questions au carrefour de l'histoire des techniques, de l'histoire sociale, de l'histoire de la consommation et d'une histoire des perceptions.

I. Formes de concession et rapports avec les édiles

Les archives des anciennes compagnies gazières déposées à EDF-GDF comprennent les cahiers des charges et les règles imposées pour produire et distribuer le gaz. Les archives départementales ou communales détiennent les délibérations qui ont arbitré les principes de mise en place d'un réseau gazier. Elles permettent donc d'étudier les modalités imposées aux concessionnaires, les communes étant autorités prescriptrices dans le domaine de la voirie. Selon les municipalités, les réglements comportent des différences plus ou moins marquées par rapport à la concession de référence adoptée à Paris, aussi bien lorsqu'existaient six compagnies que lorsque la capitale ne fut plus desservie que par une seule société après 1855.

Outre la quantification que l'on pourrait dresser des formes de concessions dominantes, de l'évolution des prix du gaz (notamment entre catégories de villes), et de la définition progressive d'un service public urbain « délégué » aux compagnies privées, on établirait plus précisément les conditions de concurrence que les sociétés électriques ont dû affronter pour pénétrer l'espace dévolu au gaz. La compétition qui s'est opérée dans les années 1880-1890 a résulté entre autres de l'existence ou non d'un article inséré dans la concession, autorisant la municipalité à introduire des modes d'éclairage concurrents ou d'imposer au concessionnaire gazier la prise en compte de progrès techniques et scientifiques. C'est ainsi qu'à Paris, la Compagnie parisienne devait, selon les termes de l'article 11 du contrat de 1855, concrétiser sous forme de baisse des prix les progrès constatés par une commission municipale. Une telle analyse permettrait d'observer les réactions et les mécanismes de défense mis en jeu par les gaziers (recours juridiques, négociations de prolongation de concessions, pressions multiples sur les élus) pour repousser, contenir ou intégrer le concurrent électrique. Elle est complémentaire de ce que l'on sait déjà de l'arrivée de l'électricité dans certaines villes[10].

II. Processus de concentration entrepreneuriale et répartition du capital

La compétition avec les sociétés électriques soulève la question de l'intégration des affaires gazières avec leurs concurrentes à la fin du XIXe siècle. La mixité de nombreuses compagnies qui justifia une nationalisation globale électrique et gazière en 1946 est connue. Il faudrait en revanche reconstituer les étapes de la concentration, la chronologie du basculement qu'ont opéré certains groupes en ajoutant aux distributions

---

[10]   Outre les renseignements tirés de la thèse citée de J.-M. GIRAUD sur le cas lyonnais et de celle d'A. BELTRAN, *La ville-lumière et la fée électricité. L'énergie électrique dans la région parisienne : service public et entreprises privées*, Paris, Editions Rive Droite-Institut d'Histoire de l'Industrie, 2002, 786 p., on citera des exemples allant dans ce sens : HÉROUIN, P., « Les institutions et l'électricité à ses débuts 1881-1914 », in *Bulletin d'Histoire de l'Electricité*, n° 4, décembre 1984, p. 31-48 (étudie la pénétration des compagnies électriques en territoire gazier) ; FLANQUART, H., « Les débuts de l'électricité dans quelques villes du Nord de la France », in *Bulletin d'Histoire de l'Electricité*, n° 13, juin 1989, p. 31-42 ; BARBIER, P., « Une affaire politico-juridique dans une ville à la fin du XIXe siècle, le procès gaz-électricité à Semur en Auxois », in *Bulletin d'Histoire de l'Electricité*, n° 13, juin 1989, p. 111-134 ; VARASCHIN, D., « La première centrale électrique lyonnaise et son réseau de distribution », in *Autour de Pierre Cayez, Cahiers du Centre Pierre Léon d'histoire économique et sociale*, n° 3, Université Lumière-Lyon 2, 2003, p. 109-132.

gazières qu'ils détenaient, des concessions électriques qui devinrent finalement majoritaires[11]. Cela donnera en particulier une lecture plus fine de l'origine et de la répartition des capitaux au sein de ces groupes suggérant l'idée que la rente gazière a pu au début servir à financer les investissements électriques. Les archives bancaires ainsi que les dossiers conservés aux archives EDF-GDF permettront également de mieux caractériser l'actionnariat de ces compagnies, recherche d'autant plus féconde que l'on approche de la période de la nationalisation, beaucoup moins évidente à mener sur la période antérieure au Second Empire, comme nous l'avons éprouvé pour le cas parisien.

III. Patrons et ingénieurs

Les milieux entrepreneuriaux mériteraient également qu'on leur porte plus d'attention selon deux voies. En premier lieu comment est-on passé des commanditaires des sociétés nées sous la Monarchie de Juillet, essentiellement représentants d'une bourgeoisie d'investisseurs dyna-miques – qui allaient parallèlement vers les sociétés sidérurgiques, les banques et les chemins de fer – aux administrateurs des sociétés ano-nymes intégrant milieux capitalistes et techniciens. Il conviendrait à l'aide d'une prosopographie détaillée de répertorier ces membres des conseils d'administration et de confirmer que le milieu gazier fut pro-gressivement assez homogène grâce à des participations croisées. Dans la mesure où quelques administrateurs figuraient dans les principales compagnies et que, par ailleurs, ils étaient des membres honorés de la société professionnelle, la Société technique du gaz, constituée en 1877, il serait possible d'accréditer ainsi l'idée de l'émergence d'une « aristo-cratie » de gaziers, tous ingénieurs. L'histoire des réseaux humains, de leurs cercles d'influence, appuyée sur une lecture politique, permettrait de mieux comprendre les relais dont ils ont pu se prévaloir ou qui au contraire leur ont manqué lorsque les relations des compagnies gazières se sont tendues avec les conseils municipaux.

D'autre part, la connaissance des ingénieurs de l'industrie gazière ouvre un champ à la frontière de l'histoire des techniques et de l'histoire sociale. De nombreuses sources sont à solliciter sur leur démarche professionnelle : journaux de voyage d'élèves ingénieurs des Mines qui visitent des usines à gaz, projets de sortie d'élèves ingénieurs de l'école Centrale conçus sur la construction d'une usine à gaz[12], accréditation

---

[11]   Voir par exemple le cas de la Société lyonnaise des eaux et de l'éclairage dans l'article : GROUT DE BEAUFORT-LOCKHART, B., « La SLEE : son action dans le domaine de l'électricité, 1880-1946 », in *Bulletin d'Histoire de l'Electricité*, n° 21, juin 1993, p. 63-76.

[12]   L'obtention du diplôme de chimiste à l'école Centrale des Arts et Manufactures a porté 13 fois sur la construction d'une usine à gaz entre 1838 et 1911.

des ingénieurs partant à l'étranger dont on trouve mention dans les archives du Quai d'Orsay, mémoires des ingénieurs de retour de longs périples leur ayant permis de visiter des usines à travers toute l'Europe, manuels et traités faisant autorité. Au plus près du terrain se lit alors l'innovation technique. Les bulletins d'associations d'anciens élèves, les comptes rendus des congrès de la Société technique du gaz, les nécrologies enfin autorisent une histoire sociale beaucoup plus difficile à établir dans le cas des autres personnels. Les carrières d'ingénieurs, leur formation, leurs réseaux et leurs parcours méritocratiques sont à étudier plus précisément en croisant les ressources de la prosopographie et la finesse des biographies.

Si les dossiers d'employés ont été parfois conservés afin de liquider les retraites, ce qui autorise pour eux une approche quantitative, les sources pour écrire une histoire ouvrière des métiers gaziers sont très limitées lorsque l'on souhaite dépasser une approche centrée sur le syndicalisme et les luttes sociales. Moins connu que d'autres métiers – le métallurgiste, le tisserand, la couturière, le cheminot – le gazier de l'usine (en fait plusieurs types de métiers pour ceux qui n'étaient pas simples manœuvres journaliers) pourrait illustrer dans l'univers peu décrit de l'usine à gaz à la fois pénibilité du travail, instabilité de la main d'œuvre et filières de recrutement.

IV. Lieux de mémoire

L'usine, justement. La place de l'usine à gaz dans la ville justifierait deux approches. La première s'inscrit dans les études nouvelles d'histoire environnementale[13]. Quelles pollutions, quelles conséquences subies par les habitants des quartiers proches, quelles mesures réglementaires et quelle application des contraintes édictées ? De nombreuses questions ouvriraient des pans nouveaux d'histoire urbaine en sollicitant les archives cadastrales, les dossiers d'établissements insalubres, les enquêtes de *commodo* et *incommodo*, archives bien connues mais finalement peu explorées au sujet de l'industrie gazière. De même, les procès dont les comptes rendus sont répertoriés dans la *Gazette des Tribunaux* apportent des lectures assez exhaustives de cette insalubrité toujours rappelée mais peu étudiée dans le détail.

Sous un autre angle, il faudrait s'interroger sur la perception que les contemporains pouvaient avoir de l'usine à gaz. Son image était suffisamment prégnante pour que certains artistes, et non des moindres, en

---

[13]   Voir notamment BERNHARDT, C. et MASSARD-GUILBAUD, G., *Le démon moderne. La pollution dans les sociétés urbaines et industrielles d'Europe*, Clermont-Ferrand, Presses Universitaires Blaise Pascal, 2002, 462 p. ; TABEAUD, M. *et al.*, *L'usine dans l'espace francilien*, Paris, Publications de la Sorbonne, 2001, 146 p.

fassent un thème pictural. Vincent Van Gogh par deux fois en a fait un motif : une vue extérieure d'usine traitée au lavis daté de 1882 et un gazomètre au fond de la toile *Le pont à Asnières* en 1887[14]. Paul Signac a aussi transcrit l'impression de paysage industriel dans un tableau intitulé *Les gazomètres. Clichy* réalisé en 1886. A la différence de Seurat qui, dans la même région, avait plutôt préféré représenter les loisirs bourgeois dans *Un dimanche à la Grande Jatte*, Signac abordait le thème de l'industrie et du mitage progressif d'un environnement rural. Le thème lui était familier. En 1885, un dessin au crayon représente les mêmes gazomètres, étude préparée pour exposer sur la « vie moderne » dans le cadre du Salon des Indépendants. Une autre œuvre, à la plume et encre, qui est donnée comme l'une de ses premières recherches pointillistes, *le Passage du Puits-Bertin*, met encore en scène l'usine à gaz de Clichy[15]. Un inventaire exhaustif reste à faire[16]. Il est à coupler avec une étude plus large des mentions de l'usine à gaz (mais aussi de l'éclairage au gaz) dans la littérature.

V.   Consommation et abonnés au gaz

L'histoire de la consommation est un autre champ où l'histoire de l'industrie gazière pourrait trouver une meilleure place. Les sources sont assez diversifiées : bilans statistiques publiés par les compagnies ; études comparatives livrées dans la presse professionnelle comme le *Journal de l'éclairage au gaz* (publié à partir de 1852), *le Gaz* (publié depuis 1857) ou le *Journal des usines à gaz* (depuis 1877) ; conférences spécifiques données lors des congrès du gaz, à partir de 1877 ; manuels destinés aux abonnés ; catalogue des fabricants et des exposants de matériel gazier ; matériel publicitaire des compagnies.

Si l'on connaît assez bien les types de clientèles du marché privé (80 % du marché à Paris mais beaucoup moins dans les villes de province où la place du marché public est prépondérante), souvent professionnelle – 29 % des abonnés parisiens au début des années 1880 exercent un métier dans l'alimentation ou le textile, 6 % seulement des abonnés lyonnais en 1891 sont des clients domestiques –, les modes de consommation ont été moins interrogés. Pourtant, l'évolution des pratiques de lecture, le travail de nuit, le noctambulisme, la sociabilité

---

[14]   Le premier est conservé au Rijksmuseum, le second dans une collection privée à Houston.

[15]   Catalogue de l'Exposition Signac, Grand Palais, Paris, 27 février-28 mai 2001, p. 153-159.

[16]   Il devrait d'ailleurs être prolongé au XXe siècle car d'autres peintres, comme François Lhôte ou Fernand Léger, ont employé ce thème dans certaines œuvres. Le dernier a d'ailleurs réalisé une fresque sur le thème du gaz sur l'un des murs d'une usine à gaz aujourd'hui éteinte, à Alfortville dans le département du Val de Marne.

de salon ont été influencés par l'adoption de l'éclairage au gaz. De même, les pratiques commerciales, en particulier l'aménagement des vitrines, ont tiré parti de l'intensité lumineuse gazière. Bien que la véritable révolution en terme d'efficacité de l'éclairage soit évidemment associée à l'électricité, il reste que le gaz a modifié le rapport à l'espace quotidien.

Par ailleurs, le passage du pouvoir éclairant au pouvoir calorifique, ouvrant les usages de chauffage de l'eau et de cuisson, a permis une transformation structurelle de l'habitat et des modes de vie. Cela s'est traduit par le développement de l'hygiène et du confort, des pratiques alimentaires nouvelles, un gain de temps. Il faudrait donc déterminer dans quelle mesure les stratégies commerciales des entreprises gazières ont pu préparer la propagande électrique (et parfois la contrer). Rappelons ainsi que la bien connue Christine Frederick, inspiratrice de la rationalisation de l'espace ménager par l'électricité dont le prosélytisme fut relayé en France durant l'entre-deux-guerres par Paulette Bernège, fut d'abord conseillère ménagère de la Compagnie du gaz de Chicago. Il serait utile également de mieux connaître les spécificités de la consommation de gaz des Français dont le taux par habitant était inférieur à d'autres pays gaziers comme la Grande-Bretagne ou l'Allemagne. C'est l'histoire de l'acceptation des innovations par les consommateurs qui pourrait être étudiée à travers le cas du gaz, d'abord équipement réservé à une clientèle aisée puis réclamé comme un instrument du confort moderne à partir des années 1860. On doit se demander notamment si les appareilleurs ont joué un rôle dynamique dans cette stratégie commerciale.

On l'aura compris, la richesse des archives conservées et la sollicitation de nouvelles sources jusque-là peu explorées – les thèses de médecine, le roman, les manuels d'économie domestique, les traités d'architecture industrielle, etc. – ou vues trop rapidement, autorisent des problématiques stimulantes. Peu abordées, elles valident en définitive une réponse positive à notre question initiale, surtout s'il s'agit de replacer l'étude de l'industrie gazière au XIXe siècle dans une perspective plus globale du rapport entre énergie et société.

CHAPITRE III

Houillères et usines à gaz : le problème du choix des charbons par l'exemple des mines de Decize dans la première moitié du XIXe siècle

Sources et perspectives de recherches

Nadège SOUGY

En 1840, un mémoire présenté à l'Académie des Sciences concluait que la distillation d'un « cheval de 256 kg permettrait l'éclairage d'un grand bec pendant 359 heures »[1]. Cette expérience originale illustre l'étendue des recherches entreprises pour définir les combustibles les plus adaptés à la fabrication du gaz. Loin de vouloir aborder ces multiples essais, nous souhaitons retracer l'évolution de l'usage de l'un d'entre eux : le charbon. D'une nature particulièrement variable, sa maîtrise a été le résultat d'un apprentissage progressif pour obtenir des qualités et des quantités de gaz et de sous-produits satisfaisantes.

Parce qu'ils conditionnent le développement technique et économique de la filière gazière, le choix et l'usage de la houille sont des thématiques intéressantes et complémentaires des approches monographiques.

Afin de mener cette réflexion, l'entrée par le producteur de houille nous est apparue indispensable. Les mines de Decize, dites de La Machine, implantées à 50 km au sud de Nevers, par l'importance des correspondances échangées et par les nombreux marchés contractés avec des usines gazières sont un terrain d'étude privilégié.

Organisée en société anonyme entre 1838 et 1868, cette houillère se place par sa production derrière Saint-Etienne, Blanzy et Epinac et ne participe qu'à hauteur de 2 % à l'extraction nationale. La part des ventes destinées aux usines gazières bien que réduite, a toujours été protégée par des liens commerciaux constants s'appuyant sur des échanges réguliers entre ingénieurs des mines et gaziers.

---

[1] SEGUIN, M., « Recherches sur la distillation des matières animales », in *Annales des Mines*, XVII, 1840, p. 457.

Par cet exemple, on souhaite mettre en valeur l'évolution de la prise en charge de la sélection du combustible ainsi que le rôle des échanges techniques et commerciaux entre l'industrie gazière et son amont : l'extraction houillère. Notre démarche s'inscrit dans un contexte bibliographique restreint mais au travers duquel on peut déjà déceler les sources utiles pour mener cette réflexion[2].

I. Une bibliographie restreinte mais des fonds d'archives riches

L'étude des approvisionnements en charbon se partage entre les filières houillère et gazière. De fait elle implique que soit inventorié l'ensemble des travaux traitant de ces deux industries. Précisons néanmoins qu'aucun ouvrage n'examine spécifiquement ce thème.

L'historiographie minière a privilégié l'analyse des travaux du fond et de la commercialisation des houilles sans situer au cœur de sa démarche les qualités de houille mises sur le marché. Ceci est à rapprocher du manque d'intérêt qu'a suscité le devenir des charbons au jour, une fois le travail d'extraction terminé. Certes les études sur la commercialisation et les aires de vente ont été entreprises notamment par la thèse de Marcel Gillet[3], mais sans faire le lien entre qualité et usage, entre producteurs et consommateurs.

Alain Leménorel[4], dans son étude sur la désindustrialisation de la Basse Normandie de 1800 à 1914, s'est intéressé aux débouchés des houillères de Littry dont le charbon est propre à la fabrication du gaz. Insistant sur les progrès des techniques de triage et de lavage de ce combustible à partir de 1864, il a mis en évidence l'élargissement des marchés par l'amélioration du contrôle des qualités. En ce sens il a souligné l'impact des exigences des consommateurs gaziers sur les changements techniques opérés dans la filière charbonnière.

---

[2]   « Les charbons de La Machine, valorisation et commercialisation des produits d'une houillère nivernaise de 1838 à 1938 », thèse soutenue le 13 juin 2003 en Sorbonne, en cotutelle entre les Universités de Genève et de Paris I Panthéon-Sorbonne (A-L. HEAD-KÖNIG, professeur de l'Université de Genève et M. D. WORONOFF, professeur émérite de l'Université de Paris I, co-directeurs de la thèse).

[3]   GILLET, M., *Les charbonnages du Nord de la France au XIXe siècle*, Paris, Mouton, 1973.

[4]   LEMÉNOREL, A., *L'impossible révolution industrielle ? Economie et sociologie minière en Basse Normandie 1800-1914*, Caen, Cahier des Annales de Normandie, 1988, 480 p.

Hubert Watelet[5], dans sa thèse sur le bassin de Mons et le charbonnage du Grand Hornu, a associé la richesse du gisement du vieux Borinage à la présence de flénu et a indiqué les premières ventes de cette qualité à la société Manby et Wilson en 1842.

On peut donc constater que les indications fournies par les monographies houillères sont très parcellaires. Le lien entre les qualités de houilles et leurs débouchés n'a pas été systématiquement envisagé.

Les travaux parus sur l'industrie gazière ne semblent pas avoir abordé de façon plus précise les problèmes de la sélection de la matière première. Seule la thèse de Jean-Pierre Williot sur l'industrie du gaz à Paris[6] pose clairement l'évolution du choix des charbons. Il montre comment d'une démarche empirique les ingénieurs de la Compagnie parisienne du gaz ont établi des critères et grilles de sélection rigoureux afin notamment de composer des mélanges de variétés de houilles.

Paradoxalement, face au manque de recherches universitaires, on doit constater l'importance des sources tant manuscrites qu'imprimées.

L'étude de la *Statistique minérale de la France* est indispensable pour évaluer la production des houillères françaises. Cependant, contrairement à certains types de production situés en aval de l'extraction, telles que celles de la fonte ou du fer, la fabrication gazière n'est pas recensée par les ingénieurs des mines. De fait il est impossible de quantifier le gaz fabriqué puisque les quantités de houilles destinées aux usines gazières n'y figurent pas.

Les volumes de houilles consommées et de gaz produit ne peuvent être estimés que par le développement de monographies des industries houillère et gazière.

Les revues scientifiques, telles que les *Annales des mines*, le *Bulletin de la Société d'encouragement pour l'industrie nationale*, indiquent les améliorations techniques de la filière charbonnière et par contrecoup retracent la variété des usages du combustible. Compléments indispensables, les traités, manuels et mémoires relatifs à la fabrication du gaz font un bilan des difficultés des gaziers à selectionner les meilleures houilles à gaz. Une étude systématique de ces ouvrages permettrait de dresser le contexte scientifique et industriel de cet apprentissage.

Aux sources imprimées, il convient d'associer les archives manuscrites des diverses entreprises gazières et houillères.

---

[5] WATELET, H., *Une industrialisation sans développement : le bassin de Mons et le charbonnage du Grand Hornu*, Montmagny, Cahier d'Histoire de l'Université d'Ottawa, 1980, 538 p.

[6] WILLIOT, J.-P., *Naissance d'un service public : le gaz à Paris au XIXe siècle*, Paris, Editions Rive Droite, 1999, 778 p.

Les archives des industries houillères (Centre Minier de Lewarde) donnent des informations précieuses sur les relations des ingénieurs des mines avec les gaziers à partir des correspondances, des marchés et de quelques rapports d'activité.

Parmi ces fonds, celui de la Houillère de La Machine (1838-1974), conservé par les Archives départementales de la Nièvre, permet d'apprécier sur le long terme l'évolution des relations entre ces deux filières de production. Il ouvre également l'accès à des usines gazières de taille réduite (celle de Nevers emploie une dizaine d'ouvriers) plus difficilement observables en l'absence des archives de ces types d'entreprises.

Pour les usines gazières dont les archives ont été conservées (Centre d'archives historiques de Blois, Archives de la Ville de Paris, certaines Archives départementales et municipales), il est possible de suivre la façon dont les industriels ont pris conscience des problèmes d'utilisation des houilles. Elles mettent en relief les solutions adoptées pour les résoudre.

La complémentarité des archives des usines gazières et houillères doit être constamment recherchée afin d'aborder tant du point de vue du producteur que de celui du consommateur la question de la gestion des approvisionnements.

Le champ d'étude centré sur le problème de la sélection du charbon à gaz n'a été qu'éffleuré par les travaux universitaires alors même que les sources existent. Il représente par conséquent une approche relativement nouvelle de la filière gazière.

II. Perspectives de recherches

Cette réflexion en s'appuyant sur le charbon, le combustible qui permit l'essor de la filière gazière au XIXe siècle suscite l'étude en parallèle des filières gazière et houillère. Il demeure utile de croiser les archives de ces deux sphères industrielles pour reconstruire les formes prises par l'approvisionnement en charbons. Conditionnant non seulement la fabrication mais aussi en aval la commercialisation du gaz et des sous-produits, le choix et la gestion des diverses houilles a stimulé les recherches des gaziers.

Sur le long terme, une telle démarche ne saurait être entamée sans y associer l'analyse des essais effectués avec d'autres matières distillables telles que le bois, l'os et l'huile à la fin du XVIIIe siècle et avec l'utilisation du pétrole dans la première moitié du XXe siècle. Derrière ces choix ce sont les améliorations techniques, les politiques commerciales et les formes de développement de la filière gazière qui se profilent.

CHAPITRE IV

Une problématique pour étudier les modifications des modes d'administration et de gestion de l'économie gazière à Bordeaux

Alexandre FERNANDEZ

Ce n'est pas faire de l'histoire locale restreinte de dire que l'histoire gazière de Bordeaux présente une originalité certaine. Cette histoire est bien sûr une histoire technique et économique, que l'on songe par exemple à l'étude des effets locaux de la découverte des gisements de gaz naturel de Saint-Marcet et de Lacq. Mais, sur le long terme, la spécificité bordelaise peut-être la plus remarquable est d'ordre institutionnel. L'histoire du gaz à Bordeaux est en effet marquée par deux ruptures juridiques majeures : la municipalisation en 1919, la création de la société d'économie mixte en 1991.

Il ne s'agira donc pas ici de se référer à une bibliographie gazière générale mais simplement d'indiquer un point de départ nécessaire pour qui veut engager une étude et une analyse de cette « exceptionnalité bordelaise ».

Cette « exceptionnalité » n'est, bien sûr, ni exclusive ni, surtout, inscrite dans une quelconque détermination originale. Dans une première phase, jusqu'en 1919, le cas bordelais ne s'était pas démarqué de la ligne générale : l'exploitation du réseau gazier avait été le fait d'opérateurs privés.

Au XIXe siècle, l'installation du gaz est relativement précoce. On peut simplement évoquer la création en 1824 d'une société anonyme autorisée par ordonnance royale : la Compagnie d'éclairage de la ville de Bordeaux par le gaz hydrogène. Mais l'histoire gazière de Bordeaux débute réellement en 1832, lorsqu'une société de Londres, la Compagnie impériale et continentale obtient jusqu'en 1875 la concession de l'éclairage au gaz sur tout le territoire de la ville de Bordeaux et édifie à cet effet les premières usines à gaz alimentées précisément par la houille anglaise (respectivement en 1832, rue Judaïque, en lisière du centre ville, et en 1854 au cœur du quartier industriel de la Bastide).

En 1875, la Compagnie du gaz de Bordeaux, société où certains capitaux locaux sont représentés, reprenait la concession de l'exploitation pour trente ans. C'est cette société qui édifia le performant système énergétique gazo-charbonnier local qui accompagna l'expansion industrielle de l'agglomération. Après avoir modernisé l'usine de la Bastide on inaugurait en 1906 l'importante usine de distillation de coke à Bacalan (seize fours à cornues horizontales capables de fabriquer 70 000 m³ de gaz par jour). En 1904, lorsqu'il s'agit de redéfinir les conditions de l'économie de l'énergie à Bordeaux, la société, transformée en l'occurrence en Compagnie générale d'éclairage de Bordeaux (CGEB), sut ménager auprès de l'autorité concédante l'essentiel de ses intérêts. Elle conservait la concession exclusive de l'exploitation gazière et obtenait, après s'être opposée avec des succès certains au développement de l'électricité durant plus d'une décennie, la majeure part de l'exploitation électrique. Néanmoins, et bien que le réseau d'électricité, précisément installé pour l'essentiel par la CGEB, ait pris forme dans ces années, l'activité majeure de la compagnie demeure la production et la distribution, croissantes, du gaz.

Ce fut la guerre qui rompit l'équilibre dynamique de l'économie de l'énergie mis en place à Bordeaux vers 1906-1910. La forte hausse du prix du charbon renchérissait les coûts de production et mettait en péril l'équilibre financier de la société. L'arrêt du Conseil d'Etat de mars 1916 (arrêt précisément dit « Gaz de Bordeaux », célèbre dans l'histoire de la jurisprudence et toujours cité dans *Les grands arrêts de la jurisprudence administrative* d'Henri Braibant et Prosper Weill) autorisait certes, en raison des circonstances imprévisibles exceptionnelles, le relèvement des tarifs, mais il envenimait les relations entre la municipalité et son concessionnaire. D'où la décision du conseil municipal de mai 1918 de procéder au rachat des usines et réseaux de gaz et d'électricité sur le territoire de la Ville de Bordeaux, autrement dit de municipaliser l'administration et la gestion de l'économie de l'énergie à Bordeaux.

L'histoire du gaz à Bordeaux ce n'est pas simplement l'histoire de la plus importante régie municipale avec Grenoble. Bien sûr, aujourd'hui encore, les dirigeants de Gaz de Bordeaux sont fiers de dire que leur société est la « plus importante des entreprises gazières non nationalisées ».

Surtout, observer les changements institutionnels de l'économie gazière à Bordeaux permet de poser un certain nombre de questions. Cette histoire contraint à l'identification du régime de propriété et du mode d'administration et de gestion : gestion déléguée et concession, régie directe, société d'économie mixte, refus de l'inclusion dans la société publique nationale. Ce qui implique de s'interroger sur les déterminations du « choix » – raisons locales, imprégnation idéologique plus globale, etc. ? –, indépendamment des cadres juridico-institutionnels légaux ou réglementaires à une autre échelle (nationale, européenne pour la période contemporaine...). Ce qui implique également l'observation des relations entre les différents acteurs (les liens commerciaux entre entités publiques, semi-publiques et compagnies privées par exemple : achat de matériel, réalisation des installations, fourniture du produit lui-même, etc.).

On voit là, qu'à ce point, il y va de la maîtrise politique, administrative, économique et financière des phénomènes techniques. On retrouve ici la question, déjà posée au début du siècle et qui reprend une nouvelle vigueur dans les années 1980, sous le double effet des lois de décentralisation et de la tendance à la désarticulation de certains monopoles d'opérateurs publics nationaux auparavant placés en situation institutionnelle et d'expertise technique dominante.

L'analyse peut se situer au point d'intersection du champ de l'économie urbaine et de celui de l'administration de l'économie. D'une part, ce n'est pas seulement une étude quantitative, mais ce peut être la prise en considération de l'espèce d'apprentissage de la technicité, de la compétence, que les technologies urbaines ont imposée aux édiles : d'où la tentation du recours aux « experts », individus ou sociétés spécialisées (bien que l'article concerne l'électricité, on peut consulter un essai de réflexion en ce sens dans « Les lumières de la ville. L'administration municipale à l'épreuve de l'électrification », in *Vingtième siècle*, 62, avril-juin 1999, p. 107-122).

D'autre part, sur le deuxième terrain, il s'agirait de voir si le cas bordelais doit être confiné dans sa singularité, ou bien si on peut lui donner une valeur exemplaire quelconque pour une étude du développement des grandes compagnies de services urbains en réseaux, quels qu'ils soient, par-delà leur spécificité technique. Ici par exemple la participation de la Générale des eaux dont l'activité, on le sait, s'est très largement dilatée au-delà de sa raison sociale d'origine (d'où le changement de nom) qui pose, de fait, la question de la maîtrise économique et financière de l'industrie du gaz par... les propres milieux gaziers.

Peu de documents abordent la transformation de la Régie du gaz en société d'économie mixte locale. Il ressort de la lecture de deux ou trois articles de presse succincts, de quelques documents communicables de la société, de plaquettes publicitaires et, surtout, des registres des délibérations du conseil municipal en 1991 que ce qui aurait motivé la décision de transformation de la RMGB en société d'économie mixte le 1er juillet 1991 se fonde sur les éléments suivants : la régie n'aurait plus convenu aux réalités d'une entreprise gazière moderne du fait de la nécessité du dépassement du cadre municipal (l'aire d'expression de

Gaz de Bordeaux s'étend sur 44 communes de l'agglomération, sans toutefois que toutes les communes de la communauté urbaine soient concernées, mais en débordant ce cadre assez largement vers le Médoc) ; la lourdeur de la procédure administrative attachée aux entreprises publiques ; la prise en compte de la rentabilité.

Se posait, dès lors, la question du choix de la structure juridique et économique la mieux adaptée. La concession de l'exploitation à GDF était écartée, la majorité du conseil faisant prévaloir que certains des inconvénients de la Régie persisteraient et qu'en outre, une dilution dans une entité nationale annihilait tous projets et ambitions à l'échelle locale. La société d'économie mixte offrirait dans ces conditions la meilleure solution. On sauvegardait l'intérêt général et l'esprit du service public, car la Ville s'assurait le contrôle de la nouvelle société et on pouvait développer et diversifier les activités, étendre « le partenariat avec les décideurs locaux ».

On peut penser, malgré tout, que la décision de 1991 s'inscrit dans un mouvement plus ample de privatisation – ou de privatisation partielle – et d'attribution des concessions de services publics à des sociétés spécialisées dans l'exploitation des services urbains : la Société anonyme d'économie mixte gaz de Bordeaux est constituée d'un capital de 190 millions de francs, à 51,2 % par la Ville de Bordeaux, auxquels s'ajoutent 0,8 % détenus par un groupement de 33 communes concédantes, de la Chambre de commerce et de la Confédération des HLM, à 16 % par Gaz de France, à 16 % par la Société gazière de l'Atlantique, filiale d'Elf-Aquitaine, enfin à 16 % par Esys Montenay filiale de la Générale des eaux, actuellement il s'agit de Dalkia, filiale de Véolia (signalons simplement que c'est la Lyonnaise des eaux qui détient la concession assainissement et eaux sur l'agglomération).

CHAPITRE V

Le gaz face aux autres énergies dans la France du XXe siècle

Esquisse d'un programme de recherche

Alain BELTRAN

La comparaison internationale des travaux dédiés à l'énergie gaz fait ressortir que les historiens français n'ont guère exploité, par comparaison avec les chercheurs étrangers, ce thème qui est pourtant d'une grande richesse. Ce n'est pas ici, en quelques lignes, que l'on pourra réparer ce regrettable retard. Tout au plus voudrions-nous évoquer le destin du gaz en France au XXe siècle, face à d'autres énergies, face à de rudes concurrences. Puis, nous essaierons de tracer quelques pistes de recherche pour l'avenir, pistes que nos collègues étrangers ont souvent largement empruntées. Ayant travaillé sur d'autres énergies que l'on pourrait qualifier de conquérantes, comme l'électricité et le pétrole, nous essaierons de mettre en perspective l'histoire du gaz de ville et du gaz naturel, qui se succèdent et se mêlent dans le temps mais ne recoupent ni les mêmes usages ni les mêmes images. Car la difficulté d'appréhender l'histoire gazière au XXe siècle vient du fait que cette dernière a connu à la fois un déclin et une expansion, un renouvellement total des techniques, une progressive modification de son image.

I. Une histoire largement à faire

Si, pour le XIXe siècle, on peut dénombrer des travaux de première importance sur l'essor du gaz dans les grandes villes françaises, à commencer par la thèse de Jean-Pierre Williot sur Paris[1], on ne peut en dire autant pour notre siècle finissant. On peut certes citer les travaux d'Alexandre Fernandez sur Bordeaux[2], ceux de Jean-Marie Giraud sur

---

[1]   WILLIOT, J.-P., *Naissance d'un service public : le gaz à Paris*, Paris, 1999, 778 p.

[2]   On peut citer différentes études sur la régie municipale de gaz et d'électricité.

Lyon[3] ainsi que des ouvrages sur Strasbourg[4], Rennes[5], la Loire-Atlantique[6]. Certains livres anciens évoquent assez bien la situation dans la première moitié du XXe siècle[7]. Quant aux travaux sur Gaz de France, ils ne sont pas nombreux[8]. Quelques livres sur les hydrocarbures évoquent assez bien l'histoire récente du gaz comme la thèse de Guy di Méo[9] ou le classique Géopolitique du pétrole et du gaz[10]. La découverte de Lacq a donné lieu à des travaux universitaires de géographie ou d'aménagement qui ont pris une valeur historique[11]. Les ouvrages sur le développement récent du gaz, en particulier dans la perspective européenne (c'est-à-dire la dérégulation visant à ouvrir les marchés et à mettre fin aux monopoles nationaux), sont nombreux[12]. On ne peut donc dire que l'histoire du gaz soit totalement à faire mais il est tout aussi exact d'affirmer qu'elle reste largement à écrire. Pourtant, les archives existent[13] et sont disponibles. Comment interpréter alors ces maigres résultats ? Il semble que la responsabilité incombe à la fois aux histo-

---

[3]   GIRAUD, J.-M., « Gaz et électricité à Lyon 1820-1946 », thèse de doctorat, Lyon II, 1992.

[4]   *Cent cinquante ans de gaz à Strasbourg*, Strasbourg, 1988 ; GOMEZ, C., « Histoire du gaz de Strasbourg 1838-1988 », mémoire de maîtrise, Strasbourg.

[5]   LE PEZRON, J.-B., *Pour un peu de lumière, petite histoire du gaz de ville et de l'électricité à Rennes jusqu'à la Première Guerre mondiale*, Paris, 1986. Du même auteur : *Pour un peu d'énergie, petites histoires du gaz de ville et de l'électricité à Rennes de 1914 à 1939*, Paris, 1988.

[6]   SAUBAN, R., *Des ateliers de lumière, histoire de la distribution du gaz et de l'électricité en Loire-Atlantique*, Nantes, 1992.

[7]   BESNARD, H., *L'industrie du gaz à Paris depuis ses origines*, Paris, 1942 ; *L'industrie du gaz en France 1824-1924*, Paris, 1924 ; *Les cent ans de l'Association technique du gaz en France (ATG), 1874-1974*, Laval, 1974 ; RAVEL, J., *L'industrie du gaz en France*, Grenoble, 1954 ; LE CLEZIO, J., *L'industrie du gaz*, Paris, 1947.

[8]   BELTRAN, A. et WILLIOT, J.-P., *Le noir et le bleu, 40 ans d'histoire de Gaz de France*, Paris, 1992. Pour les 25 ans de l'entreprise, la Revue française de l'énergie a publié un intéressant numéro spécial (1971). Le cinquantième anniversaire de GDF n'a guère donné lieu à des publications rétrospectives d'une même ampleur.

[9]   DI MEO, G., *Pétrole et gaz naturel en France : un empire menacé*, Lille, 1983.

[10] GIRAUD, A. et BOY DE LA TOUR, X., *Géopolitique du pétrole et du gaz*, Paris, 1987.

[11] POINSOT, Y., « L'évolution géographique récente du bassin de Lacq : redéploiement industriel et facteurs environnementaux », in *Revue de géographie de Lyon*, vol. 71, 1/1996 ; SOUCY, C., « La région de Lacq-Mourenx : un exemple de complexe industriel », thèse de troisième cycle, Bordeaux, 1972.

[12] ANGELIER, J.-P., *Le gaz naturel*, Paris, 1994 ; VALAIS, M. et BOISSERPE, P., *L'industrie du gaz dans le monde*, Paris, 1982 ; TERZIAN, P., *Le gaz naturel : perspectives pour 2010-2020*, Paris, 1998.

[13] EDF et GDF conservent à Blois les archives des anciennes sociétés, c'est-à-dire de celles qui ont été nationalisées en 1946. On peut consulter *Mémoire écrite de l'électricité et du gaz, les archives des anciennes sociétés*, deux tomes, 355 p. et 510 p.

riens, plus intéressés par d'autres énergies, mais aussi aux entreprises du secteur gazier qui n'ont pas su développer et encourager les travaux sur le gaz à l'instar de ce qu'a fait « l'Association pour l'histoire de l'électricité en France » depuis 1983. De plus, la rupture des années 1950 entre gaz de ville et gaz naturel a poussé les directions de la communication du secteur gazier dans une attitude hostile au passé : l'image des usines à gaz, des gazomètres et des réverbères leur paraît à tout jamais comme poussiéreuse et donc à oublier. Le gaz naturel, comme symbole de modernité, leur semble seul digne d'intérêt. Et pourtant...

II. Le gaz en concurrence

La France est un pays, par rapport à l'Europe, plutôt de grande taille, à la densité moyenne et à l'urbanisation assez lente. Elle fut tout au long du XXe siècle un pays importateur d'énergie (ses ressources sont faibles et de plus très périphériques), de charbon d'abord (premier importateur mondial dans l'entre-deux-guerres) puis d'hydrocarbures. Il n'y a que récemment, avec le développement du nucléaire, que la France a exporté de l'électricité. En conséquence, la France a considéré depuis la Première Guerre mondiale que la question énergétique était stratégique, donc nécessitait l'intervention des pouvoirs publics. La recherche de l'indépendance énergétique est apparue comme un objectif primordial après les différentes crises où la France s'est aperçue qu'elle présentait une faiblesse jugée comme inquiétante (1917, Seconde Guerre mondiale, 1956, années 1970). L'emprise de l'Etat et des grands corps techniques (Polytechnique avec les Corps des Mines et des Ponts) apparaît comme un phénomène récurrent depuis la création de la Compagnie française des pétroles (1924) jusqu'aux nationalisations de 1944-46 (Electricité de France, Gaz de France, Charbonnages de France) et aux réponses aux chocs pétroliers (programme électronucléaire, agences pour les économies d'énergie). En conséquence, si on peut affirmer que la France n'a jamais gâché l'énergie qui lui est toujours apparue comme un bien rare et de valeur, on peut aussi affirmer qu'elle a souvent préféré l'action concertée à la confiance mise dans le marché de l'énergie. Cette politique a quand même connu quelques fluctuations, en particulier quand le pétrole a fortement baissé à la fin des années 1960 ou actuellement avec les questions posées sur l'avenir du nucléaire national. En bref, il existe un modèle d'entreprise française du secteur de l'énergie, en tout cas jusqu'à nos jours.

Dans ce cadre général, le gaz a subi deux révolutions aux XXe siècle. D'une part, il a été nationalisé en 1946 mais dans une perspective très « électrique » : certes les intérêts des deux industries étaient trop mêlés pour les dissocier mais la nationalisation a été conduite par des électriciens qui voulaient produire au plus vite les kilowattheures qui manquaient à la France. D'autre part, après la découverte (1951) et la laborieuse mise en exploitation du gaz de Lacq, le Gaz de France a construit un réseau national tout en se convertissant au méthane. Au-delà de ces mutations profondes, la perspective du gaz au XXe siècle n'a jamais été dominante. Depuis l'entre-deux-guerres, le gaz est resté une énergie menacée : d'abord par l'essor de l'électricité, puis par les charbonniers (son principal avantage à la Libération est de permettre la fourniture de coke) et enfin par les pétroliers (qui sont aussi des gaziers, faut-il le rappeler, même si cette double appartenance ne s'est que progressivement affirmée). Il n'est pas faux de dire que le gaz est souvent apparu comme une énergie secondaire (usages domestiques) ou de « bouclage » (par rapport aux apports des autres énergies). Il n'est pourtant pas inutile de rappeler que la production de gaz en France a triplé entre 1906 et 1938 (810 millions de m³ à 2 519 millions[14]) puis encore triplé entre 1938 et 1958. Et avec le gaz de Lacq puis les achats en provenance des Pays-Bas, d'Algérie, d'URSS et de Norvège, les ressources se sont diversifiées pour répondre à une forte demande. Il n'est donc pas inutile de garder le souvenir des efforts des professionnels, tant privés que publics, qui ont toujours cru à l'avenir de l'énergie gaz, même aux périodes les plus difficiles comme dans les années 1930 et après 1945. Malgré tout, le gaz naturel n'a pas en France une place similaire aux autres pays européens : seulement 13,6 % du bilan énergétique environ[15], soit plusieurs points en dessous des Britanniques, des Allemands, des Italiens et bien entendu des Néerlandais. Le choix de l'électronucléaire explique aisément cet état de fait. Mais les changements possibles de la politique énergétique française vont aller vers plus d'utilisation du gaz naturel, par exemple pour la cogénération (chaleur et électricité), en s'appuyant sur la forte disponibilité en matière première et les qualités intrinsèques du méthane (discrétion dans l'environnement, faible pollution). Peut-être à cette occasion, les gaziers et les historiens redécouvriront-ils que le gaz n'a pas seulement un avenir !

III. Dix pistes de recherche... parmi d'autres

Dans ce contexte où des recoupements sont possibles avec des pays voisins mais qui comporte des spécificités bien françaises, l'histoire de l'industrie du gaz peut être abordée de multiples façons. Nous aimerions en évoquer quelques-unes, sachant que l'état des connaissances varie d'un thème à l'autre mais qu'aucune proposition ne s'appuie sur un corpus de faits et de démonstrations suffisamment élaboré.

---

[14]   INSEE, annuaire rétrospectif de 1966.

[15]   Derniers chiffres connus pour 1998.

A. *Perspectives chiffrées et données spatiales*

Il serait nécessaire parmi les travaux les plus urgents et les plus utiles de se doter d'un outil statistique[16] et géographique apte à donner les indications essentielles sur l'essor plus ou moins rapide de l'industrie du gaz depuis 1914. Les chiffres de la production et de la consommation (d'un point de vue national mais si possible régional ou tout au moins par grandes agglomérations), la ventilation de la consommation par usages (domestiques, industriels et tertiaires), la place du gaz dans le bilan énergétique national à des dates significatives (1913, 1929, 1938, 1952, 1963, 1974, fin des années 1990) et un atlas des réseaux urbains, régionaux et nationaux seraient un outil de travail indispensable à toute recherche. Cette recension sera plus facile bien entendu pour la seconde moitié du XXe siècle. Mais ce document, normalisé si possible (la question des unités à retenir et des conversions n'est pas mince : mètre cube, calorie, BTU, kilowattheure ?), permettrait de songer à l'édition d'un annuaire statistique et d'un atlas gaziers de dimensions européennes.

B. *Evolution du droit gazier*

Le développement du secteur gazier s'est déroulé dans le cadre de la concession de service public, originalité par rapport à d'autres pays européens. Dans un premier temps, en général avant 1914, cet essor a provoqué de multiples et longs conflits avec les électriciens. En 1946, au moment de la nationalisation, Gaz de France a hérité de l'ensemble des concessions. Malgré cet interlocuteur unique, le pouvoir des collectivités concédantes a été au cœur de bien des réflexions[17], sachant que le renouvellement des concessions est un moment délicat où les intérêts de part et d'autre doivent être conciliés. On imagine aussi les difficultés pour faire entrer la concession à la française dans un contexte européen. D'autres questions juridiques méritent examen : la déclaration d'utilité publique, indispensable pour le passage des réseaux gaziers ou le stockage souterrain ; la question des accidents et la façon dont ils ont fait évoluer la législation en matière de sécurité. Enfin, malgré leur petit nombre, il serait fort utile de voir comment les régies ont pu se maintenir depuis la nationalisation et comment leur développement a provoqué les premières brèches dans le monopole de Gaz de France. Assurément, l'histoire du droit gazier serait un moyen de comprendre comment les esprits ont évolué en un siècle.

---

[16] On peut d'ores et déjà signaler le travail réalisé par l'IHMC-CNRS : BARJOT, D., *L'énergie aux XIXe et XXe siècles*, Paris, 1991.

[17] Fédération nationale des collectivités concédantes et régies, *Guide pour la distribution du gaz*, Paris, 1997 (coll. « Service public et pouvoir local »).

C. Le gaz face à ses concurrents

Etudier le gaz sans son contexte concurrentiel n'aurait pas de sens car cette énergie a dû se défendre, s'adapter, compléter un système énergétique qui n'a jamais été unique. Face au charbon, à l'électricité ou au pétrole, l'industrie gazière s'est affirmée en développant ses qualités intrinsèques. Par exemple, elle a montré la précision et la modularité de la flamme de gaz dans le cas de la cuisine. Toutefois, la concurrence entre énergies en France se définit dans un cadre très particulier. En effet, les acteurs, sont essentiellement publics. L'Etat doit donc intervenir pour assurer des équilibres, maintenir des axes stratégiques. La concurrence n'est donc que rarement parfaite : le partage gaz-électricité dans les logements neufs se fit plutôt au détriment des gaziers qui apparaissaient comme dépensiers en devises. Gaz de France d'autre part ne luttait pas à armes égales face à des rivaux très puissants y compris dans le domaine des hydrocarbures. Car la Société nationale des pétroles d'Aquitaine (devenue Elf) comme la Compagnie françaises des pétroles (Total) ont été et seront des « gaziers » tout autant que les anciennes sociétés d'avant la nationalisation. Gaz de France connaît le handicap important de ne plus être producteur (même si sa politique récente constitue à se placer vers l'amont). Enfin, la concurrence des acteurs privés n'est pas à négliger : Primagaz, par exemple, possède aussi une histoire qui permet de retracer l'essor de l'industrie gazière.

D. Le gaz et les deux guerres mondiales

Après quelques thèmes diachroniques, il n'est pas superflu d'envisager des études dans des chronologies fortes, à commencer par les deux guerres mondiales. Ces deux périodes furent certes marquées par des pénuries, des difficultés d'approvisionnement mais aussi par des efforts de recherche pour trouver des combustibles de remplacement (ainsi le secteur des gazogènes pendant la Seconde Guerre mondiale). L'usure de l'appareil industriel, la formation d'un personnel nouveau, les fraudes, mériteraient attention. De même, il serait passionnant de voir comment la profession gazière a envisagé et préparé des plans pour l'après-guerre, en particulier entre 1942 et 1944. Il serait tout aussi instructif de comprendre l'évolution des acteurs face à la Résistance ou à la Collaboration, en passant en revue les destins divers qui sont allés de Corentin Cariou, chauffeur à l'usine de la Villette fusillé par les Allemands, aux dirigeants du Gaz de Paris inquiétés pour faits de collaboration.

E. Le gaz dans la politique de planification française

Originalité de la reconstruction et du temps des urgences (même si l'on peut en trouver les prodromes dès les années 1930), la planification[18], aujourd'hui devenue plutôt un outil de réflexion sur le long terme, fournit des données historiques continues, des documents de synthèse. Les images successives du gaz y sont bien identifiées. Par exemple, le Premier Plan s'intéressait au gaz de houille dans la mesure où celui-ci fournissait le coke indispensable à la sidérurgie. Puis le discours officiel changea avec l'arrivée du gaz de Lacq, l'approvisionnement extérieur ou la crise du pétrole. Certes, les prévisions et les données quantitatives sont allées en s'amenuisant (il serait d'ailleurs intéressant de voir comment les chiffres se sont approchés ou éloignés de la réalité), mais le financement de la croissance de l'industrie gazière peut être approché dans sa durée. On pourra ainsi voir dans quelle mesure la planification a pu jouer un rôle moteur dans la modernisation du secteur gazier ou, au contraire, si elle a ralenti le changement.

F. Gaz et développement régional

Avant d'être une énergie nationale, le gaz de ville fut une énergie régionale. Ce cadre d'étude reste encore largement inexploré si l'on excepte des travaux déjà cités. L'histoire des sites gaziers et en particulier des grandes cokeries réalisées des années 1930 aux années 1950 serait abordée dans le sens le plus large : typologie des usines, recrutement local ou national, impact sur l'économie régionale. Les archives conservées par Gaz de France aussi bien que les sources municipales (et peut-être encore quelques entretiens) apporteront sans aucun doute des données nouvelles sur une histoire régionale trop souvent négligée. On peut y ajouter un projet ambitieux : celui de l'examen du développement de la région de Lacq après la découverte de 1951. Un véritable « combinat » industriel fut créé *ex nihilo*, regroupant la production d'énergie (gaz et électricité avec aussi un peu de pétrole), la chimie (soufre, matières plastiques) puis les industries électromécaniques, une université à Pau, une ville nouvelle à Mourenx largement habitée par les travailleurs du complexe régional. L'histoire de cette zone nouvellement industrialisée mais de mono-activité (sa richesse venait essentiellement de la ressource en méthane) reste largement à faire. La question de la reconversion du bassin de Pau-Orthez s'avère une question cruciale d'aujourd'hui, encore partiellement ouverte.

---

[18] Pour une vue générale, voir en particulier : VILAIN, M., *La politique de l'énergie en France de la Seconde Guerre mondiale à l'horizon 1985*, Paris, 1969.

G. Patrons de l'industrie gazière

Sauf exception, nous connaissons peu les dirigeants de l'industrie gazière[19]. Il serait utile de posséder un minimum de prosopographie gazière avant la nationalisation de 1946, ne serait-ce que pour comprendre les spécificités de ce patronat par rapport à ceux de l'électricité ou du charbon. L'étude fine du Comité d'Organisation (en fait plusieurs Comités seraient à étudier) pendant l'Occupation permettrait une approche qui sans doute s'inscrirait dans la continuité. Même question avec les événements de 1946 : le patronat fut-il éliminé au profit des cadres supérieurs favorables aux changements de structure ? Et que sont devenus les personnalités écartées ? D'autre part, on constate que les grands Corps (X-Mines ou X-Ponts) n'ont guère peuplé Gaz de France à ses débuts. Mais il est clair que cette situation s'est modifiée au fur et à mesure que l'entreprise gagnait en notoriété et en poids sur la scène énergétique (on peut donner l'exemple récent de MM. Pierre Alby et Pierre Delaporte). Et enfin, *last but not least*, l'industrie du gaz s'étend aux fournisseurs de matériel et aux autres producteurs et distributeurs : monde tout aussi gazier qui reste à explorer.

H. Qu'est-ce que la culture gazière ?

Le management, comme bien d'autres disciplines, a ses modes. Celle de la « culture d'entreprise » a connu son heure de gloire même si aujourd'hui elle est moins présente. Pourtant, il est clair et patent que les gaziers ont une culture en commun, différente de celle des électriciens et des pétroliers. On ne peut confondre complètement d'autre part l'image de l'énergie gaz – qui a connu de fortes mutations au long du XXe siècle – avec l'identité du personnel gazier dont les constantes sont plus importantes que les ruptures. Des approches sociologiques et ethnologiques qui s'inscriraient dans le temps permettraient de cerner – quantitativement et qualitativement – quelques aspects culturels de la personnalité gazière. La continuité des familles gazières (avant et après la nationalisation) pourrait faire partie de ce type de recherche. Il serait tout aussi intéressant de cerner les origines de ce que l'on prête aujourd'hui aux gaziers comme caractéristiques de leur identité : une certaine solidarité, la « débrouillardise », des qualités commerciales, la fierté de dominer un produit noble mais complexe et dangereux, des rapports ambigus avec leurs cousins électriciens. Ces questionnements débouchent sur des problèmes d'aujourd'hui : car si culture il y a, est-ce

---

[19] À l'inverse, le monde ouvrier peut être approché dans une première approximation par des instruments de travail comme le *Dictionnaire biographique du mouvement ouvrier* (le « Maitron ») ou les travaux historiques de la CGT (GAUDY, R., *Les porteurs d'énergie*, Paris, 1982).

un atout ou un handicap ? Dans une période de très fortes mutations, une « bonne » culture est celle qui permet de s'adapter au changement, à opposer à une culture « bunker », figée et condamnée.

I. Les appareils à gaz, témoins de leur époque

Nous avons déjà constaté la quasi-absence de musée du gaz en France. Pourtant des pièces existent, des collectionneurs tentent de sauvegarder un patrimoine[20] tout aussi intéressant que celui des chemins de fer ou de l'automobile. Hélas, certaines pertes sont irréparables (pourquoi n'a-t-on pas gardé au moins une petite usine à gaz, une belle structure de gazomètre ?). Mais les appareils à gaz de toute nature (chauffage, cuisson, confort) et d'usage domestique[21] sont heureusement suffisamment nombreux et suffisamment bavards pour envisager autre chose qu'une exposition temporaire : un noyau de musée sur le gaz par exemple. La lecture de ces objets techniques peut se développer sur plusieurs plans : le design, le prix et la diffusion, les matériaux utilisés, les transformations techniques. Dans ce musée (faute de lieu, pourquoi ne pas créer un musée virtuel sur internet comme viennent de le faire les auteurs du développement « histoire de l'électricité » sur le site d'Electricité de France ?), on aura soin de ne pas oublier les impasses technologiques. Le réfrigérateur à gaz et le fer à repasser à gaz peuvent nourrir la réflexion sur les cheminements technologiques et ces questions ne sont pas dépourvues d'intérêt pour aujourd'hui.

J. Images gazières

Sans doute marquée par le système décimal, notre dixième et dernière (tout provisoirement) proposition voudrait repérer les images du gaz dans la littérature, le cinéma, le théâtre, les arts plastiques. La lumière du gaz, ses odeurs, la poésie urbaine des sites gaziers de banlieue méritent une attention accrue. Les Français du XXᵉ siècle ont cohabité avec les réverbères, les gazomètres ou les chauffeurs de fours : ils en ont laissé plus d'un témoignage[22]. Les « rues de l'usine à gaz » se rencontrent partout. Certes, avec le méthane, la présence du gaz se fait très discrète et attire moins le commentaire. Mais ici, l'histoire culturelle s'inscrit dans la durée puisque les images perdurent bien longtemps

---

[20] Il faut signaler le travail fort intéressant de l'association « D'hier à demain » (Jeanne et Jean-Pierre Guélon), hélas disparue, qui publiait un bulletin très instructif dont une bonne partie était consacrée aux appareils à gaz.

[21] Voir ELLISSEN, R., *Le gaz dans la vie moderne*, Paris, coll. « Les questions du temps présent », 1933 (illustré). Signalons aussi l'activité d'associations comme AFEGAZ et COPAGAZ.

[22] Par exemple, dans le domaine de la chanson, Bourvil qui est moderne donc abonné au gaz !

après la réalité[23]. Il faut donc lier la fin du XIXe siècle et notre XXe siècle pour dresser le tableau des témoignages artistiques de la présence du gaz dans le quotidien et l'imaginaire. Des techniques récentes permettront de repérer plus rapidement ces textes qui font mention des techniques gazières. Ainsi le site « Gallica » de la Bibliothèque Nationale de France permet d'interroger en plein texte un certain nombre de textes, essentiellement du XIXe siècle (il s'agit de la série des Classiques Garnier). A titre d'exemple, une rapide recherche nous fait pénétrer avec Guy de Maupassant dans un site familier aux Parisiens[24] : « A cinq heures précises, j'entrais à l'usine à gaz de La Villette. On dirait les ruines colossales d'une ville de cyclopes. D'énormes et sombres avenues s'ouvrent entre les lourds gazomètres alignés l'un derrière l'autre, pareils à des colonnes monstrueuses, tronquées, inégalement hautes et qui portaient sans doute, autrefois, quelque effrayant édifice de fer. Dans la cour d'entrée, gît le ballon, une grande galette de toile jaune, aplatie à terre, sous un filet. On appelle cela la mise en épervier ; et il a l'air, en effet, d'un vaste poisson pris et mort. ». « Ruines, sombre, lourd, monstrueux, effrayant » : voici un bon exemple d'une description qui oscille entre fantastique quotidien et romantisme noir. Les auteurs du XXe siècle ont-ils repris cette thématique assez négative ? Car il est nécessaire de voir dans quelle mesure ces témoignages anciens ont forgé des images durables pour le siècle suivant, inscrivant pour longtemps des stéréotypes dans la mémoire collective.

Les quelques lignes qui précèdent ne forment que le début d'un programme de recherche. Des prémices à la fois trop ambitieuses et trop imprécises. Si cette liste d'interrogations peut paraître longue, c'est sans doute du fait que beaucoup reste encore à faire. Certains chantiers sont plus faciles à ouvrir que d'autres. Ils formeraient déjà un début d'intention. En ce sens, les journées organisées à Arras et Genève s'avèrent d'ores et déjà une co-initiative destinée à donner un nouvel élan à l'histoire gazière. Mais les historiens ne doivent pas rester seuls dans cette quête. Ils pourront chercher appui auprès d'autres sciences humaines et sociales. Et il reste à souhaiter que la recherche puisse s'appuyer sur des initiatives extra-universitaires, soutenues en particulier par l'industrie gazière et para-gazière. Ces dernières peuvent y puiser des leçons et des exemples. Elles pourront aussi comprendre que l'avenir de l'énergie gaz, incontestable aujourd'hui, s'inscrit dans une longue histoire de deux siècles qui ne peut être occultée.

---

[23] Les personnes qui ont essayé de se suicider au gaz à une époque récente ont provoqué d'importantes explosions parce qu'elles confondaient gaz de ville et gaz naturel…

[24] MAUPASSANT, G. de, *La parure et autres contes parisiens (le voyage du Horla)*, Paris, coll. « Classiques Garnier », p. 925.

II

LES ESPACES CENTRAUX

CHAPITRE VI

The Significance of Gas
for Urban Enterprises
in Late 19th Century German Cities

Dieter SCHOTT

I. On the Historiography of Gas Industry in Germany

The history of gas industry has not been a major topic of historiographical debate in the last years in Germany. An indication for this is the relative small number of essays and reviews on this field published in the leading German journal for *History of Technology – Technikgeschichte*. In *Technikgeschichte* we can count only a handful of essays and reviews somehow related to gas industry. The main body of more recent publications on this topic comes from gas works and public utilities celebrating anniversaries by commemorative volumes of quite diverging quality. In lucky instances as the one on Berlin *Feuer und Flamme für Berlin* the local history of gas provision is presented as microcosm of the whole history of the industry, integrating also more recent research questions like the cultural adaptation to gas technology[1]. But many others are much more down-to-earth, focusing on sometimes very detailed chronological accounts of local gas work without setting these stories into larger contexts of general economic or urban structures[2].

The current lack of interest in gas industry contrasts sharply with a broad body of literature in the 19th and first half of the 20th century. This literature is well documented in the bibliography on energy edited by Hugo Ott. This impressive work listing more than 10,000 titles was compiled by a research group at the University of Freiburg in the 1980s. Under the direction of the economic historian Hugo Ott, the group collected a wide array of statistical data to publish several volumes on

[1] DEUTSCHES TECHNIKMUSEUM BERLIN (ed.), *Feuer und Flamme für Berlin. 170 Jahre Gas in Berlin. 150 Jahre Städtische Gaswerke*, Berlin, 1997.

[2] As an example: ENERGIEVERSORGUNG MITTELRHEIN GMBH (ed.), *"...und es ward Licht". 150 Jahre Koblenzer Gasgeschichte*, Koblenz, 1996.

the statistics of energy production and consumption in Germany[3]. Unfortunately not all the planned volumes have actually been published[4]. The bibliography is of major importance for any research in the history of energy, since it compiles almost all relevant literature from the 18th century till 1985. On gas there are 1895 entries in the register, including of course multiple citings. 52 key-words refer to specific subject matters, 83 touch local and regional gas provision and 178 point to individual gas works. Without doubt this bibliography is the most important source for bibliographical information in that field.

One reason for the relative neglect of gas industry as a subject of historiography in the last years may be the almost complete disappearance of the coal-gas industry as a productive sector. The change from coalgas to natural gas, which took place in Germany from the mid 1960s until the late 1970s, eliminated the old gas works as production plants. Gas industry has been turned into a distributive industry mostly engaged in constructing and running distribution networks. This has also led to a depoliticisation of gas provision. In stark contrast to the electricity industry where major political debates on the use of nuclear power have shaken Germany in the last 20 years, the natural gas industry has not been the target of much public criticism: whereas high-voltage transmission lines really structure the landscape of Germany, at least along the main throughways of traffic, gas pipelines which actually run right across the whole of Germany just as much are neatly hidden below surface. And the safety record of the industry is quite good, occasional explosions of houses can usually be attributed to criminal manipulations. Thus, whereas gas industry in former times, under the "reign" of coal-gas was associated with the image of a stinking and poisonous energy, nowadays it enjoys a favourable reputation in public, since the environmental hazards of its production are no longer noticeable in

---

[3]   OTT, H. (ed.), *Bibliographie zur Energiewirtschaft in Deutschland* (= Historische Energiestatistik von Deutschland, Bd. 3), St. Katharinen, 1987. Methods and approach of this project are described in detail in KUEHL, U., "Quellen zur Energiestatistik Deutschlands im 19. und 20. Jahrhundert", in FISCHER, W. und KUNZ, A. (eds), *Grundlagen der historischen Statistik von Deutschland: Quellen, Methoden, Forschungsziele*, Opladen, 1991, p. 205-222. The research formed part of a large-scale research emphasis to document historical statistics for many fields of German history with an emphasis on the 19th and 20th centuries. This venture was supported by the DFG, the German Research Council, and produced many volumes on statistical data. See on this research emphasis: FISCHER, W. und KUNZ, A., "Quellen und Forschungen zur Historischen Statistik von Deutschland. Ein Forschungsschwerpunkt der Deutschen Forschungsgemeinschaft", in FISCHER, K., *op. cit.*, p. 32-42.

[4]   Published was the volume on electric energy: OTT, H. (ed.), *Statistik der öffentlichen Elektrizitätsversorgung Deutschlands 1890-1913*, St. Katharinen, 1986. The statistics on gas have been collected and prepared ready for print, but have not been published for lack of funds and staff to complete the task.

Germany[5]. On the other hand the comparative lack of noxious emissions makes (natural) gas the favourite energy base for uses in densely populated areas[6]. Political debates on the future of nuclear energy have stirred up interest in the historical developments of electric energy systems leading up to the current state of things. Especially among a younger generation of historians sensitized to environmental issues, there has been a considerable amount of historical research on electric utilities and the system of electrical energy provision as a whole which also attempted to trace potential alternative developments[7].

If we look at the historical writing on gas industry within the last 15 years we can distinguish between different strands:

1. The older tradition of general surveys like Johannes Körting concentrates on the economy and technology of the gas industry, identifying the most important companies and entrepreneurs and tracing the metamorphosis from a private business in the middle of the 19ᵗʰ century to an almost totally public sector just before World War I.

2. A rather different approach to gas history has been opened up by the seminal work of Wolfgang Schivelbusch "Lichtblicke". Schivelbusch discusses the evolution of lighting technology in terms of its cultural and social reception, of the formation of technological concepts and their transfer from one field of technology to the other[8]. Based mainly on literary sources and travel

---

[5] On the depicting of gas as a stinking gnome, creeping from the folds of the earth see posters from the early years of electrification in STEEN, J., *Die Zweite Industrielle Revolution, Frankfurt und die Elektrizität*, Frankfurt/M., 1981; STEEN, J. *et al.*, *"Eine neue Zeit...!" Die Internationale Elektrotechnische Ausstellung 1891*, Frankfurt/M., 1991; BINDER, B., *Elektrifizierung als Vision. Zur Symbolgeschichte einer Technik im Alltag*, Tübingen, 1999. Reports from Russia show however the very significant environmental risks and hazards involved with gas industry but this is far off from the German public.

[6] Under the auspices of global warming and reduction of emissions charged with sulphuric dioxide many German municipalities have turned to policies of subsidising the replacement of fuel oil by gas in domestic heating. Gas has also increasingly been used to power turbines for small and medium scale "combined-heat-and-power" plants in urban neighborhoods, to meet demand of public swimming pools, hospitals, schools etc.

[7] Very influential was the "large-systems-approach" developed by Thomas P. HUGHES in his ground-breaking *Networks of Power. Electrification in Western Society 1880-1930*, Baltimore/London, 1983. See for a bibliographical "state-of-the-art" on research about electrical industry: SCHOTT, D., "Einführung", in SCHOTT, D. (ed.), *Energie und Stadt in Europa. Von der vorindustriellen "Holznot" bis zur Ölkrise der 1970er Jahre*, Stuttgart, 1997, p. 7-42.

[8] SCHIVELBUSCH, W., *Lichtblicke. Zur Geschichte der künstlichen Helligkeit im 19. Jahrhundert*, München/Wien, 1983. Schivelbusch already had a stunning success

accounts Schivelbusch demonstrated to the reading public of the 1980s, in which fundamental ways and aspects changes in ligthing technology have contributed to alter life styles, patterns of production, consumption and leisure in the 19th century. The lines of arguing and thinking mapped out by Schivelbusch have been very influential since then; they have inspired many local publications and exhibitions on the history of energy infrastructure.

3. Most academic studies of gas history in the last 15 years focus on the effects of gas on the city. Economic historians like Gerold Ambrosius and urban historians like Wolfgang Krabbe have analysed gas works as public utilities, have demonstrated how municipal administration changed in the process of incorporating gas works[9]. The character of local administration was transformed from a economically non-intervening "Ordnungsverwaltung", maintaining public order and safety as foremost goal, to an interventionist and planning "Leistungsverwaltung", which intended to offer a wide array of services to its inhabitants. Krabbe sketches a typical course of events in the relationship between cities and private gas companies: After the conclusion of a gas contract between city and gas company (first stage) many conflicts arose in the second stage due to the monopolistic nature of gas industry and to the reluctance of gas entrepreneurs to invest money and extend their networks if the contracts were not prolonged. In the third stage often long and bitter law suits were fought usually leading to the municipalisation of the gas work for some sort of compensation. In the fourth stage gas works were taken over by the city and run on her account. In 1912, 90% of all gas works in Germany were in municipal property, only about 9% were owned by private joint stock companies. The municipalisation of gas works in the last decades of the 19th century has been a major step in this process and has thus received a great deal of attention already from contemporaries. Many excellent studies were written within the "Historical School of the German National Economy" or as doctoral theses at law schools. This body of literature, documented in the cited bibliography, usually

---

with his "Geschichte der Eisenbahnreise", published in 1977, in which he demonstrated how the railway and new modes of travelling opened up by this new means of transport had a revolutionising impact on the way of seeing the countryside, on notions of time and space.

[9]   See on the publications of Ambrosius and Krabbe the bibliography (Section III, Partie A).

tried to legitimise the public property of this sector and aimed to demonstrate its beneficial aspects for the city and the economic development as a whole. Utilities like gas works, water works, tramways and the like were conceived as serving the "Gemeinwohl" or "public welfare". Public ownership of gas and electricity works has often been termed "Munizipalsozialismus", a somewhat misleading term, since the mayors and leading executives of gas works, usually of liberal affiliation before 1914, never intended municipal gas works as a stepping stone towards a more general and comprehensive socialisation of industry[10].

4. A different perspective is followed by other researchers who – like the author – deal with gas industry as one dimension of a more general "networking of the city", taking place after the middle of the 19th century[11]. The emphasis there is put on the interrelation between different infrastructure technologies, the way how experiences with gas works shape and influence municipal strategies towards electricity works and public transit. Such studies ask, how the municipal governments made conscious use of these network-technologies to promote and direct urban development, how rate policies evolved in close dependency between gas and power rates and so on.

5. Problems of technology are of central concern in studies by Braun and Buschmann. Braun analyses the complex field of competition between gas and electricity from 1880-1914 and emphasizes especially the transfer of technological innovations back from "new" to "old" technologies like the adoption of the idea of incandescent light from the electric bulb to the gas light by Auer von Welsbach in 1886[12]. This innovation had far-reaching consequences since it improved the competitivity of gas light over electric light in terms of prices. It also made the use of other types of gas feasible which were not producing a bright flame but rather

[10] On "Munizipalsozialismus" see KRABBE, W. R., "Städtische Wirtschaftsbetriebe im Zeichen des 'Munizipalsozialismus'. Die Anfänge der Gas- und Elektrizitätswerke im 19. und frühen 20. Jahrhundert", in BLOTEVOGEL, H. H. (ed.), *Kommunale Leistungsverwaltung und Stadtentwicklung vom Vormärz bis zur Weimarer Republik*, Köln/Wien, 1990, p. 117-135.

[11] SCHOTT, D., *Die Vernetzung der Stadt. Kommunale Energiepolitik, öffentlicher Nahverkehr und die "Produktion" der modernen Stadt, Darmstadt/Mannheim/Mainz 1880-1918*, Darmstadt, 1999.

[12] BRAUN, H.-J., "Gas oder Elektrizität? Zur Konkurrenz zweier Beleuchtungssysteme, 1880-1914", in *Technikgeschichte* 47 (1980), p. 1-19.

yielding high temperatures. The studies collected in the volume edited by Buschmann deal with processes of coking, producing gas and its linkages to steel and chemical industry.[13] The volume results from a symposium in Oberhausen dedicated to save a coking plant from demolition. Thus also the conservation of industrial monuments was debated.

6. Professionalisation in gas industry and the evolution of personal-professional networks is the focus of research undertaken by Yvonne Bathow[14]. She shows how the professional group of gas engineers evolved in the middle of the 19th century and created an opportunity to reduce the dependency on English specialists and the Imperial Continental Gas Association which had played a very important role in the early stages of gas industry in Germany. Bathow points out, how different groups of actors developed specific approaches to the task of gas provision: Rudolf Blochmann, director of the Royal chamber of Mathematics and Physics in Dresden, pioneered with gas works in Dresden and Leipzig and established a school of gas engineers which was to become very influential in the North and Northeast of Germany. In the South of Germany the attempt of entrepreneurs was successful in the 1850s and 1860s to establish gasworks on a private base. Some of these entrepreneurs like Friedrich Engelhorn, one of the founders of the famous chemical plant BASF, were motivated by tar, gas industry's originally useless side product, to develop the new and rapidly expanding industry of aniline dye synthesis. Bathow also pays attention to technologies which have not survived in the long run but had a significant impact at their time. She shows that gas entrepreneur August Riedinger from Augsburg was quite successful for some years setting up gas works that used charcoal as its fuel. This technology responded to the specific price structure of towns in the South of Germany where coal was still very expensive until the railway network had been more developed and wood was available in abundance.

---

[13] BUSCHMANN, W. (ed.), *Koks, Gas, Kohlechemie. Geschichte und gegenständliche Überlieferung der Kohleveredlung*, Essen, 1993.

[14] BATHOW, Y., "Die Berufsgruppe der 'Gas- und Wasserfachmänner'. Ihre Bedeutung für die kommunalen Investitionen in der zweiten Hälfte des 19. Jahrhunderts", in KAUFHOLD, K. H. (ed.), *Investitionen der Städte im 19. und 20. Jahrhundert*, Köln/Weimar/Wien, 1997, p. 123-147.

II. Survey of Quantitative Development

The use of coal gas for public lighting starts in Germany in 1826 with two gas works founded by the Imperial Continental Gas Association in the capital cities of Berlin and Hannover, the latter one being closely linked to England, since the king of Hannover was until 1837 also king of Great Britain. Further development was slow and restricted to other capitals like Dresden, the capital of Saxony and major trading cities like Leipzig and Frankfurt. In Dresden the first gas work run by a German native was established in 1828, by the already mentioned Rudolf Blochmann. By 1844 only 12 gas works had been set up, 5 of which were run by the Imperial Continental Gas Association, another three by other foreign investors. Two gas works were owned and operated by municipalities or the state – in Dresden and Leipzig – and two others by private German investors. After 1845 the growth of gas industry accelerated, matching the general speed-up in industrialisation[15]. By 1850 another twenty gas works had been set up, now also including cities in the South of Germany like Stuttgart, Baden-Baden, Karlsruhe, Augsburg and Munich. Of these 20 only 5 were definitely foreign ventures. After 1850 the development further accelerated quite in concordance with the industrial take-off of the 1850s. By 1858 already 193 gas works had been set up. These gas works supplied gas for 33,729 street lamps and 291,253 private flames[16]. After 1860 statistical data become more reliable and after 1880 we can draw on an almost continuous reporting of the number of gas works and their production which was provided by the leading journal, the *Journal für Gasbeleuchtung und Wasserversorgung* and its editor Schilling. Official statistics have however neglected gas industry. Urban gas works for general provision have been registered by the annual *Statistical Yearbook of German Cities* after 1890, which however does not include private (industrial) gas works[17].

The overall pattern shows a rather steep growth to some 700 gas works around 1900 which is followed by yet another leap to 1,300 just

---

[15] The rapid growth of the railway network was of fundamental importance for the setting up of gas works in cities far off from coal basins. By 1850 almost 6,000 km of railway had been constructed, setting up a rudimentary network across the whole of the German states. On the significance of the railway as "leading sector" see WEHLER, H.-U., *Deutsche Gesellschaftsgeschichte. Vol. 3: Von der "Deutschen Doppelrevolution" bis zum Beginn des Ersten Weltkrieges 1849-1914*, München, 1995, p. 66 ff.

[16] These data were published in *Journal fuer Gasbeleuchtung* in 1859 and had been compiled by W. Oechelhäuser, the director of the Deutsche Continental Gas-Actiengesellschaft in Dessau. On the reliability of this source see KUEHL, U., *op. cit.*

[17] See KUEHL, U., *op. cit.*, p. 213 ff.

before World War I[18]. This leap can be attributed however to an upsurge in small-sized gas works which were established in many towns and larger villages just before extensive networks of gas provision were being constructed radiating out from larger cities[19].

In terms of usage of gas we can observe a clear dominance of private consumption, mainly for lighting. In 1900 1/8 of a total of 823 million m³ was used for public illumination while roughly 1/3 of private consumption was consumed by gas motors or heating. The usage of gas for motors and heating had increased from a portion of less than 10% in 1890 to 1/3 in 1900. This diversification reflects the diffusion of the Auer lamp. Because with the Auer lamp the quality of the gas depended no longer on the brightness of the flame but rather on the burning temperature, production was transformed to generate gases of higher energetic value which yielded more power and heat in motors and gas stoves[20].

In economic terms the outstanding development was the increasing dominance of public owners, mainly cities. Already in the 1860s almost half of gas works were in municipal property. By the 1880s this had risen to 75% and after 1900 municipal gas works controlled almost 90% of total output. Gas works became the essential "high" technology incorporated into the German municipal administration in the last quarter of the 19th century. Their experiences with gas works from the 1870s and 1880s onward, the high profitability of this investment, motivated city councils to go ahead with other infrastructures like power stations and electric tramways. Gas works – this was the lesson learned – could be managed just as well by municipal engineers. They could be run at a profit and could better serve the needs and interests of individual customers and the perspectives of urban development than

---

[18]   See the tables.

[19]   For the cities and regions studied by the author this becomes apparent in many instances. In Eberstadt and Griesheim, larger villages or small towns in the proximity of Darmstadt and with a substantial portion of non-agrarian population, gas works were set up around 1900 by a private company C. Franke, seated in Bremen. Franke promised to set up gas and electricity works but the economic preconditions for embarking on electricity were practically unattainable. Thus no electricity was introduced until after World War I. This company and similar others was active all over the German empire and successfully persuaded local magistrates who wanted to get a more modern illumination in their town to grant them lighting concessions. See also on the attractivity of gas and electric lighting as "urban" technologies: SCHOTT, D., "Lichter und Stroeme der Großstadt. Technische Vernetzung als Handlungsfeld für die Stadt-Umland-Beziehungen um 1900", in ZIMMERMANN, C. und REULECKE, J. (eds), *Die Stadt als Moloch? Das Land als Kraftquell? Wahrnehmungen und Wirkungen der Großstädte um 1900*, Basel/Boston/Berlin, 1999, p. 117-140.

[20]   See on this very deliberate diversification policy the respective chapters on Darmstadt, Mannheim and Mainz in "Vernetzung der Stadt" (see note 11).

private ownership. Moreover, the profit from gas works acted as a tax substitute. Local taxes had to be paid predominantly from house owners, businessmen or people with large incomes. Using the utilities as sources of additional income thus meant to broaden the municipal tax base over the limited range of traditional local tax payers. Revenue from works of public technical infrastructure, mainly gas works, water works and power stations, came to contribute a substantial amount to the general municipal income. In many cities surplus from gas works amounted to between 10-20% of the revenue from taxes; aggregate income from municipal utilities could form between 20 – 50% of tax income for the 40 best performing cities[21].

However, there were quite large differences in the intensity of consumption between cities of different size and structure. In the group of cities with more than 200,000 inhabitants – 24 in 1911 – we can observe quite astonishing discrepancies in per-capita-consumption[22]. While the city of Charlottenburg, now part of Berlin but until 1920 an independent city with more than 300,000 inhabitants and an overproportional share of upper and upper-middle class households, boasted a consumption of 188.6 m³ per head, the city of Duisburg on the Rhine, 230,000 inhabitants of mainly working-class status, had only 42.5 m³ or about 22% of the figure of Charlottenburg. The top seven cities with each more than 100 m³ were all major commercial cities like Bremen and Hamburg or regional capitals with large concentration of services, culture and bureaucracy like Hannover, Stuttgart and Dresden. In the bottom group with less than 70 m³/head we find industrial cities from the mining district of the Ruhr like Duisburg and Dortmund, but also regional capitals like Munich and provincial cities of Prussia like Magdeburg and Stettin. On the whole the pattern is quite clear: cities with a high degree of commercial activity and a more developed upper middle and middle class tend to show significantly higher per-capita-consumption of gas. Of course this correlation does not take into account the effects of rate policies which might have counter-acting effects.

The statistics reprinted in the annex stop at the time of World War I. This time can also be termed the "golden age" of city-based gas industry. Thereafter these gas works were increasingly facing tough competition from coking plants which strove to supply their excess gas capacities from the coking process in steel industry to extensive regional networks. Not surprisingly the growth of these networks started in the

---

[21] See *Statistisches Jahrbuch deutscher Städte*, Vol. 20 (1914), ch. XXXIII, p. 883.

[22] The following analysis is based on figures for 1911 or 1911-12 in *Statistisches Jahrbuch deutscher Städte*, Vol. 20 (1914), ch. XXX, p. 684 "Verhältnis- und Vergleichszahlen über den Gasverbrauch im Jahre 1911 bezw. 1911-12".

Ruhr Region, just before World War I[23]. In 1910 August Thyssen, one of the leading steel tycoons, built a pipeline from Hamborn where he ran a huge coking plant, to the twin textile cities of Barmen and Elberfeld, two years later Stinnes, another "captain of industry", followed with a pipeline from his plants in Essen to the metalworking cities of Solingen and Remscheid. In the interwar period these networks expanded quickly, by 1926 already 69 municipalities were provisioned by this networks which had some 460 km of tubes. In the same year several plants operating cokeries in the Ruhr cooperated to market their gas under the name of AG für Kohlenverwertung (= joint stock company for valorisation of coal) in 1926[24]. After this pioneering effort several other companies were founded in coal-and-iron-regions like Lower Silesia or the Saar. By the end of the 1920s also major cities like Cologne, Hannover and Frankfurt were hooking up to these systems of provision from distant coking-plants, and in doing so they at first partly and later then completely abandoned their own production. Total gas consumption experienced a significant growth in the interwar years in spite of the difficult economic context. From 2.7 billion m³ in 1913 public gas sales increased fivefold to 13.5 billion m³ in 1939[25]. By the early 1960s, just before the general change to natural gas, about 80% of total gas consumption was provided by coking plants in heavy industry and distributed through these networks, only 1/5 remained as locally produced and distributed by usually municipal gas works.

Constructing long-distance networks, however, was no monopoly of steel-making cokeries. Municipal gas works were also striving before World War I to expand their networks into the agglomeration around the urban centre. This drive for expansion was motivated by a new investment push in gas technology. At the turn of the century many gas works were setting up new plants to respond to rapidly increasing private and industrial demand. Owing to progress in gas-production technology these plants had greatly enlarged capacities and a much higher degree of mechanised coal transport. This new technology was much more capital intensive than the older generation of gas works. Economically this meant that net profits margins from gas sales decreased for some years, because the gas sales could not be augmented as rapidly as the produc-

---

[23]   BUCHMANN, H. A., "Die Entwicklung der Kohlegasversorgung in Deutschland", in
       BUCHMANN, H. A. (ed.), *Symposium über die Entwicklung der Gasversorgung in
       Deutschland*. Essen 1985, Bergisch-Gladbach, 1987, p. 7-50, p. 42 ff; REBEN-
       TISCH, D., "Städte und Monopol. Privatwirtschaftliches Ferngas oder kommunale
       Verbundwirtschaft in der Weimarer Republik", in *Zeitschrift für Stadtgeschichte,
       Stadtsoziologie und Denkmalpflege*, 3 (1976), p. 38-80.

[24]   In 1928 the cumbersome name was changed to "Ruhrgas", see BUCHMANN, p. 44.

[25]   BUSCHMANN, W., *op. cit.*, p. 46 (see note 13).

tion capacity had increased. Municipal gas directors thus were under pressure to push up gas sales and improve profit margins by winning new customers outside the city proper. The spread of networks to smaller cities and industrial villages was also due to increasing competition by private holding companies which established small-scale gas works in small towns with some industrial demand. In order to prevent their suburbs from setting up such small gas works, cities were prepared to extend their tubes to suburbs even if gas sales would not promise fast returns[26].

In the late 1920s a major conflict developed between the Ruhrgas on one hand, striving to extend its network to Southern Germany and the city of Frankfurt which was trying to forge a coalition of cities from South West Germany to set up an independent system of gas provision[27]. In 1928 the Südwestdeutsche Gas AG was established with Frankfurt and Mannheim as the core group but also other cities like Ludwigshafen, Karlsruhe and Wiesbaden as members. Frankfurt as the most active force in this coalition did – as Rebentisch emphasizes – not just pursue immediate economic interests but wanted to use gas provision as a catalytic agent towards new regional patterns. Frankfurt intended to position herself as the centre of an economic region irrespective of state boundaries and thus prepare the way towards regional reshuffling of territories[28].

The resistance of cities in South West Germany towards Ruhrgas was also motivated by the fear to be cut off from gas provision by accident or weather hazards. Giving up gas production also meant a loss of local jobs, the loss of control over local production of coke and other side products and a general loss of surplus value generated in local production. Local resistance and apprehensions thus went parallel to those aired in the conflict between municipal electric power works and

---

[26]   See on the suburban extension of gas networks in Mannheim: SCHOTT, D., *op. cit.*, p. 427 ff (see note 11). In one of the suburbs, Sandhofen, a small municipal gas works had operated until incorporation but under massive criticism of the unhappy customers. Replacing this unreliable and expensive gas provision by higher standard provision from the city of Mannheim had been a major motive in negotiations preceding incorporation, see TOLXDORFF, L. A., *Der Aufstieg Mannheims im Bilde seiner Eingemeindungen (1895-1930)*, Stuttgart, 1961.

[27]   See REBENTISCH, D., *op. cit.*

[28]   Frankfurt belonged to the state of Prussia, having been annexed in consequence of the Prussian-Austrian War of 1866. The city was completely surrounded by territory of Hessen-Darmstadt. In economic terms, the region of Rhine and Main also extended to the state of Bavaria in Aschaffenburg and the section of Lower Franconia. In the late 1920s the territorial reform of the empire was high on the general agenda and Frankfurt hoped to abolish the old territorial structures and become natural capital of a new economically defined province of Rhine-Main.

the large utilities pushing for the elimination of local power generation in the late 1920s/early 1930s[29]. After the Nazi seizure of power the energy market was regulated by the Energie-Wirtschafts-Gesetz of 1935 to exclude noxious competition. The utilities got guaranteed monopoly territories for provision of electricity and gas, but they had to underwrite a general obligation to maintain service to everybody. Rates and contract were subject to permission and supervision by the ministry of the economy. This highly regulated but not socialised system of energy provision was to survive World War II and the first almost fifty years of the Federal Republik of Gemany only to become abolished very recently in the wake of EU deregulation of energy markets.

In the post-war years of rapid economic recovery the big problem of gas production for the cokeries was that the demand for gas increased much faster than the demand for the coke produced in gasification. The solution for this "coke-gas-scissors" was first sought in technological improvements like total gasification of coal in new high-pressure plants. But the final solution then was found in the change to natural gas which was opened by the exploitation of large gas fields in the Netherlands in the 1960s. When the large gas utilities made contracts with natural gas producers in the Netherlands in 1965 the era of coal gas provision was drawing to a close[30].

III. The "Golden Age" of Gas Industry in Three Cities of South Western Germany

My case studies come from the South West of Germany, and comprise regional capitals like Darmstadt, then capital of the state of Hesse, and major trading and industrial cities like Mannheim and Mainz on the Rhine. Compared to Paris, London or Berlin they might seem small, but they were leading centres of urban life in their region.

---

[29] See on this conflict: HELLIGE, H.-D., "Entstehungsbedingungen und energietechnische Langzeitwirkungen des Energiewirtschaftsgesetzes von 1935", in *Technikgeschichte* 53 (1986), p. 123-155; GILSON, N., *Konzepte von Elektrizitätsversorgung und Elektrizitätswirtschaft. Zur Entstehung eines neuen Fachs der Technikwissenschaften zwischen 1880 und 1945*, Stuttgart, 1994; STIER, B., *Staat und Strom. Die politische Steuerung des Elektrizitätssystems in Deutschland 1890-1950*, Ubstadt-Weiher, 1999.

[30] See BUSCHMANN, W., *op. cit.*, p. 49 (see note 13).

Table 1. Population of Darmstadt, Mannheim and Mainz 1861-1900

Year	Darmstadt	Mannheim	Mainz
1861	28.523	27.160	45.807
1871	33.779	39.606	53.902
1880	41.199	53.465	61.328
1890	56.399	79.044	72.059
1900	72.381	141.147	

Gas industry in all three cities started in the 1850s on a private basis. In Mannheim and Mainz the Badische Gesellschaft für Gasbeleuchtung from Karlsruhe was the main driving force while in Darmstadt August Riedinger from Augsburg with his technology using charcoal took the lead[31]. The cities usually gave concessions to the companies to use city streets for gas tubes for a period of 25-30 years. Public illumination was installed in the main streets and public buildings and the opening of service was celebrated by illumination events. In Darmstadt gas flames on the facade of the court theatre formed the initials of the grandducal couple to honour the name-day of the grand-duchess. The technology of producing gas from charcoal showed several problems in the Darmstadt gas works. There was a high danger of fires, because the gas works needed seasoned and very dry wood, the wood stores repeatedly caught fire and burnt down completely. Furthermore getting adequate supplies of dry and seasoned wood proved quite a problem. In 1867 a mixed production of charcoal gas and coal gas was taken up, and after the city municipalised the gas work in 1880 the production was completely switched to coal. Darmstadt also might serve to illustrate another general problem. After the city had taken over the gas works there were very high gas losses caused by leaking tubes; almost 20% of total gas generated was thus lost. By comprehensive renewal of the run-down tubes the city managed to cut losses to a reasonable 6,5%.

---

[31] For a brief summary of the early history of these works see SCHOTT, D., *op. cit.*, with further bibliographical references.

Table 2. Chronology of Gas Industry in Darmstadt –
Mannheim – Mainz 1850-1940

Year	Darmstadt	Mannheim	Mainz
1850	(1849 gas station provided customers with gas tanks) 1855 gas works open service (concession 25 years)	1851 gas work constructed 1852 service opened (contract 25 years)	1853 contract 1855 service opened (city carried 70% of cost)
1860	1867 ff gas produced as mixture of coal gas and charcoal gas		
1870		1873 municipalisation of gas work (premature, because of breach of contract)	
1880	1880 gas works municipalised 1885 special rates for cooking gas	1879 new gas work in Lindenhof opened 1885: 4.0 million m³	1885 gas work municipalised after expiration of contract 1885: 2.6 million m³
1890	1890 reduction of gas rates "technical purposes" 15 Pf 1891 ff intensive marketing of gas for cooking and heating 1897: 4.3 million m³	1892 ff Marketing of gas for cooking and Heating 1895: 6.3 million m³	1892 ff Marketing of gas for cooking and Heatin 1892: 4.2 million m³ 1894 Enlargement, new stoves
1900	1901-02 New gas works constructed 1907 ff gas tubes to suburb	1900 New gas works 1900 ff expansion to suburbs 1905: 11 million m³ 1908 Expansion: vertical stoves installed 1909 Gas works Lindenhof out of service	1900 New gas works starts production 1900: 5,9 million m³ 1905 gas tubes to suburbs constructed
1910	1917-1923 Coal Crisis: Severe Restrictions	1912 ff Expansion: New stoves installed (50,000 cm/day) 1915: 21.7 million m³ 1917-1923 Coal Crisis: Severe Restrictions	1910: 9.2 million m³ 1917-1923 Coal Crisis: Severe Restrictions
1920	1925 Intensive PR-Efforts to promote gas cooking Regional service started	1926 Further expansion: Production capacity now 220.000 m³/day Network of tubes constructed to service region	1925 ff Modernisation/ Expansion

	1928 Darmstadt member of HE-KOGA	1928 Mannheim member of SÜWEGA (+ Frankf.)	1928 Mainz member of HEKOGA
1930	1930 Introduction of apartment rate (as for el.) 1931 Darmstadt refuses to join Ruhrgas 1935 "Energie-Wirt-schafts-Gesetz" (Energy Economy Law)	1935 "Energie-Wirt-schafts-Gesetz" (Energy Economy Law)	1931 Cooperation with Wiesbaden (KMW) – electricity and gas 1935 "Energie-Wirt-schafts-Gesetz" (Energy Economy Law)

Gas works were very good business in the first years after munici-palisation. The Mannheim gas works paid 15-20% interest, in Darmstadt where the old gas works had been almost completely written off, the return on capital in some years was up to 100%[32]. And in Mainz where the city had on average received 35 000 Mark/year from the concession, the comptroller could now, after municipalisation reap more than 250 000 Mark[33]. However, this financial "golden age of municipal gas works" could not last forever. Because of population growth, increasing gas usage and industrial demand gas works soon reached the limits of their capacity. Also in many cases gas works could not be enlarged or modernised at their present location because there was just not enough space or because – as in Darmstadt – the growing city had completely encircled the gas works which had been at the outskirts at the time of first foundation. Environmental conflicts between gas work and resi-dents of these quarters escalated, pressure to transfer gas production to a more peripheral location built up. In all three cities new and much larger gas works using modern technology of automatised coal transportation and firing were being constructed at the turn of the century on locations some distance from the city centre. In two cities, Mannheim and Mainz, the gas works were constructed in proximity to newly constructed power stations, and at the shore of rivers which could potentially serve for cheaper coal transport. This cost pressure pushed city gasworks into regional expansion. After 1900 new initiatives to gain new customers in the suburbs can be observed, tubes were being built and gas lighting was

---

[32]   On Darmstadt: HUBERTUS, H., *Die gewerblichen Betriebe der Stadt Darmstadt und ihre Bedeutung für die städtischen Finanzen*, Berlin, 1929; on Mannheim: MOERIK-KE, O., *Die Gemeindebetriebe Mannheims* (= Schriften des Vereins für Socialpolitik, Bd. 129, 4. Teil, 2. Bd), Leipzig, 1909.

[33]   ZEEH, A., "Die Entwicklung der wirtschaftlichen Aufgaben einer Stadtverwaltung und ihre Grenzen, gezeigt am Beispiele der Stadt Mainz", Diss. Mainz, 1926.

introduced in newly incorporated suburbs[34]. The issue of gas provision often played a major role in negotiations between the mayors of the suburbs and the administration of central cities. Gas, running water, sewage and tramway were important attractions which could motivate councils of suburban villages to abandon their rural independence in favour of modern urban amenities[35]. Gas provision thus also had a spatial political dimension apart from its commercial ramifications when it underscored the potential of central cities like Mannheim or Darmstadt to penetrate and dominate the agglomeration in economic as well as political terms.

IV. Research Problems

From the German point of view issues of financing as well as entrepreneurial structures do not seem to hold much interest for future research. Due to the overwhelming significance of public property in gas industry financing was mainly accomplished by issuing municipal bonds with the assistance of local or regional banks. This seems not to have been much of a problem as long as a city was considered financially sound. Municipal bonds with set interest rates of 3.5-4% were assessed to be a very secure if not very high-yielding investment.

The technological history of gas production has been extensively treated by contemporary periodical literature and is prone to become the field of a rather internalist type of history of technology. What might raise more interest is the interrelation of economic and technological history of gas production. The profits earned by German cities in the late 19th century really depended on the sales of side products of gas production like tar, coke, pitch and ammoniak. In order to market these products the director of gas works had to keep close contacts with potential customers, observe markets and price developments, behave in an entrepreneurial way in spite of his usual setting in a bureaucratic structure. For those cases where records allow closer studies of these marketing activities it might be an interesting perspective to analyse the director of gas works in terms of his function as a bridgehead to local industry. There are three other fields in which I assume fruitful research could be carried out:

- the environmental history of gas production
- the social history of gas workers
- household consumption of and adaptation to gas

---

[34] See SCHOTT, D., op. cit., p. 426 ff.

[35] See SCHOTT, D., "Lichter und Stroeme der Großstadt. Technische Vernetzung als Handlungsfeld für die Stadt-Umland-Beziehungen um 1900", in ZIMMERMANN, C. und REULECKE, J. (eds), op. cit.

Gas production was by its very nature an industry with many environmental hazards. Urban growth in many instances brought gas works erected originally at the fringe of cities into the very urban fabric with all ensuing conflicts. And environmental problems of gas productions carry on until today; on many locations of former gas works the ground is heavily intoxicated and has to be removed if more sensitive usages like residential usage follow. One could study how environmental critique was raised concerning emissions from gas works and how they were debated in the municipal administration. Did such considerations play any role in the planning of enlarging or modernising existing gas works or transferring gas works to new locations?

The social history of gas workers can be studied under the perspective of how the city treated its workers as an employer, an important issue considering the attempts of social democracy and trade unions to gain footholds in public enterprises and to shape working conditions and representative rights of workers as a model also for labour relations in private firms[36]. In many German cities labour representatives were elected already before 1914 and labour conditions improved, although wages – on the other hand – were usually significantly lower than in private industrial companies.

Finally, gas industry might be studied under the aspect of household consumption and social adaptation to gas. The introduction of gas into the kitchen had far-reaching consequences for the way how food is being cooked and how kitchen and house-hold work is being done[37]. In the last years this research agenda has been mainly monopolised by the issue of "electrification of house work". However, quantitatively the "gasification", if I may use that term, has had much greater significance for the first half of this century. And this also applies to the introduction of new hygienic standards in relation to washing and bathing which was greatly facilitated by gas appliances.

---

[36]   See on this issue for Mannheim: SEEBER, G., *Kommunale Sozialpolitik in Mannheim 1888-1914*, Mannheim, 1989.

[37]   See MEYER, S. (ed.), *Technisiertes Familienleben. Blick zurück und nach vorn*, Berlin 1993; ORLAND, B. (Bearb.), *Haushalts(t)räume. Ein Jahrhundert Technisierung und Rationalisierung im Haushalt*, Königstein/Ts., 1990; specifically on stoves and cooking: SCHAIER, J., "Kochmaschine und Turbogrill. Haushaltstechnik im 19. Jahrhundert und neue Energien", in *Technikgeschichte* 60 (1993), p. 331-346.

Résumé

La place de l'industrie gazière dans les villes allemandes à la fin du XIXe siècle

L'histoire de l'industrie gazière ne figure pas parmi les sujets majeurs de l'historiographie allemande récente. A l'inverse, le sujet a engendré une abondante littérature du XIXe siècle au milieu du XXe siècle, soit jusqu'à la disparition du gaz manufacturé. Passée cette époque, le gaz naturel a moins été au cœur des débats énergétiques. Les études réalisées dans les dernières années ont été focalisées sur l'histoire économique et technique des compagnies, une approche culturelle sur la perception de la lumière gazière, le rôle des exploitations gazières comme moyen d'administration municipale, l'analyse technique des réseaux urbains à la fois structurants et concurrents. Ces différents travaux permettent de préciser la chronologie du développement de l'industrie gazière en Allemagne. Les débuts ont été marqués par l'influence dès 1826 d'une compagnie anglaise avant que les exploitations ne se multiplient. A la fin des années 1850 193 usines à gaz étaient en activité. On en dénombrait 700 vers 1900 et 1300 en 1913. Cette progression a correspondu à la croissance de la consommation privée, en particulier pour fournir de l'énergie motrice et de la chaleur, mais également en raison de l'activité des grandes villes. Une majorité des exploitations furent municipalisées avant la fin du siècle. Cette période peut être considérée comme un âge d'or de l'industrie gazière car, peu avant la Première Guerre mondiale, apparurent dans la Ruhr les premiers réseaux pour distribuer le gaz des cokeries, ce qui allait provoquer l'abandon de la production locale. Malgré des réticences ponctuelles de certaines villes à dépendre d'un réseau de transport, cette tendance se poursuivit puisqu'au début de la décennie 1960, ce mode d'approvisionnement représentait les 4/5e de la fourniture de gaz. Cette périodisation, vue à travers les cas plus spécifiques de trois villes d'Allemagne du sud-ouest (Darmstadt, Mannheim, Mayence), pourrait s'ouvrir à d'autres thèmes de réflexion, en particulier l'histoire environnementale des usines à gaz, l'histoire sociale des employés et des ouvriers du gaz et l'histoire des modes de consommation. Cela permettrait de restituer, au moins durant la première moitié du XXe siècle, toute la place du gaz dans l'émergence de nouveaux standards de vie

CHAPITRE VII

Naissance et développement de l'industrie gazière en Suisse

Approche nationale et exemple genevois (1843-1939)

Serge PAQUIER & Olivier PERROUX

Les études de cas et les approches synthétiques se complètent. La présentation des sources et de l'historiographie prend en compte ces deux facettes, mais cette contribution se limite à proposer des axes de recherches à l'échelle nationale, car le cas genevois fait l'objet d'une analyse spécifique dans cet ouvrage.[1]

Nous précisons d'emblée quelques facteurs qui déterminent l'évolution de l'industrie gazière helvétique. D'abord, ce secteur d'activité fonctionne dans un petit pays européen entouré de deux grandes puissances économiques, la France et l'Allemagne. Comme nous le verrons, ces deux leaders européens ne vont pas manquer d'exercer une influence en Suisse. Par ailleurs, la structure institutionnelle helvétique décentralisée offre une importante marge de manœuvre aux municipalités. De plus, la dotation en ressources naturelles est contraignante. En effet, d'une part les gaziers suisses sont obligés d'importer le charbon à distiller et d'autre part il faut tenir compte dès les années 1890 de la concurrence de l'électricité, un secteur novateur présentant l'avantage de fonctionner à partir d'une ressource primaire hydraulique abondante dans le pays. Enfin, les Suisses bénéficient d'un niveau de vie globalement élevé favorisant la diffusion de produits d'économie domestique tels le gaz, l'eau et l'électricité.

---

[1] Voir S. PAQUIER et O. PERROUX (Section II, Partie C).

I. Approche nationale

A. *Les sources publiques et privées*

L'administration publique fournit de nombreuses sources. Parmi elles, les mémoriaux des conseils municipaux sont des documents de premier ordre. Ils relatent les débats relatifs à l'introduction du nouveau mode d'éclairage, à l'attribution des concessions, éventuellement à leur renouvellement, puis à la reprise de l'exploitation par les municipalités. Parfois des rapports divers et les conventions passées avec les compagnies gazières sont publiés. A partir du basculement vers l'option publique dans les décennies 1880-90 – sous la forme du rachat des réseaux par les municipalités –, l'exploitation en régie directe, puis par des organismes autonomes publics ont laissé des traces dans les archives. Les cas de Genève et de Lausanne en témoignent.[2] L'analyse des sources officielles urbaines peut être complétée par des statistiques fédérales : recensements des fabriques et des entreprises ; annuaire annuel suisse de statistique. Un ouvrage publié en 1996 par une équipe de l'université de Zurich intitulé *Statistique historique de la Suisse* propose des données rétrospectives bienvenues.[3]

Du côté des compagnies privées, la situation est plus contrastée. Les rapports annuels des conseils d'administration présentés aux actionnaires réunis en assemblée générales sont des sources de première main à une époque où les administrateurs produisent encore des rapports bien étoffés. Toutefois, ils ne sont pas disponibles partout. On sait qu'ils existent à Genève et à Zurich, mais pas à Lausanne où l'on déplore leur absence.

L'organe rassemblant les gaziers dès 1873, la Société suisse de l'industrie du gaz, a conservé diverses informations statistiques et autres. Ces données brutes analysées dès l'entre-deux-guerres, comme nous le verrons au paragraphe suivant, sont de première importance. Une mention particulière doit être accordée aux exposés des directeurs d'usines qui retracent la trajectoire de leur entreprise dans le cadre des assemblées annuelles de l'organe faîtier.

B. *Historiographie : de la polémique à l'approche nationale*

Les *Staatswissenschaften*, plus particulièrement la branche traitant de l'administration municipale, est non seulement la première discipline universitaire à s'intéresser au secteur gazier, mais encore à proposer un cadre chronologique. Se basant sur l'exemple zurichois, l'auteur d'une

---

[2] *Ibidem* et D. DIRLEWANGER (Section II, Partie C).

[3] SIEGENTHALER, H. (dir.), RITZMANN-BLICKENSTORFER, *Statistique historique de la Suisse*, Zurich, 1996.

thèse de doctorat soutenue en 1918, tente de mettre à jour les mécanismes d'attribution des concessions aux compagnies privées, puis les rouages de la reprise des réseaux par les municipalités. En suivant l'approche inductive propre à l'Ecole historique allemande, son étude cherche à jeter les bases d'une théorie des pratiques économiques municipales. Toutefois, ce type d'analyses ne connaît pas de suite immédiate. D'abord, l'approche adoptée par l'auteur conduit à élargir le champ d'observation à d'autres réseaux tant en Suisse qu'en Allemagne : tramways et électricité.[4] Puis l'orientation résolument polémiste adoptée par l'auteur en faveur de l'option publique va s'éteindre au profit d'un ton plus officiel et national visant à regrouper toutes les forces de l'industrie gazière en vue de faire face aux difficultés générées par la Première Guerre mondiale.

En effet, le secteur gazier helvétique est confronté depuis 1917 à de sérieux problèmes d'approvisionnement en charbon qui se prolongent après l'armistice. S'ajoute la menace de la montée en puissance des hydroélectriciens. Ces derniers revendiquent le créneau calorifique (chauffe-eau et cuisson) occupé jusque-là par les distributions gazières en faisant valoir l'argument essentiel de fonctionner à partir d'une ressource nationale largement disponible.

Placés dans cette situation fort délicate, les gaziers réagissent et se livrent notamment à un exercice de rétrospection dans le but de consolider la trajectoire de leur secteur d'activité. En 1923, l'association des gaziers, devenue la Société suisse de l'industrie gaz et des eaux, publie son cinquantenaire,[5] puis un cadre supérieur rédige entre 1926 et 1928 plusieurs articles dans l'organe officiel (*Bulletin mensuel*). Ce sont les fameuses *Notizen zur Geschichte der schweizerischen Gasversorgung und Gasindustrie* réunies dans un tiré à part.[6] Ces premières investigations, principalement basées sur les sources réunies par l'association gazière nationale, montre l'intérêt d'intégrer la dimension historique. Il est désormais possible de présenter une industrie gazière suisse bien enracinée dans l'économie nationale selon un triptyque qui va devenir classique : débuts, problèmes contemporains et avenir.

---

[4] GITERMANN, M., *Konzessionierter oder kommunaler Betrieb von monopolistischen Unternehmungen öffentlichen Charakters?*, Zurich/Leipzig/Stuttgart, 1927. L'auteur publie une première fois sa thèse de doctorat consacrée au Gaz de Zurich en 1922, puis complète son étude avec les exemples des tramways zurichois et de l'électricité publiée en 1927 dans les *Zürcher Volkswirtschaftliche Studien*.

[5] *Denkschrift zur 50. Jahresversammlung des Schweizerischen Vereins von Gas- und Wasserfachmännern*, Zurich, 1923.

[6] ZOLLIKOFER, H., *Notizen zur Geschichte der schweizerischen Gasversorgung und Gasindustrie*, Zurich, 1928.

Lorsque ces études ne sont pas l'œuvre des gaziers, telle celle de Monsieur Wyler publiée en 1931 dans le *Zeitschrift für schweizerische Statistik und Volkswirtschaft* (revue suisse de statistique), elles reprennent cette même tonalité nationale.[7] L'année 1939 est particulièrement féconde avec deux contributions rédigées par des personnalités de l'industrie gazière à l'occasion de congrès et publiées dans leur organe officiel,[8] auxquelles s'ajoute une thèse de doctorat de l'université de Berne.[9]

Désormais, les gaziers helvétiques peuvent s'appuyer sur de solides arguments pour défendre leurs positions. L'ensemble du secteur, comprenant les exploitants de réseaux, les fabricants d'appareillages et les installateurs, fournit directement du travail à environ 9 000 personnes auxquelles sont versées annuellement des salaires de 20 millions de francs, alors que les commandes annuelles adressées à l'industrie et à l'artisanat pour l'entretien et le renouvellement de l'infrastructure portent sur des contrats de l'ordre de 15 millions de francs.[10] C'est un message clair adressé à la sphère politique de l'ensemble du pays amenée d'une manière ou d'une autre à trancher entre les intérêts concurrents des gaziers et des hydroélectriciens. On apprend encore que la rentabilité des réseaux gaziers est meilleure que celle des électriciens, puisque les capitaux investis dans le premier secteur (265 millions de francs) ne représentent que le dixième de ceux investis dans le second (2,3 milliards de francs), alors que le chiffre d'affaires généré par les électriciens (236 millions de francs), est seulement trois fois supérieur à celui des gaziers (82 millions de francs).[11] Pour couper court aux arguments de ceux qui estimeraient plus avantageux d'importer les sous-produits (coke, goudron, ammoniaque, benzole, graphite) plutôt que de les fabriquer en Suisse, il est répondu calculs à l'appui qu'il s'agirait d'un choix malheureux qui se solderait par un déficit annuel de 3 millions de francs.[12] Finalement, comme leur président se plaît à le souligner, les gaziers suisses se comportent de la même manière que les « fleurons helvétiques », soit les industries des machines, du tabac, du chocolat et du textile. En effet, tous important une matière première

---

[7]   WYLER, E., "Die schweizerische Gasindustrie und ihre volkswirtschaftliche Bedeutung", in *Zeitschrift für schweizerische Statistik und Volkswirtschaft* (1931), p. 489-542.

[8]   ESCHER, F., "Die Gaswirtschaft der Schweiz", in *Monatsbulletin*, 11 (1939), p. 249-254; TOBLER, W., "Die Gasindutrie in der Schweiz", in *Monatsbulletin*, 10 (1939), p. 217-223.

[9]   CORRIDORI, E., *Die schweizerische Gasversorgung*, Immensee, 1939.

[10] ESCHER, F., "Die Gaswirtschaft der Schweiz", in *Bulletin mensuel*, 11, p. 253.

[11] *Ibid.*, p. 254.

[12] CORRIDORI, E., *Die schweizerische Gasversorgung, op. cit.*, p. 79.

pour la transformer en produits à haute valeur ajoutée.[13] Toutes ces présentations et ces analyses, qui privilégient largement les aspects techniques et économiques, permettent de clarifier certains points et de passer ainsi l'épreuve d'une nouvelle guerre mondiale dans de bien meilleures conditions qu'en 1914-1918.

Ne négligeant aucune possibilité de *lobbying* pendant le moment crucial de la Seconde Guerre mondiale, la société suisse des gaziers organise en 1943 une manifestation dans la capitale fédérale permettant de se rapprocher des hautes sphères fédérales, notamment le Département de l'économie publique. L'inauguration du premier réseau gazier bernois en 1843 sert de motif pour fêter le centenaire de l'industrie suisse du gaz.[14] Il est vrai qu'il faut se profiler face aux concurrents hydroélectriciens qui ont adopté une année plus tôt un vaste plan de construction de barrages. Ce genre de stratégies, consistant à visibiliser son activité à l'occasion d'une date anniversaire, est repris par des grandes entreprises municipales, telles celles de Berne, Genève et Bâle, qui publient leur centenaire, respectivement en 1943, 1944 et 1952.[15] C'est une expérience répétée dans les années 1990 par les deux premières entreprises à l'occasion de leurs 150 ans.[16] Les acteurs privés savent également se saisir de ces opportunités pour montrer leur importance. C'est le cas du bureau d'ingénieur bâlois Gruner, dont le fondateur s'est notamment illustré en bâtissant plusieurs usines à gaz en Suisse et en Allemagne.[17]

Viennent ensuite les études d'historiens qui permettent aux universités de Genève et de Lausanne de combler leur retard par rapport à leurs homologues de Zurich et de Berne intéressées dès l'entre-deux-guerres à la naissance et au développement de l'industrie gazière en Suisse. Bien que les orientations varient en fonction des spécialités, on peut noter certains thèmes dominants, comme les hésitations des gou-

---

[13] TOBLER, W., "Die Gasindustrie in der Schweiz", in *Bulletin mensuel, op. cit.*, p. 223.

[14] Les discours prononcés lors de la célébration sont publiés par la Société suisse de l'industrie du gaz et des eaux : *Le centenaire de l'industrie suisse du gaz (1843-1943)*, sans lieu, sans date.

[15] LAVARINO, A., *Le centenaire du gaz à Genève*, Genève, 1944 ; *Hundert Jahre Gas in Basel*, Bâle, 1952 ; WULLSCHLEGER, B., *Hundert Jahre Gaswerk Bern (1843-1943)*, Berne, 1943.

[16] MAYOR, J.-C., *Lumière-Chaleur-Energie : 150 ans du gaz, 150 ans de gaz à Genève*, 1994 ; EGGER, K., *Von der Gasversorgung zum Erdgas. Die Geschichte der Berner Gasversorgung (1843-1993)*, Berne, 1993.

[17] MOMMSEN, K., *Drei Generationen Bauingenieure. Das Ingenieurbureau Gruner und die Entwicklung der Technik seit 1860*, Bâle, 1962.

vernements municipaux face à la modernité,[18] l'analyse des trajectoires des entreprises privées[19] et les débuts des entreprises municipales.[20]

C. La question du retard helvétique : chemins de fer, marchés, financement et hésitations municipales

Les premières distributions gazières datent du milieu des années 1840, ce qui signifie un décalage de vingt à vingt-cinq années par rapport aux villes les plus précoces et d'une quinzaine d'années par rapport à la première vague de diffusion dans les petites et moyennes villes françaises, flamandes et allemandes.[21]

La première explication venant à l'esprit, à savoir la combinaison de l'absence de houille exploitable à grande échelle et d'un réseau de transport (ferroviaire ou fluvial) permettant de faire parvenir à bon prix le charbon à distiller, doit être évoquée avec prudence. En effet, les compagnies privées (Berne en 1843, Genève en 1844, Lausanne en 1848) exploitent pendant dix à quinze ans des réseaux gaziers jusqu'à l'ouverture des liaisons ferroviaires à la fin des années 1850. Par conséquent se pose la question fondamentale de savoir comment le problème de la matière première a été résolu ? En fait, Genève fait venir son charbon des mines de Saint-Etienne par charrette à 8 francs les 100 kg, alors que Berne et Lausanne commencent par utiliser de la houille locale de qualité discutable.[22] Comme les salaires versés sont peu élevés à cette époque,[23] les entreprises peuvent supporter les coûts plus élevés de matière première[24] tout en respectant la contrainte des tarifs d'éclairage

---

[18]   ULMI, N., « Les immenses avantages de la clarté ou comment la Ville de Genève décida de s'éclairer au gaz (1838-1843) », in *Bulletin du département d'histoire économique et sociale*, Faculté des Sciences économiques et sociale de l'Université de Genève, 22 (1991-92), p. 33-56.

[19]   PAQUIER, S., « Les Ador et l'Industrie gazière (1843-1925) », in DURAND, R., BARBEY, D. et CANDAUX, J.-D. (dir.), *Gustave Ador. 50 ans d'engagement politique et humanitaire*, Genève, 1996, p. 139-179.

[20]   Voir DIRLEWANGER, D., *Les Services industriels de Lausanne. La révolution industrielle d'une ville tertiaire*, Lausanne, 1998 ; KURZ, D. und SCHEMPP, T., "Gemeindewerke und die Anfänge der Leistungs-verwaltung auf kommunaler Ebene (1880-1914)", in *Itinera*, 21 (1999), p. 205-216 ; HODEL, F., *Versorgen und Gewinnen. Die Geschichte der unternehmerischtätigen Stadt Luzern seit 1850*, Lucerne, 1997.

[21]   Voir Section I.

[22]   La compagnie gazière lausannoise utilise le charbon tiré des maigres filons exploités dans la région de Paudex dont la mine est fermée en 1850. Selon RAFFESTIN, C., *Genève, Essai de géographie industrielle*, Saint-Amand-Montrond, 1968, p. 46.

[23]   Comme le souligne CORRIDORI, E., *op. cit.*, p. 24.

[24]   A Genève, les ⅔ du prix de revient sont absorbés par les frais de transport de la houille acheminée depuis Saint-Etienne. RAFFESTIN, C., *op. cit.*, p. 48.

public qui ne doivent pas trop dépasser le prix de l'ancien mode d'éclairage à huile. Quant aux compagnies bâloises (1852) et zurichoises (1856), qui se retrouvent dans le même cas de figure que leurs homologues romandes pour moins longtemps, leurs dirigeants contournent le problème en distillant du bois, un choix dont il sera question plus bas.

On invoquera également avec prudence l'argument de l'étroitesse des marchés. Certes, les cités helvétiques du milieu du XIXe siècle ne sont qu'à l'orée de l'accélération de l'urbanisation, si bien que le marché de départ est cantonné à l'éclairage public (200 à 300 becs). D'autres cités bien plus petites, comme Vienne (France), Dijon, Lons-Le-Saunier, Valence, Grenoble, Bellegarde ou Chambéry sont éclairées au gaz dès les années 1830, soit bien avant les premières villes helvétiques.[25]

Un réseau gazier du type de ceux installés dans les principales cités suisses exige un investissement initial de 300 000 à 400 000 francs. Toutefois, les problèmes de financement ne sont pas un facteur déterminant de retard. Les investisseurs ne manquent pas à Bâle où les banquiers privés de la place proposent de soutenir un projet dès le début des années 1840, alors que leurs homologues genevois emportent l'affaire chez eux. Pendant que les autres collectivités publiques ne peuvent pas se le permettre, c'est la municipalité rhénane qui finance son réseau gazier par un emprunt à 3 %, le choix s'étant porté vers la solution atypique de l'exploitation en fermage (*Pachtgeschäft*). A Lausanne, le financement ne manque pas ; il est apporté par des banques locales.[26] D'autres exemples montrent que les installateurs de réseaux sont mis à contribution pour compléter les apports locaux. C'est le cas du bâtisseur-nomade allemand August Riedinger dans les années 1850 et par la suite du constructeur national Sulzer frères.[27] Les fonds investis par ces installateurs constituent vraisemblablement une contrepartie exigée par les municipalités pour obtenir les marchés.

En conséquence, d'autres explications sont à rechercher, notamment les hésitations des municipalités. Si le manque de moyens financiers et de personnel qualifié précipitent ces jeunes entités administratives vers la solution de la concession à accorder à une compagnie privée, il reste de nombreux problèmes à résoudre. En règle générale se pose la question d'évaluer les divers projets : quel partenaire choisir et quelles

---

[25] Selon les enquêtes menées par les Genevois dans ces villes. Voir *Mémorial des séances du Conseil municipal de la Ville de Genève*, vol. 1 (1842-43), Genève, 1843, p. 416 ; *Ibid.*, vol. 2 (1843-44), p. 102 ; ULMI, N., « Les immenses avantages de la clarté ou comment la Ville de Genève décida de s'éclairer au gaz (1838-1843) », *loc. cit.*, p. 39-40 et 43.

[26] Voir D. DIRLEWANGER (Section II, Partie C).

[27] Selon *Denkschrift zur 50. Jahresversammlung des Schweizerischen Vereins von Gas- und Wasserfachmännern*, Zurich, 1923, p. 3. Voir également Section I.

garanties technique et financière offre-t-il ? Les intérêts de la collectivité publique (sécurité, municipalité, consommateurs) sont-ils suffisamment sauvegardés ? Combien de temps faut-il se lier à la compagnie privée : dix ans, quinze, trente ou cinquante ?[28] Finalement, les pressions de citoyens réclamant un nouveau mode d'éclairage adopté depuis longtemps dans les cités des pays voisins, de surcroît doté d'un pouvoir éclairant supérieur aux lampes à huile, finissent par l'emporter sur les hésitations des municipalités.[29]

D. Des transferts de savoir-faire à l'émancipation : influences françaises et allemandes, puis rayonnement helvétique

Entourée par deux puissances économiques, la France et l'Allemagne, de surcroît précoces à adopter la nouvelle technologie, il est donc logique que la Suisse démarre dans le nouveau secteur en partie sous leur influence.

La chronologie de la diffusion européenne du gaz est respectée, car les Français sont les plus précoces. Ils proposent des projets à Genève dès la fin des années 1830,[30] et ne négligent pas le nord-est alémanique, puisque l'un d'entre-eux espère prendre pied à Zurich.[31] Ils obtiennent un certain succès – un constructeur du Mans bâtit le réseau genevois, des Mulhousiens emportent les marchés de Berne (Roux) et de Neuchâtel (Jeanneney) –, mais il semble que l'idée de base consistant à distiller de la houille de bonne qualité en partant de l'idée d'une extension des voies d'approvisionnement depuis les bassins houillers de Saint-Etienne, pose problème. Comme nous l'avons vu, les liaisons ferroviaires tardent et il faut parfois utiliser de la houille locale, dont la mauvaise qualité n'est pas sans répercussion sur la qualité du service et la rentabilité de l'infrastructure. Lausanne peut suivre Genève dès 1850 en s'approvisionnant en houille de Saint-Etienne qu'elle fait venir depuis Genève par bateau à vapeur sur le lac Léman.[32] Par contre, la

---

[28] Voir notamment les débats nourris à Genève dans le *Mémorial des séances du Conseil municipal de la Ville de Genève*, vol. 1 (1842-43), p. 415-428 ; vol. 2 (1843-44), p. 12-24, p. 29-45, p. 72-132.

[29] A Zurich, l'ingénieur Riedinger offre un service nettement supérieur pour un prix raisonnable. Les 422 becs à gaz coûteraient 24 465 francs par an, alors que les 260 lanternes à huile reviennent à 23 465 francs. Pour une dépense à peu près équivalente, il est possible d'obtenir un service d'éclairage nettement supérieur, voir GITERMANN, M., *op. cit.*, p. 40. A Berne, les habitants font pression sur leurs autorités dès les années 1920 pour améliorer l'éclairage urbain, voir WULLSCHLEGER, B., *op. cit.*, p. 11.

[30] Voir *Mémorial des séances du Conseil municipal de la Ville de Genève*, vol. 2 (1843-44), p. 102.

[31] GITERMANN, M., *op. cit.*, p. 39.

[32] RAFFESTIN, C., *op. cit.*, p. 47.

compagnie bernoise, qui ne peut suivre ses consœurs romandes, doit revendre rapidement (1860) un réseau obsolète à la municipalité. Quant au gaz de Neuchâtel (1859), c'est également un problème de liaison ferroviaire qui est invoqué pour expliquer des dysfonctionnements.

Toujours est-il que l'influence française décline dès les années 1850 au profit d'entrepreneurs allemands qui proposent de distiller le gaz au bois. Bâle, situé à la frontière franco-allemande, illustre ce glissement. Un entrepreneur mulhousien, Jean-Gaspard Dollfus (1812-1889), s'aide d'un technicien allemand, Heinrich Gruner (1883-1906), pour mettre au point un procédé qui n'avait pas encore été utilisé dans une ville d'une telle importance. Par la suite, Dollfus étant un généraliste attiré par d'autres marchés comme les ponts ferroviaires, le spécialiste allemand Louis-August Riedinger (1809-1879) s'engouffre dans la brèche. En plus de nombreux marchés en Allemagne et en Russie, l'entrepreneur d'outre-Rhin s'impose à Zurich et Saint-Gall en 1857, à Lucerne et Aarau en 1858, à Coire en 1859, à Soleure en 1860, à Fribourg en 1861, à Thoune en 1862 et enfin à Lugano en 1864.[33]

Cette vague allemande se heurte toutefois à la concurrence nationale exercée par Sulzer, frères & Cie qui s'impose en 1859 à Winterthour dans sa ville d'adoption. La stratégie du fabricant suisse intègre la nouvelle donne des années 1860, caractérisée par un retour en force de la solution à la houille s'expliquant par une hausse des prix du bois et à l'inverse par des facilités d'accès au charbon. Entre 1860 et 1879, la firme de Winterthour bâtit dix-sept centrales gazières en Suisse, notamment à Glaris (1863), Interlaken (1866), Herisau (1867), Aigle (1870), Rolle (1872), Colombier (1873), Moudon (1873), Bex (1876) et Frauenfeld (1878).[34] L'irrévocable diffusion de la distillation à la houille contraint les anciennes centrales au bois à se reconvertir. Profitant du renouveau de l'industrie gazière entre 1900 et la Première Guerre mondiale, un autre entrepreneur allemand, Carl Francke basé à Brême, fait une incursion remarquée dans le marché de la construction de réseaux gaziers en Suisse. Il y bâtit des usines dans toutes les régions linguistiques, telles celles de Rapperswil (1903), Gossau et Mendrisio (1905), Martigny (1909), Vallorbe (1910), Brigue et Monthey (1911).[35] Le constructeur allemand se distingue en étant associé à l'une des premières distributions longue distance : celle qui dessert les localités de la rive droite du lac de Zurich (1908).[36] Cette présence en Suisse débouche sur l'usage de la place financière suisse par l'intermédiaire d'une holding

---

[33] ZOLLIKOFER, H., *op. cit.*, p. 4-7.

[34] *Ibid.*, p. 75.

[35] *Ibid.*, p. 8-9.

[36] *Ibid.*, p. 41.

zurichoise, la Schweizerische Gas-Gesellschaft, qui va notamment s'occuper de financer les affaires internationales de la maison mère de Brême aux Philippines et à Tenerife.[37]

L'influence allemande est encore déterminante quant à l'organisation de la profession. En se réunissant en 1859 pour former la Deutscher Verein von Gas, les gaziers allemands sont les premiers du continent à constituer leur association nationale. Non seulement, plusieurs usines gazières suisses sont membre de cette association d'outre-Rhin, mais elles sont encore partie prenante de son organe officiel, le *Journal für Gasbeleuchtung*. Cette revue est utilisée par les gaziers suisses pour faire part de leurs expériences tirées de la gestion de leur réseau. Il est vrai que plusieurs directeurs de réseaux sont allemands. A Saint-Gall, deux ressortissants d'outre-Rhin se succèdent : Mathäus Opfermann de Mannheim et Otto Ziemermann (1834-1898) de Darmstadt. Originaire de cette dernière ville, les Graeser fournissent deux autres directeurs : à Fribourg et à Sion, alors qu'à Berne, le premier directeur de l'usine municipale (1860) est aussi allemand.[38] Par ailleurs, des directeurs suisses se forment outre-Rhin, tel l'influent directeur du gaz de Schaffhouse, Emil Ringk (1818-1882) ancien étudiant aux universités de Jena et de Bonn.[39] En outre, le modèle allemand est repris lorsque quelques directeurs helvétiques de réseaux gaziers se décident à fonder en 1873 la Société suisse pour l'industrie du gaz. L'objectif est de rassembler les forces et d'échanger les expériences, mais il s'agit surtout à brève échéance de débattre de deux importantes lois fédérales en préparation : celle sur les poids et mesures et celle sur les fabriques, respectivement entrées en vigueur en 1875 et 1877.[40] Toutefois, l'influence du modèle allemand reste importante, comme en témoigne la tenue en 1903 à Zurich de l'Assemblée générale de la Deutscher Verein von Gas- und Wasserfachmännern.[41] De plus, les gaziers suisses continuent d'utiliser pendant plusieurs années l'organe officiel de l'association allemande et ce n'est qu'en 1921, suite aux difficultés générées par la Première Guerre mondiale, qu'ils créent leur propre organe de diffusion : le *Bulletin mensuel*.

Il est intéressant de constater que le phénomène d'émancipation vis-à-vis des modèles étrangers dépasse les frontières nationales. Le constructeur Sulzer parvient à se créer une niche dans les installations

---

[37] Voir R. MATOS (Section II, Partie C).

[38] Il s'agit d'Otto Stephani de Karlsruhe, selon WULLSCHLEGER, B., *op. cit.*, p. 80.

[39] ZOLLIKOFER, H., *op. cit.*, p. 69.

[40] *Denkschrift zur 50. Jahresversammlung des Schweizerischen Vereins von Gas*, p. 3-6.

[41] *100 Jahrer Schweizerischer Verein von Gas- und Wasserfachmännern (1873-1973)/ 100 ans Société suisse de l'industrie du gaz et des eaux (1873-1973)*, p. 93.

destinées à éclairer les fabriques. La firme de Winterthour en vend plus de 119 jusqu'en 1894, dont vingt en Italie, onze en Allemagne, sept en Autriche et une chacune en Hollande, en Allemagne et en Amérique du Sud.[42] Le rayonnement dans les marchés étrangers passe dès le début des années 1860 par des holdings, dont l'une est basée à Genève[43] et l'autre à Schaffhouse.[44]

Par contre, l'émancipation du secteur gazier ne sera jamais entière en raison de la dépendance des importations de charbon, un souci non négligeable lorsque la situation internationale est tendue. Nous avons vu que les hydroélectriciens n'hésitent pas à se prévaloir d'utiliser une ressource primaire nationale. Peu après la Première Guerre mondiale, ils considèrent d'ailleurs l'industrie gazière comme un corps étranger (*Fremde Körper*) à éliminer. En plus de la houille en provenance des bassins de la Loire, dont il a été question plus haut, les charbonnages du Nord parviennent dès la fin du XIXe siècle à s'insérer dans le marché de l'approvisionnement des usines gazières en Suisse occidentale. Du côté allemand, le charbon de la Saar subit dès les années 1890 la concurrence de la houille de la Ruhr qui va largement s'imposer en Suisse. A la même époque, du charbon anglais de bonne qualité, vraisemblablement importé par bateau de Gênes avant de transiter par Lugano, est également utilisé en Suisse pour distiller le gaz.[45] Cette dépendance va poser de graves problèmes au secteur gazier suisse non seulement pendant la Première Guerre mondiale, mais encore pendant une bonne partie des années 1920. Faire venir du charbon des Etats-Unis se révélant une expérience trop onéreuse, en raison des coûts trop élevés de transport, la Suisse continue de s'approvisionner en houille européenne entre-deux-guerres.[46]

E. La municipalisation : le revirement à 180 % des stratégies municipales

Au moment où s'enclenche le processus de retour des concessions dans les années 1880-90, le contexte s'est totalement modifié. D'une part les municipalités sont devenues des entités administratives mieux rodées, dont les compétences se sont élargies suite à l'accélération de l'urbanisation à partir de la seconde moitié du XIXe siècle. Elles ont

---

[42] ZOLLIKOFER, H., *op. cit.*, p. 78-79.

[43] Pour le développement de cette holding, voir S. PAQUIER et O. PERROUX (Section II, Partie C)

[44] Voir Section I.

[45] WYLER, E., « Die schweizerische Gasindustrie und ihre volkswirtschaftliche Bedeutung », *op. cit.*, p. 506.

[46] CORRIDORI, E., *op. cit.*, p. 62.

toujours plus besoin de s'assurer des entrées financières régulières pour assumer les nouvelles tâches qui leur sont dévolues, telles la construction de routes, de gares, d'écoles et de places.[47] Les besoins financiers sont d'autant plus importants que la Confédération leur retire le droit d'octroi à partir de 1895.[48] D'autre part, l'exploitation des réseaux gaziers génère des profits considérables. Depuis le milieu du siècle, les compagnies privées profitent de plusieurs facteurs favorables. Du côté de l'offre, elles bénéficient dès les années 1860 d'une infrastructure performante et d'une baisse des coûts d'approvisionnement en houille, alors que du côté de la demande, les marchés s'étendent grâce à l'agrandissement des cités et à l'intérêt croissant que le nouvel éclairage suscite auprès des milieux commerçants et bourgeois. Le marché de la distribution privée, qui s'ouvre dès les années 1850, progresse rapidement. A Zurich, de 1881 à 1884, seul 11 % du gaz distribué est destiné à l'éclairage public.[49]

Pourtant, malgré ce contexte très favorable, les compagnies privées rechignent à baisser leurs tarifs, ignorant le plus longtemps possible les demandes insistantes des municipalités. Le prix du m³, qui évolue entre 40 et 50 centimes au début des années 1860, oscille entre 30 et 40 centimes vingt ans plus tard.[50] Et ces baisses laissent encore des marges bénéficiaires très importantes, puisque la plupart des études montrent que les profits encaissés par les compagnies privées s'accroissent jusqu'à leur rachat par les municipalités.[51] Dans ces conditions si confortables, les compagnies ne sont pas incitées à s'attirer de nouveaux clients en jouant sur les prix à la baisse. En d'autres termes, le mécanisme du processus de l'élasticité-prix de la demande, qui est à la base de la diffusion des produits manufacturés à une clientèle toujours plus large, ne s'enclenche pas. En fait, les compagnies gazières ne retiennent pas cette approche, car il faudrait investir pour desservir les nouveaux clients, alors qu'elles préfèrent distribuer les bénéfices aux actionnaires. A Zurich, après une baisse de 33 à 31 centimes exigée par la municipalité, le conseil d'administration de la compagnie passant en revue l'exercice 1876-77 estime que « dans ces circonstances, il n'est pas dans

---

[47] KURZ, D. und SCHEMPP, T., "Gemeindewerke und die Anfänge der Leistungsverwaltung auf kommunaler Ebene (1880-1914)", *op. cit.*, p. 207.

[48] Voir S. PAQUIER et O. PERROUX (Section II, Partie C).

[49] CORRIDORI, E., *op. cit.*, p. 31 ; GITERMANN, M., *op. cit.*, p. 160.

[50] ZOLIKOFFER, H., *op. cit.*, p. 13.

[51] Pour Genève, voir PAQUIER, S., « Les Ador et l'industrie gazière (1843-1925) », in DURAND, R., BARBEY, D. et CANDAUX, J.-D. (dir.), *op. cit.*, p. 139-179 ; pour Zurich, voir GITERMANN, M., *op. cit.*, p. 71 ; pour Lucerne, voir HODEL, F., *op. cit.*, p. 177 ; et pour Lausanne, voir D. DIRLEWANGER (Section II, Partie C).

notre intérêt d'élargir nos affaires ».[52] A Genève, seule la baisse d'activité, liée à la double concurrence des éclairages à pétrole et à l'électricité dans la deuxième moitié des années 1880, implique un changement de stratégie allant dans le sens de l'élargissement de la clientèle par des baisses de tarifs et des facilités d'accès au produit (participations de la compagnie gazière aux frais d'installation dans les immeubles). Les administrateurs sont alors surpris par les bons résultats obtenus.[53] Par ailleurs, les compagnies sont peu orientées vers l'innovation (bec Auer, cuisson) et adoptent plutôt une stratégie défensive face à la concurrence de l'électricité, préférant faire valoir un monopole exclusif à l'éclairage devant les tribunaux.

Face à ces stratégies « malthusiennes » orientées en tout premier lieu vers la distribution des profits aux actionnaires au détriment de l'expansion quantitative et qualitative des réseaux, alors même que les collectivités publiques locales ont besoin de s'assurer toujours plus de revenus fixes pour assumer leurs tâches grandissantes, la balance penche nettement en faveur du rachat[54] des réseaux privés par les municipalités.

F. La résistance du gaz : déplacement des marchés et innovations

Le gaz est une énergie qui sait rebondir à plusieurs reprises. Certes, la concurrence de l'électricité porte un sérieux coup d'arrêt au développement des infrastructures – seules sept usines sont bâties durant les décennies 1880-1890 contre dix-sept lors de la décennie précédente –, mais par la suite le gaz bénéficie très largement de la municipalisation des réseaux. Afin d'être cohérentes par rapport aux reproches que les collectivités publiques locales ont adressés aux compagnies privées, elles doivent se montrer novatrices et élargir la diffusion du gaz par des politiques tarifaires adéquates. Si les prix de l'éclairage ne baissent pas d'une manière spectaculaire – en 1901, ils évoluent entre 20 et 25 centimes par rapport aux 30 à 40 centimes pratiqués vingt ans plus tôt) – les municipalités font l'effort de vendre le gaz de cuisson moins cher (entre 15 et 20 centimes).

---

[52] Selon le rapport d'activité du Gaz de Zurich pour l'exercice 1887-78, p. 8. Cité dans GITERMANN, M., *op. cit.*, p. 119. Voir également GUGERLI, D., *Redeströme. Zur Elektrifizierung der Schweiz (1880-1914)*, Zurich, 1996, p. 259.

[53] Voir *Assemblée générale ordinaire de la Compagnie genevoise d'éclairage et de chauffage par le gaz*, Genève, 24 mars 1888, p. 3 ; 23 mars 1889, p. 9-10 ; 25 mars 1891, p. 3.

[54] Voir également KURZ, D. und SCHEMPP, T., "Gemeindewerke und die Anfänge der Leistungs-verwaltung auf kommunaler Ebene (1880-1914)", *op. cit.*, p. 209-210. L'exemple lucernois est analysé par HODEL, F., *op. cit.*, p. 164-198.

Comme les municipalités exploitent parallèlement l'eau, le gaz et l'électricité, une place bien précise est réservée à chacune des énergies. Le gaz, progressivement dégagé de l'éclairage au profit de l'électricité, se fait une place dans la distribution de force motrice, et surtout s'insère sur le nouveau créneau porteur de la chaleur (chauffe-eau, cuisson). En 1900, onze villes destinent plus de 40 % de leur gaz à la force motrice et à la chaleur.[55] Par la suite, la mutation s'accélère puisqu'en 1939 seul 0,5 % du gaz est destiné à l'éclairage public, alors que l'éclairage au gaz des particuliers a pratiquement disparu.

Le gaz progresse donc largement malgré la diffusion de la fée électricité. De 1895, soit depuis le moment où les principaux réseaux sont municipalisés, jusqu'au sommet de 1916, la production de gaz quadruple passant de 45,2 millions de m³ à 189,5 millions de m³.[56] Puis, comme évoqué plus haut, la progression est brutalement stoppée en 1917 et il faut dix ans pour retrouver le niveau de 1916. Une tendance à la concentration générée par la diffusion des distributions sur longue distance (plus particulièrement dans la région du Rhône), la substitution de nouvelles installations plus performantes que les anciennes, le recours à la publicité et surtout le retour à des tarifs acceptables (entre 28 et 23 centimes le m³) après la flambée de la fin de la guerre et des années suivantes (55 centimes en 1920),[57] sont les principaux facteurs qui expliquent le renouveau de la croissance.

Les tarifs sont élevés tant que les conditions d'approvisionnement en houille restent aléatoires. Le charbon américain est trop cher alors que les difficultés politiques et économiques de l'Allemagne d'après-guerre, l'un des principaux fournisseurs en houille de la Suisse, pèsent de tout leur poids dans la balance. En 1926 encore, une grève des mineurs anglais s'accompagne d'une flambée des prix du charbon.[58] Renforcé, après avoir surmonté une longue période de difficultés, le secteur passe la crise des années 1930 sans chute de production analogue à celle des deux guerres mondiales. On note seulement un léger recul entre 1934 (253,5 millions de m³) et 1936 (252 millions de m³).[59] Finalement, beaucoup de gaz est consommé en Suisse. En 1933, la consommation par habitant place la Suisse (62 m³) en quatrième position, derrière les USA, la Grande-Bretagne (195,5 m³) et la Hollande (83,5 m³).[60] Pour un

---

[55] Il s'agit de Bâle, Zurich, Saint-Gall, Berne, Winterthour, Lausanne, La Chaux-de-Fonds, Lucerne, Bienne, Soleure et Zoug ; CORRIDORI, E., *op. cit.*, p. 37 ; ZOLLIKOFFER, H., *op. cit.,* p. 39.

[56] SIEGENTHALER, H., *op. cit.*, p. 593.

[57] CORRIDORI, E., *op. cit.*, p. 57.

[58] *Ibid.*, p. 58.

[59] SIEGENTHALER, H., *op. cit.*, p. 593.

[60] CORRIDORI, E., *op. cit.*, p. 149.

pays sans charbon devant de surcroît faire face à une importante industrie électrique, cette forte consommation de gaz est assurément l'expression d'un standard de vie élevé.

II. L'exemple genevois

En plus des principales sources privées et publiques évoquées plus haut, la presse et les études historiques jouent à Genève un rôle particulièrement important. En effet, les journaux sont les principaux animateurs des débats générés par la municipalisation. Par ailleurs, les ouvrages et études consacrés aux Services industriels et en particulier au gaz d'éclairage sont relativement nombreux à Genève.

Même si cette ville n'est pas démunie pour retracer les étapes du gaz pendant l'ère privée, les données concernant le gaz municipalisé sont nettement plus conséquentes. Les rapports officiels de l'administration municipale et les articles de presse composent le principal corpus de sources.[61] Dans certains cas, les études préliminaires effectuées par les autorités publiques en vue de la municipalisation débouchent sur des dossiers relativement complets. Ils présentent notamment des statistiques embrassant plusieurs villes suisses. Ces données sont très intéressantes,[62] même si les sources premières ne sont pas toujours mentionnées.[63]

A. Les sources du XIXᵉ siècle

Dès la fin des années 1830, l'installation du réseau gazier suscite des débats nourris au sein des organes législatifs du canton, puis à la Ville dès la création du pouvoir municipal en 1842. Pour le XIXᵉ siècle, les sources publiques sont diverses (mémoriaux des séances du Conseil municipal, concessions, rapports d'expert),[64] mais une fois l'entreprise du gaz concédée au secteur privé, les administrations cantonales et municipales se débarrassent rapidement du dossier, tant elles sont occupées

---

[61] De nombreux débats politiques traitent de la question pendant la première moitié des années 1890. Il s'agit de se décider sur une éventuelle prolongation de la convention, ou sur un rachat.

[62] C'est le cas de la commune de Plainpalais (absorbée dès 1930 par la municipalité de Genève), dont les anciennes archives déposées aux Archives de la Ville de Genève (désormais AVG), recèlent quelques documents de ce type pour la période 1890-1895. Voir AVG, P03.

[63] Il semble que dans la plupart des cas, c'est par une correspondance établie avec les différents directeurs d'usines à gaz que ces premières statistiques ont été obtenues. Cette hypothèse serait facilement vérifiable en épluchant la correspondance de ces administrations, mais nous ne nous sommes pas lancés dans cette tâche titanesque.

[64] Voir en particulier EMPEYTA, J.-L., « Rapport sur la proposition du Conseil Administratif d'éclairer la Ville de Genève par le moyen du gaz », Genève, 1843.

par d'autres questions. La jeune municipalité n'est pas soucieuse de conserver ses dossiers. Celui du gaz, hérité lors de sa création en 1842, est détruit.[65]

Dès lors, entre 1844 et 1890, seules les sources des compagnies privées sont disponibles. L'historien s'intéressant au développement du réseau urbain genevois a la chance de pouvoir disposer d'une série presque complète des rapports annuels du conseil d'administration présentés aux actionnaires réunis en assemblée générale.[66] S'ajoutent quelques prospectus à caractère publicitaire, remontant aux premiers projets de compagnie gazière du début des années 1820 jamais réalisés[67] et diverses publications d'entrepreneurs gaziers.[68] L'historien s'intéressant à la holding gazière fondée en 1861 peut également s'appuyer sur des rapports annuels du conseil d'administration.[69] La série n'est toutefois pas aussi complète que celle de la compagnie urbaine genevoise et si les rapports des années 1860-70 sont relativement conséquents, ceux de la décennie 1890 sont moins transparents. Ainsi, les bilans ne font plus mention de la diversité des positions occupées par les Genevois.

B. Le rôle de la presse dans les années 1890 : gaz privé ou municipal ?

L'analyse de la presse s'avère essentielle, car c'est par ce support que le débat concernant un gaz privé ou public resurgit en 1890. Les discours les plus sévères à l'encontre de la compagnie privée sont publiés dans les journaux. L'organe d'information du puissant parti radical, Le Genevois, donne la charge en premier. La première salve est

---

[65]   Concernant la période d'avant 1842, les seuls documents en notre possession ont été conservés aux Archives d'Etat de Genève. Il s'agit essentiellement de lettres, qui n'avaient pas été transmises à la jeune autorité municipale. Aujourd'hui, ces documents sont rassemblés en cinq liasses.

[66]   Voir Assemblée générale de la Société genevoise pour l'éclairage au gaz, Genève, 1847-1856 et suite à la modification de la raison sociale, voir Assemblée générale des actionnaires de la Compagnie genevoise pour l'éclairage et le chauffage au gaz, Genève, 1857-1895.

[67]   Compagnie genevoise pour l'éclairage au gaz, Prospectus, Genève, 1824.

[68]   Voir « Sur l'éclairage public », in Brochure genevoise, 1843 ; COLLADON, D., Renseignement sur les concessions consenties volontairement par la Compagnie genevoise d'éclairage et de chauffage par le gaz pour la ville et les particuliers, Genève, 1882 ; COLLADON, D., Réponse au rapport lu par M. Turrettini au nom du Conseil Administratif à l'appui d'un projet de convention avec une société d'appareillage électrique, Genève, 1886 ; EMPEYTA, J.-L., Rapport sur la proposition du Conseil Administratif d'éclairer la ville de Genève par le moyen du gaz, Genève, 1843.

[69]   Compagnie genevoise de l'industrie du gaz, Extraits des rapports présentés aux assemblées générales des actionnaires, Genève, 1861-diverses dates.

tirée en janvier 1891 : « Cette compagnie est très impopulaire, et certes, ce n'est pas sans motifs. » Puis le lendemain : « [...] mes frères de Genève, méfions-nous des banquiers et faisons nos affaires nous-mêmes. »[70] Dans ces mêmes éditions, *Le Genevois* révèle l'ampleur des plus-values réalisées par la compagnie depuis ses débuts en 1844. Les autres journaux, dont les grands quotidiens, sont bien moins agressifs envers la compagnie, mais ils restent tout de même acteurs du débat. Ainsi la presse, entre 1890 et 1896, est à considérer comme une source importante de l'histoire du gaz à Genève. Elle ne se limite pas à relater les débats au sein des autorités. Bien au contraire, elle tient un rôle actif en animant un débat latent au sein de la population.[71] De plus, plusieurs années après, en 1909, la presse révèle un scandale immobilier lié à la construction de la nouvelle usine à gaz, ce qui, une nouvelle fois, fournit à l'histoire de précieuses sources concernant cette fois la gestion du Service du gaz.[72] Le rôle de la presse est tellement important que l'administration municipale genevoise a compilé dans un registre tous les articles parus dans les journaux la concernant.[73]

C. Les sources municipales du XXe siècle

La municipalisation de 1896 ouvre une période intéressante qui génère de nouvelles sources relatives à la problématique de la gestion parallèle des deux services concurrents. Ces données sont relativement complètes et fournissent un vaste champ d'investigation. Les services du gaz et de l'électricité sont certes gérés au sein d'une même entité, mais ils conservent leur indépendance de fonctionnement. Toutes les sources sont étroitement liées à la municipalité : les comptes, les budgets et le rapport annuel des Services industriels sont insérés dans les documents officiels de la Ville, notamment dans le budget municipal. A titre d'exemple, les Services industriels constituent trois chapitres bien distincts.[74] Etant donné le poids financier que représentent les Services

---

[70] Voir les éditions des 13 et 14 janvier 1891.

[71] En guise d'anecdote, signalons encore que dans les dossiers de la commune de Plainpalais, se trouvent quelques coupures de presse, dont un article du *Figaro*, relatant les explosions de bouches d'égouts, à Paris, apparemment liées au gaz. Voir *Le Figaro* du 22 juin 1892. L'article relate l'explosion de bouches d'égouts. Lors des premières explosions, la municipalité parisienne avait accusé le salage des rues qui aurait provoqué une réaction chimique. Mais lorsque le phénomène se reproduisit en juin, il fallut bien revoir le problème.

[72] Une fois encore, c'est *Le Genevois* qui publie le plus sur le sujet.

[73] Le registre se trouve aux AVG, 03.CP.1. Il couvre uniquement la période 1905-1915 et contient de nombreux articles soit sur les Services industriels, soit sur le Service du gaz.

[74] Voir AVG, *Comptes-rendus administratifs*, diverses dates. Semblables aux rapports annuels faits aux actionnaires de la compagnie privée, les comptes rendus adminis-

industriels dans le budget genevois, on peut remarquer que la présentation du rapport est particulièrement bien soignée : de nombreux tableaux et statistiques le composent, permettant une approche comparative entre gaz et électricité.[75]

Lorsqu'ils sont créés en 1896, les Services industriels appartiennent intégralement à la Ville de Genève tout en opérant sur un territoire plus étendu. Dès les premières années du siècle, la question du statut des Services industriels prend de l'ampleur et cela jusqu'en 1930, date de la fusion des communes urbaines. Lors de cette fusion, le statut de la plus grande entreprise publique est redéfini et le pouvoir cantonal intègre la direction des Services industriels désormais gérés conjointement par les communes et le canton de Genève. Experts et députés parlementaires, tous recherchent la manière de rendre l'industrie gazière la plus efficiente possible au profit de toutes les administrations municipales genevoises.[76] Dès 1930, les Services industriels fonctionnent comme n'importe quelle entreprise privée. Les comptes rendus administratifs et la comptabilité se désolidarisent de ceux de l'administration municipale.[77] Ils deviennent notablement moins complets. Finalement, ce n'est qu'en 1974 que les communes perdent définitivement le contrôle des Services industriels, alors directement et uniquement rattachés au canton.[78]

D. Historiographie

Dans l'historiographie figurent en premier lieu les ouvrages commémoratifs, sources d'entreprises typiques du XXe siècle. Les anniversaires du Service du gaz et ceux des Services industriels sont à l'origine d'ouvrages rétrospectifs.

---

tratifs et financiers sont cependant caractérisés par des données financières plus complètes, ainsi que par des séries statistiques comparatives (gaz-électricité). Voir aussi *Budget de l'administration municipale de la Ville de Genève*, diverses dates. Dans chacun de ces documents, les services du gaz et de l'électricité sont traités et présentés séparément.

[75]   S. PAQUIER et O. PERROUX (Section II, Partie C).

[76]   Les mémoriaux des séances des conseils cantonaux et communaux conservent des traces de ces débats. Pour la municipalité genevoise, voir *Mémorial des séances du Conseil municipal de la Ville de Genève*, divers volumes, ainsi que *Rapport du Conseil Administratif sur la situation respective de la Ville de Genève et des Services industriels de Genève*, décembre 1947, AVG Brochure 566.

[77]   Ces comptes-rendus sont disponibles aux AVG. Sur le changement de statut, voir AVG, *Rapport d'expertise présenté au Conseil Administratif de la Ville de Genève sur la* compatibilité *des Services industriels*, Genève, 1930.

[78]   Voir le rapport rédigé par le Secrétaire général de l'administration municipale qui a coordonné le changement de statut : MEROZ, R. et CLERC, J., *Les services industriels et la Ville de Genève*, 30 mai 1974, AVG Brochure 846.

Le centenaire du gaz paru en 1944 s'inscrit dans un contexte de sévère concurrence avec l'industrie hydroélectrique. En période de guerre, le réseau fonctionnant avec une ressource primaire abondante dans le pays prend nettement l'avantage sur celui qui fonctionne avec une matière première qu'il faut importer dans des conditions délicates à prix élevé. A Genève, la montée en puissance du secteur hydroélectrique est cristallisée par l'inauguration en 1943 d'une nouvelle centrale hydro-électrique au fil de l'eau (Verbois). Il convient donc de rappeler l'impor-tance du gaz et l'ouvrage *Le centenaire de l'industrie du gaz à Genève* rédigé par un ancien employé des Services industriels vient à point nommé.[79] Selon les termes de l'auteur, ce livre a pour objectif de « faire connaître et apprécier un service important de la collectivité genevoise et le rôle qu'il joue et est appelé à jouer dans l'économie cantonale et nationale ».[80] Toutefois, l'intention de couvrir le présent et le futur reste très limitée dans cet ouvrage qui est avant tout un excellent travail sur sources. Pour retracer ses 150 ans, le Service du gaz s'est adressé à un homme de lettres.[81] Selon ce dernier, cet ouvrage qui se veut « à la fois historique, anecdotique et pittoresque »,[82] reprend en grande partie les éléments se trouvant dans *Le centenaire*. Le nouveau livre bien illustré apporte toutefois un complément bienvenu sur l'après Seconde Guerre mondiale. L'année 1964 marque la fin du gaz de houille et le gaz naturel est introduit en 1974. Entre-temps, le gaz est obtenu par craquage d'essence légère. Une postface rédigée par le directeur du gaz de l'époque, Gabriel Blondin, traite des solutions d'avenir pour le XXIe siècle.

Les Services industriels de Genève célèbrent leurs 75 ans par une plaquette-anniversaire parue en 1971 qui ne connaît qu'une diffusion limitée et ne constitue pas une source véritablement précieuse pour qui s'intéresse à l'industrie gazière.[83] Un ouvrage de plus grande envergure est publié en 1981 par deux universitaires, l'économiste Peter Tschopp et le géographe Claude Raffestin qui avait déjà[84] traité de la question du gaz dans sa thèse *Genève. Essai de géographie industrielle.*[85] Cet

---

[79] LAVARINO, A., *op. cit.*

[80] *Ibid.*, p. 8.

[81] MAYOR, J.-C., *op. cit.*

[82] *Ibid.*, p. 9.

[83] SERVICES INDUSTRIELS DE GENEVE, *Au service de la collectivité : 75ᵉ anniversaire de la municipalisation des services du gaz et de l'électricité*, Genève, 1971. Nous n'avons trouvé cet ouvrage qu'aux Archives de la Ville de Genève.

[84] Voir RAFFESTIN, C. et TSCHOPP, P., *Du dialogue entre scientifiques et techniciens au dialogue entre producteurs et consommateurs d'énergie : les Services industriels de Genève*, Genève, 1981.

[85] Voir RAFFESTIN, C., *op. cit.*

ouvrage, publié à l'occasion des 50 ans du changement de statut des Services industriels, traite conjointement des trois sources énergétiques pendant une vaste période comprenant les XIXe et XXe siècles. L'ouvrage replace les débuts et le développement des réseaux de gaz, d'eau et d'électricité dans le contexte genevois. Les réseaux évolués installés à Genève au XIXe siècle sont le résultat d'un dialogue prolifique entre le producteur de fluides et l'industrie de pointe locale. L'inauguration de la centrale hydroélectrique de Verbois pendant la Seconde Guerre mondiale marque l'apogée de l'imbrication des relations entre fournisseurs d'équipement locaux et l'exploitant genevois des réseaux. La crise énergétique de 1973 remet en cause la croissance continue de la consommation d'énergie et débouche sur un nouveau dialogue entre producteurs et consommateurs d'énergie d'où le titre évocateur de l'ouvrage intitulé *Du dialogue entre scientifiques et techniciens au dialogue entre producteurs et consommateurs d'énergie*. Les énergies alternatives et une meilleure technologie de gestion des réseaux sont de nouveaux défis. Et les deux universitaires d'appeler au renouveau du dialogue entre industriels et l'exploitant de réseaux qui s'est montré très prolifique du XIXe siècle à la Seconde Guerre mondiale.

A partir des années 1990, des travaux du Département d'histoire économique de la Faculté des sciences économiques et sociales de l'Université de Genève complètent l'historiographie en se penchant sur la naissance et le développement de l'industrie gazière à Genève au XIXe siècle. Une première contribution, celle de Nicola Ulmi, étudie minutieusement les tergiversations des institutions politiques précédant l'introduction du nouveau mode d'éclairage.[86] Le mémoire de licence d'Olivier Perroux[87] synthétise diverses publications sur l'histoire de l'éclairage public à Genève en insistant sur l'industrie gazière, alors qu'une contribution de Serge Paquier analyse les stratégies entrepreneuriales pratiquées dans les deux compagnies gazières genevoises, celle qui exploite le réseau urbain et la holding internationale.[88]

---

[86] De ces troubles, deux révolutions (en 1842 et 1846) modifièrent en profondeur les institutions politiques, alors que les débats relatifs à l'installation du gaz étaient lancés. Ainsi, bien peu de documents provenant des autorités politiques sont parvenus jusqu'à nos jours. Pratiquement toutes les références des dossiers encore existants sur la période d'avant 1846 se trouvent in ULMI, N., « Les immenses avantages de la clarté ou comment la Ville de Genève décida de s'éclairer au gaz (1838-1843) », *loc. cit.*

[87] PERROUX, O., « L'éclairage public à Genève », mémoire de licence du Département d'histoire économique, Faculté des SES, Université de Genève, 1995.

[88] PAQUIER, S., « Les Ador et l'industrie gazière (1843-1925) », in DURAND, R., BARBEY, D. et CANDAUX, J.-D. (dir.), *op. cit.*, p. 139-179. Voir également S. PAQUIER et O. PERROUX (Section II, Partie C).

*
* *

Conclusion

Le cas suisse est représentatif des mécanismes de fonctionnement d'une industrie gazière localisée dans un petit pays sans houille, sans gaz et sans pétrole. Des analyses comparatives avec d'autres pays placés dans ce cas de figure, notamment l'Espagne et l'Italie qui disposent également des ressources hydroélectriques, seront les bienvenues. Les gaziers helvétiques doivent affronter la sévère concurrence de l'électricité. Toutefois, comme nous l'avons constaté, plutôt que de chasser l'« ancienne énergie », la « nouvelle » semble bien la pousser en avant. A ce titre, d'autres comparaisons internationales sont à établir, plus particulièrement avec l'Allemagne et les Etats-Unis d'Amérique où l'industrie électrique y est également puissante. Enfin, le cas helvétique montre que les municipalités disposent d'un pouvoir décisionnel fort. A Genève, la vigueur avec laquelle la presse s'est saisie de la question gazière indique que les niveaux de décisions sont locaux. Des comparaisons avec d'autres nations où les municipalités sont dotées d'un certain pouvoir, tels l'Allemagne et les pays nordiques, s'avéreront fécondes.

CHAPITRE VIII

Le gaz à Lausanne au XIXe siècle

Bilan historiographique pour une histoire du gaz en milieu urbain

Dominique DIRLEWANGER

Pour qui s'intéresse au développement de l'industrie gazière au XIXe siècle, il n'est guère possible de dissocier cette histoire du processus d'urbanisation qui touche l'ensemble des agglomérations européennes de l'époque. Sur la base du cas lausannois, petite ville tertiaire de Suisse romande, nous allons pouvoir mettre en évidence l'étendue des sources disponibles pour une histoire du gaz en milieu urbain, ainsi que les principales problématiques qui s'y rattachent. Cet article procédera en deux temps : nous dégagerons en premier lieu les champs d'étude déjà traités par l'historiographie, puis, nous jetterons un regard sur quelques pôles de recherches dans l'étude du gaz en milieu urbain à la fin du XIXe siècle.

I. Bilan historiographique

Quatre types d'ouvrages mettent en perspective le matériel à disposition de l'historien : les sources, les ouvrages d'époque, les monographies et les travaux universitaires. Ces quatre temps nous permettent de conjuguer une série de problématiques liées au développement du gaz à Lausanne.

Tout d'abord, les sources administratives et privées recèlent un matériel abondant quant à la gestion de l'industrie du gaz. Les procès-verbaux du conseil d'administration de la Société Lausannoise d'Eclairage et de Chauffage au Gaz répertorient les principaux évènements concernant la gestion privée du gaz pour la période de 1857 à 1895. S'il n'existe pas de documents relatifs à la première période d'exploitation du gaz, de 1847 à 1857, le *Bulletin du Conseil Communal de Lausanne* permet de pallier ce manque. En effet, les débats au sein du législatif communal font état de l'ensemble des négociations autour des concessions accordées par la commune à l'entreprise lausannoise du gaz. Ces sources nous informent aussi de la structure administrative de la société, de l'évolution de ses marchés (structure des ventes, débouchés), mais également de l'évolution de son capital social, des dividendes versés à ses actionnaires et de sa gestion comptable. Après le rachat du gaz par la commune en 1893, les principaux éléments de la gestion du service se retrouvent de manière synthétique dans les sources publiques. Le *Rapport de la gestion de la Municipalité* contient les résultats comptables annuels, les nominations des administrateurs et l'état d'extension du réseau ainsi que l'évolution quantitative de la production de gaz. Associé à la correspondance du service conservée aux Archives de la ville de Lausanne, ce matériel permet de reconstruire le développement de l'industrie du gaz tout au long du XIXe et du XXe siècles[1].

Les ouvrages contemporains constituent un deuxième volet, au premier rang duquel se trouve l'organe de la Société vaudoise des ingénieurs et architectes : le *Bulletin technique de la Suisse romande*[2]. Les articles de ce bulletin présentent de nombreux aspects technologiques de l'industrie gazière. Il est à noter que les ingénieurs vaudois s'intéressent de près aux innovations scientifiques réalisées à l'étranger, participant ainsi à une diffusion internationale des techniques gazières. En outre, leur savoir est régulièrement mis à contribution pour de nombreuses expertises réalisées au cours du développement du réseau lausannois. Les articles scientifiques et techniques mis à part, les contemporains ont assez peu écrit sur le gaz. L'ingénieur en chef des Services industriels de Lausanne, Louis Chavannes, rédige en 1904 une brochure qui présente de manière succincte les installations du service[3]. Une plaquette est élaborée lors de l'inauguration de la nouvelle usine à gaz de Malley en 1912[4]. Les autres ouvrages réalisés à l'époque sont l'œuvre des milieux politiques de la Ville, comme la première histoire de Lausanne organisée en 1906 par Berthold Van Muyden, syndic de Lausanne, qui coïncide avec la première décennie d'exploitation publique du service du gaz[5]. Un dernier type d'ouvrage très utile pour l'analyse du développement urbain, a été réalisé par Louis Grivel en association avec les Archives communales. Cet ouvrage offre un panorama complet du

---

[1]   L'ensemble de ces sources peut être consulté aux Archives de la Ville de Lausanne, Avenue du Maupas 47, CH-1009 Lausanne.

[2]   *Bulletin technique de la Suisse romande : publication de la Société des éditions des associations techniques universitaires*, organe officiel de la Société vaudoise des ingénieurs et architectes, bimensuel, 1900-1978. Ce périodique fait suite au *Bulletin de la Société vaudoise des ingénieurs et architectes*, 1875-1899.

[3]   CHAVANNES, L., *Description des installations pour l'alimentation en gaz, eau, électricité de Lausanne*, Lausanne, Société technique suisse de l'industrie du gaz et des Eaux, 1904.

[4]   CORNAZ, W., *La nouvelle usine à gaz de la ville de Lausanne*, Lausanne, Bulletin technique de la Suisse romande, 1912.

[5]   MUYDEN, B. Van *et al.*, *Lausanne à travers les âges*, Lausanne, 1906.

secteur de la construction et les infrastructures du service du gaz y sont détaillées avec soin[6]. Cet inventaire a d'ailleurs servi de base à un essai intéressant sur le développement urbain lausannois vers 1900, où Sylvain Malfroy insiste sur le rôle prépondérant occupé par l'industrie de la construction dans le développement économique de Lausanne[7].

Les monographies sur l'industrie du gaz offrent des synthèses accessibles et fort utiles à l'historien. A côté des publications officielles et commémoratives, *Jubilé des Services Industriels*[8] ou plaquettes réalisées par le service du gaz[9], la monographie consacrée au centenaire de la Société suisse de l'Industrie du Gaz en 1973 présente une histoire évènementielle du gaz en Suisse[10]. Elle offre l'avantage de présenter quelques enjeux politiques, comme les négociations autour de la loi des fabriques – les usines à gaz demandent à ne pas être astreintes à la limite de 11 heures journalières de travail – ou encore les projets juridiques de normalisation et de standardisation de l'industrie – loi sur l'étalonnage des compteurs à gaz en 1876.

Les travaux universitaires sur l'industrie du gaz produisent les premières analyses problématisées. Citons par exemple les travaux de Serge Paquier sur l'industrie du gaz à Genève entre 1843 et 1925, qui reconstituent le réseau d'entrepreneurs et de financement de cette industrie[11]. Mentionnons également les analyses de Jean-Marie Giraud sur le cas lyonnais qui offre un point de comparaison intéressant, notamment en étudiant de plus près les relations concurrentielles entre le développement du gaz et l'introduction de l'électricité dans la deuxième plus importante ville de France[12]. Toutefois, ces articles restent isolés dans l'historiographie du gaz en Suisse. Certes il existe un article dans le

---

[6] GRIVEL, L., *Historique de la construction à Lausanne*, Lausanne, Archives communales de Lausanne, 1942.

[7] MALFROY, S., *Lausanne 1900 – Lausanne en chantier*, Bâle, Société d'Histoire de l'art en Suisse, 1978.

[8] Services industriels de Lausanne (dir.), *Jubilé des services industriels de la ville deLausanne, 1896-1946*, Lausanne, 1945. Ville de Lausanne (dir.), *1896-1996 Services Industriels, 100* *anniversaire*, Lausanne, 1995.

[9] Direction des services Industriels de la ville de Lausanne (dir.), *50 ans de chauffage urbain à Lausanne*, Lausanne, Presses Centrales SA, 1984. Voir également la plaquette : *La cuisson et l'eau chaude par le gaz*, Lausanne, sans date.

[10] RAENER, H., « Centenaire de la société Suisse de l'Industrie du Gaz et des Eaux », in *100 ans SSIGE. Société Suisse de l'Industrie du Gaz et des Eaux. 1873-1973*, Zurich, SSIGE, 1973, p. 207-218.

[11] PAQUIER, S., « Les Ador et l'industrie gazière 1843-1925 », in *Gustave Ador. 58 ans d'engagement politique et humanitaire*, Genève, 1996, p. 139-180.

[12] GIRAUD, J.-M., « Energies et entreprises : l'exemple lyonnais », in *Bulletin du Centre Pierre Léon d'histoire économique et sociale. Entreprises (XIX*-*XX* *siècles)*, 4, 1994, p. 31-42.

Handbuch der Schweizerischen Volkwirtschaft sur l'industrie du gaz, mais son contenu se limite à une synthèse du développement technique et juridique de cette industrie[13]. L'historiographie offre alors quelques développements intéressants sur l'histoire du gaz. Il faut noter ici les travaux de François Walter sur la Suisse urbaine, ceux de Corinne Walker sur l'introduction de l'éclairage public à Genève ou encore ceux de Michel Bassand sur les relations de pouvoir au sein de l'espace urbain[14]. Ces études ont toutes le mérite d'introduire l'utilisation urbaine du gaz dans son contexte économique et social.

Enfin, c'est du côté de l'historiographie allemande, et notamment autour du concept de communalisme (*Kommunale Unternehmen*), qu'un modèle du développement des services publics urbains s'est forgé. Ce modèle fournit une grille d'analyse pertinente pour interroger les processus de rachat d'entreprises privées par les communes, comme celles du gaz notamment. En fait, la municipalisation des sociétés du gaz, de l'eau et de l'électricité semble un élément structurel de l'histoire urbaine de la fin du XIXe siècle. L'intensification du développement économique et social, l'accroissement démographique, les problèmes sanitaires forment la toile de fonds des débats sur la constitution des services publics urbains, non seulement à Lausanne, mais également dans plusieurs villes d'Europe occidentale. L'ouvrage de référence sur cette thématique est édité en 1987 par l'historien allemand Hans Pohl[15]. Une monographie sur la ville de Cologne[16] offre à ce titre d'intéressants développements sur les rapports entre gestion publique et privée de l'industrie du gaz. Enfin, un article d'Alexandre Fernandez[17] sur les

---

[13]   WYLER, E., « Gaswirtschaft », in *Handbuch der Schweizerischen Volkwirtschaft*, Berne, 1955, p. 528-530.

[14]   WALTER, F., *La Suisse urbaine, 1750-1950*, Genève, 1994. Du même auteur : « De la ville fermée à la ville ouverte. Pratiques et images urbaines dans l'espace hélvétique (1750-1850) », in *Vivre et imaginer la ville XVIIIe-XIXe siècles*, Genève, 1988, p. 49-81 ; « De la ville préindustrielle à la ville industrielle : les mutations de l'urbanisme en Suisse : problèmes et méthodes », in *Délémont dans l'histoire. Problèmes de l'histoire urbaine : 11e colloque du Cercle d'études historique de la Société jurassienne d'émulation*, Porrentruy, Société jurassienne d'émulation, 1989, p. 249-258 ; WALKER, C., « Du plaisir à la nécessité. L'apparition de la lumière dans les rues de Genève à la fin du XVIIIe siècle », in *Vivre et imaginer la ville XVIIIe-XIXe siècles*, Genève, 1988, p. 97-123 ; BASSAND, M., *Urbanisation et pouvoir politique. Le cas de la Suisse*, Genève, 1974.

[15]   POHL, H. und TREUE, W., *Kommunale Unternehmen. Gesichte und Gegenwart*, Stuttgart, 1987.

[16]   SCHULZE BERNDT, M., *Die Gesichte des Gas-, Elektrizitäts- und Wasserversorgung in Köln bis 1914*, Bonn, 1989.

[17]   FERNANDEZ, A., « Classes moyennes et municipalisme, 1900-1940 », in *Regards sur les classes moyennes – XIXe-XXe siècles*, Talence, 1995, p. 111-115.

classes moyennes et le municipalisme permet d'aborder également l'intégration des différentes classes sociales au processus de rachat.

C'est dans ce dernier champ de recherche que se situent mes travaux. Suite à la rédaction d'une histoire de la constituion des services industriels lausannois (service municipal du gaz, de l'eau et de l'électricité), je me suis directement intéressé à l'histoire de l'industrie gazière. Au travers de cette étude, j'ai cherché à mettre à jour les réseaux d'intérêts politiques et économiques présidant au développement de cette industrie[18]. En analysant plus spécifiquement le rachat de la société privée du gaz par la commune de Lausanne, j'ai été conduit à confronter la gestion privée du gaz à celle de l'administration publique[19]. De cette confrontation, j'ai alors fait ressortir les différences logiques du capital privé et du capital public dans la gestion de l'industrie gazière. C'est à ces conclusions que j'aimerai dédier la fin de cet article.

II. Champs et problématiques de recherches

Sur la base du matériel à disposition de l'historien dans l'exemple lausannois, nous avons synthétisé autour de quatre grands pôles de recherches possibles sur le gaz en milieu urbain : la gestion de l'industrie du gaz, les rapports entre cette industrie et le développement urbain, les aspects techniques de son exploitation et, enfin, les questions juridiques. Il n'est bien entendu pas possible de présenter ici l'ensemble de ces problématiques. C'est pourquoi je me limiterai à en donner un bref aperçu en illustrant chacun de ces pôles de recherches à l'aide d'un cas tiré de l'histoire du gaz à Lausanne.

Commençons par le pôle juridique. Si l'on se penche sur les premières concessions d'exploitation du gaz à Lausanne, il est intéressant de signaler les termes du contrat passé entre la municipalité et la société privée du gaz. En effet cette société obtient dès 1847 un monopole pour l'éclairage public de la ville. Ce monopole lui garantit un débouché important auprès de la collectivité publique et lui permet de dégager des bénéfices dès les premières années d'exploitation. En 1857, la société change de raison sociale et négocie une nouvelle concession pour le monopole de l'éclairage public, prolongeant ainsi de 38 ans l'exploitation privée du gaz. Cette négociation, similaire à celle menée à Genève, a pour but d'asseoir le monopole privé, alors que l'introduction des chemins de fer laisse envisager une baisse importante

---

[18] DIRLEWANGER, D., « La municipalisation des services Industriels de Lausanne ou l'adaptation de la Commune aux besoins de l'économie », in *Mémoire Vive*, 7, 1998, p. 95-101.

[19] DIRLEWANGER, D., *Les Services Industriels de Lausanne. La révolution industrielle d'une ville tertiaire (1896-1901)*, Lausanne, 1998.

des coûts d'approvisionnement offrant l'espoir d'une amélioration sensible des bénéfices. Ces quelques éléments montrent ainsi clairement comment les conditions juridiques posées par les autorités communales aux exploitants de gaz conditionnent directement son développement et sa rentabilité[20].

Passons à présent aux aspects techniques. La découverte en 1893 par le Baron Auer von Welsbach d'un nouveau type de bec d'éclairage va contribuer de manière décisive au développement de la consommation du gaz à Lausanne. En effet, ces nouveaux becs présentent l'intérêt d'offrir une intensité lumineuse trois fois supérieure aux becs ordinaires, tout en consommant approximativement 30 % de gaz en moins[21]. Si la société privée du gaz freine son introduction, à cause de leur prix, mais surtout par crainte de voir chuter les ventes, la commune décide pour sa part d'en généraliser l'utilisation afin d'attirer de nouveaux consommateurs. Si une très légère baisse des recettes réalisées par le service du gaz se vérifie dans les comptes de l'année 1898, celle-ci est largement compensée par les économies réalisées par la ville sur ses dépenses en éclairage public[22]. Enfin, en permettant aux consommateurs lausannois de profiter de cette innovation, le service municipal arrive à accroître son nombre d'abonnés, et donc ses profits. L'introduction de nouvelles techniques gazières conduit donc immédiatement à une modification fondamentale dans la gestion de cette industrie.

Troisième champ de recherches, les rapports entre les pouvoirs publics communaux et l'industrie du gaz. Si l'on a déjà signalé l'intérêt d'analyser le contenu juridique des concessions accordées aux gaziers, il paraît tout aussi crucial d'examiner les conditions de rachat de ces entreprises par les pouvoirs publics. L'étude de cette dynamique, qui connaît un écho dans une majorité de pays de l'Europe continentale, permet de mettre à jour les réseaux d'intérêts politiques et économiques qui y président. Ces négociations font apparaître des relations étroites entre les administrateurs du gaz et les autorités politiques. En 1893 à Lausanne, les trois responsables du dossier appartiennent tous au même parti politique (parti radical alors au pouvoir) et travaillent tous les trois pour la Banque cantonale vaudoise. Deux négociateurs sur trois sont également membres du conseil d'administration de la société du gaz. Ce réseau de négociateurs n'a pourtant rien d'exceptionnel. En 1895, après l'écrasante victoire du parti libéral aux élections communales (les libéraux occupent 71 % des sièges du Conseil communal), les négociateurs changent, mais les réseaux d'intérêt demeurent. Cette fois-ci, les

---

[20]   DIRLEWANGER, D., *op. cit.*, p. 29-35.

[21]   *Bulletin du Conseil communal de Lausanne*, 13 décembre 1895, p. 1077.

[22]   « Rapport de gestion de la municipalité de Lausanne », 1898, p. 15

nouveaux responsables du dossier sont tous membres du conseil d'administration de la société du gaz et sont pour deux d'entre eux membres du nouveau parti au pouvoir. Ainsi, si l'on remplace deux négociateurs après les élections de 1895, c'est principalement pour s'adapter à la nouvelle donne politique, alors que les intérêts privés des exploitants de la société du gaz restent prédominants au sein des négociations[23].

Terminons ce tour d'horizon, en nous concentrant sur les questions de gestion de l'industrie gazière. Le principal marché de la société du gaz à Lausanne est formé par l'éclairage public, qui est – comme nous l'avons vu – garanti par un monopole. En 1884, les revenus provenant de l'éclairage public et privé représentent les 82,4 % du total des recettes. Cependant, la commercialisation des dérivés de la houille devient toujours plus rentable. Deux sous-produits représentent la majorité des ventes : le coke et le goudron. Le premier est un résidu solide légèrement moins énergétique que le gaz et sert essentiellement de combustible pour les poêles. Le second, appelé aussi « coaltar », est un produit résineux utilisé pour le traitement du bois ou comme désinfectant. Ainsi, toujours en 1884, la vente de coke représente 14,6 % des recettes de la société et le goudron 3 %[24]. Enfin, dans le domaine industriel, quelques applications nouvelles voient le jour, comme les moteurs à gaz. Petit à petit, les appareils fonctionnant au gaz seront le plus souvent délaissés par les industriels au profit de ceux alimentés à l'électricité. Il n'en demeure pas moins qu'à Lausanne, la vente du gaz pour les moteurs des imprimeries représente le débouché le plus important après l'éclairage public dès la fin des années 1880.

Si l'on étudie attentivement l'évolution des recettes de l'industrie du gaz entre 1857 et 1914, l'explosion des recettes concomitantes à la gestion publique de cette industrie se remarque immédiatement. En 5 ans, de 1896 à 1901, le nombre d'abonnés au service du gaz s'accroît de près de 45 %. Cette croissance est le fruit d'une politique d'expansion de la municipalité : développement de nouveaux gazomètres, extension du réseau de conduites vers la périphérie, construction d'une nouvelle usine à gaz multipliant par quatre la production… Les propos d'un membre du Conseil communal lausannois en 1895 mettent bien en évidence la logique du capital public :

> Une compagnie qui exploite un service public ne doit pas se soucier uniquement de son intérêt privé, mais doit remplir convenablement les obligations que l'exercice de ce service lui impose.[25]

---

[23]   DIRLEWANGER, D., *op. cit.*, p. 40-47.

[24]   Archives de la Ville de Lausanne : P14 – Procès-verbaux du conseil d'administration de la Société lausannoise d'éclairage et de chauffage au gaz, 1884.

[25]   *Bulletin du Conseil communal de Lausanne*, 13 décembre 1895, p. 1077.

Cette obligation s'incarne non seulement dans le développement du service vis-à-vis de sa clientèle, mais également au sein des Services industriels de Lausanne, où les importants bénéfices du gaz offrent des revenus supplémentaires pour pallier les déficits des services de l'eau et de l'électricité. Bref la majorité des recettes du service municipal sont réinvesties au sein de la ville, soit sous forme d'investissements pour étendre le réseau de distribution, soit sous forme de transfert de recettes pour assurer la reprise en main des Services industriels.

Finalement, cette confrontation de la gestion privée et publique permet de distinguer deux logiques de rentabilité. Dans la phase de gestion privée, les grands bénéficiaires de l'industrie du gaz sont les actionnaires. De 1867 à 1894, tous les actionnaires sont remboursés de leur investissement initial grâce aux importants dividendes versés, cela sans compter les gains finaux réalisés lors de la vente de l'entreprise à la commune[26]. A titre indicatif, la répartition des bénéfices de 1886 nous fournit un indice des sommes versées aux actionnaires : sur un exercice se soldant par un bénéfice de 84 000 francs suisses (déduction faite des frais d'entretien des infrastructures), 10 % sont destinés au gérant, 10 % aux employés, 20 % au fonds de réserve et 60 % aux actionnaires[27]. Sur la base de nos estimations, les dividendes distribués entre 1857 et 1914 représentent en moyenne 26 % des recettes. Cette moyenne est aisément comparable aux 24 % de recettes allouées aux comptes d'extension du service communal du gaz entre 1896 et 1914. Ainsi, la logique du capital privé est essentiellement rentière, là où le capital public opère, sous forme d'investissements massifs, une logique redistributive.

En conclusion, l'étude du gaz en milieu urbain offre à l'historien de nombreuses possibilités de recherches. Celles-ci me semblent argumenter en faveur d'une histoire économique et sociale comparée. En effet, dans l'état actuel des recherches, il n'est pas encore possible de comparer différents modèles de développement urbain et gazier en Europe. Un tel programme de recherches permettrait de mieux saisir les rapports entre gaziers et collectivités publiques, ainsi que le rôle joué par l'industrie du gaz dans l'aménagement du territoire, que ce soit au niveau urbain à la fin du siècle passé jusqu'au niveau continental aujourd'hui. Un tel programme n'en est qu'à ses débuts.

---

[26] Les procès-verbaux de la société du gaz s'interrompant brusquement en 1894, nous ne sommes pas en mesure de rendre en compte de la distribution des 501 770 francs suisses payés par la commune pour le rachat de l'entreprise en 1896.

[27] Archives de la Ville de Lausanne : P14 – Procès-verbaux du conseil d'administration de la Société lausannoise d'éclairage et de chauffage au gaz, 13 août 1886.

III

Les espaces périphériques

CHAPITRE IX

L'industrie du gaz en Espagne

D'une historiographie lacunaire aux thèmes problématiques

Mercedes ARROYO

L'objectif de réaliser un bilan historiographique sur l'histoire du gaz en Espagne, sauf quelques exceptions, est difficile. Cette question a trouvé une absence d'intérêt presque totale de la part des chercheurs académiques. S'ils lui ont dédié leur attention, cela a été en général de façon indirecte. En fait, l'histoire de l'industrie gazière en Espagne est un domaine de recherche qui compte encore d'importantes carences, dues au fait que le gaz a été perçu comme un système d'éclairage peu réussi ou seulement comme un précurseur de l'électricité.

Par ailleurs, nous connaissons tous le rôle joué par la consommation industrielle de gaz sur le développement des réseaux gaziers. Il faut dire que dans la plupart des villes espagnoles, l'implantation du gaz a été une expérience peu favorable, puisque le processus d'industrialisation y arrivait tard ou sa croissance était rapidement interrompue. La seule exception a été Barcelone, ville qui comptait avec une ancienne et bien affirmée structure commerciale. En outre, depuis 1832, elle a développé un tissu industriel qui a progressé très rapidement et qui a permis de créer une puissante structure gazière dans la ville.

Une autre difficulté pour étudier l'histoire du gaz est liée à la disponibilité des sources. D'une part, les sources de caractère public – qui sont très abondantes – se trouvent très dispersées, ce qui oblige à travailler dans des lieux d'archives multiples pour compléter les informations. D'autre part, les sources émanant des entreprises gazières ne sont pas accessibles aux chercheurs à quelques exceptions près.

Mais, malgré l'absence d'une tradition académique, quelques publications ont traité le développement du gaz en Espagne selon différents points de vue. Parmi ceux-ci, on doit mettre en relief – en plus de l'histoire économique et de la géographie humaine, qui seront plus tard l'objet d'une analyse détaillée – le droit administratif, l'archéologie industrielle et différentes branches historiques.

I. Les différentes perspectives disciplinaires

Sur le plan du droit administratif il faut signaler la publication de la thèse doctorale de José Ignacio del Guayo Castiella (1992) où l'auteur a étudié les aspects légaux du gaz comme service public en Espagne. Un premier chapitre est dédié au développement, toujours difficile, de l'industrie du gaz dans notre pays, avec une attention particulière portée aux conflits légaux. En Espagne, l'absence de cadre légal approprié pour l'industrie gazière a longtemps permis aux entreprises de rester sous le régime d'un monopole. Jusqu'au premier tiers du XXe siècle, l'industrie gazière n'avait pas la qualification de service public. En conséquence, il fallut attendre pour qu'une législation spécifique ait favorisé – au moins, en théorie – la concurrence.

Dans le domaine de l'archéologie industrielle, le gaz a suscité l'attention des ingénieurs pour expliquer les antécédents de l'électricité. Appuyées par l'Associació/Col.legi d'Enginyers Industrials de Catalunya, ont été réalisées des journées d'archéologie industrielle où ce thème a été traité. Concrètement, en 1991 on y a présenté l'expérience de l'implantation du gaz dans la ville d'Igualada, la deuxième ville catalane par le volume de production des filatures de coton. Dans leur étude, les auteurs, Alert, Bori, Gutiérrez et Térmens, effectuent d'abord la description des techniques du processus de production du gaz. En utilisant des sources municipales, ils réalisent une brève histoire des difficiles débuts de l'industrie gazière et des changements de propriétaires de l'entreprise qui ont développé l'activité gazière à Igualada. Finalement, ils décrivent l'entrée de l'électricité lors de la première décade du XXe siècle. Face au triomphe de cette nouvelle source d'énergie, selon ces auteurs, le rôle du gaz irait décroissant jusqu'à occuper une place résiduelle.

Un autre article, celui de Josep Bernils, en 1992, et dans la même ligne, décrit le développement du gaz dans la ville de Figueras pour le présenter aussi comme un antécédent de l'électricité. Avec des sources de l'entreprise et des archives municipales de Figueras, ainsi que la presse de l'époque, l'auteur explique les débuts de cette industrie dans la ville et son développement précaire – toujours en compétition avec l'éclairage à l'huile et au pétrole – jusqu'à l'arrivée de l'électricité.

Il faut également inclure dans ce chapitre de l'archéologie industrielle l'histoire de quelques entreprises gazières de villes industrielles catalanes de moindre ampleur, comme Sallent. Le livre de Camprubí Casals, de 1983, décrit la courte expérience du gaz depuis ses débuts jusqu'à 1911, soit au moment où le gaz laisse place à l'électricité. Au passage, l'auteur de cette étude dénonce les mauvaises conditions de conservation de l'ancienne usine à gaz.

Le travail de Carles Puig et Pascual Bernat de 1993 présente l'œuvre du scientifique Jaume Arbós, inventeur d'un système d'obtention de gaz à partir du bois incandescent et son utilisation comme force motrice par les moteurs de combustion.

Dans une ligne de recherche similaire on trouve le travail sur un chimiste catalan, Josep Roura, réalisé par Mª Dolores Martínez i Nó en 1993. Ce travail, d'une réelle valeur documentaire, donne à connaître l'histoire de l'introducteur de l'éclairage au gaz en Espagne, dont les recherches s'orientaient comme celles de Jaume Arbós, à trouver des applications au gaz.

Dans le domaine de l'histoire des sciences, on trouve, sous la plume de Figuerola et Plans en 1995, une description détaillée des différents modèles de becs de gaz utilisés chez les pharmaciens catalans au XIXᵉ siècle et conservés dans le Musée d'histoire de la pharmacie catalane.

L'histoire enfin compte quelques travaux. Une excellente publication financée par l'entreprise Gas Madrid, a été réalisée en 1989 par Mª del Carmen Simón, attachée au Conseil supérieur des recherches scientifiques espagnol. En palliant le manque de documentation issue de l'entreprise par la consultation d'autres archives et des fonds municipaux, l'auteur a écrit une histoire de l'introduction du gaz dans la société madrilène, notamment sur les changements induits dans la vie urbaine. Sur les débuts de l'industrie gazière en Espagne, on peut voir aussi le travail de Manuel Romaní Quilis, bien qu'il date de 1982. Cette œuvre est un résumé de la thèse doctorale de l'auteur réalisée à la Faculté de sciences économiques de l'Université de Barcelone. Si les perspectives de développement du réseau de gaz naturel sont principalement traitées, le premier chapitre de l'étude présente quelques données historiques antérieures à l'implantation de ce gaz en Espagne.

On doit enfin indiquer une œuvre modeste par son volume, mais très intéressante par son contenu, la publication de José Alsina i Giralt (1984), dans laquelle l'auteur a utilisé toutes les sources disponibles à l'époque de sa recherche pour exposer une première approximation de l'installation du gaz dans la ville industrielle de Sabadell, près de Barcelone.

II. La bibliographie complémentaire

Dans la bibliographie, on peut identifier un autre ensemble d'études qui ont utilisé l'histoire de l'installation du gaz manufacturé pour célébrer l'entrée du gaz naturel. Cette nouvelle source d'énergie a été l'occasion d'une véritable éclosion d'œuvres à caractère commémoratif, où, en général, sont décrites les origines de l'industrie gazière. De cette façon, on compte des histoires du gaz pour les villes de Granollers (Catalana de gas y electricidad, 1980), Tarragona (Olivé, s/d), Manresa (Gasol, 1984), Reus (Olivé Solanes, 1985), Lleida (Gas Lleida, 1989), Girona (Alberch, Freixas, Massanas, Miró & Xifra, s/d ; Victor Gay, 1991), Vilafranca del Penedés (Gas Penedés, 1994) et Valls (Ribé Llenas, 1995 ; Ribé Llenas & Gascón, 1995).

Ces œuvres, financées par des entreprises gazières locales, offrent des développements courts pas toujours articulés sur une problématique claire. En revanche, elles ont permis d'exploiter les fonds documentaires des entreprises. Les auteurs dont la formation est plutôt la gestion économique apportent des regards qui tiennent du récit historique plus que de l'analyse scientifique. Ces travaux ont le mérite d'être souvent l'unique source d'information sur les entreprises et les villes évoquées

Les histoires du gaz des villes de Sevilla (González, 1981), Castellón de la Plana (García de la Fuente, 1996) ou Granada (García de la Fuente, 1998), très illustrées et éditées dans une splendide présentation, ont été écrites par d'anciens dirigeants de ces entreprises dont l'objectif est surtout de mettre en valeur un discours sur la stratégie de l'entreprise. Mais, comme on l'a déjà dit, ces publications permettent de connaître des détails de l'implantation du gaz en plusieurs villes espagnoles. Il faut signaler à ce propos l'histoire de l'entreprise CEGAS, de 1984. Dans cette œuvre, l'auteur, García de la Fuente, a réalisé un effort méritoire pour systématiser une chronologie générale de l'industrie gazière en Espagne depuis ses débuts jusqu'aux années 1980. Ses renseignements, ajoutés à d'autres sources, permettent plusieurs fois de compléter les cadres historiques.

III. La diversité des sources

Le processus d'installation du gaz de houille a été pendant longtemps une question liée aussi bien à l'initiative particulière qu'aux pouvoirs publics, desquels on devait obtenir la permission pour occuper le terri-toire urbain. Ce processus a pris dans plusieurs occasions un caractère conflictuel entre les acteurs – essentiellement, municipalités, entre-preneurs gaziers et consommateurs particuliers – ce qui engendrait la médiation des instances légales et politiques. Ceci explique que les archives de caractère officiel – municipales, départementales ou de l'Etat – qui conservent la documentation sur le développement des réseaux de gaz, soient abondantes.

A Barcelone, l'Archivo de la Corona de Aragón contient un volume d'information important. La plupart des usines de gaz qu'on a essayé d'installer dans la ville devaient être bâties dans des zones éloignées des centres habités. Parmi celles-ci, les mieux situées étaient, sans doute, celles dénommées « zonas polémicas », c'est-à-dire, des zones sous la régie militaire. On doit indiquer que Barcelone a été jusqu'aux années soixante du dernier siècle une ville entourée de murailles qui comptait également des équipements militaires en périphérie : le Château de Montjuïc, le Fort Pío et la Citadelle, zones considérées de haute valeur stratégique. En conséquence, les autorités militaires devaient manifester leur accord ou leur refus à l'installation des usines de gaz.

Le plus grand volume d'information pour Barcelone, comme pour la plupart des villes espagnoles, se trouve sans doute dans les archives administratives municipales et dans les différentes archives de district, en raison de la tentative d'annexion des communes proches dont on voit le développement à la fin du XIXe siècle. Dans les archives de district on peut consulter les fonds d'œuvres publiques et les fonds d'œuvres particulières. Avec ces deux fonds on peut « croiser » les informations, puisque, comme on l'a signalé, pendant tout le XIXe siècle, le gaz était en Espagne une affaire particulière.

D'une façon plus globale, l'Archive generale de l'administration de Alcalá de Henares a dû contenir des informations détaillées jusqu'aux années 1936-39, lorsqu'avec la Guerre Civile ont été brûlés les documents relatifs à l'installation de l'éclairage à gaz de la plupart des villes espagnoles. Ce riche fonds, qui aurait été d'une incalculable valeur, a suivi le même sort qu'une partie des Fonds anciens des Archives du gouvernement civil de Barcelone. Reste, cependant, une partie de l'Archive administrative de le diputation provintielle de Barcelone et quelques documents dispersés dans l'Archivo de Villa, de Madrid et dans les Archives des gouvernements civils des principales villes de province.

D'autres archives utiles sont aux Archives notariales qui existent dans la plupart des villes espagnoles importantes. On peut consulter ici les dossiers de fondation des entreprises. Cette source permet de mieux connaître les différentes personnalités liées aux affaires gazières. En général, le notaire jouait un rôle de confident, ce qui permet de suivre l'histoire d'une famille ou d'une entreprise parmi les documents déposés dans ces archives. Leur unique difficulté reste la nécessité de connaître le nom des personnalités et celui du notaire déposant avant de commencer une recherche effective.

Une source utile est constituée par les archives de caractère particulier, conservées grâce à quelques familles qui ont été liées à la production de gaz. Ces fonds sont de la plus grande importance car ils permettent de connaître le point de vue des entrepreneurs gaziers. Parmi d'autres fonds de caractère familial, on a conservé le Fonds Gil Nebot pour la ville de Barcelone. Ce fonds est actuellement en possession de M. Leopoldo Gil Nebot, descendant de la famille qui était l'actionnaire majoritaire de La Catalana. La consultation de ce fonds nous a permis de reconstruire les vingt premières années du développement du gaz à Barcelone.

On doit mentionner de façon plus remarquable encore le cas des entreprises étrangères qui ont opéré en Espagne. La plupart des villes espagnoles ont installé l'éclairage au gaz grâce à l'initiative de l'entrepreneur gazier français Charles Lebon. Heureusement, le fonds de sa Compagnie centrale Lebon père et fils existe aux Archives nationales de France à Paris et, bien qu'incomplet, permet de connaître la trajectoire économique de l'entreprise pendant les années 1852 à 1930, notamment en s'appuyant sur les rapports annuels des gérants. L'analyse des premiers conseils de surveillance rend compte de la transmission de la direction de l'entreprise, du fondateur Charles Lebon à son fils Eugène. De même, les documents favorisent la perception des stratégies économiques mises en place par les Lebon confrontés aux évolutions économiques et politiques de l'Espagne.

IV. Les thèmes historiques fondamentaux

A notre avis, il est possible de trouver quelques thèmes fondamentaux dans l'économie et, en particulier, dans l'histoire de l'économie. Je me réfère essentiellement aux travaux de Carles Sudrià, professeur à la Faculté des sciences économiques de l'Université autonome de Barcelone. Lorsque ses travaux ont été réalisés, il se trouvait engagé dans le groupe de recherche dirigé par le professeur Jordi Nadal, dont l'un de ses objectifs était l'étude de la consommation d'énergie en Espagne et en Catalogne.

Dans son premier article de 1983, Sudrià effectue une étude des premières étapes de l'industrie du gaz en Espagne et de la structure de la consommation énergétique espagnole pendant le XIXe siècle. Il montre le retard espagnol par rapport à d'autres pays européens et ne doute pas que ce soit attribuable au niveau de consommation très faible et à la dépendance du pays en matière d'approvisionnement en charbons étrangers. Sudrià réalise une étude comparative des prix du gaz en Espagne et dans d'autres pays européens. Bien que les prix aient été similaires, la consommation per capita était réellement plus réduite. L'auteur pouvait ainsi conclure que la faible consommation de gaz en Espagne a créé des niveaux de coûts énergétiques très supérieurs à ceux des autres pays. Une annexe utile permet de connaître le nombre d'entreprises et quelques données de la situation entrepreneuriale, le degré de dépendance des entreprises étrangères et l'année de fondation des usines à gaz en Espagne.

Dans un deuxième article de 1984, le professeur Sudrià a réalisé une étude comparative sur la consommation de gaz naturel en Espagne et dans d'autres pays européens pendant les années 1980. Ce travail montre qu'actuellement les consommateurs espagnols choisissent clairement le pétrole au détriment du gaz naturel. Sudrià signale deux causes à cette situation : le faible niveau antérieur de consommation de combustibles gazeux et la préférence pour le gaz mis en bouteille, essentiellement du butane, peu utilisé dans le reste de l'Europe.

Mes travaux se sont inscrits dans la ligne de recherche développée par le Département de géographie humaine de l'Université de Barcelone, dans un projet intitulé Innovation technologique et territoire urbain dirigé par le professeur Horacio Capel, titulaire de la chaire de Géographie humaine. Dans ce projet on analyse, essentiellement, la capacité des réseaux – dans mon cas, ceux de gaz – pour articuler l'espace urbain depuis plusieurs perspectives.

Les problèmes abordés se sont situés dans un champ de recherche qui comprend les aspects suivants : les relations entre les capitalistes particuliers et les pouvoirs publics, l'Etat et les municipalités, essentiellement (Arroyo, 1992a) ; les rapports de concurrence du gaz avec d'autres énergies, comme l'électricité (Arroyo, 1994) ; les rapports économiques chez les entrepreneurs gaziers et la concurrence pour le contrôle du territoire (Arroyo, 1995) ; la création d'un cadre légal de l'industrie du gaz et l'influence de l'innovation technologique dans le territoire et dans les comportements de la population urbaine (Arroyo, 1996) ; la perception de l'innovation technologique depuis le point de vue des scientifiques urbanistes (Arroyo, 1997a) ; les relations entre le progrès technique et le développement industriel et économique (Arroyo, 1997b) ; la culture entrepreneuriale nécessaire à l'expansion des réseaux dans le territoire (Arroyo, 1998b). En résumant, nous essayons d'analyser les stratégies des groupes sociaux face à des intérêts économiques opposés.

De cette façon, nous croyons contribuer à la connaissance du développement des premiers réseaux gaziers qui ont évolué dans le territoire de la ville de Barcelone ; du processus de leur expansion hors des limites municipales ; du développement d'autres réseaux en Catalogne et des conflits qui ont résulté de dynamiques de croissance différentielles et de comportements entrepreneuriaux distincts. Toutes ces études nous permettront de mieux connaître les réseaux d'alliances des bourgeoisies régionales et locales avec les intérêts publics et le rôle exercé par ces bourgeoisies dans l'élan et l'organisation des réseaux d'autres régions espagnoles.

Récemment a été lancée l'étude des histoires familiales des promoteurs, gaziers ou électriciens, comme une autre approche pour mieux comprendre leurs conditions économiques, leurs points de vue (Arroyo, 1998a) et leur environnement personnel, familial et entrepreneurial (Arroyo, 1998c). Nous croyons que cette connaissance donnera lieu à une autre dimension d'étude qui peut expliquer aussi le rythme différentiel de la croissance des réseaux sur le territoire. Cette recherche sera intégrée dans l'analyse du processus d'unification des réseaux, qui a dérivé des monopoles et dont l'origine finalement peut être datée des débuts de l'industrie du gaz.

V.   Un champ de recherche encore limité

En conclusion, il faut dire que l'histoire du gaz en Espagne est un champ de recherche encore assez limité mais qui ouvre de grandes perspectives. Il est possible de réaliser des études comparées, appuyées sur une systématisation des recherches que faciliterait une mise au point de caractère interdisciplinaire. L'exploitation des sources disponibles abondantes et une plus grande connexion de travaux des différents chercheurs doivent permettre d'atteindre ce but.

Les années récentes ont vu l'apport de quelques disciplines académiques, comme l'histoire économique et la géographie, ce qui nous a permis d'élaborer un cadre théorique. Mais trop de travaux encore sont sans relations mutuelles, ni connaissance suffisante de la bibliographie existante.

En définitive, nous croyons qu'on devra faire un effort pour intégrer les études partielles – l'histoire d'une ou de diverses entreprises – en vue de créer une méthodologie plus globale pour étudier le développement des réseaux dans le territoire urbain et les liaisons – économiques, légales, sociales, territoriales et politiques – qu'a impliqué ce développement de l'industrie gazière.

CHAPITRE X

Perspectives of Analysis of Gas Industry in Portugal

The Case of Lisbon in 19th Century

Ana CARDOSO DE MATOS

The emergence of lighting gas in Portugal occurred some years later in relation to the other European countries. The situation of political disturbance, which existed in the country during the initial decades of 19th century, did not raise favourable conditions to implement big investments to modernise the cities. Only, in 1834 the Lisbon City Council started promoting the city's gas lighting system. However, in spite of emerging from this date on various proposals from nationals and foreigners, it took further twelve years to realise the first contract with a private company – Companhia Lisbonense de Iluminação a Gás.

The extension of private and public gas lighting network was carried out progressively and, for this reason, during long year's co-existed olive-oil public lighting exploited by the Municipality along with public lighting and private lighting exploited by a private enterprise.

This paper will give an account of the main areas of research of the development of gas networks in Lisbon.

I. The Creation of a Gas Network: A Sector of Risk but Profitable at Medium Term

Establishment of a gas network was a sector involving mobilisation large funds and, for this reason, the initial grantees[1] of Lisbon City gas lighting could only be successful through formation of a Company – Cª Lisbonense de Iluminação a Gás – incorporating entrepreneurs attached to major of county's finance and industry. The most important investors of this Company knew that development of gas industry in other European countries required an investment at medium term financially profitable, although it required a great capital involving some risk.

---

[1]   The initial grantees were José Detry and Claudio Adriano da Costa.

On the other hand some of the promoters of this industry were also involved in mining exploitation, as was the case of Count Farrobo, or in the metallurgic industry, as was the case of Jacinto Dias Damásio, owner of the Vulcano factory and, for this reason the establishment of a gas network was an incentive to develop other sectors of the Portuguese economy[2]. Among the conditions which, on 13th May 1846, were attached to the exclusive concession of gas lighting in Lisbon, was an undertaking to use equipment produced in Portugal and, whenever possible, to use Portuguese coal or other raw materials[3].

The Company was established with a capital of 400,000$ divided into 8,000 shares of 50$ each. The factory installation and the network demanded considerable capital forcing the Company to take recourse of credit through institutions like Banco de Portugal and Companhia União Comercial do Porto, and its debt in 1851 amounted to 100,000$ which was settled by handing over 2,000 Company's shares. From 1858 to 1860-61 great investments were made to enlarge and modernise the factory and the network. For this reason in 1861, the debts of the Company raised to 417,000$. Trying to solve the deficit situation the Assembly of shareholders approved new By-laws calling for increment of capital up to 1,500,000$ but only 24,000 shares were issued value 50$ each corresponding to 1,200,000$. Initially the Company had a restricted number of investors, but in decades 1860-70 a big dispersion of capital took place. At the time the major shareholder had only 7.63% of the capital and the second one 3.52%.

After realisation of big investments at the end of 1850 decade and beginning of 1860 decade, the investments regained some importance as from 1881 only. The board of administration decided continue to modernise the undertaking, consequently extended call for investments up to 1889, at the time when a new company was established and discussed possibility of merging the two companies. This caused accenttuate failure in dividends, which caused strong contest on the part of the shareholders.

In view of necessity to undertake considerable initial investments during the first years of activity, no dividends were distributed to shareholders. Only in 1851 a dividend of 6% was distributed and this value

---

[2]   In fact, during the first years the factory of Jacinto Dias Damásio worked almost exclusively for C^a Lisbonense de Iluminação a Gás. MATOS, A. C. de, MARTINS, A. C. and COELHO, A. P., "O abastecimento de gás a Lisboa: tecnologia, financiamento e regulamentação", paper presented at the 18th Conference of APHES, Lisbon, November 1998.

[3]   However, the shortage of Portuguese coal led to an early decision to use imported fuel. Thus, in 1855-57, a contract was signed with Preston for supply of coal from Newcastle.

augmented to 7.5% in 1852-53. Then, in 1853 it was reduced to 6% and the percentage maintained up to 1870 decade, after this the rising trend continued especially after 1880. Evolution of dividends paid to shareholders is an indicator showing great yields obtained at medium term in this type of undertakings. In 1871, for example, the Banco Montepio Geral paid 4.5% on 12 months time deposit[4] while in the same year Companhia Lisbonense paid 10% of dividends. On the other hand if no dividend was distributed at the start of company's activity, the eighty's decade rates of dividends attained 25% which permitted the shareholders to recover in few years time the invested capital.

As consequence of its great profitability C[a] Lisbonense was frequently accused of obtaining high profits as it happened in 1876, the year marked by an economic crisis, which affected the entire country. The Company's administration responded to the accusations by referring to in its annual report of the said year, as follows:

> That the gas lighting companies may be able to obtain relatively high profits is a matter not uncommon to one acquainted with the industry, which up to this day has struggled advantageously with other lighting systems, (but) it may one day succumb in presence of technologies and scientific progresses. The gains, which are obtained, are in major part, a risk prize[5].

In Company's accounting books were posted sometimes budgetary items attributed to social welfare such as maintenance of a school for the factory workers, subsidies to disable and sick persons or donations voted to the worker's association.

In 1887, Sociedade Gás de Lisboa was established with identical capital of the existing company – 1.260.000$ divided into 28,000 shares of 45$ each. Although there was an immediate attempt to merge the Sociedade Gás de Lisboa with the C[a] Lisbonense de Iluminação a Gás, it took place only in 1891, with the setting up of Companhias Reunidas de Gás e Electricidade (United Gas and Electricity Companies). The capital of the new company was raised to 5.580.000$ represented by 1.240.000 shares of 45$, made up by assets of the two companies evaluated at 5.400.000$ – and by reinforcement of 180.000$ to be subscribed by shareholders. This Company took possession of the factories and networks of preceding companies and assumed for the existing contracts.

---

[4] NUNES, A. B. *et al.*, *Caixa Económica – Montepio Geral. 150 anos de história, 1844-1994*, Lisboa, CEMG, 1994, p. 27.

[5] *Memorandum e Documentos officiais relativos ao serviço que incumbe à Companhia Lisbonense de Iluminação a Gás mandados publicar pela Direcção da mesma Companhia*, Lisbon, 1876, p. 16-17.

II. Relationship between the Lisbon City Council and the Gas Supply Companies

Concession of public lighting of the city of Lisbon originated a conflict about competence between the government and the City Council. So far, the management of public lighting of the city has been under competence of the Lisbon City Council. In 1834, a municipal proclamation was published to announcing intention to introduce public gas lighting in the city. For this reason the City Council contested the government's initiative to attribute concession of public gas lighting to a private concern, claiming thereby its attribution. All the same, on 20th March 1847, the government signed a contract with C^a Lisbonense de Iluminação a Gás. The monopoly position granted to this company greatly displeased Lisbon City Council, which in August 1858 submitted a document to the Chamber of Deputies (the lower house of parliament in the nineteenth century) protesting against the planned law granting the Company exclusive rights to provide gas street lighting for a longer period. The City Council alleged that the granting of such a monopoly was in effect a violation of municipal rights and referred to the cases of the cities of Oporto and Coimbra, where gas lighting was controlled by the city councils.

In 1847 a Regulation was draw up ruling that the control of private and public lighting was vested upon the Civil Governor of Lisbon, assisted by the municipality and by the Council of Public Health. The municipality had competence to supervise the gas manufacturing equipments, construction and laying of networks and lamps, as well as, the quality and intensity of light. In the course of the years the Regulation was altered on the basis of technologic development of the gas industry, increment of consumption and the legislation in force in the country.

As it was the competence of the City Council to inspect quantity and quality of gas distributed, its action in this instance gave rise to conflicts with the companies exploiting this public service. In 1887, an arbitration court was appointed to resolve the matter dealing with fines which the municipality tried to levy on C^a Lisbonense de Iluminação a Gás. Such conflicts were aggravated due to financial difficulties experienced by the City Council to pay the total amount of the cost of gas supply for public lighting. To meet commitments required by way of creation and modernisation of urban infrastructures of long standing, the City Council requested the government to increase its budgetary assignments. Relations between the municipality and the gas exploitation companies were in large way decided by persons who at every moment occupied posts either in the municipality or in the companies. The political circumstances, the type of development proclaimed for the city, the personal and familiar or business relationship of the City Council members and the companies exploiting gas distribution or simultaneous members of posts either in the municipality or in these enterprises conclusively influenced the manner how these two entities confronted each other. Let us take the example of the case of Francisco Simões Margiochi who discharges important activity in the executive board of C\u1d43 Lisbonense de Iluminação a Gás and, during the years 1872 to 1875 was the city councillor of Lisbon City Council. Confronted with financial difficulties the City Council endeavoured to enlarge gas lighting area without increasing the costs. So the municipality propose that the quantity of gas consumed by public lamps was reduced and that on full moon nights reduction of lights was nearly half.

Construction of networks gave rise to conflicts between the Lisbon City Council and the companies exploiting water supply and sewerage works. The road subsoil, which was crossed by diverse network of public utility, urged great knowledge of soil geology, working out in detail of cartography, installation of various networks of infrastructures and development of it. Measures not always followed and when done not always observed by the contractors. Accordingly, the water pipeworks or sewerage drains often affected the gas supply pipping and, such often raised conflicts between the gas supply companies and others workings in urban infrastructures, as was the case of Companhia das Águas de Lisboa. On the other hand, after conclusion of pipe laying works, the companies were delaying replacements of the city's footpaths and road pavements, bearing in mind that its maintenance belong to Lisbon City Council.

III. Interest of Foreign Enterprises in Investing in Gas Industry

Foundations of urban infrastructures were projects, which required or called for resources to mobilise appreciable capitals in order to have favourable conditions to attract foreign investment.

The interest shown by foreign enterprise to invest in establishing gas distribution in Lisbon was evinced by various proposals submitted to the Lisbon City Council between 1834 and 1846[6]. Meanwhile, in 1883

---

[6] Some of proposals submitted to Lisbon City Council were presented by the following: 1835 – Abel Dago and José Maria O'Neil; 1841 – Compagnie générale provinciale du gaz et des eaux and Compagnie Lyoneza; 1842 – Carlos Gomes Barreto & C\u1d43 and Samuel Clegg & C\u1d43; 1844 – V\u1d43 Burnay & Filhos, Samuel Clegg & C\u1d43 and Compagnie générale provinciale du gaz (Brest); 1845 – Blanchet Frères (Paris) and Cherrier Ainé & Cie.

when the Lisbon City Council opened a new competition for the city's gas lighting the only enterprise which did show interest in signing a contract was the Companhia Lisbonense de Iluminação a Gás, the company which so far had exploited concession of private and public gas distribution. Such absence of other proposals can be explained by expectation then existed in Portuguese society towards electricity as lighting means, and by the fear to transact considerable investments to implant a system of gas lighting at a short time with the risk to be replaced by electric lighting.

In 1886, the City Council denounced the public lighting contract with the Companhia Lisbonense de Iluminação a Gás and advertised opening of new public tender for street lighting in the city in newspapers of Lisbon, Berlin, Brussels, London and Paris. The applicants for the tender for the new lighting contract were Léon Somzée (Brussels), Kohn Reinach & Cᵃ, P. M. Oppenheim (Parisian bankers) and Eclairage du Centre (Belgium), which seems to confirm the international of gas enterprises. After due analysis the various proposals, the Council decided that the proposal submitted by Eclairage du Centre was the only one which met the requirements of the tender and it was therefore awarded the contract, which it signed on 14th October 1887. However, the company opted, in conjunction with a number of other companies, to set a limited liability corporation called Sociedade Gás de Lisboa, which took responsibility for the street lighting contract with the agreement of the City Council[7].

Two years later the public lighting was supplied by Sociedade Gás de Lisboa while gas distribution to privates was assured in competition with this enterprise and by Companhia Lisbonense. Such situation went on as far as 1891, when the merge of the two companies took place.

IV. The Framing of Gas Industry in the Urban Network

The industrial growth of the city of Lisbon occurred as from the decade of 1840 was revealed by the installation of factories of sizeable proportions and technological capacity in the surroundings of the city. Especially in those, which were located near the river Tejo. They were assuming import role as the route for introduction of raw materials and outlet of industrial products. Further, it was still possible to obtain lands in those zones with the necessary dimension to install big industrial undertakings.

---

[7]   MARTINS, A. C. and COELHO, A. P., "A fábrica de gás de Belém : os projectos e os processos de produção no final do século XIX", in *Arqueologia & Indústria*, n° 1, 1998, p. 23-24.

This was a decided fact for the first gas factory to have been installed in the western zone of the city at Av. 24 de Julho. In 1857, the factory occupied an area of 10,185 m², but increment of gas consumption required additional numbers of furnaces, of gasometers and necessary space for storage of raw materials, and this fact prompted acquisition of new lands in the neighbourhood of the factory. In 1875, the factory occupied 15,000 m² and in 1882, 19,781 m².

Considering danger of fire of gas industry premises the factory was constructed with firebricks and iron and covered with sheet iron. The gasometers were placed isolated from the workshops and were made of sheet iron and submerged in iron tanks, holding a great portion of water to avoid leakage of any portion of gas.

The fact that the factory was situated in one of the lowest point of the city made it easy for the gas to ascend to most elevated points of the city without applying great pressure. Proximity of river Tejo facilitated entrance of coal from Newcastle and allowed the great part of smoke resulting from gas manufacture to be conducted to the river, reducing thereby pollution effect in the residential areas. Considering all these favourable conditions for the choice of the plant's site, in 1857 the administration of Companhia Lisbonense de Iluminação a Gás was against the idea of shifting the factory to the border line of the city, similarly as it had happened in other European cities. They considered that:

> The site of the Lisbon gas-works attest to the discernment of the skilled engineers who oversaw the building work and had not to deplore the mistakes recognised later in other foreign gas-works, built at the time when these problems had not been practically studied and sorted out by men of high intelligence and unquestionable learning.[8]

The contract signed between the Lisbon City Council and Companhia Lisbonense in 1870 imposed that the factory had to have on the front facing R. 24 de Julho a façade of a building. Following this imposition, in the year 1875-76, a neo-Gothic façade designed by João Eduardo Ahrens was adopted.

The site chosen in 1887 for construction of the gas work of Sociedade Gás de Lisboa was also situated near the river Tejo on reclaimed lands of the river where the railway line connecting the city of Lisbon to Cascais was also implanted. The proximity of this factory in relation to the Torre de Belém, memorial of discoveries monument unleashed a

---

8   *Relatório da Comissão eleita em 28 de Julho de 1858 pela Assembleia Geral da Companhia Lisbonense de Illuminação a Gaz para examinar o relatório e as contas da direcção do anno economico de 1857 a 1858*, Lisbon, 1858, p. 18.

serie of critiques in Portuguese public opinion and on 1944 the gas factory was shifted to the city's east zone.

Of the ancient gas factories, which were operating in Lisbon there, exist today only few traces. The factory of Cᵃ Lisbonense de Iluminação a Gás situated at Av. 24 de Julho has been reduced to a façade with risk of deterioration. As for the factory built by Sociedade Gás de Lisboa next to Torre de Bélem there are no traces. Only a part of the factory built in the 1940's in the eastern zone of Lisbon is still erect. In view of this situation, preservation of heritage of gas industry is a tomb requiring intervention and, in this context there have appeared proposals of museum works and creation of thematic guidebook on gas industry[9].

V. Creation of a Gas Network: An Approach to the Urban Technology

A. The Agents and Ways and Means of Technology Transfer

As from the 19th century the urban growth, the development of medicine and hygienist ideas unleashed a big concern with the space organisation and creation of urban infrastructures. The engineers, holders of technical learning based on knowledge of mathematics, physics, mechanics and hydraulics played a fundamental part in working out town sanitary problems, creation of gas and electricity networks, and modernisation of transports. Achievement of these works was the starting point of technical innovation which as from the cities of London and Paris spread to other European cities, through the mediums like publication of books and periodical productions, the scientific academies, the professional societies or the universal and international exhibitions.

The idea to learn the new technologies attached to the urban infrastructures this concern spread to companies exploiting public services in Lisbon, and by comparing the technical solutions and management of business tried to be profitable and render better quality of services to urban population and to the municipality[10].

A great many options tried by gas distributing companies in the city of Lisbon were justified by solutions obtained in other European cities and its action regularly checked with what it was done there – denoting

---

9　　JORGE, M. de F., "Fábrica de Gás da Matinha – Instalações do gás de água carburado. Proposta de intervenção museológica", in *Arqueologia & Indústria*, n° 2/3, 1999, p. 199-215.

10　MATOS, A. C. de and SILVA, Á. F. da, "As infra-estruturas urbanas e a internacionalização da economia portuguesa na Segunda metade do século XIX: notas de uma investigação", paper presented at the 19th Conference of APHES, Funchal, November 1999.

profound and incessant knowledge of the situation of gas industry in various countries. Simultaneously looked for through *study trips* abroad the exact knowledge of technical solutions found for the production and the distribution of gas. In this context aggregates the *study trip* accomplished by João Eduardo Ahrens, in 1857 at the time he was appointed technical director of Companhia Lisbonense de Iluminação a Gás. This trip destined to England and France, countries with import experience of infrastructures developments, had in mind the study of production and gas distribution systems which were used in various gas factories operating in London, Liverpool, Newcastle and Paris[11] and, at the same time, held consultations with various British and French engineers and chemists, as it was the case of French chemist Regnault.

Based on knowledge acquired abroad he completely reformulated the organisation of the Lisbon gas-works and introduced a series of technical improvements, among them the construction of new machinery to make workshops operations more effective and easier, improvements to the steam engine enabling it to be used for new purposes, and the installation of a machine which would constantly indicate how pure the air was. With this technical progress in its workshops, the factory was able to show a reduction in expenditure of over 33%. In 1859, the gas purification system by lime, system used since installation of the gas works was replaced by using red oxide of iron (precipate of ferric sulphate by way of lime), Beale gears were assembled which were bought in England and cast-iron dumb-wells were installed for the purpose of liquid drainage formed by effect on condensation. In 1860-61 the company carried out a series of buildings works intended to improved gas production and respond to rising demand. Thus a new gasometer was constructed which could hold 6,000 m³ of gas, a new building for gas purification, together with a barn intended to store 9,000 tons of coal and new plumbing. The improvements to the factory made it possible to increase efficiency in transforming coal into gas by distilling larger volumes of gas in relation to the quantity of coal used. Thus the method of gas production and distribution and the brightness of street lighting in Lisbon was close to what was the normal practice in Paris and London. This had been witnessed by Francisco Maria da Silva Torres, company shareholder and director, who had travelled to the French and British capitals to visit and study the most important gas-works. However, bearing in mind the poor state of repair of the distillation and condensation equipment's, it was decided that a new building should be constructed with new distillation and condensation equipment's on a site

---

[11] He visited 28 of the main gas-works in London, 6 in Paris and the factories in Liverpool and Newcastle.

nearer the river, local which made easy the coal supply and kept off furnace smoke from the residential zones.

In 1884, in view of increment of consumption and necessity to amplify the factory, the administration decided that Mr Ahrens, technical director of the plant, should undertake a new *study trip* to Spain, France, England, Holland Germany, Belgium and Italy. Fifty years had passed since he toured for the first time and during this long period important improvements had been registered in this sector. Consequently justified verification of business operating outcome and technical results in different cities by applying which were divulged. In that year, the factory's engineer Emilio Dias and the director Alfredo Queiroz Guedes undertook a *study trip* through Europe. During this trip he had contacts with Dr. Schilling, who showed them a report on electric lighting industry, with Dr. Bunte and engineers Camus, Lugg, Lenzs and Drorys. From the tour's reports presented by the Company's engineers stood out necessity to modify gas purification and distillation equipments in conformity with the latest technologies and necessity to study possibility of acquiring equipments for the supply of electric lighting. In view of these reports the administration compared difficulty of decision: whether to invest in gas production improvements or to decide about other system of illumination[12], but in the following years some improvements were introduced in gas production.

The technology transfer was also realised with the help of foreign enterprises by way of construction or modernisation of gas factories and distributing networks. The gas supply companies had regular recourse to engineers and companies which were developing in other countries construction of infrastructures of this type. In putting up the first gas plant foreign engineers took part in it, as was the case of French engineer Beraud who installed the initial machines[13]. The gasometer built in 1882 was awarded to C. & Walker of London, specialised in this type of construction. In the same year, equipment to purify coal gas also acquired from England.

The awarding of the Gas Street lighting contract to Sociedade Gás de Lisbon involved the need to build a new factory and on 9th January 1888, the plans for a new gas works were sent to Lisbon City Council[14]. The project presented by this company was similar to the model of gas works built by Leon Somzée in Brussels City. The factory was built on

---

[12] *Relatório da Direcção e Parecer do Conselho Fiscal. Gerência de 1884*, Lisboa, 1885, p. 12-13.

[13] GOODOLPHIM, C., *Companhia Lisbonense de Illuminação a Gaz. Traços gerais da sua história*, Lisboa, 1892, p. 9.

[14] Archive of C.M.L., Repartição Técnica, cx., 115.

foreign technology and the works carried out by a series of foreign contractors: the gasometer with capacity of 20,000 m³ was entrusted to Casa Bonnet Spazin of Lyon; the five ovens with eight retorts each were built by Leclaire of Dijon; the condensation washing and gas purification system was entrusted to the Walker company of London; and the extraction system, the counter, regulator and gauge were installed by the Compagnie générale pour la fabrication des appareils à gaz from Paris[15].

B. Manufacturing Gas: Imported Technology and Portuguese Adaptation

The gas was produced from three types of coal: the Newcastle which was producing a long flame with coke as residues; the cannel coal with great lighting power and its residue was likewise the coke; and the boghead with greater lighting power and ashes as residue. Normally, the gas produced from a mixture of two first types of coals. Initially, the gas was produced in seven sets of seven ovens each and each oven had seven refractory brick retorts. In 1877, the eighth set of ovens was under construction. This increase in the factory's production capacity meant that the steam engine boilers had to be replaced by larger ones. In an attempt to solve the problem of fluctuation which affected the supply of gas, in the same year, the Company installed a large Clegg pressure regulator at the entrance of the factory.

The gas stored in the gasometers was analysed photometrically. The gas-works had a chemical laboratory, which in 1877 was improved by addition of a number of new instrument ordered from Britain and Germany. This laboratory was in charge of chemical engineer Emilio Dias who had occupied earlier the post of assistant of Organic Chemistry at Polytechnic School of Lisbon. It was due to his research that improvements by way of gas production and invention of various equipments, like the electric gas pressure gauge were introduced.

Besides, the chemistry professors at Polytechnic School and Industrial Institute of Lisbon through studies carried out had a very direct intervention in development of the gas industry. Some of their brain-works were presented to the Scientific or Professionals Societies of which they were members, as in the case of Academia Real das Ciências or the Associação dos Engenheiros Civis Portugueses, and appeared in publications edited by these institutions. Júlio Máximo de Oliveira Pimentel, professor of chemistry at Polytechnic School of Lisbon and member of Academia Real das Ciências de Lisboa carried out various

---

[15] MARTINS, A. C. de and COELHO, A. P., "A fábrica de gás de Belém : os projectos e os processos de produção no final do século XIX", in *Arqueologia & Indústria*, n° 1, 1998, p. 27-30.

experiments so as to decide the quality of gas supplied by Companhia Lisbonense de Iluminação a Gás. Years later, José Júlio Rodrigues likewise professor of chemistry at Polytechnic School of Lisbon was called to utter about functioning of this Company.

Some of the members of administration of C^a Lisbonense were engineers and for this reason they carried out technical studies and inspection of the factory to improved gas production. Among these engineers were Francisco Margiochi and Francisco da Ponta e Horta. Their technical learning must have contributed for technical position they assumed in management reports. In these reports they frequently referred the options followed in principal cities of Europe and technical and scientific developments which were known in gas production.

The scientific and technical knowledge of other members of administration of this Company was also important for the development of the gas networks. During various years Doctor Francisco da Silva Torres occupied the post of director and worked for the Company. He realised *study trips* abroad and carried out studies on influence of gas in mortality. The mathematician Daniel Augusto da Silva, who in 1874 was one of the directors, evidenced with scientific base inconvenience of exploration of petroleum gas and pine wood gas in cities lighting.

Some of the employees of the factory introduced innovations in the equipment they were using. In 1886, Augusto Cesar da Cunha Moraes introduced a series of innovations in gas driven steam engine regulator[16]. In 1888, the engineer Emilio Dias and Clemente Augusto da Assunção Dias created a new method of distillation, which produced increment of gas production with the same quantity of coal.

C. The Products Resulting of Gas Manufacturing

Attending that the undertaking required big capitals for its operation, the constant concern was to render the products resulting of gas manufacturing profitable so to lessen the expenditure. In order to reduce the quantity of imported coal in 1856, the use of tar and dust coke in warming the retorts was tested. However the practice showed little satisfaction due to weak gas firing obtained and deterioration caused to distillation equipment due to low-grade fuels. In 1859, the gas factory's technical director Ahrens introduced changes in steam so to utilise the dust

---

[16]   *Relatório da Direcção e Parecer do Conselho Fiscal. Gerência de 1886*, Lisboa, 1887, p. 6.

coke in oven of boilers but this innovation did not result to be productive[17], consequently, these products were sold as a source of income.

With the idea of profiting the tar obtained from the gas manufacturing in 1862, the Company's board of administration ordered to study processes followed by the principal gas works abroad in extracting diverse tar products. Notwithstanding efforts to enhance the value of industrial gas residues its value weren't very important comparing to the situation in Paris. Whilst in Paris in 1876 the residual products (excluding coke) was 7.5% of gas product in Lisbon this percentage attained only 1.6%[18].

Starting from the beginning of 1870 decade a tentative to sell ammonia water was tried but only in 1881 a sales contract entered in for six years with the britsh industrial Arthur W. Ellis. To render the by-product profitable, as from 1888 ammoniacal waters were then treated in a workshop installed in plant for transforming into ammonium sulphate. In 1889 about 115 tons of ammonium sulphate were produced and sold easily at national and foreign markets. On the other hand the refined residues were sold as agriculture fertilisers. In the factory pertaining to Companhia de Gás de Lisboa, built in 1880 decade, the coke and the tar obtained from the gas manufacture were sold without transformation. The former has great use in home heating whilst the later was used more and more in road construction and buildings, where they were used as impermeable material. In 1888, the factory's Administration was foreseeing manufacture of combustion agents as from the mixture of coke dust with tar and transformation of ammoniacal waters into ammonia sulphate.

D. *Difficulties in Distributing Gas to the City of Lisbon and Its Surroundings*

The space configuration of the Lisbon City scattered and with outstanding projection made gas distribution difficult either because it demanded a bigger network of public utility or because the projection was difficulting pressure so that the gas distributed could be the same in various places.

Over the years, the gas pipes network of C^a Lisbonense de Iluminação a Gás gradually extended to cover an increasingly large area of the city in response to increasing demand. Much of the gas pipe network

---

[17] *Relatório da Comissão eleita em 28 de Julho de 1858 pela Assembleia Geral da Companhia Lisbonense de Illuminação a Gaz para examinar o relatório e as contas da direcção do anno economico de 1859 a 1860*, Lisboa, 1860, p. 46-47.

[18] *Relatório da Direcção e Parecer da Commissão Fiscal. Gerência de 1877*, Lisboa, 1878, p. 12.

was replaced in 1876 and 1877 in order to improve the street lighting system. Larger calibre piping was imported, while Portuguese foundries, especially the Perseverança and Henrique Burnay & C^a factories, supplied small calibre piping[19].

In 1889, the gas-tubing network of Sociedade Gás de Lisboa measured 250 kilometres of which 140 kilometres, inferior to four centimetres of diameter, supplied by Portuguese foundries. In this gas tubing network was followed the Somzée system, by which connection between various tubes was done with caoutchouc instead of lead. This system was already in use in Germany, England and Belgium

VI. The Positive and Negative Images of General Inference in Gas Distribution in the City

Starting from 1840 decade, the gas lighting of Lisbon was constant topic in magazines and leading newspapers published in the city. Through various articles published in these periodic publications some contrary reasons were appointed for the introduction of this type of lighting: diminution of olive-oil consumption which reflected on cultivation of olive trees; diminution of cultivation and extraction of edible seed of the pine tree, and important branch of commerce with the Cape Verde Islands; insufficiency of pit coal existing in the country; the danger of outbreak of fire in gas plants and private houses. These allegations were contested by defenders of gas lighting, by justifying their opinions through examples of other countries: Spain being olive-oil producer even so had gas lighting in cities like Barcelona, Valença or Cadiz; development of coal mines exploitation in Portugal; the example of England where evidences were adduced in House of Commons proving that with introduction of gas lighting fires in private dwellings has been diminished[20].

After the initial controversy had passed the principal criticism continued associated with the gas lighting, constantly diffused by newspapers at the time naming problem of environmental pollution, point which gained great importance amidst the scientific community, originating a series of experiments and studies.

---

[19] MATOS, A. C. de, "A indústria metalúrgica e metalomecânica em Lisboa e no Porto na Segunda metade do século XIX", in *Arqueologia & Indústria*, n° 1, 1998, p. 95.

[20] *Revista Universal Lisbonense*, Lisboa, Tomo IV, 1844-45.

A. The Pollution of Gas Industry in Urban Environment

In the 19th century, development of sciences like chemistry or medicine had permitted to demonstrate the importance that salubrious air had for the health of the urban population and this was a constant point evoked either in societies and publications of scientific nature, or in newspapers and magazines of considerable propagation. Public hygiene and wellbeing of the urban population became one of the fundamental concerns of urbanistic politics of the year eight hundred. Introduction of gas lighting had some risks of pollution, such as saturation of atmospheric air with sulphurous acid, this being one of the reasons pointed out by those against introduction of this type of lighting of the city. In order to reduce risks of the air contamination, in 1846 the Lisbon City Council entrusted the chemist Júlio Máximo de Oliveira Pimentel to inspect gas factories, which may be installed in the city.

After installation of gas network the Companhia Lisbonense de Iluminação a Gás was regularly accused of polluting the air, causing illnesses among the neighbourhood dwellers and by supplying a bad quality gas. Complaints about lack of healthy air assumed especial importance in the years 1856-1857, at the time when the city was affected by cholera morbus. Meantime, the opinion of the experts appointed to evaluates consequences had for the public health due to operation of the gas network, issue findings that the gas network was not harmful to the health of the neighbourhood dwellers, finding conformed by statistic of annual deathrate to the inhabitants residing in the adjoining parishes to the factory. In the meantime, in view of complains of the population, the Lisbon City Council entrusted Oliveira Pimentel to carry out experiments in order to verify the quality of gas supplied by the company, who by way of sequential analysis of distributed gas in public places, like *Teatro de S. Carlos*, concluded that sulphuric acid was not a constant product supplied by the company[21]. The strong smell given off from the plant was often ascribed to a base manufacture of gas, however the Committee elected to examine the report and accounts of administration of C[a] Lisbonense, justified the situation due to the fact that the smell of bicarbonate hydrogen, a property of the gas itself and had advantage to detect gas leak in private and public spaces.

The plant which in the end of the century was built by Sociedade Gás de Lisboa was likewise pointed out as a constituent polluter of the city, situation aggravated due to the fact that the factory was situated near a

---

[21] MATOS, A. C. de, "O papel dos homens de ciência e dos engenheiros na construção das cidades contemporâneas: o caso de Lisboa", paper presented at the 18th Conference of APHES, Lisbon, November 1998.

monument. Reasons behind the campaign against localisation of the factory were liven during years by principal newspapers of the city[22].

B. Security, Comfort and Change of Day Life

Positive aspects always confronted the negative aspects of gas lighting. The gas lighting favoured greater safety of people and possessions – aspect constantly accentuated. Otherwise, the gas lighting was also associated with usufruct of public spaces, like the gardens and public pavements; its creation was concern of urbanistic policy followed in Lisbon city, especially as from the second half of the 19th century.

Increment of cultural and social life of the city by way of emergence of recreate and cultural societies, theatres, coffee houses and the club; frequent organisations of scientific, cultural or social gatherings originated creation of new spaces and marked with this form of illumination. Street gas light was also associated with commemoration of dates or important events, as it occurred in 1882 with festivities of *Hundredth Anniversary of Marquês de Pombal*.

Some of the urban equipments attached to improvement of new means of transport were also lighted by gas. Take the case of Railway Station of Santa Apolónia – its construction started in 1862 and was illuminated by 143 gas lamps.

Through illustrated advertisement easily drawn by typographic techniques tried more frequently to divulge application of different types of domestic gas appliances; stoves, heaters, lamps, warmers and its use was accentuated in these announcements. Sometimes, these advertisements referred to exhibitions of these appliances, organised by industrial enterprises, manufacturers or commercial establishment where they were sold. Referring back to the importance the gas had in daily life of the urban population, indications to this new type of illumination and energy were frequently mentioned in romance literature. An example of a passage of Eça de Queirós works "Os Maias": "Carlos, so long forgotten in past memories and synthesis of existence seemed to have unexpectedly gained conscience of nightfall and lighted lamps. By the light of gas jet looked at the watch, it marked fifteen past six"[23].

---

[22]	MARTINS, A. C. and COELHO, A. P., "As instalações industriais como elementos poluidores da cidade: o caso da Fábrica de Gás de Belém", in *Actas do Colóquio Lisboa Ribeirinha, Lisboa*, C.M.L., 1999, p. 314-324.

[23]	QUEIRÓS, E. de, *Os Maias*, Lisboa, s/d, 716.

VII. Evolution of Private and Public Consumption of Gas

Initially, the price of gas was charged by the hour (6 réis/hour) but in 1856-57 charges were calculated according to the number of cubic metres consumed (70 réis/m³). After this time, the majority of consumers considered the price of gas to be very high. In reply to this opinion, the Committee selected to examine the Companhia Lisbonense report and accounts pointed out that in order to assess whether the gas used for lighting in a particular city was expensive or not, it was necessary first to assess the conditions in which the gas was produced, because its cost depended on such factors as interest charges on loans, the price of coal, the selling price of coke, the number of street lamps, the distances covered by the pipes, and the cost of distillation, condensation and purification equipment. They argued that the Company had to pay 3 to 10% interest on loans, that coal in Lisbon cost 50% more than in Paris, 91% more than in Brussels, 107% more than in Ghent, 129% mores than in London, and between 194 and 208% more in Liverpool, Birmingham and Manchester. In addition the spatial configuration of the city of Lisbon, which was more spread out, made the gas supply more difficult – in Paris there was one street lamp for every 25 metres of pipe and a gas light for every 2.5 metres, where in Lisbon there was one street lamp for every 54 metres and a gas light for every 10 metres. Finally, they argued that whereas in Lisbon each inhabitant consumed one m³ of gas, in Paris this figure was high as 5 m³ per inhabitant, and logically the extension of the gas pipes and the amount of gas consumed influenced the price.

In 1870, the price of gas was 70 réis, price considered too high by the consumers, but in 1876, however, the current prices in Lisbon were low than effective prices in various Portuguese cities, like Coimbra, Oporto, Braga and Setúbal, and in European cities like Prague or Vienna of Austria, but similar to posted prices in London. In the following years the price per m³ of gas tended to fall. In 1886 the price was 55 réis and in the following year it fell to 45 réis, a reduction of 20%. In 1890, the competitors forced to reduce the price to 27 réis. The factors involved in the reduction of price of gas were: improvements in manufacturing and distribution methods, extension of pipe networks, increment of public and private consumption and financial results of the Cª Lisbonense de Iluminação a Gás. The contract regulations terms and conditions of gas distribution stipulated that when the shares' dividends would be superior to 10%, the Company had the obligation of reducing the price of gas.

The private consumption in 1848-49 attained only 18,442 m³ [24]. In 1856-57, private customers accounted for 10,558 lights in factories and

---

[24] GOODOLPHIM, C., *op. cit.*, p. 41.

homes, and 1,700 lights in theatres and other venues, which were not lit every night. The number of consumers tended to increase – 7,575 consumers in 1877 and 9,069 in 1881. In 1888 the private consumption rose to 8,779,794 m³. Consumption gas per inhabitant was slightly high motivated by moderate climate demanded less recourse to heating. On the other hand due to low income per capita of the Lisbon population and due to difficulty in generalisation gas cooking method among population. Even then, the gas consumption was spreading and its use was not limits to private and public lighting, the reason why in 1884 Cª Lisbonense amend its By-laws, its aims being gas manufacturing for lighting, heating and power supply.

The public lighting network was enlarged in the course of the years. So, whilst in 1856-57 there existed 2,590 public street lamps, in 1881, its number went up to 4,332. The prices worked by Cª Lisbonense de Iluminação a Gás for the city's public lighting were 25 réis whilst for the private lighting the price was 60 réis. For this reason in 1885 the administration board of the Company considered that:

> The municipal contracts which were during long years a great aspiration of the gas companies, for this reason the fixed time of these contracts was a secure factor to compute easily the annual figure of paying off. However, one should consider notably depreciate or doubtful way of calculation for the reimbursement of the capital.[25]

Confronted with constant complaints about calculation of gas consumed by privates, the board of the Company introduced a new model of bookkeeping register so that the mistakes could be less frequents and the consumers themselves could verify easily. Simultaneously, to lessen unrecoverable credits from private consumers started demanding guaranty.

Sociedade Gás de Lisboa, which started operating in March 1889, was at the time providing gas to 7,000 public lighting lamps and 2728 private consumers.

VIII. The Gas and the Electricity: Co-existence and Confrontation of Two Systems of Lighting and Power Supply

From 1840 decade onwards, electric street lighting came to be seen as an alternative to gas lighting and various newspaper published news on electricity power. In July 1844, the magazine *Revista universal*

---

[25] *Relatório da Direcção e Parecer do Conselho Fiscal. Gerência de 1885*, Lisboa, 1886, p. 12.

Lisbonense published an article wherein the writer referred to as follows:

> If it is certain that the Lisbon and Oporto municipalities have signed contracts for gas lighting of the two cities, it seems that nothing can be concluded whilst it is not yet decided on the merit of experiments about electric light which are being carried out in Paris.[26]

The repercussion about the electrical light in the Portuguese society unleashed close to Cᵃ Lisbonense de Iluminação a Gas fear of competition of another types of lighting and, for this reason, in 1857 a report from the Committee nominated to appreciated action and accounts of the Company, expressed an opinion not so favourable on introduction of electric light:

> The electric light of which much has spoken due to its wonderful effects and marvellous force within our reach, cannot serve as a product factor for public lighting, according to opinion of competent men, because to assume as such, it will still require much improvements from what it is known currently. This opinion was strengthened by the fact that so far "here are not yet studies produced relating to public health, effects of strong and constant electric currents required to obtain such artificial light".[27]

In 1870, when the contract of gas lighting was renewed between the Lisbon City Council and de Cᵃ Lisbonense, it was established that the municipality could adopt any other system of public lighting provided that same was used in Paris or London.

On 28th September 1878, Cascais town with 6 Jablochkoff electric street lamps which had been imported from Paris, where they were used to light the Opera and Theatre Square. On the 31st October the same type of lights were installed in Lisbon, firstly in Chiado, then in other parts of the city. So topics on electricity turned again to be considered as an alternative to lighting of urban centres and prompted the Company to defend by alleging that:

> What has been written, notwithstanding the brightness of that light, there exist among others some essential doubts the competent men still today consider it of difficult resolution: the economic question; the divisibility question in connection to private lighting.[28]

In 1880, realisation of Electricity Exhibition in the city of Paris, again created expectations about the use of this new form of power and

---

[26]   *Revista Universal Lisbonense*, Lisboa, Tomo IV, 1844-45.

[27]   SIMÕES, I. M., *Pioneiros da Electricidade em Portugal e outros estudos*, Lisboa, EDP, 1997, p. 43.

[28]   *Relatório da Direcção e Parecer da Commissão Fiscal. Gerência de 1878*, Lisboa, 1879, p. 10.

lighting and, fearing that electricity could assume an alternative to gas lighting of the city of Lisbon, the Company quickly came forward with considerations about high cost of electric lighting and concluded that there was no sufficient reasons for fear competition of electric light.

Notwithstanding the preceding opinion, the electric lighting system and power energy was gaining adepts. To supply electricity on the 4th June 1884, a company – C^a Portuguesa de Electricidade – was established in Lisbon with a capital of 450,000$ and 193 founding members. This Company was a shorted live and dissolved in 1886[29]. On the other hand, some factories were installing engines or small electric central stations, which supplied electricity required to factory premises as well as power for public lighting in small localities.

The Sociedade Gás de Lisboa since its foundation in 1887 tried to associate production and gas distribution with production and electricity distribution. With this purpose, the firm entrusted studies on this source of energy and lighting, and bought a 7,000 m² plot on Avenida da Liberdade, to build a station which would supply power to light the whole avenue and any establishments which expressed an interest in this type of lighting[30]. The choice of this avenue was not fortuitous, so in sequence of urbanistic policy of Ressano Garcia, engineer of Lisbon City Council, Av. da Liberdade became one of the main axis lines for widening of the city.

The Companhias Reunidas de Gás e Electricidade, emerged from the merge of the two existing companies, widened distribution electricity, either as private and public lighting or as source of power supply to industrial undertakings. To respond to the growing consumption of electric energy, an electric central station was installed at the gas works at Boavista, which was practically concluded in 1901.

*

* *

Conclusion

Creation of a gas network was a sector-demanding mobilisation of big capital. For this reason the initial concessionaires of Lisbon City's gas lighting could only succeed by implanting such undertaking through creation of a Company. The big initial investment required for establishing a gas network could only be justified through a steady market. Accordingly, the company guaranteed a lighting contract with Lisbon

---

[29]   SIMÕES, I. M., *op. cit.*, p. 47.
[30]   "O Gazometro da Nova Companhia Gas de Lisboa", in *O Occidente*, Lisboa, 1889, p. 117.

City Council. Although it was a risky investment, the lying out of gas industry showed to be at medium term a financially profitable undertaking, proved by high dividends distributed to shareholders.

Creation and subsequent enlargement of a gas network was an incentive for the development of other economic sectors, as was the case of mining exploitation and the metal-mechanics industry.

Study carried out by gas company's shareholders permitted to understand that some of them had connection with influential industrial and financial groups in the country. On the other hand, some of the members of administration boards of gas Companies belonged to Câmara Municipal de Lisboa and these connections were fundamental to understand relationship established between them. Regulation drawn relating to gas distribution and financial difficulties experienced by the municipality were the reason of various conflicts between the gas companies and Lisbon City Council.

Situation of factories and widening of gas network were matters decided by the city's growth and urbanistic plants drawn up for it.

The knowledge of management standards of urban infrastructures and technology associated with production and gas distribution was favoured through circulation of information between the professional, politics and intellectual elite of various countries, and by *studies trips* undertaken by engineers and entrepreneurs. Installation of gas network in the case of Lisbon followed the British and French standards and, similarly to what had happened in other European countries, action of engineers was fundamental in its organisation and management. Biographies of these engineers especially theirs graduation abroad and their professional activity in the country, will permit a great accommodating action which they developed in this area. Importance of gas production and distribution, likewise creation of other urban infra-structures were one of the main concerns of Associação de Engenheiros Civis Portugueses created in 1869.

Along the years when the gas companies developed their activities in Lisbon, important technical alterations were experienced by way of production and distribution of gas, and managing organisation of the company. The gas industry was a throughout visible technology, so the introduction of gas lighting can be studied as an example for other technological innovations, the reaction of the people to new industrial technologies and their awareness of the risks and dangers. Also gas networks are a subject to studied on how in 19th and 20th centuries people had outsight view on environmental matters. Action advanced to reduce pollution permitted an approach about the form how the scientific and technologic developments tried to avoid risks of environmental contamination. Connections between sciences, especially chemistry and gas industry is also visible on improvement of gas lighting quality.

Development of gas industry was a sector depending on increment of private consumers and this forced the companies to develop a series of strategies to win a number of consumers and to diversify the use of this new source of energy. By looking at the newspapers one can easily understand importance of ever-growing publicity. However, only a systematic study of strategies used by the companies to divulge different use of gas and increase a number of consumers can then give a clear dimension of its indirect influence in developing the industry and in changing daily habits of the Lisbon population.

With the electricity competition, the use of lighting gas diminished and compelled sourcing new uses for gas. In Lisbon such competition had not much significance in conducting exploration of gas because at the end of 19th century, the companies were merged in one corporation named – Companhia Reunida de Gás e Electricidade – which exploited the two lighting and power supply. While the use of gas for lighting was slowly displaced by electricity, the use of gas for heating and cooking expanded.

Due to diversity of connected problems, the study of gas industry demands a diversified approach and imposed recourse to urban history, history of enterprising companies, social history, history of science and technology and history of culture and mentalities. Otherwise, the remains of this industry are to be referred to industrial archaeology.

Résumé

Perspectives d'analyse de l'industrie gazière au Portugal : le cas de Lisbonne au XIXe siècle

L'analyse consacrée à la capitale portugaise montre que l'édification de son réseau gazier en 1846 est une affaire risquée mais profitable à moyen terme. La politique de distribution des bénéfices est d'abord restrictive. Il faut en effet retenir dans l'entreprise une grande partie des flux financiers générés par l'exploitation. Puis, à partir des années 1870, la compagnie s'oriente résolument vers la distribution de dividendes conséquents. L'installation du réseau gazier s'avère d'autant plus conflictuelle que la municipalité et le gouvernement portugais se disputent le droit d'attribuer des concessions. S'ajoute par la suite le conflit classique opposant municipalité et compagnie gazière. Les intérêts des entreprises étrangères dans cet espace périphérique sont relativement limités, car il existe une impulsion nationale en provenance *des milieux portugais de l'industrie métallurgique. L'usine gazière est bien localisée à proximité d'un cours d'eau qui facilite la réception de la houille importée de Newcastle. C'est pourquoi, contrairement à d'autres villes, l'usine n'est pas située dans un quartier suburbain. L'installation et le développement du réseau gazier de Lisbonne se réalisent en parfaite connaissance des technologies avancées dans les villes pilotes. Les nombreux voyages d'études entrepris par les techniciens de la compagnie gazière font que les méthodes de production et de distribution du gaz dans les rues de la capitale portugaise sont proches de celles en vigueur à Londres et à Paris. Tant le prix que les difficultés d'approvisionnement en charbon poussent la compagnie gazière à tester de nouvelles matières à distiller : du bitume et du coke. Mais cette tentative doit être abandonnée et ces matières sont finalement, comme ailleurs, directement valorisées dans les marchés comme sous-produits de la distillation. Le coût d'importation du charbon, plus élevé de 50 % qu'à Paris, 130 % qu'à Londres et plus de 200 % qu'à Liverpool, renchérit notablement le prix du m^3 livré à la clientèle. Enfin, dans une optique d'histoire culturelle, l'auteur prend en compte la manière dont la nouveauté technique est perçue. Il est rendu compte des prises de conscience générées par l'exploitation du réseau gazier, aussi bien négatives (pollution) que positives (amélioration des conditions de vie).*

CHAPITRE XI

The Question of Ownership in the Nordic Gas Industry in the 19th Century

Ole HYLDTOFT

Gasworks became an early battlefield in the question of private as opposed to public ownership and management. Nearly all the first gasworks were built by private, often foreign, companies. But was that the best solution? Not according to an authority in economics like John Stuart Mill. Manchester was the first city with its own gasworks (1818). Dresden followed in 1828, and Leipzig was not far behind. But these were only scattered instances. Copenhagen was the first capital city to build and manage its own gasworks, and from around 1860 the Nordic countries took the lead in a massive transition to municipally owned and run gasworks.

After going over some main traits of the development of the Nordic gas industry in the 19th century, I will concentrate on the question of ownership. What were the principal arguments for and against private as opposed to public ownership? How was the course of transition to municipally owned and run gasworks in the different Nordic countries? And what are the main factors which appear to have influenced this early changeover to municipal gasworks?

I. The Development of the Nordic Gas Industry in the 19th Century

The first public gasworks was the London and Westminster Chartered Gas Light and Coke Company, which began operation in 1814. Gasworks spread rapidly across England from the larger cities to the smaller ones, helped on by a marked decline in gas rates. By 1846 there were public gasworks in most British towns with a population of 2,500 or more[1]. Developments were slower on the Continent. Paris and Brus-

---

[1] HYLDTOFT, O., "Making Gas. The Establishment of the Nordic Gas Systems, 1800-1870", in KAIJSER, A. and HEDIN, M. (eds), *Nordic Energy Systems*, Canton, 1995, p. 75-99; FALKUS, M.-E., "The British Gas Industry before 1850", in *Economic History Review*, 1967, p. 494-508.

sels got their first gas works in 1820, Berlin in 1826, and Amsterdam in 1833. Then in the 1840s, a rapid surge of construction followed in the wake of the general economic upturn. The erection of new gasworks was given a further impulse by English entrepreneurs, who increasingly turned their eyes to the Continent as the market for gasworks in Great Britain approached saturation.

The first gasworks in the Nordic countries began operation in Gothenburg, Sweden in 1846. Thus, diffusion in Scandinavia began a little late. The Nordic countries were outside the main economic centres of Europe and they lacked cheap domestic ressources of coal. Coincidence may also have played a role. The delay was not due to any lack of plans. In 1819-20, when the gas issue was raised in Hamburg, and the first public gasworks began operation in Paris and Brussels, the question of gas was also raised in Copenhagen. As many as three different projects were proposed, but none of them proved realistic. The next and stronger wave both on the Continent and in the Nordic Countries came in the mid-1820s. In Sweden Stockholm negotiated with the Imperial Continental Gas Association, but in 1825 the English company withdrew its offer, perhaps because of more promising prospects elsewhere[2]. That same year in Denmark, Copenhagen signed a contract with United General Gas Company in London, but shortly afterwards the company dropped the project, losing its rather big guarantee deposit. The following year Oslo in Norway was approached by a Scottish company, but the municipal authorities dropped the matter[3].

A new wave of gasworks construction surged through the Continent in the 1840s. Of especial significance for the Nordic countries was the fact that Hamburg in 1844 finally entered into a contract on gas with the Englishman James Booth, whose working partner was the famous gas technician, James Malam. The same year, James Malam, together with Gebrüder Schiller & Co. and Ross, Vidal & Co., offered to establish a gasworks in Copenhagen. But here the matter took a special turn. After years of negotiations with English and German interests, the municipal gas committee in 1844 reached the revolutionary conclusion that the municipality itself should build the gas works of the city. It took 13 years for that project to materialize.

In 1843 the consul general for Sweden-Norway in Hamburg, Emil von Stahl, wrote a letter to the Swedish government with an offer for a gasworks by the French company Grafton. But in Stockholm the negotiations dragged on. Instead Gothenburg in Sweden got the first Nordic gasworks. In 1844 the municipality contacted von Stahl in Hamburg,

[2] KAJSER, A., *Stadens Ljus*, Malmö, 1986.
[3] SCHREINER, F., *Oslo Gassverk 1848-1978*, Oslo, 1978.

who strongly recommended James Malam and soon afterwards functioned as mediator in the negotiations between the two parties. The contract that Malam won in 1845 granted him a monopoly of the city's gas supply for 30 years. A few months after he signed the contract, he transferred its obligations to the Gothenburg Gas Company, domiciled in Hamburg and dominated by German capital interests. In December 1846 the Gothenburg gasworks began operations.

In 1845 von Stahl wrote Oslo to say that James Malam might also be interested in supplying that city with gas. The following year Malam entered into a contract with Oslo on conditions similar to those in the Gothenburg contract. In 1847 the concession was transferred to the English-dominated stock company, Christiania Gascompagnie, and in 1848 the first gasburners were lit in Oslo. After the Oslo project Malam went on with Frederikshald and Trondheim. In Frederikshald a 30-years concession was granted to a partnership consisting of Malam and the two Norwegians Hans Christian Gedde and P. Wiel. The gasworks were built in 1850-51[4]. In Trondheim Malam and his assistant engineer James Small negotiated a 25-years consession with the financial basis in a stock company called Trondheims Gascompagnie, which began operations in 1853.

The third public gasworks in the Nordic countries went into operation in 1851 in Norrköping in Sweden. In 1849 a manufacturing magnate from Gothenburg, Alexander Keiller signed a contract with the municipality to supply the town with gas on the same terms as in Gothenburg. The construction of the works was headed by the Swedish mechanic John August Anderson, who had been on a study tour to England. Thus Norrköping was the first Nordic gasworks to be built by a Nordic construction engineer. Finally also Stockholm got its gasworks. In 1852 the Stockholm Gaslighting Stock Company was formed on the initiative of the municipality and concluded a contract with the city. The construction engineer was the French gas technician, Jules Danré, and in 1853 the works began to supply gas. The third largest city in Sweden, Malmö, followed a different course. Here, in 1852, an English engineer by the name of Henry Alexander Milne applied for a concession. The Gaslighting Stock Company was formed to implement the project and the company got a 30-years concession. The construction engineers, Fox and Henderson in London, took over 38 percent of the stock, and the works began operations in 1854[5].

---

[4] PIHL, O., *Norgers gassverker og de til samme knyttede gassteknikere*, Kristianssund, 1913.

[5] MOLIN, H.-M. (ed.), *Malmö Gasverk 75 ar*, Malmö, 1929.

In Denmark the diffusion of gas was a belated affair, partly because of Copenhangen's plans to establish a gasworks on its own, and partly because of the Three Years War (1848-50). But in 1853 the country's first gasworks began operations in Odense. It was backed by the Danish Gas Company, which in spite of its name was dominated by English capital. The initiators and construction engineers were two Danes, Thomas Alfred English and Carl Julius Hanssen. Both were trained machinists and had become acquainted with English gas technology during long sojourns in London. Having concluded the company's 20-years contract with the city of Odense, they launched a campaign, which in 1853 resulted in contracts with Århus, Ålborg, Randers, Assens and Elsinore, in other words with most of the larger provincial towns. The gasworks were built in 1854-55[6].

The 15 years from 1855 to 1870 were the great construction period. Within that short period, the Nordic countries became dotted – in varying degrees – with public gasworks. In 1870 there were ten public gasworks in Norway, 27 in Sweden, and 38 in Denmark. Now also Finland entered the public gas age. The gasworks of Helsingfors and Viborg was erected in 1860, and in 1862 Åbo followed suit. In Helsingfors and Åbo a stock company stood behind, whereas a single commercial firm assumed the entire responsibility in Viborg. Coverage was densest in Denmark, where the typical threshold figure in 1870 was about 3.000 inhabitants. In Sweden the threshold was somewhat higher, about 5.000 inhabitants, and in Norway and Finland the typical threshold seems to have been as high as 10.000 inhabitants.

In the following 20 years, from 1870 until 1890, construction nearly came to a halt. A single gasworks was added in Sweden and one in Norway in the 1870s, while four were added in Denmark in the 1880s. Nevertheless, production continued to grow, stimulated by rising per capita incomes, the ongoing urbanisation, and a decline in gas rates (table 1). In 1890 the total gas production in Denmark was about 36 million m³, in Sweden 23 million m³, in Norway 9 million m³, and in Finland only 1.5 million m³. Production per capita was in the same year 16.3 m³ in Denmark, 4.7 m³ in Sweden, 4.4 m³ in Norway, and 0.6 m³ in Finland[7]. The main reasons for the different cunsumption levels in the four Nordic countries seem to have been the different economic levels and the much higher urbanisation rate in Denmark at the time. Perhaps the higher consumption in Denmark was also influenced by the earlier introduction of cheap cooking gas in that country.

---

[6]   HOLLER, S., *A/S Det Danske Gaskompagni*, Odense, 1953.

[7]   HYLDTOFT, O., *Gassystemernes etablering og udvikling i Norden 1800-1890*, Arbeidsnotat nr.22, Sandvika, 1993; HYLDTOFT, O., *Den Lysende gas 1800-1890*, Herning, 1994.

**Table 1. The Development of Gas Production
in the Nordic Countries 1860-1900**

Year	Denmark		Sweden		Finland		Oslo	
	Production Mio m³	Growth %	Production Mio m³	Growth %	Production Mio m³	Growth %	Production Mio m³	Growth %
1860	6.8	–	3.7	–	–	–	–	–
1870	10.8	5.7	7.3	7	0.7	–	–	–
1880	20.9	6.8	13.3	6.2	1.1	4.6	3	–
1890	35.5	5.4	22.7	5.5	1.5	3.1	5.3	5.9
1900	82.2	8.8	45.2	7.1	2.4	4.8	8.9	5.4

The figures are partly based on calculations.

Source: HYLDTOFT, O., *Gassystemernes etablering og udvikling i Norden 1800-1890*, Arbeidsnotat nr. 22, Sandvika, 1993; and HYLDTOFT, O., *Den lysende gas 1800-1890*, Herning, 1994.

II. Private or Municipal Works

In the early phase a private project seemed to be the most obvious and easy solution for the municipal authorities, since they needed only to bargain a street lighting at relatively low cost, leaving it to the private company to solve the two main bottlenecks : technical competence and funding. But the matter was not that simple. It required, first, that a private company with the necessary ressources and investment incentives could be found. Second, to bargain and secure the fulfilment of the contract the municipalities had to invest in technical and economic learning capabilities. Finally, a private company with a formal or actual monopoly on such an essential element of the infrastructure would be tempted to try to maximise its profits through high gas rates, a less than optimal production and a restricted local employment, thus coming into conflict with vital public interests.

The ideological barrier against municipal gasworks was broken by Copenhagen, which was the first capital to build and manage its own gasworks. The spokesmen for a municipal gasworks came from the National Liberal industrial and commercial classes of the city. When the gas committee in 1844 recommended that the city build its own gasworks, its main arguments were: "In this manner the city will be able to reap the benefits of scientific progress, the gain will fall to our citizenry and the establishment will constitute a school for men capable of profiting in other occupations by their acquired technical skill"[8]. The idea that in particular cases the public authorities could profitably foster technological progress in the home country has roots going back to mercantilism, but it was well in keeping with the National Liberal sentiments of

---

[8]   *Kobenhavns Borgerrepræsentations Forhandlinger*, 1844, p. 154-160.

the age. At least in theory, the mentioned objectives could also have been realized if a domestic company was entrusted with the project. Nationalist arguments of this kind were similarly at the forefront of the discussions on the first gasworks in Stockholm, Oslo, and Gothenburg, and they were presumably a main reason why local capital interests collaborated in establishing the gasworks in Stockholm and Helsingfors. In the latter this nationalist aspect was further stressed by a large loan from the state.

In Copenhagen the immediate outcome of the gas committee's unexpected recommendation was prolonged delay. A majority of the city council's executive officers were strongly against a communal solution, either on principle or on grounds of economic risks. When the city council in 1847 resolved that the city itself should erect the gasworks, the arguments shifted from the national to the theoretical, inasmuch as it was argued: "that the enterprise was essentially different from normal private establishments, since here there is lack of competition, whereby the public is otherwise assured of the cheapest and best performance"[9]. In other words, gasworks was a so-called natural monopoly with all the consequences this entailed. Not even the most carefully worded contract with a private firm could circumvent the core issues, such as an assured share in future technical improvements or a reasonable price in the case of a takeover. Nevertheless, the city council's executive officers succeded so well in delaying the issue that it was 1857 before Copenhagen had its gasworks. The protracted period of preparation proved nonetheless beneficial, since it gave the municipal administration a chance to build up the necessary technical expertise, especially in the person of Georg Howitz.

The first three municipal gasworks in Denmark and in the Nordic countries began operations in 1856 in Nyborg, Svendborg, and Silkeborg. Prior to their construction, the municipalities had worked assiduously to gain the necessary technical competance despite the Danish Gas Company's apparent monopoly of the required skills. In Nyborg and Silkeborg they relied to a great extent on Georg Howitz from Copenhagen. In both Denmark and Sweden, the justification for municipal gasworks took on a more worldly character during these years, inasmuch as the private gasworks had proved to be very profitable. In short, the economic uncertainty was gone. In all three towns, the gasworks were financed by loans from the local saving banks. In the following years, with few exceptions, new Danish gasworks were built and run by the municipalities.

---

[9]   *Kobenhavns Borgerrepræsentations Forhandlinger*, 1844, p. 92-97.

Around 1860 municipal gasworks also began their spread in Sweden. The first three were Hälsingborg (1859), Ystad (1860), and Uppsala (1860). In Hälsingborg the idea of a municipal gasworks could hardly have been remote, since both bidders for the contract, W. Strade and Henry Alexander Milne, had just completed the construction of municipal gasworks in Denmark. The project was financed through a loan of 75,000 kroner from Hälsingborg Savings Bank. In Ystad the municipality appointed Johan August Anderson from Norrköping as construction engineer along with a local contractor. Earlier the city had decided to carry out the project "without any outside interference". Ystad Savings Bank issued an interest-free loan of 30,000 kroner and also took over a bond loan for 22,000 kroner. On the basis of a thorough report, Uppsala, too, decided to build and finance its own gasworks, engaging Arvid Hjortzberg, the manager of the Stockholm gasworks, as construction engineer. The capital was raised by floating a bond, but before long this had to be supplemented by a loan from the savings bank in Uppsala. In the following years, most of the new Swedish gasworks were built by the municipalities.

As in Denmark, the smaller towns managed with loans from the local savings bank, while larger enterprises were generally financed by issuing a bond. Municipalities were generally welcome customers in the emerging credit market institutions of the time. If the unavailability of finance capital had earlier been an obstacle to municipal involvement, now the situation was practically reversed. Many of the gasworks of this period in both Sweden and Denmark would probably not have been built without municipal involvement.

In 1870 the result was that almost half – 12 out of 27 – of Sweden's gasworks were municipal, but since most of them were small or medium-sized works, they contributed only 15 percent of the total national gas production. In Denmark the proportion was much higher: of the 38 gasworks, 27 were municipal, and in 1870 they produced 83 percent of the total output. The high percentage was mainly due to the large gasworks in Copenhagen being a municipal enterprise, but even outside the capital, municipal works exceeded the production of the private plants by a notable margin. In Norway, the gasworks of Moss, built in 1857, long remained the only instance of a municipal project. The works were financed through a loan of 20.000 rix-dollars from the Illumination Capital Fund. Finland, for the time being, had only private gasworks.

In the following 20 years, from 1870 to 1890, the trend towards municipal gasworks was further strengthened. A number of municipalities "redeemed" their local works from private ownership. In 1872 Korsør in Denmark and Kristianstad in Sweden took over the city-gasworks. From the late 1870s the movement received a stronger impetous, when the contracts with the private companies expired. Many municipalities chose to take over the private works paying a considerable sum to the private companies. This happened in Oslo and Trondheim in 1878, in Bergen in 1886, in Norrköping in 1882, in Stockholm and Malmö in 1884, in Göteborg in 1888, in Århus in 1880, in Åbo in 1890, as the first case in Finland. A more important variation on that theme was that the Danish Gas Company, by a rather flexible bargaining position, succeded in renewing its contracts with the large provincial towns – with the exception of Århus. The basic argument behind the many municipal takeovers was that the private companies had misused their monopoly to charge gas rates that were far too high.

The many takeovers meant that Sweden now overtook Denmark. In 1890 the share of municipally owned gasworks in Sweden had risen to 78 percent involving about 94 percent of the total production. In Denmark the shares in 1890 were 79 percent of the works involving 82 percent of the total production. In Norway 6 out of 11 gasworks in 1890 were municipally owned. Among those 6 works were the biggest cities in the country, Oslo, Bergen and Trondheim. Therefore, the municipal works in Norway in 1890 probably covered 90 percent of the total production. Only in Finland did the private gasworks still occupy a dominating position in 1890.

Also in England and on the Continent the trend was from the 1860s leading to an increasingly number of municipally owned gasworks. According to the existing, but incomplete surveys, 26 percent of the gasworks in England and Wales in 1881 were municipal and they covered 28 percent of the total gas sales. In Germany the municipal gasworks in 1887 stood for 48 percent of the number of gasworks and for 68 % of the total sales[10]. With the exception of Finland, the Nordic countries had thus taken a distinct the lead in the transition to municipal owned gasworks.

III. Factors behind the Early Changeover to Municipal Gasworks

Before looking more closely at the factors behind the early changeover to municipal gasworks, I should like to point out that some of the so-called private gasworks were not at all that private. Uddevalla in Sweden in 1858 collaborated with the Kampenhof Spinning Mill. Co. to build and run the city gasworks, dividing the stock equally between them. In Örebro (1860) and Västerås (1861) both municipalities sub-

---

[10] WILSON, J.-F., *Lighting the Town*, London, 1991, p. 56.; WINDFELD-HANSEN, I., "Nogle bemaerkninger om gasproduktionen i Danmark", in *Den tekniske Forenings Tidsskrift*, 1888-89, p. 73-80.

cribed to a quarter of the stocks in their respective local gasworks, and by 1863 Västerås was even compelled to increase its share to 49 percent. In Norway the municipality of Bergen in 1854 agreed to take over half the stocks in the city's new gasworks, and in Drammen (1856) the municipality not only took over half of the stock in the works, it also guaranteed the other stockholders a minimum four percent dividend. In Helsingfors in Finland (1860) the public involvement was marked by a big state construction loan.

In a broader perspective the early changeover to municipal gasworks in the Nordic countries was related to the fact that diffusion of public gasworks began relatively late in the Nordic countries. As latecomers they enjoyed the advantage of many of the earlier bottlenecks having been broken. In England and Germany too, the trend from the 1860s was towards municipal gasworks. The late diffusion meant that by then, the building of gasworks was a mature technology. At least for the bigger towns the economic uncertainty was no longer present. The problems with private gas companies had become more and more evident. Soon interested municipalities were able to choose among a number of native and foreign construction engineers and consultants. With a rather well-developed capital market, the financial bottleneck more and more changed into a wave-breaker. Without municipal backing a number of the smaller works would probably not have been realized. In Denmark the trend was further strengthened by the early plans for a municipal gasworks in Copenhagen. Although such plans meant a delay in the realisation of a gasworks in the capital, they did at the same time contribute towards breaking the ideological barriers against municipal gasworks and resulted in the building up of technical and organisational capabilities which also the municipalities in the provincial towns could draw upon.

The trend towards municipal gasworks was furthered by a Continental administrative tradition and an emergent local self-government. Traditionally the municipalities had the duty of managing street lightning and other forms of city infrastructure. Furthermore, the building and running of gasworks were one of several manifestations of the emerging and increasingly ambitious movement towards more independent local government characteristic of these countries at the time. It found its legal manifestations in the Danish Town Law of 1837, Copenhagen's new Statute of Government in 1840, and the Swedish municipal reform of 1862. Later, the many takovers in the 1870s and 1880s went hand in hand with an increasing public involvement, both at the national and the local level, and especially in relation to important infrastructures.

The municipal solution was also backed up by theoretical considerations, which to a large degree anticipated modern theories of regulation[11]. Especially, professor Georg Forchhammer, a member of the Copenhagen gas committee, wrote in 1845 an important theoretical contribution in order to persuade public opinion for the proposed municipal gasworks[12]. He pointed out that, because of the large-scale fixed investemt "a gas factory was vitally different from most other factories". In other words, because of the large sunk costs the contestable market principle will not really work. Even his concrete measure of this factor, turnover/invested capital, appears frequently in modern textbooks on monopoly theories. One of the main difficulties of a private solution was "that no real competition can take place". Contracts customarily gave the private company a monopoly for a fixed period, normally 12-25 years, but even when the time had expired and monopoly thus apparently had given way to free competition, it would in fact continue, "under ordinary circumstances, no one is willing to hazard capital of such a magnitude upon a competition in which in the most fortunate case he will only be able to share the revenues with the older company, without any hope of the new competitor's having significantly smaller outlays". The possibility for the municipality to try to take over the older company's gasworks would be extremely costly.

Forchhammer supplemented his contestable markets analysis with a number of ideas closely related to transaction cost and principal-agent theories. He thus pointed out, that the problems of a private gasworks would be exacerbated further by the almost inevitable disputes over interpretation and observance of the contract. Even in the field of everyday familiar affairs, it is difficult to design a contract which will preclude disputes, and in the gas sector, where technical advances are particularly rapid, it would be practically impossible. Further conflicts would inevitably arise in the course of the necessary cooperation between the private gasworks and such branches of the municipal administration as water supply, paving, and the police. As for the assertion that a private company would be more efficient than a muncipal gasworks, he pointed at a number of principal-agent considerations: the local authority should be compared with the shareholders in a private gasworks, which had far fewer means to safeguard themselves against neglect and fraud than the local council. Moreover, efficiency could with advantage be further ensured by making the gas manager's salary dependent on the profit of the works.

---

[11] HYLDTOFT, O., "Modern Theories of Regulation: an Old Story", in *Scandinavian Economic History Review*, 1994, p. 29-53.

[12] "Om gasbelysning i Kobenhavn", *Dansk Folkeblad*, 18.7.1845, p. 63-66.

In summing up, Forchhammer declared that the object of a municipal gasworks was not to make money. The object was to achieve coordination between public lighting and the other branches of the administration, as well as to provide the citizenry with good, cheap lighting both for the next years and in the future. "The municipality shall take charge of gaslighting in order to be master of its own city".

Résumé

La question de l'option privée ou publique dans l'industrie gazière des pays nordiques au XIXᵉ siècle

Les pays nordiques sont marqués par un paradoxe. Si, selon Ole Hyldtoft, le gaz se diffuse avec un retard conséquent par rapport aux villes pilotes, ils sont précoces en matière d'option publique. Copenhague est en effet la première capitale à avoir décidé de disposer de son gaz municipal. La décision est prise en 1844, mais il faut par contre attendre treize années pour qu'elle se concrétise. C'est le temps nécessaire pour vaincre les oppositions au sein de la municipalité et acquérir le savoir-faire. Toujours est-il qu'une ville importante a montré à d'autres le chemin à suivre. D'autres facteurs sont favorables au gaz municipal. Se basant sur les résultats favorables obtenus par les compagnies privées, l'incertitude économique a disparu et le savoir-faire n'est plus exclusivement en mains du groupe Danish Gas Company. Quant au financement, il est assuré par des banques publiques locales. Sur cette base, on peut observer une première vague d'usines municipales. En 1870, au Danemark, sur 38 usines gazières, 27 sont en mains des collectivités urbaines ce qui correspond à 83 % de l'ensemble de la production. Les décennies 1870 à 1890 marquent le début d'une nouvelle vague municipale basée sur un autre mécanisme : le retour des concessions se passe dans de mauvaises conditions pour les compagnies privées tant il apparaît évident qu'elles ont abusé de leur position de monopole pour s'enrichir en maintenant des tarifs trop élevés. Dans ce contexte, la Suède et la Norvège rejoignent les Danois, puis les dépassent. En 1890, la part des entreprises municipales suédoises atteint les 78 %, ce qui correspond à 94 % de la production totale, alors qu'en Norvège les usines municipales couvrent 90 % de la production nationale.

CHAPITRE XII

L'historiographie du gaz en Italie

Une problématique de réseaux

Andrea GIUNTINI

L'histoire de l'introduction et de la diffusion du gaz en Italie est assez connue dans ses lignes générales et est développée dans la première partie de cet ouvrage.[1] Cette histoire sectorielle a obtenu en Italie au cours des toutes dernières années une certaine faveur auprès des historiens. Oublié pendant longtemps et toujours considéré comme secondaire par rapport à d'autres sources d'énergie – surtout l'électricité – le gaz aussi, grâce à son poids croissant dans les processus productifs à l'échelle internationale, est finalement devenu l'un des protagonistes de l'historiographie économique italienne. Cette dynamique s'insère dans le nouveau regard porté sur les infrastructures et les services urbains, dont le rôle fondamental ne se situe pas seulement par rapport aux dynamiques économiques d'ensemble, mais aussi en fonction du développement d'une société démocratique. Selon de nombreux spécialistes, le principal défi historiographique dans le domaine des études en histoire urbaine réside aujourd'hui dans le développement des infrastructures et des services. Il s'agit d'une orientation qui doit permettre d'obtenir d'une façon plus complète un outil adéquat pour interpréter les réalités urbaines italiennes.

Ce qui est le plus important du point de vue de l'acquis scientifique, c'est d'être finalement parvenu à surmonter presque entièrement l'approche hagiographique qui caractérisait ce genre d'ouvrages en des époques révolues, pour entamer avec conviction des travaux rigoureux, dépouillés de tout soupçon louangeur.

Si dans de nombreux cas l'on a obtenu des travaux valables, c'est grâce à l'impulsion des compagnies gazières qui réalisent aujourd'hui des profits considérables depuis qu'elles ont élargi leur activité à la distribution de l'eau potable et au traitement des déchets. Ces entreprises, qui s'acheminent depuis un certain temps en direction d'une révision de leur histoire a permis d'enrichir le panorama existant. D'autres

---

[1]   Voir A. GIUNTINI (Section II, Partie B).

efforts semblables et tout autant méritoires se sont concentrés sur la réorganisation et l'ouverture des archives d'entreprise qui représentent une source de première main pour faire l'histoire du gaz. Il ne faut dès lors pas s'étonner si les travaux qui se sont succédé ces dernières années ont pris la forme de monographie d'entreprise, mais au vu des résultats obtenus cela ne s'est pas révélé nuisible à la progression de la discipline concernée.

Le point de vue privilégié par l'analyse est celui des réseaux de service public dont l'activité repose sur des infrastructures techniques localisées sur un territoire donné que les économistes appellent des *public utilities*. Tel qu'il a été mis au point et développé récemment par l'historiographie, le réseau représente un concept fondamental pour analyser la transformation des réalités économiques et sociales. En même temps, il se propose comme une clé de lecture tout aussi fondamentale pour reconnaître les phénomènes existants sur le terrain de l'observation empirique. En milieu urbain ce concept présente des qualités optimales pour occuper des positions de première ligne dans la compréhension du processus de diffusion des services et des infrastructures. L'on ne peut dès lors que souscrire à l'affirmation selon laquelle au cours du XIXᵉ siècle « l'organisation de la ville se caractérise comme une manifestation spécifique du processus de modernisation ».[2] Les réseaux urbains constituent un observatoire privilégié pour saisir les termes de ce processus, et les réseaux d'Energie en particulier se prêtent bien à une analyse de ce genre.

Par conséquent, l'histoire de chaque entreprise se relie avec celle des deux secteurs, gaz et électricité, et elles trouvent nécessairement une intégration dans l'étude des politiques municipales et des classes sociales qui sont impliquées dans ces collectivités publiques locales. L'histoire urbaine se confond avec celle de l'entreprise, et en même temps elle ne peut négliger l'histoire de l'administration ainsi que l'histoire de la technologie. Il est dès lors possible d'affirmer que les réseaux se situent à la croisée de plusieurs approches historiographiques.

L'histoire urbaine et celle des techniques sont inséparables. La ville représente en effet un lieu historiquement privilégié pour de multiples innovations techniques qui se sont succédé entre les XIXᵉ et XXᵉ siècles. La technologie de l'époque contemporaine a contribué à façonner l'espace urbain d'une manière significative. A partir du XIXᵉ siècle l'impact paraît encore plus fort, au point que maintes technologies s'intègrent aux phénomènes liés à la révolution industrielle, bouleversant en quelques dizaines d'années l'organisation urbaine elle-même.

---

[2]   ALAIMO, A., *L'Organizzazione della città. Amministrazione e politica urbana a Bologna dopo l'Unità (1859-1899)*, Bologna, 1990, p. 9.

Les innovations de la deuxième révolution industrielle furent placées au service des municipalités pour résoudre les innombrables problèmes qui caractérisaient les villes modernes.

Si l'on prête attention aux transformations du tissu urbain considéré, l'on peut comprendre combien ont pesé l'éclairage, la réalisation des réseaux hydriques et hygiéniques ainsi que l'expansion des transports (tramway) sur la vie et le travail des habitants des villes. Avec l'augmentation de la population urbaine, avec le changement des modes de vie, de formation de l'opinion publique et du sentiment à l'égard des activités des pouvoirs publics, avec la transformation d'une grande partie des sensibilités politiques, les fonctions urbaines prennent aussi un caractère différent. L'on assiste à la croissance d'une nouvelle conscience de la part des habitants des villes qui se diffuse dans le continent avec beaucoup de traits communs, et qui entraîne une nouvelle définition du pouvoir public, lequel doit être à même de garantir des services d'une très large, immédiate et quotidienne utilité. C'est ici que réside la soudure fondamentale avec le thème des usagers. La concentration de la population en site urbain explique le fonctionnement toujours plus complexe d'un système d'interrelations. Un nombre croissant de personnes présente une nouvelle demande collective de services urbains que les autorités municipales doivent organiser sur une échelle inconnue jusque-là. Il s'agit d'un ample processus d'homologation qui exige la solution en ville de multiples problèmes que l'histoire considère comme présentant les caractéristiques d'un échange continu entre d'un côté les usagers et de l'autre ceux qui doivent concevoir et bâtir les services sur la base d'exigences nouvelles résultant de la forte concentration d'individus sur un territoire donné. Cette pression émanant d'une nouvelle demande sociale a poussé les techniciens et les administrateurs à mettre au point des systèmes collectifs qui produisent un profond changement dans l'organisation de la vie et dans les modes de consommation des services publics. La massification de la vie urbaine, et dès lors l'intensification des processus d'assimilation et d'intégration entre les différentes unités économiques et sociales qui viennent à se côtoyer, se traduit par une mutation de tous les services depuis les plus anciens, comme l'adduction d'eau potable, jusqu'aux plus avancés, tels les télécommunications. Les transports, l'eau potable, le système d'égouts, le traitement des déchets, la distribution du gaz et celle de l'électricité, l'agencement des réseaux, d'où naît le concept de *networked city*, trouvent une application fondamentale dans le cas urbain. En définitive les politiques liées aux réseaux techniques de service public ont représenté des outils de gouvernement très importants, jusqu'à se substituer pendant longtemps aux programmes d'urbanisme eux-mêmes, avec une activité qui supplanta celle de la planification urbaine.

Le défi lancé par le public aux industries de service public se refléta aussi sur les élites au pouvoir dans les municipalités. En effet on leur demandait d'assumer les risques entrepreneuriaux liés à la création d'une entreprise municipalisée, soit l'organisme qui semblait devoir le mieux répondre aux exigences des nouveaux usagers. Il s'agit d'un principe nouveau qui sera sanctionné par la Loi sur la municipalisation.

Le développement des réseaux de service public doit être interprété comme la réponse à la tentative de gérer la compléxité sociale qui se manifeste à l'époque contemporaine. Les réseaux représentent une réponse nécessaire à cette compléxité. On assiste ainsi à la formation d'une sensibilité nouvelle parmi les techniciens, lesquels entre-temps ont acquis des compétences particulières, qu'ils ont su réélaborer et adapter aux nouvelles exigences urbaines. Le moment central se situe pendant les quinze premières années du siècle, même s'il continuera d'exercer son influence pendant longtemps. Par la suite apparaît une classe d'intellectuels qui fera de la métamorphose de la situation urbaine l'objet fondamental de ses recherches : sociologues, ingénieurs, architectes, économistes, médecins, hygiénistes qui revêtent le rôle d'*opinion makers*. Les porteurs de « savoirs spéciaux » sont devenus les nouveaux protagonistes de la vie urbaine.

CHAPITRE XIII

L'histoire du gaz dans les Balkans avant 1945

Un aperçu historiographique

Alexandre KOSTOV

Le retard de l'introduction du gaz dans les Balkans suivit le retard économique des pays de la région. L'octroi des premières concessions pour l'éclairage au gaz et la construction des premières usines datent de la fin des années 1850. Le développement de l'industrie gazière dans les Balkans pendant la deuxième moitié du XIXe et la première moitié du XXe siècles est lié à l'histoire de quelques villes en Grèce, en Roumanie et en Turquie. En Bulgarie et en Serbie des entreprises n'étaient pas créées dans ce domaine. Il convient également d'ajouter les provinces austro-hongroises qui, après la Première Guerre mondiale, étaient rattachées à la Yougoslavie et à la Roumanie, comme par exemple la Croatie, la Slovénie et la Transylvanie. On peut dire que l'utilisation du gaz dans la région pendant la période envisagée était peu répandue. Cela explique l'intérêt assez faible des historiens vis-à-vis de ce problème.

Une première étude de l'historiographie sur l'industrie gazière (production, distribution et utilisation du gaz, la formation des réseaux, etc.) dans les Balkans avant 1945, nous permet de constater un manque de recherches spécialement consacrées à ce sujet. On peut trouver seulement des passages renfermant des réflexions et des informations sur le sujet en question dans deux groupes de publications :

– des publications sur le développement et la modernisation des grandes villes dans les Balkans ;

– des publications sur les investissements étrangers et l'activité des compagnies occidentales dans les pays balkaniques.

Parmi les historiographies balkaniques on peut mentionner surtout les travaux roumains qui méritent une attention grâce au nombre des publications relativement plus grand que les autres publications balkaniques. Le thème du gaz est traité dans quelques publications sur le développement de la capitale roumaine en général, et sur l'éclairage en particulier. La lecture des pages, peu nombreuses, sur l'évolution de l'éclairage au gaz à Bucarest, montre l'attitude négligente des historiens roumains envers l'utilisation du gaz. Ils placent le gaz à une position intermédiaire – entre le pétrole et l'électricité – dans la modernisation et le progrès de l'éclairage public dans la capitale roumaine. Les auteurs roumains attribuent beaucoup plus d'attention aux deux autres modes d'éclairage en négligeant l'importance de l'utilisation du gaz. Pour eux, par exemple, une fierté nationale représente le fait qu'à Bucarest fut introduit, pour la première fois en Europe, l'éclairage au pétrole, en 1857, soit deux ans avant Vienne. Les historiens roumains considèrent aussi comme un fait remarquable l'introduction relativement récente de l'électricité comme moyen d'éclairage, bien que son utilisation avant et même après la Première Guerre mondiale ait été peu répandue. Dans ce contexte, l'histoire du gaz en Roumanie n'est pas éclairée d'une manière satisfaisante ; une preuve à l'appui de cette assertion est le manque de recherches spécialement consacrées à ce sujet.

D'ailleurs un coup d'œil sur les autres historiographies balkaniques montre un tableau encore plus déplorable. L'une des causes principales de cette situation de l'historiographie sur l'industrie gazière dans la région balkanique est la difficulté liée à la disponibilité des sources. Notre expérience nous montre que la plus grande partie de ces sources se trouvent en Europe occidentale : il s'agit des documents conservés dans les archives et des publications parues dans les revues spécialisées de l'époque, en France, en Belgique, en Allemagne, en Angleterre, etc. On peut expliquer cela par le rôle actif joué par les groupes industriels et financiers occidentaux dans ce domaine.

Les sources d'archives sur le gaz dans les Balkans peuvent être divisées en deux groupes en ce qui concerne leur nationalité : nationales (locales) et étrangères. Parmi les archives balkaniques il faut mentionner surtout celles des municipalités des villes où existaient avant 1945 des entreprises gazières. Elles devraient contenir des documents concernant l'octroi des concessions pour l'éclairage public au gaz, ainsi que d'autres matériaux sur les relations entre les municipalités et les entreprises. Malheureusement, elles sont jusqu'à maintenant peu utilisées par les historiens, ce qui est dû probablement à la destruction des archives pendant et après la Deuxième Guerre mondiale.

Les archives occidentales pourraient jouer un rôle primordial dans la situation actuelle. Il s'agit en l'occurrence surtout des archives de pays tels que la France et la Belgique dont plusieurs entreprises s'intéressèrent à l'industrie gazière dans les Balkans. C'est ainsi que dans les archives diplomatiques à Paris et en Belgique sont conservés les rapports des représentants consulaires sur la situation dans les différents pays balkaniques avant et après la Première Guerre mondiale. Une partie de ces rapports, surtout pour la période avant 1914, est publiée, par exemple, dans le *Recueil consulaire belge*.

On peut trouver des sources d'une grande importance pour les recherches sur ce sujet dans les archives privées. Parmi ces archives on peut citer les collections de documents conservés dans les archives des grandes banques françaises comme Paribas et Crédit lyonnais ou des sociétés travaillant dans les Balkans.

Enfin, une source imprimée très importante au point de vue de l'histoire des compagnies gazières dans les Balkans tient aux rapports et bilans, publiés, entre autres, dans les annexes des journaux officiels des pays balkaniques, ainsi que de France ou de Belgique.

Conclusions

Serge PAQUIER & Jean-Pierre WILLIOT

Il aura fallu beaucoup de temps pour mettre en forme les réflexions présentées lors des deux colloques internationaux qui se sont tenus à Arras en mars 1999 et à Genève en décembre de la même année. Publier rapidement les textes remis par nos collègues venus de nombreux pays d'Europe était légitime. Les deux organisateurs ont fait pourtant un autre choix, prenant le temps d'un mûrissement pour proposer un ouvrage qui tienne de l'inventaire des sources, de la recension bibliographique, de la mise en perspective des problématiques. Nous avons souhaité y adjoindre une introduction balayant les grandes évolutions de l'industrie du gaz en Europe aux XIXe et XXe siècles, et des transitions qui puissent restituer au moins partiellement tout ce que nos débats avaient pu dégager. Nous avons encore en mémoire l'atmosphère sympathique et le plaisir partagé de l'échange intellectuel qui ont présidé à ces deux colloques.

L'objectif de ces rencontres était de mobiliser les expériences des chercheurs européens intéressés par l'étude de l'industrie gazière. Notre effort a ensuite porté sur l'élaboration d'une première synthèse replaçant l'évolution de ce secteur dans un cadre chronologique et thématique à l'échelle européenne. Au cours des vingt dernières années, dans le contexte scientifique de l'intérêt porté aux questions énergétiques, plusieurs travaux avaient mis en avant l'importance de l'industrie gazière à travers l'histoire des compagnies, l'analyse des mutations urbaines, l'étude des techniques. Ces études étaient dispersées. Pour la première fois, elles trouvent ici un cadre qui les rapproche dans un souci comparatif à l'échelle de l'Europe. Les modalités du progrès technique sont analysées dans leurs similarités et leurs différences, inscrites dans la géographie de grandes villes européennes. On retrouve ainsi Londres, Turin, Florence, Barcelone, Malaga, Tenerife, Lausanne, Genève, Lisbonne, Bruxelles, Budapest, Athènes, Bucarest, Darmstadt, Mannheim, Mayence, Stockholm, Copenhague, Bordeaux, Paris. Certes, il nous manque encore d'autres regards. Qu'en fut-il d'Amsterdam, de Berlin, de Glasgow, de Vienne, de Prague ? De même pourra-t-on trouver que l'équilibre chronologique fait la part belle au XIXe siècle puisque neuf communications traitent de ce siècle, tandis que cinq évoquent une période à cheval sur le XIXe siècle et l'entre-deux-guerres, et que quatre abordent strictement le XXe siècle ? L'industrie gazière telle qu'elle a été abordée dans ces contributions scientifiques ne représente donc qu'une partie de la réflexion possible sur cette branche, mais elle est essentielle. Ainsi, la distribution du gaz en bouteilles ou les GPL n'ont pas été évoqués. Il faudrait y consacrer des recherches pour préciser le poids effectif de l'industrie gazière en Europe. L'analyse des concurrences énergétiques suppose également d'évaluer l'évolution de cette technologie dont les origines se situent dans le troisième tiers du XIXe siècle avec la distribution – tout à fait marginale – de gaz porté. Nonobstant, la mise en commun d'acquis historiographiques et la confrontation d'approches thématiques différentes nous livrent un beau matériau.

Plusieurs entrées montrent des interrogations communes. On peut d'abord souligner que se vérifie avec l'histoire du gaz la relation centre-périphérie qui distingue pays initiateurs d'une technologie, pays rece-veurs et pays diffuseurs. Tous les mécanismes de l'innovation sont mobilisés dans cette histoire : démarches empiriques des inventeurs, industrialisation lente des procédés de fabrication, rétivité mais aussi enthousiasme des consommateurs, stratégies commerciales multiformes des sociétés, démocratisation de l'accès à l'énergie. De même la logique d'extension spatiale des réseaux et les problèmes spécifiques de gestion qui en découlent sont au cœur d'un maillage aujourd'hui interconnecté à l'échelle du continent. Unification ne signifie pas uniformité et l'on voit bien que la psychologie des consommateurs varie d'un pays à l'autre : l'Angleterre mit en place avec succès, par exemple, le compteur à prépaiement auprès des catégories sociales les moins aisées, alors qu'en France cette possibilité resta marginale. On pourrait s'interroger désormais sur les modalités de standardisation des consommations gazières engendrées par la diffusion du gaz naturel.

La diversité des stratégies que les compagnies gazières ont dû inventer pour capter les marchés ressort aussi clairement. Il est néces-saire d'affiner la perception des marchés gaziers dont la nature est très différente selon qu'il s'agisse de clients industriels ou de particuliers. Ainsi, les manufacturiers furent dès le début du XIXe siècle des clients importants. C'est par eux, notamment dans les régions industrielles, que le gaz trouva des marchés susceptibles de fortes consommations. Mais retenir ces abonnés impliqua dans le dernier quart de ce siècle de leur proposer des tarifs privilégiés, dont la négociation devint de plus en plus difficile avec l'émergence de la concurrence électrique. Dans la seconde moitié du XXe siècle, ce sont à nouveau des qualités spécifiques du gaz naturel qui convainquent les industriels (verriers, porcelainiers, cimen-tiers, industries agro-alimentaire) à employer prioritairement le gaz. Au regard de ces grands contrats, la clientèle des particuliers est plus dispersée et les arguments pour la séduire sont très différents. Un certain luxe est mis en avant au XIXe siècle, puis la notion de confort – qui joue à plein aujourd'hui – est déjà véhiculée par la communication publicitaire. Il faudrait donc séparer dans la perception du gaz les applications de rationalité technologique que les industriels recherchent, des approches de bien-être que réclame la clientèle domestique.

Les problèmes de dépollution des sols ainsi que les atteintes aux nappes phréatiques que les grandes usines chimiques ont provoquées jusque dans un passé récent ouvrent le champ de l'histoire environnementale. L'industrie du gaz offre de ce point de vue un exemple remarquable de conversion technologique. Que les rejets d'ammoniaque ou les infiltrations de goudrons aient été le lot quotidien des usines à gaz, l'histoire l'a déjà montré. Cela n'élude pas l'intérêt d'une cartographie des usines selon une approche d'histoire urbaine. Les réactions des populations aux pollutions environnementales sont à étudier plus avant. A l'opposé, les usines et les cokeries gazières disparues, au plus tard dans les années 1970, la discrétion paysagère des infrastructures de gaz naturel procède des qualités propres de cette énergie mais également d'une prise en compte de nouvelles normes environnementales. Les moyens employés pour assurer cette intégration participent des politiques de communication des entreprises gazières, justifiant une étude comparative à l'échelle de l'Europe depuis le milieu du XXe siècle.

Plus largement, il convenait de répondre à une question de portée générale : dans quelle mesure l'évolution du secteur gazier confirme-t-elle ou infirme-t-elle la chronologie générale du monde contemporain ?

Si l'on ne considère pas la première révolution industrielle uniquement comme un point de départ de solutions radicalement nouvelles, telles celles relatives à la mécanisation, mais comme un point d'aboutissement d'anciennes solutions tirées aux maximum de leurs possibilités, comme la division du travail, l'innovation gazière s'inscrit bel et bien dans un processus clairement défini. L'ancienne variété de solutions à huile, bien connectée à l'agriculture dans la mesure où ce type d'éclairage tant privé que public offrait un débouché conséquent à la culture du colza, a été tirée au maximum de son potentiel au début du XIXe siècle grâce à l'ajout de flux d'air proposé dès les années 1780 par toute une génération d'éclairagistes. Cette avance a préparé le terrain à une innovation radicalement nouvelle proposant de nouveaux concepts : la fabrication d'un fluide à grande échelle dans un lieu confiné et sa distribution par un réseau de conduites à des abonnés tant privés que public répartis en milieu urbain. Cette solution novatrice s'installe pendant une période de creux économique généralement retenue comme favorable à l'émergence des nouvelles technologies. Pendant les décennies 1820 à 1840 marquées par un ralentissement de la croissance, le gaz d'éclairage connaît encore une diffusion hésitante. La matière à distiller dépend des localisations – de bois, houille, huile, pétrole –, alors que les matériaux à utiliser – terre cuite, fonte – posent des problèmes d'étanchéité qui réduisent l'aire de distribution. Selon les explications analytiques proposées par Thomas Hughes, l'avancée des systèmes techniques repose sur la capacité de l'ensemble des composantes à suivre le mouvement. Le rôle de l'innovateur consiste à identifier les composantes les plus faibles pour les renforcer. Force est de constater que les fuites de gaz dans les conduites forment, selon l'expression de Hughes, un saillant rentrant (poche inversée) qui freine la progression du système gazier.[1]

Puis, conformément à la chronologie des mondes contemporains, le secteur gazier entre dans une phase d'essor lors de la période générale de croissance des années 1850-1860 ; ces années sont caractérisées par le retour au libre-échange et à des conditions favorables à la diffusion du progrès techniques, comme les expositions universelles, la formation de hautes écoles techniques, la réunion de professionnels au sein d'associations, la création de périodiques spécialisés par branche industrielle, tout autant d'éléments qui accélèrent les processus de diffusion du progrès technologique. L'industrie gazière profite d'une quadruple dynamique : l'effet de levier des marchés privés, l'unicité de la matière première à distiller – la houille est désormais disponible partout grâce aux connections ferroviaires et c'est son usage exclusif qui permet de valoriser les sous-produits –, les progrès dans l'étanchéité des conduites ainsi que l'effet d'entraînement par la finance d'affaires internationale – le placement de fonds en titres gaziers est complémentaire aux titres ferroviaires, plus volatiles. Concentrations financières et administratives prenant la forme de holdings spécialisées, qui exercent d'abord leur activité à l'échelle nationale puis à celle internationale, sont devenues l'une des clés de la diffusion plus rapide du nouveau produit d'économie domestique encore confiné aux classes favorisées de la société.

L'industrie gazière ne ressort pas intacte d'une nouvelle période de crise économique et sociale favorable à une innovation concurrente : l'électricité. La force du secteur consiste dans sa capacité à se positionner par rapport au nouveau fluide en s'orientant dans la niche calorifique de la cuisine et du chauffage de l'eau. C'est une diversification qui profite de la période de croissance générale, des années 1895 jusqu'à la Première Guerre mondiale. Elle correspond à un élargissement du marché des produits d'économie domestique aux classes moyennes et

---

[1]   Voir HUGHES, T.-P., *Networks of Power*, Baltimore et Londres, 1983, spécialement p. 79-105, et du même auteur « L'histoire comme systèmes en évolution », in *Annales HSS*, n° 4-5 (1998), p. 839-857.

populaires grâce aux baisses de tarifs induites tant par l'édification de nouvelles infrastructures plus performantes que par la gestion intégrée de deux fluides – eau et gaz –, voire trois – avec l'électricité.

Si l'élargissement de la clientèle compense la diminution des marges bénéficiaires, l'industrie gazière n'en est pas moins affectée car la Première Guerre mondiale favorise le recours plus intense à l'électricité puis au pétrole. La lutte pour inscrire les pratiques nouvelles d'un art « gazoménager » face à la diffusion de l'électroménager préserve des positions commerciales mais la modernité est du côté de l'électricité. Avec les années de crise de la décennie 1930, les sociétés gazières doivent amorcer leur repli. L'obsolescence des usines ou l'incapacité à mettre au point des technologies plus performantes, qui ne soient pas simplement établies sur des progrès de productivité, tracent des limites à l'expansion gazière. Une vraie démocratisation a pourtant lieu dans toutes les catégories sociales avant la Seconde Guerre mondiale.

Au sortir du conflit, le gaz n'est plus une priorité. Faut-il alors voir là un décrochage par rapport à la conjoncture économique de croissance qui s'affirme dès les années 1950 ? Certainement, d'autant que les usines à gaz – cokeries ou simples usines – incarnent trop un passé révolu. La parenthèse est pourtant de courte durée car le gaz naturel sauve la mise. Plus que d'une relance industrielle, il s'agit même d'un espoir de reconquête, affirmé des Pays-Bas à l'Italie, en passant par la France et la Grande-Bretagne. Le gaz naturel participe de nouvelles formes de croissance durant les années 1960. Années d'abondance énergétique auxquelles contribuent les formidables découvertes de réserves méthanières. Années de progrès technique accéléré auxquelles peut s'accrocher la révolution du transport de GNL. Années de consommation de masse auxquelles le gaz peut contribuer par ses messages publicitaires : réduction des tâches ménagères, atmosphère domestique moderne et pratique promue par la cuisson au gaz et la distribution d'eau chaude. Années de performances industrielles aux-quelles le gaz vient apporter son efficacité énergétique.

Depuis les crises énergétiques des années 1970, le gaz naturel ne s'est pas inscrit dans une dynamique de récession, bien au contraire. La multiplication des contrats d'approvisionnement intraeuropéens, la pro-gression du maillage réticulaire à travers toute l'Europe, la concertation renforcée des sociétés gazières ouvrent des perspectives de croissance, très nettes depuis les années 1990.

S'il l'on ne peut faire du marché gazier un indicateur économique, car il est aussi conditionné par des politiques énergétiques nationales qui imposent leurs propres spécificités – et donc des décalages chronologi-ques par rapport à la conjoncture générale –, il peut en revanche prétendre être un indice de la réactivité technologique des économies occidentales cherchant dans l'innovation la réponse aux phases de stagnation.

Nous laissons à dessein entendre dans notre introduction que les rencontres de Genève et d'Arras furent loin de couvrir l'ensemble des problématiques. Ainsi tant le champ de l'histoire sociale, l'histoire des hommes – cadres, ouvriers employés, syndicats – que celui de l'histoire quantitative (devant rendre compte de l'importance du secteur) sont encore à défricher. Par ailleurs, les modèles nationaux ne doivent pas être abandonnés au profit d'analyses à l'échelle internationale. Pour affiner ce qui a déjà été élaboré dans cet ouvrage, quelques pistes de recherches s'avèrent prometteuses : rapport au politique, rôle de la sphère privée, efficience et demande sociale. Tout cela concourt à doter d'une originalité les services publics de chaque pays.

La spécificité des services publics est éminemment politique. Quel que soit le statut privé ou public de l'exploitation, les choix adoptés (quels services offrir ? Pour quelle clientèle ? A quel coût ? Avec quels moyens techniques ?) ne peuvent être jugés du seul point de vue de l'analyse économique ou gestionnaire. Lors de l'attribution des concessions, les conditions de fonctionnement qui sont définies engagent les compagnies et les collectivités publiques pour plusieurs décennies. Les batailles d'experts, les références aux traditions entrepreneuriales ou institutionnelles et aux expériences étrangères, les discussions techniques, l'évocation de « l'intérêt public » recouvrent des choix de sociétés et des conflits d'intérêts. La relation du discours à la réalité est complexe. Elle permet de décrypter les mécanismes des *public choices* selon les travaux de James Buchanan[2], dont l'analyse au carrefour de l'économie et des sciences politiques s'avère utile. Selon cet auteur, si les entreprises cherchent à maximiser leur profit, les administrations publiques tentent de maximiser leur influence.

La sphère privée, formée d'industriels et de financiers, joue un rôle important. L'action des décideurs est le produit de leur formation, de leurs relations familiales, sociales et professionnelles, de leurs représentations, comme l'ont montré les travaux de prosopographie des élites. Leur aptitude à agir sur les leviers politiques, institutionnels et financiers, leur capacité à maîtriser les savoir-faire ont été parfois des atouts fondamentaux lors de l'attribution des concessions. Lorsque les réseaux sont publics, les fournisseurs nationaux d'équipement profitent de la préférence nationale. Comment dès lors les exploitants de réseaux parviennent-ils à ne pas se faire imposer des prix trop élevés ? En soutenant un constructeur ferroviaire menacé de disparaître, les autorités

---

[2]   Voir BUCHANAN, J. and TOLLISON, R. (dir.), *Theory of Public Choice*, Ann Arbor, 1984 ; BUCHANAN, J., *The Demand and Supply of Public Goods*, Chicago, 1968.

helvétiques ont par exemple maintenu artificiellement un marché concurrentiel.[3] Lorsque plusieurs fournisseurs sont concernés, existe-t-il des ententes ? Si la réponse est positive, quels en sont les mécanismes ?

Une fois les décisions prises, il faut encore se poser la question de leurs conséquences. Est-il possible de procéder à un « audit » de ces services publics, en évaluant leur efficience ? Et cela non seulement du point de vue des seuls résultats économiques, mais de l'aptitude du service à innover, et la manière dont il est perçu par les consommateurs et la société. Il n'y a guère d'exemple d'entreprise qui soit parvenue à imposer durablement aux consommateurs un produit qui ne leur était d'aucune utilité, même si la stratégie des entrepreneurs a toujours été de susciter et de développer des « besoins » qui sont le fruit d'une construction sociale. F. Caron a ainsi proposé le concept de « demande sociale » pour rendre compte de l'aspiration diffuse des consommateurs à acquérir de nouveaux produits et à les intégrer dans la représentation qu'ils ont de leurs « besoins ».[4] Les consommateurs de services publics attendent une prestation des compagnies, une certaine manière de les gérer : ils en ont une image, qui est le fruit d'expériences passées, le résultat de la manipulation de l'opinion publique par les politiques et les entrepreneurs, et enfin le reflet de représentations politiques et culturelles. L'histoire des services publics est aussi l'histoire des attentes de la population, de sa satisfaction ou de son mécontentement, de ses identifications ou de ses rejets.

L'analyse des trajectoires nationales ne doit pas faire oublier la réalité de l'Europe gazière. Elle prend ses racines dans une longue évolution marquée par la césure essentielle du passage au gaz naturel. Mais que l'on ne s'y trompe pas, les milieux industriels gaziers avaient déjà au XIXe siècle leur cohérence par le biais des sociétés professionnelles, des congrès et des voyages de techniciens ; la compétition existait déjà entre sociétés gazières en quête de concessions qui ne s'apparentaient pas au *common carrier* mais visaient l'établissement de monopoles rentables selon des stratégies d'expansion souvent internationale ; le discours commercial s'articulait déjà sur la déclinaison de la modernité. Au regard du réseau européen de gaz naturel et des flux qui donnent une existence concrète à l'Europe unie, les distributions urbaines de gaz manufacturé semblent *a posteriori* de faible envergure

---

[3] Voir PAQUIER, S., « Défense des intérêts nationaux », in *Bulletin d'histoire de l'électricité*, 23 (1994), p. 37-62 ; FORSTER, G., « Le phénomène de rationalisation à la Société anonyme des ateliers de Sécheron (1916-1924) », in *Cahiers d'histoire du mouvement ouvrier*, 15 (1999), p. 37.

[4] Voir CARON, F., *Les deux révolutions industrielles du XXe siècle*, Paris, 1997, p. 22-25 et, plus spécifiquement, du même auteur, « Histoire économique et dynamique des structures », in *L'Année sociologique*, 41 (1991), p. 107-128.

économique. Par bien des aspects, elles soulevaient pourtant des questions dont l'actualité se fait à nouveau jour dans la prise en compte du consommateur. A l'heure de bouleversements importants du marché gazier européen, une relecture des expériences antérieures et des solutions qui furent adoptées légitime parfaitement la place de l'historien dans le débat contemporain.

Fonctions des contributeurs

Mercedes ARROYO
Professeur de géographie urbaine à l'Université de Barcelone
(Département de géographie humaine)

Alain BELTRAN
Directeur de recherche au CNRS (Institut d'Histoire du Temps Présent)

René BRION
Historien – Belgique

Ana CARDOSO DE MATOS
Professeur à l'Université d'Évora
(Centro Interdisciplinar de Historia, Culturas e Sociedades)

Dominique DIRLEWANGER
Enseignant en Histoire à l'Établissement secondaire de Pully

Alexandre FERNANDEZ
Maître de conférences
Université Michel de Montaigne-Bordeaux III

Andrea GIUNTINI
Professeur à l'Université de Modène et de Reggio Emilia
(Dipartimento di Economia Politica)

Francis GOODALL
Chercheur associé
Manchester Metropolitan University

Ole HYLDTOFT
Lektor
Université de Copenhague
(Institut for Historie)

Alexandre KOSTOV
Docteur en Histoire
Institut d'Études Balkaniques de Sofia

Raphael MATOS
Adjoint scientifique à l'Institut Économie et Tourisme
et professeur à l'École suisse de tourisme, Haute école valaisanne, Sierre

Jean-Louis MOREAU
Historien – Belgique

Gyorgyi NÉMETH
Université de Miskolc
(Department of Hungarian History)

Serge PAQUIER
Maître d'enseignement et de recherche à l'Université de Genève
(Département d'Histoire économique)

Olivier PERROUX
Maître assistant à l'Université de Genève
(Département d'Histoire économique)

Mögens RÜDIGER
Professeur associé
Université d'Aalborg
(Department of History)

Dieter SCHOTT
Professeur à la Technische Universitat de Darmstadt
(Institut für Gesichte)

Yves de SIEBENTHAL
Directeur aux Services industriels de Genève

Nadège SOUGY
Maître assistante à l'Université de Genève
(Département d'Histoire économique)

Claude VAEL
Université Catholique de Louvain

Jean-Pierre WILLIOT
Maître de conférences à l'Université Paris-Sorbonne.
(Centre de Recherche en Histoire de l'Innovation)

EUROCLIO est un projet scientifique et éditorial, un réseau d'institutions de recherche et de chercheurs, un forum d'idées. EUROCLIO, en tant que projet éditorial, comprend deux versants : le premier versant concerne les études et documents, le second versant les instruments de travail. L'un et l'autre visent à rendre accessibles les résultats de la recherche, mais également à ouvrir des pistes en matière d'histoire de la construction/intégration/ unification européenne.

La collection EUROCLIO répond à un double objectif : offrir des instruments de travail, de référence, à la recherche ; offrir une tribune à celle-ci en termes de publication des résultats. La collection comprend donc deux séries répondant à ces exigences : la série ÉTUDES ET DOCUMENTS et la série RÉFÉRENCES. Ces deux séries s'adressent aux bibliothèques générales et/ou des départements d'histoire des universités, aux enseignants et chercheurs, et dans certains cas, à des milieux professionnels bien spécifiques.

La série ÉTUDES ET DOCUMENTS comprend des monographies, des recueils d'articles, des actes de colloque et des recueils de textes commentés à destination de l'enseignement.

La série RÉFÉRENCES comprend des bibliographies, guides et autres instruments de travail, participant ainsi à la création d'une base de données constituant un « Répertoire permanent des sources et de la bibliographie relatives à la construction européenne ».

Directeurs de collection :
Éric BUSSIÈRE, Université de Paris-Sorbonne (France),
Michel DUMOULIN, Université catholique de Louvain (Belgique), et
Antonio VARSORI, Università degli Studi di Firenze (Italie)

EUROCLIO – Ouvrages parus

* *L'Europe du Patronat. De la guerre froide aux années soixante.* Textes réunis par Michel Dumoulin, René Girault, Gilbert Trausch, 1993.

* *La Ligue Européenne de Coopération Economique (1946-1981). Un groupe d'étude et de pression dans la construction européenne.* Michel Dumoulin, Anne-Myriam Dutrieue, 1993.

* *Naissance et développement de l'information européenne.* Textes réunis par Felice Dassetto, Michel Dumoulin, 1993.

* *L'énergie nucléaire en Europe. Des origines à Euratom.* Textes réunis par Michel Dumoulin, Pierre Guillen, Maurice Vaisse, 1994.

* *Histoire des constructions européennes au XXᵉ siècle. Bibliographie thématique commentée des travaux français.* Gérard Bossuat, 1994 (Série Références).

* *Péripéties franco-allemandes. Du milieu du XIXᵉ siècle aux années 1950. Recueil d'articles.* Raymond Poidevin, 1995.

* *L'Europe en quête de ses symboles.* Carole Lager, 1995.

* *France, Allemagne et « Europe verte ».* Gilbert Noël, 1995.

* *La France et l'intégration européenne. Essai d'historiographie.* Pierre Gerbet, 1995 (Série Références).

* *Dynamiques et transitions en Europe. Approche pluridisciplinaire.* Sous la direction de Claude Tapia, 1997.

* *Le rôle des guerres dans la mémoire des Européens. Leur effet sur leur conscience d'être européen.* Textes réunis par Antoine Fleury et Robert Frank, 1997.

* *Jalons pour une histoire du Conseil de l'Europe. Actes du Colloque de Strasbourg (8-10 juin 1995).* Textes réunis par Marie-Thérèse Bitsch, 1997.

* *L'agricoltura italiana e l'integrazione europea.* Giuliana Laschi, 1999.

* *Le Conseil de l'Europe et l'agriculture. Idéalisme politique européen et réalisme économique national (1949-1957).* Gilbert Noël, 1999.

* *La Communauté Européenne de Défense, leçons pour demain ? The European Defence Community, Lessons for the Future?* Michel Dumoulin (ed.), 2000.

* *La Communauté Européenne de Défense, leçons pour demain ? The European Defence Community, Lessons for the Future?* Michel DUMOULIN (ed.), 2000.

* *Naissance des mouvements européens en Belgique (1946-1950).* Nathalie TORDEURS, 2000.

* *Le Collège d'Europe à l'ère des pionniers (1950-1960).* Caroline VERMEULEN, 2000.

* *The "Unacceptables". American Foundations and Refugee Scholars between the Two Wars and after.* Giuliana GEMELLI (ed.), 2000.

* *1848. Memory and Oblivion in Europe.* Charlotte TACKE (ed.), 2000.

* *États-Unis, Europe et Union européenne. Histoire et avenir d'un partenariat difficile (1945-1999) – The United States, Europe and the European Union. Uneasy Partnership (1945-1999).* Gérard BOSSUAT & Nicolas VAICBOURDT (eds.), 2001.

* *Visions et projets belges pour l'Europe. De la Belle Epoque aux Traités de Rome (1900-1957),* 2001.

* *L'ouverture des frontières européennes dans les années 50. Fruit d'une concertation avec les industriels?,* Marine MOGUEN-TOURSEL, 2002.

* *American Debates on Central European Union, 1942-1944. Documents of the American State Department,* Józef ŁAPTOS & Mariusz MISZTAL, 2002.

* *Inventer L'Europe. Histoire nouvelle des groupes d'influence et des acteurs de l'unité européenne,* Gérard BOSSUAT (dir.) avec la collaboration de Georges SAUNIER, 2003.

* *American Foundations in Europe. Grant-Giving Policies, Cultural Diplomacy and Trans-Atlantic Relations, 1920-1980,* Giuliana GEMELLI and Roy MACLEOD (eds.), 2003.

* *Réseaux économiques et construction européenne – Economic Networks and European Integration,* Michel DUMOULIN (dir.), 2004.

* *L'industrie du gaz en Europe aux XIXe et XXe siècles. L'innovation entre marchés privés et collectivités publiques,* Serge PAQUIER et Jean-Pierre WILLIOT (dir.), 2005.

Les neufs volumes de la collection HISTOIRE DE LA CONSTRUCTION EUROPÉENNE, à l'origine de la création de la présente collection EUROCLIO, sont disponibles auprès des Éditions Artel (Namur) ou de leurs diffuseurs.

Ouvrages parus – Published Books

* *La construction européenne en Belgique (1945-1957). Aperçu des sources.* Michel DUMOULIN (1988)

* *Robert Triffin, le C.A.E.U.E. de Jean Monnet et les questions monétaires européennes (1969-1974). Inventaire des Papiers Triffin.* Michel DUMOULIN (1988)

* *Benelux 1946-1986. Inventaire des archives du Secrétariat Général de Benelux.* Thierry GROSBOIS (1988)

* *Jean Monnet et les débuts de la fonction publique européenne. La haute autorité de la CECA (1952-1953).* Yves CONRAD (1989)

* *D'Alger à Rome (1943-1957). Choix de documents.* Gérard BOSSUAT (1989)

* *La Guerre d'Algérie (1954-1962). Biblio- et filmographie.* Denix LUXEN (1989)

* *Le patronat belge face au plan Schuman (9 mai 1950 - 5 février 1952).* Elisabeth DEVOS (1989)

* *Mouvements et politiques migratoires en Europe depuis 1945.* Michel DUMOULIN (1989)

* *Benelux, «laboratoire» de l'Europe. Témoignage de Jean-Charles Snoy et D'Oppuers.* Thierry GROSBOIS (1990)

Réseau européen Euroclio

Répertoire permanent des sources et de la bibliographie
relatives à l'histoire de la construction européenne

Coordination:

Collège Erasme, 1, place Blaise-Pascal,
B-1348 Louvain-la-Neuve

Allemagne :
Prof. Dr. Wilfried Loth
Dr. August Hermann Leugers-Scherzberg

Belgique :
Jocelyne Collonval
Yves Conrad
Pascal Deloge
Etienne Deschamps
Geneviève Duchenne
Prof. Michel Dumoulin
Anne-Myriam Dutrieue
Thierry Grosbois
Béatrice Roeh
Prof. Nathalie Tousignant
Arthe van Laer
Jérôme Wilson

France :
Prof. Marie-Thérèse Bitsch
Prof. Éric Bussière
Marine Moguen
Prof. Gérard Bossuat
Prof. Philippe Mioche
Prof. Sylvain Schirmann

Italie :
Dr. ssa Elena Calandri
Dr. ssa Marinella Neri Gualdesi
Prof. Antonio Varsori

Luxembourg :
Charles Barthel
Jean-Marie Majerus
Martine Nies-Berchem
Prof. Gilbert Trausch
Edmée Schirz

Pays-Bas :
Dr. Anjo Harryvan
Dr. Bert Zeemann
Dr. Jan W. Brouwer

Suisse :
Prof. Antoine Fleury
Lubor Jilek